高等学校
工程管理专业应用型本科规划教材

Gongcheng Zaojia Guanli

工程造价管理

（第二版）

马　楠　　卫赵斌　　王月明　**主编**
吴怀俊　**主审**

U0294178

人民交通出版社股份有限公司
China Communications Press Co.,Ltd.

图书在版编目（CIP）数据

工程造价管理／马楠，卫赵斌，王月明主编. —2
版. —北京：人民交通出版社股份有限公司，2014.8
ISBN 978-7-114-11413-7

Ⅰ. ①工… Ⅱ. ①马… ②卫… ③王… Ⅲ. ①建筑造
价管理—高等学校—教材 Ⅳ. ①TU723.3

中国版本图书馆 CIP 数据核字(2014)第091210号

书　　　名：工程造价管理（第二版）
著 作 者：马　楠　　卫赵斌　　王月明
责任编辑：王　霞　　陈力维
出版发行：人民交通出版社股份有限公司
地　　　址：(100011)北京市朝阳区安定门外外馆斜街3号
网　　　址：http://www. ccpress. com. cn
销售电话：(010)59757973
总 经 销：人民交通出版社股份有限公司发行部
经　　　销：各地新华书店
印　　　刷：北京虎彩文化传播有限公司
开　　　本：787×1092　1/16
印　　　张：30.75
字　　　数：733 千
版　　　次：2008 年 1 月　　第 1 版
　　　　　　2014 年 8 月　　第 2 版
印　　　次：2022 年 7 月　　第 6 次印刷　总第 15 次印刷
书　　　号：ISBN 978-7-114-11413-7
定　　　价：48.00 元
（有印刷、装订质量问题的图书由本公司负责调换）

内容提要

　　本书以建设项目工程造价全过程管理为主线，全面系统地介绍了建设工程造价的组成、计价原理、计价依据、计价模式和建设工程造价各个阶段的管理内容和方法，体现了我国当前工程造价管理体制改革中的最新理念和做法。全书共十一章，主要内容包括：工程造价管理概论、工程造价构成、工程造价计价依据、工程造价计价模式、投资决策阶段工程造价管理、设计阶段工程造价管理、招投标阶段工程造价管理、施工阶段工程造价管理、竣工验收及后评价阶段工程造价管理、工程造价管理中信息技术的应用、国际工程造价管理概况等。书中给出了反映工程造价全过程管理工作的大量的实际案例和习题，力求通过工程实例讲清相关概念、原理、方法和应用，为教师的备课、学生的学习提供方便。

　　本书既可作为高等院校工程管理、土木工程、工程造价及相近专业的教材，又可作为工程造价专业人员资格认证考试的培训教材，也可供从事建设工程的建设单位、施工单位及设计监理等工程咨询单位的工程造价管理人员参考使用。

第二版前言

中国建筑业的持久繁荣有力促进了工程造价学科的大发展,中国工程造价行业的大发展呼唤高等院校培养更加优秀的造价管理英才。作为高等院校培养工程造价管理专业人才的关键课程及教材,《工程造价管理》必须始终坚持紧跟我国工程造价领域的历史变革步伐,时刻保持最新状态和旺盛的生命力。这正是本教材出版多年来数次重印深受广大师生和读者朋友厚爱的根本原因。

住房和城乡建设部与财政部共同颁布《建筑安装工程费用项目组成》(建标〔2013〕44 号)对工程造价费用组成进行了重新划分;最新国家标准《建设工程工程量清单计价规范》(GB 50500—2013)及与其配套的《建设工程施工合同(示范文本)》(GF—2013—0201)的全面推行,使工程造价管理进入全过程精细化管理的新时代;《建筑工程施工发包与承包计价管理办法》(住房城乡建设部令 2014 年第 16 号)对于规范建设项目发、承包双方的计价行为,完善市场、形成工程造价机制,进一步推进我国工程造价改革将产生重大而深远的影响。

在这一新的背景下,高等院校原有课程体系和教材内容的调整已经刻不容缓。为了及时将国家法规及规范标准规定的最新计价方法和造价管理理念引入教材,保持本教材一贯的先进性,我们根据新条件下普通高等教育工程管理、土木工程、工程造价等专业人才培养目标对本课程的教学要求,并结合当前业内工程造价管理最新发展,在保持原有教材优点的基础上进行了重新编写,旨在满足新形势下我国对相关专业人才培养的迫切需求。

重新优化编写后的教材除保持原版教材**"课程内容新颖实用、知识体系博采众长、教学案例典型丰富、教材内容广泛全面、课程知识结构合理、教学设计力求创新"**的优点外,还融入了最新国家造价政策《建筑安装工程费用项目组成》(建标〔2013〕44 号)、《建筑工程施工发包与承包计价管理办法》(住房城乡建设部令 2014 年第 16 号)、国家标准《建设工程工程量清单计价规范》(GB 50500—2013)和《建设项目经济评价方法与参数》(第三版)(发改投资〔2006〕1325 号)等法规政策的最新内容,充分吸收了国内外最新学科研究和教学改革成果,邀请了多年来一直在工程造价管理一线的专家加盟编写团队,以建设项目全过程造价控制为主线,结合现场一线的真实典型案例,将教学置身于真实的工程环境中,强调了理论与实践的高度结合,加强了对工程造价控制实践应用能力的培养。因此本次教材重新编写体现了实用性与教学性的完美统一。

本书由马楠、卫赵斌、王月明担任主编,刘宏伟也参与了本书编写,全书由马楠教授负责统稿。本书还特别邀请了中国建设工程造价管理协会教育专家委员会委员吴怀俊教授对全书进

行了详细审阅,并提出了宝贵的意见。瑞杰厉信行(北京)房地产顾问有限公司首席执行官李宏顾先生在编写过程中提供了来自工程一线的实际案例,在此一并表示诚挚的感谢!

由于编者水平有限,在成书过程中虽经反复研究推敲,不妥之处在所难免,诚请读者批评指正。

编者

2014 年 3 月

课程学习导言

一、本课程的性质与研究内容

工程造价管理是以工程项目为研究对象,以工程技术、经济、法律和管理为手段,以效益为目的,研究工程项目在建设全过程中确定和控制工程造价的理论、方法,以及工程造价运动规律的学科,是一门交叉的、新兴的边缘学科,也是工程管理、工程造价等专业的核心课程。

工程造价管理是随着现代管理科学的发展而发展起来的,到20世纪70年代末有了新的突破。世界各国纷纷在改进现有工程造价管理理论与方法的基础上,借鉴其他管理领域的最新成果,开始了对工程造价管理更为深入和全面的研究。这一时期,英国提出了"全生命周期造价管理(Life Cycle Cost Management,LCCM)"的工程项目投资评估与造价管理的理论与方法。稍后美国又提出了"全面造价管理(Total Cost Management,TCM)"这一涉及工程项目战略资产管理、造价管理的理论与方法。从此国际上工程造价管理研究与实践进入了一个全新的发展阶段。

我国在20世纪80年代末和90年代初期提出了"全过程造价管理(Whole Process Cost Management ,WPCM)"的工程造价管理思想。按照这个思想,工程造价管理必须涉及从策划开始到竣工为止的全过程,涉及工程造价的合理确定和有效控制两个方面的内容,涉及工程建设的各个相关要素,涉及业主、承包商、工程咨询等各个单位及其之间的利益和关系,涉及工程技术与经济活动,涉及工程项目的经营与管理,是一个全过程的动态管理。

建设工程造价管理水平决定了工程投资的实现和项目价值的实现。造价工程师则是工程造价全过程管理中的主要力量和专业人士。为了有效控制工程造价,提高工程造价管理水平,造价工程师承担的就不仅仅是一个成本估算、算量计价的角色,他们必须能进行造价咨询和造价计划,准备合同文件和招标文件(如工程量清单的准备),安排招标和采购合同,提供合同管理服务以及从事诉讼、仲裁、审计等专门领域的一些工作。这些工作的基础是对全过程工程造价管理的理论、技术和方法的掌握。本教材正是对这些理论、技术和方法的集中阐述。

本课程的基本内容就是工程造价的合理确定和有效控制。工程造价的合理确定就是在工程建设的各个阶段计算和确定工程造价和投资费用;工程造价的有效控制就是按照既定的造价目标,对造价形成过程的一切费用(受控系统)进行严格的计算、调节和监督(施控系统),揭示偏差,及时纠正,保证造价目标的实现。工程造价的合理确定和有效控制是工程造价管理中两个并行的、各有侧重又相互联系、相互重叠的工作过程。

二、本课程的任务

我国工程造价改革的最终目标是建立以市场形成价格为主的价格机制,改革现行的工程定额计价方式,引导企业积极参加市场竞争,通过政府宏观调控,参考国际惯例制定统一的计价规范,为在招投标中推行全国统一的工程量清单计价办法提供基础。已经推行十多年的工程量清单计价办法就是鼓励企业尽快制订和完善自己的企业定额体系,自主报价、反映企业个别成本、挖掘企业巨大潜力,从而确定科学合理且符合市场运行规律的建筑产品价格。因此,

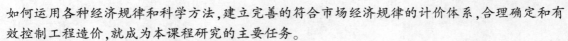

如何运用各种经济规律和科学方法,建立完善的符合市场经济规律的计价体系,合理确定和有效控制工程造价,就成为本课程研究的主要任务。

三、本课程与相关课程的关系

本课程是一门专业性、政策性、技术性、经济性和应用性很强的课程,涉及的知识面较广。它是以政治经济学、工程经济学、价格学和社会主义市场经济理论为基础,以建筑制图与识图、工程材料、建筑结构、施工技术与组织、生产工艺与设备等为专业基础,以工程估价为先修专业课程,与工程合同管理、施工企业经营管理、建设法规、计算机信息技术等课程有着密切联系的课程。上述课程的许多内容被应用于本课程中,经过引申或直接为工程造价管理服务。

随着现代科学技术的发展和管理科学水平的提高,运筹学、系统工程、数理统计等,已经应用到工程造价管理中来,行为科学、管理工程学、工效学、人体工程学、劳动心理学等也在工程计价等工程造价管理活动中得到应用。

四、本课程重点及难点

1. 课程重点

本课程核心内容是工程造价管理基础知识、工程造价的构成、工程计价依据、工程计价方法及模式、施工阶段工程造价管理等。本书前四章详细讲解了工程造价管理的基本原理、基本方法和基本知识,而第8章施工阶段工程造价管理也是我们工程管理和工程造价专业应用性本科未来工作中应用最广泛的知识之一。

2. 课程难点

本课程难点主要集中在投资决策阶段工程造价管理和设计阶段工程造价管理两个部分,主要是由于这两部分内容所处阶段的工作相对比较抽象所致。

3. 学习方法

(1)必须与前期所学课程有机结合起来学习。本课程是一门专业性、政策性、技术性、经济性和应用性很强的专业课,要求学生必须在学习好前期所学课程建筑制图与识图、工程材料、工程构造、建筑结构、建筑施工、建筑设备、施工组织、施工企业管理、工程项目管理等专业基础课程的基础上,与工程估价、工程采购管理、工程合同管理等专业课程有机结合,才能更好地理解和学好本课程。

(2)理论学习必须与实践有机结合。本课程是一门实践性和操作性很强的应用性课程,因此,在学习本课程时,不但要重视理论的学习,更要注重实际操作的训练,边讲边练,学练结合。不但要把握工程造价管理的基础知识、工程计价的依据、方法、模式,而且要把握它们在各个阶段的发展规律,相互对比、牢固掌握、灵活应用,提高工程造价管理的实际应用水平。

(3)善于利用教材的案例材料与习题。本课程每章后都精选了非常有代表性的来自生产一线的实用的案例和习题,学生置身于真实工程环境中,以实例进行模拟练习,对提高实践操作能力非常有益。

五、本课程教材内容设置特点

本教材是基于以上工程造价管理的全过程、全方位、动态造价管理的理念而编写的,在教与学中,应注意以下内容设置特点:

1. 在教材总体框架上是按照基础知识、造价构成、计价依据、计价方法与模式以及工程建设各个阶段造价管理编排组成的。

2. 在教材内容叙述上是按照工程建设投资决策阶段、设计阶段、招投标阶段、施工阶段、竣工验收阶段和后评估阶段全过程为主线展开讲述的。

3. 在相关工程建设主体上是从项目业主、监理工程师、设计单位、承包商、设备供应商等不同的角度,全面系统地讲解工程建设过程中各方工程造价管理的任务和方法。

4. 在教材知识体系上既兼顾目前仍沿用的定额计价原理,更注重国家最新实施的工程量清单计价法的应用和操作,体现了工程造价管理由"定额计价"向"清单计价"的过渡。教材内容以最新颁布的国家和行业法规、标准、规范为依据,体现我国当前工程造价管理体制改革中的最新精神,反映了国内外本学科最新动态,紧跟当前工程生产实际,紧扣当前用人单位需求和学生就业方向。

5. 在教材内容设置上,参考我国注册造价工程师考试大纲的部分要求,便于实现本科人才培养与执业资格考试认证的有效对接。

6. 在实际应用上,本教材在编写过程中始终坚持理论够用,重在技能的人才培养原则,附有大量典型实用的案例,特别是首创将大规模案例教学引入课堂教学的形式,使学生置身于真实工程环境中,以实例进行模拟练习,提高学生实践操作能力。

7. 在拓宽知识面上,本教材介绍了国外工程造价管理的先进经验和发展趋势,简介了信息技术在工程造价管理的应用以及对数字造价的展望。

8. 在章节体系上,每章前增加本章知识概要,章后设置案例分析、本章小结和习题,更便于教师教学和学生自学,有助于学生尽快学习和领悟教材中的知识重点,加强对所学知识的综合应用。

六、与本课程相关的网站

1. 中国建设工程造价信息网　　http://www.ccost.com
2. 中国采购与招标网　　　　　http://www.chinabidding.com.cn
3. 中国工程建设信息网　　　　http://www.cecain.com
4. 中国建设工程造价管理协会　http://www.ceca.org.cn
5. 英国皇家特许测量师学会　　http://www.rics.org
6. 香港测量师学会　　　　　　http://www.hkis.org.hk
7. 亚太区测量师协会　　　　　http://www.paqs.net
8. 国际造价工程师联合会　　　http://www.icoste.org
9. 国际工程管理学术研究网　　http://www.interconstruction.org

目　录

> **第1章**
工程造价管理概论

本章概要

1. 基本建设概述;

2. 工程造价的基本内容;

3. 工程造价管理的内容与组织;

4. 全过程的工程造价管理;

5. 工程造价咨询与造价工程师。

1.1 > 基本建设概述

🌐 1.1.1 基本建设相关概念

1.固定资产

固定资产指在社会再生产过程中,使用一年以上,单位价值在规定限额以上(如 1000 元、1500 元或 2000 元),并且在使用过程中保持原有实物形态的主要劳动资料和其他物质资料,如建筑物、构筑物、运输设备、电气设备等。

2.基本建设

基本建设指投资建造固定资产和形成物质基础的经济活动。凡是固定资产扩大再生产的新建、扩建、改建、恢复工程及与之相关的活动均称为基本建设。因此基本建设的实质是形成新增固定资产的一项综合性经济活动,其主要内容是把一定的物质资料如建筑材料、机械设备等,通过购置、建造、安装和调试等活动转化为固定资产,形成新的生产能力或使用效益的过程。与之相关的其他工作,如征用土地、勘察设计、筹建机构和生产职工培训等,也属于基本建设的组成部分。

3.基本建设的内容

基本建设是通过勘察、设计和施工等活动,以及其他有关部门的经济活动来实现的。基本建设的内容包括:建筑工程、安装工程、设备及工器具购置、其他基本建设工作。

(1)建筑工程

指永久性和临时性的各种建筑物和构筑物,包括各种厂房、仓库、住宅、学校等建筑物和矿井、桥梁、铁路、公路、码头、烟囱、水塔、水池等构筑物;各种管道、线路的敷设工程;设备基础、工作台、金属结构(如支柱、操作台、钢梯、钢栏杆等)工程;水利工程及其他特殊工程等。

(2)安装工程

指永久性和临时性生产、动力、起重、运输、传动和医疗、实验等需要安装的机械设备的装配工程;附属于被安装设备的绝缘、保温、油漆和管线敷设工程;与设备相连的工作台、梯子、栏杆等的装设工程;单台设备的单机试运转、系统设备的系统联动无负荷试运转。

(3)设备及工器具购置

指按设计文件规定,对用于生产或服务于生产达到固定资产标准的设备、工器具的加工与采购。

(4)其他基本建设工作

指上述三项工作之外与建设项目有关的各项工作。其内容因建设项目性质的不同而有所差异,以新建工作而言,主要包括:征地、拆迁、安置,建设场地准备(三通一平),勘察、设计,招标、承建单位投标,生产人员培训,生产准备,竣工验收、试车等。

1.1.2 建设项目及其分类

1.建设项目的概念

通常将基本建设项目简称为建设项目。它是指按照一个总体设计进行施工的,可以形成生产能力或使用价值的一个或几个单项工程的总体,一般在行政上实行统一管理,经济上实行统一核算。

凡属于一个总体设计中分期分批进行建设的主体工程和附属配套工程、供水供电工程等都作为一个建设项目。按照一个总体设计和总投资文件在一个场地或者几个场地上进行建设的工程,也属于一个建设项目。

工业建设中,一般以一个工厂为一个建设项目;民用建设中以一个事业单位,如一所学校、一所医院为一个建设项目。

2.建设项目的分类

建设项目种类繁多,为了适应科学管理的需要,正确反映建设项目的性质、内容和规模,建设项目可以按不同标准进行分类。

(1)按建设项目的建设性质分类

①新建项目,指从无到有、新开始建设的项目。按现行规定,对原有建设项目重新进行总体设计,经扩大建设规模后,其新增固定资产价值超过原有固定资产价值三倍以上的,也属新建项目。

②扩建项目,指现有企业或事业单位为扩大原有产品生产能力而增建的主要生产车间或其他工程项目。

③改建项目,指原有企、事业单位为提高产品质量、促进产品升级换代、降低消耗和成本、加强资源综合利用等原因,对原有设备、工艺流程进行技术改造或固定资产更新,以及相应配套的辅助性生产、生活福利设施工程。

④迁建项目,指现有企、事业单位为改变生产力布局或由于环境保护和安全生产的需要等原因而搬迁到其他地点建设的项目。在搬迁到其他地点建设过程中,不论其建设规模是维持原规模,还是扩大规模,都属迁建项目。

⑤恢复项目,指现有企、事业单位原有固定资产因遭受自然灾害或人为灾害等原因造成全部或部分报废,而后又重新建设的项目。

在重新建设过程中,不论其建设规模是按原规模恢复,还是在恢复的同时进行扩建,都属恢复项目。尚未建成投产或交付使用的项目,因自然灾害等原因毁坏后,仍按原设计进行重建的,不属于恢复项目,属于原建设性质;如按新的设计进行重建,其建设性质根据新的建设内容确定。

(2)按建设项目的用途分类

①生产性建设项目,指直接用于物质生产或满足物质生产需要的建设项目。它包括工业、农业、林业、水利、交通、商业、地质勘探等建设工程。

②非生产性建设项目,指用于满足人们物质文化需要的建设项目。它包括办公楼、住宅、公共建筑和其他建设工程项目。

(3)按建设规模分类

根据国家有关规定,基本建设项目可划分为大型、中型和小型建设项目,或限额以上(能源、交通、原材料工业项目5000万元以上,其他项目总投资3000万元以上)和限额以下项目两类。

(4)按行业性质和特点分类

①竞争性项目,主要指投资效益比较高、竞争性比较强的一般性建设项目。这类项目以企业为基本投资对象,由企业自主决策、自担投资风险。

②基础性项目,主要指具有自然垄断性、建设周期长、投资额大而收益低的基础设施和需要政府重点扶持的一部分基础工业项目,以及直接增强国力的符合经济规模的支柱产业项目。这类项目主要由政府集中必要的财力、物力,通过经济实体进行投资。

③公益性项目,主要包括科技、文教、卫生、体育和环保等设施,公、检、法等政权机关以及政府机关、社会团体办公设施等。该类项目的投资主要由政府用财政资金来安排。

🌐💻 1.1.3　建设项目的层次划分

建设项目按照建设管理和合理确定工程造价的需要,划分为建设项目、单项工程、单位工程、分部工程、分项工程五个项目层次。

1.建设项目

建设项目一般是指具有设计任务书和总体规划、经济上实行独立核算、管理上具有独立组织形式的基本建设单位,如一座工厂、一所学校、一所医院等均为一个建设项目。

2.单项工程

单项工程是指具有独立的设计文件,建成后可以独立发挥生产能力或使用效益的工程。单项工程又叫工程项目,是建设项目的组成部分,一个建设项目可能就是一个单项工程,也可能包含若干个单项工程,如一所学校的教学楼、办公楼、图书馆等,一个工厂中的各个车间、办公楼等。

3.单位工程

单位工程指具有独立设计文件,可以独立组织施工,但建成后不能单独进行生产或发挥效益的工程。单位工程是单项工程的组成部分,如某车间是一个单项工程,该车间的土建工程就是一个单位工程,该车间的设备安装工程也是一个单位工程。

建筑工程包括下列单位工程:一般土建工程、工业管道工程、电气照明工程、卫生工程、庭院工程等。

设备安装工程包括下列单位工程:机械设备安装工程、通风设备安装工程、电气设备安装工程、电梯安装工程等。

4.分部工程

分部工程是指在一个单位工程中,按工程部位及使用的材料和工种进一步划分的工程。分部工程是单位工程的组成部分,如一般建筑工程的土石方工程、桩基础工程、砌筑工程、脚手架工程、混凝土和钢筋混凝土工程、金属结构工程、构件运输及安装工程、屋面工程等,均属于分部工程。

5.分项工程

分项工程是指在一个分部工程中,按不同的施工方法、不同的材料和规格,对分部工程进一步划分的,用较为简单的施工过程就能完成,以适当的计量单位就可以计算其工程量的基本单元。分项工程是分部工程的组成部分,如砌筑工程可划分为砖基础、内墙、外墙、空斗墙、空心砖墙、砖柱、钢筋砖过梁等分项工程。分项工程没有独立存在的意义,它只是为了便于计算建筑工程造价而分解出来的"假定产品"。

划分建设项目一般是分析它包含几个单项工程(也可能一个建设项目只有一个单项工程),然后按单项工程、单位工程、分部工程、分项工程的顺序逐步细分,即由大项到小项进行划分,如图1-1所示。

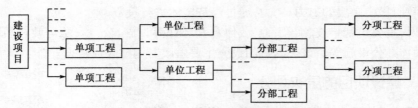

图1-1 基本建设项目划分示意图

注:→项目分解方向。

1.1.4 建设程序

1.建设程序的概念

建设程序指建设项目从酝酿、提出、决策、设计、施工到竣工验收及投入生产整个过程中各环节及各项主要工作内容必须遵循的先后顺序。这个顺序是由基本建设进程所决定的,它反映了建设工作客观存在的经济规律及自身的内在联系特点。基本建设过程中所涉及的社会层面和管理部门广泛,协调合作环节多,因此,必须按照建设项目的客观规律进行工程建设。

2.建设程序中阶段划分

建设程序依次划分为四个建设阶段和九个建设环节,如图1-2所示。

建设前期阶段:提出项目建议书;进行可行性研究。

建设准备阶段:编制设计文件;工程招投标、签订施工合同;进行施工准备。

建设施工阶段：全面施工；生产准备。

竣工验收阶段：竣工验收、交付使用；建设项目后评价。

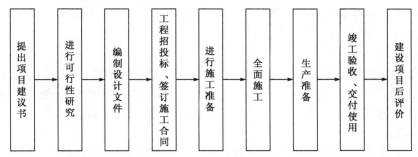

图 1-2　基本建设程序图

（1）项目建议书

项目建议书（又称立项申请书）是建设单位就新建、扩建事项向各级发改委（局）项目管理部门申报的书面申请文件。它是项目建设筹建单位或项目法人，根据国民经济的发展、国家和地方中长期规划、产业政策、生产力布局、国内外市场、所在地的内外部条件，提出的某一具体项目的建议文件，是对拟建项目提出的框架性的总体设想。项目建议书主要论证项目建设的必要性，建设方案和投资估算也比较粗，投资误差在 ±30% 之间。

（2）进行可行性研究

可行性研究是对建设项目技术上是否可行和经济上是否合理进行的科学分析和论证。它通过市场研究、技术研究、经济研究进行多方案比较，提出最佳方案。

可行性研究通过评审后，就可着手编写可行性研究报告。可行性研究报告是确定建设项目、编制设计文件的主要依据，在建设程序中起主导地位。

（3）编制设计文件

可行性研究报告经批准后，建设单位或其主管部门可以委托或通过设计招投标方式选择设计单位，按可行性研究报告中的有关要求，编制设计文件。一般进行两阶段设计，即初步设计和施工图设计。技术上比较复杂而又缺乏设计经验的项目，可进行三阶段设计，即初步设计、技术设计和施工图设计。设计文件是组织工程施工的主要依据。

初步设计是为了阐明在指定地点、时间和投资限额内，拟建项目在技术上的可行性及经济上的合理性，并对建设项目做出基本技术经济规定，同时编制建设项目总概算。经批准的可行性研究报告是初步设计的依据，不得随意修改或变更。

技术设计是进一步解决初步设计的重大技术问题，如工艺流程、建筑结构、设备选型及数量确定等，同时对初步设计进行补充和修正，然后编制修正总概算。

施工图设计是在初步设计基础上进行的，需完整地表现建筑物外形、内部空间尺寸、结构体系、构造以及与周围环境的配合关系，同时还包括各种运输、通信、管道系统、建筑设备的设计。施工图设计完成后应编制施工图预算。

（4）工程招投标、签订施工合同

建设单位根据已批准的设计文件和概预算书，对拟建项目实行公开招标或邀请招标，选定具有一定技术、经济实力和管理经验，能胜任承包任务，效率高、价格合理而且信誉好的施工单位承揽工程任务。施工单位中标后，与建设单位签订施工合同，确定承发包关系。

（5）进行施工准备

开工前,应做好施工前的各项准备工作。主要内容是:征地拆迁、技术准备、搞好"三通一平";修建临时生产和生活设施;协调图纸和技术资料的供应;落实建筑材料、设备和施工机械;组织施工力量按时进场。

（6）全面施工

施工准备就绪,须办理开工手续,取得当地建设主管部门颁发的开工许可证后即可正式施工。在施工前,施工单位要编制施工预算。为确保工程质量,必须严格按施工图纸、施工验收规范等要求进行施工,按照合理的施工顺序组织施工,加强经济核算。

（7）生产准备

项目投产前要进行必要的生产准备,包括建立生产经营相关管理机构,培训生产人员,组织生产人员参加设备的安装、调试,订购生产所需原材料、燃料及工器具、备件等。

（8）竣工验收、交付使用

建设项目按批准的设计文件所规定的内容建完后,即可以组织竣工验收,这是对建设项目的全面性考核。验收合格后,施工单位应向建设单位办理竣工移交和竣工结算手续,交付建设单位使用。

（9）建设项目后评价

建设项目后评价是工程项目竣工投产并生产经营一段时间后,对项目的决策、设计、施工、投产及生产运营等全过程进行系统评价的一种技术经济活动。通过建设项目后评价,达到总结经验、研究问题、吸取教训并提出建议,不断提高项目决策水平和改善投资效果的目的。

1.2 ▶ 工程造价概述

🌐 1.2.1 工程造价及其特点

1.工程造价的含义

工程造价通常是指工程建设预计或实际支出的费用。由于所处的角度不同,工程造价有不同的含义。

工程造价的第一种含义:从投资者(业主)的角度定义,工程造价是指建设一项工程预期开支或实际开支的全部固定资产投资费用。这里的"工程造价"强调的是"费用"的概念。投资者为了获得投资项目的预期效益,就需要对项目进行策划、决策及建设实施,直至竣工验收等一系列投资管理活动。在上述活动中所花费的全部费用,就构成了工程造价。从这个意义上讲,工程造价就是建设工程项目固定资产总投资。

工程造价的第二种含义:从市场交易的角度来分析,工程造价是指工程价格,即为建成一项工程,预计或实际在工程承发包交易活动中所形成的建筑安装工程价格或建设工程总价格。这里的"工程造价"强调的是"价格"的概念。显然,第二种含义是以建设工程这种特定的商品作为交易对象,通过招标、投标或其他交易方式,在多次预估的基础上,最终由市场形成价格。这里的工程既可以是涵盖范围很大的一个建设项目,也可以是一个单项工程或者单位工程,甚至可以是整个建设工程中的某个阶段,如建筑安装工程、装饰装修工程,或者其中的某个组织部分。随着经济发展、技术进步、分工细化和市场的不断完善,工程建设中的中间产品也会越来越多,商品交换会更加频繁,工程价格的种类和形式也会更为丰富。

工程承发包价格是工程造价中一种重要的、较为典型的价格交易形式,是在建筑市场通过招标、投标,由需求主体(投资者)和供给主体(承包商)共同认可的价格。

工程造价的两种含义是对客观存在的概括。它们既是一个统一体,又是相互区别的,最主要的区别在于需求主体和供给主体在市场追求的经济利益不同。

区别工程造价的两种含义的理论意义在于,为投资者及以承包商为代表的供应商在工程建设领域的市场行为提供理论依据。当政府提出要降低工程造价时,是站在投资者的角度充当着市场需求主体的角色;当承包商提出要提高工程造价、获得更多利润时,是要实现一个市场供给主体的管理目标。这是市场运行机制的必然,由不同的利益主体产生不同的目标,不能混为一谈。区别工程造价的两种含义的现实意义在于,为实现不同的管理目标,不断充实工程造价的管理内容,完善管理方法,更好地为实现各自的目标服务,从而有利于推动全面的经济增长。

2.工程造价相关概念

(1)静态投资与动态投资

静态投资是以某一基准年、月的建设要素的价格为依据所计算出的建设项目投资的瞬时值。静态投资包括:建筑安装工程费、设备及工器具购置费、工程建设其他费用、基本预备费等组成。

动态投资是指为完成一个工程项目的建设,预计投资需要量的总和。动态投资除包括静态投资外,还包括建设期贷款利息、涨价预备费、固定资产投资方向调节税等。动态投资概念符合市场价格运行机制,使投资的估算、计划、控制更加符合实际。

静态投资和动态投资密切相关。动态投资包含静态投资,静态投资是动态投资最主要的组成部分,也是动态投资的计算基础。

(2)建设项目总投资与固定资产投资

建设项目总投资是指投资主体为获取预期收益,在选定的建设项目上所需投入的全部资金。生产性建设项目总投资包括固定资产投资和流动资产投资两部分;非生产性建设项目总投资只包括固定资产投资,不含流动资产投资。工程造价是指项目总投资中的固定资产投资总额。

固定资产投资是指投资主体为了特定的目的,用于建设和形成固定资产的投资。我国的固定资产投资包括基本建设投资、更新改造投资、房地产开发投资和其他固定资产投资四种。建设项目的固定资产投资也就是建设工程项目的工程造价。

(3)经营性项目铺底流动资金

经营性项目铺底流动资金是指生产经营性项目为保证生产和经营正常进行,按其所需流动资金的30%,作为铺底流动资金计入建设项目总投资,竣工投产后计入生产流动资金。

3.工程造价的特点

(1)工程造价的大额性

任何一项能够发挥投资效用的工程,不仅实物形体庞大,而且造价高昂。动辄数百万、数千万、数亿、十几亿元人民币,特大型工程项目的造价可达百亿、千亿元人民币。工程造价的大

额性事关各方面的重大经济利益,同时也会对宏观经济产生重大影响。这就决定了工程造价的特殊地位,也说明了工程造价管理的重要意义。

（2）工程造价的个别性和差异性

任何一项工程都有特定的用途、功能和规模,且他们所处地区、地段都不相同,因而不同工程的内容和实物形态都具有差异性,这就决定了工程造价的个别性差异。

（3）工程造价的动态性

任何一项工程从决策到竣工交付使用,都有一个较长的建设时间。在预计工期内,许多影响工程造价的动态因素,如工程变更、设备材料价格、工资标准、费率、利率、汇率等都可能会发生变化。这种变化必然会影响到造价的变动。所以,工程造价在整个建设期都处于不确定状态,直至竣工决算后才能最终确定工程的实际造价。

（4）工程造价的层次性

建设工程的层次性决定了工程造价的层次性。一个建设项目（如学校）往往是由多个单项工程（如教学楼、办公楼、宿舍楼等）组成的。一个单项工程又是由若干个单位工程（如建筑工程、给排水工程、电气安装工程等）组成的。与此相对应,工程造价也有三个层次,即建设项目总造价、单项工程造价和单位工程造价。

如果专业分工更细,单位工程（如建筑工程）的组成部分——分部和分项工程也可以成为商品交换对象,如大型土方工程、基础工程等,这样工程造价的层次就增加到分部工程和分项工程而成为五个层次。即使从造价的计算和工程管理的角度看,工程造价的层次性也是非常突出的。

（5）工程造价的兼容性

工程造价的兼容性其一表现在它具有两种含义,其二表现在工程造价构成因素的广泛性和复杂性。在工程造价中,首先是成本因素非常复杂;其次为获得建设工程用地支出的费用、项目可行性研究和规划设计费用、与政府一定时期政策（特别是产业政策和税收政策）相关的费用占有相当的份额;再次是盈利的构成也较为复杂,资金成本比较大。

1.2.2 工程造价计价的概念

工程造价计价就是计算和确定建设项目的工程造价,简称工程计价,也称工程估价。具体是指工程造价人员在项目实施的各个阶段,根据各个阶段的不同要求,遵循计价原则和程序,采用科学的计价方法,对投资项目最可能实现的合理造价做出科学的计算。

由于工程造价具有大额性、个别性、差异性、动态性、层次性及兼容性等特点,所以工程计价的内容、方法及表现形式也就各不相同。业主或其委托的咨询单位编制的工程项目投资估算、设计概算、招标控制价以及承包商及分包商提出的报价,都是工程计价的不同表现形式。

1.2.3 工程造价计价的基本原理

工程计价的基本原理就在于工程项目的分解与组合。由于建设工程项目的技术经济特点如单件性、体积大、生产周期长、价值高以及交易在先、生产在后等,使得建设项目工程造价形成过程和机制与其他商品不同。

工程项目是单件性与多样性组成的集合体。每一个工程项目的建设都需要按业主的特定需要进行单独设计、单独施工,不能批量生产和按整个工程项目确定价格,只能采用特殊的计价程序和计价方法,即将整个项目进行分解,划分为可以按有关技术经济参数测算价格的基本单元子项或称分部、分项工程。这是既能够用较为简单的施工过程生产出来,又可以用适当的计量单位计算并便于测定的建设工程的基本构造要素,也称为"假定的建筑安装产品"。而找到适当的计量单位及其当时、当地的单价,就可以采取一定的计价方法,进行分项分部组合汇总,计算出某工程的工程总造价。

工程造价计价的主要特点就是按工程结构进行分解,将这个工程分解至基本项即基本构造要素,就能很容易地计算出基本项的费用。一般来说,分解结构层次越多,基本项越细,造价计算越精确。

工程造价的计算从分解到组合的特征是和建设项目的组合性有关的。一个建设项目是一个工程综合体。这个综合体可以分解为许多有内在联系的独立和不能独立的工程,那么建设项目的工程造价计价过程就是一个逐步组合的过程。

1.2.4　工程造价计价的特征

工程造价的特点,决定了工程造价有如下的计价特征:

1.计价的单件性

建设工程产品的个别差异性决定了每项工程都必须单独计算造价。即便是完全相同的工程,由于建设地点或建设时间不同,仍必须进行单独计价。

2.计价的多次性

建设项目建设周期长、规模大、造价高,这就要求在工程建设的各个阶段多次计价,并对其进行监督和控制,以保证工程造价计算的准确性和控制的有效性。多次性计价特点决定了工程造价不是固定、唯一的,而是随着工程的进展逐步深化、细化和接近实际造价的过程。对于大型建设项目,其计价过程如图1-3所示。

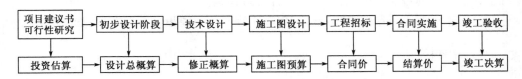

图1-3　工程多次性计价示意图

注:竖向箭头表示对应关系,横向箭头表示多次计价流程及逐步深化过程。

(1)投资估算。在编制项目建议书、进行可行性研究阶段,根据投资估算指标、类似工程的造价资料、现行的设备材料价格并结合工程的实际情况,对拟建项目的投资需要量进行估算。投资估算是可行性研究报告的重要组成部分,是判断项目可行性、进行项目决策、筹资、控制造价的主要依据之一。经批准的投资估算是工程造价的目标限额,是编制概预算的基础。

(2)设计总概算。在初步设计阶段,根据初步设计的总体布置,采用概算定额或概算指标等编制项目的总概算。设计总概算是初步设计文件的重要组成部分。经批准的设计总概算是确定建设项目总造价、编制固定资产投资计划、签订建设项目承包合同和贷款合同的依据,是控制拟建项目投资的最高限额。概算造价可分为建设项目概算总造价、单项工程概算综合造价和单位工程概算造价三个层次。

(3)修正概算。当采用三阶段设计时,在技术设计阶段,随着对初步设计的深化,建设规模、结构性质、设备类型等方面可能要进行必要的修改和变动,因此初步设计概算随之需要做必要的修正和调整。但一般情况下,修正概算造价不能超过概算造价。

(4)施工图预算。又称预算造价,是在施工图设计阶段,根据施工图纸以及各种计价依据和有关规定编制施工图预算,它是施工图设计文件的重要组成部分。经审查批准的施工图预算,是签订建筑安装工程承包合同、办理建筑安装工程价款结算的依据,它比概算造价或修正概算造价更为详尽和准确,但不能超过设计概算造价。

(5)合同价。工程招投标阶段,在签订总承包合同、建筑安装工程施工承包合同、设备材料采购合同时,由发包方和承包方共同协商一致作为双方结算基础的工程合同价格。合同价属于市场价格的性质,它是由承发包双方根据市场行情共同议定和认可的成交价格,但它并不等同于最终决算的实际工程造价。

(6)结算价。在合同实施阶段,以合同价为基础,同时考虑实际发生的工程量增减、设备材料价差等影响工程造价的因素,按合同规定的调价范围和调价方法对合同价进行必要的修正和调整,确定结算价。结算价是该单项工程的实际造价。

(7)竣工决算价。在竣工验收阶段,根据工程建设过程中实际发生的全部费用,由建设单位编制竣工决算,反映工程的实际造价和建成交付使用的资产情况,作为财产交接、考核交付使用财产和登记新增财产价值的依据,它才是建设项目的最终实际造价。

以上说明,建设工程的计价过程是一个由粗到细、由浅入深、由粗略到精确,多次计价最后才达到实际造价的过程。各计价过程之间是相互联系、相互补充、相互制约的关系,前者制约后者,后者补充前者。

3.计价的组合性

建设工程造价的计算是逐步组合而成,一个建设项目总造价由各个单项工程造价组成;一个单项工程造价由各个单位工程造价组成;一个单位工程造价按分部分项工程计算得出,这充分体现了计价组合的特点。可见,建设工程计价过程是:

分部分项工程费用→单位工程造价→单项工程造价→建设项目总造价,如图1-4所示。

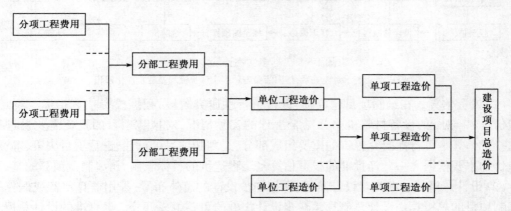

图1-4　建设项目组价示意图

4.计价方法的多样性

工程造价在各个阶段具有不同的作用,而且各个阶段对建设项目的研究深度也有很大的差异,因而工程造价的计价方法是多种多样的。在可行性研究阶段,工程造价的计价多采用设备系数法、生产能力指数估算法等。在设计阶段,尤其是施工图设计阶段,设计图纸完整,细部构造及做法均有大样图,工程量已能准确计算,施工方案比较明确,则多采用定额法或实物法计算。

5.计价依据的复杂性

由于工程造价的构成复杂,影响因素多,且计价方法也多种多样,因此计价依据的种类也多,主要可分为以下七类:

(1)设备和工程量的计算依据,包括项目建议书、可行性研究报告、设计文件等。

(2)计算人工、材料、机械等实物消耗量的依据,包括各种定额。

(3)计算工程资源单价的依据,包括人工单价、材料单价、机械台班单价等。

(4)计算设备单价的依据。

(5)计算各种费用的依据。

(6)政府规定的税、费依据。

(7)调整工程造价的依据,如造价文件规定、物价指数、工程造价指数等。

🌐 1.2.5 工程计价的基本方法与模式

1.工程造价计价的基本方法

工程计价的形式有多种,各不相同,但工程计价的基本过程、原理和基本方法是相同的,无论是估算造价、概算造价、预算造价还是招标控制价和投标报价,其基本方法都是成本加利润。但对于不同的计价主体,成本和利润的内涵是不同的。对于政府而言,成本反映的是社会平均水平,利润水平也是社会平均利润水平。对于业主而言,成本和利润则是考虑了建设工程的特点、建筑市场的竞争状况以及物价水平等因素确定的;业主的计价既反映了其投资期望,也反映了其在拟建项目上的质量目标和工期目标。对于承包商而言,成本则是其技术水平和管理水平的综合体现,承包商的成本属于个别成本,具有社会平均先进水平。

2.工程计价的模式

影响工程造价的主要因素有两个——基本构造要素的单位价格和基本构造要素的实物工程数量。在进行工程计价时,基本构造要素的实物工程量可以通过工程量计算规则和设计图纸计算而得到,它可以直接反映工程项目的规模和内容;基本构造要素的单位价格则有直接工程费单价和综合单价两种形式。

直接工程费单价是指分部分项工程单位价格,它是一种仅仅考虑人工、材料、机械资源要素的价格形式;综合单价是指分部分项工程的单价,既包括人工费、材料费、机械台班使用费、管理费和利润,也包括合同约定的所有工料价格变化等一切风险费用,它是一种完全价格形式。与这两种单价形式相对应的有两种计价模式,即定额计价模式和工程量清单计价模式。

(1)定额计价模式

定额计价是我国长期以来在工程价格形成中采用的计价模式,是国家通过颁布统一的估价指标、概算定额、预算定额和相应的费用定额,对建筑产品价格有计划管理的一种方式。在计价中以定额为依据,按定额规定的分部分项子目,逐项计算工程量,套用定额单价(或单位估价表)确定直接工程费,然后按取费标准确定构成工程价格的其他费用和利税,获得建筑安装工程造价。建设工程概预算书就是根据不同设计阶段设计图纸和国家规定的定额、指标及各项费用取费标准等资料,预先计算的新建、扩建、改建工程的投资额的技术经济文件。由建设工程概预算书所确定的每一个建设项目、单项工程或单位工程的建设费用,实质上就是相应工程的计划价格。

长期以来,我国承发包计价以工程概预算定额为主要依据。因为工程概预算定额是我国几十年计价实践的总结,具有一定的科学性和实践性,所以用这种方法计算和确定工程造价过程简单、快速、比较准确,也有利于工程造价管理部门的管理。但预算定额是按照计划经济的要求制定、发布、贯彻执行的,定额中工、料、机的消耗量是根据"社会平均水平"综合测定的,费用标准是根据不同地区平均测算的,因此企业采用这种模式报价时就会表现为平均主义,企业不能结合项目具体情况、自身技术优势、管理水平和材料采购渠道价格进行自主报价,不能充分调动企业加强管理的积极性,也不能充分体现市场公平竞争的基本原则。

(2)工程量清单计价模式

工程量清单计价模式,是建设工程招投标中,按照国家统一的工程量清单计价规范,招标人或其委托的有资质的咨询机构编制反映工程实体消耗和措施消耗的工程量清单,并作为招标文件的一部分提供给投标人,由投标人依据工程量清单,根据各种渠道所获得的工程造价信息和经验数据,结合企业定额自主报价的计价方式。

采用工程量清单计价,能够反映出承建企业的工程个别成本,有利于企业自主报价和公平竞争。同时,实行工程量清单计价,工程量清单作为招标文件和合同文件的重要组成部分,对于规范招标人计价行为,在技术上避免招标中弄虚作假、暗箱操作及保证工程款的支付结算都会起到重要作用。

由于工程量清单计价模式需要比较完善的企业定额体系以及较高的市场化环境,短期内难以全面铺开,因此,目前我国建设工程造价实行"双轨制"计价管理办法,即定额计价法和工程量清单计价法同时实行。

1.3 ▶ 工程造价管理概述

🌐 1.3.1 工程造价管理的基本内涵

1.工程造价管理

工程造价管理是指综合运用管理学、经济学和工程技术等方面的知识与技能,对工程造价进行预测、计划、控制、核算等过程。

工程造价有两种含义,相应地,工程造价管理也有两种含义。一是指建设工程投资费用管理;二是指工程价格管理。

(1)建设工程投资费用管理

建设工程的投资费用管理,属于投资管理范畴。建设工程投资管理,指为了实现投资的预期目标,在拟定的规划、设计方案的条件下,预测、计算、确定和监控工程造价及其变动的系统活动。这一含义既涵盖了微观的项目投资费用的管理,也涵盖了宏观层次的投资费用的管理。这种含义的管理侧重于投资费用的管理,而不是侧重于工程建设的技术方面。

(2)工程价格管理

建设工程价格管理,是属于价格管理范畴。在社会主义市场经济条件下,价格管理分微观和宏观两个层次。在微观层次上,指生产企业在掌握市场价格信息的基础上,为实现管理目标而进行的成本控制、计价、定价和竞价的系统活动。它反映了微观主体按支配价格运动的经济规律,对商品价格进行能动的计划、预测、监控和调整,并接受价格对生产的调节。在宏观层次上,指政府根据社会经济发展的要求,利用现有的法律、经济和行政手段对价格进行管理和调控,并通过市场管理规范市场主体价格行为的系统活动。

工程建设关系国计民生,同时政府投资公共项目今后仍然会占相当份额,所以国家对工程造价的管理,不仅承担一般商品价格的调控职能,而且在政府投资项目上也承担着微观主体的管理职能。这种双重角色的双重管理职能,是工程造价管理的一大特色。区分两种管理职能,进而制定不同的管理目标,采用不同的管理方法是建设工程造价管理的本质特色所在。

2.建设工程全面造价管理

按照国际工程造价管理促进会给出的定义,全面造价管理(Total Cost Management,TCM)是指有效地利用专业知识与技术,对资源、成本、盈利和风险进行筹划和控制。建设工程全面造价管理包括全寿命期造价管理、全过程造价管理、全要素造价管理和全方位造价管理。

(1)全寿命周期造价管理

建设工程全寿命期造价是指建设工程初始建造成本和建成后的日常使用成本之和,它包括建设前期、建设期、使用期及拆除期各个阶段的成本。由于在实际管理过程中,在工程建设及使用的不同阶段,工程造价存在诸多不确定性,因此,全寿命期造价管理主要是作为一种实现建设工程全寿命期造价最小化的指导思想,指导建设工程的投资决策及设计方案的选择。

(2)全过程造价管理

全过程造价管理是指覆盖建设工程策划决策及建设实施各个阶段的造价管理。它包括:前期决策阶段的项目策划、投资估算、项目经济评价、项目融资方案分析;设计阶段的限额设计、方案比选、概预算编制;招投标阶段的标段划分、发承包模式及合同形式的选择、招标控制价或标底编制;施工阶段的工程计量与结算、工程变更控制、索赔管理;竣工验收阶段的结算与决算等。

(3)全要素造价管理

影响建设工程造价的因素有很多。因此,控制建设工程造价不仅仅是控制建设工程本身的建造成本,还应同时考虑工期成本、质量成本、安全与环境成本的控制,从而实现工程成本、工期、质量、安全、环境的集成管理。全要素造价管理的核心是按照优先性的原则,协调和平衡工期、质量、安全、环保与成本之间的对立统一关系。

(4)全方位造价管理

建设工程造价管理不仅仅是业主或承包单位的任务,还应该是政府建设主管部门、行业协会、建设单位、设计单位、施工单位以及有关咨询机构的共同任务。尽管各方的地位、利益、角度等有所不同,但必须建立完善的协同工作机制,才能实现建设工程造价的有效控制。

1.3.2　工程造价管理的主要内容及原则

1.工程造价管理的主要内容

在工程建设全过程各个不同阶段,工程造价管理有着不同的工作内容,其目的是在优化建设方案、设计方案、施工方案的基础上,有效地控制建设工程项目的实际费用支出。

(1)工程项目策划阶段:按照有关规定编制和审核投资估算,经有关部门批准,即可作为拟建工程项目策划决策的控制造价。基于不同的投资方案进行经济评价,作为工程项目决策的重要依据。

(2)工程设计阶段:在限额设计、优化设计方案的基础上编制和审核工程概算、施工图预算。对于政府投资工程而言,经有关部门批准的工程概算,将作为拟建工程项目造价的最高限额。

(3)工程发承包阶段:进行招标策划,编制和审核工程量清单、招标控制价或标底,确定投标报价及其策略,直至确定承包合同价。

(4)工程施工阶段:进行工程计量及工程款支付管理,实施工程费用动态监控,处理工程变更和索赔,编制和审核工程结算、竣工决算,处理工程保修费用等。

2.工程造价管理的基本原则

实施有效的工程造价管理,应遵循以下三项原则:

(1)以设计阶段为重点的全过程造价控制

工程造价管理贯穿于工程建设全过程的同时,应注重工程设计阶段的造价管理。工程造价管理的关键在于前期决策和设计阶段,而在项目投资决策后,控制工程造价的关键就在于设计。建设工程全寿命期费用包括工程造价和工程交付使用后的日常开支费用(含经营费用、日常维护费用、使用期内大修理和局部更新费用)以及该工程使用期满后的报废拆除费用等。

长期以来,我国往往将控制工程造价的主要精力放在施工阶段,审核施工图预算、结算建筑安装工程价款,对工程项目策划决策阶段的造价控制重视不够。要有效地控制工程造价,就应将工程造价管理的重点转到工程项目策划决策和设计阶段。

(2)主动控制与被动控制相结合

长期以来,建设管理人员把控制理解为目标值与实际值的比较,以及当实际值偏离目标值时,分析其产生偏差的原因,并确定下一阶段的对策。在工程建设全过程中进行这样的工程造价控制当然是有意义的。但问题在于,这种控制方法只能发现偏离,不能预防可能发生的偏离,是被动地控制。为尽可能地减少以至避免目标值与实际值发生偏离,还必须立足于事先主动地采取控制措施,实施主动控制。也就是说,工程造价控制不仅要真实地反映投资决策,反映设计、发包和施工,被动地控制工程造价,更要能动地影响投资决策,影响工程设计、发包和施工,主动地控制工程造价。

(3)技术与经济相结合

要有效地控制工程造价,应从组织、技术、经济、合同等多方面采取措施。

从组织上采取措施,包括明确项目组织结构,明确造价控制者及其任务,明确管理职能分工;从技术上采取措施,包括重视设计多方案选择,严格审查监督初步设计、技术设计、施工图设计、施工组织设计,深入技术领域研究节约投资的可能性;从经济上采取措施,包括动态地比较造价的计划值和实际值,严格审核各项费用支出,采取对节约投资有力的奖励措施等。

应该看到,技术与经济相结合是控制工程造价最有效的手段。应通过技术比较、经济分析和效果评价,正确处理技术先进与经济合理之间的对立统一关系,力求做到在技术先进条件下的经济合理,在经济合理基础上的技术先进,把控制工程造价的观念渗透到各项设计和施工技术措施之中。

🌐 1.3.3 工程造价管理的组织

工程造价管理的组织,是指为了实现工程造价管理目标而进行的有效组织活动,以及与造价管理功能相关的有机群体。按照管理的权限和职责范围划分,我国目前的工程造价管理组织系统分为政府行政管理系统,行业协会管理系统,以及企业、事业机构管理系统。

1.政府行政管理系统

政府在工程造价管理中既是宏观管理主体,也是政府投资项目的微观管理主体。从宏观管理的角度,政府对工程造价管理有一个严密的组织系统,设置了多层管理机构,规定了管理权限和职责范围。

(1)国务院建设主管部门造价管理机构。主要职责是:

①组织制定工程造价管理的有关法规、制度并组织贯彻实施;

②组织制定全国统一经济定额和制定、修订本部门经济定额;

③监督指导全国统一的经济定额和本部门经济定额的实施;

④制定和负责全国工程造价咨询企业的资质标准及其资质管理工作;

⑤制定全国工程造价管理专业人员执业资格准入标准,并监督执行。

(2)国务院其他部门的工程造价管理机构。包括:水利、水电、电力、石油、石化、机械、冶金、公路、铁路、煤炭、建材、林业、有色、核工业等行业和军队的造价管理机构,主要是修订、编制和解释相应的工程建设标准定额,有的还担负本行业大型或重点建设项目的概算审批、概算调整等职责。

(3)省、自治区、直辖市工程造价管理部门。主要职责是修编、解释当地定额、收费标准和计价制度等。此外,还有审核国家投资工程的标底、结算,处理合同纠纷等职责。

2.行业协会管理系统

中国建设工程造价管理协会是经住房和城乡建设部和民政部批准成立的,代表我国建设工程造价管理的全国性行业协会,是亚太区测量师协会(PAQS)和国际工程造价联合会(ICEC)等相关国际组织的正式成员。在各国造价管理协会和相关学会团体的不断共同努力下,目前,联合国已将造价管理行业列入了国际组织认可行业,这对造价咨询行业的可持续发展和进一步提高造价专业人员的社会地位将起到积极的促进作用。

为了增强对各地工程造价咨询工作和造价工程师的行业管理,近些年来,先后成立了各省、自治区、直辖市所属的地方工程造价管理协会。全国性造价管理协会与地方造价管理协会是平等、协商、相互支持的关系,地方协会接受全国性协会的业务指导,共同促进全国工程造价行业管理水平的整体提升。

3.企业、事业机构管理系统

企业、事业机构对工程造价的管理,属于微观管理的范畴,通常是针对具体的建设项目而实施工程造价管理活动。企业、事业机构管理系统根据主体的不同,可划分为业主方工程造价管理系统、承包方工程造价管理系统、中介服务方工程造价管理系统。

(1)业主方工程造价管理系统

业主对项目建设的全过程进行造价管理,其职责主要是:进行可行性研究、投资估算的确定与控制;设计方案的优化和设计概算的确定与控制;施工招标文件和招标控制价的编制;工程进度款的支付和工程结算及控制;合同价的调整;索赔与风险管理;竣工决算的编制等。

（2）承包方工程造价管理系统

承包方工程造价管理组织的职责主要有:投标决策,并通过市场研究、结合自身积累的经验进行投标报价;编制施工定额;在施工过程中进行工程造价的动态管理,加强风险管理、工程进度款的支付、工程索赔、竣工结算;同时加强企业内部的管理,包括施工成本的预测、控制与核算等。

（3）中介服务方工程造价管理系统

中介服务方主要有设计方与工程造价咨询方,其职责包括:按照业主或委托方的意图,在可行性研究和规划设计阶段确定并控制工程造价;采用限额设计以实现设定的工程造价管理目标;招投标阶段编制招标控制价,参与评标、议标;在项目实施阶段,通过设计变更、索赔与结算等工作进行工程造价的控制。

1.4 ▶ 全过程工程造价管理

🌐 1.4.1 全过程工程造价管理的概念

随着时代的发展和社会的进步,我国的建设工程造价管理体制和方法必须进行全面转变。为了全面提高我国建设工程造价管理的水平,必须尽快实现从传统的项目管理范式向现代项目管理范式的转换,同时实现从传统的基于定额的造价管理范式向现代的基于活动的全过程造价管理范式的转换。

1.全过程造价管理的产生

自20世纪80年代中期开始,我国建设工程造价管理界就有了对建设项目进行全过程造价管理的思想。特别是在1988年,当时的国家计划委员会印发了《关于控制建设工程造价的若干规定》(计标〔1988〕30号)的通知,在该通知中提出了"建设工程造价的合理确定和有效控制是工程建设管理中的重要组成部分。控制工程造价的目的不仅仅在于控制项目投资不超过批准的造价限额,更积极的意义在于合理使用人力、物力、财力,以及取得最大的投资效益。"这是国内对于建设项目造价管理必须以投资效益最大化作为指导思想的较早描述,它确定了我国提出的全过程造价管理范式的根本指导思想。同时,该通知还提出了"为了有效地控制工程造价,必须建立健全投资主管单位、建设、设计、施工等各有关单位的全过程造价控制责任制"。这是我国全过程造价管理具体方法的最早文件。

进入20世纪90年代以后,我国建设工程造价管理界更进一步地对这一管理范式提出了许多理论。与此同时,国际上也出现了一些建设项目全过程造价管理方面的研究文献。

2.全过程造价管理的内涵

建设项目全过程造价管理范式的核心概念主要包括:

（1）多主体的参与和投资效益最大化

全过程造价管理范式的根本指导思想是通过这种管理方法,使得项目的投资效益最大化以及合理地使用项目的人力、物力和财力以降低工程造价。全过程造价管理范式的根本方法是整个项目建设全过程中的各有关单位共同分工合作去承担建设项目全过程的造价控制工作。全过程造价管理要求项目全体相关利益主体的全过程参与,这些相关利益主体构成了一个利益团队,他们必须共同合作和分别负责整个建设项目全过程中各项活动造价的确定与控制责任。

(2)全过程的概念

全过程造价管理作为一种全新的造价管理范式,强调建设项目是一个过程,建设项目造价的确定与控制也是一个过程,是一个项目造价决策和实施的过程,人们在项目全过程中都需要开展建设项目造价管理的工作。

(3)基于活动的造价确定方法

全过程造价管理中的建设项目造价确定是一种基于活动的造价确定方法,这种方法是将一个建设项目的工作分解成项目活动清单,然后使用工程测量方法确定出每项活动所消耗的资源,最终根据这些资源的市场价格信息确定出一个建设项目的造价。

(4)基于活动的造价控制方法

全过程造价管理中的建设项目造价控制是一种基于活动的造价控制方法,这种方法强调一个建设项目的造价控制必须从项目的各项活动及其活动方法的控制入手,通过减少和消除不必要的活动去减少资源消耗,从而实现降低和控制建设项目造价的目的。

从上述分析可以得出全过程造价管理范式的基本原理是:按照基于活动的造价确定方法去估算和确定建设项目造价,同时采用基于活动的管理方法来降低和消除项目的无效和低效活动,从而减少资源消耗与占用,并最终实现对建设项目造价的控制。

🌐 1.4.2　全过程造价管理的基本步骤

全过程造价管理具有两项主要内容,一是造价的确定过程,二是造价的控制过程。

1.造价的确定

全过程造价管理范式中的造价确定是按照基于活动的项目成本核算方法进行的。这种方法的核心指导思想是:任何项目成本的形成都是由于消耗或占用一定的资源造成的,而任何这种资源的消耗和占用都是由于开展项目活动造成的,所以只有确定了项目的活动才能确定出项目所需消耗的资源,而只有在确定了项目活动所消耗和占用的资源以后才能科学地确定出项目活动的造价,最终才能确定出一个建设项目的造价。这种确定造价的方法实际上就是国际上通行的基于活动的成本核算的方法,也叫工程量清单法或工料测量法。需要注意的是,我国现在全面推广的工程量清单法在项目工作分解结构的技术、项目活动的分解与界定技术方法和项目资源价格信息收集与确定方法等方面还存在一些缺陷,所以必须加以改进和完善才能够形成建设项目全过程造价确定的技术方法。

2.造价的控制

全过程造价管理范式中的造价控制是按照基于活动的项目成本控制方法进行的。这种方法的核心指导思想是:任何项目成本的节约都是由于项目资源消耗和占用的减少带来的,而项目资源消耗和占用的减少只有通过项目减少或消除项目的无效或低效活动才能做到,所以只有减少或消除项目无效或低效活动以及改善项目低效活动方法才能够有效地控制和降低建设项目的造价。这种造价控制的技术方法就是国际上流行的基于活动(或过程)的项目造价控制方法。我国现有的项目控制方法在不确定性成本控制、项目变更总体控制、项目多要素变动的集成管理和项目活动方法的改进与完善等方面都还存在一些缺陷,需要改进和完善。

1.4.3　全过程造价管理的方法

全过程造价管理的方法主要有两部分:其一是基本方法,包括全过程工作分解技术方法、全过程造价确定技术方法、全过程造价控制技术方法;其二是辅助方法,包括建设项目全要素集成造价管理技术方法、建设项目全风险造价管理技术方法、建设项目全团队造价管理技术方法等。

1.全过程工作分解技术方法

每一个建设项目的全过程都是由一系列的项目阶段和具体项目活动构成的,因此,全过程造价管理首先要求对建设项目进行工作分解与活动分解。

(1)建设项目全过程的阶段划分

一个建设项目的全过程至少可以简单地划分为四个阶段:项目可行性分析与决策阶段、项目设计与计划阶段、项目的实施阶段、项目的完工与交付阶段。

(2)建设项目各阶段的进一步划分

项目的每一个阶段是由一系列的活动组成,因此,可以对项目各阶段进行进一步划分,这种划分包括两个层次。

①项目的工作分解与工作包。任何一个建设项目都可以按照一种层次型的结构化方法进行项目工作包的分解,并且给出建设项目的工作分解结构,这是现代建设项目管理中范围管理的一种重要方法。借用现代建设项目管理的这种方法,可以将一个建设项目的全过程分解成一系列的项目工作包,然后将这些项目工作包进一步细分成建设项目全过程的活动,以便能够更为细致地去确定和控制项目的造价。

②项目的活动分解与活动。任何一个建设项目的工作包都可以进一步划分为多项建设项目的活动,这些活动是为生成建设项目某种特定产出物服务的。这样,建设项目各阶段工作包又可以进一步分解为一系列的活动,从而进一步细分一个项目全过程中各工作包中的工作,以便更为细致地去管理项目的造价。

因此,一个建设项目的全过程可以首先划分成多个建设项目阶段,然后再将这些阶段的建设项目工作包分解找出并做出建设项目的工作分解结构,最后进一步将工作包分解成活动并给出建设项目各项活动的清单,最终就可以从对各项活动的造价管理入手去实现对项目的全过程造价管理了。

2.全过程造价确定技术方法

(1)全过程中各阶段造价的确定

根据上述项目的阶段性划分理论,一个建设项目全过程的造价就可以被看成是项目各阶段造价之和。其中项目的可行性与决策阶段的造价是由决策和决策支持工作所形成的成本加上相应的服务利润,通常这种成本是项目业主和咨询服务机构工作的代价,它在整个项目的成本中所占比重较小,而服务利润是指在委托造价咨询服务机构提供项目决策服务时应付的利润和税金等;项目的设计与计划阶段的造价多数是由设计和实施组织提供服务的成本加上相应的服务利润;项目实施阶段的造价是由项目实施组织提供服务的成本加上相应的服务利润和项目主体建设中的各种资源的价值转移而形成的;项目的完工与交付阶段的成本多数是一些检验、变更和返工所形成的成本。

（2）全过程中项目活动造价的确定

项目各个阶段的造价实际上都是由一系列不同性质的项目活动所消耗或占用的资源形成的,因此要准确地确定项目的造价还必须分析和确定项目所有活动的造价。项目每个阶段的造价都是由其中的项目活动造价累计而成的。

（3）全过程造价的确定

项目全过程的造价是由项目各个不同阶段的造价构成的,而项目各个不同阶段的造价又是由每一项目阶段中的项目活动造价构成的。所以在全过程造价的确定过程中必须按照项目活动分解的方法首先找出一个项目的项目阶段、项目工作分解结构和项目活动清单,然后按照自下而上的方法得到一个项目的全过程造价。

3.全过程造价控制技术方法

对项目全过程造价的控制首先必须从控制全过程中项目活动和项目活动方法入手,通过努力消除与减少无效活动和提高项目活动效率与改善项目活动方法去减少项目对于各种资源的消耗与占用,从而形成项目全过程造价的降低和节约。另外,还必须控制项目各项活动消耗与占用的资源,通过科学的物流管理和资源配置方法减少由于项目资源管理不善或资源配置不当所造成的项目成本的提高。

一个项目的全过程造价控制工作主要包括三大方面内容:

（1）全过程中项目活动的控制

全过程活动的控制主要包括两个方面:其一是活动规模的控制,即努力控制项目活动的数量和大小,通过消除各种不必要或无效的项目活动去实现节约资源和降低成本的目的;其二是活动方法的控制,即努力改进和提高项目活动的方法,通过提高效率去降低资源消耗和减少项目成本。

（2）全过程中项目资源的控制

全过程中项目资源的控制工作主要包括两个方面:其一是项目各种资源的物流等方面的管理,即资源的采购和物流等方面的管理,其主要目的是降低项目资源在流通环节中的消耗和浪费;其二是各种资源的合理配置方面的管理,即项目资源的合理调配和项目资源在时间和空间的科学配置,其主要目的是消除各种停工待料或资源积压与浪费。

（3）全过程的造价结算控制

全过程的造价结算控制是一种间接控制造价的方法,可以减少项目贷款利息或汇兑损益以及提高资金的时间价值。例如,通过付款方式和时间的正确选择去降低项目物料和设备采购或进口方面的成本,通过对于结算货币的选择去降低外汇的汇兑损益,通过及时结算和准时交割去减少利息支付等。

4.全要素集成造价管理技术方法

全过程的造价管理需要从管理影响项目造价的全部要素入手,建立一套涉及全要素集成造价控制的项目造价管理方法。在项目建设的全过程中影响造价的基本要素有四个:一是建设项目范围,二是建设项目工期,三是建设项目质量,四是建设项目造价。

在全过程造价管理中这四个要素是相互影响和相互转化的。一个建设项目的范围、工期和质量在一定条件下可以转化成项目的造价。例如,项目范围的扩大和项目工期的缩短会转化成项目造价的增加。同样,项目质量的提高也会转化成项目造价的增加。因此对于全过程造价管理而言,还必须从影响造价的全部要素管理的角度去分析和找出项目范围、工期、质量与造价等要素的相互关系。

5.全风险造价管理技术方法

项目的实现过程是在一个存在许多风险和不确定性因素的外部环境和条件下进行的,这些不确定性因素的存在会直接导致项目造价的不确定性。因此,项目的全过程造价管理还必须综合管理项目的风险性因素及风险性造价。

项目造价的不确定性主要表现在三个方面:一是项目活动本身存在的不确定性,二是项目活动规模及其所消耗和占用资源数量方面的不确定性,三是项目所消耗和占用资源价格的不确定性。

6.全团队造价管理技术方法

项目的实现过程中会涉及到多个不同的利益主体,包括项目法人、设计单位、咨询单位、承包商、供应商等,这些利益主体一方面为实现一个建设项目而共同合作,另一方面依分工去完成项目的不同任务并获得各自的收益。在项目的实现过程中,这些利益主体都有各自的利益,甚至有时候这些利益主体之间还会发生利益冲突,这就要求在项目的全过程造价管理中必须协调好他们之间的利益和关系,从而将这些不同的利益主体联合在一起构成一个全面合作的团队,并通过这个全团队的共同努力去实现造价管理的目标。

1.5 ➤ 工程造价咨询与造价工程师

🌐 1.5.1 工程造价咨询

1.工程造价咨询企业

工程造价咨询企业是指接受委托,对建设工程造价的确定与控制提供专业咨询服务的企业。工程造价咨询企业可以为政府部门、建设单位、施工单位、设计单位提供相关专业技术服务,这种以造价咨询业务为核心的服务有时是单项或分阶段的,有时覆盖工程建设全过程。

工程造价咨询企业从事工程造价咨询活动,应当遵循独立、客观、公正、诚实、信用的原则,不得损害社会公共利益和他人的合法权益。同时,任何单位和个人不得非法干预依法进行的工程造价咨询活动。

2.资质等级标准

根据《工程造价咨询企业管理办法》,工程造价咨询企业资质等级分为甲级、乙级。

(1)甲级工程造价咨询企业资质标准

①已取得乙级工程造价咨询企业资质证书满 3 年;

②企业出资人中,注册造价工程师人数不低于出资人总人数的 60%,且其出资额不低于企业注册资本总额的 60%;

③技术负责人已取得造价工程师注册证书,并具有工程或工程经济类高级专业技术职称,

且从事工程造价专业工作15年以上；

④专职从事工程造价专业工作的人员(以下简称专职专业人员)不少于20人,其中,具有工程或者工程经济类中级以上专业技术职称的人员不少于16人;取得造价工程师注册证书的人员不少于10人,其他人员具有从事工程造价专业工作的经历;

⑤企业与专职专业人员签订劳动合同,且专职专业人员符合国家规定的职业年龄(出资人除外);

⑥专职专业人员人事档案关系由国家认可的人事代理机构代为管理;

⑦企业注册资本不少于人民币100万元;

⑧企业近3年工程造价咨询营业收入累计不低于人民币500万元;

⑨具有固定的办公场所,人均办公建筑面积不少于10平方米;

⑩技术档案管理制度、质量控制制度、财务管理制度齐全;

⑪企业为本单位专职专业人员办理的社会基本养老保险手续齐全;

⑫在申请核定资质等级之日前3年内无违规行为。

(2)乙级工程造价咨询企业资质标准

①企业出资人中,注册造价工程师人数不低于出资人总人数的60%,且其出资额不低于注册资本总额的60%;

②技术负责人已取得造价工程师注册证书,并具有工程或工程经济类高级专业技术职称,且从事工程造价专业工作10年以上;

③专职专业人员不少于12人,其中,具有工程或者工程经济类中级以上专业技术职称的人员不少于8人,取得造价工程师注册证书的人员不少于6人,其他人员具有从事工程造价专业工作的经历;

④企业与专职专业人员签订劳动合同,且专职专业人员符合国家规定的职业年龄(出资人除外);

⑤专职专业人员人事档案关系由国家认可的人事代理机构代为管理;

⑥企业注册资本不少于人民币50万元;

⑦具有固定的办公场所,人均办公建筑面积不少于10平方米;

⑧技术档案管理制度、质量控制制度、财务管理制度齐全;

⑨企业为本单位专职专业人员办理的社会基本养老保险手续齐全;

⑩暂定期内工程造价咨询营业收入累计不低于人民币50万元;

⑪在申请核定资质等级之日前无不良从业行为。

3.业务范围

工程造价咨询企业应当依法取得工程造价咨询企业资质,并在其资质等级许可的范围内从事工程造价咨询活动。工程造价咨询企业依法从事工程造价咨询活动,不受行政区域限制。其中,甲级工程造价咨询企业可以从事各类建设项目的工程造价咨询业务;乙级工程造价咨询企业可以从事工程造价5000万元人民币以下的各类建设项目的工程造价咨询业务。

工程造价咨询业务范围包括:

①建设项目建议书及可行性研究投资估算、项目经济评价报告的编制和审核;

②建设项目概预算的编制与审核,并配合设计方案比选、优化设计、限额设计等工作进行工程造价分析与控制;

③建设项目合同价款的确定(包括招标工程工程量清单和标底、投标报价的编制和审核);合同价款的签订与调整(包括工程变更、工程洽商和索赔费用的计算)及工程款支付,工程结算及竣工结算和决算报告的编制与审核等;

④工程造价经济纠纷的鉴定和仲裁的咨询;

⑤提供工程造价信息服务等。

同时,工程造价咨询企业可以对建设项目的组织实施进行全过程或者若干阶段的管理和服务。

1.5.2 造价工程师

根据《注册造价工程师管理办法》(建设部令第 150 号),造价工程师是指通过全国造价工程师执业资格统一考试,或者通过资格认定或资格互认,取得中华人民共和国造价工程师执业资格,按有关规定进行注册并取得中华人民共和国造价工程师注册证书和执业印章,从事工程造价活动的专业人员。

我国实行造价工程师注册执业管理制度。取得造价工程师执业资格的人员,必须经过注册方能以注册造价工程师的名义进行执业。

1.造价工程师的素质要求

造价工程师的工作关系到国家和社会公众利益,技术性很强,因此,对造价工程师的素质有特殊要求。造价工程师的素质包括以下几个方面:

(1)思想品德方面的素质。造价工程师在执业过程中,往往要接触许多工程项目,有些项目的工程造价高达数千万、数亿元人民币,甚至更多。造价确定是否准确,造价控制是否合理,不仅关系到国力,关系到国民经济发展的速度和规模,而且关系到多方面的经济利益关系。这就要求造价工程师具有良好的思想修养和职业道德,既能维护国家利益,又能以公正的态度维护有关各方合理的经济利益,绝不能以权谋私。

(2)专业方面的素质。造价工程师专业方面的素质集中表现在以专业知识和技能为基础的工程造价管理方面的实际工作能力。造价工程师应掌握和了解的专业知识主要包括:

①相关的经济理论与项目投资管理和融资;

②相关法律、法规和政策与工程造价管理;

③建筑经济与企业管理;

④财政税收与金融实务;

⑤市场、价格与现行各类计价依据(定额);

⑥招投标与合同管理;

⑦施工技术与施工组织;

⑧工作方法与动作研究;

⑨建筑制图与识图、综合工业技术与建筑技术;

⑩计算机应用和信息管理。

(3)身体方面的素质。造价工程师要有健康的身体,以适应紧张而繁忙的工作,同时应具有肯于钻研和积极进取的精神。

以上各项素质,只是造价工程师工作能力的基础。造价工程师在实际岗位上应能独立完成建设方案、设计方案的经济比较工作,项目可行性研究的投资估算、设计概算和施工图预算、招标标底和投标报价、补充定额和造价指数等编制与管理工作,应能进行合同价结算和竣工决算的管理,以及对造价变动规律和趋势应具有分析和预测能力。

2.造价工程师的技能结构

造价工程师是建设领域工程造价的管理者,其执业范围和担负的重要任务,要求造价工程师必须具备现代管理人员的技能结构。

按照行为科学的观点,作为管理人员应具有三种技能,即技术技能、人文技能和观念技能。技术技能是指能使用经验、教育及训练上的知识、方法、技能及设备,来完成特定任务的能力。人文技能是指与人共事的能力和判断力。观念技能是指了解整个组织及自己在组织中地位的能力,使自己不仅能按本身所属的群体目标行事,而且能按整个组织的目标行事。但是,不同层次的管理人员所需具备的三种技能的结构并不相同。造价工程师应同时具备这三种技能,特别是观念技能和技术技能,但也不能忽视人文技能、与人共事能力的培养和激励的作用。

3.造价工程师的执业

造价工程师是注册执业资格,造价工程师的执业必须依托所注册的工作单位,为了保护其所注册单位的合法权益并加强对造价工程师执业行为的监督和管理,我国规定,造价工程师只能在一个单位注册和执业。

造价工程师的执业范围包括:

①建设项目建议书、可行性研究报告的编制和审核,项目经济评价,工程概算、预算、结算,竣工结(决)算的编制和审核;

②工程量清单、标底(或者控制价)、投标报价的编制和审核,工程合同价款的签订及变更、调整,工程款支付与工程索赔费用的计算;

③建设项目管理过程中设计方案的优化、限额设计等工程造价的分析与控制,工程保险理赔的核查;

④工程经济纠纷的鉴定。

4.造价工程师的权利与义务

经造价工程师签字的工程造价成果文件,应当作为办理审批、报建、拨付工程款和工程结算的依据。

(1)造价工程师的权利

①称谓权。使用注册造价工程师名称。

②执业权。依法独立执行工程造价业务。

③签章权。在本人执业活动中形成的工程造价成果文件上签字并加盖执业印章。

④立业权。发起设立工程造价咨询企业。

⑤举报权。对违反国家法律、法规的不正当计价行为,有权向有关部门举报。

(2)造价工程师的义务

①遵守法律、法规和有关管理规定,恪守职业道德。

②保证执业活动成果的质量。

③接受继续教育,提高执业水平。

④执行工程造价计价标准和计价方法。

⑤与当事人有利害关系的,应当主动回避。

⑥保守在执业中知悉的国家秘密和他人的商业、技术秘密。

📖 本章小结

建设项目可以分为单项工程、单位工程、分部工程和分项工程。我国工程建设程序依次分为投资决策阶段、设计阶段、建设实施阶段、竣工验收阶段,每个阶段都有不同的管理内容和方法。建设项目总投资是一个项目从筹建到最后竣工验收所投入的全部资金,而建设工程造价则是建设项目总投资中的固定资产投资部分。建设工程造价的计价具有单件性、多次性、分部组合性的特点,工程计价的内容、方法及表现形式也多种多样。目前我国适用的工程计价模式有定额计价模式和工程量清单计价模式。工程造价管理的主要内容是合理确定与有效控制工程造价,它强调全过程、全方位、全寿命周期的造价管理。

习 题

一、单项选择题

1. 在固定资产投资中,形成固定资产的主要手段是( )。
    A. 基本建设投资   B. 更新改造投资
    C. 房地产开发投资   D. 其他固定资产投资

2. 在建设项目中,凡具有独立的设计文件,竣工后可以独立发挥生产能力或投资效益的工程称为( )。
    A. 建设项目   B. 单项工程   C. 单位工程   D. 分部工程

3. 静态投资是以某一基准年、月的建设要素的价格为依据所算出的建设项目投资的瞬时值,下列费用属于静态投资的是( )。
    A. 因工程量误差引起的费用增减   B. 涨价预备费
    C. 投资方向调节税   D. 建设期贷款利息

4. 按照工程造价的第一种含义,工程造价是指( )。
    A. 建设项目总投资   B. 建设项目固定资产投资
    C. 建设工程投资   D. 建筑安装工程投资

5. 工程之间千差万别,在用途、结构、造型、位置等方面都有很大的不同,这体现了工程造价( )的特点。
    A. 动态性   B. 个别性和差异性
    C. 层次性   D. 兼容性

6. 在项目建设全过程的各个阶段中,即决策、初步设计、技术设计、施工图设计、招投标、合同实施及竣工验收等阶段,都进行相应的计价,分别对应形成投资估算、设计概算、修正概算、施工图预算、合同价、结算价及决算价等。这体现了工程造价( )的计价特征。
    A. 复杂性   B. 多次性
    C. 组合性   D. 方法多样性

7. 工程实际造价是在( )阶段确定的。

　　A. 招投标 　　　　　　　　　　　　　B. 合同签订

　　C. 竣工验收 　　　　　　　　　　　　D. 施工图设计

　　8. 预算造价是在(　　)阶段编制的。

　　A. 初步设计　　　　B. 技术设计　　　　C. 施工图设计　　　　D. 招投标

　　9. 概算造价是指在初步设计阶段,根据设计意图,通过编制工程概预算文件预先测算和确定的工程造价,主要受到(　　)的控制。

　　A. 投资估算　　　　B. 合同价　　　　C. 修正概算造价　　　　D. 实际造价

　　10. 工程造价的两种管理是指(　　)。

　　A. 建设工程投资费用管理和工程造价计价依据管理

　　B. 建设工程投资费用管理和工程价格管理

　　C. 工程价格管理和工程造价专业队伍建设管理

　　D. 工程造价管理和工程造价计价依据管理

二、多项选择题

　　1. 建设项目按照行业性质和特点划分包括(　　)。

　　A. 基本建设项目 　　　　　　　　　　B. 更新改造项目

　　C. 竞争性项目 　　　　　　　　　　　D. 基础性项目

　　E. 公益性项目

　　2. 在有关工程造价基本概念中,下列说法正确的有(　　)。

　　A. 工程造价两种含义表明需求主体和供给主体追求的经济利益相同

　　B. 工程造价在建设过程中是不确定的,直至竣工决算后才能确定工程的实际造价

　　C. 实现工程造价职能的最主要条件是形成市场竞争机制

　　D. 生产性项目总投资包括其总造价和流动资产投资两部分

　　E. 建设项目各阶段依次形成的工程造价之间的关系是前者制约后者,后者补充前者

　　3. 工程价格是指建成一项工程预计或实际在土地市场、设备和技术劳务市场、承包市场等交易活动中形成的(　　)。

　　A. 综合价格 　　　　　　　　　　　　B. 商品和劳务价格

　　C. 建筑安装工程价格 　　　　　　　　D. 流通领域商品价格

　　E. 建设工程总价格

　　4. 工程造价的特点有(　　)。

　　A. 大额性 　　　　　　　　　　　　　B. 个别性、差异性

　　C. 静态性 　　　　　　　　　　　　　D. 层次性

　　E. 兼容性

　　5. 工程造价计价特征有(　　)。

　　A. 单件性 　　　　　　　　　　　　　B. 批量性

　　C. 多次性 　　　　　　　　　　　　　D. 一次性

　　E. 组合性

　　6. 工程造价具有多次性计价特征,其中各阶段与造价对应关系正确的是(　　)。

　　A. 招投标阶段→合同价 　　　　　　　B. 施工阶段→合同价

C. 竣工验收阶段→实际造价   D. 竣工验收阶段→结算价

E. 可行性研究阶段→概算造价

7. 在工程造价的组合性特征中涉及(　　)。

A. 分部分项工程造价   B. 分部分项工程单价

C. 单位工程造价   D. 单项工程造价

E. 建设项目总造价

8. 由造价工程师签字,加盖执业专用章和单位公章的工程造价成果文件应作为(　　)的依据。

A. 办理工程审批   B. 标底

C. 工程竣工决算   D. 报建

E. 工程结算

第2章
建设工程造价构成

本章概要

1. 我国现行建设项目总投资及建设工程造价的构成；

2. 世界银行及国外项目工程造价的构成；

3. 设备及工、器具购置费的构成；

4. 建筑安装工程费用的构成；

5. 工程建设其他费用的构成；

6. 预备费、建设期贷款利息。

2.1 ▷ 概　　述

2.1.1　我国现行建设项目总投资及建设工程造价的构成

1.投资的含义及分类

（1）投资的含义

投资是现代经济生活中最重要的内容之一，无论是政府、企业、金融组织或个人，作为经济主体，都在不同程度上以不同的方式直接或间接地参与投资活动。

投资指投资主体为了特定的目的，以达到预期收益的价值垫付行为。

广义的投资指投资主体为了特定的目的，将资源投放到某项目以达到预期效果的一系列经济行为。其资源可以是资金也可以是人力、技术等，既可以是有形资产的投放，也可以是无形资产的投放。

狭义的投资指投资主体在经济活动中为实现某种预定的生产、经营目标而预先垫付资金的经济行为。

（2）投资的分类

投资可以从不同角度作不同的分类，如图 2-1 所示。

2.固定资产投资与流动资产投资

1）固定资产投资

（1）固定资产投资的概念。固定资产投资指投资主体为了特定的目的，用于建设和形成固定资产的投资。

按照我国现行规定，固定资产投资包括基本建设投资、更新改造投资、房地产开发投资和其他固定资产投资。

　　基本建设投资指利用国家预算内拨款、自筹资金、国内外基本建设贷款以及其他专项资金进行的,以扩大生产能力(或新增工程效益)为主要目的的新建、扩建工程及有关的工作量,是形成新增固定资产的主要手段。

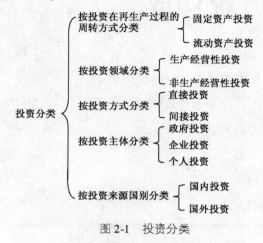

图 2-1　投资分类

　　更新改造投资是通过以先进科学技术改造原有技术、以实现内涵扩大再生产为主的资金投入行为。

　　房地产开发投资是房地产企业开发厂房、宾馆、写字楼、仓库和住宅等房屋设施和开发土地的资金投入行为。

　　其他固定资产投资指按规定不纳入投资计划和利用专项资金进行基本建设、更新改造的资金投入行为,它在固定资产投资中占的比重较小。

　　(2)固定资产投资的分类。固定资产在估算时分为静态投资和动态投资。

　　①静态投资。静态投资是以某一基准年、月的建设要素的价格为依据所计算出的建设项目投资的瞬时值。

　　静态投资包括:设备和工器具购置费、建筑安装工程费、工程建设其他费用、基本预备费(在概算编制阶段难以包括的工程支出,如工程量差引起的造价变化)等。

　　②动态投资。动态投资指为完成一个工程项目的建设,预计投资需要量的总和。它除了包括静态投资所含内容之外,还包括涨价预备费、建设期贷款利息等。

　　动态投资适应了市场价格运行机制的要求,更加符合实际的经济运动规律。

　　静态投资和动态投资的内容虽然有所区别,但二者有密切联系。动态投资包含静态投资,静态投资是动态投资最主要的组成部分,也是动态投资的计算基础。

　　2)流动资产投资

　　流动资产指在生产经营过程中经常改变其存在状态,在一年或者超过一年的一个营业周期内变现或者耗用的资产。

　　和固定资产投资相对应,流动资产投资指投资主体用以获得流动资产的投资,即项目在投产前预先垫付、在投产后生产经营过程中周转使用的资金——流动资金。

　　3.建设项目总投资和建设工程造价的构成

　　建设项目总投资指在工程项目建设阶段所需要的全部费用的总和。

生产性建设项目总投资包括固定资产投资(含建设投资、建设期利息)和流动资产投资两部分;而非生产性建设项目总投资只包括固定资产投资(含建设投资、建设期利息)部分,不含流动资产投资。

建设工程造价是按照确定的建设内容、建设规模、建设标准、功能要求和使用要求等将建设工程项目全部建成并验收合格交付使用所需的全部费用。

建设工程造价基本构成包括用于购买工程项目所含各种设备的费用、用于建筑施工和安装施工所需支出的费用、用于委托工程勘察设计应支付的费用、用于购置土地所需的费用,也包括用于建设单位自身进行项目筹建和项目管理所花费的费用等。建设项目的工程造价与固定资产投资在量上相等,固定资产投资等于建设投资和建设期利息之和。

建设工程造价的主要构成部分是建设投资,根据国家发改委和原建设部已发布的《建设项目经济评价方法与参数(第三版)》(发改投资〔2006〕1325 号)的规定,建设投资包括工程费用、工程建设其他费用和预备费三部分。

工程费用指直接构成固定资产实体的各种费用,可以分为设备及工器具购置费和建筑安装工程费。其中建筑安装工程费由七部分组成,即人工费、材料(包含工程设备,下同)费、施工机具使用费、企业管理费、利润、规费和税金。

工程建设其他费用指根据国家有关规定应在投资中支付,并列入建设项目总造价或单项工程造价的费用。

预备费是为了保证工程项目的顺利实施,避免在难以预料的情况下造成投资不足而预先安排的一笔费用。

建设项目总投资及建设工程造价的具体构成如图 2-2 所示。

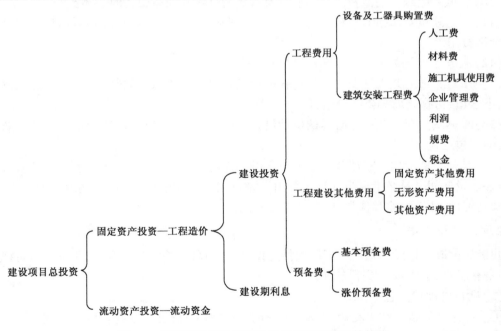

图 2-2 我国现行建设项目总投资及工程造价的构成

2.1.2 世界银行对建设项目工程造价构成的规定

1978 年,世界银行、国际咨询工程师联合会对项目的总建设成本(相当于我国的工程造

价)作了统一规定,工程项目总建设成本包括直接建设成本、间接建设成本、应急费和建设成本上升费等。其详细内容如下:

1.直接建设成本

直接建设成本指直接用于项目建设的各项费用,相当于我国工程造价中的直接费,但是也有区别,具体内容包括:

(1)土地征购费。主要指土地征用或购置的各种费用。

(2)场外设施费用。如道路、码头、桥梁、机场、输电线路等设施费用。

(3)场地费用。指用于场地准备、厂区道路、铁路、围栏、场内设施等的建设费用。

(4)工艺设备费。指主要设备、辅助设备及零配件的购置费用,包括海运包装费用、交货港离岸价,但不包括税金。

(5)设备安装费。指设备供应商的监理费用,本国劳务及工资费用,辅助材料、施工设备,消耗品和工具费用,以及安装承包商的管理费和利润等。

(6)管道系统费用。指与系统的材料及劳务相关的全部费用。

(7)电气设备费。其内容与第(4)项相似。

(8)电气安装费。指设备供应商的监理费用,本国劳务与工资费用,辅助材料、电缆、管道和工具费用,以及安装承包商的管理费和利润。

(9)仪器仪表费。指所有自动仪表、控制板、配线和辅助材料的费用以及供应商的监理费,外国或本国劳务及工资费用、承包商的管理费和利润。

(10)机械的绝缘和油漆费。指与机械及管道的绝缘和油漆相关的全部费用。

(11)工艺建筑费。指原材料、劳务费以及与基础、建筑结构、屋顶、内外装修、公共设施有关的全部费用。

(12)服务性建筑费用。其内容与第(11)项相似。

(13)工厂普通公共设施费。包括材料和劳务费以及与供水、燃料供应、通风、蒸汽发生及分配、下水道、污物处理等公共设施有关的费用。

(14)车辆费。指工艺操作必需的机动设备零件费用,包括海运包装费用以及交货港的离岸价,但不包括税金。

(15)其他当地费用。指那些不能归类于以上任何一个项目,不能计入建设项目的间接成本,但在建设期间又是必不可少的当地费用,如临时设备、临时公共设施及场地的维持费,营地设施及其管理,建筑保险和债券,杂项开支等费用。

2.间接建设成本

间接建设成本指虽不直接用于该项目建设,但与项目相关的各种费用,和我国的间接费相似,但是有区别,主要包括以下方面。

(1)项目管理费。包括:

①总部人员的薪金和福利费,以及用于初步和详细工程设计、采购、时间和成本控制、行政和其他一般管理人员的费用;

②施工管理现场人员的薪金、福利费和用于施工现场监督、质量保证、现场采购、时间及成本控制、行政及其他施工管理机构的费用;

③零星杂项费用,如返工、旅行、生活津贴、业务支出等;

④各种酬金。

(2)开工试车费。指工厂投料试车必需的劳务和材料费用。

(3)业主的行政性费用。指业主的项目管理人员支出的费用。

(4)生产前准备费。指前期研究、勘测、建矿、采矿等费用。

(5)运费和保险费。指海运、国内运输、许可证及佣金、海洋保险、综合保险等费用。

(6)地方税。指地方关税、地方税及对特殊项目征收的税金。

3.应急费

指在项目建设中,为了应付建设初期无法明确的子项目或建设过程中可能出现的事先无法预见事件而准备的费用。

(1)未明确项目的准备金

该准备金用于在估算时不可能明确的潜在项目,包括那些在做成本估算时因为缺乏完整、准确和详细的资料而不能够完全预见和不能注明的项目,而且这些项目是必须完成的,其费用是必定要发生的。它是估算不可缺少的一个组成部分。

(2)不可预见准备金

该准备金是在未明确项目准备金之外,由于物质、社会和经济的变化,导致估算增加的情况。此种情况可能发生,也可能不发生。因此,不可预见准备金只是一种储备,可能动用,也可能不动用。

4.建设成本上升费用

指用于补偿在项目实际建设过程中,因工资、材料、设备等价格比在项目建设前期估算价格增高的费用。

2.2 ▶ 设备及工器具购置费的构成

设备及工器具购置费是由设备购置费和工具、器具及生产家具购置费组成的,它是固定资产投资中的积极部分。在生产性工程建设中,设备及工器具购置费占工程造价比重的增大,意味着生产技术的进步和资本有机构成的提高。

🌐 2.2.1 设备购置费的构成及计算

设备购置费指为建设项目购置或自制的达到固定资产标准的各种国产或进口设备、工具、器具的购置费用。

$$设备购置费 = 设备原价 + 设备运杂费 \tag{2-1}$$

式中:设备原价——国产设备或进口设备的原价;

设备运杂费——除设备原价之外的,设备采购、运输、途中包装及仓库保管等方面支出费用的总和。

1.国产设备原价的构成及计算

国产设备原价一般指设备制造厂的交货价,或订货合同价。它一般根据生产厂或供应商的询价、报价、合同价确定,或采用一定的方法计算确定。国产设备原价分为两种:国产标准设备原价和国产非标准设备原价。

（1）国产标准设备原价

国产标准设备指按照主管部门颁布的标准图纸和技术要求，由我国设备生产厂批量生产的，符合国家质量检测标准的设备，如批量生产的车床等。

国产标准设备原价有两种：带有备件的原价和不带有备件的原价。在计算时，一般采用带有备件的原价。国产标准设备原价一般指的是设备制造厂的交货价，即出厂价。如果设备由设备成套公司供应，则以订货合同价为设备原价，一般按带有备件的出厂价计算。

（2）国产非标准设备原价

国产非标准设备指国家尚无定型标准，各设备生产厂不可能在工艺过程中采用批量生产，只能按一次订货，并根据具体的设计图纸制造的设备。

非标准设备原价有多种不同的计算方法，如成本计算估价法、系列设备插入估价法、分部组合估价法、定额估价法。常用的是成本计算估价法，其原价由以下各项组成：

①材料费。其计算公式如下：

$$材料费 = 材料净重 \times (1 + 加工损耗系数) \times 每吨材料综合价 \qquad (2-2)$$

②加工费。包括生产工人工资和工资附加费、燃料动力费、设备折旧费、车间经费等。其计算公式如下：

$$加工费 = 设备总重量(t) \times 设备每吨加工费 \qquad (2-3)$$

③辅助材料费（简称辅材费）。如焊条、焊丝、氧气、油漆等费用。其计算公式如下：

$$辅助材料费 = 设备总重量 \times 辅助材料费指标 \qquad (2-4)$$

④专用工具费。按（1）～（3）项之和乘以一定百分比计算。

⑤废品损失费。按（1）～（4）项之和乘以一定百分比计算。

⑥外购配套件费。按设备设计图纸所列的外购配套件的名称、型号、规格、数量、重量，根据相应的价格加运杂费计算。

⑦包装费。按以上（1）～（6）项之和乘以一定百分比计算。

⑧利润。可按（1）～（5）项加第（7）项之和乘以一定利润率计算。

⑨税金。主要指增值税。其计算公式如下：

$$增值税 = 当期销项税额 - 进项税额 \qquad (2-5)$$

$$当期销项税额 = 销售额 \times 适用增值税率 \qquad (2-6)$$

销售额为（1）～（8）项之和。

⑩非标准设备设计费。按国家规定的设计费收费标准计算。

综上所述，单台非标准设备原价可用下面的公式表达：

$$
\begin{aligned}
单台非标准设备原价 = & \{[(材料费 + 加工费 + 辅助材料费) \times (1 + 专用工具费率) \times \\
& (1 + 废品损失率) + 外购配套件费] \times (1 + 包装费率) - \\
& 外购配套件费\} \times (1 + 利润率) + 销项税额 + \\
& 非标准设备设计费 + 外购配套件费
\end{aligned}
\qquad (2-7)
$$

【例2-1】某工厂采购一台国产非标准设备，制造厂生产该台设备所用材料费30万元，加工费2万元，辅助材料费5000元，专用工具费率2%，废品损失费率12%，外购配套件费7万元,包装费率1.5%,利润率为8%,增值税率为17%,非标准设备设计费2.5万元,求该国产非标准设备的原价。

【解】专用工具费 = (30 + 2 + 0.5) × 2% = 0.65 万元

废品损失费 = (30 + 2 + 0.5 + 0.65) × 12% = 3.978 万元

包装费 = (32.5 + 0.65 + 3.978 + 7) × 1.5% = 0.662 万元

利润 = (32.5 + 0.65 + 3.978 + 0.662) × 8% = 3.023 万元

销项税额 = (32.5 + 0.65 + 3.978 + 7 + 0.662 + 3.023) × 17% = 8.128 万元

该国产非标准设备的原价 = 32.5 + 0.65 + 3.978 + 7 + 0.662 + 3.023 + 8.128 + 2.5
= 58.441 万元

2. 进口设备原价的构成及计算

进口设备的原价指进口设备的抵岸价,通常由进口设备到岸价(CIF)和进口从属费构成。

进口设备的到岸价,即抵达买方边境港口或边境车站的价格。在国际贸易中,交易双方所使用的交货类别不同,则交易价格的构成内容也有所差异。

进口从属费用包括银行财务费、外贸手续费、进口关税、消费税、进口环节增值税等,进口车辆的还需缴纳车辆购置税。

(1)进口设备的交易价格

在国际贸易中,较为广泛使用的交易价格有 FOB、CFR 和 CIF。

①FOB(Free on Board),意为装运港船上交货,也称为离岸价格。FOB 指当货物在指定的装运港越过船舷,卖方即完成交货义务。风险转移,以在指定的装运港货物越过船舷时为分界点。费用划分与风险转移的分界点相一致。

在 FOB 交货方式下,卖方的基本义务有:办理出口清关手续,自负风险和费用,领取出口许可证及其他官方文件;在约定的日期或期限内,在合同规定的装运港,按港口惯常的方式,把货物装上买方指定的船只,并及时通知买方;承担货物在装运港越过船舷之前的一切费用和风险;向买方提供商业发票和证明货物已交至船上的装运单据或具有同等效力的电子单证。买方的基本义务有:负责租船订舱,按时派船到合同约定的装运港接运货物,支付运费,并将船期、船名及装船地点及时通知卖方;负担货物在装运港越过船舷后的各种费用以及货物灭失或损坏的一切风险;负责获取进口许可证或其他官方文件,以及办理货物入境手续;受领卖方提供的各种单证,按合同规定支付货款。

②CFR(Cost and Freight),意为成本加运费,或称为运费在内价。CFR 指在装运港货物越过船舷卖方即完成交货,卖方必须支付将货物运至指定的目的港所需的运费和费用,但交货后货物灭失或损坏的风险,以及由于各种事件造成的任何额外费用,即由卖方转移到买方。与FOB 价格相比,CFR 的费用划分与风险转移的分界点是不一致的。

在 CFR 交货方式下,卖方的基本义务有:提供合同规定的货物,负责订立运输合同,并租船订舱,在合同规定的装运港和规定的期限内,将货物装上船并及时通知买方,支付运至目的港的运费;负责办理出口清关手续,提供出口许可证或其他官方批准的证件;承担货物在装运港越过船舷之前的一切费用和风险;按合同规定提供正式有效的运输单据、发票或具有同等效力的电子单证。买方的基本义务有:承担货物在装运港越过船舷以后的一切风险及运输途中因遭遇风险所引起的额外费用;在合同规定的目的港受领货物,办理进口清关手续,交纳进口税;受领卖方提供的各种约定的单证,并按合同规定支付货款。

③CIF(Cost Insurance and Freight)，意为成本加保险费、运费，习惯称到岸价格。在 CIF 术语中，卖方除负有与 CFR 相同的义务外，还应办理货物在运输途中最低险别的海运保险，并应支付保险费。如买方需要更高的保险险别，则需要与卖方明确地达成协议，或者自行做出额外的保险安排。除保险这项义务之外，买方的义务也与 CFR 相同。

（2）进口设备到岸价的构成及计算

$$进口设备到岸价(CIF) = 离岸价格(FOB) + 国际运费 + 运输保险费$$
$$= 运费在内价(CFR) + 运输保险费 \tag{2-8}$$

①货价。一般指装运港船上交货价(FOB)。设备货价分为原币货价和人民币货价，原币货价一律折算为美元表示，人民币货价按原币货价乘以外汇市场美元兑换人民币汇率中间价确定。进口设备货价按有关生产厂商询价、报价、订货合同价计算。

②国际运费。即从装运港（站）到达我国目的港（站）的运费。我国进口设备大部分采用海洋运输，小部分采用铁路运输，个别采用航空运输。进口设备国际运费计算公式如下：

$$国际运费(海、陆、空) = 原币货价(FOB) \times 运费率 \tag{2-9}$$
$$国际运费(海、陆、空) = 单位运价 \times 运量 \tag{2-10}$$

其中，运费率或单位运价参照有关部门或进出口公司的规定执行。

③运输保险费。对外贸易货物运输保险是由保险人（保险公司）与被保险人（出口人或进口人）订立保险契约，在被保险人交付议定的保险费后，保险人根据保险契约的规定对货物在运输过程中发生的承保责任范围内的损失给予经济上的补偿。这是一种财产保险。计算公式为：

$$运输保险费 = \frac{原币货价(FOB) + 国外运费}{1 - 保险费率} \times 保险费率 \tag{2-11}$$

其中，保险费率按保险公司规定的进口货物保险费率计算。

（3）进口从属费的构成及计算

$$进口从属费 = 银行财务费 + 外贸手续费 + 关税 + 消费税 +$$
$$进口环节增值税 + 车辆购置税 \tag{2-12}$$

①银行财务费。一般指在国际贸易结算中，中国银行为进出口商提供金融结算服务所收取的费用，可按下式简化计算：

$$银行财务费 = 离岸价格(FOB) \times 人民币外汇汇率 \times 银行财务费率 \tag{2-13}$$

②外贸手续费。指按对外经济贸易部规定的外贸手续费率计取的费用，外贸手续费率一般取 1.5%。计算公式为：

$$外贸手续费 = 到岸价格(CIF) \times 人民币外汇汇率 \times 外贸手续费率 \tag{2-14}$$

③关税。由海关对进出国境或关境的货物和物品征收的一种税。计算公式为：

$$关税 = 到岸价格(CIF) \times 人民币外汇汇率 \times 进口关税税率 \tag{2-15}$$

到岸价格作为关税的计征基数时，通常又可称为关税完税价格。进口关税税率分为优惠和普通两种。优惠税率适用于与我国签订关税互惠条款的贸易条约或协定的国家的进口设备；普通税率适用于与我国未签订关税互惠条款的贸易条约或协定的国家的进口设备。进口关税税率按我国海关总署发布的进口关税税率计算。

④消费税。仅对部分进口设备（如轿车、摩托车等）征收，一般计算公式为：

$$应纳消费税税额 = \frac{到岸价格(CIF) \times 人民币外汇汇率 + 关税}{1 - 消费税税率} \times 消费税税率 \tag{2-16}$$

其中,消费税税率根据规定的税率计算。

⑤进口环节增值税。指对从事进口贸易的单位和个人,在进口商品报关进口后征收的税种。我国增值税条例规定,进口应税产品均按组成计税价格和增值税税率直接计算应纳税额,即:

$$进口环节增值税额 = 组成计税价格 × 增值税税率 \qquad (2-17)$$
$$组成计税价格 = 关税完税价格 + 关税 + 消费税 \qquad (2-18)$$

增值税税率根据规定的税率计算。

⑥车辆购置税。进口车辆需缴进口车辆购置税。其计算公式如下:

$$进口车辆购置税 = (关税完税价格 + 关税 + 消费税) × 车辆购置税率 \qquad (2-19)$$

【例2-2】从某国进口车辆,装运港船上交货价100万美元,国际运费费率为10%,海上运输保险费率为4‰,银行财务费率为4.5‰,外贸手续费率为1.5%,关税税率为20%,消费税税率为10%,增值税税率为17%,车辆购置税税率为5%,银行外汇牌价为1美元 = 6.8元人民币,对该进口车辆的原价进行估算。

【解】进口车辆FOB = 100 × 6.8 = 680万元

国际运费 = 100 × 10% × 6.8 = 68万元

海运保险费 = $\frac{680 + 68}{1 - 0.4\%}$ × 0.4% = 3.00万元

CIF = 680 + 68 + 3.00 = 751万元

银行财务费 = 680 × 4.5‰ = 3.06万元

外贸手续费 = 751 × 1.5% = 11.27万元

关税 = 751 × 20% = 150.2万元

消费税 = $\frac{751 + 150.2}{1 - 10\%}$ × 10% = 100.13万元

增值税 = (751 + 150.2 + 100.13) × 17% = 170.23万元

车辆购置税 = (751 + 150.2 + 100.13) × 5% = 50.07万元

进口从属费 = 3.06 + 11.27 + 150.2 + 100.13 + 170.23 + 50.07 = 484.96万元

进口车辆原价 = 751 + 484.96 = 1235.96万元

3.设备运杂费的构成及计算

(1)设备运杂费的构成

①运费和装卸费。国产设备指由设备制造厂交货地点起至工地仓库(或施工组织设计指定的需要安装设备的堆放地点)止所发生的运费和装卸费;进口设备则指由我国到岸港口或边境车站起至工地仓库(或施工组织设计指定的需安装设备的堆放地点)止所发生的运费和装卸费。

②包装费。指在设备原价中没有包含的,为运输而进行包装支出的各种费用。

③设备供销部门手续费。此项费用仅发生在具有设备供销部门这个中间环节的情况下。其费用按有关部门规定的统一费率计算。

④采购与仓库保管费。指采购、验收、保管和收发设备所发生的各种费用,包括设备采购人员、保管人员和管理人员的工资、工资附加费、办公费、差旅交通费,设备供应部门办公和仓库所占固定资产使用费、工具用具使用费、劳动保护费、检验试验费等。这些费用可按主管部

门规定的采购与保管费费率计算。

（2）设备运杂费的计算

$$设备运杂费 = 设备原价 \times 设备运杂费率 \qquad (2-20)$$

其中,设备运杂费率按各部门及省、市等的规定计取。

2.2.2　工器具及生产家具购置费的构成及计算

工器具及生产家具购置费,指新建或扩建项目初步设计规定的,保证初期正常生产必须购置的没有达到固定资产标准的设备、仪器、工具、器具、生产家具和备品备件等的购置费用。计算公式如下:

$$工具、器具及生产家具购置费 = 设备购置费 \times 定额费率 \qquad (2-21)$$

2.3 ▶ 建筑安装工程费用的构成

2.3.1　建筑安装工程费的含义

建筑安装工程费,也称建筑安装工程造价或建筑安装工程价格,是建设单位支付给施工单位的全部费用,是建筑安装工程产品作为商品进行交换所需的货币量,是建设工程造价的主要组成部分。

建筑安装工程造价是比较典型的生产领域价格。从投资的角度看,它是建设项目投资中建筑安装工程部分的投资,也是建设项目造价的组成部分;从市场交易的角度看,建筑安装工程实际造价是投资者和承包商双方共同认可的、由市场形成的价格。

2.3.2　两种模式下建筑安装工程费的构成

1.按费用构成要素划分(定额计价模式)的建筑安装工程费

住房城乡建设部和财政部共同颁布的《建筑安装工程费用项目组成》(建标〔2013〕44 号)附件 1 规定,建筑安装工程费由七部分组成,即人工费、材料费、施工机具使用费、企业管理费、利润、规费和税金,其组成结构如图 2-3 所示。

定额计价与清单计价两种计价模式在一定时期内并存,建标〔2013〕44 号中规定的以上构成,是按费用构成要素划分的,是定额计价模式下建筑安装工程费的构成,这将成为地方造价管理部门今后修订计价政策的法律依据。

2.按造价形成划分(清单计价模式)的建筑安装工程费

住房城乡建设部和财政部共同颁布的《建筑安装工程费用项目组成》(建标〔2013〕44 号)附件 2 规定,建筑安装工程造价由分部分项工程费、措施项目费、其他项目费、规费和税金五部分组成。

建标〔2013〕44 号中规定这种构成是按造价形成要素划分,是依据清单计价模式的费用构成而来,目前的国家标准《建设工程工程量清单计价规范》(GB 50500—2013)即是以此为清单计价建筑安装工程费的构成。其组成结构及与定额计价模式费用关系如图 2-4 所示。

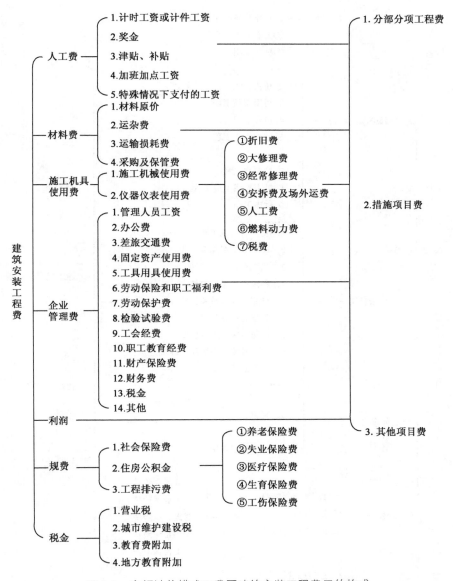

图 2-3　定额计价模式下我国建筑安装工程费用的构成

3.定额计价模式与清单计价模式的建筑安装工程费的关系

从形式上,建标〔2013〕44 号文,将原定额计价的建筑安装工程费的四项构成拆分成为可以与清单计价相关联的七项构成,我们可以清晰地看到,定额计价是工程量与前三项人、材、机单价形成合价后,再计取管理费、利润、规费和税金。而清单计价是工程量与前五项人、材、机与管理费利润形成合价后再计取规费和税金。

从内涵上,定额计价长期以来先计图示工程量造价,施工变动因素造价待结算追加的部分,没有放到造价构成中。清单计价是将施工变动因素造价以其他费用的形式明列在造价构成中。建标〔2013〕44 号文将两者清晰的联系在一起,由此我们要重新审视"定额计价"构成,它不仅包括了图示部分,还应包括未来施工变动因素追加部分的造价费用。

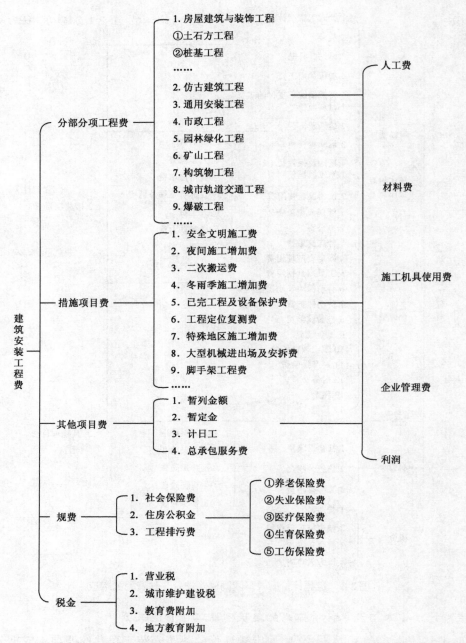

图 2-4 工程量清单计价模式下我国建筑安装工程费用构成及两种计价模式费用构成的关系图

2.4 ➤ 按费用构成要素划分建筑安装
工程费用项目组成

由上节所述可知,按费用构成要素划分建筑安装工程费用项目组成,即定额计价下的建筑安装工程费用项目组成。参照《建筑安装工程费用项目组成》(建标〔2013〕44 号),建筑安装工程费按照费用构成要素划分为人工费、材料(包含工程设备,下同)费、施工机具使用费、企业管理费、利润、规费和税金七部分。其中人工费、材料费、施工机具使用费、企业管理费和利润,包含在分部分项工程费、措施项目费、其他项目费(图2-3)。

2.4.1 人工费

1.人工费、日工资单价

人工费是指按工资总额构成规定,支付给从事建筑安装工程施工的生产工人和附属生产单位工人的各项费用。人工费的形成要素为日工资单价、工日消耗量、工程量。

(1)日工资单价

日工资单价是指施工企业平均技术熟练程度的生产工人在每工作日(国家法定工作时间内)按规定从事施工作业应得的日工资总额。

其测算公式见式(2-22):

$$日工资单价 = \frac{生产工人平均月工资(计时、计件) + 平均月(奖金 + 津贴补贴 + 特殊情况下支付的工资)}{年平均每月法定工作日}$$

$$(2-22)$$

工程造价管理机构确定日工资单价应通过市场调查、根据工程项目的技术要求,参考实物工程量人工单价综合分析确定,最低日工资单价不得低于工程所在地人力资源和社会保障部门所发布的最低工资标准的:普工1.3倍、一般技工2倍、高级技工3倍。

(2)人工费基价

定额计价中,分部分项工程基本计量单位的人工费称为人工费基价,它是日工资单价与所需工日消耗量相乘得到的,如果工种不一致,应分别计算所需人工费用相加后得到人工费基价。计算见式(2-23):

$$人工费 = \sum(工程工日消耗量 \times 日工资单价) \tag{2-23}$$

定额计价中的日工资单价,是计价定额编制时点的日工资单价而不是计价时点的。

(3)综合单价中的人工费

清单计价中,分部分项工程综合单价中的人工费,是综合一个清单工程量的工程工日消耗量与日工资单价相乘得到的,见式(2-24):

$$人工费(综) = \sum[工程工日消耗量(综) \times 日工资单价] \tag{2-24}$$

式中的日工资单价应当是计价时点的权威部门发布的日工资单价的市场信息价。由于《建设工程工程量清单计价规范》(GB 50500—2013)中规定人工工资风险是按信息价差调整的,所以这里不用再考虑人工工资的涨价风险。

(4)分部分项工程人工费与项目人工费

人工费单价与工程量相乘可以得到整个分项工程或整个项目的人工费合价。计算公式为:

$$分部分项工程人工费 = 人工费基价 \times 工程量 \tag{2-25}$$

$$整个项目的人工费 = \sum(人工费基价 \times 工程量) \tag{2-26}$$

2.人工费的构成

人工费的构成包括工人的计时或计价工资、奖金、津贴补贴、加班加点工资、特殊情况下支付的工资(辅助工资)。

(1)计时工资或计件工资。指按计时工资标准和工作时间或对已做工作按计件单价支付给个人的劳动报酬。

(2)奖金。指对超额劳动和增收节支支付给个人的劳动报酬。如节约奖、劳动竞赛奖等。

(3)津贴补贴。指为了补偿职工特殊或额外的劳动消耗和因其他特殊原因支付给个人的津贴,以及为了保证职工工资水平不受物价影响支付给个人的物价补贴。如流动施工津贴、特殊地区施工津贴、高温(寒)作业临时津贴、高空津贴等。

(4)加班加点工资。指按规定支付的在法定节假日工作的加班工资和在法定日工作时间外延时工作的加点工资。

(5)特殊情况下支付的工资。指根据国家法律、法规和政策规定,因病、工伤、产假、计划生育假、婚丧假、事假、探亲假、定期休假、停工学习、执行国家或社会义务等原因按计时工资标准或计时工资标准的一定比例支付的工资。

2.4.2 材料费

1.材料费与材料预算价格

材料费是指施工过程中耗费的原材料、辅助材料、构配件、零件、半成品或成品、工程设备的费用。材料费的形成要素为:材料单价、材料消耗量、工程量。

(1)材料单价

材料单价,又称材料预算价格,是材料由其来源地运至工地仓库或现场堆放点,使用材料出库时的价格。其计算公式见式(2-27):

$$材料单价 = \{(材料原价 + 运杂费) \times [1 + 运输损耗率(\%)]\} \times [1 + 采购保管费率(\%)] \quad (2\text{-}27)$$

(2)材料费基价

定额计价中,分部分项工程基本计量单位的材料费称为材料费基价,它是材料单价与所需各种材料消耗量相乘汇总得到的。计算见式(2-28):

$$材料费 = \sum(材料消耗量 \times 材料单价) \quad (2\text{-}28)$$

(3)综合单价中的材料费

清单计价中,分部分项工程综合单价中的材料费,是综合一个清单工程量的各工程材料消耗量与相应计价时点的材料单价相乘汇总得到的,见式(2-29):

$$材料费(综) = \sum[工程材料消耗量(综) \times 材料单价] \quad (2\text{-}29)$$

上式中的材料单价不同于定额计价中的材料单价,它应当是计价时点的市场信息价或企业材料报价。《建设工程工程量清单计价规范》(GB 50500—2013)规定了材料涨价风险幅度为5%;即企业所报材料单价中需考虑施工期间5%以内的材料涨价风险,只有当材料上涨幅度超出5%的部分方能够按照双方约定的方式进行补偿。

(4)工程设备费

工程设备是指构成或计划构成永久工程一部分的机电设备、金属结构设备、仪器装置及其他类似的设备和装置。《建设工程工程量清单计价规范》(GB 50500—2013),将工程设备费归属于材料费的范畴,工程设备费单价及工程设备费的计算,见式(2-30)、式(2-31):

$$工程设备单价 = (设备原价 + 运杂费) \times [1 + 采购保管费率(\%)] \quad (2\text{-}30)$$

$$工程设备费 = \sum(工程设备量 \times 工程设备单价) \tag{2-31}$$

工程设备一般没有市场信息价,所以两种计价基本相同。

2.材料费的构成

(1)材料原价:是指材料、工程设备的出厂价格或商家供应价格。

(2)运杂费:是指材料、工程设备自来源地运至工地仓库或指定堆放地点所发生的全部费用。

(3)运输损耗费:是指材料在运输装卸过程中不可避免的损耗。

(4)采购及保管费:是指为组织采购、供应和保管材料、工程设备的过程中所需要的各项费用,包括采购费、仓储费、工地保管费、仓储损耗。

2.4.3 施工机具使用费

1.施工机具使用费与机械台班单价

施工机具使用费是指施工作业所发生的施工机械、仪器仪表使用费或其租赁费。施工机具使用费的确定因素有三个:机械台班单价、施工机械台班消耗量、工程量。

(1)机械台班单价

是为使机械正常运转所均摊到一个台班中的台班折旧费、台班大修费等各项费用之和。自有机械台班单价计算见式(2-32):

$$机械台班单价 = 台班折旧费 + 台班大修费 + 台班经常修理费 +$$
$$台班安拆费及场外运费 + 台班人工费 +$$
$$台班燃料动力费 + 台班车船税费 \tag{2-32}$$

租赁施工机械的机械台班单价即为机械台班租赁单价。

(2)机械费基价

定额计价中,分部分项工程基本计量单位的机械台班使用费称为机械费基价,也就是施工机具使用费,它是机械台班单价与所需各种机械台班消耗量相乘汇总得到的。计算见式(2-33):

$$施工机具使用费 = \sum(施工机械台班消耗量 \times 机械台班单价) \tag{2-33}$$

(3)综合单价中的施工机具使用费

清单计价中,分部分项工程综合单价中的施工机具使用费,是综合一个清单工程量的工程机械台班消耗量与机械台班单价相乘汇总得到的,见式(2-34):

$$施工机具使用费(综) = \sum(施工机械台班消耗量 \times 机械台班单价) \tag{2-34}$$

式中的机械台班单价应当是计价时点的权威部门发布的机械台班市场信息单价,如果没有发布,可以根据市场价格确定。《建设工程工程量清单计价规范》(GB 50500—2013)中规定施工机具使用费风险幅度为10%,超出10%以外的价差部分根据双方合同约定办法调整。

(4)仪器仪表使用费

$$仪器仪表使用费 = 工程使用的仪器仪表摊销费 + 维修费 \tag{2-35}$$

2.施工机具使用费的构成

(1)施工机械台班单价构成

①折旧费:指施工机械在规定的使用年限内,陆续收回其原值的费用。

②大修理费：指施工机械按规定的大修理间隔台班进行必要的大修理，以恢复其正常功能所需的费用。

③经常修理费：指施工机械除大修理以外的各级保养和临时故障排除所需的费用。包括为保障机械正常运转所需替换设备与随机配备工具附具的摊销和维护费用，机械运转中日常保养所需润滑与擦拭的材料费用及机械停滞期间的维护和保养费用等。

④安拆费及场外运费：安拆费指施工机械（大型机械除外）在现场进行安装与拆卸所需的人工、材料、机械和试运转费用以及机械辅助设施的折旧、搭设、拆除等费用；场外运费指施工机械整体或分体自停放地点运至施工现场或由一施工地点运至另一施工地点的运输、装卸、辅助材料及架线等费用。

⑤人工费：指机上司机（司炉）和其他操作人员的人工费。

⑥燃料动力费：指施工机械在运转作业中所消耗的各种燃料及水、电等。

⑦税费：指施工机械按照国家规定应缴纳的车船使用税、保险费及年检费等。

（2）仪器仪表使用费构成

仪器、仪表使用费是由该项工程施工所需使用的仪器仪表的摊销及维修费用构成。

2.4.4 企业管理费

1.企业管理费与企业管理费率

企业管理费是指建筑安装企业组织施工生产和经营管理所需的费用。企业管理费的确定依据为企业管理费率、计算方法与计算基础。企业管理费的计算根据人、材、机的成分分为三种计算情况，相应的企业管理费率也分为三种，测算公式分别为式（2-36）、式（2-37）和式（2-38）。

（1）以分部分项工程费为计算基础

$$企业管理费费率（\%）= \frac{生产工人年平均管理费}{年有效施工天数 \times 人工单价} \times$$
$$人工费占分部分项工程费比例（\%） \tag{2-36}$$

（2）以人工费和机械费合计为计算基础

$$企业管理费费率（\%）$$
$$= \frac{生产工人年平均管理费}{年有效施工天数 \times （人工单价 + 每一工日机械使用费）} \times 100\% \tag{2-37}$$

（3）以人工费为计算基础

$$企业管理费费率（\%）= \frac{生产工人年平均管理费}{年有效施工天数 \times 人工单价} \times 100\% \tag{2-38}$$

上述公式适用于施工企业投标报价时自主确定管理费，是工程造价管理机构编制计价定额确定企业管理费的参考依据。

2.企业管理费的构成

企业管理费的内容包括：

（1）管理人员工资：是指按规定支付给管理人员的计时工资、奖金、津贴补贴、加班加点工资及特殊情况下支付的工资等。

（2）办公费：是指企业管理办公用的文具、纸张、账表、印刷、邮电、书报、办公软件、现场监控、会议、水电、烧水和集体取暖降温（包括现场临时宿舍取暖降温）等费用。

（3）差旅交通费：是指职工因公出差、调动工作的差旅费、住勤补助费，市内交通费和误餐补助费，职工探亲路费，劳动力招募费，职工退休、退职一次性路费，工伤人员就医路费，工地转移费以及管理部门使用的交通工具的油料、燃料等费用。

（4）固定资产使用费：是指管理和试验部门及附属生产单位使用的属于固定资产的房屋、设备、仪器等的折旧、大修、维修或租赁费。

（5）工具用具使用费：是指企业施工生产和管理使用的不属于固定资产的工具、器具、家具、交通工具和检验、试验、测绘、消防用具等的购置、维修和摊销费。

（6）劳动保险和职工福利费：是指由企业支付的职工退职金、按规定支付给离休干部的经费、集体福利费、夏季防暑降温、冬季取暖补贴、上下班交通补贴等。

（7）劳动保护费：是企业按规定发放的劳动保护用品的支出，如工作服、手套、防暑降温饮料以及在有碍身体健康的环境中施工的保健费用等。

（8）检验试验费：是指施工企业按照有关标准规定，对建筑以及材料、构件和建筑安装物进行一般鉴定、检查所发生的费用，包括自设试验室进行试验所耗用的材料等费用。不包括新结构、新材料的试验费，对构件做破坏性试验及其他特殊要求检验试验的费用和建设单位委托检测机构进行检测的费用，对此类检测发生的费用，由建设单位在工程建设其他费用中列支。但对施工企业提供的具有合格证明的材料进行检测不合格的，该检测费用由施工企业支付。

（9）工会经费：是指企业按《工会法》规定的全部职工工资总额比例计提的工会经费。

（10）职工教育经费：是指按职工工资总额的规定比例计提，企业为职工进行专业技术和职业技能培训，专业技术人员继续教育、职工职业技能鉴定、职业资格认定以及根据需要对职工进行各类文化教育所发生的费用。

（11）财产保险费：是指施工管理用财产、车辆等的保险费用。

（12）财务费：是指企业为施工生产筹集资金或提供预付款担保、履约担保、职工工资支付担保等所发生的各种费用。

（13）税金：是指企业按规定缴纳的房产税、车船使用税、土地使用税、印花税等。

（14）其他：包括技术转让费、技术开发费、投标费、业务招待费、绿化费、广告费、公证费、法律顾问费、审计费、咨询费、保险费等。

🌐 2.4.5 利润、规费和税金

1.利润

利润是指施工企业完成所承包工程获得的盈利。

施工企业根据企业自身需求并结合建筑市场实际自主确定，列入报价中。

工程造价管理机构在确定计价定额中的利润时，应以定额人工费或定额人工费的与定额机械费之和作为计算基数，其费率根据历年工程造价积累的资料，并结合建筑市场的实际情况确定，以单位（单项）工程测算，利润在税前建筑安装工程费的比重可按不低于5%且不高于7%的费率计算。利润应列入分部分项工程和措施项目中。

2.规费

规费是指按国家法律、法规规定,由省级政府和省级有关权力部门规定必须缴纳或计取的费用。包括:社会保险费、住房公积金、工程排污费等。

(1)社会保险费

①养老保险费:是指企业按照规定标准为职工缴纳的基本养老保险费。

②失业保险费:是指企业按照规定标准为职工缴纳的失业保险费。

③医疗保险费:是指企业按照规定标准为职工缴纳的基本医疗保险费。

④生育保险费:是指企业按照规定标准为职工缴纳的生育保险费。

⑤工伤保险费:是指企业按照规定标准为职工缴纳的工伤保险费。

(2)住房公积金

住房公积金是指企业按规定标准为职工缴纳的住房公积金。

社会保险费和住房公积金应以定额人工费为计算基础,根据工程所在地省、自治区、直辖市或行业建设主管部门规定费率计算。

$$社会保险费和住房公积金$$
$$= \sum(工程定额人工费 \times 社会保险费和住房公积金费率) \tag{2-39}$$

上式中的社会保险费和住房公积金费率可以以每万元的发承包价中,生产工人人工费和管理人员工资含量与工程所在地规定的缴纳标准综合分析取定。

式(2-39)还可以拆解成如下两个具体公式:

$$社会保险费 = \sum(工程定额人工费 \times 社会保险费率) \tag{2-40}$$
$$住房公积金 = \sum(工程定额人工费 \times 住房公积金费率) \tag{2-41}$$

(3)工程排污费

工程排污费是指按规定缴纳的施工现场工程排污费。

其他应列而未列入的规费,按实际发生计取。

3.税金

税金是指国家税法规定的应计入建筑安装工程造价内的营业税、城市维护建设税、教育费附加以及地方教育附加。税金计算公式如下:

$$税金 = 税前造价 \times 综合税率(\%) \tag{2-42}$$

综合税率:

(1)纳税地点在市区的企业

$$综合税率(\%) = \frac{1}{1 - 3\% - (3\% \times 7\%) - (3\% \times 3\%) - (3\% \times 2\%)} - 1$$
$$= 3.4768\%$$

(2)纳税地点在县城、镇的企业

$$综合税率(\%) = \frac{1}{1 - 3\% - (3\% \times 5\%) - (3\% \times 3\%) - (3\% \times 2\%)} - 1$$
$$= 3.4126\%$$

(3)纳税地点不在市区、县城、镇的企业

$$\text{综合税率}(\%) = \frac{1}{1 - 3\% - (3\% \times 1\%) - (3\% \times 3\%) - (3\% \times 2\%)} - 1$$
$$= 3.2844\%$$

(4)实行营业税改增值税的,按纳税地点现行税率计算

【例 2-3】 某施工企业承建某县政府办公楼,工程不含税造价为 2000 万元,求该施工企业应缴纳的营业税、城市维护建设税、教育费附加和地方教育费附加分别是多少,含税造价又是多少?

【解】 含税营业额 $= \dfrac{2000}{1 - 3\% - (3\% \times 5\%) - (3\% \times 3\%) - (3\% \times 2\%)}$

$= 2068.252$ 万元

应缴纳的营业税 $= 2068.25 \times 3\% = 62.05$ 万元

应缴纳的城市维护建设税 $= 62.05 \times 5\% = 3.10$ 万元

应缴纳教育费附加 $= 62.05 \times 3\% = 1.86$ 万元

应缴纳地方教育费附加 $= 62.05 \times 2\% = 1.24$ 万元

含税造价 = 含税营业额 $= 2068.25$ 万元

或　　　　　$= 2000 + 62.05 + 3.10 + 1.86 + 1.24 = 2068.25$ 万元

或　　　　　$= 2000 \times (1 + 3.4126\%) = 2068.25$ 万元

2.5 ▶ 按造价形成划分的建筑安装工程费用项目组成

建筑安装工程费按照工程造价形成由分部分项工程费、措施项目费、其他项目费、规费、税金组成,分部分项工程费、措施项目费、其他项目费包含人工费、材料费、施工机具使用费、企业管理费和利润。

2.5.1 分部分项工程费

1.分部分项工程费的含义

分部分项工程费是指各专业工程的分部分项工程应予列支的各项费用。

2.分部分项工程费的构成

分部分项工程费包括:人工费、材料费、施工机械使用费、企业管理费、利润构成。而这五项费用的内涵参见 2.4 节相应内容。

2.5.2 措施项目费

1.措施项目费的含义

措施项目费是指实际施工中必须发生的施工准备和施工过程中技术、生活、安全、环境保护等方面的工程非实体性项目的费用。

非实体性项目,指其费用的发生和金额的大小与使用时间、施工方法或者两个以上工序相关,并且不形成最终的实体工程,如大型机械设备进出场及安拆、文明施工和安全防护、临时设

施等。

2.措施项目费的种类

根据建标〔2013〕44号文,措施项目费包括以下几项费用:

(1)安全文明施工费

①环境保护费:是指施工现场为达到环保部门要求所需要的各项费用。

②文明施工费:是指施工现场文明施工所需要的各项费用。

③安全施工费:是指施工现场安全施工所需要的各项费用。

④临时设施费:是指施工企业为进行建设工程施工所必须搭设的生活和生产用的临时建筑物、构筑物和其他临时设施费用。包括临时设施的搭设、维修、拆除、清理费或摊销费等。

(2)夜间施工增加费:是指因夜间施工所发生的夜班补助费、夜间施工降效、夜间施工照明设备摊销及照明用电等费用。

(3)二次搬运费:是指因施工场地条件限制而发生的材料、构配件、半成品等一次运输不能到达堆放地点,必须进行二次或多次搬运所发生的费用。

(4)冬雨季施工增加费:是指在冬季或雨季施工需增加的临时设施、防滑、排除雨雪,人工及施工机械效率降低等费用。

(5)已完工程及设备保护费:是指竣工验收前,对已完工程及设备采取的必要保护措施所发生的费用。

(6)工程定位复测费:是指工程施工过程中进行全部施工测量放线和复测工作的费用。

(7)特殊地区施工增加费:是指工程在沙漠或其边缘地区、高海拔、高寒、原始森林等特殊地区施工增加的费用。

(8)大型机械设备进出场及安拆费:是指机械整体或分体自停放场地运至施工现场或由一个施工地点运至另一个施工地点,所发生的机械进出场运输及转移费用及机械在施工现场进行安装、拆卸所需的人工费、材料费、机械费、试运转费和安装所需的辅助设施的费用。

(9)脚手架工程费:是指施工需要的各种脚手架搭、拆、运输费用以及脚手架购置费的摊销(或租赁)费用。

措施项目及其包含的内容详见各类专业工程的现行国家或行业计量规范。

🌐 2.5.3 其他项目费、规费与税金

其他项目费指分部分项工程费、措施项目费所包含的内容以外,由招标人承担的与建设工程有关的其他费用,包括暂列金额、暂估价(包括材料暂估价和专业工程暂估价)、计日工、总承包服务费等。

(1)暂列金额:是指建设单位在工程量清单中暂定并包括在工程合同价款中的一笔款项。用于施工合同签订时尚未确定或者不可预见的所需材料、工程设备、服务的采购,施工中可能发生的工程变更、合同约定调整因素出现时的工程价款调整以及发生的索赔、现场签证确认等的费用。

(2)暂估价:包括材料暂估单价、工程设备暂估单价、专业工程暂估价。暂估价中的材料、工程设备暂估单价应根据工程造价信息或参照市场价格估算;专业工程暂估价应分不同专业,按有关计价规定估算。

(3)计日工:是指在施工过程中,施工企业完成建设单位提出的施工图纸以外的零星项目

或工作所需的费用。

(4)总承包服务费：是指总承包人为配合、协调建设单位进行的专业工程发包，对建设单位自行采购的材料、工程设备等进行保管以及施工现场管理、竣工资料汇总整理等服务所需的费用。

规费与税金内容同前章 2.4.5 小节的内容。

2.6 ➤ 国外建筑安装工程费用的构成

2.6.1　费用构成

国外的建筑安装工程费用一般是在建筑市场上通过招投标方式确定的。工程费的高低受建筑产品供求关系影响较大。

1.直接工程费的构成

(1)工资。国外一般工程施工的工人按技术要求划分为高级技工、熟练工、半熟练工和壮工。当工程价格采用平均工资计算时，要按各类工人总数的比例进行加权计算。工资应该包括工资、加班费、津贴、招雇解雇费用等。

(2)材料费。主要包括以下内容：

①材料原价。在当地材料市场中采购的材料则为采购价，包括材料出厂价和采购供销手续费等。进口材料一般是指到达当地海港的交货价。

②运杂费。在当地采购的材料是指从采购地点至工程施工现场的短途运输费、装卸费。进口材料则为从当地海港运至工程施工现场的运输费、装卸费。

③税金。在当地采购的材料，采购价格中已经包括税金；进口材料则为工程所在国的进口关税和手续费等。

④运输损耗及采购保管费。

⑤预涨费。根据当地材料价格年平均上涨率和施工年数，按材料原价、运杂费、税金之和的一定比例计算。

(3)施工机械费。大型自有机械台时单价，一般由每台时应摊折旧费、应摊维修费、台时消耗的能源和动力费、台时应摊的驾驶工人工资以及工程机械设备险投保费、第三者责任险投保费等组成。如使用租赁施工机械时，其费用则包括租赁费、租赁机械的进出场费等。

2.管理费

管理费包括工程现场管理费(约占整个管理费的 20%～30%)和公司管理费(约占整个管理费的 70%～75%)。管理费除了包括与我国施工管理费构成相似的工作人员工资、工作人员辅助工资、办公费、差旅交通费、固定资产使用费、生活设施使用费、工具用具使用费、劳动保护费、检验试验费以外，还含有业务经费。业务经费包括：

(1)广告宣传费。

(2)交际费。如日常接待饮料、宴请及礼品费等。

(3)业务资料费。如购买投标文件、文件及资料复印费等。

（4）业务所需手续费。施工企业参加投标时，必须由银行开具投标保函；在中标后必须由银行开具履约保函；在收到业主的工程预付款以前必须由银行开具预付款保函；在工程竣工后，必须由银行开具质量或维修保函。在开具以上保函时，银行要收取一定的担保费。

（5）代理人费用和佣金。施工企业为争取中标或为加强收取工程款，在工程所在地（所在国）寻找代理人或签定代理合同，因而付出的佣金和费用。

（6）保险费。包括建筑安装工程一切险投保费、第三者责任险投保费等。

（7）税金。包括印花税、转手税、公司所得税、个人所得税、营业税、社会安定税等。

（8）向银行贷款利息。

在许多国家，施工企业的业务经费往往是管理费中所占比例最大的一项，大约占整个管理费的 30%～38%。

3.利润

国际市场上，施工企业的利润一般为成本的 10%～15%，也有的管理费与利润合取，为直接费的 30%左右。

4.开办费

在许多国家，开办费一般是在各分部分项工程造价的前面按单项工程分别单独列出。开办费包括的内容因国家和工程的不同而异，大致包括以下内容：

（1）施工用水、用电费。施工用水费，按实际打井、抽水、送水发生的费用估算，也可以按占直接费的比率估计。施工用电费，按实际需要的电费或自行发电费估算，也可按照占直接费的比率估算。

（2）工地清理费及完工后清理费，建筑物烘干费，临时围墙、安全信号、防护用品的费用以及恶劣气候条件下的工程防护费、污染费、噪声费，其他法定的防护费用。

（3）周转材料费。如脚手架、模板的摊销费等。

（4）临时设施费。包括生活用房、生产用房、临时通信、室外工程（包括道路、停车场、围墙、给排水管道、输电线路等）的费用，可按实际需要计算。

（5）驻工地工程师的现场办公室及所需设备的费用，现场材料试验及所需设备的费用。一般在招标文件的技术规范中有明确的面积、质量标准及设备清单等要求。如要求配备一定的服务人员或实验助理人员，则其工资费用也需计入。

（6）其他。包括工人现场福利费及安全费、职工交通费、日常气候报表费、现场道路及进出场道路修筑及维护费、恶劣天气下的工程保护措施费、现场保卫设施费等。

5.暂定金额

暂定金额指包括在合同中，供工程任何部分的施工或提供货物、材料、设备或服务、不可预料事件所使用的一项金额，这项金额只有工程师批准后才能动用。

6.分包工程费用

（1）分包工程费。包括分包工程的直接工程费、管理费和利润。

（2）总包利润和管理费。指分包单位向总包单位交纳的总包管理费、其他服务费和利润。

2.6.2　费用的组成形式和分摊比例

1.组成形式

上述组成造价的各项费用体现在承包商投标报价中有三种形式:组成分部分项工程单价、单独列项、分摊进单价。

(1)组成分部分项工程单价。人工费、机械费和材料费直接消耗在分部分项工程上,在费用和分部分项工程之间存在着直观的对应关系,所以人工费、材料费和机械费组成分部分项工程单价,单价与工程量相乘得出分部分项工程价格。

(2)单独列项。开办费中的项目有临时设施、为业主提供的办公和生活设施、脚手架等费用,经常在工程量清单的开办费部分单独分项报价。这种方式适用于不直接消耗在某个分部分项工程上,无法与分部分项工程直接对应,但是对完成工程建设必不可少的费用。

(3)分摊进单价。承包商总部管理费、利润和税金,以及开办费中的项目经常以一定的比例分摊进单价。

需要注意的是,开办费项目在单独列项和分摊进单价这两种方式中采用哪一种,要根据招标文件和计算规则的要求而定。有的计算规则包括的开办费项目比较齐全,有的计算规则包括的开办费项目比较少。

2.分摊比例

(1)固定比例。税金和政府收取的各项管理费的比例是工程所在地政府规定的费率,承包商不能随意变动。

(2)浮动比率。总部管理费和利润的比例由承包商自行确定。承包商根据自身经营状况、工程具体情况等投标策略确定。一般来讲,这个比例在一定范围内是浮动变化的,不同的工程项目、不同的时间和地点,承包商对总部管理费和利润的预期值都不会相同。

(3)测算比例。开办费的比例需要详细测算,首先计算出需要分摊的项目金额,然后计算分摊金额与分部分项工程价格的比例。

(4)公式法。可参考下列公式分摊:

$$A = a(1 + K_1)(1 + K_2)(1 + K_3) \tag{2-43}$$

式中:A——分摊后的分部分项工程单价;

a——分摊前的分部分项工程单价;

K_1——开办费项目的分摊比例;

K_2——总部管理费和利润的分摊比例;

K_3——税率。

2.7 ▶ 工程建设其他费用的构成

工程建设其他费用指在建设项目的建设投资中开支的固定资产其他费用、无形资产费用和其他资产费用,目的是保证工程建设顺利完成和交付使用后能够正常发挥效用。

2.7.1　固定资产其他费用

固定资产其他费用是固定资产费用的一部分。固定资产费用指项目投产时将直接形成固定资产的建设投资,包括工程费用以及在工程建设其他费用中按规定将形成固定资产的费用,后者被称为固定资产其他费用。

1.建设管理费

指建设单位从项目筹建开始直至工程竣工验收合格或交付使用为止发生的项目建设管理费用。

(1)建设管理费的内容

①建设单位管理费:指建设单位发生的管理性质的开支。包括:工作人员工资、工资性补贴、施工现场津贴、职工福利费、住房基金、基本养老保险费、基本医疗保险费、失业保险费、工伤保险费,办公费、差旅交通费、劳动保护费、工具用具使用费、固定资产使用费、必要的办公及生活用品购置费、必要的通信设备及交通工具购置费、零星固定资产购置费、招募生产工人费、技术图书资料费、业务招待费、设计审查费、工程招标费、合同契约公证费、法律顾问费、咨询费、完工清理费、竣工验收费、印花税和其他管理性质开支。

②工程监理费:指建设单位委托工程监理单位实施工程监理的费用。此项费用应按国家发改委与原建设部联合发布的《建设工程监理与相关服务收费管理规定》(发改价格〔2007〕670号)计算。依法必须实行监理的建设工程施工阶段的监理收费实行政府指导价;其他建设工程施工阶段的监理收费和其他阶段的监理与相关服务收费实行市场调节价。

(2)建设单位管理费的计算

建设单位管理费按照工程费用之和(包括设备工器具购置费和建筑安装工程费用)乘以建设单位管理费费率计算。

$$建设单位管理费 = 工程费用 \times 建设单位管理费率 \tag{2-44}$$

建设单位管理费费率按照建设项目的不同性质、不同规模确定。有的建设项目按照建设工期和规定的金额计算建设单位管理费。如采用监理,建设单位部分管理工作量转移至监理单位,监理费应根据委托的监理工作范围和监理深度在监理合同中商定或按当地或所属行业部门有关规定计算;如建设单位采用工程总承包方式,其总包管理费由建设单位与总包单位根据总包工作范围在合同中商定,从建设管理费中支出。

2.建设用地费

任何一个建设项目都固定于一定地点与地面相连接,必须占用一定量的土地,也就必然要发生为获得建设用地而支付的费用,这就是土地使用费。它是指通过划拨方式取得土地使用权而支付的土地征用及迁移补偿费,或者通过土地使用权出让方式取得土地使用权而支付的土地使用权出让金。

1)土地征用及迁移补偿费

土地征用及迁移补偿费,是指建设项目通过划拨方式取得无限期的土地使用权,依照《中华人民共和国土地管理法》等规定所支付的费用。其总和一般不得超过被征土地年产值的30倍,土地年产值则按该地被征用前三年的平均产量和国家规定的价格计算。其内容包括:

(1)土地补偿费。征用耕地(包括菜地)的补偿标准,按政府规定,为该耕地被征用前三年平均年产值的 6~10 倍,具体补偿标准由省、自治区、直辖市人民政府在此范围内制定。征用园地、鱼塘、藕塘、苇塘、宅基地、林地、牧场、草原等的补偿标准,由省、自治区、直辖市参照征用耕地的土地补偿费制定。征收无收益的土地,不予补偿。土地补偿费归农村集体经济组织所有。

(2)青苗补偿费和被征用土地上的房屋、水井、树木等附着物补偿费。这些补偿费的标准由省、自治区、直辖市人民政府制定。征用城市郊区的菜地时,还应按照有关规定向国家缴纳新菜地开发建设基金。地上附着物及青苗补偿费归地上附着物及青苗的所有者所有。

(3)安置补助费。征用耕地、菜地的,其安置补助费按照需要安置的农业人口数计算。每一个需要安置的农业人口的安置补助费标准,为该耕地被征用前三年平均年产值的 4~6 倍。但是,每公顷被征用耕地的安置补助费,最高不得超过被征用前三年平均年产值的 15 倍。征用土地的安置补助费必须专款专用,不得挪作他用。需要安置的人员由农村集体经济组织安置的,安置补助费支付给农村集体经济组织,由农村集体经济组织管理和使用;由其他单位安置的,安置补助费支付给安置单位;不需要统一安置的,安置补助费发放给被安置人员个人或者征得被安置人员同意后用于支付被安置人员的保险费用。市、县和乡(镇)人民政府应当加强对安置补助费使用情况的监督。

(4)缴纳的耕地占用税或城镇土地使用税、土地登记费及征地管理费等。县市土地管理机关从征地费中提取土地管理费的比率,要按征地工作量大小,视不同情况,在 1%~4% 幅度内提取。

(5)征地动迁费。包括征用土地上的房屋及附属构筑物、城市公共设施等拆除、迁建补偿费,搬迁运输费,企业单位因搬迁造成的减产、停工损失补贴费,拆迁管理费等。

(6)水利水电工程水库淹没处理补偿费。包括农村移民安置迁建费,城市迁建补偿费,库区工矿企业、交通、电力、通信、广播、管网、水利等的恢复、迁建补偿费,库底清理费,防护工程费,环境影响补偿费用等。

2)土地使用权出让金

土地使用权出让金,指建设项目通过土地使用权出让方式,取得有限期的土地使用权,依照《中华人民共和国城镇国有土地使用权出让和转让暂行条例》规定,支付的土地使用权出让金。

(1)明确国家是城市土地的唯一所有者,并分层次、有偿、有限期地出让、转让城市土地。第一层次是城市政府将国有土地使用权出让给用地者,该层次由城市政府垄断经营。出让对象可以是有法人资格的企事业单位,也可以是外商。第二层次及以下层次的转让则发生在使用者之间。

(2)城市土地的出让和转让可采用协议、招标、公开拍卖等方式。

① 协议方式是由用地单位申请,经市政府批准同意后双方洽谈具体地块及地价。该方式适用于市政工程、公益事业用地以及需要减免地价的机关、部队用地和需要重点扶持、优先发展的产业用地。

② 招标方式是在规定的期限内,由用地单位以书面形式投标,市政府根据投标报价、所提供的规划方案以及企业信誉综合考虑,择优而取。该方式适用于一般工程建设用地。

③ 公开拍卖指在指定的地点和时间,由申请用地者叫价应价,价高者得。这完全是由市场竞争决定,适用于盈利高的行业用地。

（3）在有偿出让和转让土地时，政府对地价不作统一规定，但应坚持以下原则：

① 地价对目前的投资环境不产生大的影响。

② 地价与当地的社会经济承受能力相适应。

③ 地价要考虑已投入的土地开发费用、土地市场供求关系、土地用途和使用年限。

（4）关于政府有偿出让土地使用权的年限，各地可根据时间、区位等各种条件作不同的规定。根据《中华人民共和国城镇国有土地使用权出让和转让暂行条例》，土地使用权出让最高年限按下列用途确定：

①居住用地 70 年。

②工业用地 50 年。

③教育、科技、文化、卫生、体育用地 50 年。

④商业、旅游、娱乐用地 40 年。

⑤综合或者其他用地 50 年。

（5）土地有偿出让和转让，土地使用者和所有者要签约，明确使用者对土地享有的权利和对土地所有者应承担的义务。

①有偿出让和转让使用权，要向土地受让者征收契税。

②转让土地如有增值，要向转让者征收土地增值税。

③在土地转让期间，国家要区别不同地段、不同用途，向土地使用者收取土地占用费。

3.可行性研究费

指在建设项目前期工作中，编制和评估项目建议书（或预可行性研究报告）、可行性研究报告所需的费用。此项费用应依据前期研究委托合同计列，或参照《国家计委关于印发〈建设项目前期工作咨询收费暂行规定〉的通知》（计投资〔1999〕1283 号）规定计算。

4.研究试验费

指为建设项目提供和验证设计参数、数据、资料等所进行的必要的试验费用以及设计规定在施工中必须进行试验、验证所需费用。包括自行或委托其他部门研究试验所需人工费、材料费、试验设备及仪器使用费等。这项费用按照设计单位根据本工程项目的需要提出的研究试验内容和要求计算。在计算时要注意不应包括以下项目：

（1）应由科技三项费用（即新产品试制费、中间试验费和重要科学研究补助费）开支的项目。

（2）应在建筑安装费用中列支的施工企业对建筑材料、构件和建筑物进行一般鉴定、检查所发生的费用及技术革新的研究试验费。

（3）应由勘察设计费或工程费用中开支的项目。

5.勘察设计费

指委托勘察设计单位进行工程水文地质勘察、工程设计所发生的各项费用。包括：工程勘察费、初步设计费（基础设计费）、施工图设计费（详细设计费）、设计模型制作费。此项费用应按《关于发布＜工程勘察设计收费管理规定＞的通知》（计价格〔2002〕10 号）的规定计算。

6.环境影响评价费

指按照《中华人民共和国环境保护法》《中华人民共和国环境影响评价法》等规定，为全面、详细评价建设项目对环境可能产生的污染或造成的重大影响所需的费用。包括编制环境影响报告书(含大纲)、环境影响报告表以及对环境影响报告书(含大纲)、环境影响报告表进行评估等所需的费用。此项费用可参照《关于规范环境影响咨询收费有关问题的通知》(计价格〔2002〕125号)规定计算。

7. 劳动安全卫生评价费

指按照劳动部《建设项目(工程)劳动安全卫生监察规定》和《建设项目(工程)劳动安全卫生预评价管理办法》的规定,为预测和分析建设项目存在的职业危险、危害因素的种类和危险、危害程度,并提出先进、科学、合理可行的劳动安全卫生技术和管理对策所需的费用。包括编制建设项目劳动安全卫生预评价大纲和劳动安全卫生预评价报告书以及为编制上述文件所进行的工程分析和环境现状调查等所需费用。必须进行劳动安全卫生预评价的项目包括:

(1)属于《国家计划委员会、国家基本建设委员会、财政部关于基本建设项目和大中型划分标准的规定》中规定的大中型建设项目。

(2)属于《建筑设计防火规范》中规定的火灾危险性生产类别为甲类的建设项目。

(3)属于劳动部颁布的《爆炸危险场所安全规定》中规定的爆炸危险场所等级为特别危险场所和高度危险场所的建设项目。

(4)大量生产或使用《职业性接触毒物危害程度分级》规定的Ⅰ级、Ⅱ级危害程度的职业性接触毒物的建设项目。

(5)大量生产或使用石棉粉料或含有10%以上的游离二氧化硅粉料的建设项目。

(6)其他由劳动行政部门确认的危险、危害因素大的建设项目。

8. 场地准备及临时设施费

(1)场地准备及临时设施费的内容

①建设项目场地准备费是指建设项目为达到工程开工条件所发生的场地平整和对建设场地余留的有碍于施工建设的设施进行拆除清理的费用。

②建设单位临时设施费是指为满足施工建设需要而供到场地界区的、未列入工程费用的临时水、电、路、讯、气等其他工程费用和建设单位的现场临时建(构)筑物的搭设、维修、拆除、摊销或建设期间租赁费用,以及施工期间专用公路或桥梁的加固、养护、维修等费用。

(2)场地准备及临时设施费的计算

①场地准备及临时设施应尽量与永久性工程统一考虑。建设场地的大型土石方工程应进入工程费用中的总图运输费用中。

②新建项目的场地准备和临时设施费应根据实际工程量估算,或按工程费用的比例计算。改扩建项目一般只计拆除清理费。

$$场地准备和临时设施费 = 工程费用 \times 费率 + 拆除清理费 \qquad (2-45)$$

③发生拆除清理费时可按新建同类工程造价或主材费、设备费的比例计算。凡可回收材料的拆除工程采用以料抵工方式冲抵拆除清理费。

④此项费用不包括已列入建筑安装工程费用中的施工单位临时设施费用。

9. 引进技术和引进设备其他费

(1)引进项目图纸资料翻译复制费、备品备件测绘费。可根据引进项目的具体情况计列或按引进货价(FOB)的比例估列;引进项目发生备品备件测绘费时按具体情况估列。

(2)出国人员费用。包括买方人员出国设计联络、出国考察、联合设计、监造、培训等所发生的旅费、生活费等。依据合同或协议规定的出国人次、期限以及相应的费用标准计算。生活费按照财政部、外交部规定的现行标准计算,旅费按中国民航公布的票价计算。

(3)来华人员费用。包括卖方来华工程技术人员的现场办公费用、往返现场交通费用、接待费用等。依据引进合同或协议有关条款及来华技术人员派遣计划进行计算。来华人员接待费可按每人次费用指标计算。引进合同价款中已包括的费用内容不得重复计算。

(4)银行担保及承诺费。指引进项目由国内外金融机构出面承担风险和责任担保所发生的费用,以及支付贷款机构的承诺费用。应按担保或承诺协议计取。投资估算和概算编制时可以担保金额或承诺金额为基数乘以费率计算。

10.工程保险费

工程保险费指建设项目在建设期间根据需要对建筑工程、安装工程、机器设备和人身安全进行投保而发生的保险费用。包括建筑安装工程一切险、引进设备财产保险和人身意外伤害险等。

根据不同的工程类别,分别以其建筑、安装工程费乘以建筑、安装工程保险费率计算。民用建筑(住宅楼、综合性大楼、商场、旅馆、医院、学校)占建筑工程费的 2‰~4‰;其他建筑(工业厂房、仓库、道路、码头、水坝、隧道、桥梁、管道等)占建筑工程费的 3‰~6‰;安装工程(农业、工业、机械、电子、电器、纺织、矿山、石油、化学及钢铁工业、钢结构桥梁)占建筑工程费的 3‰~6‰。

11.联合试运转费

指新建项目或新增加生产能力的工程,在交付生产前按照批准的设计文件所规定的工程质量标准和技术要求,进行整个生产线或装置的负荷联合试运转或局部联动试车所发生的费用净支出(试运转支出大于收入的差额部分费用)。试运转支出包括试运转所需原材料、燃料及动力消耗、低值易耗品、其他物料消耗、工具用具使用费、机械使用费、保险金、施工单位参加试运转人员工资以及专家指导费等;试运转收入包括试运转期间的产品销售收入和其他收入。联合试运转费不包括应由设备安装工程费用开支的调试及试车费用,以及在试运转中暴露出来的因施工原因或设备缺陷等发生的处理费用。

12.特殊设备安全监督检验费

指在施工现场组装的锅炉及压力容器、压力管道、消防设备、燃气设备、电梯等特殊设备和设施,由安全监察部门按照有关安全监察条例和实施细则以及设计技术要求进行安全检验,应由建设项目支付的、向安全监察部门缴纳的费用。此项费用按照建设项目所在省(市、自治区)安全监察部门的规定标准计算。无具体规定的,在编制投资估算和概算时可按受检设备现场安装费的比例估算。

13.市政公用设施费

指使用市政公用设施的建设项目,按照项目所在地省一级人民政府有关规定建设或缴纳的市政公用设施建设配套费用,以及绿化工程补偿费用。此项费用按工程所在地人民政府规定标准计列。

🌐 2.7.2 无形资产费用

无形资产费用指直接形成无形资产的建设投资,主要指专利及专有技术使用费。

1.专利及专有技术使用费的主要内容

(1)国外设计及技术资料费、引进有效专利、专有技术使用费和技术保密费。

(2)国内有效专利、专有技术使用费用。

(3)商标权、商誉和特许经营权费等。

2.专利及专有技术使用费的计算

在专利及专有技术使用费的计算时应注意以下问题：

(1)按专利使用许可协议和专有技术使用合同的规定计列。

(2)专有技术的界定应以省、部级鉴定批准为依据。

(3)项目投资中只计需在建设期支付的专利及专有技术使用费。协议或合同规定在生产期支付的使用费应在生产成本中核算。

(4)一次性支付的商标权、商誉及特许经营权费按协议或合同规定计列。协议或合同规定在生产期支付的商标权或特许经营权费应在生产成本中核算。

(5)为项目配套的专用设施投资，包括专用铁路线、专用公路、专用通信设施、送变电站、地下管道、专用码头等，如由项目建设单位负责投资但产权不归属本单位的，应作无形资产处理。

2.7.3　其他资产费用

其他资产费用指建设投资中除形成固定资产和无形资产以外的部分，主要包括生产准备及开办费等。

1.生产准备及开办费的内容

指建设项目为保证正常生产(或营业、使用)而发生的人员培训费、提前进厂费以及投产使用必备的生产办公、生活家具用具及工器具等购置费用。包括：

(1)人员培训费及提前进厂费。包括自行组织培训或委托其他单位培训的人员工资、工资性补贴、职工福利费、差旅交通费、劳动保护费、学习资料费等。

(2)为保证初期正常生产(或营业、使用)所必需的生产办公、生活家具用具购置费。

(3)为保证初期正常生产(或营业、使用)必需的第一套不够固定资产标准的生产工具、器具、用具购置费。不包括备品备件费。

2.生产准备及开办费的计算

(1)新建项目按设计定员为基数计算，改扩建项目按新增设计定员为基数计算：

$$生产准备费 = 设计定员 \times 生产准备费指标 \quad (元／人) \tag{2-46}$$

(2)可采用综合的生产准备费指标进行计算，也可以按费用内容的分类指标计算。

2.8 ▶ 预备费、建设期贷款利息

2.8.1　预备费

按我国现行规定，预备费包括基本预备费和涨价预备费。

1.基本预备费

指在项目实施过程中可能发生难以预料的支出,需要事先预留的费用,又称工程建设不可预见费。

(1)基本预备费的内容

①在批准的初步设计范围内,技术设计、施工图设计及施工过程中所增加的工程费用;设计变更、局部地基处理等增加的费用。

②一般自然灾害造成的损失和预防自然灾害所采取的措施费用。实行工程保险的项目,该费用应适当降低。

③竣工验收时为鉴定工程质量对隐蔽工程进行必要的挖掘和修复费用。

(2)基本预备费的计算

基本预备费按工程费用和工程建设其他费用二者之和为取费基础,乘以基本预备费率进行计算。

$$基本预备费 = (工程费用 + 工程建设其他费用) × 基本预备费率$$
$$= (设备工器具购置费 + 建筑安装工程费 +$$
$$工程建设其他费用) × 基本预备费率 \qquad (2-47)$$

基本预备费率的取值应执行国家及部门的有关规定。在项目建议书阶段和可行性研究阶段,基本预备费率一般取 10% ~ 15%,在初步设计阶段,基本预备费率一般取 7% ~ 10%。

2.涨价预备费

涨价预备费(Provision Fund for Price,在公式中用 PF 代表)指建设项目在建设期间由于价格等变化而引起工程造价变化的预留费用。

(1)涨价预备费的内容

包括:人工、设备、材料、施工机械的价差费,建筑安装工程费及工程建设其他费用调整,利率、汇率调整等增加的费用。

(2)涨价预备费的计算

涨价预备费一般根据国家规定的投资综合价格指数,按估算年份价格水平的投资额为基数,采用复利方法计算。计算公式为:

$$PF = \sum_{t=1}^{n} I_t [(1 + f)^m (1 + f)^{0.5} (1 + f)^{t-1} - 1] \qquad (2-48)$$

式中:PF——涨价预备费;

n——建设期年份数;

I_t——估算静态投资额中第 t 年投入的工程费用(元)[基数取自于《建设项目投资估算编审规程》(CECA/GC1—2007)];

f——年均投资价格上涨率;

m——建设前期年限(从编制估算到开工建设,单位:年)。

【例2-4】某建设项目建安工程费 1870 万元,设备购置费 500 万元,工程建设其他费用 200 万元,已知基本预备费率 10%,项目建设前期年限为 1 年,建设期为 3 年,各年投资计划额为:第一年完成投资 30%,第二年 50%,第三年 20%。年均投资价格上涨率为 6%,求建设项目建设期间涨价预备费。

【解】建设期第一年投入的工程费用 $I_1 = (1870 + 500) × 30\% = 711$ 万元

第一年涨价预备费为：$PF_1 = I_1 \left[(1+f)(1+f)^{0.5} - 1 \right] = 64.94$ 万元

第二年投入的工程费用 $I_2 = 2370 \times 50\% = 1185$ 万元

第二年涨价预备费为：$PF_2 = I_2 \left[(1+f)(1+f)^{0.5}(1+f) - 1 \right]$

$$= 185.83 \text{ 万元}$$

第三年投入的工程费用 $I_3 = 2370 \times 20\% = 374$ 万元

第三年涨价预备费为：$PF_3 = I_3 \left[(1+f)(1+f)^{0.5}(1+f)^2 - 1 \right]$

$$= 107.23 \text{ 万元}$$

所以，建设期的涨价预备费为：

$PF = 64.94 + 185.83 + 107.23 = 358.00$ 万元

2.8.2 建设期贷款利息

指项目建设期间向国内银行和其他非银行金融机构贷款、出口信贷、外国政府贷款、国际商业银行贷款，以及在境内外发行的债券等所产生的利息。

1.当贷款在年初一次性贷出且利率固定时

建设期贷款利息按下式计算：

$$I = P(1+i)^n - P \tag{2-49}$$

式中：P——一次性贷款数额；

$\quad i$——年利率；

$\quad n$——计息期；

$\quad I$——贷款利息。

2.当总贷款是分年均衡发放时

建设期利息的计算可按当年借款在年中支用考虑，即当年贷款按半年计息，上年贷款按全年计息。计算公式为：

$$q_j = \left(P_{j-1} + \frac{1}{2} A_j \right) \times i \tag{2-50}$$

式中：q_j——建设期第 j 年应计利息；

$\quad P_{j-1}$——建S设期第$(j\text{-}1)$年末贷款累计金额与利息累计金额之和；

$\quad A_j$——建设期第 j 年的贷款金额；

$\quad i$——年利率。

在国外贷款利息的计算中，还应包括国外贷款银行根据贷款协议向贷款方以年利率的方式收取的手续费、管理费、承诺费；以及国内代理机构经国家主管部门批准的以年利率的方式向贷款单位收取的转贷费、担保费、管理费等。

【例2-5】某新建项目，建设期为3年，分年均衡进行贷款，第一年贷款300万元，第二年600万元，第三年400万元，年利率为12%，建设期内利息只计息不支付，计算建设期贷款利息。

【解】在建设期内，各年利息计算如下：

$$q_1 = \frac{1}{2} A_1 \times i = \frac{1}{2} \times 300 \times 12\% = 18 \text{ 万元}$$

$$q_2 = \left(P_1 + \frac{1}{2}A_2\right) \times i = \left(300 + 18 + \frac{1}{2} \times 600\right) \times 12\% = 74.16 \text{ 万元}$$

$$q_3 = \left(P_2 + \frac{1}{2}A_3\right) \times i = \left(300 + 18 + 600 + 74.16 + \frac{1}{2} \times 400\right) \times 12\%$$
$$= 143.0592 \text{ 万元}$$

建设期贷款利息 $= q_1 + q_2 + q_3 = 18 + 74.16 + 143.0592 = 235.2192$ 万元

2.9 ▶ 案 例 分 析

【案例一】

背景：

由某美国公司引进年产 6 万吨全套工艺设备和技术的某精细化工项目,在我国某港口城市建设。该项目占地 10 公顷,绿化覆盖率为 36%。建设期 2 年,固定资产投资人民币 11800 万元,流动资产投资为人民币 3600 万元。引进部分的合同总价 682 万美元,用于主要生产工艺装置的外购费用。厂房、辅助生产装置、公用工程、服务项目、生活福利及厂外配套工程等均由国内设计配套。引进合同价款的细项如下:

(1)硬件费 620 万美元,其中工艺设备购置费 460 万美元,仪表 60 万美元,电气设备 56 万美元,工艺管道 36 万美元,特种材料 8 万美元。

(2)软件费 62 万美元,其中计算关税的项目有:设计费、非专利技术及技术秘密费用 48 万美元;不计算关税的项目有:技术服务及资料费 14 万美元(不计海关监管手续费)。

人民币兑换美元的外汇牌价均按 1 美元 = 6.8 元人民币计算。

(3)中国远洋公司的现行海运费率 6%,海运保险费率 3.5‰,银行财务手续费率、外贸手续费率、关税税率和增值税率分别按 5‰、1.5%、17%、17% 计取。

(4)国内供销手续费率 0.4%,运输、装卸和包装费率 0.1%,采购保管费率 1%。

问题：

1. 该工程项目工程造价应包括哪些投资内容?

2. 对于引进工程项目中的引进部分硬、软件从属费用有哪些?应如何计算?

3. 本项目引进部分购置投资的价格是多少?

4. 该引进工程项目中,有关引进技术和进口设备的其他费用应包括哪些内容?

分析要点：

本案例主要考核引进工程项目工程造价构成、其中从属费用的内容和计算方法、引进设备国内运杂费和设备购置费的计算方法、有关引进技术和进口设备的其他费用的内容等。

本案例应解决以下几个主要概念性问题:

(1)编制一个引进工程项目的工程造价与编制一个国内工程项目的工程造价在编制内容上是一样的,所不同的只是增加了一些由于引进而引起的费用和特定的计算规则。

所以编制时应考虑这方面的投资费用,先将引进部分和国内配套部分的投资内容分别编制再进行汇总。

(2)引进项目减免关税的技术资料、技术服务等软件部分,不计国外运输费、国外运输保险费、外贸手续费和增值税。

(3)外贸手续费、关税计算依据是硬件到岸价和应计关税软件的货价之和;银行财务费计算依据是全部硬、软件的货价。

本例是引进工艺设备,故增值税的计算依据是关税完税价与关税之和,不考虑消费税。

$$硬件到岸价 = 硬件货价 + 国外运输费 + 国外运输保险费$$

$$关税完税价 = 硬件到岸价 + 应计关税软件的货价$$

(4)引进部分的购置投资按下式计算:

$$引进部分的购置投资 = 引进部分的原价 + 国内运杂费$$

$$引进部分的原价 = 货价 + 国外运输费 + 运输保险费 + 银行财务费 + 外贸手续费 + 关税 + 增值税(不考虑进口车辆的消费税和附加费)$$

引进部分的国内运杂费包括:运输装卸费、包装费(设备原价中未包括的,而运输过程中需要的包装费)和供销手续费以及采购保管费等内容。并按以下公式计算:

$$引进设备国内运杂费 = 引进设备原价 × 国内运杂费率$$

参考答案:

问题1

【**解**】　该引进工程项目的工程造价应包括以下投资内容:

(1)引进国外技术、设备和材料的投资费用(含相应的从属费用)。

(2)引进国外设备和材料在国内的安装费用。

(3)国内进行配套设备的制造及安装费用。

(4)厂房等国内所有配套工程的建造费用。

(5)与工程项目建设有关的其他费用(含引进部分的其他费用)。

(6)工程项目的预备费、建设期贷款利息等。

问题2

【**解**】本案例引进部分为工艺设备的硬、软件,其价格组成除货价外的费用包括:国外运输费、国外运输保险费、银行财务费、外贸手续费、关税和增值税等。

各项费用的计算方法见表2-1。

引进项目硬、软件货价从属费用计算表　　　　　　　　　　　表2-1

费用名称	计 算 公 式	备　　注
货价	货价 = 合同中硬、软件的离岸价外币金额 × 外汇牌价	合同生效,第一次付款日期的兑汇牌价
国外运输费	国外运输费 = 合同中硬件货价 × 国外运输费费率	海运费率通常取6% 空运费率通常取8.5% 铁路运输费率通常取1%
国外运输保险费	国外运输保险费 = (合同中硬件货价 + 海运费) × 运输保险费率 ÷ (1 - 运输保险费率)	海运保险费率通常取3.5‰ 空运保险费率通常取4.55‰ 陆运保险费率通常取2.66‰
银行财务费	合同中硬、软件的货价 × 银行财务费率	银行财务费率取4‰～5‰
外贸手续费	(合同中硬件到岸价 + 关税完税软件货价) × 外贸手续费率	外贸手续费取15‰

续上表

费用名称	计算公式	备注
关税	硬件关税 =（合同中硬件货价 + 运费 + 运输保险费）× 关税税率 = 合同中硬件到岸价 × 关税税率 软件关税 = 合同中应计关税软件的货价 × 关税税率	计关税的软件指设计费、技术秘密、专利许可证、专利技术等
消费税（价内税）	消费税 =［（到岸价 + 关税）÷（1 - 消费税率）］× 消费税率（进口车辆才有此税）	越野车、小汽车取 5%；小轿车取 8%；轮胎取 10%
增值税	增值税 =（硬件到岸价 + 关税完税软件货价 + 关税）× 增值税率	增值税率取 17%

问题 3

【解】本项目引进部分购置投资 = 引进部分的原价 + 国内运杂费

式中,引进部分的原价(抵岸价)是指引进部分的货价和从属费用之和,见表 2-2。

引进设备硬、软件原价计算表(万元) 表 2-2

序号	费用名称	计算公式	费用
(1)	货价	货价 = 620 × 6.8 + 62 × 6.8 = 4216 + 421.6 = 4637.60	4637.60
(2)	国外运输费	国外运输费 = 4216 × 6% = 252.96	252.96
(3)	国外运输保险费	国外运输保险费 =（4216 + 252.96）× 3.5‰/(1 - 3.5‰) = 15.70	15.70
(4)	银行财务费	银行财务费 = 4637.60 × 5‰ = 23.19	23.19
(5)	外贸手续费	外贸手续费 =（4216 + 252.96 + 15.70 + 48 × 6.8）× 1.5% = 72.17	72.17
(6)	关税	硬件关税 =（4216 + 252.96 + 15.70）× 17% = 4484.66 × 17% = 762.39 软件关税 = 48 × 6.8 × 17% = 326.4 × 17% = 55.49	817.88
(7)	增值税	增值税 =（4484.66 + 326.4 + 817.88）× 17% = 5628.94 × 17% = 956.92	956.92
(8)	引进设备价格（抵岸价）	(1) + (2) + (3) + (4) + (5) + (6) + (7)	6776.42

由表 2-2 得知,引进部分的原价为:6776.42 万元。

国内运杂费 = 6776.42 ×（0.4% + 0.1% + 1%）= 101.65 万元。

引进设备购置投资 = 6776.42 + 101.65 = 6878.07 万元。

问题 4

【解】该引进工程项目中,有关引进技术和进口设备的其他费用应包括以下内容:

(1)国外工程技术人员来华费用(差旅费、生活费、接待费和办公费等)。

(2)出国人员费用。

(3)技术引进费以及引进设备、材料的检验鉴定费。

(4)引进项目担保费。

(5)延期或分期付款利息等。

【案例二】

背景：

有一个单机容量为30万千瓦的火力发电厂工程项目,业主与施工单位签订了施工合同。在施工过程中,施工单位向业主的常驻工地代表提出下列费用应由建设单位支付：

(1)职工教育经费：因该工程项目的电机等是采用国外进口的设备,在安装前,需要对安装操作人员进行培训,培训经费为2万元。

(2)研究试验费：本工程项目要对铁路专用线的一座跨公路预应力拱桥的模型进行破坏性试验,需要费用9万元；改进混凝土泵送工艺试验费3万元。合计12万元。

(3)临时设施费：为该工程项目的施工搭建的民工临时用房15间；为业主搭建的临时办公室4间,分别为3万元和1万元。合计4万元。

(4)根据施工组织设计,部分项目安排在雨季施工,由于采取防雨措施,增加费用2万元。

问题：

分析以上各项费用业主是否应支付？为什么？如果支付,那么支付多少？

分析要点：

本案例主要考核工程费用构成,各项费用包括的具体内容。

参考答案：

(1)职工教育经费不应支付,该费用已包含在合同价中[或该费用已计入建筑安装工程费用中的间接费(或管理费)]。

(2)模型破坏性试验费用应支付,该费用未包含在合同价中[或该费用属建设单位应支付的研究试验费(或建设单位的费用)],支付9万元。混凝土泵送工艺改进试验费不应支付,该费用已包含在合同价中(或该费用已计入建筑安装工程费中)。

(3)为民工搭建的用房费用不应支付,该费用已包含在合同价中(或该费用已计入建筑安装工程费中的措施费中)。为业主搭建的用房费用应支付,该费用未包含在合同价中(或该费用属建设单位应支付的临建费),应支付1万元。

(4)雨季措施增加费不应支付,属于施工单位责任(或该费用已计入建筑安装工程费中)。

业主共计支付施工单位费用=9+1=10万元。

🌐 本章小结

本章主要介绍了建设工程造价的构成。

我国现行建设工程造价的构成主要由设备及工器具购置费、建筑安装工程费用、工程建设其他费用、预备费、建设期贷款利息构成。

设备购置费是指为建设项目购置或自制的达到固定资产标准的各种国产或进口设备的购置费用,它由设备原价和设备运杂费构成。工器具及生产家具购置费是指新建或扩建项目初步设计规定的,保证初期正常生产必须购置的没有达到固定资产标准的设备、仪器、工卡模具、器具、生产家具和备件备品的购置费用。

建筑安装工程费用即建筑安装工程造价,是指在建筑安装工程施工过程中直接发生的费用和施工企业在组织管理施工中间接地为工程支出的费用,以及按国家规定施工企业应获得的利润和应缴纳的税金的总和。我国现行的建筑安装工程费用包括直接费、间接费、利润和税金四大部分。

　　工程建设其他费用是指建设单位从工程筹建起到工程竣工验收交付使用为止的整个建设期间,除建筑安装工程费用和设备、工器具购置费以外的,为保证工程建设顺利完成和交付使用后能够正常发挥效益而发生的各种费用的总和。它包括土地使用费、与项目建设有关的其他费用和与未来生产经营有关的其他费用。

习　题

一、单项选择题

1. 建设项目的(　　)与建设项目的工程造价在量上相等。
　　A. 流动资产投资　　　　　　　　　　B. 固定资产投资
　　C. 递延资产投资　　　　　　　　　　D. 总投资

2. (　　)是进口设备离岸价格。
　　A. CIF　　　　　　B. C&F　　　　　　C. FOB　　　　　　D. CFR

3. 进口设备运杂费中运输费的运输区间是指(　　)。
　　A. 出口国供货地至进口国边境港口或车站
　　B. 出口国的边境港口或车站至进口国的边境港口或车站
　　C. 进口国的边境港口或车站至工地仓库
　　D. 出口国的边境港口或车站至工地仓库

4. 某项目进口一批工艺设备,抵岸价为 1792.19 万元,其银行财务费为 4.25 万元,外贸手续费为 18.9 万元,关税税率为 20%,增值税税率为 17%,该批设备无消费税,则该批进口设备的到岸价为(　　)万元。
　　A. 1045　　　　　　B. 1260　　　　　　C. 1291.27　　　　　　D. 747.19

5. 某项目购买一台国产设备,其购置费为 1325 万元,运杂费率为 10.6%,则该设备的原价为(　　)万元。
　　A. 1198　　　　　　B. 1160　　　　　　C. 1506　　　　　　D. 1484

6. 某项目建设期总投资为 1900 万元,其中工程费用投入为 1500 万元,项目建设前期年限为 1 年,建设期 2 年,第 2 年计划投资 40%,年价格上涨率为 3%,则第 2 年的涨价预备费是(　　)万元。
　　A. 54　　　　　　B. 18　　　　　　C. 46.02　　　　　　D. 36.54

7. 某项目进口一批生产设备,FOB 价为 650 万元,CIF 价为 830 万元,银行财务费率为 0.5%,外贸手续费率为 1.5%,关税税率为 20%,增值税率为 17%。该批设备无消费税,则该批进口设备的抵岸价为(　　)万元。
　　A. 1178.10　　　　　　B. 1181.02　　　　　　C. 998.32　　　　　　D. 1001.02

8. 在固定资产投资中,形成固定资产的主要手段是(　　)。
　　A. 基本建设投资　　　　　　　　　　B. 更新改造投资
　　C. 房地产开发投资　　　　　　　　　　D. 其他固定资产投资

9. 某个新建项目,建设期为 3 年,分年均衡进行贷款,第一年贷款 400 万元,第二年贷款 500 万元,第三年贷款 400 万元,贷款年利率为 10%,建设期内利息只计息不支付,则建设期贷款利息为( )万元。

    A. 277.4   B. 205.7   C. 521.897   D. 435.14

10. 某进口设备 FOB 价为人民币 1200 万元,国际运费 72 万元,国际运输保险费用 4.47 万元,银行财务费 6 万元,外贸手续费 19.15 万元,关税 217 万元,消费税率 5%,增值税 253.89 万元,则该设备的消费税为( )万元。

    A. 78.60   B. 74.67   C. 79.93   D. 93.29

二、多项选择题

1. 根据我国现行的建设项目投资构成,生产性建设项目投资由( )两部分组成。

    A. 固定资产投资   B. 流动资产投资

    C. 无形资产投资   D. 递延资产投资

    E. 其他资产投资

2. 外贸手续费的计费基础是( )之和。

    A. 装运港船上交货价   B. 国际运费

    C. 银行财务费   D. 关税

    E. 运输保险费

3. 在设备购置费的构成内容中,不包括( )。

    A. 设备运输费   B. 设备安装保险费

    C. 设备联合试运转费   D. 设备采购招标费

    E. 设备包装费

4. 下列各项费用中的( )没有包含关税。

    A. 到岸价   B. 抵岸价

    C. FOB 价   D. CIF 价

    E. 增值税

5. 设备购置费包括( )。

    A. 设备原价   B. 设备国内运输费

    C. 设备安装调试费   D. 单台设备试运转费

    E. 设备采购保管费

6. 直接工程费包括( )。

    A. 人工费   B. 措施费

    C. 企业管理费   D. 材料费

    E. 利润

7. 下列费用中,不属于建筑安装工程直接工程费的有( )。

    A. 施工机械大修费   B. 材料二次搬运费

    C. 生产工人退休工资   D. 生产职工教育经费

    E. 生产工具、用具使用费

8. 下列费用中,( )属于建筑安装工程间接费的内容。

    A. 职工福利费   B. 职工教育经费

    C. 施工企业差旅交通费   D. 工程监理费

E. 建设期贷款利息

9. 固定资产投资中的积极部分有(　　)。

    A. 工艺设备购置费　　　　　　　　　　B. 建安工程费用

    C. 试验研究费　　　　　　　　　　　　D. 生产家具购置费

    E. 工具、器具购置费

10. 在下列费用中,属于安全文明施工费的是(　　)。

    A. 安全施工费　　　　　　　　　　　　B. 二次搬运费

    C. 环境保护费　　　　　　　　　　　　D. 夜间施工增加费

    E. 临时设施费

三、案例分析题

【案例一】

背景:

A 企业拟建一工厂,计划建设期 3 年,第 4 年工厂投产,投产当年的生产负荷达到设计生产能力的 60%,第 5 年达到设计生产能力的 85%,第 6 年达到设计生产能力。项目运营期 20 年。

该项目所需设备分为进口设备与国产设备两部分。

进口设备重 1000t,其装运港船上交货价为 600 万美元,海运费为 300 美元/t,海运保险费和银行手续费分别为货价的 2‰和 5‰,外贸手续费率为 1.5%,增值税率为 17%,关税税率为 25%,美元对人民币汇率为 1：6.8。设备从到货口岸至安装现场 500km,运输费为 0.5 元人民币/(吨·公里),装卸费为 50 元人民币/t,国内运输保险费率为抵岸价的 1‰,设备的现场保管费率为抵岸价的 2‰。

国产设备均为标准设备,其带有备件的订货合同价为 9500 万元人民币。国产标准设备的设备运杂费率为 3‰。

该项目的工具、器具及生产家具购置费率为 4%。

该项目建筑安装工程费用估计为 5000 万元人民币,工程建设其他费用估计为 3100 万元人民币。建设期间的基本预备费率为 5%,涨价预备费为 2000 万元人民币,流动资金估计为 5000 万元人民币。

项目的资金来源分为自有资金与贷款。其贷款计划为:建设期第一年贷款 2500 万元人民币、350 万美元;建设期第 2 年贷款 4000 万元人民币、250 万美元;建设期第 3 年贷款 2000 万元人民币。贷款的人民币部分从中国建设银行获得,年利率 10%(每半年计息一次),贷款的外汇部分从中国银行获得,年利率为 8%(按年计息)。

问题:

1. 估算设备及工器具购置费用。

2. 估算建设期贷款利息。

3. 估算该工厂建设的总投资。

【案例二】

背景:

某施工企业施工时使用自有模板,已知一次使用量为 1000m²,模板价格为 50 元/m²,若周转次数为 10,补损率为 5%,施工损耗为 9%,不考虑支、拆、运输费。

问题:求模板费为多少元?

第3章
工程造价计价依据

本章概要

1. 工程造价计价概念;

2. 工程定额;

3. 施工资源定额消耗量;

4. 施工资源定额单价;

5. 计价定额;

6. 工程量清单计价与计量规范;

7. 工程单价。

3.1 ▶ 工程造价计价依据概述

🌐 3.1.1 工程造价计价依据的概念及种类

1. 工程造价计价依据的概念

工程造价计价依据是用以计算和确定工程造价的各类基础资料的总称。由于影响工程造价的因素很多,每一项工程的造价都要根据工程的用途、类别、规模尺寸、结构特征、建设标准、所在地区、建设地点、市场造价信息以及政府的有关政策具体计算。这就需要确定与上述各项因素有关的各种量化的基本资料作为计算和确定工程造价的计价基础。

2. 工程造价计价依据的种类

工程造价计价依据有很多,概括起来有:

(1)计算工程量和设备数量的依据。主要包括可行性研究资料,初步设计、扩大初步设计、施工图设计的图纸和资料,工程量计算规则,施工组织设计或施工方案等。

(2)计算分部分项工程人工、材料、机械台班消耗量及费用的依据。主要包括概算指标、概算定额、预算定额,人工费单价、材料预算单价,机械台班单价,企业定额、市场价格。

(3)计算建筑安装工程费用的依据。主要是建筑安装工程费用定额、利润率、价格指数等。

(4)计算设备工器具费的依据。包括设备价格、工器具购置费率和运杂费率等。

(5)建设工程工程量清单计价与计量规范。

（6）计算工程建设其他费用的依据。包括用地指标、各项工程建设其他费用定额等。

（7）计算造价相关的法规和政策。包含在工程造价内的税种、税率，与产业政策、能源政策、环境政策、技术政策和土地等资源利用政策有关的取费标准，利率和汇率，其他计价依据。

本章主要介绍关于计算分部分项工程的人工、材料、机械台班消耗量等的工程定额、资源单价、工程单价和工程造价指数等计价依据。

3.工程造价计价依据的作用

依照不同的建设管理主体，计价依据在不同的工程建设阶段，针对不同的管理对象具有不同的作用。

（1）编制计划的基本依据。无论是国家建设计划，业主投资计划、资金使用计划，还是施工企业的施工进度计划、年度计划、月旬作业计划以及下达生产任务单等，都是以计价依据来计算人工、材料、机械、资金等需要数量，合理地平衡和调配人力、物力、财力等各项资源，以保证提高投资效益，落实各种建设计划。

（2）计算和确定工程造价的依据。工程造价的计算和确定必须依赖定额等计价依据。如估算指标用来计算和确定投资估算，概算定额用于计算和确定设计概算，预算定额用于计算和确定施工图预算，施工定额用于计算确定施工项目成本。预算定额、企业定额和人材机市场价格还能够按照清单计价规范组价成为相应清单子目的综合单价，成为清单计价的依据。

（3）企业实行经济核算的依据。经济核算制是企业管理的重要经济制度，它可以促使企业以尽可能少的资源消耗，取得最大的经济效益，定额等计价依据是考核资源消耗的主要标准。如对资源消耗和生产成果进行计算、对比和分析，就可以发现改进的途径，采取措施加以改进。

（4）有利于建筑市场的良好发育。计价依据既是投资决策的依据，又是价格决策的依据。对于投资者来说，可以利用定额等计价依据有效地提高其项目决策的科学性，优化其投资行为；对于施工企业来说，定额等计价依据是施工企业适应市场投标竞争和企业进行科学管理的重要工具。

3.1.2 工程定额的概念

1.工程定额的含义

定额是一种规定的额度，是人们根据各种不同的需要，对某一事物规定的数量标准。

工程定额指在合理的劳动组织和合理地使用材料与机械的条件下，完成一定计量单位合格建筑产品所消耗的人工、材料、机械、资金的规定额度。这种规定额度反映的是在一定的社会生产力水平下，完成工程建设中的某项产品与各种生产消费之间的特定的数量关系，体现在正常施工条件下人工、材料、机械、资金等消耗的社会平均合理水平。

2.工程定额的分类

工程定额是工程建设中各类定额的总称，它包括许多种类的定额，可以按照不同的原则和方法对它进行科学的分类。

（1）按生产要素分类

按照定额反映的生产要素消耗内容分类，如图 3-1 所示。

（2）按编制程序和用途分类

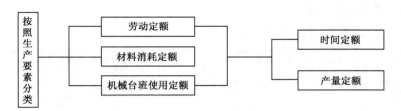

图 3-1　按生产要素消耗内容分类

按照编制程序和用途分类,如图 3-2 所示。

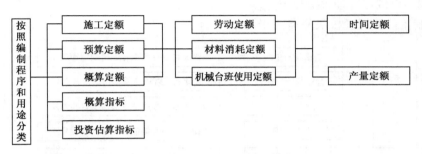

图 3-2　按编制程序和用途分类

按照用途分类的上述定额间的相互联系可参见表 3-1。

按照用途分类的定额间关系比较　　　　　　　　　　　　　　　表 3-1

内容	施工定额	预算定额	概算定额	概算指标	投资估算指标
对象	工序	分项工程	扩大的分项工程	整个建筑物或构筑物	独立的单项工程或完整的工程项目
用途	编制施工预算	编制施工图预算	编制扩大初步设计概算	编制初步设计概算	编制投资估算
项目划分	最细	细	较粗	粗	很粗
定额水平	平均先进	平均	平均	平均	平均
定额性质	生产性定额	计价性定额			

（3）按费用性质分类

按照投资费用性质分类,如图 3-3 所示。

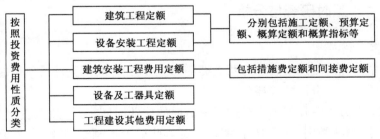

图 3-3　按投资费用性质分类

（4）按专业性质分类

按照专业性质分类,如图3-4所示。

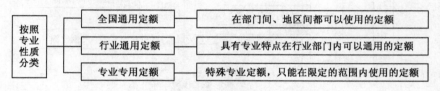

图3-4 按专业性质分类

（5）按编制单位与管理权限分类

按照编制单位和管理权限分类,如图3-5所示。

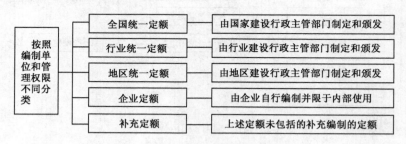

图3-5 按编制单位和管理权限分类

3.工程定额的作用

（1）工程计价的依据。编制建设工程投资估算、设计概算、施工图预算和竣工决算,无论是划分工程项目、计算工程量,还是计算人工、材料和施工机械台班消耗量,都要以工程定额为标准依据。所以工程定额既是建设工程计划、设计、施工、竣工验收等各项工作取得最佳经济效益的有效工具和杠杆,又是考核和评价上述各阶段工作的经济尺度。

（2）建筑施工企业实行科学管理的必要手段。建筑施工企业在编制施工进度计划、施工作业计划、下达施工任务、组织调配资源、进行成本核算过程中,都可以以定额提供的人工、材料、机械台班消耗量为标准,进行科学合理的管理。

3.2 ▶ 施工资源(人、材、设、机)定额消耗量

3.2.1 工时研究与分析

1.工时研究的概念

工程建设中消耗的生产要素分为两大类:一类是以工作时间为计量单位的活劳动的消耗,一类是各种物质资料和资源的消耗。

工时研究指把劳动者在整个生产过程中消耗的作业时间,根据其性质、范围和具体情况,给予科学的划分,归纳类别,分析取舍,明确规定哪些属于定额时间,哪些属于非定额时间,以便拟订技术和组织措施,消除产生非定额时间的因素,充分利用作业时间,提高生产效率。

2.工作时间的分析

分析工作时间最主要的目的是确定施工的时间定额和产量定额。研究施工中工作时间的前提,是对工作时间按其消耗性质进行分类,以便研究工时消耗数量及其特点。

工作时间,指工作班持续时间。根据劳动定额和机械台班消耗定额编制要求,工时分析常常以工人作业时间消耗定额和机械作业时间消耗定额两个系统进行。

1)人工工时分析

人工工时可分为定额时间和非定额时间。人工工时分析指将工人在整个生产过程中消耗的工作时间,予以科学的划分、归纳,明确哪些属于定额时间,哪些属于非定额时间。对于非定额时间,在确定单位产品用工标准时均不予考虑。人工工时构成如图3-6所示。

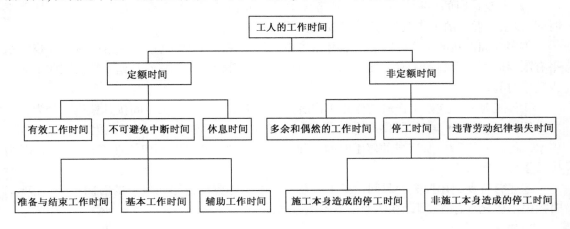

图3-6　工人工作时间分析图

(1)定额时间。指工人在正常施工条件下,为完成一定数量的合格产品或符合要求的工作所必须消耗的工作时间。由有效工作时间、不可避免中断时间和休息时间三部分组成。

①有效工作时间。有效工作时间是从生产效果来看,与产品生产直接有关的时间消耗,其中包括基本工作时间、辅助工作时间、准备与结束工作时间的消耗。

基本工作时间指施工过程中工人直接完成基本施工工艺的操作所消耗的时间。通过这些工艺操作过程可以使材料改变外形,如钢筋煨弯等;可以改变材料的结构与性质,如混凝土制品的养护干燥等;可以使预制构配件安装组合成型;也可以改变产品外部及表面的性质,如粉刷、油漆等。基本工作时间所包括的内容依工作性质各不相同。基本工作时间的长短和工作量大小成正比。

辅助工作时间是为保证基本工作顺利完成所消耗的时间。在辅助工作时间里,不能使产品的形状大小、性质或位置发生变化。辅助工作时间的结束,往往就是基本工作时间的开始。辅助工作时间长短与工作量大小有关。

准备与结束工作时间是执行任务前或任务结束后所消耗的工作时间。如工作地点、劳动工具和劳动对象的准备工作时间;工作结束后的整理工作时间。准备和结束工作时间的长短与所担负的工作量大小无关,往往和工作内容有关。所以,又可以把这项工作时间的消耗分为班内的准备与结束工作时间和任务的准备与结束工作时间。其中任务的准备和结束时间是在一批任务的开始与结束时产生的,如熟悉图纸、准备相应的工具、事后清理场地等,通常不反映在每一个工作班里。

②不可避免中断时间。不可避免中断所消耗的时间是由施工工艺特点所引起的工作中断所必需的时间。与施工过程工艺特点有关的工作中断时间,应包括在定额时间内,但应尽量缩短此项时间消耗。与工艺特点无关的工作中断所占用的时间,是由于劳动组织不合理引起的,属于损失时间,不能计入定额时间。

③休息时间。休息时间是工人在工作过程中为恢复体力所必需的短暂休息和生理需要的时间消耗。这种时间是为了保证工人精力充沛地进行工作,所以在定额时间中必须进行计算。休息时间的长短和劳动条件、劳动强度有关,劳动越繁重紧张、劳动条件越差(如高温),则休息时间需越长。

(2)非定额时间。指与完成施工任务无关的时间消耗,即明显的工时损失。它包括停工时间、多余和偶然的工作时间、违背劳动纪律损失的时间。

①多余和偶然的工作时间。一般都是指由于工人在工作中粗心大意、操作不当或技术水平有限等原因而引起的工时浪费,如寻找工具、质量不符合要求的整修和返工等。因此不应计入定额时间。

②停工时间。这是工作班内停止工作所造成的工时损失。停工时间按其性质可分为施工本身原因(如组织不善、材料供应中断等)所造成的停工时间和非施工本身原因(如突然停电、停水、暴风和暴雨等)所造成的停工时间。前一情况在拟定定额时不应该计算,后一种情况则应给予合理的考虑。

③违背劳动纪律损失的时间。指工人在工作中违背劳动纪律而发生的时间损失,此项工时损失不应允许存在,因此在定额中是不能考虑的。

2)机械工时分析

机械工作时间也分为必须消耗的机械定额时间和损失的机械非定额时间两类,如图3-7所示。

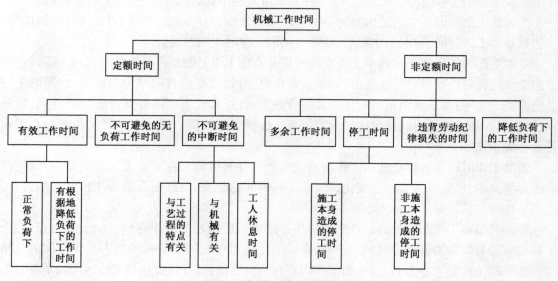

图3-7 机械工作时间分类图

(1)定额时间。指工作班内消耗的与完成合格产品生产有关的工作时间。包括有效工作时间、不可避免的无负荷工作时间和不可避免的中断时间三项时间消耗。

①有效工作时间。包括正常负荷下、有根据地降低负荷下工作的工时消耗。

正常负荷下的工作时间，是机械在与机械说明书规定的计算负荷相符的情况下进行工作的时间。

有根据地降低负荷下的工作时间，是指在个别情况下，由于技术上的原因，机械在低于其计算负荷下工作的时间。例如，汽车在运输重量轻而体积大的货物时，不能充分利用汽车的载重吨位，因而不得不降低其计算负荷。

②不可避免的无负荷工作时间。这是由施工过程特点和机械结构特点造成的机械无负荷工作时间。例如，筑路机在工作区末端调头等，就属于此项工作时间的消耗。

③不可避免的中断时间。这与工艺过程的特点、机械的使用和保养、工人休息有关，所以又可以分为三类。

与工艺过程特点有关的不可避免中断时间，有循环的和定期的两种：循环的不可避免中断，是在机器工作的每一个循环中重复一次，如汽车装货和卸货时的停车；定期的不可避免中断，是经过一定时期重复一次，如把灰浆泵由一个工作地点转移到另一工作地点时的工作中断。

与机械有关的不可避免的中断时间，是由于工人进行准备与结束工作时或辅助工作时，机械停止工作而引起的中断时间，是与机械的使用与保养有关的不可避免的中断时间。

工人休息时间，前面已经作了说明，要注意的是，应尽量利用与工艺过程有关的和与机械有关的不可避免的中断时间进行休息，以充分利用工作时间。

（2）非定额时间。机械非定额时间是损失的工作时间，包括多余工作、停工和违背劳动纪律所消耗的工作时间等。

①多余工作时间。一是机器进行任务内和工艺过程内未包括的工作而延续的时间，如工人没有及时供料而使机器空运转的时间；二是机械在负荷下所做的多余工作，如混凝土搅拌机搅拌混凝土时超过规定搅拌时间。

②机械的停工时间。分为施工本身造成的停工和非施工本身造成的停工。前者是由于施工组织不好而引起的停工现象，如由于未及时供给机器燃料而引起的停工；后者是由于气候条件所引起的停工现象，如暴雨时压路机的停工。

③违反劳动纪律时间。指由于工人迟到、早退或擅离岗位等原因引起的机械停工时间。

④低负荷下的工作时间。指由于工人或技术人员的过错所造成的施工机械在降低负荷情况下的工作时间。此项工作时间不能作为计算时间定额的基础。

分析和研究工程建设中的工作时间，对施工定额的管理有着密切的关系和重要的意义。对工作班延续时间进行分类和研究，是编制工程定额的必要前提。只有把工作班延续时间按其消耗性质加以区别和分类，才能划分必须消耗时间和损失消耗时间的界限，为编制工程定额建立科学的计算依据，也才能明确哪些工时消耗应计入定额，哪些不应计入定额。

3.2.2　人工定额消耗量的确定

先确定施工定额人工定额消耗量，然后通过综合其他用工得到用来计价的人工定额消耗量，相当于预算定额人工消耗量。

施工定额人工消耗量是通过劳动定额确定的。

1.劳动定额概述

（1）劳动定额的概念

指在正常的生产组织和生产技术条件下，完成单位合格产品所必需的劳动消耗标准。劳动定额是人工消耗定额，又称人工定额。

（2）劳动定额的表现形式

劳动定额的表现形式分为两种：时间定额和产量定额。

①时间定额。指在合理的生产技术和生产组织下，某工种、某技术等级的工人小组或个人，完成单位合格产品所必须消耗的工作时间。

$$单位产品时间定额（工日）= \frac{1}{每工日产量} \qquad (3-1)$$

或

$$单位产品时间定额（工日）= \frac{小组成员工日数总和}{小组台班产量} \qquad (3-2)$$

时间定额以工日为单位，根据现行的劳动制度，每工日的工作时间为 8 小时。

②产量定额。指在合理的生产技术和生产组织下，某工种、某技术等级的工人小组或个人，在单位时间内所应该完成的合格产品的数量。

$$每工日产量 = \frac{1}{单位产品时间定额} \qquad (3-3)$$

或

$$小组台班产量 = \frac{小组成员工日数总和}{单位产品时间定额} \qquad (3-4)$$

③时间定额与产量定额的关系。两者互为倒数。

即

$$时间定额 = \frac{1}{产量定额} \qquad (3-5)$$

或

$$时间定额 \times 产量定额 = 1 \qquad (3-6)$$

2.劳动定额的编制方法

劳动定额的编制是通过测定其时间定额来完成的。而时间定额是由基本工作时间、辅助工作时间、准备与结束工作时间、不可避免中断时间和休息时间组成，它们之和就是劳动定额的时间定额。由于时间定额与产量定额互为倒数，所以根据时间定额可计算出产量定额。

劳动定额制定的方法有四种：经验估计法、统计分析法、比较类推法和技术测定法。

（1）经验估计法

由定额人员、工程技术人员和工人三结合，根据个人或集体的实践经验，经过图纸分析和现场观察，了解施工工艺，分析施工的生产技术组织条件和操作方法的简繁难易等情况，进行座谈讨论，从而制定劳动定额。

运用经验估计法制定定额，应以工序（或产品）为对象，将工序分解为操作（或动作），分别测算出操作（或动作）的基本工作时间，然后考虑辅助工作时间，准备时间，结束时间和休息时间，经过综合整理，并对整理结果予以优化处理，即得出该工序（或产品）的时间定额或产量定额。

这种方法的优点是方法简单,速度快。缺点是容易受参加人员的主观因素和局限性影响,使制定出来的定额出现偏高或偏低的现象。因此,经验估计法只适用于企业内部,作为某些局部项目的补充定额。

为了提高经验估计法的精确度,使取定的定额水平适当,可以用概率论的方法来估算定额。这种方法是请有经验的人员,分别对某一单位产品或施工过程进行估算,得出 3 个工时消耗数值:先进的估计为 a,一般的估计为 m,保守的估计为 b。从而计算出它们的平均值 $\bar{t}$:

$$\bar{t} = \frac{a + 4m + b}{6} \tag{3-7}$$

式中:$\bar{t}$——经验估计的平均值;

　　a——先进的估计值;

　　m——一般的估计值;

　　b——保守的估计值。

(2)统计分析法

将以往施工中同类工程或同类产品的工时消耗统计资料,与当前生产技术组织条件的变化因素结合在一起进行研究,以制定劳动定额。

由于统计分析资料反映的是工人过去已经达到的水平,在统计时没有也不可能剔除施工过程中的不合理的因素,因而这个水平一般偏于保守。为了克服统计分析资料的这个缺陷,使确定出来的定额保持平均先进水平,可以采用"二次平均法"计算平均先进值作为确定定额水平的依据。

其步骤如下:

①剔除统计资料中特别偏高、偏低的明显不合理的数据;

②计算一次平均值;

③计算平均先进值。对于时间定额,等于数列中小于一次平均值的各数值的平均值,对于产量定额,等于数列中大于一次平均值的各数值的平均值;

④计算二次平均先进值。等于一次平均值与平均先进值的平均值,亦即第二次平均,以此作为确定定额水平的依据。

【例3-1】 已知,由统计得来的工时消耗数据资料为:21,40,60,70,70,70,60,50,50,60,60,105。用二次平均的方法计算其平均先进值。

【解】(1)剔除偏高、偏低的明显不合理的数据21和105。

(2)计算一次平均值:

$$\bar{t} = \frac{1}{10}(40 + 60 + 70 + 70 + 70 + 60 + 50 + 50 + 60 + 60) = 59$$

(3)计算平均先进值:

$$\bar{t}_n = \frac{40 + 50 + 50}{3} = 46.67$$

(4)计算二次平均先进值为:

$$\bar{t}_0 = \frac{\bar{t} + \bar{t}_n}{2} = \frac{59 + 46.67}{2} = 52.84$$

52.84 即可作为这一组统计资料整理优化后的数值,可作为确定劳动定额的依据。

(3)比较类推法

又叫典型定额法,是以同类型、相似类型产品或工序的典型定额项目的定额水平为标准,经过分析比较,类推出同一组定额中相邻项目定额水平的方法。

这种方法简便、工作量小,只要典型定额选择恰当、切合实际、具有代表性,类推出的定额一般比较合理。这种方法适用于同类型规格多、批量小的施工过程。为了提高定额水平的精确度,通常采用主要项目作为典型定额来类推。

采用这种方法的时候,要特别注意掌握生产产品的施工工艺和劳动组织类似或近似的特征,细致分析施工过程中的各种影响因素,防止将因素变化很大的项目作为典型定额比较类推。用公式表示:

$$t = P \cdot t_0 \tag{3-8}$$

式中:t——需计算的时间定额;

t_0——相邻的典型定额项目的时间定额;

P——已确定出的比例。

(4)技术测定法

根据先进合理的生产(施工)技术、操作工艺、劳动组织和正常的生产(施工)条件,对施工过程中的具体活动进行实地观察,详细记录施工的工人和机械的工作时间消耗、完成产品的数量及有关影响因素,将记录的结果加以整理,客观分析各种因素对产品工作时间消耗的影响,据此进行取舍,以获得各个项目的时间消耗资料,从而制定劳动定额的方法。

这种方法有较高的准确性和科学性,是制定新定额和典型定额的主要方法。

根据施工过程的特点和技术测定的目的、对象和方法的不同,技术测定法又可以分为测时法、写实记录法、工作日写实法和简易测定法四种。

①测时法:主要用于观测研究施工过程中各循环组成部分的工作时间消耗,不研究工人休息、准备与结束及其他非循环的工作时间,主要适用于施工机械。

②写实记录法:用以研究所有种类的工作时间消耗,包括基本工作时间、辅助工作时间、不可避免的中断时间、准备与结束时间、休息时间以及各种损失时间,以获得分析工时消耗和制定定额时所必需的全部资料。这种方法比较简便、易于掌握,并能保证必需的精确度,因此在实际中得到广泛应用。

③工作日写实法:对工人全部工作时间中的各类工时消耗按顺序进行实地观察、记录和分析研究的一种测定方法。运用这种方法可以分析哪些工时消耗是合理的、哪些工时消耗是无效的,并找出工时损失的原因,拟定改进的措施,消除引起工时损失的因素,促进劳动生产率的提高。根据写实对象的不同,工作日写实法可分为个人工作日写实、小组工作日写实和机械工作日写实三种。

④简易测定法:就是对前面几种技术测定的方法予以简化,但仍保持了现场实地观察记录的基本原则。在测定时,它只测定定额时间中的基本工作时间,而其他时间(即辅助工作时间、规范时间)可借助"工时消耗规范"查出,然后利用计算公式,确定出定额指标。这种方法简便,容易掌握,且节省人力和时间,常用于编制企业补充定额或临时定额。其计算公式如下:

$$工序作业时间 = \frac{基本工作时间}{1 - 辅助时间(\%)} \tag{3-9}$$

$$规范时间 = 准备与结束工作时间 + 不可避免的中断时间 + 休息时间 \tag{3-10}$$

$$定额时间 = \frac{工序作业时间}{1 - 规范时间(\%)} \tag{3-11}$$

总之,以上四种技术测定方法,可以根据施工过程的特点以及测定的目的分别选用。同时还应注意比较类推法、统计分析法、经验估计法相结合,取长补短,拟定和编制工程定额。

【例3-2】人工挖土方(土壤系潮湿的黏性土,按土壤分类属Ⅱ类土)测时资料表明,挖 $1\ m^3$ 消耗基本工作时间60min,辅助工作时间占工序作业时间的2%,准备与结束工作时间占 2%,不可避免中断时间占1%,休息占20%。确定时间定额和产量定额。

【解】基本工作时间 $= 60\ min/\ m^3 = 1h/\ m^3 = 0.125\ 工日/\ m^3$

工序作业时间 $= 0.125/(1 - 2\%) \approx 0.128\ 工日/\ m^3$

时间定额 $= 0.128/(1 - 2\% - 1\% - 20\%) = 0.166\ 工日/\ m^3$

根据时间定额可计算出产量定额为: $\frac{1}{0.166} = 6.024 m^3/工日$

3.预算定额人工定额消耗量的确定

这里的人工定额消耗量,是用来计价的定额消耗量,也就是预算定额的人工消耗量。

人工消耗量指正常施工条件下,完成单位合格产品所必须消耗的各种用工的工日数以及该用工量指标的平均技术等级。

确定人工消耗量的方法有两种:一种是以施工定额中的劳动定额为基础确定;另一种是以现场观察测定资料为基础计算,主要用于遇到劳动定额缺项时,采用现场工作日写实等测时方法确定和计算定额的人工耗用量。

用来计价的人工消耗量分为两部分:一是直接完成单位合格产品所必须消耗的技术用工的工日数,称为基本用工;二是辅助直接用工的其他用工数,称为其他用工。

1)基本用工

指完成某一项合格分项工程所必须消耗的技术工种用工。例如为完成砖墙工程中的砌砖、调运砂浆、铺砂浆、运砖等所需的工日数量。基本用工按技术工种相应劳动定额的工时定额计算,以不同工种列出定额工日。计算公式如下:

$$基本用工 = \sum(某工序工程量 \times 相应工序的时间定额) \tag{3-12}$$

2)其他用工

包括超运距用工、辅助用工和人工幅度差。

(1)超运距用工。指劳动定额中已包括的材料、半成品场内水平搬运距离与预算定额所考虑的现场材料、半成品堆放地点到操作地点的水平运输距离之差。

$$超运距 = 预算定额取定运距 - 劳动定额已包括的运距 \tag{3-13}$$

$$超运距用工 = \sum(材料数量 \times 超运距的时间定额) \tag{3-14}$$

注意:实际工程现场运距超过预算定额取定运距时,可另行计算现场二次搬运费。

(2)辅助用工。指技术工种劳动定额内不包括而在预算定额内又必须考虑的用工。例如,机械土方工程配合用工、材料加工(筛砂、洗石、淋化石膏)、电焊点火用工等。

$$辅助用工 = \sum(材料加工数量 \times 相应的加工劳动定额) \tag{3-15}$$

(3)人工幅度差。这是预算定额与劳动定额的差额,主要指在劳动定额中未包括而在正常施工情况下不可避免但又很难准确计量的用工和各种工时损失。内容包括:

①在正常施工条件下,土建各工种间的工序搭接及土建工程与水、暖、电工程之间的交叉

作业相互配合或影响所发生的停歇时间。

②施工机械在单位工程之间转移及临时水电线路移动所造成的停工。

③工程质量检查和隐蔽工程验收工作。

④场内班组操作地点转移影响工人的操作时间。

⑤工序交接时对前一工序不可避免的修整用工。

⑥施工中不可避免的其他零星用工。

$$人工幅度差 = (基本用工 + 辅助用工 + 超运距用工) \times 人工幅度差系数 \qquad (3-16)$$

人工幅度差系数一般为 $10\% \sim 15\%$。在预算定额中,人工幅度差的用工量列入其他用工量中。

3)(预算定额)人工工日消耗量

$$(预算定额)人工工日消耗量 = 基本用工 + 辅助用工 + 超运距用工 + 人工幅度差$$
$$(3-17)$$

【例3-3】已知完成单位合格产品的基本用工为 22 工日,超运距用工为 4 工日,辅助用工为 2 工日,人工幅度差系数是 12%,计算预算定额中的人工工日消耗量。

【解】预算定额中人工工日消耗量包括基本用工、其他用工两部分。其他用工包括辅助用工、超运距用工和人工幅度差。

$$人工消耗量指标 = (基本用工 + 超运距用工 + 辅助用工) \times (1 + 人工幅度差系数)$$
$$= (22 + 4 + 2) \times (1 + 12\%) = 31.36 \ 工日$$

3.2.3 材料定额消耗量的确定

1.材料消耗定额概述

(1)材料消耗定额的概念

指在合理和节约使用材料的条件下,生产单位合格产品所必须消耗的一定品种、规格的建筑材料(包括原材料、辅助材料、构配件、零件、半成品或成品、工程设备等资源)的数量标准。

(2)材料消耗定额的组成

单位合格产品所消耗的材料数量等于材料净用量和不可避免的合理材料损耗量之和,即:

$$材料消耗量 = 净用量 + 损耗量 \qquad (3-18)$$

材料净用量是为了完成单位合格产品或施工过程所必需的材料数量,即直接用于建筑和安装工程的材料数量。材料损耗量指材料从现场仓库领出,到完成合格产品的过程中不可避免的材料合理损耗量,包括场内搬运的合理损耗,加工制作的合理损耗和施工操作损耗三部分。

材料的损耗一般以损耗率表示,公式为:

$$材料损耗率 = \frac{材料损耗量}{材料净用量} \times 100\% \qquad (3-19)$$

材料的净用量可以根据产品的设计图纸计算求得,只要知道了生产某种产品的某种材料的损耗率,就可以计算出该单位产品材料的消耗数量,即:

$$材料消耗量 = 材料净用量 \times (1 + 材料损耗率) \qquad (3-20)$$

(3)材料消耗定额的作用

材料是完成产品的物化劳动过程的物质条件,在建筑工程中,所用的材料品种繁多,耗用量大,在一般的工业与民用建筑工程中,材料费用占整个工程造价的 60% ~ 70% ,因此,合理使用材料,降低材料消耗,对于降低工程成本具有举足轻重的意义。材料消耗定额的具体作用如下:

①施工企业确定材料需要量和储备量的依据。

②企业编制材料需用量计划的基础。

③施工队对工人班组签发限额领料、考核分析班组材料使用情况的依据。

④进行材料核算,推行经济责任制,促进材料合理使用的重要手段。

2.材料消耗定额的制定方法

根据材料消耗与工程实体的关系,可以将工程建设中的材料分为实体性材料和措施性材料两类。实体性材料,指直接构成工程实体的材料,包括主要材料和辅助材料;措施性材料,指在施工中必须使用但又不能构成工程实体的施工措施性材料,主要是周转性材料,如模板、脚手架等。

编制实体性材料消耗定额的方法有四种:观察法、试验法、统计分析法和理论计算法。

(1)观察法

也称施工实验法,是在施工现场,对某一产品的材料消耗量进行实际测算,通过产品数量、材料消耗量和材料净用量的计算,确定该单位产品的材料消耗量或损耗率。用观察法制定材料消耗定额时,所选用的观察对象应该符合下列要求:

①建筑物应具有代表性。

②施工方法应符合操作规范的要求。

③建筑材料的品种、规格、质量符合技术、设计要求。

④被观测的对象在节约材料和保证产品质量等方面有较好的成绩。

同时,要做好观察前的技术准备和组织准备工作。包括被测定材料的性质、规格、质量、运输条件、运输方法、堆放地点、堆放方法及操作方法,并准备标准桶、标准运输工具和标准运输设备等;事先与工人班组联系,说明观测的目的和要求,以便在观察中及时测定材料消耗的数量、完成产品的数量以及损耗量、废品数量等。

(2)试验法

通过专门的仪器和设备在实验室内确定材料消耗定额的一种方法。这种方法适用于能在实验室条件下进行测定的塑性材料和液体材料,常见的有:混凝土、砂浆、沥青马蹄脂、油漆涂料、防腐剂等。

由于在试验室内比施工现场具有更好的工作条件,所以能够更深入、详细地研究各种因素对材料消耗的影响,从中得出比较准确的数据。

但是,在实验室中,无法充分估计到施工现场中某些外界因素对材料消耗的影响,因此,要求实验室条件尽可能与施工过程中的正常施工条件相一致,同时在测定后用观察法进行审核和修订。

(3)统计分析法

指在施工过程中,对分部分项工程所用的各种材料数量、完成的产品数量和竣工后剩余的材料数量,进行统计、分析、计算来确定材料消耗定额的方法。这种方法简便易行,不需组织专人观测和试验。但应注意统计资料的真实性和系统性,要有准确的领退料统计数字和完成工程量的统计资料。统计对象也应加以认真选择,并注意和其他方法结合使用,以提高所编制定额的准确程度。

（4）理论计算法

指根据施工图纸和其他技术资料，用理论公式计算出产品材料的净用量，从而制定出材料的消耗定额。

这种方法主要适用于制定块状、板状和卷筒状产品（如砖、钢材、玻璃、油毡等）的材料消耗定额。举例如下：

①1m³砖砌体中砖的净用量。

$$1m^3 砖砌体中砖的净用量 = \frac{墙厚的砖数 \times 2}{墙厚 \times (砖长 + 灰缝) \times (砖厚 + 灰缝)} \qquad (3-21)$$

$$砖消耗量 = 砖净用量 \times (1 + 砖损耗率) \qquad (3-22)$$

$$1m^3 砖砌体中砂浆消耗量 = (1 - 砖净用量 \times 每块砖体积) \times (1 + 损耗率) \qquad (3-23)$$

标准砖、多孔砖（中砖）的砖宽与墙厚的关系，如表3-2所示。

砖宽与墙厚的关系表　　　　　　　　　　　　　　　　表3-2

墙厚（砖数）	1/4	1/2	3/4	1	1.5	2
标准砖厚度（mm）	53	115	180	240	365	490
多孔砖（中砖）厚度（mm）	90	115	215	240	365	490

【例3-4】计算1m³一砖半厚的砖墙的标准砖、砂浆的净用量。

【解】标准砖的净用量 $A = \dfrac{1.5 \times 2}{(0.24 + 0.01) \times (0.053 + 0.01) \times 0.365} = 522$ 块

砂浆净用量 $B = 1 - 522 \times 0.24 \times 0.115 \times 0.053 = 0.237 \ m^3$

②计算100m²块料面层的材料净用量。

$$块料净用量 = \frac{100}{(块料长 + 灰缝) \times (块料宽 + 灰缝)} \qquad (3-24)$$

$$结合层材料净用量 = 100 \times 结合层厚度 \qquad (3-25)$$

$$嵌（勾）缝材料净用量 = (100 - 块料长 \times 块料宽 \times 块料净用量) \times 缝深 \qquad (3-26)$$

【例3-5】用1:1水泥砂浆贴150mm×150mm×5mm瓷砖墙面，结合层厚度为10mm，灰缝宽2mm。用理论计算法计算100 m²墙面瓷砖和砂浆的消耗量。瓷砖、砂浆的损耗率分别为1.5%，1%。

【解】每100m²瓷砖墙面中瓷砖净用量 $= \dfrac{100}{(0.15 + 0.002) \times (0.15 + 0.002)} = 4328.3$ 块

瓷砖消耗量 $= 4328.3 \times (1 + 1.5\%) = 4393.2$ 块

每100m²墙面中结合层砂浆量 $= 100 \times 0.01 = 1.00 \ m^3$

每100m²墙面中瓷砖缝隙砂浆量 $= (100 - 4328.3 \times 0.15 \times 0.15) \times 0.005 = 0.013 m^3$

瓷砖墙面砂浆消耗量 $= (1 + 0.013) \times (1 + 1\%) = 1.02 m^3$

上述四种建筑材料消耗定额的制定方法，都有一定的优缺点，在实际工作中应根据所测定材料的不同，分别选择其中的一种或两种以上的方法结合使用，制定实体性材料的消耗定额。

3. 预算定额材料定额消耗量的确定

预算定额材料定额消耗量指在正常施工条件下，完成单位合格产品所必须消耗的材料、成品、半成品的数量标准。材料按用途分为实体性材料、周转性材料和其他材料。材料消耗量包括材料的净用量和材料的损耗量。

（1）主要材料净用量的计算

主要材料的净用量，一般根据设计施工规范和材料的规格采用理论方法计算后，再根据定额项目综合的内容和实际资料适当调整确定，如砖、防水卷材、块料面层等。当有设计图纸标注尺寸及下料要求的，应按设计图纸尺寸计算材料净用量，如门窗制作用的方木、板料等。胶结、涂料等材料的配合比用料可根据要求换算得出材料用量。混凝土及砌筑砂浆配合比的耗用原材料数量的计算，需按照规范要求试配、试压合格和调整后得出水泥、砂子、石子、水的用量。对新材料、新结构，当不能用以上方法计算定额消耗用量时，需用现场测定方法来确定。

（2）材料的损耗量

材料的损耗量用测定或计算的办法得到。

（3）其他材料的确定

对于用量不多，价值不大的材料，一般用估算的办法计算其使用量，预算定额将其合并为一项（其他材料费），不列材料名称及消耗量。

（4）周转性材料的确定

周转性材料在施工中多次使用、周转，使用中有损耗则要维修补充，直到达到规定的使用次数才能报废，报废的周转材料按规定折价回收。将全部材料分摊到每一次上，即周转性材料是考虑回收残值以后使用一次的摊销量。

（5）设备定额消耗量确定

区别于前述施工资源材料，施工资源设备一般有质量保修，所以消耗量一般就等于净用量，没有损耗量。一般地，设备的工程量以数量计量，因此，设备的定额消耗量为1或扩大计量单位至10或者100。

3.2.4　施工机械台班定额消耗量的确定

1.施工机械台班定额的概念

（1）施工机械台班定额的概念

指在合理使用机械和合理的施工组织条件下，完成单位合格产品所必须消耗的机械台班数量标准。

施工机械台班定额是编制机械需用量计划和考核机械工作效率的依据，也是对操作机械的工人班组签发施工任务书，实行计件奖励的依据。

一个台班，指工人使用一台机械，工作8个小时。一个台班的工作，既包括机械的运行，工具用具的使用，也包括工人的劳动。

（2）施工机械台班定额的表现形式

①时间定额。指在合理的劳动组织与合理地使用机械的条件下，某种机械生产单位合格产品所必须消耗的台班数量。可以按下式计算：

$$机械时间定额 = \frac{1}{机械台班产量定额} \tag{3-27}$$

②产量定额。指在合理的劳动组织和合理使用机械的条件下，某种机械在一个台班时间内，所应完成的合格产品的数量。可以按下式计算：

$$机械台班产量定额 = \frac{1}{机器时间定额} \qquad (3-28)$$

由此可以看出,机械台班的时间定额和产量定额互为倒数关系。

2.施工机械台班定额的制定方法

1)定额的时间构成

机械施工过程的定额时间,可分为净工作时间和其他工作时间。

(1)净工作时间。指工人利用机械对劳动对象进行加工,用于完成基本操作所消耗的时间,包括机械的有效工作时间、机械在工作中不可避免的无负荷运转时间、与操作有关的不可避免的中断时间。

(2)其他工作时间。指除了净工作时间以外的其他工作时间。

(3)机械时间利用系数。指机械净工作时间 t 与工作延续时间 T 的比值 K_B,即:

$$K_B = \frac{t}{T} \qquad (3-29)$$

【例3-6】 某施工机械的工作延续时间为8h,机械准备与结束时间为0.5h,保持机械的延续时间为1.5h,求该机械时间利用系数。

【解】机械的净工作时间 $= 8 - (0.5 + 1.5) = 6h$

则机械时间利用系数:

$$K_B = \frac{6}{8} = 0.75$$

2)确定机械1h净工作正常生产率

建筑机械可分为循环动作和连续动作两种类型,在确定机械1h净工作正常生产率时,要分别对两类不同机械进行研究。

(1)循环动作机械。循环动作机械1h净工作正常生产率(N_h),就是在正常施工组织条件下,具有必需的知识和技能的技术工人操纵机械1h的生产率,即:

$$N_h = n \times m \qquad (3-30)$$

式中:n——机械净工作1h的正常循环次数;

m——每一次循环中所生产的产品数量。

$$n = \frac{60 \times 60}{t_1 + t_2 + t_3 + \cdots + t_n} \qquad (3-31)$$

或

$$n = \frac{60 \times 60}{t_1 + t_2 + \cdots + t_c - t'_c + \cdots + t_n} \qquad (3-32)$$

式中:t_1、t_2、t_3、$\cdots$、t_n——机械每一循环内各组成部分延续时间;

t'_c——组成部分的重叠工作时间。

计算循环动作机械净工作1h正常生产率的步骤是:

①根据计时观察资料和机械说明书确定各循环组成部分的延续时间。

②将各循环组成部分的延续时间相加,减去各组成部分之间的重叠时间,求出循环过程的正常延续时间。

③计算机械净工作1h的正常循环次数。

④计算循环机械净工作1h的正常生产率。

（2）连续动作机械。连续动作机械净工作 1h 正常生产率，主要根据机械性能来确定。机械净工作 1h 正常生产率 N_h，是通过试验或观察取得机械在一定工作时间 t 内的产品数量 m 而确定。即：

$$N_h = \frac{m}{t} \qquad (3\text{-}33)$$

对于不易用计时观察法精确确定机械产品数量、施工对象加工程度的施工机械，连续动作机械净工作 1h 正常生产率应与机械说明书等有关资料的数据进行比较，最后分析取定。

3）确定施工机械台班定额

机械台班产量 $N_{台班}$，等于该机械净工作 1h 的生产率 N_h 乘以工作班的延续时间 T（一般为 8h），再乘以机械时间利用系数 K_B 即：

$$N_{台班} = N_h \times T \times K_B \qquad (3\text{-}34)$$

对于一次循环时间大于 1h 的机械施工过程就不必先计算净工作 1h 的生产率，可以直接用一次循环时间 t（单位：h），求出台班循环次数 $\frac{T}{t}$，再根据每次循环的产品数量 m 确定其台班产量，即：

$$N_{台班} = \frac{T}{t} \times m \times K_B \qquad (3\text{-}35)$$

【例 3-7】某混凝土浇筑现场，有 1 台出料容量为 200L 的混凝土搅拌机。搅拌机每一次循环中，装料、搅拌、卸料、中断需要的时间分别为 1min、3min、1min、1min，该搅拌机正常功能利用系数为 0.9，求该搅拌机的台班产量定额和时间定额。

【解】搅拌机一次循环的正常延续时间 $= 1 + 3 + 1 + 1 = 6min$

该搅拌机纯工作 1h 循环次数 $= \dfrac{60}{6} = 10$ 次

该搅拌机纯工作 1h 正常生产率 $= \dfrac{10 \times 200}{1000} = 2 \ m^3$

该搅拌机台班产量定额 $= 2 \times 8 \times 0.9 = 14.4 \ m^3/台班$

该搅拌机时间定额 $= \dfrac{1}{14.4} = 0.069$ 台班$/ \ m^3$

3.预算定额施工机械台班定额消耗量的确定

预算定额中的机械台班消耗量指在正常施工条件下，生产单位合格产品（分部分项工程或结构构件）必须消耗的某种型号施工机械的台班数量。

（1）预算定额中机械幅度差

在编制预算定额时，机械台班消耗量是以施工定额中机械台班产量加机械幅度差为基础，再考虑到在正常施工组织条件下不可避免的机械空转时间、施工技术原因的中断及合理停滞时间编制的。

预算定额中机械幅度差包括：

①施工中机械转移工作面及配套机械相互影响损失的时间。

②在正常施工条件下，机械施工中不可避免的工序间歇。

③工程结尾工作量不饱满损失的时间。

④检查工程质量影响机械操作时间。

⑤在施工中,由于水电线路移动所发生的不可避免的机械操作间歇时间。

⑥冬季施工期内启动机械的时间。

⑦不同厂牌机械的工效差。

⑧配合机械施工的工人,在人工幅度差范围内的工作间歇而影响机械操作的时间。

(2)机械台班消耗量的确定

①大型机械施工的土石方、打桩、构件吊装、运输等项目,按全国建筑安装工程统一劳动定额台班产量加机械幅度差计算。一般为:土石方机械1.25,打桩机械1.33,吊装机械1.3。

$$机械台班消耗量 = 施工定额机械台班消耗量 × (1 + 机械幅度差系数) \qquad (3\text{-}36)$$

②按小组配用的机械,如砂浆、混凝土搅拌机等,以小组产量计算机械台班产量,不另增加机械幅度差。其他分部工程中,如钢筋加工、木材、水磨石等各项专用机械的幅度差为1.1。

③中小型机械台班消耗量,以其他机械费表示,列入预算定额内,不列台班数量。如遇到施工定额(劳动定额)缺项者,则需要依据单位时间完成的产量进行现场测定,以确定机械台班消耗量。

3.2.5 企业定额

1.企业定额的概念

施工企业根据本企业的施工技术和管理水平而编制完成的单位合格产品所必需的人工、材料和施工机械台班等的消耗标准。

从一定意义上讲,企业定额是企业的商业秘密,是企业参与市场竞争的核心竞争能力的具体表现。企业定额适应了我国工程造价管理体制和管理制度的改革,是实现工程造价管理改革目标不可或缺的一个重要环节。要实现工程造价管理的市场化,由市场形成价格是关键。以各企业的企业定额为基础做出报价,能真实地反映出企业成本的差异,能在施工企业之间形成实力的竞争,从而真正达到市场形成价格的目的。

2.企业定额的作用

(1)企业定额是施工企业进行建设工程投标报价的主要依据。自2003年7月开始实行工程量清单计价后,实现工程量清单计价的关键及核心就在于企业定额的编制和使用。企业定额是形成企业个别成本的基础,根据企业定额进行的投标报价更加具有合理性,能有效提升企业投标报价的竞争力。

(2)企业定额的建立和运用可以提高企业的管理水平和生产力水平。企业定额是企业生产力的综合反映,能直接对企业的技术、经营管理水平及工期、质量、价格等因素进行准确的测算和控制,进而控制工程成本。同时,通过编制企业定额可以摸清企业生产力状况,发挥优势,弥补不足,促进企业生产力水平的提高。

(3)企业定额是业内推广先进技术和鼓励创新的工具。企业定额代表企业先进施工技术水平、施工机具和施工方法。因此,企业在建立企业定额后,会促使各企业主动学习先进企业的技术,这样就达到了推广先进技术的目的。同时,各个企业要想超过其他企业的定额水平,就必须进行管理创新或技术创新,因此,企业定额实际上也就成为企业推动技术和管理创新的一种重要手段。

(4)企业定额的建立和使用可以规范发包承包行为,规范建筑市场秩序。企业定额的应用,促使企业在市场竞争中按实际消耗水平报价。这就避免了施工企业为了在竞标中取胜,无节制地压价、降价,造成企业效率低下、生产亏损、发展滞后现象的发生,也避免了业主在招投标中腐败现象的发生。企业定额的建立和使用,对企业自身的发展和建筑业的可持续发展,都会产生深远和重大的影响。

3.3 ▶ 施工资源(人、材、设、机)单价

施工资源包括人工、材料、设备和施工机具。

施工资源单价指施工过程中人工、材料和机械台班的动态价格或市场价格。

随着工程造价管理体制和工程计价模式的改革,量价分离以及工程量清单计价模式的推广使用,越来越需要编制动态的人工、材料和机械台班的预算价格。

本节所讲的每一种资源的单价,分别从价格组成和计算方法进行介绍。

3.3.1 人工工日单价的确定

1.人工工日单价的概念

指一个建筑安装生产工人一个工作日中应计入的全部人工费用。它基本上反映了建筑安装生产工人的工资水平和一个工人在一个工作日中可以得到的报酬。合理确定人工工日单价是正确计算人工费和工程造价的前提和基础。

2.人工工日单价的组成与计算

人工工日单价由基本工资、工资性补贴、生产工人辅助工资、职工福利费及劳动保护费组成。即:

$$人工工日单价(G) = \sum_{j=1}^{5} G_j \tag{3-37}$$

(1)基本工资。指发放给生产工人的基本工资。

$$基本工资(G_1) = \frac{生产工人平均月工资}{年平均每月法定工作日} \tag{3-38}$$

其中年平均每月法定工作日 = (全年日历日 – 法定假日)/12,法定假日指双休日和法定节日。

(2)工资性补贴。指按规定标准发放的物价补贴,煤、燃气补贴,交通补贴,住房补贴,流动施工津贴等。

$$工资性补贴(G_2) = \frac{\sum 年发放标准}{全年日历日 – 法定假日} + \frac{\sum 月发放标准}{年平均每月法定工作日} + 每工作日发放标准 \tag{3-39}$$

(3)生产工人辅助工资。指生产工人年有效施工天数以外非作业天数的工资,包括职工学习、培训期间的工资,调动工作、探亲、休假期间的工资,因气候影响的停工工资,女工哺乳时间的工资,病假在六个月以内的工资及产、婚、丧假期的工资。

$$生产工人辅助工资(G_3) = \frac{全年无效工作日}{全年日历日 – 法定假日} \times (G_1 + G_2) \tag{3-40}$$

（4）职工福利费。指按规定标准计提的职工福利费。

$$职工福利费(G_4) = (G_1 + G_2 + G_3) \times 福利费计提比例(\%) \tag{3-41}$$

（5）生产工人劳动保护费。指按规定标准发放的劳动保护用品的购置费及修理费，职工服装补贴，防暑降温费，在有碍身体健康环境中施工的保健费用等。

$$生产工人劳动保护费(G_5) = \frac{生产工人年平均支出劳动保护费}{全年日历年 - 法定假日} \tag{3-42}$$

3.影响人工工日单价的因素

影响建筑安装工人人工工日单价的因素很多，归纳起来有以下几方面：

（1）社会平均工资水平。建筑安装工人人工工日单价必然和社会平均工资水平趋同，社会平均工资水平取决于经济发展水平。由于我国改革开放以来经济迅速增长，社会平均工资也有大幅度增长，从而影响人工工日单价的大幅度提高。

（2）生活消费指数。生活消费指数的提高会影响人工工日单价的提高，以减少生活水平的下降，或维持原来的生活水平。生活消费指数的变动取决于物价的变动，尤其取决于生活消费品物价的变动。

（3）人工工日单价的组成内容。例如，住房消费、养老保险、医疗保险、失业保险等列入人工单价，会使人工工日单价提高。

（4）劳动力市场供需变化。在劳动力市场如果需求大于供给，人工工日单价就会提高；供给大于需求，市场竞争激烈，人工工日单价就会下降。

（5）政府推行的社会保障和福利政策也会影响人工工日单价的变动。

3.3.2 材料预算单价的确定

在建筑工程中，材料费约占总造价的60%～70%，在金属结构工程中所占比重还要大，是直接费的主要组成部分。因此，合理确定材料预算价格构成，正确计算材料预算单价，有利于合理确定和有效控制工程造价。

1.材料预算单价的构成

材料的预算单价指材料（包括构件、成品及半成品等）从其来源地（供应者仓库或提货地点）到达施工工地仓库（施工场地内存放材料的地点）后出库的综合平均单价。它由材料基价（包括材料原价、包装费、运杂费、采购及保管费等）和单独列项计算的检验试验费组成。

2.材料预算单价的分类

材料预算单价按适用范围划分，有地区材料预算单价和某项工程使用的材料预算单价。地区材料预算单价是按地区（城市或建设区域）编制的，以手册的形式颁布在本地区工程中使用；某项工程（一般指大中型重点工程）使用的材料预算单价，是以一个工程为编制对象，专供该工程项目使用。

3.材料预算单价的计算

1）材料基价

指材料在购买、运输、保管过程中形成的价格，其内容包括材料原价（或供应价格）、材料运杂费、运输损耗费、采购及保管费等。

（1）材料原价。指材料的出厂价格或销售部门的批发牌价和零售价，进口材料的抵岸价。

在确定原价时,凡同一种材料因来源地、交货地、供货单位、生产厂家不同,而有几种价格(原价)时,根据不同来源地供货数量比例,采取加权平均的方法确定其综合原价。即:

$$加权平均原价 = \frac{K_1 C_1 + K_2 C_2 + \cdots + K_n C_n}{K_1 + K_2 + \cdots + K_n} \tag{3-43}$$

式中:$K_1, K_2, \cdots, K_n$——各不同供应地点的供应量或各不同使用地点的需要量;

$C_1, C_2, \cdots, C_n$——各不同供应地点的原价。

(2)包装费。指为了保护材料和便于材料运输进行包装需要的一切费用,将其列入材料的预算价格中。包括水运、陆运的支撑、篷布、包装箱、绑扎材料等费用。

材料包装费一般有两种情况:一种情况是生产厂负责包装,如袋装水泥、玻璃、铁钉、油漆、卫生瓷器等,包装费已计入材料原价中,不得另行计算包装费,但应考虑扣回包装品的回收价值;另一种是购买单位自行包装,回收价值可按当地旧、废包装器材出售价计算或按生产厂主管部门的规定计算,如无规定者,可根据实际情况,参照下列资料计算:

①用木制品包装者,以70%的回收量,按包装材料原价的20%计算。

②用铁制品包装者,铁桶以95%、铁皮以50%、铁线以20%的回收量,按包装材料原价的50%计算。

③用纸皮、纤维制品包装者,以20%的回收量,按包装材料原价的20%计算。

④用草绳、草袋制品包装者,不计包装材料的回收价值。

包装材料的回收价值为:

$$包装材料回收价值 = 包装材料原价 × 回收率 × 回收价值率 \tag{3-44}$$

(3)运杂费。指材料由采购地点或发货地点至施工现场的仓库或工地存放地点所发生的全部费用,含外埠中转运输过程中所发生的一切费用和过境过桥费用,包括调车和驳船费、装卸费、运输费及附加工作费等。材料运杂费的取费标准,应根据材料的来源地、运输里程、运输方法,并根据国家有关部门或地方政府交通运输管理部门规定的运价标准分别计算。运杂费中应考虑装卸费和运输损耗费。

同一品种的材料有若干个来源地,应采用加权平均的方法计算材料运杂费。计算公式如下:

$$加权平均运杂费 = \frac{(K_1 T_1 + K_2 T_2 + \cdots + K_n T_n)}{(K_1 + K_2 + \cdots + K_n)} \tag{3-45}$$

式中:$K_1, K_2, \cdots, K_n$——各不同供应点的供应量或各不同使用地点的需求量;

$T_1, T_2, \cdots, T_n$——各不同运距的运费。

(4)运输损耗费。在材料的运输中应考虑一定的场外运输损耗费用。这是指材料在运输装卸过程中不可避免的损耗。运输损耗费的计算公式是:

$$运输损耗费 = (材料原价 + 包装费 + 运杂费) × 相应材料运输损耗率$$

(5)采购及保管费。指材料供应部门(包括工地仓库及其以上各级材料主管部门)在组织采购、供应和保管材料过程中所需的各项费用。包括采购费、仓储费、工地管理费和仓储损耗等。

材料采购及保管费为:

$$采购及保管费 = 材料运到工地仓库价格 × 采购及保管费率 \tag{3-46}$$

或

采购及保管费 =（材料原价 + 包装费 + 运杂费 + 运输损耗费）× 采购及保管费率

(3-47)

因此

材料基价 = [（材料原价 + 包装费 + 运杂费）×（1 + 运输损耗率）] ×

（1 + 采购保管费率）– 包装材料回收价值

【例3-8】 某工地水泥从两个地方采购，其采购量及有关费用如表3-3所示，求该工地水泥的基价。

采购量及有关费用表   表3-3

采 购 处	采 购 量	原 价	运 杂 费	运输损耗率	采购及保管费费率
来源一	300t	240 元/t	20 元/t	0.5%	3%
来源二	200t	250 元/t	15 元/t	0.4%	

【解】 加权平均原价 $= \dfrac{300 \times 240 + 200 \times 250}{300 + 200} = 244$ 元/t

加权平均运杂费 $= \dfrac{300 \times 20 + 200 \times 15}{300 + 200} = 18$ 元/t

来源一的运输损耗费 $=（240 + 20）\times 0.5\% = 1.3$ 元/t

来源二的运输损耗费 $=（250 + 15）\times 0.4\% = 1.06$ 元/t

加权平均运输损耗费 $= \dfrac{300 \times 1.3 + 200 \times 1.06}{300 + 200} = 1.204$ 元/t

水泥基价 $=（244 + 18 + 1.204）\times（1 + 3\%）= 271.1$ 元/t

2）检验试验费

指对建筑材料、构件和建筑安装物进行一般鉴定、检查所发生的费用，包括自设试验室进行试验所耗用的材料和化学药品等费用。不包括新结构、新材料的试验费和建设单位对具有出厂合格证明的材料进行检验，对构件做破坏性试验及其他特殊要求检验试验的费用。

检验试验费 $= \sum$（单位材料检验试验费 × 材料消耗量） (3-48)

3）材料预算单价的计算

材料预算单价 $= \sum$（材料定额消耗量 × 材料基价）+ 检验试验费 (3-49)

3.3.3 施工机械台班单价的确定

1.施工机械台班单价及其组成

施工机械台班单价是指一台施工机械，在正常运转条件下，工作8h所必须消耗的人工、物料和应分摊的费用。根据施工机械的获取方式不同，施工机械可分为自有施工机械和外部租赁施工机械。

（1）自有施工机械台班单价

由七项费用组成，包括折旧费、大修理费、经常修理费、安拆费及场外运费、燃料动力费、人工费及其他费用。

（2）外部租赁施工机械单价

一般按市场情况确定，但必须在充分考虑机械租赁单价组成因素的基础上，通过计算得到保本的边际单价水平，并以此为基础根据市场策略增加一定的期望利润来确定的租赁单价。

机械租赁单价的组成因素包括折旧费、使用成本、机械出租或使用率、期望的投资收益率等。

2.施工机械台班单价的计算

1）自有施工机械台班单价

自有施工机械台班单价的计算公式为：

$$机械台班单价 = 折旧费 + 大修理费 + 经常修理费 + 安拆费及场外运输费 +$$
$$燃料动力费 + 台班人工费 + 其他费用 \qquad (3-50)$$

（1）折旧费。折旧费是指施工机械在规定使用期限内，每一台班所分摊的机械原值及支付贷款利息的费用。即：

$$台班折旧费 = \frac{机械预算价格 \times (1 - 残值率) \times 货款利息系数}{耐用总台班} \qquad (3-51)$$

①机械预算价格按机械出厂（或到岸完税）价格和机械从交货地点或口岸运至使用单位机械管理部门的全部运杂费以及车辆购置税等之和计算。

②残值率是指机械报废时回收的残值占机械原值的比率。残值率按有关文件规定执行：运输机械2%，特大型机械3%，中小型机械4%，掘进机械5%。

③贷款利息系数是为补偿企业贷款购置机械设备所支付的利息，它合理反映资金的时间价值，以大于1的贷款利息系数，将贷款利息（单利）分摊在台班折旧费中。即：

$$贷款利息系数 = 1 + \frac{(n + 1)}{2} \times i \qquad (3-52)$$

式中：n——国家有关文件规定的此类机械折旧年限；

$\quad i$——编制期银行贷款利率。

④耐用总台班指机械在正常施工作业条件下，从开始投入使用直到报废止，按规定应达到的使用总台班数。《全国统一施工机械台班费用定额》中的耐用总台班是以经济使用寿命为基础，并依据国家有关固定资产折旧年限规定，结合施工机械工作对象和环境以及年能达到的工作台班确定。即：

$$耐用总台班 = 折旧年限 \times 年工作台班 = 大修间隔台班 \times 大修周期 \qquad (3-53)$$

式中：年工作台班——根据有关部门对各类主要机械最近3年的统计资料分析确定；

$\quad$大修间隔台班——机械自投入使用起至第一次大修止或自上一次大修后投入使用起至下一次大修止，应达到的使用台班数。

大修周期是指机械在正常的施工作业条件下，将其寿命期（即耐用总台班）按规定的大修理次数划分为若干个周期。即：

$$大修周期 = 寿命期大修理次数 + 1 \qquad (3-54)$$

（2）大修理费。指机械设备按规定的大修间隔台班进行必要的大修理，以恢复机械正常功能所需的费用。

台班大修理是对机械进行全面的修理，更换其磨损的主要部件和配件，大修理费包括更新零配件和其他材料费、修理工时费等。即：

$$台班大修理费 = \frac{一次大修理费 \times 寿命期内大修理次数}{耐用总台班} \qquad (3-55)$$

①一次大修理费指机械设备规定的大修理范围和工作内容，进行一次全面修理所需消耗的工时、配件、辅助材料、油燃料以及送修运输等全部费用。

②寿命期内大修理次数指为恢复原机械功能按规定在寿命期内需要进行的大修理次数。

（3）经常修理费。指机械在寿命期内除大修理以外的各级保养以及临时故障排除和机械停置期间的维护等所需的各项费用，为保障机械正常运转所需的替换设备、随机工器具的摊销费用及机械日常保养所需的润滑擦拭材料费之和，是按大修理间隔台班分摊提取的，即：

$$台班经常修理费$$
$$= \frac{\sum（各级保养一次费用 \times 寿命期各级保养总次数）+ 临时故障排除费}{耐用总台班} +$$
$$替换设备台班摊销费 + 工具器具台班摊销费 + 例保辅料费 \tag{3-56}$$

或

$$台班经常修理费 = 台班大修费 \times K \tag{3-57}$$

$$K = \frac{机械台班经常修理费}{机械台班大修理费} \tag{3-58}$$

①各级保养一次费用：指机械在各个使用周期内为保证机械处于完好状况，必须按规定的各级保养间隔周期、保养范围和内容进行的一、二、三级保养或定期保养所消耗的工时、配件、辅料、油燃料等费用。

②寿命期各级保养总次数：指一、二、三级保养或定期保养在寿命期内各个使用周期中保养次数之和。

③临时故障排除费：指机械除规定的大修理及各级保养以外，临时故障排除所需费用以及机械在工作日以外的保养维护所需润滑擦拭材料费，可按各级保养费用（不包括例保辅料费）之和的3%计算。即：

$$临时故障排除费 = \sum（各级保养一次费用 \times 寿命期各级保养总次数）\times 3\% \tag{3-59}$$

④替换设备及工、器具台班摊销费：指轮胎、电缆、蓄电池、运输皮带、钢丝绳、胶皮管、履带板等消耗性设备和按规定随机配备的全套工具附具的台班摊销费。即：

$$替换设备及工具器具台班摊销费$$
$$= \sum \left[\left(各类替换设备数量 \times \frac{单价}{耐用台班} \right) + \left(各类随机工具附具数量 \times \frac{单价}{耐用台班} \right) \right] \tag{3-60}$$

⑤例保辅料费：指机械日常保养所需润滑擦拭材料的费用。

（4）安拆费及场外运输费。

安拆费指机械在施工现场进行安装、拆卸所需人工、材料、机械和试运转费用，包括机械辅助设施（如基础、底座、固定锚桩、行走轨道、枕木等）的折旧、搭设、拆除等费用。场外运输费指机械整体或分体自停置地点运至施工现场或某一工地运至另一工地的运输、装卸、辅助材料以及架线等费用。

安拆费及场外运输费根据施工机械不同分为计入台班单价、单独计算和不计算三种类型。

①工地间移动较为频繁的小型机械及部分中型机械，其安拆费及场外运输费应计入台班单价。台班安拆费及场外运输费应按下列公式计算：

$$台班安拆费及场外运输费 = \frac{一次安拆费及场外运输费 \times 年平均安拆次数}{年工作台班} \tag{3-61}$$

说明：

a. 一次安拆费应包括施工现场机械安装和拆卸一次所需的人工费、材料费、机械费及试运转费。

b. 一次场外运输费应包括运输、装卸、辅助材料和架线等费用。

c. 年平均安拆次数应以《全国统一施工机械保养修理技术经济定额》为基础,由各地区(部分)结合具体情况确定。

d. 运输距离均应按25km计算。

②移动有一定难度的特、大型(包括少数中型)机械,其安拆费及场外运输费应单独计算。单独计算的安拆费及场外运输费除应计算安拆费、场外运输费外,还应计算辅助设施(包括基础、底座、固定锚桩、行走轨道枕木等)的折旧、搭设和拆除等费用。

③不需安装、拆卸且自身又能开行的机械和固定在车间不需安装、拆卸及运输的机械,其安拆费及场外运输费不计算。

④自升式塔式起重机安装、拆卸费用的超高起点及其增加费,各地区(部门)可根据具体情况确定。

(5)燃料动力费。指机械在运转或施工作业中所耗用的固体燃料(煤炭、木材)、液体燃料(汽油、柴油)及水、电等费用。

$$台班燃料动力消耗量 = \frac{实测次数 \times 4 + 定额平均值 + 调查平均值}{6} \tag{3-62}$$

$$燃料动力费 = 台班燃料动力消耗量 \times 各地市规定的相应单价 \tag{3-63}$$

(6)台班人工费。指机上司机或副司机、司炉的基本工资和其他工资性津贴。年工作台班以外的机上人员基本工资和工资性津贴以增加系数的形式表示。

$$台班人工费 = 人工消耗量 \times \left(1 + \frac{年制度工作日 - 年工作台班}{年工作台班}\right) \times 人工日工资单价 \tag{3-64}$$

①人工消耗量指机上司机(司炉)和其他操作人员工日消耗量。

②年制度工作日应执行编制期国家有关规定。

③人工日工资单价应执行编制期工程造价管理部门的有关规定。

(7)其他费用的组成和确定。其他费用是指按照国家和有关部门规定应交纳的养路费、车船使用税、保险费及年检费用等。其计算公式为:

$$台班其他费用 = \frac{年养路费 + 年车船使用税 + 年保险费 + 年检费用}{年工作台班} \tag{3-65}$$

①年养路费、年车船使用税、年检费用应执行编制期有关部门的规定。

②年保险费执行编制期有关部门强制性保险的规定,非强制性保险不应计算在内。

2)外部租赁施工机械单价的计算

外部租赁施工机械单价一般有两种计算方法,即静态和动态的方法。

(1)静态计算法。静态计算方法即不考虑资金时间价值的方法。基本思路是:首先根据组成机械租赁单价的折旧费、使用成本、机械出租或使用率、期望的投资收益等组成因素,计算出机械在单位时间里所发生的费用总和,并使之作为该机械台班的边际租赁单价,然后在此基础上增加一定的期望利润即成为机械租赁单价。

(2)动态计算法。即在计算租赁施工机械单价时考虑资金的时间价值的方法。一般可以采用"折现现金流量"来计算考虑时间价值时的机械台班租赁单价。

3.4 ▶ 工程计价定额

3.4.1 预算定额

1.预算定额的概念

完成一定计量单位质量合格的分项工程或结构构件的人工、材料、机械台班的数量标准，也是计算建筑安装工程产品造价的基础。

预算定额一般是由施工定额中的劳动定额、材料消耗定额、机械台班定额，经合理计算并考虑其他一些合理因素而综合编制的。

2.预算定额的用途

(1)编制施工图预算,确定建筑安装工程造价的基本依据。

(2)施工企业编制施工组织设计,确定人工、材料和机械台班用量的依据。

(3)建设单位向施工企业拨付工程款和进行竣工结算的依据。

(4)施工单位进行经济活动分析的依据。

(5)编制概算定额和概算指标的依据。

(6)合理编制招标控制价、投标报价的依据。

(7)对设计方案和施工方案进行经济评价的依据。

3.预算定额与施工定额的关系

预算定额和施工定额之间既有联系,又有区别。

(1)两种定额之间的联系

表现在预算定额是以施工定额为基础编制的,都规定了完成单位合格产品,所需的人工、材料、机械台班的数量标准。

(2)两种定额之间的区别

主要表现在以下几个方面:

①编制单位、作用不同

预算定额是由国家、行业或地区建设行政主管部门编制,是国家、行业或地区建设工程造价计价的法规性标准,用来确定工程造价,属于计价性定额;施工定额是由施工企业编制,是企业内部使用的定额,主要用于施工管理,属于生产性定额。

②产品标定对象不同

预算定额是以分项工程或结构构件为标定对象,施工定额是以同一性质施工过程为标定对象。前者在后者基础上,在标定对象上进行了科学综合扩大。

③编制考虑的因素不同

预算定额编制时考虑的是一般情况,考虑了施工过程中,对前面施工工序的检验,对后继施工工序的准备,以及相互搭接中的技术间歇、零星用工等人工、材料和机械台班消耗数量的增加等因素。施工定额考虑的是企业施工中的特殊情况。所以预算定额比施工定额考虑的因素更多、更复杂。

④编制水平不同

预算定额资源消耗量的确定,采用的是社会平均水平,而施工定额资源消耗量的确定,则是平均先进水平。

4.预算定额的编制原则

为保证预算定额的编制质量,充分发挥预算定额的作用,实际使用方便,在编制工作中应遵循以下原则:

(1)按社会平均水平的原则。即按照"在现有的社会正常的生产条件下,在社会平均的劳动熟练程度和劳动强度下制造某种使用价值所满要的劳动时间"来确定定额水平。预算定额的水平以大多数施工单位的施工定额水平为基础,但是比施工定额的工作内容综合扩大,包含了更多的可变因素,需要保留合理的幅度差,例如人工幅度差、机械幅度差、材料的超运距等。

(2)简明适用的原则。首先,合理确定定额步距,从而合理划分定额项目。步距大,定额的子目就会减少,精确度就会降低;步距小,定额子目则会增加,精确度也会提高。对主要工种、主要项目、常用项目,定额步距要小一些;对于次要工种、次要项目、不常用项目,定额步距可以适当大一些。其次,对定额的活口也要设置适当。所谓活口,即在定额中规定若符合一定条件时,允许该定额另行调整。再次,还要求合理确定预算定额的计算单位,简化工程量的计算,尽量减少定额附注和换算系数。

(3)坚持统一性和差别性相结合原则。统一性是从培育全国统一市场规范计价行为出发,由国务院建设行政主管部门归口,并负责全国统一定额的制定或修订等。通过编制全国统一定额,使建筑安装工程具有统一的计价依据,也使考核设计和施工的经济效果具有统一尺度。这样就有利于通过定额和工程造价的管理实现建筑安装工程价格的宏观调控。差别性是在统一性的基础上,各部门和省、自治区、直辖市主管部门可以在自己的管辖范围内,根据本部门和地区的具体情况,制定部门和地区性定额、补充性制度和管理办法,以适应我国幅员辽阔、地区间部门发展不平衡和差异大的实际情况。

5.预算定额的编制依据

(1)定额类资料。包括现行劳动定额、施工定额、预算定额。预算定额中的实物消耗量指标是在现行劳动定额和施工定额的基础上取定的;预算定额的计量单位的选择也要以施工定额为参考,从而保证两者的协调性和可比性,减轻预算定额的编制工作量,缩短编制时间;现行的预算定额、材料预算价格、过去定额编制过程中积累的基础资料及有关文件规定,也是编制新的预算定额的依据和参考。

(2)技术类资料。包括现行设计规范、施工及验收规范,质量评定标准和安全操作规程,以及具有代表性的典型工程施工图及有关标准图。

(3)其他资料。新技术、新结构、新材料和先进的施工方法等这类资料是调整定额水平和增加新的定额项目所必需的依据;有关科学实验、技术测定和统计、经验资料这类资料是确定定额水平的重要依据。

6.预算定额消耗量的编制方法

确定预算定额人工、材料、机械台班消耗指标时,必须先按施工定额的分项逐项计算出消耗指标,然后,再按预算定额的项目加以综合。但是,这种综合不是简单的合并和相加,而是需要在综合过程中增加两种定额之间的适当的水平差。预算定额的水平,首先取决于这些消耗

量的合理确定。

人工、材料和机械台班消耗量指标,应根据定额编制原则和要求,采用理论与实际相结合、图纸计算与施工现场测算相结合、编制人员与现场工作人员相结合等方法进行计算和确定,使定额既符合政策要求,又与客观情况一致,便于贯彻执行。

(1)人工定额消耗量的确定

见本章 3.2.4 节。

(2)材料、设备定额消耗量的确定

见本章 3.2.4 节。

(3)施工机械台班定额消耗量的确定

见本章 3.2.4 节。

7.预算定额基价编制

我国最常用的工程单价,就是预算定额基价。这部分内容见本章 3.6.4 中的直接工程费单价的编制。

预算定额基价通常编制于某一年份,是根据现行定额和当期当地的价格水平编制的,具有相对的稳定性。但是市场价格时时变动,在编制预算时,必须根据工程造价管理部门发布的调价文件对由预算定额基价计算的工程造价进行修正。

3.4.2 概算定额

1.概算定额的概念

概算定额,是在预算定额的基础上,确定完成合格的单位扩大分部分项工程或扩大结构件所需消耗的人工、材料和机械台班的数量标准,概算定额又称扩大结构定额。

概算定额是预算定额的综合与扩大,将预算定额中有联系的若干个分项工程项目综合为一个概算定额项目。如概算定额中的砖基础项目,就是以砖基础为主,综合了平整场地、挖地槽、铺设垫层、砌砖基础、铺设防潮层、回填土及运土等预算定额中分项工程项目。又如砖墙定额,就是以砖墙为主,综合了砌砖、钢筋混凝土过梁制作、运输、安装、勒脚,内外墙面抹灰,内外墙面刷白等预算定额的分项工程项目。

概算定额与预算定额的相同之处在于,它们都是以建(构)筑物各个结构部分和分部分项工程为单位表示的,内容也包括人工、材料和机械台班使用量三个基本部分,并列有基价。概算定额表达的主要内容、主要方式及基本使用方法都与预算定额相近。

概算定额与预算定额的不同之处,在于项目划分和综合扩大程度上的差异,同时,概算定额主要用于设计概算的编制。由于概算定额综合了若干分项工程的预算定额,因此使概算工程量计算和概算指标的编制,都比编制施工图预算更简化。

2.概算定额的作用

(1)初步设计阶段编制设计概算、扩大初步设计阶段编制修正概算的主要依据。

(2)对设计项目进行技术经济分析比较的基础资料之一。

(3)建设工程主要材料计划编制的依据。

(4)编制概算指标的依据。

3.概算定额的编制原则和编制依据

（1）概算定额的编制原则

概算定额应该贯彻社会平均水平和简明适用的原则。由于概算定额和预算定额都是工程计价的依据，所以应符合价值规律和反映现阶段大多数企业的设计、生产及施工管理水平。但在概预算定额水平之间应保留必要的幅度差。概算定额的内容和深度是以预算定额为基础的综合和扩大。在合并中不得遗漏或增加项目，以保证其严密和正确性。概算定额务必达到简化、准确和适用。

（2）概算定额的编制依据

由于概算定额的使用范围不同，其编制依据也略有不同。其编制依据一般有以下几种：

①现行的设计规范、施工验收技术规范和各类工程预算定额。

②具有代表性的标准设计图纸和其他设计资料。

③现行的人工工资标准、材料价格、机械台班单价及其他的价格资料。

4.概算定额的编制步骤

概算定额的编制一般分四阶段进行，即准备阶段、编制初稿阶段、测算阶段和审查定稿阶段。

（1）准备阶段

该阶段主要是确定编制机构和人员组成，进行调查研究，了解现行概算定额执行情况和存在问题，明确编制的目的，制定概算定额的编制方案和确定概算定额的项目。

（2）编制初稿阶段

该阶段是根据已经确定的编制方案和概算定额项目，收集和整理各种编制依据，对各种资料进行深入细致的测算和分析，确定人工、材料和机械台班的消耗量指标，最后编制概算定额初稿。概算定额水平与预算定额水平之间应有一定的幅度差，幅度差一般在5%以内。

（3）测算阶段

该阶段的主要工作是测算概算定额水平，即测算新编制概算定额与原概算定额及现行预算定额之间的水平。测算的方法既要分项进行测算，又要通过编制单位工程概算以单位工程为对象进行综合测算。

（4）审查定稿阶段

概算定额经测算比较定稿后，可报送国家授权机关审批。

5.概算定额手册的内容

按专业特点和地区特点编制的概算定额手册，内容基本上是由文字说明、定额项目表和附录三个部分组成。

概算定额的内容与形式如下：

（1）文字说明部分。文字说明部分有总说明和分部工程说明。在总说明中，主要阐述概算定额的编制依据、使用范围、包括的内容及作用、应遵守的规则及建筑面积计算规则等。分部工程说明主要阐述本分部工程包括的综合工作内容及分部分项工程的工程量计算规则等。

（2）定额项目表。主要包括以下内容：

①定额项目的划分。概算定额项目一般按以下两种方法划分：一是按工程结构划分，一般是按土石方、基础、墙、梁板柱、门窗、楼地面、屋面、装饰、构筑物等工程结构划分；二是按工程部位（分部）划分，一般是按基础、墙体、梁柱、楼地面、屋盖、其他工程部位等划分，如基础工程

中包括了砖、石、混凝土基础等项目。

②定额项目表。定额项目表是概算定额手册的主要内容,由若干分节定额组成。各节定额由工程内容、定额表及附注说明组成。定额表中列有定额编号、计量单位、概算价格、人工、材料、机械台班消耗量指标,综合了预算定额的若干项目与数量。表 3-4 为某现浇钢筋混凝土矩形柱概算定额。

某现浇钢筋混凝土柱概算定额 表 3-4

	定 额 编 号		3002	3003	3004	3005	3006
			现浇钢筋混凝土柱				
			矩形				
	项 目		周长 1.5m 以内	周长 2.0m 以内	周长 2.5m 以内	周长 3.0m 以内	周长 3.0m 以外
			m^3	m^3	m^3	m^3	m^3
	工、料、机名称(规格)	单位	数量				
人工	混凝土工	工日	0.8187	0.8187	0.8187	0.8187	0.8187
	钢筋工	工日	1.1037	1.1037	1.1037	1.1037	1.1037
	木工(装饰)	工日	4.7676	4.0832	3.0591	2.1798	1.4921
	其他工	工日	2.0342	1.7900	1.4245	1.1107	0.8653
材料	泵送预拌混凝土	m^3	1.0150	1.0150	1.0150	1.0150	1.0150
	木模板成材	m^3	0.0363	0.0311	0.0233	0.0166	0.0144
	工具式组合钢模板	kg	9.7087	8.3150	6.2294	4.4388	3.0385
	扣件	只	1.1799	1.0105	0.7571	0.5394	0.3693
	零星卡具	kg	3.7354	3.1992	2.3967	1.7078	1.1690
	钢支撑	kg	1.2900	1.1049	0.8277	0.5898	0.4037
	柱箍、梁夹具	kg	1.9579	1.6768	1.2563	0.8952	0.6128
	钢丝 18 号 ~ 22 号	kg	0.9024	0.9024	0.9024	0.9024	0.9024
	水	m^3	1.2760	1.2760	1.2760	1.2760	1.2760
	圆钉	kg	0.7475	0.6402	0.4796	0.3418	0.2340
	草袋	m^2	0.0865	0.0865	0.0865	0.0865	0.0865
	成型钢筋	t	0.1939	0.1939	0.1939	0.1939	0.1939
	其他材料费	%	1.0906	0.9579	0.7467	0.5523	0.3916
机械	汽车式起重机 5t	台班	0.0281	0.0241	0.0180	0.0129	0.0088
	载重汽车 4t	台班	0.0422	0.0361	0.0271	0.0193	0.0132
	混凝土输送泵车 75m³/h	台班	0.0108	0.0108	0.0108	0.0108	0.0108
	木工圆锯机　D500mm	台班	0.0105	0.0090	0.0068	0.0048	0.0033
	混凝土振捣器　插入式	台班	0.1000	0.1000	0.1000	0.1000	0.1000

6.概算定额应用规则

(1)符合概算定额规定的应用范围。

(2)工程内容、计量单位及综合程度应与概算定额一致。

（3）必要的调整和换算应严格按定额的文字说明和附录进行。

（4）避免重复计算和漏项。

（5）参考预算定额的应用规则。

7.概算定额基价的编制

概算定额基价和预算定额基价一样,都只包括人工费、材料费和机械费,是通过编制扩大单位估价表所确定的单价,用于编制设计概算。概算定额基价和预算定额基价的编制方法相同。概算定额基价按下列公式计算:

$$概算定额基价 = 人工费 + 材料费 + 机械费 \tag{3-66}$$

$$人工费 = 现行概算定额中人工工日消耗量 \times 人工单价 \tag{3-67}$$

$$材料费 = \sum（现行概算定额中材料消耗量 \times 相应材料单价） \tag{3-68}$$

$$机械费 = \sum（现行概算定额中机械台班消耗量 \times 相应机械台班单价） \tag{3-69}$$

表 3-5 为某现浇钢筋混凝土柱概算定额基价表示形式。

现浇钢筋混凝土柱概算基价（计量单位:10m³） 表 3-5

工程内容:模板制作、安装、拆除,钢筋制作、安装,混凝土浇捣、抹灰、刷浆。

概算定额编号				4-3		4-4	
项 目		单位	单价(元)	矩形柱			
				周长 1.8m 以内		周长 1.8m 以外	
				数量	合价	数量	合价
基价		元		13428.76		12947.26	
其中	人工费	元		2116.40		1728.76	
	材料费	元		10272.03		10361.83	
	机械费	元		1040.33		856.67	
合计工		工日	22.00	96.20	2116.40	−8.58	1728.76
材料	中(粗)砂(天然)	t	35.81	9.494	339.98	8.817	315.74
	碎石 5~20mm	t	36.18	12.207	441.65	12.207	441.65
	石灰膏	m³	98.89	0.221	20.75	0.155	14.55
	普通木成材	m³	1000.00	0.302	302.00	0.187	187.00
	圆钢(钢筋)	t	3000.00	2.188	6564.00	2.407	7221.00
	组合钢模板	kg	4.00	64.416	257.66	39.848	159.39
	钢支撑(钢管)	kg	4.85	34.165	165.70	21.134	102.50
	零星卡具	kg	4.00	33.954	135.82	21.004	84.02
	铁钉	kg	5.96	3.091	18.42	1.912	11.40
	镀锌铁丝 22t	kg	8.07	8.368	67.53	9.206	74.29
	电焊条	kg	7.84	15.644	122.65	17.212	134.94
	803 涂料	kg	1.45	22.901	33.21	16.038	23.26
	水	m³	0.99	12.700	12.57	12.300	12.21

续上表

概算定额编号				4-3		4-4	
项 目		单位	单价(元)	矩形柱			
				周长1.8m以内		周长1.8m以外	
				数量	合价	数量	合价
材料	水泥42.5级	kg	0.25	664.459	166.11	517.117	129.28
	水泥52.5级	kg	0.30	4141.200	1242.36	4141.200	1242.36
	脚手架	元			196.00		90.60
	其他材料费	元			185.62		117.64
机械	垂直运输费	元			628.00		510.00
	其他机械费	元			412.33		346.67

3.4.3 概算指标

1.概算指标的概念

建筑安装工程概算指标通常以整个建筑物和构筑物为对象,以建筑面积、体积或成套设备装置的台或组为计量单位而规定的人工、材料、机械台班的消耗量标准和造价指标。

从上述概念中可以看出,建筑安装工程概算定额与概算指标的主要区别如下:

(1)确定各种消耗量指标的对象不同。概算定额是以单位扩大分项工程或单位扩大结构构件为对象,而概算指标则是以整个建筑物和构筑物为对象。因此,概算指标比概算定额更加综合与扩大。

(2)确定各种消耗量指标的依据不同。概算定额以现行预算定额为基础,通过计算之后综合确定出各种消耗量指标,而概算指标中各种消耗量指标的确定,则主要来自各种预算或结算资料。

2.概算指标的作用

概算指标和概算定额、预算定额一样,都是与各个设计阶段相适应的多次性计价的产物,它主要用于投资估价、初步设计阶段。其作用主要有:

(1)概算指标可以作为投资估算的参考。

(2)概算指标中的主要材料指标可以作为匡算主要材料用量的依据。

(3)概算指标是设计单位进行设计方案比较依据。

(4)概算指标是编制固定资产投资计划、确定投资额和主要材料计划的主要依据。

3.概算指标的分类

概算指标可分为两大类,一类是建筑工程概算指标,另一类是安装工程概算指标。

建筑工程概算指标包括一般土建工程概算指标,给排水工程概算指标,采暖工程概算指标,通信工程概算指标和电气照明工程概算指标。

安装工程概算指标包括机械设备及安装工程概算指标,电气设备及安装工程概算指标和工器具及生产家具购置费概算指标。

4.概算指标的组成内容及表现形式

概算指标的组成内容一般分为文字说明和列表形式两部分,以及必要的附录。

1) 总说明和分册说明

其内容一般包括：概算指标的编制范围、编制依据、分册情况、指标包括的内容、指标未包括的内容、指标的使用方法、指标允许调整的范围及调整方法等。

2) 列表形式

(1) 建筑工程列表形式。房屋建筑、构筑物一般是以建筑面积、建筑体积、"座"、"个"等为计算单位，附以必要的示意图，示意图画出建筑物的轮廓示意或单线平面图，列出综合指标："元/m^2"或"元/m^3"，自然条件(如地耐力、地震烈度等)，建筑物的类型、结构形式及各部位中结构主要特点，主要工程量。

(2) 设备及安装工程的列表形式。设备以"t"或"台"为计算单位，也可以设备购置费或设备原价的百分比(%)表示；工艺管道一般以"t"为计算单位；通信电话站安装以"站"为计算单位。列出指标编号、项目名称、规格、综合指标(元/计算单位)之后一般还要列出其中的人工费，必要时还要列出主要材料费、辅材费。

(3) 示意图。表明工程的结构，工业项目还表示出吊车及起重能力等。

(4) 工程特征。对采暖工程特征应列出采暖热媒及采暖形式；对电气照明工程特征可列出建筑层数、结构类型、配线方式、灯具名称等；对房屋建筑工程特征，主要对工程的结构形式、层高、层数和建筑面积进行说明。如表 3-6 所示。

内浇外砌住宅结构特征 表 3-6

结构类型	层数	层高	檐高	建筑面积
内浇外砌	六层	2.8m	17.7m	4206m²

(5) 经济指标。说明该项目每 $100m^2$ 的造价指标及其土建、水暖和电气照明等单位工程的相应造价，如表 3-7 所示。

内浇外砌住宅经济指标($100m^2$ 建筑面积) 表 3-7

项目		合计	其中			
			直接费	间接费	利润	税金
单方造价		30422	21860	5576	1893	1093
其中	土建	26133	18778	4790	1626	939
	水暖	2565	1843	470	160	92
	电照	614	1239	316	107	62

(6) 构造内容及工程量指标。说明该工程项目的构造内容和相应计算单位的工程量指标及人工、材料消耗指标。如表 3-8 所示。

5. 概算指标的编制

1) 概算指标的编制依据

(1) 标准设计图纸和各类工程典型设计。

(2) 国家颁发的建筑标准、设计规范、施工规范等。

(3) 各类工程造价资料。

(4) 现行的概算定额和预算定额及补充定额。

(5) 人工工资标准、材料预算价格、机械台班预算价格及其他价格资料。

内浇外砌住宅人工及主要材料消耗指标（100m² 建筑面积）　　　表 3-8

序号	名称及规格	单位	数量	序号	名称及规格	单位	数量
一、土建				二、水暖			
1	人工	工日	506	1	人工	工日	39
2	钢筋	t	3.25	2	钢管	t	0.18
3	型钢	t	0.13	3	暖气片	m²	20
4	水泥	t	18.10	4	卫生器具	套	2.35
5	白灰	t	2.10	5	水表	个	1.84
6	沥青	t	0.29	三、电气照明			
7	红砖	千块	15.10	1	人工	工日	20
8	木材	m³	4.10	2	电线	m	283
9	砂	m³	41	3	钢管	t	0.04
10	砾（碎）石	m³	30.5	4	灯具	套	8.43
11	玻璃	m²	29.2	5	电表	个	1.84
12	卷材	m²	80.8	6	配电箱	套	6.1
				四、机械使用费		%	7.5
				五、其他材料费		%	19.57

2）概算指标的编制步骤

以房屋建筑工程为例，概算指标可按以下步骤进行编制：

（1）首先成立编制小组，拟订工作方案，明确编制原则和方法，确定指标的内容及表现形式，确定基价所依据的人工工资单价、材料预算价格、机械台班单价。

（2）收集整理编制指标所必需的标准设计、典型设计以及有代表性的工程设计图纸，设计预算等资料，充分利用有使用价值的已经积累的工程造价资料。

（3）编制阶段。主要是选定图纸，并根据图纸资料计算工程量和编制单位工程预算书，以及按着编制方案确定的指标项目，对照人工及主要材料消耗指标，填写概算指标的表格。

每平方米建筑面积造价指标编制方法如下：

①编写资料审查意见及填写设计资料名称、设计单位、设计日期、建筑面积及构造情况，提出审查和修改意见。

②在计算工程量的基础上，编制单位工程预算书，据以确定每百平方米建筑面积及构造情况以及人工、材料、机械消耗指标和单位造价的经济指标。

a.计算工程量，就是根据审定的图纸和预算定额计算出建筑面积及各分部分项工程量，然后按编制方案规定的项目进行归并，并以每平方米建筑面积为计算单位，换算出所对应的工程量指标。

b.根据计算出的工程量和预算定额等资料，编出预算书，求出每百平方米建筑面积的预算造价及人工、材料、施工机械费用和材料消耗量指标。

构筑物是以座为单位编制概算指标的，因此，在计算完工程量、编出预算书后，不必进行换算，预算书确定的价值就是每座构筑物概算指标的经济指标。

（4）最后进行核对审核、平衡分析、水平测算、审查定稿。

🌐 3.4.4 投资估算指标

1.投资估算指标及其作用

工程建设投资估算指标是编制建设项目建议书、可行性研究报告等前期工作阶段投资估算的依据,也可以作为编制固定资产长远规划投资额的参考。

投资估算指标为完成项目建设的投资估算提供依据和手段,在固定资产的形成过程中起着投资预测、投资控制、投资效益分析的作用,是合理确定项目投资的基础。投资估算指标中的主要材料消耗量也是一种扩大材料消耗量指标,可以作为计算建设项目主要材料消耗量的基础。估算指标的正确制定对于提高投资估算的准确度、对建设项目的合理评估及正确决策具有重要意义。

2.投资估算指标的内容

投资估算指标是确定和控制建设项目全过程各项投资支出的技术经济指标,其范围涉及建设前期、建设实施期和竣工验收交付使用期等各个阶段的费用支出,内容因行业不同而各异,一般可分为建设项目综合指标、单项工程指标和单位工程指标三个层次。

(1)建设项目综合指标

指按规定应列入建设项目总投资的从立项筹建开始至竣工验收交付使用的全部投资额,包括单项工程投资、工程建设其他费用和预备费等。

建设项目综合指标一般以项目的综合生产能力单位投资表示,如"元/t"、"元/kW"。或以使用功能表示,如医院床位:"元/床"。

(2)单项工程指标

指按规定应列入能独立发挥生产能力或使用效益的单项工程内的全部投资额,包括建筑工程费、安装工程费、设备、工器具及生产家具购置费和可能包含的其他费用。单项工程一般划分原则如下:

①主要生产设施。指直接参加生产产品的工程项目。包括生产车间或生产装置。

②辅助生产设施。指为主要生产车间服务的工程项目。包括集中控制室、中央实验室、机修、电修、仪器仪表修理及木工(模)等车间,原材料、半成品、成品及危险品等仓库。

③公用工程。包括给排水系统(给排水泵房、水塔、水池及全厂给排水管网)、供热系统(锅炉房及水处理设施、全厂热力管网)、供电及通信系统(变配电所、开关所及全厂输电、电信线路)以及热电站、热力站、煤气站、空压站、冷冻站、冷却塔和全厂管网等。

④环境保护工程。包括废气、废渣、废水等处理和综合利用设施及全厂性绿化。

⑤总图运输工程。包括厂区防洪、围墙大门、传达及收发室、汽车库、消防车库、厂区道路、桥涵、厂区码头及厂区大型土石方工程。

⑥厂区服务设施。包括厂部办公室、厂区食堂、医务室、浴室、哺乳室、自行车棚等。

⑦生活福利设施。包括职工医院、住宅、生活区食堂、俱乐部、托儿所、幼儿园、子弟学校,商业服务点以及与之配套的设施。

⑧厂外工程。如水源工程,厂外输电、输水、排水、通信、输油等以及公路、铁路专用线等。

单项工程指标一般以单项工程生产能力单位投资,如"元/t"或其他单位表示。如:变配电站:"元/(kV·A)";锅炉房:"元/蒸汽吨";供水站:"元/m³";办公室、仓库、宿舍、住宅等房屋则区别不同结构形式以"元/m²"表示。

（3）单位工程指标

单位工程指标按规定应列入能独立设计、施工的工程项目的费用，即建筑安装工程费用。

单位工程指标一般以如下方式表示：房屋区别不同结构形式以"元/m²"表示；道路区别不同结构层、面层以"元/m²"表示；水塔区别不同结构层、容积以"元/座"表示；管道区别不同材质、管径以"元/m"表示。

表 3-9 为某住宅项目的投资估算指标示例。

建设项目投资估算指标 表 3-9

一、工程概况（表一）

工程名称	住宅楼	工程地点		××市	建筑面积		4549m²	
层数	七层	层高	3.00m	檐高	21.60m	结构类型		砖混
地耐力	130kPa	地震烈度		7 度	地下水位		−0.65m、−0.83m	

土建部分	地基处理			
	基础		C10 混凝土垫层,C20 钢筋混凝土带形基础,砖基础	
	墙体	外	一砖墙	
		内	一砖、1/2 砖墙	
	柱		C20 钢筋混凝土构造柱	
	梁		C20 钢筋混凝土单梁、圈梁、过梁	
	板		C20 钢筋混凝土平板,C30 预应力钢筋混凝土空心板	
	地面	垫层	混凝土垫层	
		面层	水泥砂浆面层	
	楼面		水泥砂浆面层	
	屋面		块体刚性屋面,沥青铺加气混凝土块保温层,防水砂浆面层	
	门窗		木胶合板门（带纱）,塑钢窗	
	装饰	天棚	混合砂浆、106 涂料	
		内粉	混合砂浆、水泥砂浆、106 涂料	
		外粉	水刷石	
安装	水卫（消防）		给水镀锌钢管,排水塑料管,坐式大便器	
	电气照明		照明配电箱,PVC 塑料管暗敷,穿铜芯绝缘导线,避雷网敷设	

二、每平方米综合造价指标（表二）　单位：元/m²

项目	综合指标	直接工程费				取费
		合价	其中			（综合费）
			人工费	材料费	机械费	三类工程
工程造价	530.39	407.99	74.69	308.13	25.17	122.40
土建	503.00	386.92	70.95	291.80	24.17	116.08
水卫（消防）	19.22	14.73	2.38	11.94	0.41	4.49
电气照明	8.67	6.35	1.36	4.39	0.60	2.32

续上表

三、土建工程各分部占直接工程费的比例及每平方米直接费(表三)

分部工程名称	占直接工程费 (％)	元/m²	分部工程名称	占直接工程费 (％)	元/m²
±0.00 以下工程	13.01	50.40	楼地面工程	2.62	10.13
脚手架及垂直运输	4.02	15.56	屋面及防水工程	1.43	5.52
砌筑工程	16.90	65.37	防腐、保温、隔热工程	0.65	2.52
混凝土及钢筋混凝土工程	31.78	122.95	装饰工程	9.56	36.98
构件运输及安装工程	1.91	7.40	金属结构制作工程		
门窗及木结构工程	18.12	70.09	零星项目		

四、人工、材料消耗指标(表四)

项　目	单位	每100m² 消耗量	材　料　名　称	单位	每100m² 消耗量
一、定额用工	工日	382.06	二、材料消耗(土建工程)		
土建工程	工日	363.83	钢材	吨	2.11
			水泥	吨	16.76
水卫(消防)	工日	11.60	木材	m³	1.80
			标准砖	千块	21.82
电气照明	工日	6.63	中粗砂	m²	34.39
			碎(砾)石	m³	26.20

3.投资估算指标编制原则

由于投资估算指标属于项目建设前期进行估算投资的技术经济指标,它不但要反映实施阶段的静态投资,还必须反映项目建设前期和交付使用期内发生的动态投资,以投资估算指标为依据编制的投资估算,包含项目建设的全部投资额。这就要求投资估算指标比其他各种计价定额具有更大的综合性和概括性。因此,投资估算指标的编制工作,除应遵循一般定额的编制原则外,还必须坚持以下原则:

(1)投资估算指标项目的确定,应考虑以后几年编制建设项目建议书和可行性研究报告投资估算的需要。

(2)投资估算指标的分类、项目划分、项目内容、表现形式等要结合各专业的特点,并且要与项目建议书、可行性研究报告的编制深度相适应。

(3)投资估算指标的编制内容、典型工程的选择,必须遵循国家的有关建设方针政策、符合国家技术发展方向、贯彻国家发展方向原则,使指标的编制既能反映正常建设条件下的造价水平,也能适应今后若干年的科技发展水平。坚持技术上先进、可行和经济上的合理,力争以较少的投入取得最大的投资效益。

(4)投资估算指标的编制要反映不同行业、不同项目和不同工程的特点,投资估算指标要适应项目前期工作深度的需要,而且具有更大的综合性。投资估算指标要密切结合行业特点、项目建设的特定条件,在内容上既要贯彻指导性、准确性和可调性原则,又要有一定的深度和广度。

(5)投资估算指标的编制要贯彻静态和动态相结合的原则。在市场经济条件下,既要充分考虑建设条件、实施时间、建设期限等静态因素对投资估算指标的影响,又要考虑到建设期价格、建设期利息、汇率等动态因素对投资估算的影响,将这两种因素结合起来进行编制,使投资估算指标具有较强的实用性和可操作性。

4.投资估算指标的编制方法

投资估算指标的编制工作,涉及建设项目的产品规模、产品方案、工艺流程、设备选型、工程设计和技术经济等各个方面,既要考虑到现阶段技术状况,又要展望技术发展趋势和设计动向,从而可以指导以后建设项目的实践。投资估算指标的编制应当成立专业齐全的编制小组,编制人员应具备较高的专业素质。投资估算指标的编制应当制定一个包括从编制原则、编制内容、指标的层次相互衔接、项目划分、表现形式、计量单位、计算、复核、审查程序到相互应有的责任制等内容的编制方案或编制细则,以便编制工作有章可循。投资估算指标的编制一般分为三个阶段进行。

(1)收集整理资料阶段

收集整理已建成或正在建设的,符合现行技术政策和技术发展方向、有可能重复采用的、有代表性的工程设计施工图、标准设计以及相应的竣工决算或施工图预算等资料。这些资料是编制工作的基础,资料收集越广泛、反映出的问题越多、编制工作考虑越全面,就越有利于提高投资估算指标的实用性和覆盖面。同时,对调查收集到的资料要选择占投资比重大,相互关联多的项目进行认真的分析整理,由于已建成或正在建设的工程的设计意图、建设时间和地点、资料的基础等不同,相互之间的差异很大,需要去粗取精、去伪存真地加以整理,才能重复利用。将整理后的数据资料按项目划分栏目加以归类,按照编制年度的现行定额、费用标准和价格,调整成编制年度的造价水平及相互比例。

(2)平衡调整阶段

由于调查收集的资料来源不同,虽然经过一定的分析整理,也难免会由于设计方案、建设条件和建设时间上的差异带来某些影响,使数据失准或漏项等。因此,必须对有关资料进行综合平衡调整。

(3)测算审查阶段

测算是将新编的指标和选定工程的概预算,在同一价格条件下进行比较,检验其"量差"的偏离程度是否在允许偏差的范围之内,如偏差过大,则要查找原因,进行修正,以保证指标的确切、实用。测算同时也是对指标编制质量进行的一次系统检查,应由专人进行,以保持测算口径的统一,在此基础上组织有关专业人员与以全面审查定稿。

由于投资估算指标的编制计算工作量非常大,在现阶段计算机已经广泛普及的条件下,应尽可能应用电子计算机进行投资估算指标的编制工作。

3.5 ▶ 工程量清单计价与计量规范

工程量清单是载明建设工程分部分项工程项目、措施项目和其他项目的名称和相应数量以及规费和税金项目等内容的明细清单。

工程量清单分为招标工程量清单和已标价工程量清单。由招标人根据国家标准、招标文件、设计文件,以及施工现场实际情况编制的称为招标工程量清单,而作为投标文件组成部分的已标明价格并经承包人确认的称为已标价工程量清单。招标工程量清单应由具有编制能力的招标人或受其委托,具有相应资质的工程造价咨询人或招标代理人编制。采用工程量清单方式招标,招标工程量清单必须作为招标文件的组成部分,其准确性和完整性由招标人负责。招标工程量清单应以单位(项)工程为单位编制,由分部分项工程量清单,措施项目清单,其他项目清单,规费项目、税金项目清单组成。

🌐 3.5.1　工程量清单计价与计量规范概述

2013 版工程量清单计价与计量规范由《建设工程工程量清单计价规范》(GB 50500—2013)、《房屋建筑与装饰工程量计算规范》(GB 50854—2013)、《仿古建筑工程量计算规范》(GB 50855—2013)、《通用安装工程量计算规范》(GB 50856—2013)、《市政工程量计算规范》(GB 50857—2013)、《园林绿化工程量计算规范》(GB 50858—2013)、《矿山工程量计算规范》(GB 50859—2013)、《构筑物工程量计算规范》(GB 50860—2013)、《城市轨道交通工程量计算规范》(GB 50861—2013)、《爆破工程量计算规范》(GB 50862—2013)组成。

《建设工程工程量清单计价规范》(GB 50500—2013)(以下简称计价规范)包括总则、术语、一般规定、工程量清单编制、招标控制价、投标报价、合同价款约定、工程计量、合同价款调整、合同价款期中支付、竣工结算与支付、合同解除的价款结算与支付、合同价款争议的解决、工程造价鉴定、工程计价资料与档案、工程计价表格及 11 个附录。

各专业工程量计量规范包括总则、术语、工程计量、工程量清单编制、附录。

1. 工程量清单计价的适用范围

计价规范适用于建设工程发承包及其实施阶段的计价活动。使用国有资金投资的建设工程发承包,必须采用工程量清单计价;非国有资金投资的建设工程,宜采用工程量清单计价;不采用工程量清单计价的建设工程,应执行计价规范中除工程量清单等专门性规定外的其他规定。

国有资金投资的项目包括全部使用国有资金(含国家融资资金)投资或国有资金投资为主的工程建设项目。

(1)国有资金投资的工程项目

国有资金投资的工程建设项目包括:

①使用各级财政预算资金的项目;②使用纳入财政管理的各种政府性专项建设资金的项目;③使用国有企事业单位自有资金,并且国有资产投资者实际拥有控制权的项目法。

(2)国家融资资金投资的工程建设项目

国家融资资金投资的工程建设项目包括:

①使用国家发行债券所筹资金的项目;②使用国家对外借款或者担保所筹资金的项目;③使用国家政策性贷款的项目;④国家授权投资主体融资的项目;⑤国家特许的融资项目。

(3)国有资金(含国家融资资金)为主的工程建设项目

是指国有资金占投资总额 50% 以上,或虽不足 50% 但国有投资者实质上拥有控股权的工程建设项目。

2. 工程量清单计价的作用

(1)提供一个平等的竞争条件

采用定额计价投标报价,由于设计图纸的缺陷,不同施工企业的人员理解不一,计算出的工程量也不同,虽使用相同计价依据,报价却相去甚远,无法反映企业的真正实力,也容易产生纠纷。而工程量清单报价就为投标者提供了一个平等竞争的条件,相同的工程量,由企业根据自身的实力来填不同的单价。投标人的这种自主报价,使得企业的优势体现到投标报价中,可在一定程度上规范建筑市场秩序,确保工程质量。

采用清单计价投标报价,招标人提供工程量清单,在工程量一致的情况下,投标人自主确定综合单价,利用单价与工程量逐项计算每个项目的合价,再分别填入工程量清单表内,计算出投标总价。单价成了决定性的因素,定高了不能中标,定低了又要承担过大的风险。单价的高低直接取决于企业管理水平和技术水平的高低,这种局面促成了企业整体实力的竞争,有利于我国建设市场的快速发展。

(2)有利于提高工程计价效率,能真正实现快速报价

采用工程量清单计价方式,避免了传统计价方式下招标人与投标人在工程量计算上的重复工作,各投标人以招标人提供的工程量清单为统一平台,结合自身的管理水平和施工方案进行报价,促进了各投标人企业定额的完善和工程造价信息的积累和整理,体现了现代工程建设中快速报价的要求。

(3)有利于工程款的拨付和工程造价的最终结算

中标后,业主要与中标单位签订施工合同,中标价就是确定合同价的基础,投标清单上的单价就成了拨付工程款的依据。业主根据施工企业完成的工程量,可以很容易地确定进度款的拨付额。工程竣工后,根据设计变更、工程量增减等,业主也很容易确定工程的最终造价,可在某种程度上减少业主与施工单位之间的纠纷。

(4)有利于业主对投资的控制

采用现在的施工图预算形式,业主对因设计变更、工程量的增减所引起的工程造价变化不敏感,往往等到竣工结算时才知道这些变更对项目投资的影响有多大,但此时常常是为时已晚。而采用工程量清单报价的方式则可对投资变化一目了然,在要进行设计变要时,能马上知道它对工程造价的影响,业主就能根据投资情况来决定是否变更或进行方案比较,以决定最恰当的处理方法。

3.5.2 分部分项工程项目清单

分部分项工程是"分部工程"和"分项工程"的总称。"分部工程"是单位工程的组部分,系按结构部位、路段长度及施工特点或施工任务将单位工程划分为若干分部的工程。例如房屋建筑与装饰工程分为土石方工程、桩基工程、砌筑工程、混凝土及钢筋混凝土工程、楼地面装饰工程、天棚工程等分部工程。"分项工程"是分部工程的组成部分,系按不同施工方法、材料、工序及路段长度等分部工程划分为若干个分项或项目的工程。例如现浇混凝土基础分为带形基础、独立基础、满堂基础、桩承台基础、设备基础等分项工程。

分部分项工程项目清单必须载明项目编码、项目名称、项目特征、计量单位和工程量。分部分项工程项目清单必须根据各专业工程计量规范规定的项目编码、项目名称、项目特征、计量单位和工程量计算规则进行编制。其格式如表3-10所示,在分部分项工程量清单的编制过程中,由招标人负责前六项内容填列,金额部分在编制招标控制价或投标报价时填列。

分部分项工程量清单与计价表 表 3-10

工程名称： 标段： 第 页共 页

序号	项目编码	项目名称	项目特征描述	计量单位	工程量	金额		
						综合单价	合价	其中：暂估价

1.项目编码

项目编码是分部分项工程和措施项目清单名称的阿拉伯数字标识。其项目编码以五级编码设置,用十二位阿拉伯数字表示。一、二、三、四级编码为全国统一,即一至九位应按计价规范附录的规定设置;第五级即十至十二位为清单项目编码,应根据拟建工程的工程量清单项目名称设置,不得有重号,这三位清单项目编码由招标人针对招标工程项目具体编制,并应自001起顺序编制。

各级编码代表的含义如下：

(1)第一级表示工程分类顺序码(分二位)。

(2)第二级表示专业工程顺序码(分二位)。

(3)第三级表示分部工程顺序码(分二位)。

(4)第四级表示分项工程项目名称顺序码(分三位)。

(5)第五级表示工程量清单项目名称顺序码(分三位)。

项目编码结构如图 3-8 所示(以房屋建筑与装饰工程为例)：

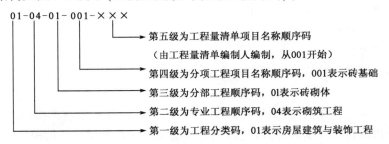

图 3-8 工程量清单项目编码结构

在编制工程量清单时应特别注意对项目编码十至十二位的设置不得有重码的规定。当同一标段(或合同段)的一份工程量清单中含有多个单位工程且工程量清单是以单位工程为编制对象时,运用第五级编码将它们以顺序号分别列项。例如一个标段(或合同段)的工程量清单中含有三个单位工程,每一单位工程中都有清单项一致,但特征略有不同的实心砖墙砌体,这时容易出现重码,需要将它们在一个总体编码体系中进行清单项的编码。第一个单位工程的实心砖墙的项目编码应为 010401003001;第二个单位工程的实心砖墙的项目编码应为 010401003002;第三个单位工程的实心砖墙的项目编码应为 010401003003,就避免了重码。

2.项目名称

分部分项工程量清单的项目名称应按各专业工程计量规范附录的项目名称结合拟建工程的实际确定。附录表中的"项目名称"为分项工程项目名称,是形成分部分项工程量清单项目名称的基础。即在编制分部分项工程量清单时,以附录中的分项工程项目名称为基础,考虑该

项目的规格、型号、材质等特征要求,结合拟建工程的实际情况,使其工程量清单项目名称具体化、细化,以反映影响工程造价的主要因素。例如"墙面一般抹灰"这一分项工程在形成工程量清单项目名称时可以细化为"外墙面一般抹灰"、"内墙面一般抹灰"等。清单项目名称应表达详细、准确,各专业工程计量规范中的分项工程项目名称如有缺陷,招标人可作补充,并报当地工程造价管理机构(省级)备案。

3.项目特征

项目特征是构成分部分项工程项目、措施项目自身价值的本质特征。项目特征是对项目的准确描述,是确定一个清单项目综合单价不可缺少的重要依据,是区分清单项目的依据,是履行合同义务的基础。分部分项工程量清单的项目特征应按各专业工程计量规范附录中规定的项目特征,结合技术规范、标准图集、施工图纸,按照工程结构、使用材质及规格或安装位置等,予以详细而准确的表述和说明。凡项目特征中未描述到的其他独有特征,由清单编制人视项目具体情况确定,以准确描述清单项目为准。

在各专业工程计量规范附录中还有关于各清单项目"工作内容"的描述。工作内容是指完成清单项目可能发生的具体工作和操作的程序,在编制分部分项工程量清单时,工作内容是否描述,无硬性规定。

4.计量单位

(1)计量单位确定原则

计量单位应采用基本单位,除各专业另有特殊规定外均按以下单位计量:

①以重量计算的项目——吨或千克(t 或 kg)。

②以体积计算的项目——立方米(m^3)。

③以面积计算的项目——平方米(m^2)。

④以长度计算的项目——米(m)。

⑤以自然计量单位计算的项目——个、套、块、樘、组、台……

⑥没有具体数量的项目——宗、项……

各专业有特殊计量单位的,另外加以说明,当计量单位有两个或两个以上时,应根据所编工程量清单项目的特征要求,选择最适宜表现该项目特征并方便计量的单位。

(2)计量单位对应的计算结果有效位数

计量单位的有效位数应遵守下列规定:

①以"t"为单位,应保留小数点后三位数字,第四位小数四舍五入。

②以"m"、"m^2"、"m^3"、"kg"为单位,应保留小数点后两位数字,第三位小数四舍五入。

③以"个"、"件"、"根"、"组"、"系统"等为单位,应取整数。

5.工程数量的计算

根据工程量清单计价与计量规范的规定,工程量计算规则可以分为房屋建筑与装饰工程、仿古建筑工程、通用安装工程、市政工程、园林绿化工程、矿山工程、构筑物工程、城市轨道交通工程、爆破工程九大类。

以房屋建筑与装饰工程为例,其计量规范中规定的实体项目包括土石方工程,地基处理与边坡支护工程,桩基工程,砌筑工程,混凝土及钢筋混凝土工程,金属结构工程,木结构工程,门窗工程,屋面及防水工程,保温、隔热、防腐工程,楼地面装饰工程,墙、柱面装饰与隔断、幕墙工程,天棚工程,油漆、涂料、裱糊工程,其他装饰工程,拆除工程等,分别制定了它们的项目设置和工程量计算规则。

随着工程建设中新材料、新技术、新工艺等的不断涌现,计量规范附录所列的工程量清单项目不可能包含所有项目。在编制工程量清单时,当出现计量规范附录中未包括的清单项目时,编制人应作补充。在编制补充项目时应注意以下三个方面:

(1)补充项目的编码应按计量规范的规定确定。具体做法如下:补充项目的编码由计量规范的代码与 B 和三位阿拉伯数字组成,并应从001起顺序编制,例如房屋建筑与装饰工程如需补充项目,则其编码应从01B001开始顺序编制,同一招标工程的项目不得重码。

(2)在工程量清单中应附补充项目的项目名称、项目特征、计量单位、工程量计算规则和工作内容。

(3)将编制的补充项目报省级或行业工程造价管理机构备案。

工程数量主要通过工程量计算规则计算得到。工程量计算规则是指对清单项目工程量的计算规定。除另有说明外,所有清单项目的工程量应以实体工程量为准,并以完成后的净值计算;投标人投标报价时,应在单价中考虑施工中的各种损耗和需要增加的工程量。

🌐 3.5.3 措施项目清单

1.措施项目列项

措施项目是指为完成工程项目施工,发生于该工程施工准备和施工过程中的技术、生活、安全、环境保护等方面的项目。

措施项目清单应根据相关工程现行国家计量规范的规定编制,并应根据拟建工程的实际情况列项。例如《房屋建筑与装饰工程量计算规范》(GB 50854—2013)中规定的措施项目,包括脚手架工程,混凝土模板及支架(撑),垂直运输,超高施工增加,大型机械设备进出场及安拆,施工排水、降水,安全文明施工及其他措施项目。

2.措施项目清单的标准格式

措施项目费用的发生与使用时间、施工方法或者两个以上的工序相关,并大都与实际完成的实体工程量的大小关系不大,如安全文明施工,夜间施工,非夜间施工照明,二次搬运,冬雨季施工,地上、地下设施、建筑物的临时保护设施,已完工程及设备保护等。

但是有些非实体项目则是可以计算工程量的项目,如脚手架工程,混凝土模板及支架(撑),垂直运输,超高施工增加,大型机械设备进出场及安拆,施工排水、降水等,与完成的工程实体具有直接关系,并且是可以精确计量的项目,用分部分项工程量清单的方式采用综合单价,更有利于措施费的确定和调整。措施项目中不能计算工程量的项目清单,以"项"为计量单位进行编制,如表3-11所示;可以计算工程量的项目清单宜采用分部分项工程量清单的方式编制,列出项目编码、项目名称、项目特征、计量单位和工程量计算规则,如表3-12所示。

3.措施项目清单的编制

措施项目清单的编制需考虑多种因素,除工程本身的因素外,还涉及水文、气象、环境、安全等因素。措施项目清单应根据拟建工程的实际情况列项。若出现清单计价规范中未列的项目,可根据工程实际情况补充。

措施项目清单的编制依据主要有:

（1）施工现场情况、地勘水文资料、工程特点。

（2）常规施工方案。

（3）与建设工程有关的标准、规范、技术资料。

（4）拟定的招标文件。

（5）建设工程设计文件及相关资料。

措施项目清单与计价表（一） 表 3-11

工程名称：　　　　　　　　标段：　　　　　　　　第　页共　页

序号	项目编码	项 目 名 称	计算基础	费率（%）	金额（元）
		安全文明施工			
		夜间施工			
		非夜间施工照明			
		二次搬运			
		冬雨季施工			
		地上、地下设施、建筑物的临时保护设施			
		已完工程及设备保护			
		各专业工程的措施项目			
		……			
		合 计			

注：本表适用于以"项"计价的措施项目。

措施项目清单与计价表（二） 表 3-12

工程名称：　　　　　　　　标段：　　　　　　　　第　页共　页

序号	项目编码	项目名称	项目特征描述	计量单位	工程量	金额（元）	
						综合单价	合价
			本页小计				
			合 计				

注：本表适用于以综合单价形式计价的措施项目。

3.5.4 其他项目清单

其他项目清单是指分部分项工程量清单、措施项目清单所包含的内容以外，因招标人的特殊要求而发生的与拟建工程有关的其他费用项目和相应数量的清单。工程建设标准的高低、工程的复杂程度、工程的工期长短、工程的组成内容、发包人对工程管理要求等都直接影响其他项目清单的具体内容。其他项目清单包括暂列金额，暂估价（包括材料暂估单价、工程设备暂估单价、专业工程暂估价），计日工，总承包服务费。其他项目清单宜按照表 3-13 的格式编制，出现未包含在表格中内容的项目，可根据工程实际情况补充。

其他项目清单与计价汇总表 表3-13

序号	项目名称	计量单位	金额(元)	备注
1	暂列金额			明细详见表3-14
2	暂估价			
2.1	材料(工程设备)暂估价			明细详见表3-15
2.2	专业工程暂估价			明细详见表3-16
3	计日工			明细详见表3-17
4	总承包服务费			明细详见表3-18
	合　计			

注:材料暂估单价进入清单项目综合单价,此处不汇总。

1.暂列金额

暂列金额是指招标人在工程量清单中暂定并包括在合同价款中的一笔款项。用于工程合同签订时尚未确定或者不可预见的所需材料、工程设备、服务的采购,施工中可能发生的工程变更、合同约定调整因素出现时的合同价款调整,以及发生的索赔、现场签证确认等的费用。不管采用何种合同形式,其理想的标准是,一份合同的价格就是其最终的竣工结算价格,或者至少两者应尽可能接近。我国规定对政府投资工程实行概算管理,经项目审批部门批复的设计概算是工程投资控制的刚性指标,即使商业性开发项目也有成本的预先控制问题,否则,无法相对准确预测投资的收益和科学合理地进行投资控制。但工程建设自身的特性决定了工程的设计需要根据工程进展不断地进行优化和调整,业主需求可能会随工程建设进展出现变化,工程建设过程还会存在一些不能预见、不能确定的因素。消化这些因素必然会影响合同价格的调整。暂列金额正是因这类不可避免的价格调整而设立的,以便达到合理确定和有效控制工程造价的目标。设立暂列金额并不能保证合同结算价格就不会再出现超过合同价格的情况,是否超出合同价格完全取决于工程量清单编制人对暂列金额预测的准确性,以及工程建设过程是否出现了其他事先未预测到的事件。

暂列金额应根据工程特点,按有关计价规定估算。暂列金额可按照表3-14的格式列示。

暂列金额明细表 表3-14

工程名称: 标段: 第　页共　页

序号	项目名称	计量单位	暂定金额(元)	备注
1				
2				
3				
	合　计			

注:此表由招标人填写,如不能详列,也可只列暂定金额总额,投标人应将上述暂列金额计入投标总价中。

2.暂估价

暂估价是指招标人在工程量清单中提供的用于支付必然发生但暂时不能确定价格的材料、工程设备的单价以及专业工程的金额,包括材料暂估单价、工程设备暂估单价和专业工程暂估价。它属于在招标阶段预见肯定要发生,只是因为标准不明确或者需要由专业承包人完成,暂时无法确定价格。暂估价数量和拟用项目应当结合工程量清单中的"暂估价表"予以补充说明。为方便合同管理,需要纳入分部分项工程量清单项目综合单价中的暂估价应只是材料、工程设备暂估单价,以方便投标人组价。

专业工程的暂估价一般应是综合暂估价,应当包括除规费和税金以外的管理费、利润等取费。总承包招标时,专业工程设计深度往往是不够的,一般需要交由专业设计人设计。国际上,出于提高可建造性考虑,一般由专业承包人负责设计,以发挥其专业技能和专业施工经验的优势。这类专业工程交由专业分包人完成是国际工程的良好实践,目前在我国工程建设领域也已经比较普遍。公开透明地合理确定这类暂估价的实际开支金额的最佳途径就是通过施工总承包人与工程建设项目招标人共同组织的招标。

暂估价中的材料、工程设备暂估单价应根据工程造价信息或参照市场价格估算,列出明细表;专业工程暂估价应分不同专业,按有关计价规定估算,列出明细表。暂估价可按照表3-15、表3-16 的格式列示。

材料(工程设备)暂估单价表

表 3-15

工程名称:　　　　　　　　　　标段:　　　　　　　　　　　　　　第　页共　页

序号	材料(工程设备)名称、规格、型号	计量单位	单价(元)	备注
1				
2				
3				

注:1. 此表由招标人填写,并在备注栏说明暂估价的材料、工程设备拟用在哪些清单项目上,投标人应将上述材料、工程设备暂估单价计入工程量清单综合单价报价中。

2. 材料、工程设备单价包括《建筑安装工程费用项目组成》(建标〔2003〕206 号)中规定的材料、工程设备费内容。

专业工程暂估价

表 3-16

工程名称:　　　　　　　　　　标段:　　　　　　　　　　　　　　第　页共　页

序号	工程名称	工程内容	金额(元)	备注
1				
2				
合　　计				

注:此表由招标人填写,投标人应将上述专业工程暂估价计入投标总价中。

3.计日工

在施工过程中,承包人完成发包人提出的工程合同范围以外的零星项目或工作,按合同中约定的单价计价的一种方式。计日工是为了解决现场发生的零星工作的计价而设立的。国际上常见的标准合同条款中,大多数都设立了计日工(Daywork)计价机制。计日工对完成零星工作所消耗的人工工时、材料数量、施工机械台班进行计量,并按照计日工表中填报的适用项目的单价进行计价支付。计日工适用的所谓零星项目或工作一般是指合同约定之外的或者因变更而产生的、工程量清单中没有相应项目的额外工作,尤其是那些难以事先商定价格的额外工作。

计日工应列出项目名称、计量单位和暂估数量。计日工可按照表3-17 的格式列示。

计 日 工 表   表 3-17

工程名称：   标段：   第　页共　页

序号	项目名称	单位	暂定数量	综合单价	合价
	人工				
1					
2					
	人工小计				
	材料				
1					
2					
	材料小计				
	施工机械				
1					
2					
	施工机械小计				
	总　计				

注：此表项目名称、数量由招标人填写，编制招标控制价时，单价由招标人按有关规定确定；投标时，单价由投标人自主报价，计入投标总价中。

4.总承包服务费

总承包服务费是指总承包人为配合协调发包人进行的专业工程发包，对发包人自行采购的材料、工程设备等进行保管以及施工现场管理、竣工资料汇总整理等服务所需的费用。招标人应预计该项费用并按投标人的投标报价向投标人支付该项费用。

总承包服务费应列出服务项目及其内容等。总承包服务费按照表 3-18 的格式列示。

总承包服务费计价表   表 3-18

工程名称：   标段：   第　页共　页

序号	项目名称	项目价值(元)	服务内容	费率(%)	金额(元)
1	发包人发包专业工程				
2	发包人提供材料				
	合　计				

注：此表项目名称、服务内容由招标人填写，编制招标控制价时，费率及金额由招标人按有关计价规定确定；投标时，费率及金额由投标人自主报价，计入投标总价中。

🌐 3.5.5 规费、税金项目清单

规费项目清单应按照下列内容列项：社会保险费，包括养老保险费、失业保险费、医疗保险费、工伤保险费、生育保险费；住房公积金；工程排污费。出现计价规范中未列的项目，应根据

省级政府或省级有关权力部门的规定列项。

税金项目清单应包括下列内容:营业税、城市维护建设税、教育费附加、地方教育附加。出现计价规范未列的项目,应根据税务部门的规定列项。

规费、税金项目计价表如3-19所示。

规费、税金项目计价表   表3-19

工程名称: 标段: 第　　页共　　页

序号	项目名称	计算基础	计算基数	计算费率(%)	金额(元)
1	规费	定额人工费			
1.1	社会保障费	定额人工费			
(1)	养老保险费	定额人工费			
(2)	失业保险费	定额人工费			
(3)	医疗保险费	定额人工费			
(4)	工伤保险费	定额人工费			
(5)	生育保险费	定额人工费			
1.2	住房公积金	定额人工费			
1.3	工程排污费	按工程所在地环境保护部门收取标准,按实计入			
…	…	…	…	…	…
2	税金	分部分项工程费＋措施项目费＋其他项目费＋规费－按规定不计税的工程设备金额			
合　计					

编制人(造价人员):　　　　　　　　　　　复核人(造价工程师):

3.6 ▶ 工 程 单 价

3.6.1　工程单价的概念

工程单价,一般是指单位假定建筑安装产品的不完全价格。

工程单价与完整的建筑产品(如单位产品、最终产品)价值在概念上是完全不同的。完整的建筑产品价值,是建筑物或构筑物在真实意义上的全部价值,即完全成本加利润和税金。单位假定建筑安装产品单价,不仅不是可以独立表现建筑物或构筑物价值的价格,甚至也不是单位假定建筑产品的完整价格,因为这种工程单价仅仅是由某一单位工程直接费中的人工、材料和机械费构成。

工程单价是以概、预算定额量为依据编制(概)预算时的一个特有的概念术语,是传统概、预算编制制度中采用单位估价法编制工程(概)预算的重要依据,也是计算程序中的一个重要环节。我国建设工程(概)预算制度中长期采用单位估价法编制(概)预算,因为在价格比较稳定,或价格指数比较完整、准确的情况下,可以编制出地区的统一工程单价,以简化(概)预算编制工作。

在确立市场经济体制之后,为了适应建设市场发展的需要、与国际接轨,2003年我国开始实施工程量清单计价,出现了建筑安装产品的综合单价,也可称为全费用单价,这种单价与传统的工程单价有所不同,它不仅含有人工、材料、机械台班三项直接工程费,而且包括企业管理费、利润和风险等费用。

3.6.2　工程单价的种类

(1)按工程单价的适用对象

可以划分为建筑工程单价和安装工程单价。

(2)按工程单价的用途

划分为工程预算单价和工程概算单价。

①工程预算单价。是通过编制地区单位估价表及设备安装价目表所确定的单价,用于编制施工图预算。如单位估价表、单位估价汇总表和安装价目表中所计算的工程单价。在预算定额中列出的"预算单价"或"基价",它是一定计量单位的人工费、材料和工程设备费、施工机具使用费的合计。

②工程概算单价。是通过编制扩大的单位估价表所确定的单价,用于编制设计概算。

(3)按现行计价模式

划分为工程预算单价(基价)和综合单价。

①工程预算单价。同(2)所述。

②综合单价。完成一个规定清单项目所需的人工费、材料和工程设备费、施工机具使用费和企业管理费、利润以及一定范围内的风险费用。

(4)按适用范围

划分为地区工程单价和个别单价。

①地区工程单价。是根据地区性定额和价格等资料编制,在地区范围内使用的工程单价。如地区单位估价表和汇总表所计算和列出的工程单价。

②个别单价。这是为适应个别工程编制概算或预算的需要而计算出的个别工程单价。

(5)按单价的综合程度

划分为直接工程费单价、部分费用单价和完全费用单价。

①直接工程费单价,也叫工料机单价,是由人工费、材料费和机械台班使用费组成的。我国目前预算定额中的"基价",就是按照现行预算定额的工、料、机消耗标准和预算单价确定的。这种单价是确定分部分项工程直接工程费的主要依据,因而广泛应用于施工图预算的编制。

②部分费用单价。现行清单计价中的综合单价就是一种部分费用单价。它除含有基本的直接工程费外,还包括管理费、利润和风险费用,并依据综合单价计算公式确定的单价。综合单价为当前工程量清单计价模式下使用的单价,不仅适用于分部分项工程量清单计价,也适用于措施项目清单及其他项目清单计价。

③完全费用单价。指在单价中既包含全部成本,也包含了税金和风险费等所有费用。

3.6.3　工程单价的用途

(1)确定和控制工程造价。工程单价是确定和控制(概)预算造价的基本依据。

（2）利用编制统一性地区工程单价,简化编制预算和概算的工作量和缩短工作周期,同时也为投标报价提供依据。

（3）利用工程单价可以对结构方案进行经济比较,优选设计方案。

（4）利用工程单价进行工程款的结算。

3.6.4 工程单价的编制

1.工程单价的编制依据

（1）预算定额和概算定额。编制预算单价或概算单价,主要依据之一是预算定额或概算定额。首先,工程单价的项目是根据定额的分项划分的,所以工程单价的编号、名称、计量单位的确定均以相应的定额为依据。其次,分部分项工程的人工、材料和机械台班消耗的种类和数量,也是编制工程单价的重要依据。

（2）人工工日单价、材料预算价格和机械台班单价。工程单价除了要依据概、预算定额确定的分部分项工程的人工、材料、机械的消耗量外,还必须依据上述三项“价”的因素,才能计算出分部分项工程的人工费、材料费和机械费,进而计算出工程单价。

（3）各种措施费和间接费的取费标准。这也是计算工程单价的必要依据。

2.工程单价的编制方法

（1）直接工程费单价的编制

直接工程费单价的编制,简单地说就是分部分项工程人工、材料、机械的定额消耗量和人工、材料、机械单价的结合过程。计算公式:

$$直接工程费单价(基价) = 人工费 + 材料费 + 机械台班使用费 \qquad (3\text{-}70)$$

式中:

$$人工费 = \sum(人工工日定额消耗量 \times 人工工日单价) \qquad (3\text{-}71)$$

$$材料费 = \sum(各种材料定额消耗量 \times 材料预算价格) \qquad (3\text{-}72)$$

$$机械台班使用费 = \sum(机械台班定额消耗量 \times 机械台班单价) \qquad (3\text{-}73)$$

（2）综合单价的编制

工程量清单计价模式采用综合单价计价的方法,综合单价除含有直接工程费外,还包括管理费、利润和风险费用,依据综合单价计算公式来确定其单价。综合单价为当前工程量清单计价模式下使用的单价,不仅适用于分部分项工程量清单,也适用于措施项目清单及其他项目清单。

3.7 ▶ 工程造价指数

3.7.1 工程造价指数的概念与用途

1.工程造价指数的概念

用来反映一定时期由于价格变化对工程造价影响程度的一种指标,是调整工程造价价差的依据，它反映了报告期与基期相比的价格变动趋势。

2.工程造价指数的作用

（1）可以利用工程造价指数分析价格变动趋势及其原因。

（2）可以利用工程造价指数估计工程造价变化对宏观经济的影响。

（3）工程造价指数是工程承发包双方进行工程估价和结算的重要依据。

3.7.2 工程造价指数的分类

工程造价指数可以分为各种单项价格指数，设备、工器具价格指数，建筑安装工程造价指数，建设项目或单项工程造价指数；也可以根据造价资料的期限长短来分类，分为时点造价指数、月指数、季指数和年指数。

1.各种单项价格指数

各种单项价格指数是反映各类工程的人工费、材料费、施工机具使用费报告期对基期价格的变化程度的指标。各种单项价格指数属于个体指数（个体指数是反映个别现象变动情况的指数），编制比较简单。如直接费指数、间接费指数、工程建设其他费用指数等的编制可以直接用报告期的费用（率）与基期的费用（率）之比求得。

2.设备、工器具价格指数

总指数是用来反映不同度量单位的许多商品或产品所组成的复杂现象总体方面的总动态。综合指数是总指数的基本形式，可以把各种不能直接相加的现象还原为价值形态，先综合（相加），再对比（相除），从而反映观测对象的变化趋势。设备、工器具由不同规格、不同品种组成，因此设备、工器具价格指数属于总指数。由于采购数量和采购价格的数据无论是基期还是报告期都很容易获得，因此设备、工器具价格指数可以用综合指数的形式来表示。

3.建筑安装工程造价指数

建筑安装工程造价指数是一种综合指数，包括人工费指数、材料费指数、施工机具使用费指数、措施费指数、间接费指数等各项个体指数。建筑安装工程造价指数的特点是既复杂又涉及面广，利用综合指数计算分析难度大。可以用各项个体指数加权平均后的平均指数表示。

4.建设项目或单项工程造价指数

建设项目或单项工程造价指数是由设备、工器具价格指数，建筑安装工程造价指数，工程建设其他费用指数综合得到的。建设项目或单项工程造价指数是一种总指数，用平均指数表示。

3.7.3 工程造价指数的确定

1.人工费、材料费、施工机具使用费价格指数的确定

人工费、材料费、施工机具使用费等价格指数可以直接用报告期价格与基期价格相比后得到。即：

$$人工费（材料费、施工机具使用费）价格指数 = \frac{P_n}{P_0} \tag{3-74}$$

式中：P_0——基期人工日工资单价或材料价格、机械台班单价；

P_n——报告期人工日工资单价或材料价格、机械台班单价。

2.措施费、间接费及工程建设其他费等费率指数的确定

计算公式为：

$$措施费、间接费、工程建设其他费费率指数 = \frac{P_n}{P_0} \qquad (3-75)$$

式中：P_0——基期措施费、间接费、工程建设其他费费率；

P_n——报告期措施费、间接费、工程建设其他费费率。

3.设备、工器具价格指数的确定

计算公式为：

$$设备、工器具价格指数 = \frac{\sum(报告期设备工器具单价 \times 报告期购置数量)}{\sum(基期设备工器具单价 \times 报告期购置数量)} \qquad (3-76)$$

4.建筑安装工程价格指数的确定

计算公式为：

建筑安装工程造价指数

= 人工费指数 × 基期人工费占建安工程造价比例 + ∑(单项材料价格指数 ×

基期该单项材料费占建安工程造价比例) + ∑(单项机械台班指数 ×

基期该单项机械费占建安工程造价比例) + 措施费、间接费综合指数 ×

基期措施费、间接费占建安工程造价比例 (3-77)

5.建设项目或单项工程综合造价指数的确定

计算公式为：

综合造价指数 = 建安工程造价指数 × 基期建安工程费占总造价比例 +

∑(单项设备价格指数 × 基期设备费占总造价比例) +

工程建设其他费指数 × 基期工程建设其他费占总造价比例

(3-78)

3.8 ＞ 案 例 分 析

【案例一】

背景：

某地区施工民用住宅采用三七墙,经测定得技术资料如下：

完成 $1m^3$ 砖砌体需要的基本工作时间为 14 小时,辅助工作时间占工作延续时间的2.5%,准备与结束时间占工作延续时间的3%,不可避免中断时间占工作延续时间的3%,休息时间占工作延续时间的10%。人工幅度差系数为12%,超运距运砖每千块砖需要 2 小时。

标准砖砖墙采用 M5 水泥砂浆砌筑,实体积与虚体积之间的折算系数为1.07,标准砖与砂浆的损耗率为1.2%,完成 $1m^3$ 砖砌体需用水 $0.85m^3$。砂浆采用 400L 搅拌机现场搅拌,水泥在搅拌机附近堆放,砂堆场距搅拌机200m,需用推车运至搅拌机处。推车在砂堆场处装砂子时间 20 秒,从砂堆场运至搅拌机的单程时间 130 秒,卸砂时间 10 秒。往搅拌机装填各种材料

的时间 60 秒,搅拌时间 80 秒,从搅拌机卸下搅拌好的材料 30 秒,不可避免的中断时间 15 秒,机械利用系数 0.85,机械幅度差系数 15%。

若人工日工资单价为 40 元/工日,M5 水泥砂浆单价为 150 元/m^3,砖单价 210 元/千块,水价 0.75 元/m^3,400L 砂浆搅拌机台班单价 150 元/台班。

问题:

1. 确定砌筑 1m^3 三七砖墙的施工定额。

2. 确定 10m^3 砖墙的预算定额与工程单价(预算定额基价)。

分析与解答

问题 1

【解】确定砌筑 1m^3 三七砖墙的施工定额,实际上是确定砌筑 1m^3 砖墙施工定额中人工、材料、机械的消耗量。因此应搞清楚施工定额中的人工、材料、机械台班消耗量计算时需要算什么、怎么算。

(1)人工消耗量

施工定额中的人工消耗量可从时间定额与产量定额两个角度表述。在人工消耗量计算中所用的基本概念是:

砌 1m^3 三七砖所需工作延续时间 = 准备与结束时间 + 基本工作时间 + 辅助工作时间 + 休息时间 + 不可避免中断时间。

设砌 1m^3 三七墙所需工作延续时间为 x(小时),则根据背景资料可列出算式:

$$x = 3\%x + 14 + 2.5\%x + 10\%x + 3\%x$$

根据上式可求出:

$$x = \frac{14}{1 - 3\% - 2.5\% - 10\% - 3\%} = 17.18\text{h}$$

①时间定额是指生产单位产品所需消耗的时间。在砖墙砌筑中时间定额的计量单位是工日/m^3,因此有:

$$时间定额 = \frac{17.18}{8^①} = 2.15\ 工日/m^3$$

②产量定额是指单位时间内生产产品的数量。产量定额为时间定额的倒数,因此有:

$$产量定额 = \frac{1}{时间定额} = 0.47 m^3/工日$$

(2)材料消耗量

施工定额中砖墙砌筑的材料消耗主要有砖、砂浆、水,因此要分别计算砌 1m^3 三七墙这三种材料的消耗量。

$$1m^3\ 三七墙中标准砖的净用量 = \frac{墙厚的砖数 \times 2}{墙厚 \times (砖长 + 灰缝) \times (砖厚 + 灰缝)}$$

$$= \frac{1.5 \times 2}{0.365 \times (0.24 + 0.01) \times (0.053 + 0.01)}$$

$$= 522\ 块$$

$$砖的消耗量 = 522 \times (1 + 1.2\%) = 529\ 块$$

---

① 8 小时为一个工日。

$$砂浆净用量 = 砖砌体的体积 - 砌体中砖所占的体积$$
$$= (1 - 522 \times 0.24 \times 0.115 \times 0.053) \times 1.07$$
$$= 0.253 m^3$$

$$砂浆消耗量 = 0.253 \times (1 + 1.2\%) = 0.256 m^3$$

$$水的耗用量 = 0.85 m^3$$

（3）机械消耗量

机械消耗量可以从两个角度描述，即：时间定额、产量定额。这是因为对于某一项工作，有些可由人来做，而有些也可由机械来做。所以，机械消耗的表述方式与人工消耗的类似，其差别在于：人工用工日来表示，机械用台班来表示。

根据背景资料所给的条件，本案例应先求产量定额。

机械消耗产量定额的概念与人工消耗产量定额类似。求机械消耗产量定额的关键是要搞清楚砂浆搅拌的整个工作运作过程。砂浆搅拌运作过程如图3-9所示。

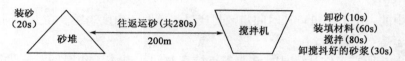

图 3-9　砂浆搅拌运作示意图

搅拌一罐砂浆一个完整的循环程序是：从搅拌机处去砂堆→装砂→运砂至搅拌机处→往搅拌机里装填材料→搅拌→卸搅拌好的砂浆。

详细观察图3-9及上面的循环程序，知砂浆搅拌全过程的时间消耗可分为两大部分：第一部分是往返运砂及装砂，共280s；第二部分是卸砂、装填材料、搅拌、卸搅拌好的砂浆，共180s。因为在做第一部分工作时，第二部分工作可同时进行。因此，搅拌一罐砂浆实际消耗的时间是280s（即取两个独立部分时间组合中的大者）。

如果一台班按8h、一小时按60min、一分钟按60s考虑，则一台班可搅拌砂浆：

$$产量定额 = \frac{8 \times 60 \times 60}{280} \times 0.4 \times 0.85 = 34.97 m^3/台班$$

搅拌$1m^3$砂浆所需要的台班数量：

$$时间定额 = \frac{1}{产量定额} = \frac{1}{34.97} = 0.0286 台班/m^3$$

由于本案例需要求的是砌筑$1m^3$三七砖墙所需消耗的机械定额，而$1m^3$三七砖墙所需消耗的砂浆是$0.256m^3$，所以：

$$砌筑1m^3三七砖墙的机械消耗量 = 0.0286 \times 0.256 = 0.0073 台班$$

问题2

【解】根据案例要求，预算定额中的单位是$10m^3$，确定预算定额实际上是以$10m^3$为单位，综合考虑预算定额与施工定额的差异，确定人工、材料、机械消耗量。确定预算单价也是以$10m^3$为单位，确定人工费、材料费、机械费与预算定额基价。

（1）确定$10m^3$砖墙的预算定额

预算定额中的人工消耗量是在施工定额的基础上，增加人工幅度差与超运距用工而形成的。其计算式为：

预算人工消耗量 $\qquad \left(2.15 + 0.529 \times \dfrac{2}{8}\right) \times (1 + 12\%) \times 10 = 25.56$ 工日/10m³

预算材料消耗量 $\qquad$ 砖 $= 529 \times 10 = 5290$ 块

$$砖浆 = 0.256 \times 10 = 2.56 m^3$$

$$水 = 0.85 \times 10 = 8.5 m^3$$

预算机械消耗量 $\quad 0.0073 \times (1 + 15\%) \times 10 = 0.08395$ 台班/10m³

（2）确定 10m³ 砖墙的预算单价

预算定额单价包括：人工费、材料费、机械费和预算定额基价。砌筑 10m³ 三七砖墙的上述单价分别为：

$$人工费 = 25.56 \times 40 = 1022.4 \ 元$$

$$材料费 = 5.29 \times 210 + 2.56 \times 150 + 8.5 \times 0.75 = 1501.28 \ 元$$

$$机械费 = 0.08395 \times 150 = 12.59 \ 元$$

$$预算定额基价 = 1022.4 + 1501.28 + 12.56 = 2536.24 \ 元$$

【案例二】

背景：

某外墙面挂贴花岗岩工程，定额测定资料如下：

（1）完成每平方米挂贴花岗岩的基本工作时间为 4.5h。

（2）辅助工作时间、准备与结束工作时间、不可避免中断时间和休息时间分别占工作时间的 3%、2%、1.5% 和 16%，人工幅度差 10%。

（3）每挂贴 100m² 花岗岩需消耗水泥砂浆 5.55m³、600×600 花岗岩板 102m²、白水泥 15kg、铁件 34.87kg、塑料薄膜 28.05m²、水 1.53m³。

（4）每挂贴 100m² 花岗岩需 200L 灰浆搅拌机 0.93 台班。

（5）该地区人工工日单价：20.50 元/工日；花岗岩预算价格：300.00 元/m²；白水泥预算价格：0.43 元/kg；铁件预算价格：5.33 元/kg；塑料薄膜预算价格：0.90 元/m²；水预算价格：1.24 元/m³；200L 砂浆搅拌机台班单价：42.84 元/台班；水泥砂浆单价：153.00 元/m³。

问题：

1. 确定每平方米挂贴花岗岩墙面的人工时间定额和人工产量定额。

2. 确定该分项工程的补充定额单价。

3. 若设计变更为进口印度花岗岩，该花岗岩单价为 500 元/m²，应如何换算定额单价，换算后的新单价是多少？

分析与解答：

问题 1

定额劳动消耗计算：

【解】（1）挂贴花岗岩墙面人工时间定额的确定

假定挂贴花岗岩墙面的工作延续时间为 x：

$$x = 4.5 + x(3\% + 2\% + 1.5\% + 16\%)$$

则：

$$x = \frac{4.5}{(1-22.5\%)} = 5.806 \text{ 工时}$$

若每工日按 8 工时计算,则:

$$\text{挂贴花岗岩墙面人工时间定额} = \frac{x(1+10\%)}{8} = 0.798 \text{ 工日/m}^2$$

(2)挂贴花岗岩墙面人工产量定额的确定

$$\text{挂贴花岗岩墙面人工产量定额的确定} = \frac{1}{0.798} = 1.253 \text{m}^2/\text{工日}$$

问题 2

【解】挂贴花岗岩墙面补充定额单价计算(定额计量单位为 100m^2):

(1)定额人工费 = 时间定额 × 工日单价 × 计量单位

$$= 0.798 \times 100 \times 20.5 = 1635.90 \text{ 元/100m}^2$$

(2)定额材料费 = 砂浆消耗量 × 砂浆单价 + 花岗岩耗量 × 花岗岩单价 +

水耗量 × 水单价 + 白水泥耗量 × 白水泥单价 +

铁件耗量 × 铁件单价 + 薄膜耗量 × 薄膜单价

$$= 5.55 \times 153 + 102 \times 300 + 15 \times 0.43 + 34.87 \times 5.33 +$$

$$28.05 \times 0.9 + 1.53 \times 1.24$$

$$= 31\,668.60 \text{ 元/100m}^2$$

(3)定额机械费 = 0.93 × 42.84 = 39.84 元/100m^2

挂贴花岗岩墙面补充定额单价计算 = 定额人工费 + 定额材料费 + 定额机械费

$$= 1\,635.90 + 31668.60 + 39.84$$

$$= 33\,344.34 \text{ 元/100m}^2$$

问题 3

【解】挂贴印度花岗岩换算定额单价 = 33 344.34 + 102 × (500 − 300)

$$= 53\,744.34 \text{ 元/100m}^2$$

🌐 本章小结

工程造价计价依据的核心是建设工程定额,它是在正常施工条件下,以及在合理的劳动组织、合理使用材料及机械的条件下,完成单位合格产品所必须消耗的各种资源的数量标准。建设工程定额有不同的划分原则、不同种类,研究作业时间及施工过程的分解,是测定定额的基本步骤。

施工定额、预算定额、概算定额、概算指标、估算指标、工程造价指数都是工程造价计价过程中必不可少的计价依据,相互之间具有一定的联系与区别。预算定额中的资源消耗量是在施工定额的基础上,再考虑一定的幅度差;概算定额则以扩大分项工程或扩大结构件为对象,确定单价及资源消耗量;施工资源主要有人工、材料、机械台班,各资源单价的组成、内容及计算各不相同。工程单价主要有工料单价、综合单价,不同的单价形式运用于不同的计价模式。工程造价资料的积累与管理是准确进行工程造价计价必不可少的一个环节。

习　题

一、单项选择题

1. 工程定额中基础性定额是(　　)。
   A. 概算定额
   B. 预算定额
   C. 施工定额
   D. 概算指标

2. 已知某挖土机挖土的一个工作循环需 2 分钟,每循环一次挖土 $0.5m^3$,工作班的延续时间为 8 小时,时间利用系数 $K=0.85$,则其台班产量定额为(　　)m^3/台班。
   A. 12.8　　　　B. 15　　　　C. 102　　　　D. 120

3. 某施工项目,工期为 200 天,日基本工资为 20 元/工日,日工资性补助为 2 元/工日,日生产工人辅助性工资为 10 元/工日,日职工福利费为 1 元/工日,日生产工人劳动保护费为 2 元/工日,参加该施工项目施工的生产工人 150 人,则该施工项目直接工程费中的人工费为(　　)万元。
   A. 96　　　　　B. 99　　　　C. 102　　　　D. 105

4. 在一工程项目中,某材料消耗量为 $1000m^3$,材料供应价格为 300 元/m^3,运杂费为 10 元/m^3,运输损耗率为 3%,采购保管费率为 1%,每 m^3 材料的检验试验费为 20 元,则该材料的材料费为(　　)元。
   A. 297693　　　B. 303707　　　C. 316107　　　D. 342493

5. 已知某施工机械耐用总台班为 6 000 台班,大修间隔台班为 400 台班,一次大修理费为 10000 元,则该施工机械的台班大修理费为(　　)元/台班。
   A. 12　　　　　B. 23.3　　　　C. 24　　　　D. 25

6. 设 $1m^3$ 分项工程,其中基本用工为 a 工日,超运距用工为 b 工日,辅助用工为 c 工日,人工幅度差系数为 d,则该工程预算定额人工消耗量为(　　)工日。
   A. $a \times d + a + b + c$
   B. $(a+b) \times d + a + b + c$
   C. $(a+b+c) \times d + a + b + c$
   D. $(a+c) \times d + a + b + c$

7. 已知水泥必须消耗量是 41200 吨,损耗率是 3%,那么水泥的净用量是(　　)吨。
   A. 39964　　　B. 42436　　　C. 40000　　　D. 42474

8. 若水泥包装袋的回收率为 60%,包装袋的回收值为 0.6 元/个,则每吨水泥回收的包装费为(　　)元。
   A. 0.36　　　　B. 7.2　　　　C. 3.6　　　　D. 0.72

9. 施工机械台班定额的编制中,第一步首先要(　　)。
   A. 确定施工机械纯 1 小时正常生产率
   B. 拟定施工机械的正常条件
   C. 确定施工机械的正常利用系数
   D. 计算施工机械定额

10. 某单位工程中,建筑安装工程费为 2000 万元价格指数为 108%;设备工器具购置费为 2000 万元,价格指数为 102%;工程建设其他费用为 250 万元,价格指数为 105%。则单项工程造价指数为(   )。

    A. 315%   B. 105. 26%   C. 105%   D. 115%

二、多项选择题

1. 按照生产要素内容分类,建设工程定额可以分为(   )。

    A. 人工定额   B. 施工定额   C. 材料消耗定额

    D. 预算定额   E. 机械台班定额

2. 机械时间定额包括(   )。

    A. 有效工作时间   B. 辅助工作时间

    C. 不可避免的中断时间   D. 降低负荷下的工作时间

    E. 不可避免的无负荷工作时间

3. 下列属于计价性定额的有(   )。

    A. 施工定额   B. 预算定额   C. 概算定额

    D. 概算指标   E. 投资估算指标

4. 在下列工作时间中,包含在定额中或在定额中给予合理考虑的时间有(   )。

    A. 休息时间   B. 多余工作时间

    C. 不可避免中断时间   D. 违反劳动纪律损失时间

    E. 施工本身造成的停工时间

5. 在下列机械工作时间中,应计入定额时间或应给予适当考虑的时间有(   )。

    A. 不可避免的无负荷工作时间   B. 不可避免的中断时间

    C. 低负荷下的有效工作时间   D. 非施工本身造成的停工时间

    E. 工人休息时间

6. 与机械台班折旧费计算有关的项目是(   )。

    A. 残值率   B. 贷款利息系数

    C. 大修理费   D. 耐用总台班

    E. 安拆费

7. 在下列项目中,建筑安装工程人工工资单价组成内容包括(   )。

    A. 基本工资   B. 流动施工津贴

    C. 劳动保护费   D. 工人病假 6 个月以上工资

    E. 取暖费

8. 机械台班单价组成内容有(   )。

    A. 机械预算价格   B. 机械折旧费

    C. 机械经常修理费   D. 机械燃料动力费

    E. 机械操作人员的工资

9. 按定额反映的物质消耗内容分类,可以把工程建设定额分为(   )。

    A. 建筑工程定额   B. 设备安装工程定额

    C. 劳动定额   D. 机械台班定额

    E. 材料定额

10. 在下列各指标层次中,属于投资估算指标内容的是(   )。

A. 单位工程指标   B. 单项工程指标

C. 建设项目综合指标   D. 扩大分部分项工程指标

E. 分部分项工程指标

三、案例分析题

【案例一】

背景：

某市政工程需砌筑一段毛石护坡,剖面尺寸如图 3-10 所示,拟采用 M5 水泥砂浆砌筑。根据甲乙双方商定,工程单价的确定方法是：首先现场测定每 $10m^3$ 砌体人工工日、材料、机械台班消耗量指标,然后乘以相应的当地人工、材料和机械台班的价格。各项测定数据如下：

(1)砌筑 $1m^3$ 毛石砌体所需工时参数为：基本工作时间为 12.6 小时(折算为一人工作),辅助工作时间占工作延续时间的 2%,休息时间占工作延续时间的 18%,准备与结束时间占工作延续时间的 2%,不可避免中断时间占工作延续时间的 3%,人工幅度差系数取定为 10%。

(2)砂筑 $1m^3$ 毛石砌体所需各种材料净用量为：毛石 $0.72m^3$,M5 水泥砂浆 $0.28m^3$,水 $0.75m^3$,毛石和砂浆的损耗率分别为 20%、8%。

(3)砌筑 $1m^3$ 毛石砌体需用 200L 砂浆搅拌机 0.5 台班,机械幅度差取定为 15%。

问题：

1. 试确定该砌体工程的人工时间定额和产量定额。

2. 假设当地人工日工资标准为 20.50 元/工日,毛石单价为 55.60 元/m^3,M5 水泥砂浆单价为 105.80 元/m^3,水单价为 0.60 元/m^3,其他材料费为毛石、水泥砂浆和水费用之和的 2%,200L 砂浆搅拌机台班单价为 39.50 元/台班。确定每 $10m^3$ 毛石砌体的单价。

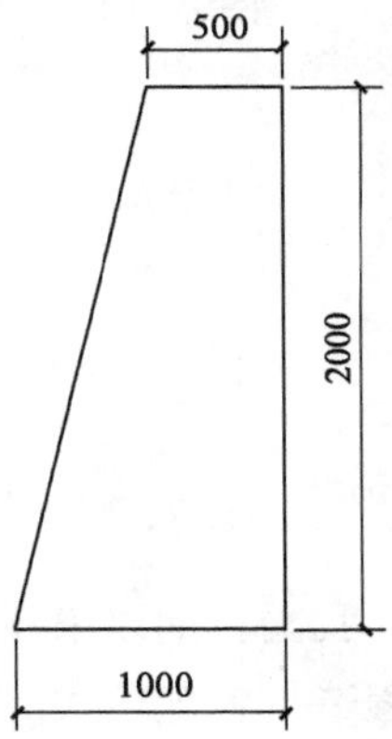

【案例二】

背景：

图 3-10　毛石护坡剖面图

某工业架空热力管道的型钢支架工程,由于现行预算定额中没有适用的定额子目,需要根据现场实测数据,结合工程所在地的人工、材料、机械台班单价,编制每 10 吨型钢支架的工程单价。

问题：

1. 简述分部分项工程单价费用的组成,并写出计算表达式。

2. 若测得每焊接 1 吨型钢支架需要基本工作时间(折算为 1 人工作)54 小时,辅助工作时间、准备与结束工作时间、不可避免的中断时间、休息时间分别占工作延续时间的 3%、2%、2% 和 18%。试计算每焊接 1t 型钢支架的人工时间定额和产量定额。

3. 除焊接外,若测算出的每吨型钢支架安装、防腐、油漆等作业人工时间定额为 12 工日,各项作业人工幅度差取定为 10%,试计算每吨型钢支架工程的定额人工消耗量。

4. 若工程所在地综合人工日工资标准为 22.50 元/工日,每吨型钢支架工程消耗的各种型钢 1.06t(型钢综合单价 3600 元/t),消耗安装材料费 380 元,消耗各种机械台班费 490 元,计算每 10t 型钢支架工程的单价。

第4章
工程造价计价模式

本章概要

1. 工程造价定额计价模式基本原理与程序；

2. 工程造价清单计价模式基本原理与程序；

3. 工程量清单的编制方法；

4. 工程量清单计价方法；

5. 工程造价清单计价与定额计价模式的比较。

4.1 ▶ 工程造价定额计价模式

🌐 4.1.1 工程造价定额计价的基本原理和特点

我国长期以来在工程造价形成过程中采用定额计价模式，这是一种与计划经济相适应的工程造价管理模式。定额计价模式实际上是国家通过颁布统一的估算指标、概算指标，以及概算、预算和有关费用定额，对建筑产品价格进行有计划管理的计价方法。国家以假定的建筑安装产品为对象，制定统一的预算和概算定额。然后按概预算定额规定的分部分项子目，逐项计算工程量，套用概预算定额单价（或单位估价表）确定直接工程费，然后按规定的取费标准确定措施费、间接费、利润和税金，经汇总即为工程概、预算价值。定额计价模式的基本原理如图4-1所示。

从上述工程造价定额计价模式的原理示意图可以看出，编制建设工程造价最基本的过程有两个：工程量计算和工程计价。即首先按照预算定额规定的分部分项子目工程量计算规则和施工图逐项计算工程量；其次套用预算定额单价（或单位估价表）确定直接工程费；再次按照一定的计费程序和取费标准确定措施费、企业管理费（间接费）、利润和税金；最后计算出工程预算造价（或投标报价）。

工程造价定额计价方法的特点就是"量、价、费"合一。概预算的单位价格形成过程，是依据概预算定额所确定的消耗量乘以定额单价或市场价，经过不同层次的计算达到"量、价、费"结合的过程。

用公式进一步表明按建设工程造价定额计价的基本方法和程序，如下所述。

每一计量单位假定建筑产品的直接工程费单价为：

$$直接工程费单价 = 人工费 + 材料费 + 机械使用费 \tag{4-1}$$

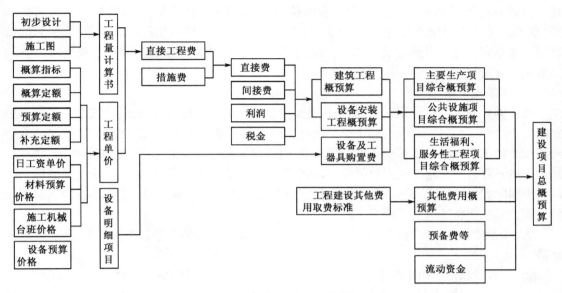

图 4-1 工程造价定额计价原理示意图

式中：

$$人工费 = \sum(单位人工工日消耗量 \times 人工工日单价) \tag{4-2}$$

$$材料费 = \sum(单位材料消耗量 \times 材料预算价格) \tag{4-3}$$

$$机械使用费 = \sum(单位机械台班消耗量 \times 机械台班单价) \tag{4-4}$$

$$单位工程直接费 = \sum(假定建筑产品工程量 \times 直接工程费单价) + 措施费 \tag{4-5}$$

$$单位工程概预算造价 = 单位工程直接费 + 间接费 + 利润 + 税金 \tag{4-6}$$

$$单项工程概预算造价 = \sum 单位工程概预算造价 + 设备、工器具购置费 \tag{4-7}$$

$$建设项目全部工程概预算造价 = \sum 单项工程概预算造价 + 工程建设其他费用 +$$
$$预备费 + 建设期贷款利息 +$$
$$固定资产投资方向调节税(暂停征收) \tag{4-8}$$

4.1.2 工程造价定额计价模式的性质与演变

1.定额计价方法的性质

在不同经济发展时期,建筑产品有不同的价格形式、不同的定价主体及不同的价格形成机制,而一定的建筑产品价格形式产生、存在于一定的建设工程造价管理体制和一定的建筑产品交换方式之中,我国建筑产品价格市场化经历了"国家定价→国家指导价→国家调控价"三个阶段。

工程造价定额计价是以各种概预算定额、费用定额为基础,按照规定的计算程序确定和计算工程造价的特殊计价方法。因在完全的定额计价模式下,建筑安装工程的生产要素(人工、材料、机械)的消耗量、价格、有关费用标准都由政府主管部门(即造价管理部门)制定发布,建设单位与施工单位双方只是执行价格规定,不存在自主定价、价格竞争的过程。在预算定额从指令性走向指导性的过程中,虽然不是全部执行,但其调整(包括人工、材料和机械价格的调整)也都是由造价管理部门进行,造价管理部门不可能把握市场价格的随时变化,其公布的造价与市场总有一定的滞后与偏离,这就决定了定额计价模式的局限性。因此定额计价方法的实质是政府定价。

(1)国家定价阶段

在我国计划经济体制下,工程建设任务是由国家主管部门按计划分配,建筑业不是一个独立的物质生产部门,建设单位、施工单位的财务收支实行统收统支,建筑产品价格仅仅是一个经济核算的工具而不是工程价值的货币反映,这一时期的建筑产品并不具有商品性质,建筑产品价格也不存在。在这种工程建设管理体制下,建筑产品价格实际上是在建设过程的各个阶段利用国家或地区所颁布的各种定额进行投资费用的预估和计算,也可以说是概预算加签证的形式。其主要特征有以下两个方面:

①"工程价格"分为投资估算价、设计概算价、施工图预算价、工程费用签证和竣工结算价。

②"工程价格"属于国家定价的价格形式,国家是这一价格的决定主体。建设单位、设计单位、施工单位都按照国家有关部门规定的定额标准、材料价格和取费标准,计算和确定工程价格,工程价格水平由国家规定。

(2)国家指导价阶段

在市场经济建立初期,新的建筑产品价格形式逐渐取代了传统的建筑产品价格形式,主要是国家指导定价,国家指导定价形式主要有预算包干价格和工程招标投标价格两种形式。预算包干价格形式是按照国家有关部门规定的包干系数、包干标准和计算方法来计算包干额,再以此形成包干价格。由于预算包干价格对工程施工过程中费用的变动采用了一次包死的形式,对提高工程价格管理水平有一定作用,但这种价格形式与概预算加签证形式相比,两者都属于国家计划价格形式,企业只能按照国家有关的规定计算和确定工程价格,企业仍然无自主定价权;工程招标投标价格是在建筑产品招标投标交易过程中形成的工程价格,表现为标底价、投标报价、中标价、合同价、结算价格等形式,这一阶段的工程招标投标价格属于国家指导价,是在最高限价范围内国家指导下的竞争价格。在这种价格形成过程中,国家和企业是价格的双重决定主体。其价格形成的特征有以下三个方面:

①计划控制性。标底价格作为评标主要依据,要按照国家或地方工程造价管理部门制定的定额和有关取费标准编制,标底价格的最高数额受控于上级部门批准的工程概算价。

②国家指导性。国家工程招标管理部门对标底价格进行审查,管理部门组成的监督小组直接监督和指导大中型工程招标、投标、评标和决标过程。

③竞争性。投标单位可以根据本企业的条件和经营状况确定投标报价,并以该投标价格作为竞争承包工程的手段。招标单位可以在标底价格的基础上,择优确定中标单位及工程中标价格。

(3)国家调控价阶段

以国家调控的招标投标价格形式,是一种以市场形成价格为主的价格机制。它是在国家有关部门的调控下,由工程承发包双方根据建筑市场中建筑工程产品供求关系变化来自主确定工程价格。其价格的形式可以不受国家工程造价管理部门的直接干预,而是根据市场的具体情况,由承、发包双方协商确定形成。国家调控招标投标价格形成与前两者相比,有以下三个特征：

①自发形成。由工程承、发包双方根据工程自身的物质劳动消耗、供求状况等协商议定，不受国家计划调控。

②自发波动。随着建筑市场供求关系的不断变化，工程价格处于上升或者下降的波动之中，由市场决定价格。

③自发调节。通过价格的波动，自发调节建筑产品的品种和数量，以保持工程投资与工程生产能力的平衡。

2.工程造价定额计价模式的演变与发展

我国的经济体制从计划经济到社会主义市场经济，其中价格体制的变化是主要表现，但在整个改革过程中，建筑工程造价体制一直没有和市场经济合拍，总是滞后。以预算定额为依据的定额计价模式虽然也在努力适应市场要求，但由于其政府定价的本质特性，在其固有的框架内是很难有突破的。在市场经济体制的进程中，定额计价制度一直在不断地改革之中，其改革进程可以从三次"全国标准定额工作会议"精神体现出来。

（1）1992年全国标准定额工作会议

为适应建立社会主义市场经济体制的要求，1992年全国标准定额工作会议提出了一个"控制量，指导价，竞争费"的计价指导原则。这一原则对我国一直沿用的定额预结算制度是一个突破，但仍是政府定价的思路。它将工程造价的确定分为三个层次，生产要素的消耗量要"控制"，而控制的标准是定额，生产要素的价格由作为造价管理部门公布作为主要参考，竞争费的主要含义（按当时的理解）是按工程类别取费以体现出计价的平等性。这个思路有着很大的局限性，在当时它未能与其他行业价格改革同步。

（2）1997年全国标准定额工作会议

根据"价格法"和市场经济体制要求，1997年全国标准定额工作会议提出了"市场形成造价"的指导原则，但由于缺少法律依据和具体的实施办法，这一原则显得有些空洞。市场形成造价的原则是正确的，但在当时主要以预算定额及其体系为依据的条件下，怎样由市场形成造价，没有一个明确的思路。这以后的一段时间工程造价的管理仍然是在定额计价框架内的调整和完善，没有突破。

（3）2003年全国标准定额工作会议

这次会议的主要成果是"工程量清单"计价形式的提出，会后不久，建设部与国家质量监督检验检疫总局联合推出国家标准《建设工程工程量清单计价规范》（GB 50500—2003），要求国有投资及国有投资为主的大中型建设项目执行工程量清单计价规范。从工程造价体制改革的进程看，这次会议具有里程碑式的意义，因为它突破了建国后五十多年一直沿用的定额计价模式，以新的模式来取代旧有计价方式，是工程造价领域的一次"革命"。2008年，住房城乡建设部以第63号公告，发布了《建设工程工程量清单计价规范》（GB 50500—2008）。2012年12月，住房城乡建设部发布批准《建设工程工程量清单计价规范》（GB 50500—2013）以及相关专业工程计算规范为国家标准，自2013年7月1日起实施。新的工程量清单计价规范与计算规范的发布，进一步健全了我国统一的建设工程计价、计量规范标准体系，适应了新技术、新工艺、新材料日益发展的需要，与当前国家相关法律、法规和政策性规定的变化更加适应，对推行工程量清单计价，规范建设工程发承包双方的计量、计价行为有很好的促进作用。

我国工程定额计价制度从"量价费合一"到"量价费分离"，再到政府推行工程量清单计价制度,基本反映了政府定价、政府指导定价、政府宏观调控价的发展进程。工程量清单计价方法适应市场定价的改革目标,由招标者给出工程清单,投标者报价,单价完全依据企业技术、管理水平的整体实力而定,能充分发挥工程建设市场主体的主动性和能动性,是一种与市场经济相适应的工程计价方式。

4.1.3　定额计价模式下施工图预算价的编制程序

1.收集资料,准备各种编制依据资料

要收集的资料包括施工图纸、已经批准的初步设计概算书、现行预算定额及单位估价表、取费标准、统一的工程量计算规则、预算工作手册和工程所在地的人工、材料和机械台班预算价格、施工组织设计方案、招标文件、工程预算软件等相关资料。

2.熟悉施工图纸、定额和施工组织设计及现场情况

看图计量是编制预算的基本工作,编制施工图预算前,应熟悉并检查施工图纸是否齐全、尺寸是否清楚,了解设计意图,掌握工程全貌,同时针对要编制预算的工程内容搜集有关资料,包括熟悉并掌握预算定额的使用范围、工程内容及工程量计算规则等。

另外,还应了解施工组织设计中影响工程造价的有关因素及施工现场的实际情况,例如各分部分项工程的施工方法、土方工程中土壤类别、余土外运使用的工具、运距、施工平面图对建筑材料、构件等堆放点到施工操作地点的距离、设备构件的吊装方法、现场有无障碍需要拆除和清理等等,以便能正确计算工程量和正确套用或确定某些分项工程的基价。这对于正确计算工程造价,提高施工图预算质量,有重要意义。

3.计算工程量

计算工程量是一项工作量很大又十分细致的工作。工程量是预算编制的基本数据,计算的准确程度直接影响到工程造价,而且影响到与之关联的一系列数据,如计划、统计、劳动力、材料等,因此,工程量计算不仅仅是单纯的技术工作,它对整个企业的经营管理都有重要意义。在计算工程量时,要注意以下两点:

(1)正确划分预算分项子目,按照定额顺序从下到上、先框架后细部的顺序排列工程预算分项子目,这样可避免工程量计算中出现盲目、零乱的状况,使工程量计算工作能够有条不紊地进行,也可避免漏项和重项。

(2)准确计算各分部分项工程量,计算工程量一般可以按照下列步骤进行:

①根据施工图示的工程内容和计算规则,列出计算工程量的分部分项工程。

②根据一定的计算顺序和计算规则,列出计算式。

③根据施工图示尺寸及有关数据,代入计算式进行数学计算。

④按照定额中的分部分项工程的计量单位,对相应计算结果的计量单位进行调整,使之与预算定额相一致。

4.汇总工程量、套用预算定额基价(预算单价)

各分项工程量计算完毕,并经复核无误后,按预算定额手册规定的分部分项工程顺序逐项汇总,然后将汇总后的工程量抄入工程预算表内,并把计算项目的相应定额编号、计量单位、预算定额基价以及其中的人工费、材料费、机械台班使用费填入工程预算表内。便可求出单位工程的直接工程费,套用单价时要注意以下几点:

（1）分项工程量的名称、规格、计量单位必须与预算定额或单位估价表所列内容完全一致。重套、错套、漏套都会引起定额直接费的偏差，进而导致施工图预算造价的偏差。

（2）定额换算。当施工图纸的某些设计要求与定额单价的特征不完全符合时，必须根据定额使用说明，对定额单价进行调整。

（3）补充定额编制。当施工图纸的某些设计要求与定额单价特征相差甚远时，既不能直接套用也不能换算和调整时，必须编制补充单位估价表或补充定额。

5.进行工料分析

根据各分部分项工程的实物工程量和相应定额项目中所列的用工工日及材料消耗数量，计算出各分部分项工程所需的人工及材料数量，相加汇总便可得出该单位工程所需要的各类人工和材料的数量，它是工程预、决算中人工、材料和机械费用调差及计算其他各种费用的基础，又是企业进行经济核算、加强企业管理的重要依据。

这一步骤通常与套定额单价同时进行，以避免二次翻阅定额。

6.计算其他各项工程费用，汇总造价

在分部分项子目、工程量、单价经复查无误后，即可按照建筑安装工程造价构成中费用项目的费率和计费基础，分别计算出措施费、间接费、利润和税金，并汇总得出单位工程造价，同时计算出如单方造价等相关技术经济指标。

7.复核

单位建筑工程预算编制完成后，有关人员应对单位工程预算进行复核，以便及时发现差错，提高预算编制质量，复核时应对工程量计算公式和结果、套用定额单价、各项费用的取费费率、计算基础和计算结果、材料和人工预算价格及其价格调整等方面是否正确进行全面复核。

8.编制说明

编制说明是编制者向审核者交代编制方面的有关情况，编制说明一般包括以下几项内容：

（1）工程概况，包括工程性质、内容范围、施工地点等。

（2）编制依据，包括编制预算时所采用的施工图纸名称、工程编号、标准图集以及设计变更情况等图纸会审纪要资料、招标文件等。

（3）所用预算定额编制年份、有关部门发布的动态调价文件号、套用单价或补充单位估价表方面的情况。

（4）其他有关说明。通常是指在施工图预算中无法表示而需要用文字补充说明的，例如分项工程定额中需要的材料无货，用其他材料代替，其材料代换价格待结算时另行调整等，就需用文字补充说明。

9.填写封面、装订成册、签字盖章

施工图预算书封面通常需填写的内容有：工程编号及名称、建筑结构形式、建筑面积、层数、工程造价、技术经济指标、编制单位、编制人、审核人及编制日期等。最后，按封面、编制说明、预算费用汇总表、费用计算表、工程预算表、工料分析表和工程量计算表等顺序编排并装订成册，编制人员签字盖章，请有关单位审阅、签字并加盖单位公章后，一般建筑工程施工图预算计价便完成了编制工作。

4.2 ▶ 工程造价清单计价模式

4.2.1 工程量清单计价的基本原理

工程量清单计价采用综合单价计价。综合单价是指完成规定计量单位项目所需的人工费、材料费、机械使用费、管理费、利润,并考虑风险因素。

工程量清单计价方法是在建设工程招标投标中,招标人按照国家统一的工程量计算规则提供工程数量,由投标人依据工程量清单自主报价,并按照经评审低价中标的工程造价计价方式。

以招标人提供的工程量清单为平台,投标人根据自身的技术、财务、管理能力进行投标报价,招标人根据具体的评标细则进行优选,这种计价方式是市场定价体系的具体表现形式。

1.工程量清单计价的基本方法

工程量清单计价的基本过程可以描述为:在统一的工程量计算规则的基础上,设置工程量清单项目名称,根据具体工程的施工图纸计算出各个清单项目的工程量,再根据各种渠道所获得的工程造价信息和经验数据进行计算得到工程造价。计价过程如图 4-2 所示。

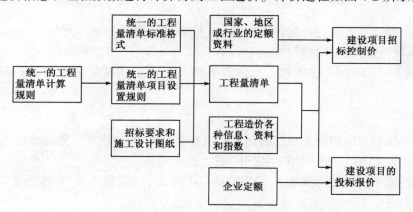

图 4-2 工程造价工程量清单计价过程示意图

从工程量清单计价过程的示意图可以看出,投标报价是在业主提供的招标工程量清单的基础上,根据企业自身所掌握的各种信息、资料,结合企业定额编制得出的。具体计价程序如表 4-1 所示。

2.工程量清单计价的操作过程

就我国目前的实践而言,工程量清单计价作为一种市场价格的形成机制,其主要使用在工程招投标阶段。因此工程量清单计价的操作过程可以从招标、投标、评标三个阶段来阐述。

(1)工程招标阶段。招标单位在工程方案设计、初步设计或部分施工图设计完成后,即可委托招标控制价编制单位(或招标代理单位)按照统一的工程量计算规则,以单位工程为对象,计算并列出各分部分项工程的工程量清单(应附有关的施工内容说明),作为招标文件的组成部分发放给各投标单位。其工程量清单的粗细程度、准确程度取决于工程的设计深度及编制人员的技术水平和经验。在分部分项工程量清单中,项目编码、项目名称、计量单位和工程数量等项由招标单位根据全国统一的工程量清单项目设置规则和计量规则填写。综合单价和合价由投标人根据自己的施工组织设计以及招标单位对工程的质量要求等因素综合评定后填写。

工程量清单计价的基本方法 表 4-1

项 目 名 称	计 算 公 式	注 　 释
分部分项工程费	∑分部分项工程量×分部分项工程综合单价	分部分项工程综合单价由人工费、材料费、机械费、管理费、利润等组成,并考虑风险费用
措施项目费	∑措施项目工程量×措施项目综合单价	
其他项目费	暂列金额 + 暂估价 + 计日工 + 总承包服务费	暂列金额:用于施工合同签订时尚未确定或者不可预见的所需材料、设备、服务的采购,施工中可能发生的工程变更、合同约定调整因素出现时的工程价款调整以及发生的索赔、现场签证确认等的费用。 暂估价:指招标人在工程量清单中提供的用于支付必然发生但暂时不能确定价格的材料的单价以及专业工程的金额。
单位工程报价	分部分项工程费 + 措施项目费 + 其他项目费 + 规费 + 税金	
单项工程报价	∑单位工程报价	
建设项目总报价	∑单项工程报价	

(2)投标单位制作标书阶段。投标单位接到招标文件后,首先要对招标文件进行透彻的分析研究,对图纸进行仔细的理解。其次要对招标文件中所列的工程量清单进行审核,审核中要视招标单位是否允许对工程量清单内所列的工程量误差进行调整决定审核办法。如果允许调整,就要详细审核工程量清单内所列的各工程项目的工程量,对有较大误差的,通过招标单位答疑会提出调整意见,取得招标单位同意后进行调整;如果不允许调整工程量,则不需要对工程量进行详细的审核,只对主要项目或工程量大的项目进行审核,发现这些项目有较大误差时,可以利用调整这些项目单价的方法解决。工程量单价的套用有两种方法,即工料单价法和综合单价法。工料单价法即工程量清单的单价按照现行预算定额的工、料、机消耗标准及预算价格确定,措施费、间接费、利润、有关文件规定的调价、风险金、税金等费用计入其他相应标价计算表中。综合单价法即工程量清单的单价,综合了人工费、材料费、机械台班费、管理费、利润等,并考虑风险费用的综合单价。工料单价法虽然价格的构成比较清楚,但缺点也是明显的,它反映不出工程实际的质量要求和投标企业的真实技术水平,容易使企业再次陷入定额计价的老路。综合单价法的优点是当工程量发生变更时,易于查对,能够反映本企业的技术能力、工程管理能力。根据我国现行的工程量清单计价办法,单价采用的是综合单价。

(3)评标阶段。在评标时可以对投标单位的最终总报价以及分部分项工程项目和措施项目综合单价的合理性进行评判。由于采用了工程量清单计价方法,所有投标单位都站在同一起跑线上,因而竞争更为公平合理,有利于实现优胜劣汰,而且在评标时应坚持倾向于合理低价中标的原则。当然,在评标时仍然可以采用综合计分的方法,即不仅考虑报价因素,而且还对投标单位的施工组织设计、企业业绩和信誉等按一定的权重分值分别进行计分,按总评分的

高低确定中标单位；或者采用两阶段评标的办法，即先对投标单位的技术方案进行评判，在技术方案可行的前提下，再以投标单位的报价作为评标定标的唯一因素，这样既可以保证工程建设质量，又有利于业主选择一个合理的、报价较低的单位中标。

4.2.2 工程量清单计价步骤

1.熟悉工程量清单

招标工程量清单是计算工程造价最重要的依据，在计价时必须全面了解每一个清单项目的特征描述，熟悉其所包括的工程内容，以便在计价时不漏项，不重复计算。

2.研究招标文件

工程招标文件的有关条款、要求和合同条件，是工程量清单计价的重要依据。在招标文件中对有关承发包工程范围、内容、期限、工程材料、设备采购及供应方法等都有具体规定，只有在计价时按规定进行，才能保证计价的有效性。因此，投标单位拿到招标文件后，根据招标文件的要求，要对照图纸，对招标文件提供的招标工程量清单进行复查或复核，其内容主要有：

（1）分专业对施工图进行工程量的数量审查。招标文件上要求投标人审核招标工程量清单，如果投标人不审核，则不能发现清单编制中存在的问题，也就不能充分利用招标人给予投标人澄清问题的机会，由此产生的后果由投标人自行负责。如投标人发现由招标人提供的工程量有误，招标人可按合同约定进行处理。

（2）根据图纸说明和各种选用规范对工程量清单项目进行审查。这主要是指根据规范和技术要求，审查清单项目是否漏项。

（3）根据技术要求和招标文件的具体要求，对工程需要增加的内容进行审查。认真研究招标文件是投标人争取中标的第一要素。表面上看，各招标文件基本相同，但每个项目都有自己的特殊要求，这些要求一定会在招标文件中反映出来，这需要投标人仔细研究。有的工程量清单要求增加的内容、技术要求，如与招标文件不一致，只有通过审查和澄清才能统一起来。

3.熟悉施工图纸

全面、系统地阅读图纸，是准确计算工程造价的重要基础。阅读图纸时应注意以下几点：

（1）按设计要求，收集图纸选用的标准图、大样图。

（2）认真阅读设计说明，掌握安装构件的部位和尺寸，安装施工要求及特点。

（3）了解本专业施工与其他专业施工工序之间的关系。

（4）对图纸中的错、漏以及表示不清楚的地方予以记录，以便在招标答疑会上询问解决。

4.熟悉工程量计算规则

当采用消耗量定额分析分部分项工程的综合单价时，对消耗量定额的工程量计算规则的熟悉和掌握，是快速、准确地分析综合单价的重要保证。

5.了解施工组织设计

施工组织设计或施工方案是施工单位的技术部门针对具体工程编制的施工作业的指导性文件，其中对施工技术措施、安全措施、施工机械配置、是否增加辅助项目等，都应在工程计价的过程中予以注意。施工组织设计所涉及的费用主要属于措施项目费。

6.熟悉加工订货的有关情况

明确建设、施工单位双方在加工订货方面的分工。对需要进行委托加工订货的设备、材料、零件等,提出委托加工计划,并落实加工单位及加工产品的价格。

7.明确主材和设备的来源情况

主材和设备的型号、规格、数量、材质、品牌等对工程计价影响很大,因此应对主材和设备的采购范围及有关内容需要招标人予以明确,必要时注明产地和厂家。

8.计算工程量

清单计价的工程量主要有两部分内容,一是核算招标工程量清单所提供工程量是否准确,二是计算每一个清单主体项目所组合的辅助项目工程量,以便分析综合单价。

在计算工程量时,应注意清单计价和定额计价计算方法的不同。清单计价是辅助项目随主体项目计算,将不同工程内容发生的辅助项目组合在一起,计算出该主体项目的分部分项工程费。

9.确定措施项目清单内容

措施项目清单是完成项目施工必须采取的措施所需的工作内容,该内容必须结合项目的施工方案或施工组织设计的具体情况填写,因此,在确定措施项目清单内容时,一定要根据自己的施工方案或施工组织设计加以修改。

10.计算综合单价

将工程量清单主体项目及其组合的辅助项目汇总,填入分部分项综合单价计算表。如采用消耗量定额分析综合单价,则应按照定额的计量单位,选套相应定额,计算出各项的管理费和利润,汇总为清单项目费合价,分析出综合单价。综合单价是报价和调价的主要依据。

投标人可以用企业定额,也可以用建设行政主管部门的消耗量定额,甚至可以根据本企业的技术水平调整消耗量定额的消耗量来计价。

11.计算措施项目费、其他项目费、规费、税金等

12.汇总计算单位工程造价

将分部分项工程项目费、措施项目费、其他项目费和规费、税金汇总计算出单位工程造价,将各个单位工程造价汇总计算出单项工程造价。

【例 4-1】 某基础工程,土质为Ⅲ类土,基础为 C25 混凝土带形基础,垫层为 C15 混凝土垫层,垫层底宽度为 1400mm,挖土深度为 1.8m,基础总长为 220m。室外设计地坪以下基础的体积为 227m³,垫层体积为 31m³。用清单计价法计算挖基础土方的分部分项工程项目综合单价。已知当地人工单价为 30 元/工日,8t 自卸汽车台班单价为 385 元/台班。管理费按人工费加机械费的 15% 计取,利润按人工费的 30% 计取。

【解】 工程量清单计价采用综合单价模式,即综合了工料机费、管理费和利润。综合单价中的人工单价、材料单价、机械台班单价,可由企业根据自己的价格资料及市场价格自主确定,也可结合建设主管部门颁发的消耗量定额或企业定额确定。本例采用统一的消耗量定额确定消耗量与当地市场价格结合确定综合单价。

(1)清单工程量的计算(业主根据施工图按照计价规范中的工程量计算规则计算)

《计价规范》中挖基础土方的工程量计算规则是:按设计图示尺寸以基础垫层底面积乘以挖土深度计算,即

基础土方挖方总量 $= 1.4 \times 1.8 \times 220 = 554 \text{m}^3$

（2）投标人计价工程量的计算

按照《计价规范》中挖基础土方的工程内容，找到与挖基础土方主体项目对应的辅助项目，可组合的内容包括人工挖土方、人工装自卸汽车运卸土方，运距3km。

结合施工图纸，依据施工方案，按照消耗量定额中工程量计算规则计算辅助项目的工程量。

①人工挖土方（Ⅲ类土，挖深2m以内）。根据施工组织设计要求，需在垫层底面增加操作工作面，其宽度每边0.25m，并需从垫层底面放坡，坡度系数为0.3。

基础土方挖方总量 $= (1.4 + 2 \times 0.25 + 0.3 \times 1.8) \times 1.8 \times 220 = 966 \text{m}^3$

②人工装自卸汽车运卸土方

采用人工挖土方量为966m³。

基础回填 = 人工挖土方量 - 基础体积 - 垫层体积 $= 966 - 227 - 31 = 708 \text{m}^3$

剩余弃土为 $= 966 - 708 = 258 \text{m}^3$

由人工装自卸汽车运卸，运距3km。

（3）综合单价的计算：

①人工挖土方（Ⅲ类土，挖深2m以内）。消耗量定额中该项单位人工消耗量为0.5351工日/m³，材料和机械消耗量为0。

人工费：$0.5351 \times 30 \times 966 = 15507.20$ 元

材料和机械费为0。

小计：15507.20元。

②人工装自卸汽车运卸弃土运距3km。消耗量定额中该项单位人工消耗量为0.1132工日/m³，材料消耗量为0，综合机械台班消耗量为0.0245台班/m³。

人工费：$0.1132 \times 30 \times 258 = 876.17$ 元

材料费为0

机械费：$0.0245 \times 385 \times 258 = 2433.59$ 元

小计：3309.76元

③综合单价

工料机费合计：$15507.20 + 3309.76 = 18816.96$ 元

管理费：（人工费 + 机械费）$\times 15\% = (15507.20 + 876.17 + 2433.59) \times 15\% = 2822.54$ 元

利润：人工费 $\times 30\% = (15507.20 + 876.17) \times 30\% = 4915.01$ 元

总计：$18816.96 + 2822.54 + 4915.01 = 26554.51$ 元

综合单价：$26554.51/554 = 47.93$ 元/m³

4.2.3 工程量清单计价的标准表格格式

工程量清单计价应采用统一格式。工程量清单计价格式应随招标文件发至投标人。工程量清单计价格式应由下列内容组成：

①投标总价封面（见表4-2）。

②投标总价（见表4-3）。

③投标报价总说明表（见表4-4）。

④建设项目投标报价汇总表（见表4-5）。

⑤单项工程投标报价汇总表(见表4-6)。

⑥单位工程投标报价汇总表(见表4-7)。

⑦分部分项工程和单价措施项目清单与计价表(见表4-8)。

⑧综合单价分析表(见表4-9)。

⑨总价措施项目清单与计价表(见表4-10)。

⑩其他项目清单与计价汇总表(见表4-11)。

⑪计日工表(见表4-12)。

⑫总承包服务费计价表(见表4-13)。

⑬规费、税金项目计价表(见表4-14)。

投 标 总 价 封 面 表4-2

某中学教学楼————工程

投标总价

投标人:——某建筑公司——

(单位盖章)

××年×月×日

投 标 总 价 表4-3

投 标 总 价

招标人:某中学

工程名称:某中学教学楼工程

投标总价(小写): 2235440.00 元

(大写):贰佰贰拾叁万伍仟肆佰肆拾元

投标人: 某建筑公司 (单位盖章)

法定代表人

或其授权人: (略) (签字盖章)

编制人: (略) (造价人员签字盖专用章)

时间:××年×月×日

投标报价总说明 表4-4

工程名称:某中学教学楼工程

投标报价总说明的内容应包括:

1. 工程概况:如建设地址、建设规模、工程特征、交通状况、环保要求等;

2. 投标报价编制的工程范围;

3. 采用的计价依据;

4. 采用的施工组织设计;

5. 综合单价中包含的风险因素、风险范围(幅度);

6. 措施项目的依据;

7. 其他有关内容的说明等。

建设项目投标报价汇总表 表 4-5

工程名称:某中学教学楼工程

序　号	单项工程名称	金额 (元)	其中:(元)		
			暂估价	安全文明施工费	规费
1	教学楼工程	7972282	845000	209650	239001
合　计		7972282	845000	209650	239001

单项工程投标报价汇总表 表 4-6

工程名称:某中学教学楼工程

序号	单项工程名称	金额 (元)	其中:(元)		
			暂估价	安全文明施工费	规费
1	教学楼工程	7972282	845000	209650	239001
合　计		7972282	845000	209650	239001

单位工程投标报价汇总表 表 4-7

工程名称:某中学教学楼工程

序　号	汇总内容	金额(元)	其中:暂估价(元)
1	分部分项工程	6134749	845000
0101	土石方工程	99757	
0103	桩基工程	397283	
0104	砌筑工程	725456	
0105	混凝土及钢筋混凝土工程	2432419	800000
0106	金属结构工程	1794	
0108	门窗工程	366464	
0109	屋面及防水工程	251838	
0110	保温、隔热、防腐工程	133226	
0111	楼地面装饰工程	291030	
0112	墙柱面装饰与隔断、幕墙工程	418643	
0113	天棚工程	230431	
0114	油漆、涂料、裱糊工程	233606	
0304	电气设备安装工程	3610140	45000
0310	给排水安装工程	192662	
2	措施项目	738257	—
0117	其中:安全文明施工费	209650	—
3	其他项目	597288	
3.1	其中:暂列金额	350000	
3.2	其中:专业工程暂估价	200000	—

续上表

序　号	汇 总 内 容	金额(元)	其中:暂估价(元)
3.3	其中:计日工	26528	—
3.4	其中:总承包服务费	20760	—
4	规费	239001	—
5	税金	262887	—
投标报价合计 = 1 + 2 + 3 + 4 + 5		7972282	845000

分部分项工程和单价措施项目清单与计价表　　　　　表 4-8

工程名称:某中学教学楼工程　　　　　标段:

序号	项目编码	项目名称	项目特征	计量单位	工程量	金额(元)		
						综合单价	合价	其中 暂估价
			0101　土石方工程					
1	010101003001	挖沟槽土方	Ⅲ类土,垫层底宽 2m,挖土深度 <4m,弃土运距 <7km	m³	1432	21.92	31389	
			(其他略)					
			分部小计				99757	
			0103　桩基工程					
2	010302003001	泥浆护壁混凝土灌注桩	桩长 10m,护壁段长 9m,共 42 根,桩直径 1000mm,扩大头直径 1100mm,桩混凝土为 C25,护壁混凝土为 C20	m	420	322.06	135265	
			(其他略)					
			分部小计				397283	
3	010401001001	条形砖基础	M10 水泥砂浆,MU15 页岩砖 240mm×115mm×53mm	m³	239	290.46	69420	
4	010401003001	实心砖墙	M7.5 混合砂浆,MU15 页岩砖 240mm×115mm×53mm	m³	2037	304.43	620124	
			(其他略)					
			分部小计				725456	
		本页小计					1222496	
		合　计					1222496	

注:为计取规费等的使用,可在表中增设"其中:定额人工费"。

综合单价分析表　　　　　　　　　　　　　　　　　　表 4-9

工程名称:某中学教学楼工程　　　　标段:

项目编码	011407001001	项目名称	外墙乳胶漆	计量单位	m²	工程量	4050

清单综合单价组成明细

定额编号	定额名称	定额单位	数量	单价				合价			
				人工费	材料费	机械费	管理费和利润	人工费	材料费	机械费	管理费和利润
BE0267	抹灰面满刮耐水腻子	100m²	0.010	338.52	2625		127.76	3.39	26.25		1.28
BE0276	外墙乳胶漆底漆一遍面漆二遍	100m²	0.010	317.97	940.37		120.01	3.18	9.40		1.20
人工单价		小　计						6.57	35.65		2.48
80 元/工日		未计价材料费									
清单项目综合单价								44.70			

材料费明细	主要材料名称、规格、型号	单位	数量	单价	合价	暂估单价	暂估合价
	耐水成品腻子	kg	2.50	10.5	26.25		
	某牌乳胶漆面漆	kg	0.353	20.00	7.06		
	某牌乳胶漆底漆	kg	0.136	17.00	2.31		
	其他材料费		—		0.03	—	
	材料费小计		—		35.65	—	

注:1. 如不使用省级或行业建设主管部门发布的计价依据,可不填定额编号、名称等。

　　2. 招标文件提供了暂估单价的材料,按暂估的单价填入表内"暂估单价"栏及"暂估合价"栏。

总价措施项目清单与计价表　　　　　　　　　　　　　表 4-10

工程名称:某中学教学楼工程　　　　标段:

序号	项目编码	项目名称	计算基础	费率(%)	金额(元)	调整费率(%)	调整后金额(元)	备注
		安全文明施工费	定额人工费	25	209650			
		夜间施工增加费	定额人工费	1.5	12479			
		二次搬运费	定额人工费	1	8386			
		冬雨季施工增加费	定额人工费	0.6	5032			
		已完工程及设备保护费			6000			
合　　计								

编制人(造价人员):　　　　　　　　　　　复核人(造价工程师):

注:1. "计算基础"中安全文明施工费可为"定额基价"、"定额人工费"或"定额人工费 + 定额机械费",其他项目可为"定额人工费"或"定额人工费 + 定额机械费"。

　　2. 按施工方案计算的措施费,若无"计算基础"和"费率"的数值,也可只填"金额"数值,但应在备注栏说明施工方案出处或计算方法。

其他项目清单与计价汇总表

表 4-11

工程名称:某中学教学楼工程　　　　　　　标段:

序号	项目名称	金额 (元)	结算金额 (元)	备注
1	暂列金额	350000		按招标工程量清单提供的"暂列金额"填写金额,不得变动。
2	暂估价	200000		
2.1	材料暂估价	—		材料(工程设备)暂估单价由招标人填写,并应说明暂估价(工程设备)的材料、工程设备拟用在哪些清单项目上,投标人应将招标人填写的材料(工程设备)暂估单价计入工程量清单项目综合单价报价中,此处不汇总
2.2	专业工程暂估价	200000		按招标工程量清单提供的"专业工程暂估价"填写金额,不得变动
3	计日工	26528		
4	总承包服务费	20760		
5				
	合　计	550000		

计 日 工 表

表 4-12

工程名称:某中学教学楼工程　　　　　　　标段:

编号	项目名称	单位	暂定数量	实际数量	综合单价 (元)	合价(元)	
						暂定	实际
一	人工						
1	普工	工日	100		80	8000	
2	技工	工日	60		110	6600	
3							
4							
	人工小计					14600	
二	材料						
1	钢筋(规格见施工图)	t	1		4000	4000	
2	水泥42.5	t	2		600	1200	
3	中砂	m³	10		80	800	
4	砾门(5~40mm)	m³	5		42	210	
5	页岩砖(240mm×115mm×53mm)	千块	1		300	300	
6							
	材料小计					6150	
三	施工机械						
1	自升式塔吊起重机	台班	5		550	2750	
2	灰浆搅拌机(400L)	台班	2		20	40	
3							

续上表

编号	项目名称	单位	暂定数量	实际数量	综合单价（元）	合价(元) 暂定	合价(元) 实际
4							
	施工机械小计					2790	
四	企业管理费和利润　按人工费18%计					2628	
	总　计					26528	

注:投标时,单价由投标人自主报价,按暂定数量计算合价计入投标总价中。

总承包服务费计价表　　　　　　　　　　　　表 4-13

工程名称:某中学教学楼工程　　　　　标段:

序号	项目名称	项目价值（元）	服务内容	计算基础	费率（%）	金额（元）
1	发包人发包专业工程	200000	1. 按专业工程承包人的要求提供施工工作面并对施工现场进行统一管理,对竣工资料进行统一整理汇总 2. 为专业工程承包人提供垂直运输机械和焊接电源接入点,并承担垂直运输费和电费	项目价值	7	14000
2	发包人供应材料	845000	对发包人供应的材料进行验收及保管和使用发放	项目价值	0.8	6760
	合　计	—	—	—	—	20760

注:此表项目名称、服务内容由招标人填写,投标时费率及金额由投标人自主报价,计入投标总价中。

规费、税金项目计价表　　　　　　　　　　　表 4-14

工程名称:某中学教学楼工程　　　　　标段:

序　号	项目名称	计算基础	计算基数	计算费率（%）	金额（元）
1	规费	定额人工费			239001
1.1	社会保险费	定额人工费	(1) + ⋯ + (5)		188685
(1)	养老保险费	定额人工费		14	117404
(2)	失业保险费	定额人工费		2	16772
(3)	医疗保险费	定额人工费		6	50316
(4)	工伤保险费	定额人工费		0.25	2096.5
(5)	生育保险费	定额人工费		0.25	2096.5
1.2	住房公积金	定额人工费		6	50316

续上表

序　号	项 目 名 称	计 算 基 础	计 算 基 数	计算费率（%）	金额（元）
1.3	工程排污费	按工程所在地环境保护部门收取标准,按实计入			
2	税金	分部分项工程费＋措施项目费＋其他项目费＋规费－按规定不计税的工程设备金额		3.41	262887
		合　　计			501888

4.3 ▶ 工程造价清单计价与定额计价模式的比较

自《建设工程工程量清单计价规范》(GB 50500—2013)颁布后,我国建设工程计价逐渐转向以工程量清单计价为主、定额计价为辅的模式。由于我国地域辽阔,各地的经济发展状况不一致,市场经济的程度存在差异,将定额计价立即转变为清单计价还存在一定困难,定额计价模式在一定时期内还有其发挥作用的市场。清单计价在我国需要有一个适应和完善的过程。

1.定额计价与工程量清单计价模式的区别

清单计价和定额计价两种计价模式的比较见表4-15。

两种计价模式的比较　　　　　　　　　　　表4-15

内　容	定 额 计 价	清 单 计 价
项目设置	《综合定额》的项目一般是按施工工序、工艺进行设置的,定额项目包括的工程内容一般是单一的	工程量清单项目的设置是以一个"综合实体"考虑的,"综合项目"一般包括多个子目工程内容
计价依据和性质	依据国家、省、专业部门指定的各种定额,其性质是指导性的	依据清单计价规范,企业自主报价,其性质是强制性的
工程量编制主体	工程量由招标人和投标人分别计算	工程量由招标人或委托有资质的单位统一编制
适用阶段	主要适用于项目建设前期各阶段	主要适用于合同价格形成以及后续价格管理阶段
计价价款构成	定额计价价款包括:直接工程费、措施项目费、间接费、利润和税金而直接工程费中的子目基价是指完成《综合定额》分部分项工程项目所需的人工费、材料费、机械费。子目单价是定额基价,它没有反映企业的真正水平,没有考虑风险的因素	工程量清单计价价款是指完成招标文件规定的工程量清单项目所需的全部费用。即包括分部分项工程费、措施项目费、其他项目费、规费和税金;包含完成每项分项工程所含全部工程内容的费用;包含工程量清单中没有体现的,施工中又必须发生的工程内容所需的费用;考虑了风险因素而增加的费用

内　　容	定　额　计　价	清　单　计　价
单价构成	定额计价采用定额子目基价,定额子目基价只包括定额编制时期的人工费、材料费、机械费、并不包括利润和各种风险因素带来的影响	工程量清单采用综合单价。综合单价包括人工费、材料费、机械费、管理费和利润,且各项费用均由投标人根据企业自身情况并考虑各种风险因素自行编制
合同价格的调整方式	变更签证、定额解释、政策性调整	单价相对固定
人工、材料、机械消耗量	定额计价的人工、材料、机械消耗量按《综合定额》标准计算,《综合定额》标准是按社会平均水平编制的	工程量清单计价的人工、材料、机械消耗量由投标人根据企业的自身情况或《企业定额》自定。它真正反映企业的自身水平
工程量计算规则	按定额工程量计算规则	按清单工程量计算规则
计价方法	根据施工工序计价,即将相同施工工序的工程量相加汇总,选套定额,计算出一个子项的定额分部分项工程费,每一个项目独立计价	按一个综合实体计价,即子项随主体项目计价,由于主体项目与组合项目是不同的施工工序,所以往往要计算多个子项才能完成一个清单项目的分部分项综合单价,每一个项目组合计价
价格表现形式	只表示工程造价,分部分项工程费不具有单独存在的意义	主要为分部分项工程综合单价,是投标、评标、结算的依据,单价一般不调整
工程风险	工程量由投标人计算和确定,价差一般可调整,故投标人一般只承担工程量计算风险,不承担材料价格风险	招标人编制招标工程量清单,计算工程量,数量不准会被投标人发现并利用,招标人要承担差量的风险。投标人报价应考虑多种因素,由于单价通常不调整,故投标人要承担组成价格的全部因素风险

2.定额计价与工程量清单计价模式的联系

定额计价和工程量清单计价虽然是我国两个不同的计价模式,但是,目前在我国采用清单计价仍然脱离不了定额,它们的联系有以下几点:

(1)工程量清单项目的设置,参考了全国统一定额的项目划分,使清单计价项目设置与定额计价项目设置的衔接;以便于工程量清单计价方式能易于操作,方便使用。

(2)工程量清单中"项目特征"的内容,基本上取自原定额的项目(或子目)设置的内容。

(3)工程量清单中的"工程内容"与定额子目相关联,它是综合单价的组价内容。

(4)工程量清单计价,企业需要根据自己的企业实际消耗成本报价,在目前多数企业没有企业定额的情况下,现行全国统一定额仍然可作为消耗量定额的重要参考。

所以,工程量清单的编制与计价,与定额有着密不可分的联系。

4.4 ＞ 案 例 分 析

【案例一】　某砖混结构警卫室平面图如图4-3所示。

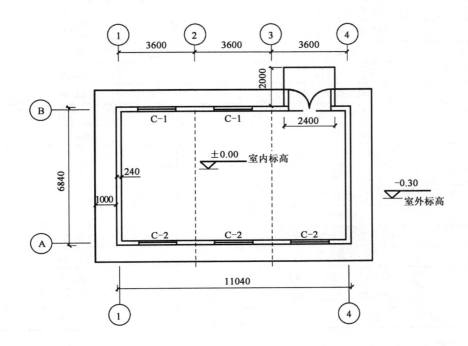

图4-3　平面图

1. 屋面结构为120mm厚现浇混凝土板,板面结构标高4.50m。②、③轴处有钢筋混凝土矩形梁,梁的截面尺寸250mm×660mm(包括板厚120mm)。

2. 240mm厚女儿墙设有60mm高的混凝土压顶,压顶标高5.00m。

3. ±0.00以上外墙采用Mu10黏土砖,M5混合砂浆砌筑,嵌入墙身的构造柱、圈梁和过梁体积合计为5.01m³,混凝土及钢筋混凝土均为C20。

4. 地面混凝土垫层厚80mm,水泥砂浆面层20mm,水泥砂浆踢脚线高150mm。

5. 内墙面、天棚面均为混合砂浆抹灰,白色乳胶漆刷白二遍。

该工程措施项目、其他项目清单的合计价分别为5000元、6000元,规费为105元;各项费用的费率为:管理费9%,利润7%,税金3.413%。

问题:

1. 依据《建设工程工程量计价规范》(GB 50500—2013)列式计算工程量清单表(表4-16)中未计算的分部分项工程量。

2. 依据所给费率和当地造价管理部门提供的工料单价,计算工程量清单中各分部分项工程的综合单价。编制该土建单位工程±0.00以上,分部分项工程量清单计价表。

3. 试编制该土建单位工程清单造价汇总表。

工程量清单及工料单价表（单位:元）　　　　　　　　　表 4-16

序　号	分部分项工程名称	单位	工程量	工料单价	计算公式
1	M5 水泥砂浆砌筑一砖外墙	m³		138.83	
2	现浇钢筋混凝土有梁板	m³	10.29	250.00	
3	现浇钢筋混凝土构造柱	m³	2.01	250.00	
4	现浇钢筋混凝土圈过梁	m³	0.91	250.00	
5	钢筋混凝土女儿墙压顶	m²	0.50	250.00	
6	钢筋	t	1.50	2827.08	
7	铝合金平开门	m²	4.86	320.00	
8	铝合金推拉窗	m²	8.10	280.00	
9	水泥砂浆地面面层	m²		26.38	
10	水泥砂浆踢脚线	m²		1.20	
11	混凝土台阶	m²		54.99	
12	混凝土散水	m²		22.18	
13	内墙面抹灰	m²		6.54	
14	天棚抹灰	m²		8.05	
15	抹灰面上刷乳胶漆二遍	m²		3.05	
16	外墙面釉面砖	m²		45.54	
17	屋面保温层(干铺珍珠岩)	m³	6.72	80.52	
18	屋面防水层(平屋面 I = 2%)	m²		27.09	
19	屋面铁皮排水	m²	4.80	38.87	

参考答案:

问题 1

【解】直接在工程量清单表(表 4-16)中列式计算要求计算的工程量,见表 4-17。

工程量清单及工料单价表（单位:元）　　　　　　　　　表 4-17

序号	分部分项工程名称	单位	工程量	工料单价	计 算 公 式
1	M5 水泥砂浆砌筑一砖外墙	m³	33.14	138.83	$[2 \times (10.8 + 6.6) \times (5 - 0.06) - (4.86 + 8.1)]$ $\times 0.24 - 5.01$
2	现浇钢筋混凝土有梁板	m³	10.29	250.00	
3	现浇钢筋混凝土构造柱	m³	2.01	250.00	
4	现浇钢筋混凝土圈过梁	m³	0.91	250.00	
5	钢筋混凝土女儿墙压顶	m²	0.50	250.00	
6	钢筋	t	1.50	2827.08	
7	铝合金平开门	m²	4.86	320.00	
8	铝合金推拉窗	m²	8.10	280.00	
9	水泥砂浆地面面层	m²	67.16	26.38	$(10.8 - 0.24) \times (6.6 - 0.24)$
10	水泥砂浆踢脚线	m²	5.08	1.20	$2 \times (10.56 + 6.36) \times 0.15$

序号	分部分项工程名称	单位	工程量	工料单价	计 算 公 式
11	混凝土台阶	m²	4.8	54.99	2×2.4
12	混凝土散水	m²	37.36	22.18	$[2 \times (11.04 + 6.84) - 2.4] \times 1 + 4 \times 1^2$
13	内墙面抹灰	m²	135.26	6.54	$2 \times (10.56 + 6.36) \times (4.5 - 0.12) - 4.86 - 8.1$
14	天棚抹灰	m²	80.9	8.05	$10.56 \times 6.36 + 0.54 \times 6.36 \times 2 \times 2$
15	抹灰面上刷乳胶漆二遍	m²	216.16	3.05	$135.26 + 80.9$
16	外墙面釉面砖	m²	176.57	45.54	$2 \times (11.04 + 6.84) \times (5 + 0.3) - 4.86 - 8.1$
17	屋面保温层(干铺珍珠岩)	m³	6.72	80.52	
18	屋面防水层(平屋面 I = 2%)	m²	75.62	27.09	$10.56 \times 6.36 + (10.56 + 6.36) \times 2 \times 0.25$
19	屋面铁皮排水	m²	4.80	38.87	

问题 2

【解】计算工程量清单中各分部分项工程的综合单价。

(1)依据所给费率计算单位工料单价的综合费率,如表 4-18 所示。

单位工料单价综合费率计算表(单位:元)　　　　　　　　　　表 4-18

序 号	费 用 名 称	费用计算公式	费 率	综 合 费 率
1	工料单价合计		1.00	
2	管理费	$(1) \times 9\%$	0.09	
3	利润	$[(1) + (2)] \times 7\%$	0.076	
	单位工料单价的综合费用	$(1) + (2) + (3)$	1.166	$(1.166 - 1)/1 \times 100\% = 16.6\%$

(2)计算工程量清单中各分部分项工程的综合单价、合价,并汇总得出该土建单位工程 ±0.00 以上分部分项工程的合价,如表 4-19 所示。

分部分项工程工程量清单及工料单价表(单位:元)　　　　　　　　表 4-19

序号 (1)	分部分项工程名称 (2)	单位 (3)	工程量 (4)	工料单价 (5)	综合单价 (6) = (5) × 1.166	合价 (7) = (4) × (6)
1	M5 水泥砂浆砌筑一砖外墙	m³	33.14	138.83	161.88	5364.56
2	现浇钢筋混凝土有梁板	m³	10.29	250.00	291.5	2999.54
3	现浇钢筋混凝土构造柱	m³	2.01	250.00	291.5	585.92
4	现浇钢筋混凝土圈过梁	m³	0.91	250.00	291.5	265.27
5	钢筋混凝土女儿墙压顶	m²	0.50	250.00	291.5	145.75
6	钢筋	t	1.50	2827.08	3296.38	4944.56
7	铝合金平开门	m²	4.86	320.00	373.12	1813.36
8	铝合金推拉窗	m²	8.10	280.00	326.48	2644.49
9	水泥砂浆地面面层	m²	67.16	26.38	30.76	2065.78
10	水泥砂浆踢脚线	m²	5.08	1.20	1.4	7.11
11	混凝土台阶	m²	4.8	54.99	64.12	307.78

序号 (1)	分部分项工程名称 (2)	单位 (3)	工程量 (4)	工料单价 (5)	综合单价 (6)=(5)×1.166	合价 (7)=(4)×(6)
12	混凝土散水	m²	37.36	22.18	25.86	966.2
13	内墙面抹灰	m²	135.26	6.54	7.63	1031.44
14	天棚抹灰	m²	80.9	8.05	9.39	759.35
15	抹灰面上刷乳胶漆二遍	m²	216.16	3.05	3.56	768.73
16	外墙面釉面砖	m²	176.57	45.54	53.1	9375.87
17	屋面保温层(干铺珍珠岩)	m³	6.72	80.52	93.89	630.94
18	屋面防水层(平屋面I=2%)	m²	75.62	27.09	31.59	2388.84
19	屋面铁皮排水	m²	4.80	38.87	45.32	217.54
分部分项工程量清单计价合计		元				37283.03

问题3

【解】编制该土建单位工程清单造价汇总表,如表4-20所示。

单位工程量清单计价汇总表(单位:元)　　　　　　　　表4-20

序　　号	项　目　名　称	金额(元)
1	分部分项工程量清单计价合计	37283.03
2	措施项目清单计价合计	5000.00
3	其他项目清单计价合计	6000.00
4	规费	105
5	税金[(1)+(2)+(3)+(4)]×3.41%	1650.03
合　　计		50038.06

【案例二】 某多层砖混住宅土方工程,已知土壤类别为Ⅲ类土;基础为砖大放脚带形基础;混凝土垫层宽度为920mm;挖土深度为1.8m;基础总长度为1590.6m;弃土运距4km。要求确定挖基础土方工程量清单项目综合单价,填写分部分项工程量清单综合单价分析表和分部分项工程量清单计价表。

分析与解答:

【解】1)清单工程量计算(业主根据基础施工图计算)

基础挖土截面积为:$0.92 \times 1.8 = 1.656\text{m}^2$

基础总长度为:1590.6m

土方挖方清单工程量为:$1.656 \times 1590.6 = 2634\text{m}^3$

2)清单项目综合单价计算(由投标人计算)

(1)清单计价工程量计算

经投标人根据地质资料和施工方案及××年《××省建筑工程预算综合基价》计算:

①基础挖土截面积为(工作面宽度各边0.30m,放坡系数为1:0.37)

$(0.92 + 0.6 + 0.37 \times 1.8) \times 1.8 = 3.935\text{m}^2$

基础总长度为:1590.6m

土方挖方总量为:$1590.6 \times 3.935 = 6259.01 \text{m}^3$

②人工挖土方量为 6259.01m^3,根据施工方案除沟边堆土外,现场堆土 2170.5m^3、运距 60m,采用人工运输。装载机装、自卸汽车运,运距 4km,运输土方量 1210m^3。

(2)清单项目综合单价计算

清单项目综合单价的计算是利用分部分项工程量清单综合单价计算表完成的,下面介绍两种方法。

①方法一(清单单价法),计算方法如表4-21所示。

分部分项工程量清单综合单价计算表 表4-21

工程名称:某多层砖混住宅工程　　计量单位:m^3　　项目编码:010101003001

工程数量:2634　　项目名称:挖基础土方　　综合单价:34.44 元

序号	项目编号	工程内容	单位	数量	其中:(元)					
					人工费	材料费	机械费	管理费	利润	小计
1	1-8	人工挖地槽	m^3	2.376	19.72	—	0.10	2.18	0.79	22.79
	1-84 + 1-85 ×2	人工运土方(60m)	m^3	0.824	4.38	—	—	0.48	0.18	5.04
	1-108 + 1-109 ×3	装载机装自卸汽车运土(4km)	m^3	0.459	0.07	0.01	5.67	0.63	0.23	6.61
	合　计		m^3	1	24.17	0.01	5.77	3.29	1.20	34.44

注:1. 表中人工挖地槽数量 $= 6259.01 \div 2634 = 2.376$。

2. 人工运土方(60m)数量 $= 2170.5 \div 2634 = 0.824$。

3. 装载机装自卸汽车运土(4km)数量 $= 1210 \div 2634 = 0.459$。

②方法二(清单合价法),计算方法如表4-22所示。

分部分项工程量清单综合单价计算表 表4-22

工程名称:某多层砖混住宅工程　　计量单位:m^3　　项目编码:010101003001

工程数量:2634　　项目名称:挖基础土方　　综合单价:34.46 元

序号	项目编号	工程内容	单位	数量	其中:(元)					
					人工费	材料费	机械费	管理费	利润	小计
1	1-8	人工挖地槽普硬土2m 以内	m^3	6259.01	51959.80	—	261.63	5744.52	2088.63	60054.58
	1-84	人工运土方(20m)	m^3	2170.5	7970.08	—	—	876.66	318.85	9165.59
	1-85 ×2	人工运土方(每增20m×2)	m^3	2170.5	3563.09	—	—	391.99	142.38	4097.46
	1-108	装载机装自卸汽车运土(1km)	m^3	1210	187.96	31.01	10330.80	1157.06	420.75	12127.58
	1-109 ×3	装载机装自卸汽车运土(每增1km×3)	m^3	1210	—	—	4617.36	507.91	184.69	5309.96
	合　计		m^3	2634	63680.93	31.01	15209.79	8678.14	3155.30	90755.17

注:表中综合单价 $= 90755.17 \div 2634 = 34.46$。

（3）填列分部分项工程量清单综合单价分析表，如表 4-23 所示。

分部分项工程量清单综合单价分析表　　　　　　　　　表 4-23

工程名称：某多层砖混住宅工程

序号	项目编码	项 目 名 称	工程内容	综合单价组成					综合单价
				人工费	材料费	机械使用费	管理费	利润	
1	010101003001	挖基础土方 土壤类别：Ⅲ类土 基础类型：砖大放脚，带形基础 垫层宽度：920mm 挖土深度：1.8m 弃土运距：4km	挖土	19.72	—	0.10	2.18	0.79	
			人工运土	4.38	—	—	0.48	0.18	
			机装机运	0.07	0.01	5.67	0.63	0.23	
合　计				24.17	0.01	5.77	3.29	1.20	34.44

（4）计算分部分项工程量清单项目费用，如表 4-24 所示。

分部分项工程量清单计价表　　　　　　　　　表 4-24

工程名称：某多层砖混住宅工程

序号	项目编码	项 目 名 称	计量单位	工程数量	金额（元）	
					综合单价	合价
1	010101003001	A.1 土（石）方工程 挖基础土方 土壤类别：Ⅲ类土 基础类型：砖大放脚　带形基础 垫层宽度：920mm 挖土深度：1.8m 弃土运距：4km	m³	2634	34.44	90714.96
合　计						90714.96

🌐 本章小结

我国目前建筑安装工程造价计价模式处于从定额计价向工程量清单计价模式转变的时期，总的趋势是工程量清单计价模式的全面推广，虽然由于我国地域、经济发展水平等原因不可能马上实现，但这一趋势是不可逆转的。

定额计价和工程量清单计价在单位工程造价表现形式、分部分项工程综合单价表现形式、工程项目划分、计价依据等方面有着较大区别，但二者也不是互不相容的，从现行工程造价管理体制看，也逐步使两种形式互相渗透，表现为定额计价时也可以采用综合单价形式，清单计价也可以参考定额和费用标准等，而且不论哪种计价形式，工程造价构成的内容是一致的。

工程量清单计价也有一个完善过程，作为一种全新的计价形式，它自身也需要通过实践，在项目划分、表现形式、计量单位、每个项目包含内容等方面继续完善，以适应工程计价工作的需要。

习　题

一、单项选择题

1. 对投标人报出的措施项目清单中没有列项又必须发生的项目,招标人(　　)。

　　A. 要给予投标人补偿　　　　　　　　B. 应允许投标人进行补充

　　C. 可认为其包括在其他措施项目中　　D. 可认为其包括在分部分项工程量清单中

2. 根据《建设工程工程量清单计价规范》(GB 50500—2013)规定,投标单位施工风险费用应计入(　　)。

　　A. 其他项目清单计价表　　　　　　　B. 材料清单计价表

　　C. 分部分项工程量清单计价表　　　　D. 零星工作费表

3. 根据《建设工程工程量清单计价规范》(GB 50500—2013)规定,在工程量清单计价中,措施项目费的综合单价已考虑了风险因素并包括(　　)。

　　A. 人工费、材料费、机械使用费

　　B. 人工费、材料费、机械使用费、管理费

　　C. 人工费、材料费、机械使用费、管理费和利润

　　D. 人工费、材料费、机械使用费、规费、管理费、利润和税金

4. 对工程量清单概念表述不正确的是(　　)。

　　A. 工程量清单是包括工程数量的明细清单

　　B. 工程量清单也包括工程数量相应的单价

　　C. 工程量清单由招标人提供

　　D. 工程量清单是招标文件的组成部分

5. 分部分项工程量清单中的项目编码中,(　　)位由清单编制人设置。

　　A. 8 ~ 10　　　　　　B. 9 ~ 11　　　　　　C. 9 ~ 12　　　　　　D. 10 ~ 12

6. 采用工程量清单计价方式,业主对设计变更而导致的工程造价的变化一目了然,业主可以根据投资情况来决定是否进行设计变更。这反映了工程量清单计价方法(　　)的特点。

　　A. 满足竞争的需要　　　　　　　　　B. 有利于实现风险合理分担

　　C. 有利于标底的管理与控制　　　　　D. 有利于业主对投资的控制

7. 招标工程量清单是招标文件的组成部分,其组成不包括(　　)。

　　A. 分部分项工程量清单　　　　　　　B. 措施项目清单

　　C. 其他项目清单　　　　　　　　　　D. 直接工程费用清单

8. 工程量清单表中项目编码的第四级为(　　)。

　　A. 分类码　　　　　　　　　　　　　B. 具体清单项目码

　　C. 节顺序码　　　　　　　　　　　　D. 清单项目码

9. 分部分项工程量清单应包括(　　)。

　　A. 工程量清单表和工程量清单说明

　　B. 项目编码、项目名称、计量单位和工程数量

　　C. 工程量清单表、措施项目一览表和其他项目清单

D. 项目名称、项目特征、工程内容等

10. 采用工程量清单计价时,要求投标报价根据(　　)。

    A. 业主提供的工程量,按照现行概算扩大指标编制得出

    B. 业主提供的工程量,结合企业自身所掌握的各种信息、资料及企业定额编制得出

    C. 承包商自行计算工程量,参照现行预算定额规定编制得出

    D. 承包商自行计算工程量,结合企业自身所掌握的各种信息、资料及企业定额编制
       得出

二、多项选择题

1. 工程量清单计价应包括按招标文件规定,完成工程量清单所列项目的全部费用,一般包括(　　)。

    A. 分部分项工程费　　　　　　　　B. 规费、税金

    C. 业主临时设施费　　　　　　　　D. 措施项目费

    E. 其他项目费

2. 我国建筑产品价格市场化的第二阶段是国家指导阶段,其价格形成的特征是(　　)。

    A. 自发形成　　　　B. 计划控制　　　　C. 自发波动

    D. 国家指导性　　　E. 有限竞争性

3. 工程量清单的项目设置规则是为了统一工程量清单的(　　)。

    A. 项目名称　　　　B. 项目编码　　　　C. 计量单位

    D. 措施费计算规则　E. 项目特征

4. 工程量清单招标中,建设项目招标控制价的编制基础是(　　)。

    A. 工程量清单

    B. 招标评标办法

    C. 企业定额

    D. 工程造价各种信息、资料和指数

    E. 国家、地区或行业的定额资料

5. 采用工程量清单报价,下列计算公式正确的是(　　)。

    A. 分部分项工程费 = ∑分部分项工程量 × 分部分项工程单价

    B. 措施项目费 = ∑措施项目工程量 × 措施项目综合单价

    C. 单位工程报价 = ∑分部分项工程费

    D. 单项工程报价 = ∑单位工程报价

    E. 建设项目总报价 = ∑单项工程报价

6. 工程量清单计价中,分部分项工程的综合单价由完成规定计量单位工程量清单项目所需(　　)等费用组成。

    A. 人工费、材料费、机械使用费　　　　B. 管理费

    C. 临时设施费　　　　　　　　　　　　D. 利润

    E. 税金

7. 工程量清单中的工程量计算规则,按专业划分有(　　)。

    A. 房屋建筑与装饰工程　　　　　　　　B. 卫生工程

    C.构筑物工程   D.园林绿化工程

    E.市政工程

8.下列关于工程量清单计价办法的说法正确的有( )。

    A.此方法是一种独立的计价模式

    B.此方法是一种市场定价模式

    C.此方法常称为工程量清单招标

    D.此方法包括编制招标标底、投标报价、合同价款的确定与调整和办理工程结算

    E.此方法包括工程量清单格式编制,利用工程量清单编制报价和评标定标

9.施工图预算的编制依据有( )。

    A.工程量清单   B.施工图纸及说明

    C.定额及费用标准   D.人工、材料、机械台班预算价格

    E.工程合同或协议

10.预算造价可以有( )等表现形式。

    A.施工图预算   B.招标控制价   C.投标报价

    D.合同价   E.工程实际造价

三、案例分析题

    某基础土方工程,基础形式为砖大放脚带形基础,土壤类别为Ⅲ类土,基础垫层宽为900mm,挖土深度为1.8m,基础总长1200m,弃土运距4km。

    1.按照《建设工程工程量清单计价规范》(GB 50500—2013)规定列出该土方工程的分项工程量清单。

    2.参考本省(市、区)预算定额和价格、费用标准,计算该分项工程的综合单价。

第5章

建设项目决策阶段工程造价管理

本章概要

1. 建设项目投资决策与可行性研究；
2. 投资决策阶段影响工程造价的因素；
3. 建设项目投资估算的编制与审查；
4. 建设项目财务评价的指标体系及程序。

5.1 ➤ 决策阶段工程造价管理概述

🌐 5.1.1 建设项目决策的含义及其与工程造价的关系

1. 建设项目投资决策的含义

建设项目投资决策是选择和决定投资行动方案的过程，是指建设项目投资者按照自己的意图目的，在调查、分析、研究的基础上，对投资规模、投资方向、投资结构、投资分配以及投资项目的选择和布局等方面进行分析研究，在一定约束条件下，对拟建项目的必要性和可行性进行技术经济论证，对不同建设方案进行技术经济分析、比较及做出判断和决定的过程。

项目投资决策是投资行动的前提和准则。正确的项目投资来源于正确的项目投资决策。项目决策的正确与否，是合理确定与控制工程造价的前提，它关系到工程造价的高低及投资效果的好坏，并直接影响到项目建设的成败。因此，加强建设项目决策阶段的工程造价管理意义重大。

2. 建设项目决策与工程造价的关系

（1）项目决策的正确性是工程造价合理性的前提

建设项目决策正确，意味着对项目建设做出科学的决断，优选出最佳投资行动方案，达到资源的合理配置。在此基础上合理地估算工程造价，并且在实施最优投资方案过程中，有效地控制工程造价。建设项目决策失误，例如项目选择的失误、建设地点的选择错误或者建设方案的不合理等，会带来不必要的人力、物力及财力的浪费，甚至造成不可弥补的损失。在这种情况下，进行工程造价的计价与控制将毫无意义。因此，为达到工程造价的合理性，事先就要保证项目决策的正确性，避免决策失误。

（2）建设项目决策的内容是决定工程造价的基础

决策阶段是项目建设全过程的起始阶段，决策阶段的工程计价对项目全过程的造价起着宏观控制的作用。决策阶段各项技术经济决策,对该项目的工程造价有重大影响,特别是建设标准的确定、建设地点的选择、技术工艺的评选、生产设备的选用等,直接关系到工程造价的高低。据有关资料统计,在项目建设各阶段中,决策阶段影响工程造价的程度最高,达到 70% ~ 90% 。因此,建设项目决策阶段是决定工程造价的基础阶段,直接影响着决策阶段之后各个建设阶段工程造价的计价与控制。

(3)建设项目决策的深度影响投资估算的精确度

建设项目决策是一个由浅入深、不断深化的过程,依次分为若干工作阶段,不同阶段决策的深度不同,投资估算的精度也不同。如在投资机会和项目建议书阶段,投资估算的误差率在 ±30% 以内;而在详细可行性研究阶段,误差率在 ±10% 以内。在建设项目的各个阶段,通过工程造价的确定与控制,形成相应的投资估算、设计概算、修正概算、施工图预算、合同价、结算价及竣工决算造价,各造价形式之间存在着前者控制后者,后者补充前者的相互作用关系。按照"前者控制后者"的制约关系,意味着投资估算对其后面各种形式的造价起着制约作用,是限额目标。因此,只有加强项目决策的深度,采用科学的估算方法和可靠的数据资料,合理地进行投资估算,才能保证其他阶段的造价被控制在合理范围,避免"三超"现象的发生,继而实现投资控制目标。

(4)工程造价的数据影响项目决策的结果

项目决策影响着项目造价的高低以及拟投入资金的多少,反之亦然。项目决策阶段形成的投资估算是进行投资方案选择的重要依据之一,同时也是决定项目是否可行及主管部门进行项目审批的参考依据。因此,项目投资估算的数额,从某种程度上也影响着项目决策。

🌐 5.1.2　建设项目决策阶段影响工程造价的主要因素

在项目决策阶段,影响工程造价的主要因素包括:建设规模、建设地区及建设地点(厂址)、技术方案、设备方案、工程方案、环境保护措施等。

1.建设规模

建设规模也称项目生产规模,是指项目在其设定的正常生产营运年份可能达到的生产能力或者使用效益。在项目决策阶段应选择合理的建设规模,以达到规模经济的要求。

规模经济,是指伴随生产规模扩大引起单位成本下降而带来的经济效益。规模经济亦称规模效益。当项目单位产品的报酬一定时,项目的经济效益与项目的生产规模成正比,也即随着生产规模的扩大会出现单位成本下降和收益递增的现象。规模经济的客观存在对项目规模的合理选择有着重大影响,可以充分利用规模经济来合理确定和有效控制工程造价,提高项目的经济效益。

但规模扩大所产生的效益不是无限的,它受到技术进步、管理水平、项目经济技术、环境等多种因素的制约。制约项目规模合理化的主要因素包括市场因素、技术因素以及环境因素等几个方面。合理地处理好这几个方面间的关系,对确定项目合理的建设规模,从而控制好投资十分重要。

(1)市场因素。市场因素是确定建设规模需考虑的首要因素。

①市场需求状况是确定项目生产规模的前提。通过对产品市场需求的科学分析与预测,在准确把握市场需求状况、及时了解竞争对手情况的基础上,最终确定项目的最佳生产规模。一般情况下,项目的生产规模应以市场预测的需求量为限,并根据项目产品市场的长期发展趋

势作相应调整,确保所建项目在未来能够保持合理的盈利水平和持续发展的能力。

②原材料市场、资金市场、劳动力市场等对建设规模的选择起着不同程度的制约作用。如项目规模过大可能导致原材料供应紧张和价格上涨,造成项目所需投资资金的筹集困难和资金成本上升等,将制约项目的规模。

③市场价格分析是制定营销策略和影响竞争力的主要因素。市场价格预测应综合考虑影响预期价格变动的各种因素,对市场价格做出合理的预测。根据项目具体情况,可选择采用回归法或比价法进行预测。

④市场风险分析是确定建设规划的重要依据。在可行性研究中,市场风险分析是指对未来某些重大不确定因素发生的可能性及其对项目可能造成的损失进行的分析,并提出风险规避措施。市场风险分析可采用定性分析或定量分析的方法。

(2)技术因素。先进适用的生产技术及技术装备是项目规模效益赖以存在的基础,而相应的管理技术水平则是实现规模效益的保证。若与经济规模生产相适应的先进技术及其装备的来源没有保障,或获取技术的成本过高,或管理水平跟不上,不仅达不到预期的规模效益,还会给项目的生存和发展带来危机,导致项目投资效益低下、工程造价支出严重浪费。

(3)环境因素。项目的建设、生产和经营都离不开一定的社会经济环境。项目规模确定中需考虑的主要环境因素有:政策因素、燃料动力供应、协作及土地条件、运输及通信条件。其中,政策因素包括产业政策、投资政策、技术经济政策,以及国家、地区及行业经济发展规划等。特别是为了取得较好的规模效益,国家对部分行业的新建项目规模作了下限规定,选择项目规模时应予以遵照执行。

不同行为、不同类型项目确定建设规模,还应分别考虑以下因素:

①对于煤炭、金属与非金属矿山、石油、天然气等矿产资源开发项目,在确定建设规模时,应充分考虑资源合理开发利用要求和资源可采储量、赋存条件等因素。

②对于水利水电项目,在确定建设规模时,应充分考虑水的资源量、可开发利用量、地质条件、建设条件、库区生态影响、占用土地以及移民安置等因素。

③对于铁路、公路项目,在确定建设规模时,应充分考虑建设项目影响区域内一定时期运输量的需求预测,以及该项目在综合运输系统和本系统中的作用,确定线路等级、线路长度和运输能力等因素。

④对于技术改造项目,在确定建设规模时,应充分研究建设项目生产规模与企业现有生产规模的关系,新建生产规模属于外延型还是外延内涵复合型,以及利用现有场地、公用工程和辅助设施的可能性等因素。

(4)建设规模方案比选。在对以上三方面进行充分考核的基础上,应确定相应的产品方案、产品组合方案和项目建设规模。可行性研究报告应根据经济合理性、市场容量、环境容量以及资金、原材料和主要外部协作条件等方面的研究,对项目建设规模进行充分论证,必要时进行多方案技术经济比较。大型、复杂项目的建设规模论证应研究合理、优化的工程分期,明确初期规模和远景规模。不同行业、不同类型项目在研究确定其建设规模时还应充分考虑其自身特点。项目合理建设规模的确定方法包括:

①盈亏平衡产量分析法。通过分析项目产量与项目费用和收入的变化关系,找出项目的盈亏平衡点,以探求项目合理建设规模。当产量提高到一定程度,如果继续扩大规模,项目就出现亏损,此点称为项目的最大规模盈亏平衡点。当规模处于这两点之间时,项目盈利,所以

这两点是合理建设规模的下限和上限,可作为确定合理经济规模的依据之一。

②平均成本法。最低成本和最大利润属"对偶现象"。成本最低,利润最大;成本最大,利润最低。因此,有人通过争取达到项目最低平均成本,来确定项目的合理建设规模。

③生产能力平衡法。在技改项目中,可采用生产能力平衡法来确定合理生产规模。最大工序生产能力法是以现有最大生产能力的工序为标准,逐步填平补齐、成龙配套,使之满足最大生产能力的设备要求。最小公倍数法是以项目各工序生产能力或现有标准设备的生产能力为基础,并以各工序生产能力的最小公倍数为准,通过填平补齐、成龙配套,形成最佳的生产规模。

④政府或行业规定。为了防止投资项目效率低下和资源浪费,国家对某些行业的建设项目规定了规模界限。投资项目的规模,必须满足这些规定。

经过多方案比较,在初步可行性研究(或项目建议书)阶段,应提出项目建设(或生产)规模的倾向意见,报上级机构审批。

2.建设地区及建设地点(厂址)

一般情况下,确定某个建设项目的具体地址(或厂址),需要经过建设地区选择和建设地点选择(厂址选择)两个不同层次、相互联系又相互区别的工作阶段。二者之间是一种递进关系。其中建设地区选择是指在几个不同地区之间对拟建项目适宜配置的区域范围的选择;建设地点选择则是对项目具体坐落位置的选择。

1)建设地区的选择。建设地区选择的合理与否,在很大程度上决定着拟建项目的命运,影响着工程造价的高低、建设工期的长短、建设质量的好坏,还影响到项目建成后的运营状况。因此,建设地区的选择要充分考虑各种因素的制约,具体要考虑以下因素:

(1)要符合国民经济发展战略规划、国家工业布局总体规划和地区经济发展规划的要求。

(2)要根据项目的特点和需要,充分考虑原材料条件、能源条件、水源条件、各地区对项目产品需求及运输条件等。

(3)要综合考虑气象、地质、水文等建厂的自然条件。

(4)要充分考虑劳动力来源、生活环境、协作、施工力量、风俗文化等社会环境因素的影响。

在综合考虑上述因素的基础上,建设地区的选择应遵循以下两个基本原则:

(1)靠近原料、燃料提供地和产品消费地的原则。满足这一原则,在项目建成投产后,可以避免原料、燃料和产品的长期远途运输,减少运输费用,降低产品的生产成本,并且缩短流通时间,加快流动资金的周转速度。但这一原则并不是意味着项目安排在距原料、燃料提供地和产品消费地的等距离范围内,而是根据项目的技术经济特点和要求具体对待。例如,对农产品、矿产品的初步加工项目,由于大量消耗原料,应尽可能靠近原料产地;对于能耗高的项目,如铝厂、电石厂等,宜靠近电厂,由此带来的减少电能输送损失所获得的利益,通常大大超过原料、半成品调运中的劳动耗费;而对于技术密集型的建设项目,由于大中城市工业和科学技术力量雄厚,协作配套条件完备、信息灵通,所以其选址宜在大中城市。

(2)工业项目适当聚集的原则。在工业布局中,通常是一系列相关的项目聚成适当规模的工业基地和城镇,从而有利于发挥"集聚效益",对各种资源和生产要素充分利用,便于形成综合生产能力,便于统一建设比较齐全的基础结构设施,避免重复建设,节约投资。此外,还能为不同类型的劳动者提供多种就业机会。

但当工业聚集超越客观条件时,也会带来许多弊端,促使项目投资增加,经济效益下降。这主要是因为:第一,各种原料、燃料需要量大增,原料、燃料和产品的运输距离延长,流通过程中的劳动耗费增加;第二,城市人口相应集中,形成对各种农副产品的大量需求,势必增加城市农副产品供应的费用;第三,生产和生活用水量大增,在本地水源不足时,需要开辟新水源,远距离引水,耗资巨大;第四,大量生产和生活排泄物集中排放,势必造成环境污染、生态平衡破坏,为保持环境质量,不得不增加环境保护费用。当工业集聚带来的"外部不经济性"的总和超过生产集聚带来的利益时,综合经济效益反而下降,这就表明集聚程度已超过经济合理的界限。

2)建设地点(厂址)的选择。遵照上述原则确定建设区域范围后,具体的建设地点(厂址)的选择又是一项极为复杂的技术经济综合性很强的系统工程,它不仅涉及项目建设条件、产品生产要素、生态环境和未来产品销售等重要问题,受社会、政治、经济、国防等多因素的制约;而且还直接影响到项目建设投资、建设速度和施工条件,以及未来企业的经营管理及所在地点的城乡建设规划与发展。因此,必须从国民经济和社会发展的全局出发,运用系统观点和方法分析决策。

(1)选择建设地点(厂址)的要求:

①节约土地,少占耕地,降低土地补偿费用。项目的建设尽量将厂址选择在荒地、劣地、山地和空地,不占或少占耕地,力求节约用地。与此同时,还应注意节省土地的补偿费用,降低工程造价。

②减少拆迁移民数量。项目建设的选址、选线应着眼少拆迁、少移民,尽可能不靠近、不穿越人口密集的城镇或居民区,减少或不发生拆迁安置费,降低工程造价。若必须拆迁移民,应制定详尽的征地拆迁移民安置方案,充分考虑移民数量、安置途径、补偿标准、拆迁安置工作量和所需资金等,作为前期费用计入项目投资成本。

③应尽量选在工程地质、水文地质条件较好的地段,土壤耐压力应满足拟建厂的要求,严防选在断层、熔岩、流沙层与有用矿床上以及洪水淹没区、已采矿坑塌陷区、滑坡区。建设地点(厂址)的地下水位应尽可能低于地下建筑物的基准面。

④要有利于厂区合理布置和安全运行。厂区土地面积与外形能满足厂房与各种构筑物的需要,并适于按科学的工艺流程布置厂房与构筑物,满足生产安全要求。厂区地形力求平坦而略有坡度(一般 5% ~10% 为宜),以减少平整土地的土方工程量,节约投资,又便于地面排水。

⑤应尽量靠近交通运输条件和水电供应等条件好的地方。建设地点(厂址)应靠近铁路、公路、水路,以缩短运输距离,减少建设投资和未来的运营成本;建设地点(厂址)应设在供电、供热和其他协作条件便于取得的地方,有利于施工条件的满足和项目运营期间的正常运作。

⑥应尽量减少对环境的污染。对于排放大量有害气体和烟尘的项目,不能建在城市的上风口,以免对整个城市造成污染;对于噪声大的项目,建设地点(厂址)应远离居民集中区,同时要设置一定宽度的绿化带,以减弱噪声的干扰;对于生产或使用易燃、易爆、辐射产品的项目,建设地点(厂址)应远离城镇和居民密集区。

上述条件的满足与否,不仅关系到建设工程造价的高低和建设期限,还关系到项目投产后的运营状况。因此,在确定厂址时,也应进行方案的技术经济分析、比较,选择最佳建设地点(厂址)。

(2)建设地点(厂址)选择时的费用分析。在进行厂址多方案技术经济分析时,除比较上

述建设地点(厂址)条件外,还应具有全寿命周期的理念,从以下两方面进行分析:

①项目投资费用。包括土地征购费、拆迁补偿费、土石方工程费、运输设施费、排水及污水处理设施费、动力设施费、生活设施费、临时设施费、建材运输费等。

②项目投产后生产经营费用比较。包括原材料、燃料运入及产品运出费用,给水、排水、污水处理费用,动力供应费用等。

(3)建设地点(厂址)方案的技术经济论证。选址方案的技术经济论证,不仅是寻求合理的经济和技术决策的必要手段,还是项目选址工作的重要组成部分。在项目选址工作中,通过实地调查和基础资料的搜集,拟订项目选址的备选方案,并对各种方案进行技术经济论证,确定最佳厂址方案。建设地点(厂址)比较的主要内容有:建设条件比较、建设费用比较、经营费用比较、运输费用比较、环境影响比较和安全条件比较。

3.技术方案

生产技术方案是指产品生产所采用的工艺流程和生产方法。在建设规模和建设地区及地点确定后,具体的工程技术方案的确定,在很大程度上影响着工程建设成本以及建成后的运营成本。技术方案的选择直接影响项目的工程造价,因此,必须遵照以下原则,认真评价和选择拟采用的技术方案。

1)技术方案选择的基本原则

(1)先进适用。这是评定技术方案最基本的标准。保证工艺技术的先进性是首先要满足的,它能够带来产品质量、生产成本的优势。但在技术方案选择时不能单独强调先进而忽略适用,而应在满足先进的同时,结合我国国情和国力,考察工艺技术是否符合我国的技术发展政策。总之,要根据国情和建设项目的经济效益,综合考虑先进与适用的关系。对于拟采用的工艺,除了必须保证能用指定的原材料按时生产出符合数量、质量要求的产品外,还要考虑与企业的生产和销售条件(包括原有设备能否配套,技术和管理水平、市场需求、原材料各类等)是否相适应,特别要考虑到原有设备能否利用,技术和管理水平能否跟上。

(2)安全可靠。项目所采用的技术或工艺,必须经过多次试验和实践证明是成熟的,技术过关、质量可靠、安全稳定、有详尽的技术分析数据和可靠性记录,并且生产工艺的危害程度控制在国家规定的标准之内。只有这样才能确保生产安全、高效运行,发挥项目的经济效益。对于核电站、产生有毒有害和易燃易爆的项目(比如油田、煤矿等)及水利水电枢纽等项目,更应重视技术的安全性和可靠性。

(3)经济合理。经济合理是指所用的技术或工艺应讲求经济效益,以最小的消耗取得最佳的经济效果,要求综合考虑所用工艺所能产生的经济效益和国家的经济承受能力。在可行性研究中可能提出几种不同的技术方案,各方案的劳动需要量、能源消耗量、投资数量等可能不同,在产品质量和产品成本等方面可能也有差异,应反复进行比较,从中挑选最经济合理的技术或工艺。

2)技术方案选择的内容

(1)生产方法选择。生产方法是指产品生产所采用的制作方法,生产方法直接影响生产工艺流程的选择。一般在选择生产方法时,从以下几个方面着手:①研究分析与项目产品相关的国内外生产方法的优缺点,并预测未来发展趋势,积极采用先进适用的生产方法;②研究拟采用的生产方法是否与采用的原材料相适应,避免出现生产方法与供给原材料不匹配的现象;③研究拟采用生产方法的技术来源的可得性,若采用引进技术或专利,应比较所需费用;④研究拟采用生产方法是否符合节能和清洁的要求,应尽量选择节能环保的生产方法。

(2)工艺流程方案选择。工艺流程是指投入物(原料或半成品)经过有序的生产加工,成为产出物(产品或加工品)的过程。选定不同的工艺流程,建设项目的工程造价将会不同,项目建成后的生产成本与经济效益也不同。选择工艺流程方案的具体内容包括以下几个方面:①研究工艺流程方案对产品质量的保证程度;②研究工艺流程各工序间的合理衔接,工艺流程应通畅、简捷;③研究选择先进合理的物料消耗定额,提高收益;④研究选择主要工艺参数;⑤研究工艺流程的柔性安排,既能保证主要工序生产的稳定性,又能根据市场需求变化,使生产的产品在品种规格上保持一定的灵活性。

(3)工艺方案的比选。工艺方案比选的内容包括技术的先进程序、可靠程度和技术对产品质量性能的保证程度、技术对原材料的适应性、工艺流程的合理性、自动化控制水平、估算本国及外国各种工艺方案的成本、成本耗费水平、对环境的影响程度等技术经济指标。工艺改造项目工艺方案的比选论证,还应与原有的工艺方案进行比较。

比选论证后提出的推荐方案,应绘制主要的工艺流程图,编制主要物料平衡表,主要原材料、辅助材料以及水、电、气等的消耗量等图表。

4.设备方案

在确定生产工艺流程和生产技术后,应根据工厂生产规模和工艺过程的要求,选择设备的型号和数量。设备的选择与技术密切相关,二者必须匹配。没有先进的技术,再好的设备也没用,没有先进的设备,技术的先进性无法体现。

(1)设备方案选择应符合的要求:

①主要设备方案应与确定的建设规模、产品方案和技术方案相适应,并满足项目投产后生产或使用的要求。

②主要设备之间、主要设备与辅助设备之间的生产或使用性能要相互匹配。

③设备质量应安全可靠、性能成熟,保证生产和产品质量稳定。

④在保证设备性能前提下,力求经济合理。

⑤选择的设备应符合政府部门或专门机构发布的技术标准要求。

(2)设备选用应注意处理的问题:

①要尽量选用国产设备。凡国内能够制造,并能保证质量、数量和按期供货的设备,原则上必须国内生产,不必从国外进口;凡只要引进关键设备就能由国内配套使用的,就不必成套引进。

②要注意进口设备之间以及国内外设备之间的衔接配套问题。有时一个项目从国外引进设备时,考虑各供应厂家的设备特长和价格等问题,可能分别向几家制造厂购买,这时就必须注意各厂所供设备之间技术、效率等方面的衔接配套问题。为避免各厂所供设备不能配套衔接,引进时最好采用总承包的方式。还有一些项目,一部分为进口国外设备,另一部分则引进技术由国内制造,这时也必须注意国内外设备之间的衔接配套问题。

③要注意进口设备与原有国产设备、厂房之间的配套问题。主要应注意本厂原有国产设备的质量、性能与引进设备是否配套,以免国内外设备能力不平衡而影响生产。对于利用原有厂房安装引进设备的项目,应全面掌握原有厂房的结构、面积、高度以及原有设备的情况,以免设备到厂后安装不下或互不适应而造成浪费。

④要注意进口设备与原材料、备品备件及维修能力之间的配套问题。应尽量避免引进设

备所用的主要原料需要进口,如果必须从国外引进,应安排国内有关厂家尽快研制这种原料。采用进口设备,还必须同时组织国内研制所需备品备件问题,避免有些备件在厂家输出技术或设备之后不久就被淘汰,从而保证设备长期发挥作用。另外,对于进口的设备,还必须懂得设备的操作和维修,否则设备的先进性就可能得不到充分发挥。在外商派人调试安装时,可培训国内技术人员及时学会操作,必要时也可派人出国培训。

5.工程方案

工程方案构成项目的实体。工程方案选择是在已选定项目建设规模、技术方案和设备方案的基础上,研究论证主要建筑物、构筑物的建造方案,包括对建筑标准的确定。

(1)工程方案选择应满足的基本要求:

①满足生产使用功能要求。确定项目的工程内容、建筑面积和建筑结构时,应满足生产和使用的要求。分期建设的项目,应留有适当的发展余地。

②适应已选定的场址(线路走向)。在已选定的场址(线路走向)的范围内,合理布置建筑物、构筑物,以及地上、地下管网的位置。

③符合工程标准规范要求。建筑物、构筑物的基础、结构和所采用的建筑材料,应符合政府部门或者专门机构发布的技术标准、规范要求,确保工程质量。

④工程方案在满足使用功能、确保质量的前提下,力求降低造价,节约建设资金。

(2)工程方案研究内容:

①一般工业项目的厂房、工业窑炉、生产装置等建筑物、构筑物的工程方案,主要研究其建筑特征(面积、层数、高度、跨度),建筑物、构筑物的结构形式,以及特殊建筑要求(防火、防爆、防腐蚀、隔声、隔热等),基础工程方案,抗震设防等。

②矿产开采项目的工程方案主要研究开拓方式,根据故体分布、形态、地质构造等条件,结合矿产品位、可采资源量,确定井下开采或露天开采的工程方案。这类项目的工程方案将直接转化为生产方案。

③铁路项目工程方案的主要研究内容包括线路、路基、轨道、桥涵、隧道、站场以及通信信号等方案。

④水利水电项目工程方案的主要研究内容包括防洪、治涝、灌溉、供水、发电等工程方案。水利水电枢纽和水库工程主要研究坝址、坝型、坝体建筑结构、坝基处理以及各种建筑物、构筑物的工程方案。同时,还应研究提出库区移民安置的工程方案。

6.环境保护措施

建设项目一般会引起项目所在地自然环境、社会环境和生态环境的变化,对环境状况、环境质量产生不同程度的影响。因此,需要在确定场址方案和技术方案时,对所在地的环境条件进行充分的调查研究,识别和分析拟建项目影响环境的因素,并提出治理和保护环境的措施,比选和优化环境保护方案。

(1)环境保护的基本要求

工程建设项目应注意场址及其周围地区的水土资源、海洋资源、矿产资源、森林植被、文物古迹、风景名胜等自然环境和社会环境。其环境保护措施应坚持以下原则:

①符合国家环境保护相关法律、法规以及环境功能规划的整体要求。

②坚持污染物排放总量控制和达标排放的要求。

③坚持"三同时原则",即环境治理措施应与项目的主体工程同时设计、同时施工、同时投产使用。

④力求环境效益与经济效益相统一,工程建设与环境保护必须同步规划、同步实施、同步发展,全面规划,合理布局,统筹安排好工程建设和环境保护工作,力求环境保护治理方案技术可行和经济合理。

⑤注重资源综合利用和再利用,对项目在环境治理过程中产生的废气、废水、固体废弃物等,应提出回水处理和再利用方案。

(2)环境治理措施方案

对于在项目建设过程中涉及的污染源和排放的污染物等,应根据其性质的不同,采用有针对性的治理措施。

①废气污染治理,可采用冷凝、活性炭吸附法、催化燃烧法、催化氧化法、酸碱中和法、等离子法等方法。

②废水污染治理,可采用物理法(如重力分离、离心分离、过滤、蒸发结晶、高磁分离等)、化学法(如中和、化学凝聚、氧化还原等)、物理化学法(如离子交换、电渗析、反渗透、气泡悬上分离、汽提吹脱、吸附萃取等)、生物法(如自然氧池、生物滤化、活性污泥、厌氧发酵)等方法。

③固体废弃物污染治理,有毒废弃物可采用防渗漏池堆存;放射性废弃物可采用封闭固化;无毒废弃物可采用露天堆存;生活垃圾可采用卫生填埋、堆肥、生物降解或者焚烧方式处理;利用无毒害固体废弃物加工制作建筑材料或者作为建材添加物,进行综合利用。

④粉尘污染治理,可用采过滤除尘、湿式除尘、电除尘等方法。

⑤噪声污染治理,可采用吸声、隔声、减振、隔振等措施。

⑥建设和生产运营引起环境破坏的治理。对岩体滑坡、植被破坏、地面塌陷、土壤劣化等,也应提出相应治理方案。

(3)环境治理方案比选

对环境治理的各局部方案和总体方案进行技术经济比较,作出综合评价,并提出推荐方案。环境治理方案比选的主要内容包括:

①技术水平对比:分析对比不同环境保护治理方案所采用的技术和设备的先进性、适用性、可靠性和可得性。

②治理效果对比:分析对比不同环境保护治理方案在治理前及治理后环境指标的变化情况,以及能否满足环境保护法律法规的要求。

③管理及监测方式对比:分析对比各治理方案所采用的管理和监测方式的优缺点。

④环境效益对比:将环境治理保护所需投资和环保措施运行费用与所获得的收益相比较,并将分析结果作为方案比选的重要依据。效益费用比值较大的方案为优。

5.1.3 决策阶段工程造价管理的主要内容

项目投资决策阶段工程造价管理,主要从整体上把握项目的投资,分析确定建设项目工程造价的主要影响因素,编制建设项目的投资估算,对建设项目进行经济财务分析,考察建设项目的国民经济评价与社会效益评价,结合建设项目的决策阶段的不确定性因素对建设项目进行风险管理等。

1.确定影响建设项目决策的主要因素

(1)确定建设项目的资金来源。目前,我国建设项目的资金来源有多种渠道,一般从国内资金和国外资金两大渠道来筹集。国内资金来源一般包括国内贷款、国内证券市场筹集、国内外汇资金和其他投资等。国外资金来源一般包括国外直接投资、国外贷款、融资性贸易、国外证券市场筹集等。不同的资金来源筹集资金的成本不同,应根据建设项目的实际情况和所处环境选择恰当的资金来源。

(2)选择资金筹集方法。从全社会来看,筹资方法主要有利用财政预算投资、利用自筹资金安排的投资、利用银行贷款安排的投资、利用外资、利用债券和股票等资金筹集方法。各种筹资方法的筹资成本不尽相同,对建设项目工程造价均有影响,应选择适当的几种筹资方法进行组合,使得建设项目的资金筹集不仅可行,而且经济。

(3)合理处理影响建设项目工程造价的主要因素。在建设项目投资决策阶段,应合理地确定项目的建设规模、建设地区和厂址,科学地选定项目的建设标准并适当地选择项目生产工艺和设备,这些都直接地关系到项目的工程造价和全寿命成本。

2.建设项目决策阶段的投资估算

投资估算是一个项目决策阶段的主要造价文件,它是项目可行性研究报告和项目建议书的组成部分,投资估算对于项目的决策及投资的成败十分重要。编制工程项目的投资估算时,应根据项目的具体内容及国家有关规定和估算指标等,以估算编制时的价格进行编制,并应按照有关规定,合理地预测估算编制后至竣工期间的价格、利率、汇率等动态因素的变化对投资的影响,打足建设投资,确保投资估算的编制质量。

提高投资估算的准确性,可以从以下几点做起:认真收集整理各种建设项目的竣工决算的实际造价资料;不能生搬硬套工程造价数据,要结合时间、物价及现场条件和装备水平等因素做出充分的调查研究;提高造价专业人员和设计人员的技术水平;提高计算机的应用水平;合理估算工程预备费;对引进设备和技术项目要考虑每年的价格浮动和外汇的折算变化等。

3.建设项目决策阶段的经济评价

建设项目的经济评价是指以建设工程和技术方案为对象的经济方面的研究。它是可行性研究的核心内容,是建设项目决策的主要依据。其主要内容是对建设项目的经济效果和投资效益进行分析。进行项目经济评价就是在项目决策的可行性研究和评价过程中,采用现代化经济分析方法,对拟建项目计算期(包括建设期和生产期)内投入产出等诸多经济因素进行调查、预测、研究、计算和论证,做出全面的经济评价,提出投资决策的经济依据,确定最佳投资方案。

1)现阶段建设项目经济评价的基本要求

(1)动态分析与静态分析相结合,以动态分析为主。

(2)定量分析与定性分析相结合,以定量分析为主。

(3)全过程经济效益分析与阶段性经济效益分析相结合,以全过程分析为主。

(4)宏观效益分析与微观效益分析相结合,以宏观效益分析为主。

(5)价值量分析与实物量分析相结合,以价值量分析为主。

(6)预测分析与统计分析相结合,以预测分析为主。

2）财务评价

财务评价是项目可行性研究中经济评价的重要组成部分，它是根据国家现行财税制度和价格体系，分析、计算项目直接发生的财务效益和费用，编制财务报表，计算评价指标，考察项目的盈利能力、清偿能力以及外汇平衡等财务状况，据以判别项目的财务可行性。其评价结果是决定项目取舍的重要决策依据。

（1）财务盈利能力分析。财务评价的盈利能力分析主要是考察项目投资的盈利水平，主要指标有：

①财务内部收益率（$FIRR$），这是考察项目盈利能力的主要动态评价指标。

②投资回收期（P_t），这是考察项目在财务上投资回收能力的主要静态评价指标。

③财务净现值（$FNPV$），这是考察项目在计算期内盈利能力的动态评价指标。

④投资利润率，这是考察项目单位投资盈利能力的静态指标。

⑤投资利税率，这是判别单位投资对国家积累的贡献水平高低的指标。

⑥资本金利润率，这是反映投入项目的资本金盈利能力的指标。

（2）项目清偿能力分析。项目清偿能力分析主要是考察计算期内各年的财务状况及偿债能力，主要指标有：

①固定资产投资国内借款偿还期。

②利息备付率，表示使用项目利润偿付利息的保证倍率。

③偿债备付率，表示可用于还本付息的资金偿还借款本息的保证倍率。

（3）财务外汇效果分析。建设项目涉及产品出口创汇及替代进口节汇时，应进行项目的外汇效果分析。在分析时，计算财务外汇净现值、财务换汇成本、财务节汇成本等指标。

3）国民经济评价

国民经济评价是按照资源合理配置的原则，从国家整体角度考虑项目的效益和费用，用货物影子价格、影子工资、影子汇率和社会折现率等经济参数分析、计算项目对国民经济的净贡献，评价项目的经济合理性。

（1）国民经济评价指标。国民经济评价的主要指标是经济内部收益率。另外，根据建设项目的特点和实际需要，可计算经济净现值和经济净现值率指标。初选建设项目时，可计算静态指标投资净效益率。其中经济内部收益率（$EIRR$）是反映建设项目对国民经济贡献程度的相对指标；经济净现值（$ENPV$）反映建设项目对国民经济所做贡献，是绝对指标；经济净现值率（$ENPVR$）是反映建设项目单位投资为国民经济所做净贡献的相对指标；投资净效益率是反映建设项目投产后单位投资对国民经济所做年净贡献的静态指标。

（2）国民经济评价外汇分析。涉及产品出口创汇及替代进口节汇的建设项目，应进行外汇分析，计算经济外汇净现值、经济换汇成本、经济节汇成本等指标。

4）社会效益评价

目前，我国现行的建设项目经济评价指标体系中，还没有规定出社会效益评价指标。社会效益评价以定性分析为主，主要分析项目建成投产后，对环境保护和生态平衡的影响，对提高地区和部门科学技术水平的影响，对提供就业机会的影响，对产品用户的影响，对提高人民物质文化生活及社会福利生活的影响，对城市整体改造的影响，对提高资源利用率的影响等。

4.建设项目决策阶段的风险管理

风险，通常是指产生不良后果的可能性。在工程项目的整个建设过程中，决策阶段是进行造价控制的重点阶段,也是风险最大的阶段,因而风险管理的重点也在建设项目投资决策阶段。所以在该阶段,要及时通过风险辨识和风险分析,提出建设投资决策阶段的风险防范措施,提高建设项目的抗风险能力。

5.1.4 建设项目可行性研究综述

1.可行性研究概述

（1）可行性研究的概念

可行性研究是指在建设项目拟建之前,运用多种科学手段综合论证建设项目在技术上是否先进、实用,在财务上是否盈利,作出环境影响、社会效益和经济效益的分析和评价,以及建设项目抗风险能力等的结论,从而确定建设项目是否可行以及选择最佳实施方案等结论性意见,为投资决策提供科学的依据。

在建设项目投资决策之前,通过项目的可行性研究,使项目的投资决策工作建立在科学性、可靠性的基础之上,从而实现项目投资决策科学化,减少和避免投资决策的失误,提高项目投资的经济效益。

（2）可行性研究的作用

建设项目可行性研究的主要作用是作为项目投资决策的科学依据,防止和减少决策失误造成的浪费,提高投资效益。经批准的可行性研究报告,其主要作用有:

①作为建设项目投资决策的依据。由于可行性研究对于建设项目有关的各方面都进行了调查研究和分析,并以大量数据论证了项目的先进性、合理性、经济性,以及其他方面的可行性,这是建设项目投资建设的首要环节。项目的主管部门主要是根据项目可行性研究的评估结果,并结合国家的财政经济条件和国民经济发展的需要,做出该项目是否投资和如何进行投资的决定。

②作为编制设计文件的依据。可行性研究报告一经审批通过,意味着该项目正式批准立项,可以进行初步设计。在可行性研究工作中,对项目选址、建设规模、主要生产流程、设备选型等方面都进行了比较详细的分析和研究,设计文件的编制应以可行性研究报告为依据。

③作为筹集资金和向金融机构贷款的依据。可行性研究报告详细预测了建设项目的财务效益、经济效益和社会效益。金融机构通过审查项目可行性研究报告,确认项目的经济效益水平和偿还能力后,才能同意贷款。

④作为建设单位与各协作单位签订合同和有关协议的依据。在可行性研究工作中,对建设规模、主要生产流程及设备选型等都进行了充分的论证。建设单位在与有关协作单位签订原材料、燃料、动力、工程建筑、设备采购等方面的协议时,应以批准的可行性研究报告为基础,保证预定建设目标的实现。

⑤作为向当地政府和有关部门报批依据。建设项目在建设过程中和建成后的运营过程中对市政建设、环境及生态都有影响,因此项目的开工建设需要当地市政、规划及环保部门的审批和认可。在可行性研究报告中,对选址、总图布置、环境及生态保护方案等诸方面都作了论证,为申请和批准建设执照提供了依据。

⑥作为施工组织、工程进度安排及竣工验收的依据。可行性研究报告对以上工作都有明确的要求,所以可行性研究又是检验施工进度及工程质量的依据。

⑦作为项目后评估的依据。建设项目后评估是在项目建成运营一段时间后,评价项目实

际运营效果是否达到预期目标。建设项目的预期目标是在可行性研究报告中确定的,因此后评估应以可行性研究报告为依据,评价项目目标的实现程度。

(3)可行性研究的阶段划分

可行性研究工作分为投资机会研究、初步可行性研究、详细可行性研究三个阶段。各个研究阶段的目的、任务、要求以及所需费用和时间各不相同,其研究的深度和可靠程度也不同。可行性研究工作,可由建设单位的相关部门或建设单位委托工程咨询单位承担。可行性研究各阶段的目的及有关费用等方面的要求如表 5-1 所示。

可行性研究各阶段的深度要求　　　　　　　　　　　　　　　表 5-1

研究阶段	深度要求			
	目　的	总投资额误差 (%)	研究费用占投资比率 (%)	花费时间 (月)
投资机会研究	鉴别与选择项目,寻找投资机会	±30	0.2~1.0	1~3
初步可行性研究	对项目进行初步技术经济分析,筛选项目方案	±20	0.25~1.5	4~6
详细可行性研究	进行深入细致的技术经济分析,多方案选优,提出结论性意见	±10	1.0~3.0	8~10

2.可行性研究报告的内容

投资决策工作对投资机会研究、初步可行性研究、详细可行性研究三个阶段有不同的工作内容。投资机会研究主要是为了鉴别与选择项目,寻找投资机会;初步可行性研究是为了对项目进行初步技术经济分析,筛选项目方案;详细可行性研究是通过深入细致的技术经济分析,进行多方案优选,提出结论性意见。可行性研究工作的内容最后编制成可行性研究报告。

下面以工业建设项目为例,说明可行性研究报告包括的主要内容:

(1)总论。主要说明项目提出的背景、项目概况、问题和建议。

(2)市场预测。主要内容包括:市场现状分析、产品供需预测、竞争力预测和市场风险分析。

(3)资源条件分析。主要内容包括:资源可利用量、资源品质情况、资源贮存条件和资源开发价值。

(4)建设规模与产品方案。主要内容包括:建设规模与产品方案构成、建设规模与产品方案的比选、推荐的建设规模与产品方案以及技术改造项目与原有设施利用情况。

(5)厂址选择。主要内容包括厂址现状、厂址方案比选、推荐的厂址方案以及技术改造项目现有厂址的利用情况。

(6)技术方案、设备方案和工程方案。主要内容包括技术方案选择、主要设备方案选择、工程方案选择和技术改造项目改造前后的比较。

(7)原材料和燃料及动力供应。主要内容包括主要原材料供应方案、燃料供应方案和动力供应方案。

(8)总图、运输与公用辅助工程。主要内容包括总图布置方案、场内运输方案、公用工程与辅助工程方案以及技术改造项目、现有公用辅助设施利用情况。

(9)节能措施。主要内容包括节能措施和能耗指标分析。

（10）节水措施。主要内容包括节水措施和水耗指标分析。

（11）环境影响评价。主要内容包括环境条件调查、影响环境因素分析、环境保护措施。

（12）劳动、安全、卫生与消防。主要内容包括危险因素与危害程度分析、安全防范措施、卫生保健措施和消防设施。

（13）组织机构与人力资源配置。主要内容包括组织机构设置及其适应性分析、人力资源配置、员工培训。

（14）项目实施进度。主要内容包括建设工期、实施进度安排、技术改造项目建设与生产的衔接。

（15）投资估算。主要内容包括建设投资估算、流动资金估算和投资估算表。

（16）融资方案。主要内容包括融资组织形式、资本金筹措、债务资金筹措和融资方案分析。

（17）财务评价。主要内容包括财务评价基础数据与参数选取、销售收入与成本费用估算、财务评价报表、盈利能力分析、偿债能力分析、不确定性分析、财务评价结论。

（18）国民经济评价。主要内容包括影子价格及评价参数选取、效益费用范围与数值调整、国民经济评价报表、国民经济评价结论。

（19）社会评价。主要内容包括项目对社会影响分析、项目所在地互适性分析、社会风险分析和社会评价结论。

（20）风险分析。主要内容包括项目主要风险识别、风险程度分析和防范风险对策。

（21）研究结论与建议。主要内容包括推荐方案总体描述、推荐方案优缺点描述、主要对比方案以及结论与建议。

3.可行性研究报告的编制

1）编制程序

根据我国现行的工程项目建设程序和国家颁布的《关于建设项目进行可行性研究试行管理办法》，可行性研究的工作程序如下：

（1）建设单位提出项目建议书和初步可行性研究报告。各投资单位在广泛调查研究、收集资料、踏勘建设地点、初步分析投资效果的基础上，提出需要进行可行性研究的项目建议书和初步可行性研究报告。跨地区、跨行业的建设项目以及对国计民生有重大影响的大型项目，由有关部门和地区联合提出项目建议书和初步可行性研究报告。

（2）项目业主、承办单位委托有资格的单位进行可行性研究。当项目建议书经国家计划部门、贷款部门审定批准后，该项目即可立项。项目业主或承办单位就可以通过签订合同的方式委托有资格的工程咨询公司（或设计单位）着手编制拟建项目可行性研究报告。双方签订的合同中，应规定研究工作的依据、研究范围和内容、前提条件、研究工作质量和进度安排、费用支付办法、协作方式及合同双方的责任和关于违约处理的方法等。

（3）设计或咨询单位进行可行性研究工作，编制完整的可行性研究报告。可行性研究工作一般按以下五个步骤开展工作：

①了解有关部门与委托单位对建设项目的意图，并组建工作小组、制定工作计划。

②调查研究与收集资料。可行性研究小组在了解清楚委托单位对项目建设的意图和要求后，即可拟订调研提纲，组织人员进行实地调查，收集整理数据与资料，从市场和资源两方面着手分析论证研究项目建设的必要性。

③方案设计和优选。结合市场和资源调查,在收集基础资料和基准数据的基础上,建立几种可供选择的技术方案和建设方案,并进行论证和比较,从中选出最优方案。

④经济分析和评价。项目经济分析人员根据调查资料和上级管理部门有关规定,选定与本项目有关的经济评价基础数据和定额指标参数,对选定的最佳建设方案进行详细的财务预测、财务效益分析、国民经济评价和社会效益评价。

⑤编写可行性研究报告。项目可行性研究各专业方案,经过技术经济论证和优化后,由各专业组分工编写,经项目负责人衔接协调、综合汇总,提出"可行性研究报告"初稿,与委托单位交换意见后定稿。

2)编制依据

(1)项目建议书(初步可行性研究报告)及其批复文件。

(2)国家和地方的经济和社会发展规划,行业部门发展规划。

(3)国家有关法律、法规和政策。

(4)对于大中型骨干项目,必须具有国家批准的资源报告、国土开发整治规划、区域规划、江河流域规划、工业基地规划等有关文件。

(5)有关机构发布的工程建设方面的标准、规范和定额。

(6)合资、合作项目各方签订的协议书或意向书。

(7)委托单位的委托合同。

(8)经国家统一颁布的有关项目评价的基本参数和指标。

(9)有关的基础数据。

3)编制要求

(1)编制单位必须具备承担可行性研究的条件。可行性研究报告的质量取决于编制单位的资质和编写人员的素质,因此,编制单位必须具有经国家有关部门审批登记的资质等级证明,并且具有承担编制可行性研究报告的能力和经验。

(2)确保可行性研究报告的真实性和科学性。可行性研究报告是投资者进行项目最终决策的重要依据,其质量如何影响重大。报告编制单位和人员应坚持独立、客观、公正、科学、可靠的原则,实事求是,对提供的可行性研究报告质量负完全责任。

(3)可行性研究的深度要规范化和标准化。可行性研究报告内容要完整、文件要齐全、结论要明确、数据要准确、论据要充分,能满足决策者确定方案的要求。

(4)可行性研究报告必须经签证和审批。可行性研究报告编制完成后,应由编制单位的行政、技术、经济方面的负责人签字,并对研究报告质量负责。另外,还需上报主管部门审批。

4.可行性研究报告的审批

(1)预审

咨询或设计单位编制和上报的可行性研究报告及有关文件,按项目大小应在预审前 1 ~ 3个月提交预审主持单位。预审单位认为有必要时,可委托有关方面提出咨询意见,报告提出单位应向咨询单位提供必要的资料并积极配合。预审主持单位组织有关设计、科研机构、企业和有关方面的专家参加,广泛听取意见,对可行性研究报告提出预审意见。当发现可行性研究报告有原则性错误或报告的基础依据与社会环境条件有重大变化时,应对可行性研究报告进行修改和复审。可行性研究报告的修改和复审工作仍由原编制单位和预审主持单位按照规定进行。

（2）审批

依据2004年发布的《国务院关于投资体制改革的决定》，我国建设项目的审批应根据项目不同性质区别对待，彻底改革现行不分投资主体、不分资金来源、不分项目性质，一律按投资规模大小分别由各级政府及有关部门审批的投资管理办法。

政府投资建设的项目。简化和规范政府投资项目审批程序，合理划分审批权限。按照项目性质、资金来源和事权划分，合理确定中央政府与地方政府之间、国务院投资主管部门与有关部门之间的项目审批权限。对于政府投资项目，采用直接投资和资本金注入方式的，从投资决策角度只审批项目建议书和可行性研究报告，除特殊情况外不再审批开工报告。

社会投资建设的项目。企业不使用政府投资建设的项目，一律不再实行审批制，区别不同情况实行核准制和备案制。其中，政府仅对重大项目和限制类项目从维护社会公共利益角度进行核准，其他项目无论规模大小，均改为备案制，项目的市场前景、经济效益、资金来源和产品技术方案等均由企业自主决策、自担风险，并依法办理环境保护、土地使用、资源利用、安全生产、城市规划等许可手续和减免税确认手续。对于企业使用政府补助、转贷、贴息投资建设的项目，政府只审批资金申请报告。

企业投资建设实行核准制的项目，仅需向政府提交项目申请报告，不再经过批准项目建议书、可行性研究报告和开工报告的程序。政府对企业提交的项目申请报告，主要从维护经济安全、合理开发利用资源、保护生态环境、优化重大布局、保障公共利益、防止出现垄断等方面进行核准。对于外商投资项目，政府还要从市场准入、资本项目管理等方面进行核准。

5.2 ➤ 建设项目投资估算

5.2.1　建设项目投资估算概述

1.投资估算的含义

投资估算是在投资决策阶段，以方案设计或可行性研究文件为依据，按照规定的程度、方法和依据，对拟建项目所需总投资及其构成进行的预测和估计；是在研究并确定项目的建设规模、产品方案、技术方案、工艺技术、设备方案、厂址方案、工程建设方案以及项目进度计划等的基础上，依据特定的方法，估算项目从筹建、施工直至建成投产所需全部建设资金总额并测算建设期各年资金使用计划的过程。投资估算的成果文件称作投资估算书，也简称投资估算。投资估算书是项目建议书或可行性研究报告的重要组成部分，是项目决策的重要依据之一。

投资估算的准确与否不仅影响到可行性研究工作的质量和经济评价结果，而且直接关系到下一阶段设计概算和施工图预算的编制，以及建设项目的资金筹措方案。因此，全面准确地估算建设项目的工程造价，是可行性研究乃至整个决策阶段造价管理的重要任务。

2.投资估算的作用

投资估算作为论证拟建项目的重要经济文件，既是建设项目技术经济评价和投资决策的重要依据，又是该项目实施阶段投资控制的目标值。投资估算在建设工程的投资决策、造价控制、筹集资金等方面都有重要作用。

（1）项目建议书阶段的投资估算，是项目主管部门审批项目建议书的依据之一，也是编制项目规划、确定建设规模的参考依据。

（2）项目可行性研究阶段的投资估算，是项目投资决策的重要依据，也是研究、分析、计算项目投资经济效果的重要条件。当可行性研究报告被批准之后，其投资估算额就作为设计任务书中下达的投资限额，即建设项目投资的最高限额，不得随意突破。

（3）项目投资估算是设计阶段造价控制的依据，投资估算一经确定，即成为限额设计的依据，用以对各设计专业实行投资切块分配，作为控制和指导设计的尺度。

（4）项目投资估算可作为项目资金筹措及制订建设贷款计划的依据，建设单位可根据批准的项目投资估算额，进行资金筹措和向银行申请贷款。

（5）项目投资估算是核算建设项目固定资产投资需要额和编制固定资产投资计划的重要依据。

（6）投资估算是建设工程设计招标、优选设计单位和设计方案的重要依据。在工程设计招标阶段，投标单位报送的投标书中包括项目设计方案、项目的投资估算和经济性分析，招标单位根据投资估算对各项设计方案的经济合理性进行分析、衡量、比较，在此基础上，择优确定设计单位和设计方案。

5.2.2 投资估算的阶段划分、内容及步骤

1.投资估算的阶段划分与精度要求

我国建设项目的投资估算可分为以下几个阶段：

（1）项目规划阶段的投资估算。建设项目规划阶段是指有关部门根据国民经济发展规划、地区发展规划和行业发展规划的要求，编制一个建设项目的建设规划。此阶段是按项目规划的要求和内容，粗略地估算建设项目所需要的投资额。对投资估算精度的要求在 ±30% 以外。

（2）项目建议书阶段的投资估算。在项目建议书阶段，是按项目建议书中的产品方案、项目建设规模、产品主要生产工艺、企业车间组成、初选建厂地点等，估算建设项目所需投资额。其对投资估算精度的要求为误差控制在 ±30% 以内。此阶段项目投资估算的意义是可据此判断一个项目是否需要进行下一阶段的工作。

（3）初步可行性研究阶段的投资估算。初步可行性研究阶段，是指在掌握了更详细、更深入的资料条件下，估算建设项目所需的投资额。此阶段项目投资估算是初步明确项目方案，为项目进行技术经济论证提供依据，同时是判断是否进行详细可行性研究的依据，其对投资估算精度的要求为误差控制在 ±20% 以内。

（4）可行性研究阶段的投资估算。详细可行性研究阶段的投资估算至关重要。它是对项目进行较详细的技术经济分析，决定项目是否可行，并比选出最佳投资方案的依据。此阶段的投资估算经审查批准后，即是工程设计任务书中规定的项目投资限额，对工程设计概算起控制作用，其对投资估算精度的要求为误差控制在 ±10% 以内。

2.投资估算的内容

根据《建设项目投资估算编审规程》（CECA/GC1—2007）规定，投资估算按照编制估算的工程对象划分，包括建设项目投资估算、单项工程投资估算和单位工程投资估算表等。投资估

算文件一般由封面、签署页、编制说明、投资估算分析、总投资估算表、单项工程估算表、主要技术经济指标等内容组成。

（1）投资估算编制说明

投资估算编制说明一般包括以下内容：

①工程概况。

②编制范围。说明建设项目总投资估算中所包括的和不包括的工程项目和费用，如有几个单位共同编制时，说明分工编制的情况。

③编制方法。

④编制依据。

⑤主要技术经济指标。包括投资、用地和主要材料用量指标。当设计规模有远、近期不同的考虑时，或者土建与安装的规模不同时，应分别计算后再综合。

⑥有关参数、率值选定的说明。如土地拆迁、供电供水、考察咨询等费用的费率标准选用情况。

⑦特殊问题的说明。包括采用新技术、新材料、新设备、新工艺；必须说明的价格的确定；进口材料、设备、技术费用的构成与技术参数；不包括项目或费用的必要说明等。

⑧采用限额设计的工程还应对投资限额和投资分析作进一点说明。

⑨采用方案比选的工程还应对方案比选的估算和经济指标作进一步说明。

（2）投资估算分析

投资估算分析应包括以下内容：

①工程投资比例分析。

②分析设备及工器具购置费、建筑工程费、安装工程费、工程建设其他费用、预备费、建设期利息占建设总投资的比例；分析引进设备费用占全部设备费用的比例等。

③分析影响投资的主要因素。

④与国内类似工程项目的比较，分析说明投资高低的原因。

（3）总投资估算

总投资估算包括汇总单项工程估算、工程建设其他费、基本预备费、价差预备费、计算建设期利息等。建设项目投资估算构成如图5-1所示。

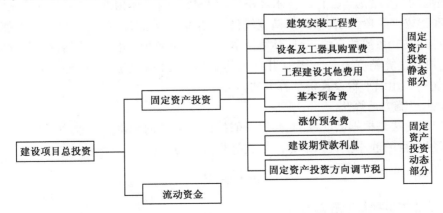

图5-1　建设项目总投资估算构成

（4）单项工程投资估算

单项工程投资估算中，应按建设项目划分的各个单项工程分别计算组成工程费用的建筑工程费、设备及工器具购置费和安装工程费。

（5）工程建设其他费用估算

工程建设其他费用估算应按预期将要发生的工程建设其他各类费用，逐项详细估算其费用金额。

（6）主要技术经济指标

估算人员应根据项目特点，计算并分析整个建设项目、各单项工程和主要单位工程的主要技术经济指标。

3.投资估算的编制步骤

根据投资的不同阶段，主要包括项目建议书阶段及可行性研究阶段的投资估算。可行性研究阶段的投资估算编制一般包含静态投资部分、动态投资部分与流动资金估算三部分，主要包括以下步骤：

（1）分别估算各单项工程所需建筑工程费、设备及工器具购置费、安装工程费，在汇总各单项工程费用的基础上，估算工程建设其他费用和基本预备费，完成工程项目静态投资部分的估算。

（2）在静态投资部分的基础上，估算涨价预备费和建设期利息，完成工程项目动态投资部分的估算。

（3）估算流动资金。

（4）估算建设项目总投资。

5.2.3　建设工程项目投资估算的编制

1.静态投资部分的估算方法

固定资产静态部分的投资估算，要按某一确定的时间来进行，一般以开工的前一年为基准年，以这一年的价格为依据估算，否则就会失去基准作用。

静态投资部分估算的方法很多，各有其适用的条件和范围，而且误差程度也不相同。一般情况下，应根据项目的性质、占有的技术经济资料和数据的具体情况，选用适宜的估算方法。在项目规划和建议书阶段，投资估算的精度较低，可采取简单的计算法，如单位生产能力估算法、生产能力指数法、系数估算法、比例估算法等，在条件允许时，也可采用指标估算法；在可行性研究阶段，投资估算精度要求高，需采用相对详细的投资估算方法，即指标估算法。

1）项目规划和建议书阶段投资估算方法

（1）单位生产能力估算法。

单位生产能力法是根据已建成的、性质类似的建设项目的单位生产能力投资乘以建设规模，即得到拟建项目的静态投资额的方法。其计算公式为：

$$C_2 = \left(\frac{C_1}{Q_1}\right)Q_2 f \tag{5-1}$$

式中：C_1——已建类似项目的静态投资额；

　　　C_2——拟建项目的静态投资额；

Q_1——已建类似项目的生产能力；

Q_2——拟建项目的生产能力；

f——不同时期、不同地点的定额、单价、费用变更等的综合调整系数。

这种方法将项目的建设投资与其生产能力的关系视为简单的线性关系，估算简便迅速。而事实上单位生产能力的投资会随生产规模的增加而减少，因此这种方法一般只适用于与已建项目在规模和时间上相近的拟建项目，一般两者间的生产能力比值为 0.2～2。

另外，由于在实际工作中不易找到与拟建项目完全类似的项目，通常是把项目按其构成的车间、设施和装置进行分解，分别套用类似车间、设施和装置的单位生产能力投资指标计算，然后加总求得项目总投资，或根据拟建项目的规模和建设条件，将投资进行适当调整后估算项目的投资额。

【例5-1】某地 2010 年拟建污水处理能力为 15 万 m^3／日的污水处理厂一座。根据调查，该地区 2006 年建设污水处理能力 10 万 m^3／日的污水处理厂的投资为 16000 万元。拟建污水处理厂的工程条件与 2006 年已建项目类似，调整系数为 1.5。估算该项目的建设投资。

【解】拟建项目的建设投资 = (16000/10) × 15 × 1.5 = 36000 万元

单位生产能力估算法估算误差较大，可达 ±30%，应用该估算法时需要小心，注意以下几点：

①地区性。建设地点不同，地区性差异主要表现为：两地经济情况不同，土壤、地质、水文情况不同，气候、自然条件的差异，材料、设备的来源、运输状况不同等。

②配套性。一个工程项目或装置，均有许多配套装置和设施，也可能产生差异，如公用工程、辅助工程、厂外工程和生活福利工程等，均随地方差异和工程规模的变化而各不相同，它们并不与主体工程的变化呈线性关系。

③时间性。工程建设项目的兴建，不一定是在同一时间建设，时间差异或多或少存在，在这段时间内可能在技术、标准、价格等方面发生变化。

（2）生产能力指数法。

生产能力指数法又称指数估算法，它是根据已建成的、性质类似的建设项目的投资额和生产能力及拟建项目的生产能力估算拟建项目静态投资额的方法，是对单位生产能力估算法的改进。其计算公式为：

$$C_2 = C_1 \times \left(\frac{Q_2}{Q_1}\right)^x \times f \tag{5-2}$$

式中：x——生产能力指数。

其他符号含义同公式(5-1)。

上式表明，造价与规模（或容量）呈非线性关系，且单位造价随工程规模（或容量）的增大而减小。生产能力指数法的关键是生产能力指数的确定，一般要结合行业特点确定，并应有可靠的例证。正常情况下，$0 \leqslant x \leqslant 1$。不同生产率水平的国家和不同性质的项目中，$x$ 的取值是不同的。若已建类似项目或装置的规模和拟建项目或装置的规模相差不大，Q_1 与 Q_2 比值在 0.5～2，则指数 x 的取值近似为 1。若已建类似项目或装置的规模和拟建项目或装置的规模比值在 2～50，且拟建项目生产规模的扩大仅靠增大设备规模来达到时，则指数 x 取值在 0.6～0.7；若是靠增加相同规格设备的数量达到时，则指数 x 的取值在 0.8～0.9。

生产能力指数法与单位生产能力估算法相比精度略高，其误差可控制在 ±20% 以内。

生产能力指数法主要应用于设计深度不足,拟建建设项目与类似建设项目的规模不同,设计定型并系列化,行业内相关指数和系数等基础资料完备的情况。一般拟建项目与已建类似项目生产能力比值不宜大于50,以在10倍内效果较好,否则误差就会增大。另外,尽管该办法估价误差仍较大,但有它独特的好处:即这种估价方法不需要详细的工程设计资料,只需要知道工艺流程及规模,在总承包工程报价时,承包商大都采用这种方法。

【例5-2】 已知年产25万吨乙烯装置的投资额为45000万元,估算拟建年产60万吨乙烯装置的投资额。若将拟建项目的生产能力提高两倍,投资额将增加多少?(设生产能力指数为0.7,综合调整系数1.1)

【解】(1)拟建年产60万吨乙烯装置的投资额为:

$$C_2 = C_1 \left(\frac{Q_2}{Q_1}\right)^n \cdot f = 45000 \times \left(\frac{60}{25}\right)^{0.7} \times 1.1 = 91359.36 \ 万元$$

(2)拟建项目的生产能力提高两倍,投资额将增加:

$$45000 \times \left(\frac{3 \times 60}{25}\right)^{0.7} \times 1.1 - 45000 \times \left(\frac{60}{25}\right)^{0.7} \times 1.1 = 105763.93 \ 万元$$

(3)系数估算法。系数估算法也称为因子估算法,它是以拟建项目的主要设备费或主体工程费为基数,以其他工程费占主要设备费或主体工程费的百分比为系数估算项目静态投资的方法。在我国国内常用的方法有设备系数法和主体专业系数法,世行项目投资估算常用的方法是朗格系数法。

①设备系数法。以拟建项目的设备费为基数,根据已建成的同类项目的建筑安装工程费和其他工程费占设备购置费的百分比,求出拟建项目建筑安装工程费和其他工程费,进而求出项目的静态投资。计算公式为:

$$C = E(1 + f_1 P_1 + f_2 P_2 + f_3 P_3 + \cdots\cdots) + I \tag{5-3}$$

式中:　　　　C——拟建项目的静态投资;

　　　　　　E——拟建项目根据当时当地价格计算的设备购置费;

P_1、P_2、P_3……——已建项目中建筑、安装及其他工程费用等占设备购置费的百分比;

f、f_1、f_2、f_3……——因时间因素引起的定额、价格、费用标准等变化的综合调整系数;

　　　　　　I——拟建项目的其他费用。

【例5-3】 A地于2010年8月拟兴建一年产40万吨甲产品的工厂,现获得B地2009年10月投产的年产30万吨甲产品类似厂的建设投资资料。B地类似厂的设备购置费12400万元,建筑工程费6000万元,安装工程费4000万元,工程建设其他费2800万元。若拟建项目的其他费用为2500万元,考虑因2009年至2010年时间因素导致的对设备购置费、建筑工程费、安装工程费、工程建设其他费的综合调整系数分别为1.15,1.25,1.05,1.1,生产能力指数为0.6,估算拟建项目的静态投资。

【解】(1)求建筑工程费、安装工程费、工程建设其他费占设备购置费百分比

建筑工程费:6000÷12400 = 0.4839

安装工程费:4000÷12400 = 0.3226

工程建设其他费:2800÷12400 = 0.2258

(2)估算拟建项目的静态投资

$$C = E(1 + f_1P_1 + f_2P_2 + f_3P_3 + \cdots) + I$$

$$= 12400 \times \left(\frac{40}{30}\right)^{0.6} \times 1.15 \times (1 + 1.25 \times 0.4839 +$$

$$1.05 \times 0.3226 + 1.1 \times 0.2258) + 2500$$

$$= 39646.7083 \text{ 万元}$$

②主体专业系数法。主体专业系数法是指以拟建项目中投资比重较大,并与生产能力直接相关的工艺设备的投资(包括运杂费和安装费)为基数,根据已建同类项目的有关统计资料,计算出拟建项目各专业工程(总图、土建、暖通、给排水、管道、电气、自控等)占工艺设备投资的百分比,据以求出拟建项目各专业的投资,然后把各部分投资费用(包括工艺设备费用)相加求和,再加上拟建项目的其他费用,即为拟建项目的静态投资。其计算公式为:

$$C = E(1 + f_1P_1' + f_2P_2' + f_3P_3' + \cdots) + I \tag{5-4}$$

式中:　　　C——拟建项目的静态投资;

　　　　　E——拟建项目根据当时当地价格计算的设备购置费;

$P_1'、P_2'、P_3'\cdots$——已建项目中各专业工程费用占工艺设备投资的百分比;

$f、f_1、f_2、f_3\cdots$——因时间因素引起的定额、价格、费用标准等变化的综合调整系数;

　　　　　I——拟建项目的其他费用。

③朗格系数法。这种方法是以设备购置费为基数,乘以适当系数来推算项目的静态投资。这种方法在国内不常见,是世行项目投资估算常采用的方法。该方法的基本原理是将项目建设中的总成本费用中的直接成本和间接成本分别计算,再合为项目的静态投资。计算公式为:

$$C = E(1 + \sum K_i)K_c \tag{5-5}$$

式中:C——拟建项目静态投资;

　　E——拟建项目根据当时当地价格计算的设备购置费;

　　K_i——管线、仪表、建筑物等项费用的估算系数;

　　K_c——管理费、合同费、应急费等项目费用的总估算系数。

静态投资与设备费用之比为朗格系数。即:

$$KL = (1 + \sum K_i)K_c \tag{5-6}$$

朗格系数包含的内容见表5-2。

朗格系数包含的内容　　　　　　　　　　　　　　　表5-2

项　目	固 体 流 程	固 流 流 程	液 体 流 程
朗格系数 K_L	3.1	3.63	4.74
内容	(a)包括基础、设备、绝热、油漆及设备安装费	$E \times 1.43$		
	(b)包括上述在内和配管工程费	(a)×1.1	(a)×1.25	(a)×1.6
	(c)装置直接费	(b)×1.5		
	(d)包括上述在内和间接费	(c)×1.31	(c)×1.35	(c)×1.38

朗格系数法是国际上估算一个工程项目或一套装置的费用时,采用较为广泛的方法。但是应用朗格系数法进行工程项目或装置估价的精度仍不是很高,主要原因是:a.装置规模大小发生变化;b.不同地区自然地理条件的差异;c.不同地区经济地理条件的差异;d.不同地区气候条件的差异;e.主要设备材质发生变化时,设备费用变化较大而安装费变化不大。

尽管如此，由于朗格系数法是以设备购置费为计算基础，而设备费用在一项工程中所占的比重对于石油、石化、化工工程而言占45%~55%，同时一项工程中每台设备所含有的管道、电气、自控仪表、绝热、油漆、建筑等，都有一定的规律。所以，只要对各种不同类型工程的朗格系数掌握得准确，估算精度仍可较高。朗格系数法估算误差在10%~15%。

【例5-4】某地拟建一年产30万套汽车轮胎的工厂，已知该工厂的设备到达工地的费用为22040万元，计算各阶段费用并估算工厂的静态投资。

【解】轮胎工厂的生产流程基本属于固体流程，因此采用朗格系数法时，全部数据应采用固体流程的数据。

(1)设备到达现场的费用22040万元

(2)根据表5-2计算费用(a)：

(a) = $E \times 1.43 = 22040 \times 1.43 = 31517.2$ 万元

则设备基础、绝热、油漆及设备安装费用为：31527.2 - 22040 = 9477.20万元

(3)计算费用(b)：

(b) = $E \times 1.43 \times 1.1 = 22040 \times 1.43 \times 1.1 = 34668.92$ 万元

则其中配管(管道工程)费用为：34668.92 - 31517.2 = 3151.72万元

(4)计算费用(c)，即装置直接费：

(c) = $E \times 1.43 \times 1.1 \times 1.5 = 52003.38$ 万元

(5)计算投资(d)，即工厂的静态投资：

(d) = $E \times 1.43 \times 1.1 \times 1.5 \times 1.31 = 68124.43$ 万元

则间接费用为：68124.43 - 52003.38 = 16121.05万元

由此估算出该工厂的静态投资为68124.43万元，其中间接费用为16121.05万元。

(4)比例估算法。

比例估算法是根据已知的同类建设项目主要生产工艺设备占整个建设项目的投资比例，先逐项估算出拟建主要生产工艺设备投资，再按比例估算拟建项目的静态投资的方法。其计算公式为：

$$I = \frac{1}{K}\sum_{i=1}^{n} Q_i P_i \tag{5-7}$$

式中：I——拟建项目的静态投资；

K——已建项目主要设备投资占拟建项目投资的比例；

n——设备种类数；

Q_i——第i种设备的数量；

P_i——第i种设备的单价(到厂价格)。

比例估算法主要应用于设计深度不足，拟建建设项目与类似建设项目的主要生产工艺设备投资比重较大，行业内相关系数等基础资料完备的情况。

2)可行性研究阶段投资估算方法

指标估算法是投资估算的主要方法。为了保证编制精度，可行性研究阶段建设项目投资估算原则上应采用指标估算法。指标估算法是指依据投资估算指标，对各单位工程或单项工程费用进行估算，进而估算建设项目总投资的方法。首先把拟建建设项目以单项工程或单位工程，按建设内容纵向划分为各个主要生产设施、辅助及公用设施、行政及福利设施以及各项

其他基本建设费用,按费用性质横向划分为建筑工程、设备及工器具购置、安装工程等费用;然后,根据各种具体的投资估算指标,进行各单位工程或单项工程投资的估算;在此基础上汇编制成拟建建设项目的各个单项工程费用和拟建项目的工程费用投资估算;再按相关规定估算工程建设其他费、基本预备费等,形成拟建建设项目静态投资。

在条件具备时,对于对投资有重大影响的主体工程应估算出分部分项工程量,套用相关综合定额(概算指标)或概算定额进行编制。对于子项单一的大型民用公共建筑,主要单项工程估算应细化到单位工程估算书。无论如何,可行性研究阶段的投资估算应满足项目的可行性研究与评估,并最终满足国家和地方相关部门批复或备案的要求。预可行性研究阶段,方案设计阶段项目建设投资估算视设计深度,宜参照可行性研究阶段的编制办法进行。

(1)建筑工程费用估算。

建筑工程费用是指为建造永久性建筑物和构筑物所需要的费用。总的来看,建筑工程费的估算方法有单位建筑工程投资估算法、单位实物工程量投资估算法和概算指标投资估算法。前两种方法比较简单,适合有适当估算指标或类似工程造价资料时使用,当不具备上述条件时,可采用计算主体实物工程量套用相关综合定额或概算定额进行估算,这种方法需要较为详细的工程资料,工作量较大。实际工作中可根据具体条件和要求选用。

①单位建筑工程投资估算法。

单位建筑工程投资估算法是以单位建筑工程费用乘以建筑工程总量来估算建筑工程费的方法。根据所选建筑单位的不同,这种方法可以进一步分为单位长度价格法、单位面积价格法、单位容积价格法和单位功能价格法等。

a.单位长度价格法。此方法是利用每单位长度的成本价格进行估算。首先要用已知的项目建筑工程费用除以该项目的长度,得到单位长度价格,然后将结果应用到未来的项目中,以估算拟建项目的建筑工程费,如式(5-8)所示。例如,水库以水坝单位长度(米)的投资,公路、铁路、地铁以单位长度(公里)的投资,矿上掘进以单位长度(米)的投资,乘以相应的建筑工程量计算建筑工程费。

$$建筑工程费 = 单位长度建筑工程费指标 \times 建筑工程长度 \qquad (5-8)$$

b.单位面积价格法。此方法首先要用已知的项目建筑工程费用除以该项目的房屋总面积,得到单位面积价格,然后将结果应用到未来的项目中,以估算拟建项目的建筑工程费,如式(5-9)所示。工业与民用建筑物和构筑物的一般土建及装修、给排水、采暖、通风、照明工程,建筑物以建筑面积为单位,套用规模相当、结构形式和建筑标准相适应的投资估算指标或类似工程造价资料进行估算。

$$建筑工程费 = 单位面积建筑工程费指标 \times 建筑工程面积 \qquad (5-9)$$

c.单位容积价格法。此方法首先要用已完工程总的建筑工程费用除以建筑容积,即可得到单位容积价格,然后将结果应用到未来的项目中,以估算拟建项目的建筑工程费,如式(5-10)所示。在一些项目中,楼层高度是影响成本的重要因素。工业与民用建筑物和构筑物的一般土建及装修、给排水、采暖、通风、照明工程,以建筑体积为单位的,套用规模相当、结构形式和建筑标准相适应的投资估算指标或类似工程造价资料进行估算。例如,仓库、工业窑炉砌筑的高度根据需要会有很大的变化,显然这时不再适用单位面积价格,而单位容积价格则成为确定初步估算的方法。

$$建筑工程费 = 单位面积建筑工程费指标 \times 建筑工程容积 \qquad (5-10)$$

d.单位功能价格法。此方法是利用每功能单位的成本价格进行估算,选出所有此类项目中共有的单位,并计算每个项目中该单位的数量,如式(5-11)所示。例如,可以用医院里的病床数量为功能单位,新建一所医院的成本被细分为其所提供的病床数量,估算时首先给出每张床的单价,然后乘以该医院所有病床的数量,从而确定该医院项目的金额。

$$建筑工程费 = 功能单位建筑工程费指标 × 建筑工程功能总量 \qquad (5-11)$$

②单位实物工程量投资估算法。

单位实物工程量投资估算法是以单位实物工程量的建筑工程费乘以实物工程总量来估算建筑工程费的方法,如式(5-12)所示。大型土方、总平面竖向布置、道路及场地铺砌、厂区综合管网和线路、围墙大门等,分别以立方米、平方米、延长米或座为单位,套用技术标准、结构形式相适应的投资估算指标或类似工程造价资料进行建筑工程费估算。矿山井巷开拓、露天剥离工程、坝体堆砌等,分别以立方米、延长米为单位,套用技术标准、结构形式、施工方法相适应的投资估算指标或类似工程造价资料进行建筑工程费估算。桥梁、隧道、涵洞设施等,分别以$100m^2$桥面(桥梁)、$100m^2$断面(隧道)、道(涵洞)为单位,套用技术标准、结构形式、施工方法相适应的投资估算指标或类似工程造价资料进行估算。

$$建筑工程费 = 单位实物工程量建筑工程费指标 × 实物工程量 \qquad (5-12)$$

③概算指标投资估算法。对于没有上述估算指标,或者建筑工程费占总投资比例较大的项目,可采用概算指标估算法。采用此种方法,应拥有较为详细的工程资料、建筑材料价格和工程费用指标信息,投入的时间和工作量较大,如式(5-13)所示。

$$建筑工程费 = \sum 分部分项实物工程量 × 概算指标 \qquad (5-13)$$

(2)设备及工器具购置费估算。设备购置费根据项目主要设备表及价格、费用资料编制,工器具购置费按设备费的一定比例计取。对于价值高的设备应按单台(套)估算购置费,价值较小的设备可按类估算,国内设备和进口设备应分别估算。具体估算方法见本书第二章。

(3)安装工程费估算。安装工程费一般以设备费为基数区分不同类型进行估算。

①工艺设备安装费估算。以单项工程为单元,根据单项工程的专业特点和各种具体的投资估算指标,采用按设备费百分比估算指标进行估算;或根据单项工程设备总重,采用元/吨估算指标进行估算。即:

$$安装工程费 = 设备原价 × 设备安装费率(\%) \qquad (5-14)$$

$$安装工程费 = 设备吨重 × 单位重量(t)安装费指标 \qquad (5-15)$$

②工艺金属结构、工艺管道估算。以单项工程为单元,根据设计选用的材质、规格,以吨为单位;工业炉窑砌筑和工艺保温或绝热估算,以单项工程为单元,以吨、立方米或平方米为单位,套用技术标准、材质和规格、施工方法相适应的投资估算指标或类似工程造价资料进行估算。即:

$$安装工程费 = 重量(体积、面积)总量 × 单位重量(m^3、m^2)安装费指标 \qquad (5-16)$$

③变配电、自控仪表安装工程估算。以单项工程为单元,根据该专业设计的具体内容,一般先按材料费占设备费百分比投资估算指标计算出安装材料费。再分别根据相适应的占设备百分比(或按自控仪表设备台数,用台件/元指标估算)或占材料百分比的投资估算指标或类似工程造价资料计算设备安装费和材料安装费。即:

$$材料费 = 设备原价 × 材料费占设备费百分比 \qquad (5-17)$$

$$材料安装费 = 材料费 \times 材料安装费率(\%) \qquad (5\text{-}18)$$

（4）工程建设其他费用估算。

工程建设其他费用的计算应结合拟建项目的具体情况,有合同或协议明确的费用按合同或协议列入;无合同或协议明确的费用,根据国家和各行业部门、工程所在地地方政府的有关工程建设其他费用定额(规定)和计算办法估算。

（5）基本预备费估算。

基本预备费的估算一般是以建设项目的工程费用和工程建设其他费用之和为基础,乘以基本预备费率进行计算,如式(5-19)所示。基本预备费率的大小,应根据建设项目的设计阶段和具体的设计深度,以及在估算中所采用的各项估算指标与设计内容的贴近度、项目所属行业主管部门的具体规定确定。

$$基本预备费 = （工程费用 + 工程建设其他费用）\times 基本预备费率(\%) \qquad (5\text{-}19)$$

（6）指标估算法注意事项。使用指标估算法,应注意以下事项:

①影响投资估算精度的因素主要包括价格变化、现场施工条件、项目特征的变化等。因此,在应用指标估算法时,应根据不同地区、建设年代、条件等进行调整。因为地区、年代不同,人工、材料与设备的价格均有差异,调整方法可以以人工、主要材料消耗量或"工程量"为计算依据,也可以按不同的工程项目的"万元工料消耗定额"确定不同的系数。在有关部门颁布定额或人工、材料价差系数(物价指数)时,可以据其调整。

②使用估算指标法进行投资估算绝不能生搬硬套,必须对工艺流程、定额、价格及费用标准进行分析,经过实事求是的调整与换算后,才能提高其精确度。

2.动态投资部分的估算方法

建设项目的动态投资包括价格变动可能增加的投资额、建设期利息等,如果是涉外项目,还应计算汇率的影响。在实际估算时,主要考虑涨价预备费、建设期贷款利息、投资方向调节税、汇率变化四个方面。

涨价预备费、建设期贷款利息、投资方向调节税的估算问题已经在第2章第5节讨论过,这里就不再重复。

汇率变化对涉外建设项目动态投资的影响主要体现在升值与贬值上。外币对人民币升值,会导致从国外市场上购买材料设备所支付的外币金额不变,但换算成人民币的金额增加。估计汇率的变化对建设项目投资的影响,是通过预测汇率在项目建设期内的变动程度,以估算年份的投资额为基数计算求得。

3.流动资金投资估算的编制

流动资金是指生产经营性项目投产后,为保证正常生产运营,用于购买原材料、燃料,支付工资及其他经营费用等所用的周转资金。

在工业项目决策阶段,为了保证项目投产后能正常生产经营,往往需要有一笔最基本的周转资金,这笔最基本的周转资金被称为铺底流动资金。铺底流动资金一般为流动资金总额的30%,其在项目正式建设前就应该落实。

流动资金估算一般采用分项详细估算法,个别情况或小型项目可采用扩大指标法。

（1）分项详细估算法

流动资金的显著特点是在生产过程中不断周转,其周转额的大小与生产规模及周转速度直接相关。分项详细估算法是根据周转额与周转速度之间的关系,对构成流动资金的各项流动资产和流动负债分别进行估算。在可行性研究中,为简化计算,仅对存货、现金、应收账款和应付账款四项内容进行估算,计算公式为:

$$流动资金 = 流动资产 - 流动负债 \tag{5-20}$$

$$流动资产 = 现金 + 应收账款 + 存货 \tag{5-21}$$

$$流动负债 = 应付账款 + 预收账款 \tag{5-22}$$

①现金估算

项目流动资金中的现金是指货币资金,即企业生产运营活动中停留于货币形态的那部分资金,包括企业库存现金和银行存款。

$$现金 = \frac{年工资及福利费 + 年其他费用}{现金周转次数} \tag{5-23}$$

$$\begin{aligned} 年其他费用 = {} & 制造费用 + 管理费用 + 财务费用 - (以上三项费用中所含的 \\ & 工资及福利费、折旧费、维简费、摊销费、修理费) \end{aligned} \tag{5-24}$$

$$现金周转次数 = \frac{360 \text{ 天}}{最低周转天数} \tag{5-25}$$

②应收账款估算

应收账款是指企业对外赊销商品、劳务而占用的资金。应收账款的周转额应为全年赊销销售收入。在可行性研究时,用销售收入代替赊销收入。

$$应收账款 = \frac{销售收入}{应收账款周转次数} \tag{5-26}$$

③存货估算

存货是企业为销售或生产而储备的各种物资,主要有原材料、辅助材料、燃料、低值易耗品、维修备件、包装物、在产品、自制半成品和产成品等。为简化计算,仅考虑外购原材料、外购燃料、在产品和产成品,并分项进行计算。

$$存货 = 外购原材料 + 外购燃料 + 在产品 + 产成品 \tag{5-27}$$

$$外购原材料 = \frac{年外购原材料总成本}{原材料周转次数} \tag{5-28}$$

$$外购燃料 = \frac{年外购燃料}{按种类分项周转次数} \tag{5-29}$$

$$在产品 = \frac{年外购原材料、燃料 + 年工资及福利 + 年修理费 + 年其他制造费}{在产品周转次数} \tag{5-30}$$

$$产成品 = \frac{年经营成本}{产成品周转次数} \tag{5-31}$$

④流动负债估算

流动负债是指在一年或超过一年的一个营业周期内,需要偿还的各种债务。在可行性研究中,流动负债的估算仅考虑应付账款一项。

$$应付账款 = \frac{年外购原材料 + 年外购燃料}{应付账款周转次数} \tag{5-32}$$

根据流动资金各项估算结果,编制流动资金估算表,如表 5-3 所示。

流动资金估算表(单位:万元)　　　　　　　　　　表 5-3

序号	项　　目	最低周转天数	周转次数	投产期			达产期		
				3	4	5	6	…	n
1	流动资产								
1.1	应收账款								
1.2	存货								
1.2.1	原材料								
1.2.2	燃料								
1.2.3	在产品								
1.2.4	产成品								
1.3	现金								
2	流动负债								
2.1	应付账款								
3	流动资金(1 - 2)								
4	流动资金本年增加额								

(2)扩大指标估算法

扩大指标估算法是根据现有同类企业的实际资料,求得各种流动资金率指标,亦可依据行业或部门给定的参考值或经验确定比率。将各类流动资金率乘以相对应的费用基数来估算流动资金。一般常用的基数有销售收入、经营成本、总成本费用和固定资产投资等,究竟采用何种基数依行业习惯而定。扩大指标估算法简便易行,但准确度不高,可用于项目建议书阶段的估算。扩大指标估算法计算流动资金的公式为:

$$年流动资金额 = 年费用基数 \times 各类流动资金率 \tag{5-33}$$
$$年流动资金额 = 年产量 \times 单位产品产量占用流动资金额 \tag{5-34}$$

【例 5-5】 某项目投产后的年产值为 1.5 亿元,其同类企业的百元产值流动资金占用额为 17.5 元,则该项目的流动资金估算额为:

【解】$15000 \times \dfrac{17.5}{100} = 2625$ 万元

(3)铺底流动资金的估算

一般按上述流动资金的 30% 估算。

(4)流动资金投资估算中应注意的问题

①在采用分项详细估算法时,应根据项目实际情况分别确定现金、应收账款、存货、应付账款的最低周转天数,并考虑一定的保险系数,对于存货中的外购原材料、燃料要根据不同品种和来源,考虑运输方式和运输距离等因素确定。

②不同生产负荷下的流动资金是按相应负荷时的各项费用金额和给定的公式计算出来的,不能按 100% 负荷下的流动资金乘以负荷百分数求得。

③流动资金属于长期性(永久性)资金,流动资金的筹措可通过长期负债和资本金(权益融资)的方式解决。流动资金借款部分的利息应计入财务费用,项目计算期末收回全部流动资金。

5.2.4 投资估算的审查

为了保证项目投资估算的准确性,以便确保其应有的作用,必须加强对项目投资估算的审查工作。项目投资估算的审查部门和单位,在审查项目投资估算时,应注意到可信性、一致性和符合性,并据此进行审查。

1.审查投资估算编制依据的可信性

(1)审查投资估算方法的科学性和适用性。因为投资估算方法很多,而每种投资估算方法都各有其适用条件和范围,并具有不同的精确度。如果使用的投资估算方法与项目的客观条件和情况不相适应,或者超出了该方法的适用范围,那就不能保证投资估算的质量。

(2)审查投资估算数据资料的时效性和准确性。估算项目投资所需的数据资料很多,如已运行同类型项目的投资,设备和材料价格,运杂费率,有关的定额、指标、标准,以及有关规定等都与时间有密切关系,都可能随时间的推移而发生变化。因此,必须注意其时效性和准确性。

2.审查投资估算的编制内容与规定、规划要求的一致性

(1)项目投资估算有否漏项。审查项目投资估算包括的工程内容与规定要求是否一致,是否漏掉了某些辅助工程、室外工程等的建设费用。

(2)项目投资估算是否符合规划要求。审查项目投资估算的项目产品生产装置的先进水平与自动化程度等,与规划要求的先进程度是否相符合。

(3)项目投资估算是否按环境等因素的差异进行调整。审查是否对拟建项目与已运行项目在工程成本、工艺水平、规模大小、环境因素等方面的差异作了适当的调整。

3.审查投资估算费用项目的符合性

(1)审查"三废"处理情况。审查"三废"处理所需投资是否进行了估算,其估算数额是否符合实际。

(2)审查物价波动变化幅度是否合适。审查是否考虑了物价上涨和汇率变动对投资额的影响,以及物价波动变化幅度是否合适。

(3)审查是否采用"三新"技术。审查是否考虑了采用新技术、新材料以及新工艺,采用现行新标准和规范比已有运行项目的要求提高所需增加的投资额,所增加的额度是否合适。

【例5-6】 某拟建项目生产规模为年产某产品500万吨。生产规模为年产400万吨,同类产品的投资额为3000万元,设备投资的综合调整系数为1.08,生产能力指数为0.7。该项目年销售收入估算为14000万元,存货资金占用估算为4700万元,全部职工人数为1000人,每人每年工资及福利费估算为9600元,年其他费用估算为3500万元,年外购原材料、燃料及动力费为15000万元。各项资金的周转天数:应收账款为30天,现金为15天,应付账款为30天。估算该拟建项目的投资额、流动资金额及铺底流动资金。

【解】(1)拟建项目投资额的估算
采用生产能力指数法计算该拟建项目的投资额:

$$C_2 = C_1 \left(\frac{Q_2}{Q_1} \right)^n \cdot f = 3000 \times \left(\frac{500}{400} \right)^{0.7} \times 1.08 = 3787.76 \ 万元$$

（2）流动资金额的估算

采用分项详细估算法计算流动资金额：

流动资金 = 流动资产 - 流动负债

流动资产 = 应收及预付账款 + 存货 + 现金

$$应收账款 = \frac{年销售收入}{周转次数} = \frac{14000}{\frac{360}{30}} = 1166.67 \ 万元$$

存货 = 4700 万元

现金 = （年工资及福利费 + 年其他费用）/ 现金周转次数

$$= \frac{9600 \times 1000/10000 + 3500}{\frac{360}{15}} = \frac{4460}{24} = 185.83 \ 万元$$

流动资产 = 1166.67 + 4700 + 185.83 = 6052.50 万元

$$流动负债 = 应付账款 = \frac{年外购原材料 + 年外购燃料}{应付账款周转次数} = \frac{15000}{\frac{360}{30}} = 1250 \ 万元$$

流动资金 = 6052.5 - 1250 = 4802.50 万元

铺底流动资金 = 流动资金 × 30% = 1440.75 万元

5.3 > 建设项目财务评价

5.3.1 财务评价概述

建设项目经济评价是项目可行性研究的有机组成部分和重要内容，是实行项目决策科学化的重要手段。经济评价的目的是根据国民经济和社会发展战略和行业、地区发展规划的要求，在做好产品市场需求预测及厂址选择、工艺技术选择等工程技术研究的基础上，计算项目效益和费用，通过多方案比较，对拟建项目的财务可行性和经济合理性进行分析论证，做出全面的经济论证，为项目的科学决策提供依据。

建设项目经济评价分为财务评价和国民经济评价。本章重点讨论建设项目的财务评价。

1.财务评价的概念

财务评价是在国家现行财税制度和价格体系的前提下，从项目的角度出发，计算项目范围内的财务效益和费用，编制财务报表，计算评价指标，分析项目的盈利能力和清偿能力，评价项目在财务上的可行性。它是项目可行性研究的核心内容，其评价结论是决定项目取舍的重要决策依据。

财务评价是建设项目经济评价中的微观层次，它主要从微观投资主体的角度分析项目可以给投资主体带来的效益以及投资风险。作为市场经济微观主体的企业进行投资时，一般都进行项目财务评价。建设项目经济评价中的另一个层次是国民经济评价，国民经济评价是在合理配置社会资源的前提下，从国家经济整体利益的角度出发，计算项目对国民经济的贡献，分析项目的经济效率、效果和对社会的影响，评价项目在宏观经济上的合理性。它是一种宏观

层次的评价,对于关系公共利益、国家安全和市场不能有效配置资源的经济和社会发展的项目,除应进行财务评价外,还应进行国民经济评价;对于特别重大的建设项目尚应辅以区域经济与宏观经济影响分析方法实行国民经济评价。

2.财务评价的作用

(1)评价项目的盈利能力

一个建设项目是否值得投资最重要的是看它投产后是否盈利和盈利多少。因此财务评价首先评价项目的盈利能力,主要有三个评价指标:正常年份的投资利润率、项目寿命期的净现值、项目的财务收益率。

(2)评价项目的偿还能力

项目的投资偿还包括两个方面:一是整个项目的投资回收;二是投资构成中贷款的偿还。能否如期回收投资和偿还贷款直接决定了项目的投资和贷款情况。

(3)评价项目承受风险能力

考虑到未来的市场有很多不确定因素,应当考核项目承受客观因素变动的能力,即承受风险的能力。承受风险的能力越强,项目越可行。

3.财务评价内容

(1)盈利能力分析评价。通过静态或动态评价指标测算项目的财务盈利能力和盈利水平。

(2)偿债能力分析评价。分析测算项目偿还贷款的能力。

(3)外汇平衡分析评价。考察涉及外汇收支的项目在计算期内各年的外汇余缺程度。

(4)不确定性分析评价。分析项目在计算期内不确定性因素可能对项目产生的影响和影响程度。

(5)抗风险能力分析评价。在可变因素的概率分布已知的情况下,分析可变因素在各种可能状态下项目经济评价指标的取值,从而了解项目的风险状况。

5.3.2 财务评价的程序

财务评价是在项目市场研究、生产条件及技术研究的基础上进行的,它主要利用有关的基础数据,通过编制财务报表,计算财务评价指标,进行财务分析,做出评价结论。其程序大致包括如下几个步骤:

1.收集、整理和计算有关基础财务数据资料

根据项目市场研究和技术研究的结果、现行价格体系及财税制度进行财务预测,获得项目投资、销售收入、生产成本、利润、税金及项目计算期等一系列财务基础数据,并将所得的数据编制成辅助财务报表。

2.编制基本财务报表

由上述财务预测数据及辅助报表,分别编制反映项目财务盈利能力、清偿能力及外汇平衡情况的基本财务报表。

3.财务评价指标的计算与评价

根据基本财务报表计算各财务评价指标,并分别与对应的评价标准或基准值进行对比,对项目的各项财务状况做出评价,得出结论。

4.进行不确定性分析

通过盈亏平衡分析、敏感性分析、概率分析等不确定性分析方法,分析项目可能面临的风险及项目在不确定情况下的抗风险能力,得出项目在不确定情况下的财务评价结论或建议。

5.做出项目财务评价的最终结论

由上述确定性分析和不确定性分析的结果,对项目的财务可行性做出最终结论。

5.3.3　财务评价指标体系及其计算

1.财务评价指标体系

建设项目经济效果可采用不同的指标来表达,任何一种评价指标都是从一定的角度、某一个侧面反映项目的经济效果,总会带有一定的局限性。因此,需建立一整套指标体系来全面、真实、客观地反映项目的经济效果。

建设项目财务评价指标体系根据不同的标准,可做不同的分类。

根据计算项目财务评价指标时是否考虑资金的时间价值,可将常用的财务评价指标分为静态指标和动态指标两类。静态评价指标主要用于技术经济数据不完备和不精确的方案初选阶段,或对寿命期比较短的方案进行评价;动态指标则用于方案最后决策前的详细可行性研究阶段,或对寿命期较长的方案进行评价。

项目财务评价指标按评价内容不同,还可分为盈利能力指标、偿债能力指标、财务生存能力指标三类。

建设项目财务评价指标体系是按照财务评价的内容建立起来的,同时也与编制的财务评价报表密切相关。建设项目财务评价内容、评价报表、评价指标之间的关系如表5-4所示。

财务评价指标体系

表5-4

评价内容	基本报表		评价指标	
			静态指标	动态指标
盈利能力分析	融资前分析	项目投资现金流量表	项目投资静态投资回收期	项目投资财务内部收益率 项目投资财务净现值 项目投资动态投资回收期
	融资后分析	项目资本金现金流量表	资本金静态投资回收期	项目资本金财务内部收益率
		投资各方现金流量表		投资各方财务内部收益率
		利润与利润分配表	总投资收益率 项目资本金净利润率	
偿债能力分析		借款还本付息计划表	偿债备付率 利息备付率	
		资产负债表	资产负债率 流动比率 速动比率	

续上表

评价内容	基本报表	评价指标	
		静态指标	动态指标
财务生存能力分析	财务计划现金流量表	累计盈余资金	
外汇平衡分析	财务外汇平衡表		
不确定性分析	盈亏平衡分析	盈亏平衡产量 盈亏平衡生产能力利用率	
	敏感性分析	灵敏度 不确定因素的临界值	
风险分析	概率分析	$NPV \geq 0$ 的累计概率	
		定性分析	

2.财务评价指标计算

1)财务盈利能力评价指标计算

财务盈利能力评价指标主要有财务净现值、财务内部收益率、投资回收期、投资收益率等指标。

（1）财务净现值（FNPV）。财务净现值是指把项目计算期内各年的财务净现金流量，按照一个给定的标准折现率（基准收益率）折算到建设期初（项目计算期第一年年初）的现值之和。财务净现值是考察项目在计算期内盈利能力的主要动态评价指标。其表达式为：

$$FNPV = \sum_{t=1}^{n} (CI - CO)_t (1 + i_c)^{-t} \tag{5-35}$$

式中：$FNPV$——财务净现值；

$(CI - CO)_t$——第 t 年的净现金流量；

$\qquad n$——项目计算期；

$\qquad i_c$——标准折现率。

如果项目建成投产后，各年净现金流量相等，均为 A，投资现值为 K_P，则：

$$FNPV = A \times (P/A, i_c, n) - K_P \tag{5-36}$$

如果项目建成投产后，各年净现金流量不相等，则财务净现值只能按照式(5-35)计算。财务净现值表示建设项目的收益水平超过基准收益的额外收益。该指标在用于投资方案的经济评价时，如财务净现值大于等于零，则项目可行。

【例5-7】 某建设项目总投资 1000 万元，建设期 3 年，各年投资比例为 20%、50%、30%。从第四年开始项目有收益，各年净收益为 200 万元，项目寿命期为 10 年，第 10 年末回收固定资产余值及流动资金 100 万元，基准折现率为 10%，试计算该项目的财务净现值。

【解】$FNPV = -200(P/F, 10\%, 1) - 500(P/F, 10\%, 2) -$

$\qquad 300(P/F, 10\%, 3) + 200(P/A, 10\%, 7)(P/F, 10\%, 3) +$

$\qquad 100(P/F, 10\%, 10)$

$\qquad = -200 \times 0.909 - 500 \times 0.826 - 300 \times 0.751 + 200 \times 4.868 \times$

$$0.751 + 100 \times 0.386$$
$$= -50.3264 \text{ 万元}$$

（2）财务内部收益率（$FIRR$）。财务内部收益率是指项目在整个计算期内各年财务净现金流量的现值之和等于零时的折现率，也就是使项目的财务净现值等于零时的折现率，其表达式为：

$$\sum_{t=1}^{n}(CI - CO)_t(1 + FIRR)^{-t} = 0 \tag{5-37}$$

式中：$FIRR$——财务内部收益率。

其他符号意义同前。

财务内部收益率是反映项目实际收益率的一个动态指标。一般情况下，财务内部收益率大于或等于基准收益率时，项目可行。财务内部收益率的计算过程是解一元 n 次方程的过程，只有常规现金流量才能保证方程式有唯一解。

①当建设项目期初一次投资 K，项目各年净现金流量相等均为 R 时，财务内部收益率的计算过程如下：

a. 计算年金现值系数$(P/A, FIRR, n) = K/R$。

b. 查年金现值系数表，找到与上述年金现值系数相邻的两个系数$(P/A, i_1, n)$ 和 $(P/A, i_2, n)$ 以及对应的 i_1、i_2，满足$(P/A, i_1, n) > K/R > (P/A, i_2, n)$。

c. 用插值法计算 $FIRR$。

②若建设项目现金流量为一般常规现金流量，则财务内部收益率的计算过程为：

a. 首先根据经验确定一个初始折现率 i_0。

b. 根据投资方案的现金流量计算财务净现值 $FNPV(i_0)$。

c. 若 $FNPV(i_0) = 0$，则 $FIRR = i_0$；

若 $FNPV(i_0) > 0$，则继续增大 i_0；

若 $FNPV(i_0) < 0$，则继续减少 i_0。

d. 重复步骤 c，直到找到这样两个折现率 i_1 和 i_2，满足 $FNPV(i_1) > 0$，$FNPV(i_2) < 0$，其中 $i_2 - i_1$ 一般不超过 2% ~ 5%。

e. 利用线性插值公式近似计算财务内部收益率 $FIRR$。计算公式为：

$$\frac{FIRR - i_1}{i_2 - i_1} = \frac{FNPV_1}{FNPV_1 - FNPV_2} \tag{5-38}$$

由于上式 $FIRR$ 的计算误差与 i_2 和 i_1 的差值 $\Delta i = |i_2 - i_1|$ 的大小有关，Δi 越大，由图 5-2 可知 $FIRR$ 的误差也越大；但是 Δi 过小，不但计算量加大，还将引起计算误差的积累，使得 $FIRR$ 的误差反而增大，为控制误差，Δi 一般取 2% ~ 5%。

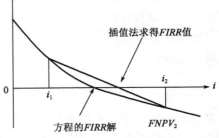

图 5-2　插值法求内部收益率

判别准则：设基准收益率为 i_c，若 $FIRR \geq i_c$，则 $FNPV \geq 0$，方案财务效果可行；若 $FIRR < i_c$，则 $FNPV < 0$ 方案财务效果不可行。

【例 5-8】某建设项目期初一次投资 170 万元，当年建成投产，项目寿命期 10 年，年净现金流量为 44 万元，期末无残值。计算该项目财务内部收益率。

【解】(1)计算年金现值系数$(P/A,FIRR,10) = \dfrac{170}{44} = 3.8636$

(2)查年金现值系数表,在$n = 10$的一行找到与3.8636最接近的两个数,结果为:
$(P/A,20\%,10) = 4.192$,$(P/A,25\%,10) = 3.571$

(3)利用公式(5-28)计算财务内部收益率:

$$\frac{FIRR - 20\%}{25\% - 20\%} = \frac{4.192}{4.192 + 3.571}$$

解得

$$FIRR = 22.70\%$$

(3)投资回收期。投资回收期按照是否考虑资金时间价值可以分为静态投资回收期和动态投资回收期。

①静态投资回收期。它是指以项目每年的净收益回收项目全部投资所需要的时间,是考察项目财务上投资回收能力的重要指标。这里所说的全部投资既包括固定资产投资,又包括流动资金投资。项目每年的净收益是指税后利润加折旧。静态投资回收期的表达式如下:

$$\sum_{t=1}^{P_t} (CI - CO)_t = 0 \tag{5-39}$$

式中: P_t——静态投资回收期;

CI——现金流入;

CO——现金流出;

$(CI - CO)_t$——第t年的净现金流量。

静态投资回收期一般以"年"为单位,自项目建设开始年算起。当然也可以计算自项目建成投产算起的静态投资回收期,但对于这种情况,需要加以说明,以防止两种情况的混淆。如果项目建成投产后,每年的净收益相等,则投资回收期可用下式计算:

$$P_t = \frac{K}{NB} + T_K \tag{5-40}$$

式中:K——全部投资;

NB——每年的净收益率;

T_K——项目建设期。

如果项目建成投产后各年的净收益率不相同,则静态投资回收期可根据累计净现金流量求得。其计算公式为:

$$P_t = T - 1 + \frac{第(T-1)年累计净现金流量的绝对值}{第T年净现金流量} \tag{5-41}$$

式中:T——累计净现金流量开始出现正值的年份。

当静态投资回收期小于或等于基准投资回收期时,项目可行。

②动态投资回收期。动态投资回收期是指在考虑了资金时间价值的情况下,以项目每年的净收益回收项目全部投资所需要的时间。这个指标主要是为了克服静态投资回收期指标没有考虑资金时间价值的缺点而提出的。动态投资回收期的表达式如下:

$$\sum_{t=0}^{P_t'} (CI - CO)_t (1 + i_c)^{-t} = 0 \tag{5-42}$$

式中:P_t'——动态投资回收期。

其他符号含义同前。

采用公式(5-42)计算 P'_t 一般比较烦琐，因此在实际应用中往往是根据项目的现金流量表，用下面近似公式计算：

$$P'_t = 累计净现金流量现值出现正值年份 - 1 + \frac{上年累计现金流量现值绝对值}{当年净现金流量现值} \quad (5-43)$$

动态投资回收期是在考虑了项目合理收益的基础上收回投资的时间，只要在项目寿命期结束之前能够收回投资，就表示项目已经获得了合理的收益。因此，只要动态投资回收期不大于项目寿命期，项目就可行。

(4)总投资收益率(ROI)。指项目达到设计能力后正常年份的年息税前利润或营运期内年平均息税前利润($EBIT$)与项目总投资(TI)的比率。其表达式为：

$$ROI = \frac{EBIT}{TI} \times 100\% \quad (5-44)$$

总投资收益率高于同行业的收益率参考值，表明用总投资收益率表示的盈利能力满足要求。

(5)项目资本金净利润率(ROE)。指项目达到设计能力后正常年份的年净利润或运营期内平均净利润(NP)与项目资本金(EC)的比率。其表达式为：

$$ROE = \frac{NP}{EC} \times 100\% \quad (5-45)$$

项目资本金净利润率高于同行业的净利润率参考值，表明用项目资本金净利润率表示的盈利能力满足要求。

2)清偿能力评价指标计算

投资项目的资金构成一般可分为借入资金和自有资金。自有资金可长期使用，而借入资金必须按期偿还。项目的投资者自然要关心项目偿债能力；借入资金的所有者——债权人也非常关心贷出资金能否按期收回本息。因此，偿债分析是财务分析中的一项重要内容。

(1)借款偿还期分析。为了表明项目的偿债能力，可按最大偿还能力还款方法计算。在计算中，贷款利息一般作如下假设：长期借款当年贷款按半年计息，当年还款按全年计息。假设在建设期借入资金，生产期逐期归还，则：

$$建设期年利息 = \left(年初借款累计 + \frac{本年借款}{2}\right) \times 年利率 \quad (5-46)$$

$$生产期年利息 = 年初借款累计 \times 年利率 \quad (5-47)$$

流动资金借款及其他短期借款按全年计息。借款偿还期的计算公式与投资回收期公式相似，公式为：

$$贷款偿还期 = 清偿债务年份数 - 1 + \frac{清偿债务当年应付的利息}{当年可用于偿债的资金总额} \quad (5-48)$$

贷款偿还期小于等于借款合同规定的期限时，项目可行。

(2)利息备付率(ICR)

指项目在借款偿还期内的息税前利润($EBIT$)与计入总成本费用前的应付利息(PI)的比值，它从付息资金来源的充裕性角度反映项目偿付债务利息的保障程度。用于支付利息的息税前利润等于利润总额和当期应付利息之和，当期应付利息是指计入总成本费用的全部利息。利息备付率应按下式计算：

$$ICR = \frac{EBIT}{PI} \tag{5-49}$$

利息备付率应分年计算。对于正常经营的企业,利息备付率应当大于1,并结合债权人的要求确定。利息备付率高,表明利息偿付的保障程度高,偿债风险小。

(3)偿债备付率(DSCR)

指项目在借款偿还期内,各年可用于还本付息的资金(EBITDA – T_{AX})与当期应还本付息金额(PD)的比值,它表示可用于还本付息的资金偿还借款本息的保障程度,计算公式如下:

$$DSCR = \frac{EBITDA - T_{AX}}{PD} \tag{5-50}$$

式中:EBITDA——息税前利润加折旧和摊销;

T_{AX}——企业所得税。

偿债备付率可以按年计算,也可以按整个借款期计算。偿债备付率表示可用于还本付息的资金偿还借款本息的保证倍率,正常情况应当大于1,并结合债权人的要求确定。

(4)资产负债率。

资产负债率是反映项目各年所面临的财务风险程度及偿债能力的指标,计算公式如下:

$$资产负债率 = \frac{负债总额}{资产总额} \times 100\% \tag{5-51}$$

资产负债率反映项目总体偿债能力。这一比率越低,则偿债能力越强。但是资产负债率的高低还反映了项目利用负债资金的程度,因此该指标水平应适当。

(5)流动比率。流动比率是流动资产总额与流动负债总额之比,反映项目各年偿付流动负债能力的指标。该指标反映企业偿还短期债务的能力,该比率越高,单位流动负债将有更多的流动资产保证,短期偿还能力就越强。但是可能导致流动资产利用率低下,影响项目效益。因此,流动比率一般为2:1较好。其计算公式为:

$$流动比率 = \frac{流动资产总额}{流动负债总额} \times 100\% \tag{5-52}$$

(6)速动比率。该指标反映了企业在很短时间内偿还短期债务的能力。速动资产是流动资产中变现最快的部分,速动比率越高,短期偿债能力越强。同样,速动比率过高也会影响资产利用效率,进而影响企业经济效益。因此,速动比率一般为1左右较好。

$$速动比率 = \frac{速动资产总额}{流动负债总额} \times 100\% \tag{5-53}$$

其中,速动资产 = 流动资产 – 存货。

3)不确定性分析

(1)盈亏平衡分析。盈亏平衡分析的目的是寻找盈亏平衡点,据此判断项目风险大小及对风险的承受能力,为投资决策提供科学依据。盈亏平衡点就是赢利与亏损的分界点,在这一点"项目总收益 = 项目总成本"。项目总收益(V)及项目总成本(C)都是产量(Q)的函数,根据V、C与Q的关系不同,盈亏平衡分析可分为线性盈亏平衡分析和非线性盈亏平衡分析。在线性盈亏平衡分析中:

$$V = P(1 - k)Q, C = F + C_V Q \tag{5-54}$$

式中:V——表示项目总收益;

P——表示产品销售单价;

k——表示销售税率;

C——表示项目总成本;

F——表示固定成本;

C_V——表示单位产品可变成本;

Q——表示产量或销售量。

令 $V = C$,即可分别求出盈亏平衡产量、盈亏平衡价格、盈亏平衡单位产品可变成本、盈亏平衡生产能力利用率。它们的表达式分别为:

$$盈亏平衡产量 Q^* = \frac{F}{P(1 - k) - C_\mathrm{V}} \tag{5-55}$$

$$盈亏平衡价格 P^* = \frac{F + C_\mathrm{V} Q_\mathrm{C}}{(1 - k) Q_\mathrm{C}} \tag{5-56}$$

$$盈亏平衡单位产品可变成本 C_\mathrm{V}^* = P(1 - k) - \frac{F}{Q_\mathrm{C}} \tag{5-57}$$

$$盈亏平衡生产能力利用率 \alpha^* = \frac{Q^*}{Q_\mathrm{C}} \times 100\% \tag{5-58}$$

式中: Q_C——设计生产能力。

盈亏平衡产量表示项目的保本产量,盈亏平衡产量越低,项目保本越容易,项目风险越低。盈亏平衡价格表示项目可接收的最低价格,该价格仅能回收成本,该价格水平越低,表示单位产品成本越低,项目的抗风险能力就越强。盈亏平衡单位产品可变成本表示单位产品可变成本的最高上限,实际单位产品可变成本低于该成本时,项目盈利。因此 C_V^* 越大,项目的抗风险能力越强。

(2)敏感性分析。敏感性分析是分析、预测项目主要影响因素发生变化时对项目经济评价指标,如财务净现值、内部收益率等的影响,从中找出敏感性因素,并确定其影响程度的一种方法。敏感性分析的核心是寻找敏感性因素,并将其按影响因素大小排序。敏感性分析根据同时分析敏感因素的多少分为单因素敏感性分析和多因素敏感性分析。

5.3.4 财务分析

建设项目决策可分为投资决策和融资决策两个层次。投资决策重在考察项目净现金流的价值是否大于其投资成本,融资决策重在考察资金筹措方案能否满足要求。严格分,投资决策在先,融资决策在后。根据不同决策的需要,财务分析可分为融资前分析和融资后分析。

财务分析一般宜先进行融资前分析,融资前分析指在考虑融资方案前就可以开始进行的财务分析,即不考虑债务融资条件下进行的财务分析。在融资前分析结论满足要求的情况下,初步设定融资方案,再进行融资后分析,融资后分析是指以设定的融资方案为基础进行的财务分析。

1.融资前财务分析

融资前评价只进行盈利能力评价,并以项目投资折现现金流量分析为主要手段,计算项目投资内部收益率和净现值指标,也可计算投资回收期指标(静态)。融资前项目投资现金流量分析,是从项目投资总获利能力角度,考察项目方案设计的合理性,以动态评价(折现现金流量评价)为主,静态评价(非折现现金流量评价)为辅。根据需要,可从所得税前和(或)所得税后两个角度进行考察,选择计算所得税前和(或)所得税后指标。

计算所得税前指标的融资前分析(所得税前分析)是从息前税前角度进行的分析;计算所得税后指标的融资前分析(所得税后分析)是从息前税后角度进行的分析。

1)正确识别选用现金流量

进行现金流量评价应正确识别和选用现金流量,包括现金流入和现金流出。在某一时点上流出项目的资金称为现金流出,记为 CO;流入项目的资金称为现金流入,记为 CI。现金流入与现金流出统称为现金流量,现金流入为正现金流量,现金流出为负现金流量。同一时点上的现金流入量与现金流出量的代数和($CI - CO$)称为净现金流量,记为 NCE。

融资前财务分析的现金流量应与融资方案无关。从该原则出发,融资前项目投资现金流量评价的现金流量主要包括建设投资、营业收入、经营成本、流动资金、营业税金及附加和所得税。

为了体现与融资方案无关的要求,各项现金流量的估算中都需要剔除利息的影响。例如采用不含利息的经营成本作为现金流出,而不是总成本费用;在流动资金估算、经营成本中的修理费和其他费用的估算过程中应注意避免利息的影响等。

所得税前和所得税后评价的现金流入完全相同,但现金流出略有不同,所得税前评价不将所得税作为现金流出,所得税后评价视所得税为现金流出。

2)项目投资现金流量表的编制

建设项目的现金流量系统将计算期内各年的现金流入与现金流出按照各自发生的时点顺序排列,表达为具有确定时间概念的现金流量。现金流量表即是对建设项目现金流量系统的表格式反映,用以计算各项静态和动态评价指标,进行项目财务盈利能力分析。

融资前动态分析主要考察整个计算期内现金流入和现金流出,编制项目投资现金流量表,如表5-5所示。表中计算期的年序为1,2,…,n,建设开始年作为计算期的第一年,年序为1。当项目建设期以前所发生的费用占总费用的比例不大时,为简化计算,这部分费用可列入年序1。若需单独列出,可在年序1前另加一栏"建设起点",年序填零,将建设期以前发生的现金流出填入该栏。

项目投资财务现金流量表(单位:万元)　　　　　　　　　　　　　表5-5

序号	项　　目	合计	计　算　期					
			1	2	3	4	…	n
1	现金流入							
1.1	营业收入							
1.2	补贴收入							
1.3	回收固定资产余值							
1.4	回收流动资金							
2	现金流出							
2.1	建设投资							
2.2	流动资金							
2.3	经营成本							
2.4	营业税金及附加							

续上表

序号	项　　目	合计	计　算　期					
			1	2	3	4	…	n
2.5	维持运营投资							
3	所得税前净现金流量(1−2)							
4	累计所得税前净现金流量							
5	调整所得税							
6	所得税后净现金流量(3−5)							
7	累计所得税后净现金流量							

计算指标：

项目投资财务内部收益率(所得税前)：%

项目投资财务内部收益率(所得税后)：%

项目投资财务净现值(所得税前)($i_c = $ %)：万元

项目投资财务净现值(所得税后)($i_c = $ %)：万元

项目投资回收期(所得税前)：年

项目投资回收期(所得税后)：年

(1)现金流入(CI)的计算

现金流入为营业收入、回收固定资产余值和回收流动资金三项,还可能包括补贴收入。

①营业收入。营业收入是项目建成投产后销售产品或提供服务所获得的收入,是现金流量表中现金流入的主体,也是利润表的主要科目。营业收入估算的基础数据,包括产品或服务的数量和价格,即：

$$营业收入 = 产品或服务数量 × 单位价格 \qquad (5\text{-}59)$$

对于生产多种产品和提供多项服务的项目,应分别估算各种产品及服务的营业收入。对那些不便于按详细的品种分类计算营业收入的项目,也可采取折算为标准产品的方法计算营业收入。

营业收入可在营业收入估算表中计算,营业收入估算表格一般随行业和项目而异。项目营业收入估算表中可同时列出各种应交营业税金及附加以及增值税,如表5-6所示。

营业收入、营业税金及附加和增值税估算表(单位:万元)　　　　表5-6

序号	项　　目	合计	计　算　期					
			1	2	3	4	……	n
1	营业收入							
1.1	产品 A 营业收入							
	单价							
	数量							
	销项税额							
1.2	产品 B 营业收入							
	单价							
	数量							

续上表

序号	项 目	合计	计 算 期					
			1	2	3	4	……	n
	销项税额							
	…							
2	营业税金及附加							
2.1	营业税							
2.2	消费税							
2.3	城市维护建设税							
2.4	教育费附加							
3	增值税							
	销项税额							
	进项税额							

②回收固定资产余值。固定资产余值在计算期最后一年回收,固定资产余值等于固定资产原值减去累计提取折旧,可在折旧费估算表中用固定资产期末净值合计求得。

③回收流动资金。流动资金为项目正常生产年份流动资金的占用额,流动资金在计算期最后一年全额回收。

(2)现金流出(CO)的计算

现金流出主要包括建设投资、流动资金、经营成本、营业税金及附加,如果运营期内需要发生设备或设施的更新费用以及矿山、石油开采项目的拓展费用等(记作维持运营投资),也应作为现金流出。

①建设投资和流动资金的数额取自建设项目总投资使用计划与资金筹措表。

②流动资金投资为各年流动资金增加额。

③经营成本是财务分析的现金流量分析中所使用的特定概念,作为项目现金流量表中运营期现金流出的主体部分,应得到充分的重视。经营成本与融资方案无关。因此在完成建设投资和营业收入估算后,就可以估算经营成本,为项目融资前分析提供数据。经营成本可来自总成本费用估算表,如表5-7所示。

总成本费用估算表(生产要素法)(单位:万元)   表5-7

序号	项 目	合计	计 算 期					
			1	2	3	4	……	n
1	外购原材料							
2	外购燃料及动力费							
3	工资及福利费							
4	修理费							
5	其他费用							
6	经营成本(1+2+3+4+5)							
7	折旧费							

序号	项　　目	合计	计　算　期					
			1	2	3	4	……	n
8	摊销费							
9	利息支出							
10	总成本费用合计(6+7+8+9)							
	其中:固定成本							
	可变成本							

经营成本的构成可用下式表示:

$$经营成本 = 外购原材料费 + 外购燃料及动力费 + 工资及福利费 +$$
$$修理费 + 其他费用 \tag{5-60}$$

经营成本与总成本费用的关系如下:

$$经营成本 = 总成本费用 - 折旧费 - 摊销费 - 利息支出 \tag{5-61}$$

④营业税金及附加包括营业税、消费税、土地增值税、资源税、城市维护建设税和教育费附加,它们可取自营业收入、营业税金及附加和增值税估算表,如表5-11所示。营业税金及附加应作为利润和利润分配表中的科目。

⑤项目投资现金流量表中的"所得税"应根据息税前利润($EBIT$)乘以所得税率计算,称为"调整所得税"。原则上,息税前利润的计算应完全不受融资方案变动的影响,即不受利息多少的影响,包括建设期利息对折旧的影响(因为折旧的变化会对利润总额产生影响,进而影响息税前利润)。但如此将会出现两个折旧和两个息税前利润(用于计算融资前所得税的息税前利润和利润与利润分配表中的息税前利润)。为简化起见,当建设期利息占总投资比例不是很大时,也可按利润和利润分配表中的息税前利润计算调整所得税。

3)计算各年净现金流量和各年累计净现金流量

项目计算期各年的净现金流量为各年现金流入量减对应年份的现金流出量,各年累计净现金流量为本年及以前各年净现金流量之和。

4)计算所得税前指标

按所得税前的净现金流量计算的相关指标,即所得税前指标,是投资盈利能力的完整体现,用以考察项目方案设计本身所决定的财务盈利能力,它不受融资方案和所得税政策变化的影响,仅仅体现项目方案本身的合理性。所得税前指标可以作为初步投资决策的主要指标,用于考察项目是否基本可行,并值得去为之融资。所谓"初步"是相对而言,是指根据该指标投资者可以做出项目实施后能实现投资目标的判断,此后再通过融资方案的比选分析,有了较为满意的融资方案后,投资者才能决定最终出资。所得税前指标应该受到项目有关各方(项目发起人、项目业主、项目投资人、银行和政府管理部门)广泛的关注。所得税前指标还特别适用于建设方案设计中的方案比选。

所得税后分析是所得税前分析的延伸。由于所得税作为现金流出,可用于非融资的条件下判断项目对企业价值的贡献,是企业投资决策依据的主要指标。

2.融资后财务分析

在融资前分析结果可以接受的前提下,可以开始考虑融资方案,进行融资后分析。融资后评价包括项目的盈利能力分析、偿债能力分析以及财务生存能力分析,进而判断项目方案在融资条件下的合理性。融资后分析是比选融资方案,进行融资决策和投资者最终决定出资的依据。可行性研究阶段必须进行融资后分析,但只是阶段性的。实践中,在可行性研究报告完成之后,还需要进一步深化融资后评价,才能完成最终融资决策。

1)融资后盈利能力分析

融资后的盈利能力分析,包括动态分析(折现现金流量分析)和静态分析(非折现盈利能力分析)。

(1)动态分析

动态分析是通过编制财务现金流量表,根据资金时间价值原理,计算财务内部收益率、财务净现值等指标,分析项目的获利能力。融资后的动态分析可分为两个层次。

①项目资本金现金流量分析

项目资本金现金流量分析是从项目权益投资者整体的角度,考察项目给项目权益投资者带来的收益水平。它是在拟定的融资方案基础上进行的息税后分析,依据的报表是项目资本金现金流量表,如表5-8所示。

项目资本金现金流量表(单位:万元)　　　　表5-8

序号	项　　目	合计	计　算　期					
			1	2	3	4	…	n
1	现金流入							
1.1	营业收入							
1.2	回收固定资产余值							
1.3	回收流动资金							
1.4	补贴收入							
2	现金流出							
2.1	项目资本金							
2.2	借款本金偿还							
2.3	借款利息支付							
2.4	经营成本							
2.5	营业税金及附加							
2.6	所得税							
2.7	维持运营投资							
3	净现金流量(1−2)							

计算指标:

资本金财务内部收益率(%)

现金流入各项的数据来源与项目投资现金流量表相同,如表5-5所示。

现金流出项目包括:项目资本金、借款本金偿还、借款利息支付、经营成本以及营业税金及附加。项目资本金取自项目总投资计划与资金筹措表中资金筹措项下的自有资金分项。借款本金偿还由两部分组成:一部分为借款还本付息计划表中本年还本额;一部分为流动资金借款本金偿还,一般发生在计算期最后一年。借款利息支付数额来自总成本费用估算表中的利息支出项(包括流动资金借款利息、长期借款利息和临时借款利息)。现金流出中其他各项与全部投资现金流量表中相同。

项目计算期各年的净现金流量为各年现金流入量减对应年份的现金流出量。

项目资本金现金流量表将各年投入项目的项目资本金作为现金流出,各年缴付的所得税和还本付息也作为现金流出。因此,其净现金流量可以表示为在缴税和还本付息之后的所剩余,即企业(或项目)增加的净收益,也是投资者的权益性收益。因此计算的项目资本金内部收益率指标反映从投资者整体角度考察盈利能力的要求,也就是从企业(或项目发起人)角度对盈利能力进行判断的要求。在依据融资前分析的指标对项目基本获利能力有所判断的基础上,项目资本金内部收益率指标体现了在一定的融资方案下,投资者整体所能获得的权益性收益水平。该指标可用来对融资方案进行比较和取舍,是投资者整体做出最终融资决策的依据,也可进一步帮助投资者最终决策出资。

项目资本金内部收益率的判别基准是项目投资者整体对投资获得的最低期望值,亦即最低可接受收益率。当计算的项目资本金内部收益率大于或等于该最低可接受收益率时,说明投资获利水平大于或达到了要求,是可以接受的。最低可接受收益率的确定主要取决于当时的资本收益水平以及投资者对权益资金收益的要求。它与资金机会成本和投资者对风险的态度有关。

②投资各方现金流量分析

当投资各方不按股本比例进行分配或有其他不对等的收益时,应从投资各方实际收入和支出的角度,确定其现金流入和现金流出,分别编制投资各方现金流量表(表5-9),计算投资各方的财务内部收益率指标,考察投资各方可能获得的收益水平,进行投资各方现金流量分析。

投资各方财务现金流量表(单位:万元) 表5-9

序号	项目	合计	计算期					
			1	2	3	4	…	n
1	现金流入							
1.1	实分利润							
1.2	资产处置收益分配							
1.3	租赁费收入							
1.4	技术转让或使用收入							
1.5	其他现金流入							
2	现金流出							
2.1	实缴资本							
2.2	租赁资产支出							
2.3	其他现金流出							
3	净现金流量(1-2)							

计算指标:

投资各方财务内部收益率(%)

投资各方现金流量表中现金流入是指出资方因该项目的实施将实际获得的各种收入;现金流出是指出资方因该项目的实施将实际投入的各种支出。实分利润指投资者由项目获取的利润。资产处置收益分配指对有明确的合营期限或合资期限的项目,在期满时对资产余值按股比或约定比例的分配。租赁费收入指出资方将自己的资产租赁给项目使用所获得的收入,此时应将资产价值作为现金流出,列为租赁资产支出科目。技术转让或使用收入指出资方将专利或专有技术转让或允许该项目使用所获得的收入。

投资各方的内部收益率表示了投资各方的收益水平。一般情况下,投资各方按股本比例分配利润和分担亏损及风险,因此投资各方的利益一般是均等的,没有必要计算投资各方的内部收益率。只有投资者中的各方有股权之外的不对等的利益分配时(契约式的合作企业常常会有这种情况),投资各方的收益率才会有差异,此时常常需要计算投资各方的内部收益率。计算投资各方的内部收益率可以看出各方收益是否均衡,或者其非均衡性是否在一个合理的水平上,有助于促成投资各方在合作谈判中达成平等互利的协议。

(2)静态分析

除了进行现金流量分析以外,还可以根据项目具体情况进行静态分析,即非折现盈利能力分析,选择计算一些静态指标。静态分析编制的报表是利润和利润分配表。利润与利润分配表中损益栏目反映项目计算期内各年的营业收入、总成本费用支出、利润总额情况;利润分配栏目反映所得税及税后利润的分配情况,如表5-10所示。

利润和利润分配表(单位:万元)   表5-10

序号	项 目	合计	计 算 期					
			1	2	3	4	…	n
1	营业收入							
2	营业税金及附加							
3	总成本费用							
4	补贴收入							
5	利润总额(1 − 2 − 3 + 4)							
6	弥补以前年度亏损							
7	应纳税所得额(5 − 6)							
8	所得税							
9	净利润(5 − 8)							
10	期初未分配利润							
11	可供分配的利润(9 + 10)							
12	提取法定盈余公积金							
13	可供投资者分配的利润(11 − 12)							
14	应付优先股股利							
15	提取任意盈余公积金							
16	应付普通股股利(13—14—15)							

续上表

序号	项　　目	合计	计　算　期					
			1	2	3	4	…	n
17	各投资方利润分配							
18	其中：××方							
	×方							
	未分配利润(13—14—15—17)							
19	息税前利润(利润总额＋利息支出)							
20	息税折旧摊销前利润 （息税前利润＋折旧＋摊销）							

注意：①利润总额＝营业收入－营业税金及附加－总成本费用＋补贴收入

②净利润＝该年利润总额－应纳税所得额×所得税税率

其中，应纳所得税额＝该年利润总额－弥补以前年度亏损。

企业发生的年度亏损，可以用下一年度的税前利润等弥补，下一年度利润不足弥补的，可以在 5 年内延续弥补，5 年内不足弥补的，用税后利润等弥补。

③可供分配利润＝净利润＋期初未分配利润

其中，期初未分配利润＝上年度期末的未分配利润。

④可供投资分配利润＝可供分配利润－法定盈余公积金

⑤法定盈余公积金＝净利润×10%

法定盈余公积金累计额为资本金的 50% 以上的，可不再计提。法定盈余公积金项含公益金，公益金主要用于企业的职工集体福利设施支出。

⑥可供投资者分配的利润，根据投资方或股东的意见，可按下列顺序分配：

应付优先股股利（如有优先股的话），指按照利润分配方案分配给优先股股东的现金股利；

提取任意盈余公积金，指按规定提取的任意盈余公积金；

应付普通股股利，指企业按照利润分配方案分配给普通股股东的现金股利，企业分配给投资者的利润，也在此核算。

经过上述分配后的剩余部分为未分配利润。

未分配利润主要指用于偿还固定资产投资借款及弥补以前年度亏损的可供分配利润。

⑦未分配利润按借款合同规定的还款方式，编制等额本息还款或等额本金、利息照付的利润与利润分配表时，可能会出现以下两种情况：

a. 未分配利润＋折旧费＋摊销费＜该年应还本金，则该年的未分配利润全部用于还款，不足部分为该年的资金亏损，并需用临时借款来弥补偿还本金的不足部分；

b. 未分配利润＋折旧费＋摊销费≥该年应还本金，则该年为资金盈余年份，用于还款的未分配利润按以下公式计算：

$$该年用于还款的未分配利润＝该年应还本金－折旧费－摊销费$$

2）融资后偿债能力分析

（1）偿债计划的编制

对筹措了债务资金的项目,偿债能力考察项目能否按期偿还借款的能力。根据借款还本付息计划表、利润和利润分配表与总成本费用表的有关数据,通过计算利息备付率、偿债备付率指标,判断项目的偿债能力。如果能够得知或根据经验设定所要求的借款偿还期,可以直接计算利息备付率、偿债备付率指标;如果难以设定借款偿还期,也可以先大致估算出借款偿还期,再采用适宜的方法计算出每年需要还本和付息的金额,代入公式计算利息备付率、偿债备付率指标。需要估算借款偿还期时,可按下式估算:

$$借款偿还期 = \frac{借款偿还后开始出现盈余的年份}{} - 开始借款年份 + \frac{当年借款}{当年可用于还款的资金额}$$

$$(5\text{-}62)$$

需要注意的是,该借款偿还期只是为估算利息备付率和偿债备付率指标所用,不应与利息备付率和偿债备付率指标并列。

（2）资产负债表的编制

资产负债表综合反映项目计算期内各年年末资产、负债和所有者权益的增减变化对应及对应关系,用以考察项目资产、负债、所有者权益的结构是否合理,计算资产负债率等,进行偿债能力分析。编制过程中资产负债表的科目可以适当简化,反映的是各年年末的财务状况,如表 5-11 所示。

资 产 负 债 表（单位:万元）　　　　　　　　表 5-11

序号	项　　目	合计	计　算　期					
			1	2	3	4	…	n
1	资产							
1.1	流动资产总额							
1.1.1	货币资金							
1.1.2	应收账款							
1.1.3	预付账款							
1.1.4	存货							
1.1.5	其他							
1.2	在建工程							
1.3	固定资产净值							
1.4	无形及其他资产净值							
2	负债及所有者权益(2.4 + 2.5)							
2.1	流动负债总额							
2.1.1	短期借款							
2.1.2	应付账款							
2.1.3	预收账款							
2.1.4	其他							
2.2	建设投资借款							
2.3	流动资金借款							
2.4	负债小计(2.1 + 2.2 + 2.3)							
2.5	所有者权益							

序号	项　　目	合计	计　算　期					
			1	2	3	4	…	n
2.5.1	资本金							
2.5.2	资本公积金							
2.5.3	累计盈余公积金							
2.5.4	累计未分配利润							
	计算指标： 资产负债率(%)							

资产由流动资产、在建工程、固定资产净值、无形及其他资产净值四项组成。

流动资产为货币资金、应收账款、预付账款、存货及其他之和。应收账款、预付账款和存货三项数据来自流动资金估算表；货币资金数据则取自财务计划现金流量表的累计盈余资金与流动资金估算表中现金项之和。

在建工程指建设投资和建设期利息的年累计额。

固定资产净值和无形及其他资产净值分别从固定资产折旧费估算表、无形和其他资产摊销估算表取得。

负债包括流动负债、建设投资借款和流动资金借款。流动负债中的应付账款、预收账款数据可由流动资金估算表直接取得。建设投资借款和流动资金借款两项需要根据财务计划现金流量表中的对应项及相应的本金偿还项进行计算。

所有者权益包括资本金、资本公积金、累计盈余公积金及累计未分配利润。其中，累计未分配利润可直接来自利润及利润分配表；累计盈余公积金也可由利润及利润分配表中盈余公积金项计算各年份的累计值，但应根据是否用盈余公积金弥补亏损或转增资本金的情况进行相应调整；资本金为项目投资中累计自有资金(扣除资本溢价)，当存在由资本公积金或盈余公积金转增资本金的情况时应进行相应调整；资本公积金为累计资本溢价及赠款，转增资本金时进行相应调整。

资产负债表满足等式：资产 = 负债 + 所有者权益。

3) 融资后财务生存能力分析

财务生存能力分析是在编制财务计划现金流量表的基础上，通过考察项目在整个计算期内的投资、融资和经营活动所产生的各项现金流入和流出，计算净现金流量和累计盈余资金，分析项目是否有足够的净现金流量维持正常运营，以实现财务可持续性，它是表示财务状况的重要财务报表。因此，财务生存能力分析亦可称为资金平衡分析。财务计划现金流量表(表5-12)中各项目数据可取自财务分析辅助表和利润与利润分配表。

财务计划现金流量表(单位：万元)　　　　　　　　表5-12

序号	项　　目	合计	计　算　期					
			1	2	3	4	…	n
1	经营活动净现金流量(1.1-1.2)							
1.1	现金流入							
1.1.1	营业收入							

序号	项 目	合计	计 算 期					
			1	2	3	4	…	n
1.1.2	增值税销项税额							
1.1.3	补贴收入							
1.1.4	其他流入							
1.2	现金流出							
1.2.1	经营成本							
1.2.2	增值税进项税额							
1.2.3	营业税金及附加							
1.2.4	增值税							
1.2.5	所得税							
1.2.6	其他流出							
2	投资活动净现金流量(2.1 – 2.2)							
2.1	现金流入							
2.2	现金流出							
2.2.1	建设投资							
2.2.2	维持运营投资							
2.2.3	流动资金							
2.2.4	其他流出							
3	筹资活动净现金流量(3.1 – 3.2)							
3.1	现金流入							
3.1.1	项目资本金投入							
3.1.2	建设投资借款							
3.1.3	流动资金借款							
3.1.4	债券							
3.1.5	短期借款							
3.1.6	其他流入							
3.2	现金流出							
3.2.1	各种利息支出							
3.2.2	偿还债务本金							
3.2.3	应付利润(股利分配)							
3.2.4	其他流出							
4	净现金流量(1 + 2 + 3)							
5	累积盈余资金							

财务生存能力分析应结合偿债能力分析进行,如果拟安排的还款期过短,致使还本付息负担过重,导致为维持资金平衡必须筹借的短期借款过多,可以调整还款期,减轻各年还款负担。项目的财务生存能力分析可通过以下相辅相成的两个方面进行:

(1)分析是否有足够的经营净现金流量

拥有足够的经营净现金流量是财务上可持续的基本条件,特别是在运营初期。一个项目具有较大的经营净现金流量,说明项目方案比较合理,实现自身资金平衡的可能性大,不会过分依赖短期融资来维持运营;反之,一个项目不能产生足够的经营净现金流量,或经营净现金流量为负值,说明维持项目正常运行会遇到财务上的困难,项目方案缺乏合理性,实现自身资金平衡的可能性小,有可能要靠短期融资来维持运营;或者是非经营项目本身无力实现自身资金平衡,要通过政府补贴来实现运营。

(2)分析各年累计盈余资金

各年累计盈余资金不出现负值是财务可持续的必要条件。在整个运营期间,允许个别年份的净现金流量出现负值,但不能容许任一年份的累积盈余资金出现负值。一旦出现负值时应适时进行短期融资,该短期融资应体现在财务计划现金流量表中,同时短期融资的利息也应纳入成本费用和其后的计算。较大的或较频繁的短期融资,有可能导致以后的累积盈余资金无法实现正值,致使项目难以持续运营。

5.3.5　财务评价示例

以某工业项目为例,说明财务报表的编制以及财务评价指标的计算方法。

某公司拟建一年生产能力 40 万吨的生产性项目以生产 A 产品。与其同类型的某已建项目年生产能力 20 万吨,设备投资额为 400 万元,经测算设备投资的综合调价系数为 1.2。该已建项目中建筑工程、安装工程及工程建设其他费用占设备投资的百分比分别为 60%、30%、6%,相应的综合调价系数为 1.2、1.1、1.05,生产能力指数为 0.5。

拟建项目计划建设期 2 年,运营期 10 年,运营期第一年的生产能力达到设计生产能力的80%、第二年达 100%。

建设期第一年建设投资 600 万元,第二年投资 800 万元,投资全部形成固定资产,固定资产使用寿命 12 年,残值为 100 万元,按直线折旧法计提折旧。流动资金分别在建设期第二年与运营期第一年投入 100 万元、250 万元。项目建设资金中的 1000 万元为公司自有资金,其余为银行贷款。

项目运营期第一年的营业收入为 600 万元,经营成本为 250 万元。第二年以后各年的营业收入均为 800 万元,经营成本均为 300 万元。产品营业税金及附加税率为 6%,企业所得税税率为 33%,行业基准收益率为 10%,基准投资回收期为 8 年。

问题:

1. 估算拟建项目的设备投资额。
2. 估算固定资产投资中的静态投资。
3. 编制该项目项目投资现金流量表。
4. 计算所得税前和所得税后项目的静态投资回收期与动态投资回收期。
5. 计算所得税前和所得税后项目的财务净现值。
6. 计算所得税前和所得税后项目的财务内部收益率。

7.从财务评价角度分析拟建项目的可行性及盈利能力。

解答：

问题1

【解】生产能力指数法是根据已建成的、性质类似的建设项目或生产装置的投资额和生产能力及拟建项目或生产装置的生产能力估算拟建项目的投资额。该方法既可用于估算整个项目的静态投资，也可用于估算静态投资中的设备投资，本题是用于估算设备投资，其基本算式为：

$$C_2 = C_1 \times \left(\frac{Q_2}{Q_1}\right)^x \times f$$

式中：C_1——已建类似项目或生产装置的投资额；

C_2——拟建项目或生产装置的投资额；

Q_1——已建类似项目或生产装置的生产能力；

Q_2——拟建项目或生产装置的生产能力；

x——生产能力指数；

f——考虑已建项目与拟建项目因建设时期、建设地点不同引起的费用变化而设的综合调整系数。

根据背景资料知：

$$C_1 = 400 \text{ 万元}; Q_1 = 20 \text{ 万吨}; Q_2 = 40 \text{ 万吨}; x = 0.5; f = 1.2$$

则拟建项目的设备投资估算值为：

$$C_2 = 400 \times \left(\frac{40}{20}\right)^{0.5} \times 1.2 = 678.8225 \text{ 万元}$$

问题2

【解】固定资产静态投资的估算方法有很多种，从本案例所给的背景条件分析，这里只能采用设备系数法进行估算。设备系数法的计算公式为：

$$C = E(1 + f_1 P_1 + f_2 P_2 + f_3 P_3 + \cdots) + I$$

式中：　　C——拟建项目的静态投资；

E——拟建项目根据当时当地价格计算的设备投资额；

P_1、P_2、P_3、$\cdots$——已建项目中建筑、安装及工程建设其他费用等占设备费的百分比；

f_1、f_2、f_3、$\cdots$——因时间因素引起的定额、价格、费用标准等变化的综合调整系数；

I——拟建项目的其他费用。

根据背景资料知：

$$E = 400 \times \left(\frac{40}{20}\right)^{0.5} \times 1.2 = 678.8225 \text{ 万元}$$

$$f_1 = 1.2; f_2 = 1.1; f_3 = 1.05; P_1 = 60\%; P_2 = 30\%; P_3 = 6\%; I = 0$$

所以，拟建项目静态投资的估算值为：

$$C = 678.8225 \times (1 + 1.2 \times 60\% + 1.1 \times 30\% + 1.05 \times 6\%) = 1434.3519 \text{ 万元}$$

问题 3

【解】编制项目投资现金流量表的时候应注意以下几点：

（1）营业收入发生在运营期的各年。

（2）回收固定资产余值发生在运营期的最后一年。填写该值时需要注意,固定资产余值并不是残值,它是固定资产原值减去已提折旧的剩余值,即：

$$固定资产余值 = 固定资产原值 - 已提折旧$$

本案例的折旧采用直线折旧法,因此：

$$年折旧额 = \frac{固定资产原值 - 残值}{折旧年限} = \frac{600 + 800 - 100}{12} = 108.3333 \ 万元$$

则固定资产余值为：

$$(600 + 800) - 108.3333 \times 10 = 316.6667 \approx 317 \ 万元$$

（3）回收流动资金发生在运营期的最后一年,流动资金应全额回收。

（4）现金流入 = 营业收入 + 回收固定资产余值 + 回收流动资金

（5）固定资产投资发生在建设期的各年。

（6）流动资金发生在投入年。

（7）经营成本发生在运营期的各年。

（8）营业税金及附加发生在运营期的各年,等于营业收入 ×6%。

（9）现金流出 = 建设投资 + 流动资金 + 经营成本 + 营业税金及附加

（10）所得税前净现金流量 = 现金流入 - 现金流出

（11）折现系数 $= (1 + i_c)^{-t}$,t 为项目计算期年数。

（12）调整所得税发生在运营期的盈利年。

调整所得税 = 息税前利润($EBIT$) × 所得税率

计算调整所得税的关键是要搞清楚纳税基数是息税前利润($EBIT$)。

息税前利润($EBIT$) = 营业收入 - 营业税金及附加 - 总成本费用 + 利息支出

$\qquad$ = 营业收入 - 营业税金及附加 - 经营成本 - 折旧费 - 摊销费 - 维简费

总成本费用 = 经营成本 + 折旧费 + 摊销费 + 维简费 + 利息支出

年摊销费 = 无形资产/摊销年限

利息支出 = 长期借款利息支出 + 流动资金借款利息支出

调整所得税必须按年计算,且只是在企业具有息税前利润的前提下才交纳。

本案例根据所给的条件,本案例的调整所得税按下式计算：

调整所得税 = (营业收入 - 经营成本 - 折旧费 - 营业税金及附加) × 所得税率

所以,运营期第一年的调整所得税为：

$$(600 - 250 - 108.33 - 600 \times 6\%) \times 33\% = 67.87 \approx 68 \ 万元$$

运营期第 2 年至经 10 年每年的调整所得税为：

$$(800 - 300 - 108.33 - 800 \times 6\%) \times 33\% = 113.41 \approx 113 \ 万元$$

建设期两年因无收入,所以不交调整所得税。

（13）所得税后净现金流量 = 所得税前净现金流量 – 调整所得税

综上,项目投资财务现金流量表列于表5-13。

项目投资财务现金流量表（单位:万元） 表5-13

序号	项　目	建设期		运　营　期									
		1	2	3	4	5	6	7	8	9	10	11	12
	生产负荷(%)			80	100	100	100	100	100	100	100	100	100
1	现金流入			600	800	800	800	800	800	800	800	800	1467
1.1	营业收入			600	800	800	800	800	800	800	800	800	800
1.2	回收固定资产余值												317
1.3	回收流动资金												350
2	现金流出	600	900	536	348	348	348	348	348	348	348	348	348
2.1	建设投资	600	800										
2.2	流动资金		100	250									
2.3	经营成本			250	300	300	300	300	300	300	300	300	300
2.4	营业税金及附加			36	48	48	48	48	48	48	48	48	48
3	所得税前净现金流量	–600	–900	64	452	452	452	452	452	452	452	452	1119
4	累计所得税前净现金流量	–600	–1500	–1436	–984	–532	–80	372	824	1276	1728	2180	3299
5	折现系数($i_c = 10\%$)	0.909	0.826	0.751	0.683	0.621	0.564	0.513	0.467	0.424	0.385	0.350	0.319
6	所得税前折现净现金流量	–545	–743	48	309	281	255	232	211	192	174	158	357
7	累计所得税前折现净现金流量	–545	–1288	–1240	–931	–650	–395	–163	48	240	414	572	929
8	调整所得税			68	113	113	113	113	113	113	113	113	113
9	所得税后净现金流量	–600	–900	–4	339	339	339	339	339	339	339	339	1006
10	累计所得税后净现金流量	–600	–1500	–1504	–1165	–826	–487	–148	191	530	869	1208	2214
11	折现系数($i_c = 10\%$)	0.909	0.826	0.751	0.683	0.621	0.564	0.513	0.467	0.424	0.385	0.350	0.319
12	所得税后折现净现金流量	–545	–743	–3	232	211	191	174	158	144	131	119	321
13	累计所得税后折现净现金流量	–545	–1288	–1291	–1059	–848	–657	–483	–325	–181	–50	69	390

问题 4

【解】在计算投资回收期时,主要是用项目投资现金流量表中的净现金流量,只不过计算静态投资回收期时不考虑资金的时间价值,而计算动态投资回收期时需要考虑资金的时间价值。

（1）所得税前静态投资回收期

计算所得税前静态投资回收期时,需要用"项目投资现金流量表"中的"所得税前净现金流量"及"累计所得税前净现金流量"。

从表5-13找出"累计所得税前净现金流量"由负值变为正值的年份,如表5-13中的第6年为–80万元,第7年则为372万元。显然所得税前静态投资回收期在第6年与第7年之间,这时可用插入法求得具体的数值。所得税前静态投资回收期的计算公式为:

所得税前静态投资回收期

= (累计所得税前净现金流量开始出现正值年份 – 1) +

上年累计所得税前净现金流量的绝对值/当年所得税前净现金流量

本案例的所得税前静态投资回收期为:

$$(7 – 1) + 80/452 = 6.18 \text{ 年}$$

(2)所得税后静态投资回收期

计算所得税后静态投资回收期时,需要用"项目投资现金流量表"中的"所得税后净现金流量"及"累计所得税后净现金流量"。

从表5-13找出"累计所得税后净现金流量"由负值变为正值的年份,如表5-13中的第7年为–148万元,第8年则为191万元。显然所得税后静态投资回收期在第7年与第8年之间,这时可用插入法求得具体的数值。所得税后静态投资回收期的计算公式为:

所得税后静态投资回收期

= (累计所得税后净现金流量开始出现正值年份 – 1) +

上年累计所得税后净现金流量的绝对值/当年累计所得税后净现金流量

本案例的所得税后静态投资回收期为:

$$(8 – 1) + 148/339 = 7.44 \text{ 年}$$

(3)所得税前动态投资回收期

计算所得税前动态投资回收期时,需要用"项目投资现金流量表"中的"所得税前折现净现金流量"及"累计所得税前折现净现金流量"。

从表5-13找出"累计所得税前折现净现金流量"由负值变为正值的年份,如表5-13中的第7年为–163万元,第8年则为48万元。显然所得税前动态投资回期在第7年与第8年之间,模仿所得税前静态投资回收期的求法,用插入法求出具体的数值:(8 – 1) + 163/211 = 7.77年

(4)所得税后动态投资回收期

计算所得税后动态投资回收期时,需要用"项目投资现金流量表"中的"所得税后折现净现金流量"及"累计所得税后折现净现金流量"。

从表5-13找出"累计所得税后折现净现金流量"由负值变为正值的年份,如表5-13中的第10年为–50万元,第11年则为69万元。显然所得税后动态投资回期在第10年与第11年之间,模仿所得税前动态投资回收期的求法,用插入法求出具体的数值:

$$(11 – 1) + 50/119 = 10.42 \text{ 年}$$

问题5

【解】财务净现值(FNPV)实际是将发生在"项目投资现金流量表"中各年的净现金流量按基准收益率折现到第零年的代数和。也就是表5-13中累计折现净现金流量对应于第12年的值。即

所得税前财务净现值（FNPV）＝929 万元

所得税后财务净现值（FNPV）＝390 万元

问题 6

【解】财务内部收益率（$FIRR$）是指按"现金流量表"中各年的净现金流量,求净现值为零时对应的折现率。财务内部收益率的求解通过三步实现。

（1）所得税前项目的财务内部收益率

①列算式

算式实际上是求所得税前财务净现值（$FNPV$）的表达式,是根据"项目投资现金流量表"中所得税前净现金流量"行"的数值,设财务内部收益率（$FIRR$）＝x 来列。本案例的算式为：

$$FNPV = -\frac{600}{(1+x)^1} - \frac{900}{(1+x)^2} + \frac{64}{(1+x)^3} + 452 \times \frac{(1+x)^8-1}{x \times (1+x)^{11}} + \frac{1119}{(1+x)^{12}} = 0$$

②试算

试算时任设一个 x 值,代入上式中,观察求出的 $FNPV$ 是大于零还是小于零。若大于零,表明所设的 x 值小了,可以再设一个大一些的 x 值;若小于零则表明 x 值设大了。

现设 $x = 11\%$,代入上式中,得：$FNPV_{11\%} \approx 796.422$

再设 $x = 20\%$,代入上式中,得：$FNPV_{20\%} \approx 41.242$

再设 $x = 21\%$,代入上式中,得：$FNPV_{21\%} \approx -10.327$

显然,要求的财务内部收益率（$FIRR$）在 20% 与 21% 之间。

③插入

通过 $FNPV_{20\%} \approx 41.242$ 与 $FNPV_{21\%} \approx -10.327$,在 20% 与 21% 之间用插入法求解财务内部收益率（$FIRR$）。

$$FIRR = 20\% + \frac{41.242}{41.242 + 10.327} \times (21\% - 20\%) = 20.80\%$$

（2）所得税后项目的财务内部收益率

①列算式

算式实际上是求所得税后财务净现值（FNPV）的表达式,是根据"现金流量表"中所得税后净现金流量"行"的数值,设财务内部收益率（FIRR）＝y 来列。本案例的算式为：

$$FNPV = -\frac{600}{(1+y)^1} - \frac{900}{(1+y)^2} - \frac{4}{(1+y)^3} + 339 \times \frac{(1+y)^8-1}{y \times (1+y)^{11}} + \frac{1006}{(1+y)^{12}} = 0$$

②试算

试算时任设一个 y 值,代入上式中,观察求出的 $FNPV$ 是大于零还是小于零。若大于零,表明所设的 y 值小了,可以再设一个大一些的 y 值;若小于零则表明 y 值设大了。

现设 $y = 18\%$,代入上式中,得：$FNPV_{18\%} \approx -177.926$

再设 $y = 15\%$,代入上式中,得：$FNPV_{15\%} \approx -16.654$

再设 $y = 14\%$,代入上式中,得：$FNPV_{14\%} \approx 48.711$

显然,要求的财务内部收益率（$FIRR$）在 14% 与 15% 之间。

③插入

通过 $FNPV_{14\%} \approx 48.711$ 与 $FNPV_{15\%} \approx -16.654$,在 14% 与 15% 之间用插入法求解财务内

部收益率($FIRR$)。

$$FIRR = 14\% + \frac{48.711}{48.711 + 16.654} \times (15\% - 14\%) = 14.75\%$$

问题7

【解】所得税前项目投资财务净现值 $FNPV = 929$ 万元 > 0,所得税后项目投资财务净现值 $FNPV = 390$ 万元 > 0,所得税前项目投资动态投资回收期 $P'_t = 7.77$ 年,所得税后项目投资动态投资回收期 $P'_t = 10.42$ 年,均小于项目计算期12年,因此从动态角度分析,项目的盈利能力达到要求。所得税前项目投资静态投资回收期 $P_t = 6.18$ 年,小于行业基准投资回收期8年,所得税后项目投资静态投资回收期 $P_t = 7.44$ 年,小于行业基准投资回收期8年,说明项目投资回收时间符合要求。

5.4 ▷ 案 例 分 析

【案例一】

背景:

某建设项目有关数据如下:

1. 建设期2年,运营期8年,固定资产投资总额5000万元(不含建设期贷款利息),其中包括无形资产600万元。项目固定资产投资资金来源为自有资金和贷款,贷款总额为2200万元,在建设期每年贷入1100万元,贷款年利率为5.85%(按季计息)。流动资金为900万元,全部为自有资金。

2. 无形资产在运营期8年中,均匀摊入成本。固定资产使用年限10年,残值为200万元,按照直线折旧法折旧。

3. 固定资产投资贷款在运营期前3年按照等额本息法偿还。

4. 项目运营期第一年的经营成本为1960万元,其余年份均为2800万元。

问题:

1. 计算建设期贷款利息、运营期固定资产年折旧费和期末固定资产余值。

2. 计算每年还本付息额。

分析与解答:

本案例要求掌握建设期贷款利息的计算、直线折旧法以及根据不同的还款方式进行还本付息的计算。

问题1

【解】计算建设期贷款利息

年实际利率 $= (1 + 5.85\% \div 4)^4 - 1 = 5.98\%$

第一年贷款利息: $1100/2 \times 5.98\% = 32.89$ 万元

第二年贷款利息: $(1100 + 32.89) \times 5.98\% + 1100/2 \times 5.98\% = 100.64$ 万元

建设期贷款利息: $32.89 + 100.64 = 133.53$ 万元

计算年折旧:年折旧 $= (5000 + 133.53 - 600 - 200) \div 10 = 433.35$ 万元

期末固定资产余值 $= (5000 + 133.53 - 600) - 433.35 \times 8 = 1066.7$ 万元

问题 2

【解】计算每年还本付息额

按照已知条件,运营期限前 3 年等额本息法偿还固定资产投资贷款,即:年还本息共计:

$(2200 + 133.53) \times (A/P, 5.98\%, 3) = 2333.53 \div 2.674 = 873$ 万元

其中:第一年的利息 $= (2200 + 133.53) \times 5.98\% = 140$ 万元

还本 $= 873 - 140 = 733$ 万元

第二年的利息 $= (2200 + 133.53 - 733) \times 5.98\% = 96$ 万元

还本 $= 873 - 96 = 777$ 万元

第三年的利息 $= (2200 + 133.53 - 733 - 777) \times 5.98\% = 49$ 万元

还本 $= 873 - 49 = 824$ 万元

【案例二】

背景:

某拟建工业项目的基础数据如下:

1. 固定资产投资估算总额为 5263.90 万元(其中包括无形资产 600 万元)。建设期 2 年,运营期 8 年。

2. 本项目固定资产投资来源为自有资金和贷款。自有资金在建设期内均衡投入;贷款本金为 2000 万元,在建设期内每年贷入 1000 万元。贷款年利率为 10%(按年计息)。贷款合同规定的还款方式为:运营期的前 4 年等额还本付息。无形资产在运营期 8 年中均匀摊入成本。固定资产残值 300 万元,按直线法折旧,折旧年限 12 年。所得税率为 25%。

3. 本项目第 3 年投产,当年达产率为 70%,第 4 年达产率为 90%,以后各年均达到设计生产能力。流动资金全部为自有资金。

4. 股东会约定正常年份按可供投资者分配利润 50% 的比例,提取应付投资者各方的股利。运营期的头两年,按正常年份的 70% 和 90% 的比例计算。

5. 项目的资金投入、收益、成本,见表 5-14。

建设项目资金投入、收益、成本费用表(单位:万元)   表 5-14

序号	项　目	1	2	3	4	5	6	7	8 ~ 10
1	建设投资 其中:资本金 　　　贷款本金	1529.45 1000.00	1529.45 1000.00						
2	营业收入			3500.00	4500.00	5000.00	5000.00	5000.00	5000.00
3	营业税金及附加			210.00	270.00	300.00	300.00	300.00	300.00
4	经营成本			2490.84	3202.51	3558.34	3558.34	3558.34	3558.34
5	流动资产(现金 + 应收账款 + 预付账款 + 存货)			532.00	684.00	760.00	760.00	760.00	760.00
6	流动负债(应付账款 + 预收账款)			89.83	115.50	128.33	128.33	128.33	128.33
7	流动资金[(5) - (6)]			442.17	568.50	631.67	631.67	631.67	631.67

问题：

1．计息建设期贷款利息和运营期年固定资产折旧费、年无形资产摊销费。

2．编制项目的借款还本付息计划表、总成本费用估算表和利润分配表。

3．编制项目的财务计划现金流量表。

4．编制项目的资产负债表。

5．从清偿能力角度，分析项目的可行性。

分析要点：

本案例重点考核融资后投资项目财务分析中，还款方式为等额还本付息情况下，借款还本付息表、总成本费用估算表和利润与利润分配表的编制方法。为了考察拟建项目计算期内各年的财务状况和清偿能力，还必须掌握项目财务计划现金流量表以及资产负债表的编制方法。

（1）根据所给贷款利率计算建设期与运营期贷款利息，编制借款还本付息计划表。

运营期各年利息＝该年期初借款余额×贷款利率

运营期各年期初借款余额＝（上年期初借款余额－上年偿还本金）

运营期每年等额还本付息金额按以下公式计算：

$$A = P \times \frac{(1+i)^n \times i}{(1+i)^n - 1} = P \times (A/P, i, n)$$

（2）根据背景材料所给数据，按以下公式计算利润与利润分配表的各项费用

营业税金及附加＝营业收入×营业税金及附加税率

利润总额＝营业收入－总成本费用－营业税金及附加

所得税＝（利润总额－弥补以前年度亏损）×所得税率

在未分配利润＋折旧费＋摊销费＞该年应还本金的条件下：

用于还款的未分配利润＝应还本金－折旧费－摊销费

（3）编制财务计划现金流量表应掌握净现金流量的计算方法

该表的净现金流量等于经营活动、投资活动和筹资活动三个方面的净现金流量之和。

①经营活动的净现金流量＝经营活动的现金流入－经营活动的现金流出

其中，经营活动的现金流入包括营业收入、增值税销项税额、补贴收入以及与经营活动有关的其他流入。

经营活动的现金流出包括经营成本、增值税进项税额、营业税金及附加、增值税、所得税以及与经营活动有关的其他流出。

②投资活动的净现金流量＝投资活动的现金流入－投资活动的现金流出

其中，对于新设法人项目，投资活动的现金流入为0。

投资活动的现金流出包括建设投资、维持运营投资、流动资金以及与投资活动有关的其他流出。

③筹集活动的净现金流量＝筹资活动的现金流入－筹资活动的现金流出

其中，筹资活动的现金流入包括项目资本金投入、建设投资借款、流动资金借款、债券、短期借款以及与筹资活动有关的其他流入。

筹资活动的现金流出包括各种利息支出、偿还债务本金、应付利润（股利分配）以及与筹资活动有关的其他流出。

（4）累计盈余资金＝∑净现金流量（即各年净现金流量之和）

（5）编制资产负债表应掌握以下各项费用的计算方法

资产：流动资产总额（货币资金、应收账款、预付账款、存货、其他之和）、在建工程、固定资产净值、无形及其他资产净值，其中货币资金包括现金和累计盈余资金。

负债：指流动负债、建设投资借款和流动资金借款。

所有者权益：资本金、资本公积金、累计盈余公积金和累计未分配利润。

以上费用大都可直接从利润与利润分配表和财务计划现金流量表中取得。

（6）清偿能力分析

包括资产负债率和财务比率。

①资产负债率 $= \dfrac{负债总额}{资产总额} \times 100\%$

②流动比率 $= \dfrac{流动资产总额}{流动负债总额} \times 100\%$

参考答案：

问题1

【解】（1）建设期贷款利息计算：

第1年贷款利息 $= (0 + 1000 \div 2) \times 10\% = 50$ 万元

第2年贷款利息 $= [(1000 + 50) + 1000 \div 2] \times 10\% = 155$ 万元

建设期贷款利息总计 $= 50 + 155 = 205$ 万元

（2）年固定资产折旧费 $= (5263.9 - 600 - 300) \div 12 = 363.66$ 万元

（3）年无形资产摊销费 $= 600 \div 8 = 75$ 万元

问题2

【解】（1）根据贷款利息公式列出借款还本付息表中的各项费用，并填入建设期两年的贷款利息，如表5-15所示。第3年年初累计借款额为2205万元，则运营期的前4年应偿还的等额本息为：

$$A = P \times \frac{(1+i)^n \times i}{(1+i)^n - 1} = 2205 \times \frac{(1+10\%)^4 \times 10\%}{(1+10\%)^4 - 1}$$

$$= 2205 \times 0.31547 = 695.61 \text{ 万元}$$

借款还本付息计划表（单位：万元）　　　　　　　　　　　　表5-15

项　目		计　算　期					
		1	2	3	4	5	6
借款（建设投资借款）		1000	1000				
期初借款余额		0	1050	2205	1729.89	1207.27	632.39
当期还本付息				695.61	695.61	695.61	695.61
其中	还本			475.11	522.62	574.88	632.39
	付息	50	155	220.5	172.99	120.73	63.24
期末借款余额		1050.00	2205	1729.89	1207.27	632.39	0

（2）根据总成本费用的组成，列出总成本费用中的各项费用，并将借款还本付息表中第3年应计利息 = 2205 × 10% = 220.50万元和年经营成本、年折旧费、摊销费一并填入总成本费用表中，汇总得出第3年的总成本费用为3150万元，如表5-16所示。

总成本费用估算表（单位：万元）　　　　　　　　　　　　表5-16

序号	项　　目	3	4	5	6	7	8	9	10
1	经营成本	2490.84	3202.51	3558.34	3558.34	3558.34	3558.34	3558.34	3558.34
2	折旧费	363.66	363.66	363.66	363.66	363.66	363.66	363.66	363.66
3	摊销费	75	75	75	75	75	75	75	75
4	利息支出	220.5	172.99	120.73	63.24				
5	总成本费用	3150.00	3814.16						

（3）将各年的营业收入、营业税金及附加和第3年的总成本费用3150万元一并填入利润与利润分配表（表5-17）的该年份内，并按以下方法计算出该年利润总额、所得税及净利润。

①第3年的利润总额 = 3500 − 3150 − 210 = 140万元

第3年应交纳所得税 = 140 × 25% = 35万元

第3年净利润 = 140 − 35 = 105万元

期初未分配利润和弥补以前年度亏损为0，本年可供分配利润 = 本年净利润

第3年提取法定盈余公积金 = 105 × 10% = 10.50万元

第3年可供投资者分配利润 = 105-10.5 = 94.50万元

第3年应付投资者各方股利 = 94.50 × 50% × 70% = 33.08万元

第3年未分配利润 = 94.5-33.08 = 61.42万元

第3年用于还款的未分配利润 = 475.11 − 363.66 − 75 = 36.45万元

第3年剩余未分配利润 = 61.42 − 36.45 = 24.97万元（为下年度期初未分配利润）

②第4年初尚欠贷款本金 = 2205-475.11 = 1729.89万元，应计利息172.99万元，填入总成本费用估算表5-16中，汇总得出第4年的总成本费用为3814.16万元。将总成本带入利润与利润分配表5-17中，计算出净利润311.88万元。

第4年可供分配利润 = 311.88 + 24.97 = 336.85万元

第4年提取法定盈余公积金 = 311.88 × 10% = 31.19

第4年可供投资者分配利润 = 336.85-31.19 = 305.66万元

第4年应付投资者各方股利 = 305.66 × 50% × 90% = 137.55万元

第4年未分配利润 = 305.66 − 137.55 = 168.11万元

第4年用于还款的未分配利润 = 522.62 − 363.66 − 75 = 83.96万元

第4年剩余未分配利润 = 168.11 − 83.96 = 84.15万元，为下年度期初未分配利润。

③第5年初尚欠贷款本金 = 1729.89 − 522.62 = 1207.27万元，应计利息120.73万元，填入总成本费用估算表5-16中，汇总得出第5年的总成本费用为4117.73万元。将总成本带入利润与利润分配表5-17中，计算出净利润436.70万元。

第 5 年可供分配利润 = 436.70 + 84.15 = 520.85 万元

第 5 年提取法定盈余公积金 = 436.70 × 10% = 43.67 万元

第 5 年可供投资者分配利润 = 520.85 − 43.67 = 477.18 万元

第 5 年应付投资者各方股利 = 477.18 × 50% = 238.59 万元

第 5 年未分配利润 = 477.18 − 238.59 = 238.59 万元

第 5 年用于还款的未分配利润 = 574.88 − 363.66 − 75 = 136.22 万元

第 5 年剩余未分配利润 = 238.59 − 136.22 = 102.37 万元,为下年度期初未分配利润。

④第 6 年初尚欠贷款本金 = 1207.27 − 574.88 = 632.39 万元,应计利息 63.24 万元,填入总成本费用估算表 5-16 中,汇总得出第 6 年的总成本费用为 4060.24 万元。将总成本带入利润与利润分配表 5-17 中,计算出净利润 479.82 万元。

利润与利润分配表(单位:万元) 表 5-17

序号	年份\科目	计算期							
		3	4	5	6	7	8	9	10
1	营业收入	3500.00	4500.00	5000.00	5000.00	5000.00	5000.00	5000	5000
2	营业税金及附加	210.00	270.00	300.00	300.00	300.00	300.00	300	300
3	总成本费用	3150	3814.16	4117.73	4060.24	3997.00	3997.00	3997.00	3997.00
4	补贴收入								
5	利润总额(1−2−3+4)	140	415.84	582.27	639.76	703.00	703.00	703.00	703.00
6	弥补以前年度亏损								
7	应纳税所得额(5-6)	140	415.84	582.27	639.76	703.00	703.00	703.00	703.00
8	所得税(7)×25%	35.00	103.95	145.57	159.94	175.75	175.75	175.75	175.75
9	净利润(5-8)	105.00	311.88	436.70	479.82	527.25	527.25	527.25	527.25
10	期初未分配利润		24.97	84.15	102.37	73.37	273.94	374.23	424.37
11	可供分配利润(9+10)	105.00	336.85	520.85	582.19	600.62	801.19	901.48	951.62
12	提取法定盈余公积金(9)×10%	10.5	31.19	43.67	47.98	52.73	52.73	52.73	52.73
13	可供投资者分配的利润(11)−(12)	94.5	305.66	477.18	534.21	547.89	748.46	848.75	898.89
14	应付投资各方股利	33.08	137.55	238.59	267.11	273.95	374.23	424.38	449.45
15	未分配利润(13−14)	61.42	168.11	238.59	267.10	273.94	374.23	424.37	449.44
15.1	用于还款利润	36.45	83.96	136.22	193.73				
15.2	剩余利润转下年期初未分配利润	24.97	84.15	102.37	73.37	273.94	374.23	424.37	449.44
16	息税前利润(5+利息支出)	360.50	588.83	703.00	703.00	703.00	703.00	703.00	703.00

本年的可供分配利润、提取法定盈余公积金、可供投资者分配利润、用于还款的未分配利润、剩余未分配利润的计算均与第 5 年相同。

⑤第 7、8、9 年和第 10 年已还清贷款,所以,总成本费用表中,不再有固定资产贷款利息,总成本均为 3997 万元;利润与利润分配表中用于还款的未分配利润也均为 0;净利润只用于提取盈余公积金 10% 和应付投资者各方股利 50%,剩余的未分配利润转下年期初未分配利润。

问题 3

【解】编制项目财务计划现金流量表,如表 5-18 所示。

表中各项数据均取自于借款还本付息表、总成本费用估算表和利润与利润分配表。

问题 4

【解】编制项目的资产负债表,如表 5-19 所示。表中各项数据均取自背景资料、财务计划现金流量表、借款还本付息计划表和利润与利润分配表。

表中:

(1)资产

①流动资产总额:指流动资产、累计盈余资金额以及期初未分配利润之和。流动资产取自背景材料中表(表 5-14);期初未分配利润取自利润与利润分配表(表 5-17)中数据的累计值;累计盈余资金取自财务计划现金流量表(表 5-18)。

②在建工程:指建设期各年的固定资产投资额,取自背景材料中表(表 5-14)。

③固定资产净值:指投产期逐年从固定资产投资中扣除折旧费后的固定资产从余值。

④无形资产净值:指投产期逐年从无形资产中扣除摊销费后的无形资产余值。

(2)负债

①流动资金负债:取自背景材料中表(表 5-14)中的应付账款。

②投资贷款负债:取自借款还本付息计划表(表 5-15)。

(3)所有者权益

①资本金:取自背景材料中表(表 5-14)。

②累计盈余公积金:根据利润与利润分配表(表 5-17)中盈余公积金的累计计算。

③累计未分配利润:根据利润与利润分配表(表 5-17)中未分配利润的累计计算。

表中,各年的资产与各年的负债和所有者权益之间应满足以下条件:

$$资产 = 负债 + 所有者权益$$

问题 5

【解】根据利润与利润分配表计算出该项目的贷款能按合同规定在运营期前 4 年内等额还本付息还清贷款,并自投产年份开始就为盈余年份。还清贷款后,每年的资产负债率,均在 3% 以内,流动比率大,说明偿债能力强。该项目可行。

表 5-18

项目财务计划现金流量表（单位：万元）

序号	科目	计算期 1	2	3	4	5	6	7	8	9	10
1	经营活动净现金流量			764.16	923.53	996.09	981.72	965.91	965.91	965.91	965.91
1.1	现金流入			3500.00	4500.00	5000.00	5000.00	5000.00	5000.00	5000.00	5000.00
1.1.1	营业收入			3500	4500.00	5000.00	5000.00	5000.00	5000.00	5000.00	5000.00
1.2	现金流出			2735.84	3576.47	4003.91	4018.28	4034.09	4034.09	4034.09	4034.09
1.2.1	经营成本			2490.84	3202.51	3558.34	3558.34	3558.34	3558.34	3558.34	3558.34
1.2.2	营业税金及附加			210.00	270.00	300.00	300.00	300.00	300.00	300.00	300.00
1.2.3	所得税			35.00	103.96	145.57	159.94	175.75	175.75	175.75	175.75
2	投资活动净现金流量	-2529.45	-2529.45	-442.17	-126.33	-63.17					
2.1	现金流入										
2.2	现金流出	2529.45	2529.45	442.17	126.33	63.17					
2.2.1	建设投资	2529.45	2529.45								
2.2.2	流动资金			442.17	126.33	63.17					
3	筹资活动净现金流量	2529.45	2529.45	-286.52	-706.83	-871.04	-962.73	-273.96	-374.24	-424.38	-449.45
3.1	现金流入	2529.45	2529.45	442.17	126.33	63.17					
3.1.1	项目资本金	1529.45	1529.45								
3.1.2	建设投资借款	1000	1000								
3.1.3	流动资金借款			442.17	126.33	63.17					
3.2	现金流出			728.69	833.16	934.21	962.73	273.96	374.24	424.38	449.45
3.2.1	各种利息支出			220.5	172.99	120.73	63.24				
3.2.2	偿还债务本金			475.11	522.62	574.88	632.39				
3.2.3	应付利润			33.08	137.55	238.59	267.10	273.96	374.24	424.38	449.45
4	净现金流量（1＋2＋3）	0.00	0.00	35.47	90.37	61.89	18.99	691.95	591.67	541.53	516.46
5	累计盈余资金	0.00	0.00	35.47	125.85	187.74	206.73	898.68	1490.36	2031.89	2548.35

表5-19

资产负债表（单位：万元）

序号	科目	\ 年份	计算期								
		1	2	3	4	5	6	7	8	9	10
1	资产	2579.45	5263.9	5392.71	5221.40	5004.78	4687.47	5014.14	5441.10	5918.20	6420.37
1.1	流动资产总额			567.47	834.82	1056.86	1178.21	1943.54	2809.16	3724.92	4665.75
1.1.1	流动资产			532	684	760	760	760	760	760	760
1.1.2	累计盈余资金	0	0	35.47	125.85	187.74	206.73	898.68	1490.36	2031.89	2548.35
1.1.3	累计期初未分配利润			0	24.97	109.12	211.49	284.86	558.80	933.03	1357.40
1.2	在建工程	2579.45	5263.90								
1.3	固定资产净值			4300.24	3936.58	3572.92	3209.26	2845.60	2481.94	2118.28	1754.62
1.4	无形资产净值			525	450	375	300	225	150	75	0
2	负债及所有者权益	2579.5	5263.90	5392.71	5221.39	5004.77	4687.46	5014.13	5441.09	5918.19	6420.36
2.1	负债	1050	2205	1819.72	1322.77	760.72	128.33	128.33	128.33	128.33	128.33
2.1.1	流动负债			89.83	115.50	128.33	128.33	128.33	128.33	128.33	128.33
2.1.2	贷款负债	1050	2205	1729.89	1207.27	632.39					
2.2	所有者权益	1529.45	3085.90	3572.99	3898.62	4244.05	4559.13	4885.80	5312.76	5789.86	6292.03
2.2.1	资本金	1529.45	3058.90	3501.07	3627.40	3690.57	3690.57	3690.57	3690.57	3690.57	3690.57
2.2.2	累计盈余公积金	0	0	10.50	41.69	85.36	133.34	186.07	238.50	291.53	344.26
2.2.3	累计未分配利润	0	0	61.24	229.53	468.12	735.22	1009.16	1383.39	1807.76	2257.20
计算指标	资产负债率%	40.71	41.89	33.74	25.33	15.20	2.74	2.56	2.36	2.17	2.00
	流动比率%			631.72	722.79	823.55	918.11	1514.49	2189.01	2901.61	3635.74

📡 本章小结

项目投资决策阶段是项目建设过程中非常重要的一个阶段,该阶段的主要工作是进行可行性研究,主要是进行市场、技术、经济三方面的研究。建设项目投资决策阶段影响工程造价的因素主要有项目建设规模、项目建设标准、项目建设地点、项目生产工艺和设备方案等四个方面。

项目投资决策阶段工程造价管理,主要从整体上把握项目的投资,分析确定建设项目工程造价的主要影响因素,编制建设项目的投资估算,对建设项目进行经济财务分析,考察建设项目的国民经济评价与社会效益评价,结合建设项目的决策阶段的不确定性因素对建设项目进行风险管理。

投资估算方法主要有资金周转率法、生产能力指数法、朗格系数法等;流动资金一般采用分项详细估算法。财务分析是根据国家现行财税制度和价格体系,编制财务报表,计算评价指标,考察项目的盈利能力、清偿能力及外汇平衡能力等财务状况,据以判断项目的财务可行性。

📝 习题

一、单项选择题

1. 关于项目决策与工程造价的关系,下列说法中不正确的是(   )。

    A. 项目决策的深度影响投资决策估算的精确度

    B. 工程造价合理性是项目决策正确性的前提

    C. 项目决策的深度影响工程造价的控制效果

    D. 项目决策的内容是决定工程造价的基础

2. 项目可行性研究的前提和基础是(   )。

    A. 市场调查和预测研究   B. 建设条件研究

    C. 设计方案研究   D. 经济评价

3. 建设项目可行性研究报告可作为(   )的依据。

    A. 调整合同价   B. 编制标底和投标报价

    C. 工程结算   D. 项目后评估

4. 按照编制现金流量表的要求,不列入现金流入的项目是(   )。

    A. 回收流动资金   B. 回收固定资产余值

    C. 利润总额   D. 产品销售收入

5. 项目合理规模确定中需考虑的首要因素是(   )。

    A. 技术因素   B. 环境因素   C. 市场因素   D. 人为因素

6. 关于生产能力指数法,以下叙述正确的是(   )。

    A. 这种方法是指标估算法

    B. 这种方法也称为因子估算法

    C. 这种方法将项目的建设投资与其生产能力的关系视为简单的线性关系

    D. 这种方法表明,造价与规模呈非线性关系

7. 所谓项目的规模效益,就是伴随着生产规模扩大引起(　　)而带来的经济效益。

    A. 单位成本上升　　　　　　　　　　　B. 单位成本下降

    C. 投资总量的提高　　　　　　　　　　D. 产量大幅度提高

8. 投资决策阶段,建设项目投资方案选择的重要依据之一是(　　)。

    A. 工程预算　　　　　　　　　　　　　B. 投资估算

    C. 设计概算　　　　　　　　　　　　　D. 工程投标报价

9. 下列各项中,可以反映企业偿债能力的指标是(　　)。

    A. 投资利润率　　　　　　　　　　　　B. 速动比率

    C. 净现值率　　　　　　　　　　　　　D. 内部收益率

10. 现金流量表的现金流入中有一项是流动资金回收,该项现金流入发生在(　　)。

    A. 计算期每一年　　　　　　　　　　　B. 生产期每一年

    C. 计算期最后一年　　　　　　　　　　D. 投产期第一年

二、多项选择题

1. 项目投资现金流量表中的现金流出范围包括(　　)。

    A. 建设投资　　　　　　　　　　　　　B. 流动资金

    C. 固定资产折旧费　　　　　　　　　　D. 经营成本

    E. 利息支出

2. 财务评价的动态指标有(　　)。

    A. 投资利润率　　　　　　　　　　　　B. 借款偿还期

    C. 财务净现值　　　　　　　　　　　　D. 财务内部收益率

    E. 资产负债率

3. 在下列项目中,包含在项目资本金现金流量表中而不包含在项目投资现金流量表中的有(　　)。

    A. 营业税金及附加　　　　　　　　　　B. 建设投资

    B. 借款本金偿还　　　　　　　　　　　D. 借款利息支出

    E. 所得税

4. 固定资产投资项目资产负债表中,资产包括(　　)。

    A. 固定资产净值　　　　　　　　　　　B. 在建工程

    C. 长期借款　　　　　　　　　　　　　D. 无形及递延资产净值

    E. 应付账款

5. 建设项目可行性研究报告的内容可概括为(　　)。

    A. 市场研究　　　　　　　　　　　　　B. 确定拟建规模

    C. 厂址选择　　　　　　　　　　　　　D. 技术研究

    E. 效益研究

6. 财务评价指标体系中,反映盈利能力的指标有(　　)。

    A. 流动比率　　　　　　　　　　　　　B. 速动比率

    C. 财务净现值　　　　　　　　　　　　D. 投资回收期

    E. 资产负债率

三、案例分析题

背景：

某企业拟建设一个生产性项目，以生产国内某种急需的产品。该项目的建设期为 2 年，运营期为 7 年。预计建设期投资 1800 万元，并全部形成固定资产。固定资产使用年限 10 年，运营期末残值 50 万元，按照直线法折旧，在生产期末收回残值。

该企业于建设期第 1 年投入项目资本金为 800 万元，建设期第 2 年向当地建设银行贷款 1000 万元，贷款利率 10%，建设期只计利息不还款，银行要求建设单位从生产期开始的 7 年间，按照每年等额本金偿还法进行偿还，同时偿还当年发生的利息。项目第 3 年投产，投产当年又投入资本金 200 万元作为流动资金，流动资金贷款年利率为 5%。

运营期，正常年份每年的销售收入为 2700 万元，经营成本 1300 万元，产品销售税金及附加税率为 6%，所得税税率为 33%，年总成本 1600 万元。

投产的第 1 年生产能力仅为设计生产能力的 70%。为简化计算，第一年的销售收入、经营成本和总成本费用均按照正常年份的 70% 估算。投产的第 2 年及其以后各年的生产均达到设计生产能力。

问题：

1. 计算年固定资产折旧额。
2. 编制建设资金借款还本付息表。
3. 计算各年所得税。

第6章

建设项目设计阶段工程造价管理

本章概要

1. 建设项目设计阶段工程造价管理的意义；

2. 建设项目设计阶段工程造价管理的程序和控制措施；

3. 限额设计、设计方案的评价和优化；

4. 设计阶段工程造价的计价。

6.1 ➤ 概　　述

6.1.1　工程设计、设计阶段及设计程序

1.工程设计的含义

工程设计是建设程序的一个环节，是指在可行性研究批准之后，工程开始施工之前，根据已批准的设计任务书，为具体实现拟建项目的技术、经济要求，拟定建筑、安装及设备制造等所需的规划、图纸、数据等技术文件的工作。工程设计是建设项目由计划变为现实的具有决定意义的工作阶段。设计文件是建筑安装施工的依据。拟建工程在建设过程中能否保证进度、质量和节约投资，在很大程度上取决于设计质量的优劣。工程建成后，能否获得满意的经济效果，除了项目决策之外，设计工作起着决定性的作用。设计工作的重要原则之一是保证设计的整体性，为此，设计工作必须按一定的程序分阶段进行。

2.设计阶段

根据建设程序的进展，为保证工程建设和设计工作有机配合和衔接，按照由粗到细，将工程设计划分阶段进行。一般工业项目与民用建设项目分两个阶段设计：即初步设计和施工图设计；对于技术上复杂而又缺乏设计经验的项目，分三个阶段进行设计：即初步设计、技术设计和施工图设计。在各设计阶段，都需要编制相应的工程造价文件，与初步设计、技术设计对应的是设计概算、修正概算，与施工图设计对应的是施工图预算。

3.设计程序

设计程序是指设计工作的先后顺序，包括：设计准备阶段、初步方案阶段、初步设计阶段、技术设计阶段、施工图设计阶段、设计交底和配合施工阶段，如图6-1所示。

（1）设计准备阶段

在设计之前，首先要了解并熟悉外部条件和客观情况，具体内容包括地形、气候、地质、自

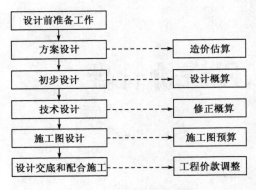

图6-1　工程设计的全过程

然环境等自然条件;城市规划对建筑物的要求;交通、水、电、气、通信等基础设施状况;业主对工程的要求,特别是工程应具备的各项使用要求;对工程经济估算的依据和所能提供的资金、材料、施工技术和装备等供应情况以及可能影响工程设计的其他客观因素,为进行设计作好充分准备。

（2）初步方案阶段

在搜集资料的基础上,设计人员应对工程主要内容(包括功能与形式)的安排有个大概的布局设想,然后还要考虑工程与周围环境之间的关系。在这一阶段设计者可以与使用者和规划部门充分交换意见,最后使自己的设计取得规划部门的同意,与周围环境有机地融为一体。对于不太复杂的工程,这一阶段可以省略,把有关的工作并入初步设计阶段。

（3）初步设计阶段

初步设计是设计过程的一个关键性阶段,也是整个设计构思基本形成的阶段。通过初步设计可以进一步明确拟建工程在指定地点和规定期限内进行建设的技术可行性和经济合理性,并规定主要技术方案、工程总造价和主要技术经济指标,以利于在项目建设和使用过程中最有效地利用人力、物力和财力。工业项目的初步设计包括总平面设计、工艺设计和建筑设计三部分,在初步设计阶段还应编制设计总概算。

（4）技术设计阶段

技术设计是初步设计的具体化,也是各种技术问题的定案阶段。技术设计研究和决定的问题,与初步设计大致相同,但需要根据更详细的勘察资料和技术经济计算加以补充修正。技术设计的详细程度应满足确定设计方案中重大技术问题和有关实验、设备选择等方面的要求,应能保证根据它进行施工图设计和提出设备订货明细表。技术设计时,如果对初步设计中所确定的方案有所更改,应对更改部分编制修正概算书。对于不太复杂的工程,技术设计阶段可以省略,把这个阶段的工作纳入施工图设计阶段进行。

（5）施工图设计阶段

施工图设计阶段主要是通过图纸,把设计者的意图和全部设计结果表达出来,作为施工的依据,是设计工作和施工工作的桥梁。具体内容包括建设项目各部分工程的详图和零部件、结构构件明细表,以及验收标准、方法等。施工图设计的深度应能满足设备材料的选择与确定、非标准设备的设计与加工制作、施工图预算的编制、建筑工程施工和安装工程施工的要求。

（6）设计交底和配合施工阶段

施工图交付给施工单位之后,根据现场需要,设计单位应派人到施工现场,与建设、施工单位共同会审施工图纸,并进行技术交底,介绍设计意图和技术要求,修改不符合实际和有错误的图纸,参加试运转和竣工验收,解决试运转过程中的各种技术问题,并检验设计的正确和完善程度。

6.1.2　设计阶段影响工程造价的因素

1.影响工业建设项目工程造价的主要因素

1）总平面设计

总平面设计是指总图运输设计和总平面布置。主要包括的内容：厂址方案、占地面积和土地利用情况；总图运输、主要建筑物和构筑物及公用设施的布置；外部运输、水、电、气及其他外部协作条件等。

总平面设计是否合理对于整个设计方案的经济合理性有重大影响。正确合理的总平面设计可以大大减少建筑工程量，节约建设用地，节省建设投资，加快建设进度，降低工程造价和项目运行后的使用成本，并可以为企业创造良好的生产组织、经营条件和生产环境，还可以为城市建设或工业区创造完美的建筑艺术整体。

总平面图设计中影响工程造价的主要因素包括：

（1）现场条件。现场条件是制约设计方案的重要因素之一，对工程造价的影响主要体现在：地质、水文、气象条件等影响基础形式的选择、基础的埋深（持力层、冻土线）；地形地貌影响平面及室外标高的确定；场地大小、邻近建筑物地上附着物等影响平面布置、建筑层数、基础形式及埋深。

（2）占地面积。占地面积的大小一方面影响征地费用的高低，另一方面也会影响管线布置成本及项目建成运营的运输成本。因此在满足建设项目基本使用功能的基础上，应尽可能节约用地。

（3）功能分区。工业建筑有许多功能，这些功能之间相互联系，相互制约。合理的功能分区既可以使建筑物的各项功能充分发挥，又可以使总平面布置紧凑、安全，避免大挖大填，减少土石方量和节约用地，降低工程造价。对于工业建筑，合理的功能分区还可以使生产工艺流程顺畅，从全生命周期造价管理的角度考虑还可以使运输简便，降低项目建成后的运营成本。

（4）运输方式。不同的运输方式其运输效率及成本不同。例如，有轨运输运量大，运输安全，但需要一次性投入大量资金；无轨运输无需一次性大规模投资，但是运量小，安全性较差。从降低工程造价的角度来看，应尽可能选择无轨运输，可以减少占地，节约投资。但是运输方式的选择不能仅仅考虑工程造价，还应考虑项目运营的需要，如果运输量较大，则有轨运输往往比无轨运输成本低。

2）工艺设计

工艺设计阶段影响工程造价的主要因素包括：建设规模、标准和产品方案；工艺流程和主要设备的选型；主要原材料、燃料供应情况；生产组织及生产十字路口的劳动定员情况；"三废"治理及环保措施等。

按照建设程序，建设项目的工艺流程在可行性研究阶段已经确定。设计阶段的任务就是严格按照批准的可行性研究报告的内容进行工艺技术方案的设计，确定具体的工艺流程和生产技术。在具体项目工艺设计方案的选择时，应以提高投资的经济效益为前提，深入分析、比较，综合考虑各方面的因素。

3）建筑设计

在进行建筑设计时，设计单位及设计人员应首先考虑业主所要求的建筑标准，根据建筑物、构筑物的使用性质、功能及业主的经济实力等因素确定；其次应在考虑施工条件和施工过程的合理组织的基础上,决定工程的立体平面设计和结构方案的工艺要求。

建筑设计阶段影响工程造价的主要因素包括:

(1)平面形状。一般来说,建筑物平面形状越简单,单位面积造价就越低。当一座建筑物的形状不规则时,将导致室外工程、排水工程、砌砖工程及屋面工程等复杂化,增加工程费用。即使在同样的建筑面积下,建筑平面形状不同,建筑周长系数 $K_周$(建筑物周长与建筑面积比,即单位建筑面积所占外墙长度)便不同。通常情况下建筑周长系数越低,设计越经济。圆形、正方形、矩形、T形、L形建筑的 $K_周$ 依次增大。但是圆形建筑施工复杂,施工费用一般比矩形建筑增加20%~30%,所以其墙体工程量所节约的费用并不能使建筑工程造价降低。虽然正方形的建筑既有利于施工,又能降低工程造价,但是若不能满足建筑物美观和使用要求,则毫无意义。因此,建筑物平面形状的设计应在满足建筑物使用功能的前提下,降低建筑周长系数,充分注意建筑平面形状的简洁、布局的合理,从而降低工程造价。

(2)流通空间。在满足建筑物使用要求的前提下,应将流通空间减少到最小,这是建筑物经济平面布置的主要目标之一。因为门厅、走廊、过道、楼梯以及电梯井的流通空间并非为了获利目的设置,但采光、采暖、装饰、清扫等方面的费用却很高。

(3)空间组合。空间组合包括建筑物的层高、层数、室内外高差等因素。

①层高。在建筑面积不变的情况下,建筑层高的增加会引起各项费用的增高。如墙与隔墙及有关粉刷、装饰费用提高;楼梯造价和电梯设备费用的增加;供暖空间体积的增加;卫生设备、上下水管道长度增加等。另外,由于施工垂直运输量增加,可能增加屋面造价;由于层高增设而导致建筑物总高度增加很多时,还可能增加基础造价。

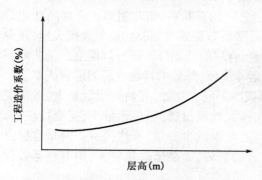

图 6-2　层高与单位建筑面积造价关系

据分析,单层厂房层高每增加 1m,单位面积造价增加 1.8%~3.6%,年度采暖费约增加 3%;多层厂房的层高每增加 0.6m,单位面积造价提高 8.3% 左右。由此可见,随着层高的增加,单位建筑面积造价也在不断增加(图 6-2)。多层厂房造价增加幅度比单层厂房大的主要原因,是多层厂房的承重部分占总造价的比重较大,而单层厂房的墙柱部分占总造价的比重较小。

②层数。建筑物层数对造价的影响,因建筑类型、结构和形式的不同而不同。层数不同,则荷载不同,对基础的要求也不同,同时也影响占地面积和单位面积造价。如果增加一个楼层不影响建筑物的结构形式,单位建筑面积的造价可能会降低。但是当建筑物超过一定层数时,结构形式就要改变,单位造价通常会增加。建筑物越高,电梯及楼梯的造价将有提高的趋势,建筑物的维修费用也将增加,但是采暖费用有可能下降。

③室内外高差。室内外高差过大,则建筑物的工程造价提高;高差过小又影响使用及卫生要求等。

(4)建筑物的体积与面积。建筑物尺寸的增加,一般会引起单位面积造价的降低。对于同一项目,固定费用不一定会随着建筑体积和面积的扩大而有明显的变化,一般情况下,单位面积固定费用会相应减少。对于民用建筑,结构面积系数(住宅结构面积与建筑面积之比)越小,有效面积越大,设计越经济。对于工业建筑,厂房、设备布置紧凑合理,可提高生产能力,采用大跨度、大柱距的平面设计形式,可提高平面利用系数,从而降低工程造价。

(5)建筑结构。建筑结构是指建筑工程中由基础、梁、板、柱、墙、屋架等构件所组成的起骨架作用的、能承受直接和间接荷载的空间受力体系。建筑结构因所用的建筑材料不同,可分为砌体结构、钢筋混凝土结构、钢结构、轻型钢结构、木结构和组合结构等。

建筑结构的选择既要满足力学要求,又要考虑其经济性。对于5层以下的建筑物一般选用砌体结构;对于大中型工业厂房一般选用钢筋混凝土结构;对于多层房屋或大跨度结构,选用钢结构明显优于钢筋混凝土结构;对于高层或超高层结构,框架结构和剪力墙结构比较经济。由于各种建筑体系的结构各有利弊,在选用结构类型时应结合实际,因地制宜,就地取材,采用经济合理的结构形式。

(6)柱网布置。柱网布置是指确定柱子的行距(跨度)和间距(每行柱子中两个柱子间的距离)。对于工业建筑,柱网布置对结构的梁板配筋及基础的大小会产生圈套的影响,从而对工程造价和厂房面积的利用效率有较大的影响。柱网的选择与厂房中有无吊车、吊车的类型及吨位、屋顶的承重结构以及厂房的高度等因素有关。对于单跨厂房,当柱间距不变时,跨度越大则单位面积的造价越小。因为除屋架外,其他结构件分摊在单位面积上的平均造价随跨度的增大而减小;对于多跨厂房,当跨度不变时,中跨数量越多越经济。这是因为柱子和基础分摊在单位面积上的造价减少了。

4)材料选用

建筑材料的选择是否合理,不仅直接影响到工程质量、使用寿命、耐火抗震性能,而且对施工费用、工程造价有很大的影响。建筑材料一般占直接费的70%左右,降低材料费用,不仅可以降低直接费,而且也可以降低间接费。因此,设计阶段合理选择建筑材料,控制材料单价或工程量,是控制工程造价的有效途径。

5)设备选用

现代建筑越来越依赖于设备。对于住宅来说,楼层越多设备系统越庞大,如高层建筑物内部空间的交通工具——电梯,室内环境的调节设备——空调、通风、采暖系统等,各个系统的分布占用空间都在考虑之列,既有面积、高度的限额,又有位置的优选和规范的要求。因此,设备配置是否得当,直接影响建筑产品整个寿命周期的成本。

设备选用的重点因设计形式的不同而不同,应该选择能满足生产工艺和生产能力要求的最适用的设备和机械。此外,根据工程造价资料的分析,设备安装工程造价约占工程总投资的20%~50%,由此可见设备方案设计对工程造价的影响。设备的选用应充分考虑自然环境对能源节约的有利条件,如果能从建筑产品的整个寿命周期分析,能源节约是一笔不可忽略的费用。

2.影响民用建设项目工程造价的主要因素

民用建设项目设计是根据建筑物的使用功能要求,确定建筑标准、结构形式、建筑物空间与平面布置以及建筑群体的配置等。民用建筑设计包括住宅设计、公共建筑设计以及住宅小区设计。住宅建筑是民用建筑中最大量、是主要的建筑形式。

(1)住宅小区建设规划中影响工程造价的主要因素

在进行住宅小区规划时,要根据小区基本功能和要求,确定各构成部分的合理层次与关系,据此安排住宅建筑、公共建筑、管网、道路及绿地的布局,确定合理人口与建筑密度、房屋间距和建筑层数,布置公共设施项目、规模及其服务半径,以及水、电、热、燃气的供应等,并划分

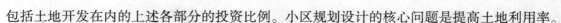

包括土地开发在内的上述各部分的投资比例。小区规划设计的核心问题是提高土地利用率。

①占地面积。居住小区的占地面积不仅直接决定着土地费的高低，而且影响着小区内道路、工程管线长度和公共设备的多少，而这些费用对小区建设投资的影响通常很大。因而，用地面积指标在很大程度上影响小区建设的总造价。

②建筑群体的布置形式。建筑群体的布置形式对用地的影响不容忽视，通过采取高低搭配、点条结合、前后错列以及局部东西向布置、斜向布置或拐角单元等手法节省用地。在保证小区居住功能的前提下，适当集中公共设施，提高公共建筑的层数，合理布置道路，充分利用小区内的边角用地，有利于提高建筑密度，降低小区的总造价。或者通过合理压缩建筑的间距、适当提高住宅层数或高低层搭配以及适当增加房屋长度等方式节约用地。

（2）民用住宅建筑设计中影响工程造价的主要因素

①建筑物平面形状和周长系数。与工业项目建筑设计类似，如按使用指标，虽然圆形建筑$K_周$最小，但由于施工复杂，施工费用较矩形建筑增加 20% ~ 30%，故其墙体工程量的减少不能使建筑工程造价降低，而且使用面积有效利用率不高，用户使用不便。因此，一般都建造矩形和正方形住宅，既有利于施工，又能降低造价和使用方便。在矩形住宅建筑中，又以长宽比为 2:1 为佳。一般住宅单元以 3 ~ 4 个住宅单元、房屋长度 60 ~ 80m 较为经济。

在满足住宅功能和质量的前提下，适当加大住宅进深（宽度）对降低工程造价也有明显的效果。这是由于宽度加大，墙体面积系数相应减少，有利于降低造价。

②住宅的层高和净高。住宅的层高和净高，直接影响工程造价。根据不同性质的工程综合测算，住宅层高每降低 10cm，可降低造价 1.2% ~ 1.5%。层高降低还可提高住宅区的建筑密度，节约土地成本及市政设施费。但是，层高设计中还需考虑采光与通风问题，层高过低不利于采光及通风。一般来说，住宅层高不宜超过 2.8m，可控制在 2.5 ~ 2.8m。目前我国还有不少地区住宅层高还沿用 2.9 ~ 3.2m 的标准，认为层高低了就降低了住宅标准。其实住宅标准的高低取决于面积和设备水平。

③住宅的层数。民用住宅按层数划分为低层住宅（1 ~ 3 层）、多层住宅（4 ~ 6 层）、中高层住宅（7 ~ 9 层）、高层住宅（10 层及以上）。在民用建筑中，多层住宅具有降低工程造价和使用费以及节约用地的优点。房间内部和外部的设施、供水管道、排水管道、煤气管道、电力照明和交通道路等费用，在一定范围内都随着住宅层数的增加而降低。表 6-1 分析了砖混结构的低、多层住宅单方造价与层数之间的关系。

砖混结构低、多层住宅层数与造价的关系　　　　　　表 6-1

住宅层数	1	2	3	4	5	6
单方造价系数(%)	138.05	116.95	108.38	103.51	101.68	100.00
边际造价系数(%)		−21.10	−8.57	−4.87	−1.83	−1.68

由表 6-1 可知，随着住宅层数的增加，单方造价系数在逐渐降低，即层数越多越经济。但是边际造价系数也在逐渐减少，说明随着层数的增加，单方造价系数下降幅度减缓，当住宅超过 7 层，就要增加电梯费用，需要较多的交通面积（过道、走廊要加宽）和补充设备（供水设备和供电设备等）。特别是高层住宅，要经受较强的风荷载，需要提高结构强度，改变结构形式，使工程造价大幅度上升。因此，中小城市以建造多层住宅为经济合理，大城市可沿主要街道建设一部分高层住宅，以合理利用空间，美化市容。对于土地特别昂贵的地区，为了降低土地费

用,中、高层住宅是比较经济的选择。

④住宅单元组成、户型和住户面积。据统计三居室的设计比两居室的设计降低1.5%左右的工程造价。四居室的设计又比三居室的设计降低3.5%左右的工程造价。

衡量单元组成、户型设计的指标是结构面积系数(住宅结构面积与建筑面积之比),系数越小,设计方案越经济。因为结构面积小,有效面积就相应增加。该指标除与房屋结构有关外,还与房屋外形及其长度和宽度有关,同时也与房间平均面积大小和户型组成有关。房屋平均面积越大,内墙、隔墙在建筑面积中所占比重就越低。

⑤住宅建筑结构的选择。对同一建筑物来说,不同的结构类型其造价是不同的。一般来说,砖混结构比框架结构的造价低,因为框架结构的钢筋混凝土现浇构件的比重较大,其钢材、水泥的材料消耗量大,因而建筑成本也高。随着我国工业化水平的提高,住宅工业化建筑体系的结构形式多种多样,考虑工程造价时应根据实际情况,因地制宜,就地取材,采用适合本地区经济合理的结构形式。

3.影响工程造价的其他因素

除以上因素之外,在设计阶段影响工程造价的因素还包括其他内容。

(1)设计单位和设计人员的知识水平

设计单位和人员的知识水平对工程造价的影响是客观存在的。为了有效地降低工程造价,设计单位和人员首先要能够充分利用现代设计理论,运用科学的设计方法优化设计成果;其次要善于将技术与经济相结合,运用价值工程理论优化设计方案;最后,设计单位和人员应及时与造价咨询单位进行沟通,使得造价咨询人员能够在前期设计阶段就参与项目,达到技术与经济的完美结合。

(2)项目利益相关者

设计单位和人员在设计过程中要综合考虑业主、承包商、建设单位、施工单位、监管机构、咨询单位、运营单位等利益相关者的要求和利益,并通过利益诉求的均衡以达到和谐的目的,避免后期出现频繁的设计变更而导致工程造价的增加。

(3)风险因素

设计阶段承担着重大的风险,它对后面的工程招标和施工有着重要的影响。该阶段是确定建设工程总造价的一个重要阶段,决定着项目的总体总价水平。

6.1.3　设计阶段工程造价管理的重要意义

在拟建项目经过投资决策阶段后,设计阶段就成为项目工程造价控制的关键环节。它对建设项目的建设工期、工程造价、工程质量及建成后能否发挥较好的经济效益,起着决定性的作用。

(1)在设计阶段进行工程造价的计价分析可以使造价构成更合理,提高资金利用效率。设计阶段工程造价的计价形式是编制设计概预算,通过设计概预算可以了解工程造价的构成,分析资金分配的合理性。并可以利用价值工程理论分析项目各个组成部分功能与成本的匹配程度,调整项目功能与成本,使其更趋于合理。

(2)在设计阶段进行工程造价的计价分析可以提高投资控制效率。编制设计概算并进行分析,可以了解工程各组成部分的投资比例。对于投资比例大的部分应作为投资控制的重点,这样可以提高投资控制效率。

（3）在设计阶段控制工程造价会使控制工作更主动。长期以来,人们把控制理解为目标值与实际值的比较,以及当实际值偏离目标值时分析产生差异的原因,确定下一步对策。这对于批量性生产的制造业而言,是一种有效的管理方法。但是对于建筑业而言,由于建筑产品具有单件性、价值量大的特点,这种管理方法只能发现差异,不能消除差异,也不能预防差异的产生,而且差异一旦发生,损失往往很大,这是一种被动的控制方法。而如果在设计阶段控制工程造价,可以先按一定的质量标准,开列新建建筑物每一部分或分项的估算造价,对照造价计划中所列的指标进行审核,预先发现差异,主动采取一些控制方法消除差异,使设计更经济。

（4）在设计阶段控制工程造价便于技术与经济相结合。工程设计工作往往是由建筑师等专业技术人员来完成的。他们在设计过程中往往更关注工程的使用功能,力求采用比较先进的技术方法实现项目所需功能,而对经济因素考虑较少。如果在设计阶段吸收造价工程师参与全过程设计,使设计从一开始就建立在健全的经济基础之上,在做出重要决定时能充分认识其经济后果;另外投资限额一旦确定以后,设计只能在确定的限额内进行,有利于建筑师发挥个人创造力,选择一种最经济的方式实现技术目标,从而确保设计方案能较好地体现技术与经济的结合。

（5）在设计阶段控制工程造价效果最显著。工程造价控制贯穿于项目建设全过程,这一点是毫无疑问的。但是进行全过程控制还必须突出重点。图6-3是国外描述的各阶段影响工程项目投资的规律。

从图6-3中可以看出,设计阶段对投资的影响约为75%～95%。很明显,控制工程造价的关键是在设计阶段。在设计一开始就将控制投资的思想植根于设计人员的头脑中,以保证选择恰当的设计标准和合理的功能水平。

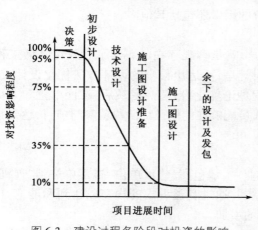

图6-3　建设过程各阶段对投资的影响

6.1.4　设计阶段工程造价管理的内容和程序

随着设计工作的开展,各个阶段工程造价管理的内容又有所不同,各个阶段工程造价管理工作的主要内容和程序如下。

1.方案设计阶段

方案设计阶段一般是根据方案图纸和说明书,作出详尽的工程造价估算书。这时的估算书精确要求不高,和可行性研究报告中的投资估算基本相同,一般允许30%甚至更大的误差。这时的造价估算与可行性研究报告中的投资估算相比较,如果不超过投资估算,则为正常。许多建设工程尤其是民用建筑工程一般没有方案设计,也就没有这一阶段的估价,工业建设如果需要,则有这一设计阶段和相应的估价工作。

2.初步设计阶段

根据初步设计方案图纸和说明书及概算定额编制初步设计总概算;概算一经批准,即为控制拟建项目工程造价的最高限额。总概算是确定建设项目的投资额、编制固定资产投资计划的依据;是签订建设工程总包合同、贷款总合同、实行投资包干的依据;同时也可作为控制建设工程拨款、组织主要设备订货、进行施工准备及编制技术、设计文件或施工图设计文件等的依据。

3.技术设计阶段(扩大初步设计阶段)

根据技术设计的图纸和说明书及概算定额编制初步设计修正总概算。这一阶段往往是针对技术比较复杂、工程比较大的项目而设立的。

4.施工图设计阶段

根据施工图纸和说明书及预算定额编制施工图预算,用以核实施工图阶段造价是否超过批准的初步设计概算。以施工图预算为基础进行招标投标的工程,则是以中标的施工图预算价作为确定承包合同价的依据,同时也是作为结算工程价款的依据。

5.设计交底和配合施工

设计单位应负责交代设计意图,进行技术交底,解释设计文件,及时解决施工中设计文件出现的问题,参加试运转和竣工验收、投产及进行全面的工程设计总结。设计过程中应及时地对项目投资进行分析对比,反馈造价信息,能动地影响设计,控制投资。

设计阶段的造价控制是一个有机联系的整体,各设计阶段的造价(估算、概算、预算)相互制约、相互补充,前者控制后者,后者补充前者,共同组成工程造价的控制系统。

6.1.5　设计阶段工程造价控制的措施和方法

设计阶段控制工程造价的方法有:对设计方案进行优选或优化设计,推广限额设计和标准化设计,加强对设计概算、施工图预算的编制管理和审查。

1.方案的造价估算、设计概算和施工图预算的编制与审查

设计阶段加强对设计方案估算、初步设计概算、施工图预算编制的管理和审查是至关重要的。实际工作中经常发现有的方案估算不够完整,有的限额设计的目标值缺乏合理性,有的概算不够正确,有的施工图预算不够准确,影响到设计过程中各个阶段造价控制目标的制定,最终不能达到以造价目标控制设计工作的目的。

方案估算要建立在分析测算的基础上,能比较全面、真实地反映各个方案所需的造价。在方案的投资估算过程中,要多考虑一些影响造价的因素,如施工的工艺和方法的不同、施工现场的不同情况等,因为它们都会使按照经验估算的造价发生变化,只有这样才能使估算更加完善。对于设计单位来说,当务之急是要对各类设计资料进行分析测算,以掌握大量的第一手资料数据,为方案的造价估算积累有效的数据。

设计概算不准,与施工图预算差距很大的现象常有发生,其原因主要包括初步设计图纸深度不够,概算编制人员缺乏责任心,概算与设计和施工脱节,概算编制中错误太多等。要提高概算的质量,首先,必须加强设计人员与概算编制人员的联系与沟通;其次,要提高概算编制人员的素质,加强责任心,多深入实际,丰富现场工作经验;再次,加强对初步设计概算的审查。概算审查可以避免重大错误的发生,避免不必要的经济损失,设计单位要建立健全三审制度(自审、审核、审定),大的设计单位还应建立概算抽查制度。概算审查不仅仅局限于设计单位,建设单位和概算审批部门也应加强对初步设计概算的审查,严格概算的审批,也可以有效控制工程造价。

施工图预算是签订施工承包合同、确定合同价、进行工程结算的重要依据,其质量的高低直接影响到施工阶段的造价控制。提高施工图预算的质量可以从加强对编制施工图预算的单位和人员的资质审查,以及加强对他们的管理的方式实现。

2.设计方案的优化和比选

为了提高工程建设投资效果,从选择建设场地和工程总平面布置开始,直到最后结构构件的设计,都应进行多方案比选,从中选取技术先进、经济合理的最佳设计方案,或者对现有的设计方案进行优化,使其能够更加经济合理。在设计过程中,可以利用价值工程的思路和方法对设计方案进行比较,对不合理的设计提出改进意见,从而达到控制造价、节约投资的目的。设计方案优选还可以通过设计招投标和设计方案竞选的办法,选择最优的设计方案,或将各方案的可取之处重新组合,提出最佳方案。

3.限额设计和标准设计的推广

限额设计是设计阶段控制工程造价的重要手段,它能有效地克服和控制"三超"现象,使设计单位加强技术与经济的对立统一管理,能克服设计概预算本身的失控对工程造价带来的负面影响。另外,推广成熟的、行之有效的标准设计不但能够提高设计质量,而且能够提高效率,节约成本;同时因为标准设计大量使用标准构配件,压缩现场工作量,最终有利于工程造价的控制。

4.推行设计索赔及设计监理等制度,加强设计变更管理

设计索赔及设计监理等制度的推行,能够真正提高人们对设计工作的重视程度,从而使设计阶段的造价控制得以有效开展,同时也可以促进设计单位建立完善的管理制度,提高设计人员的质量意识和造价意识。设计索赔制度的推行和加大索赔力度是切实保障设计质量和控制造价的必要手段。另外,设计图纸变更得越早,造成的经济损失越小;反之则损失越大。工程设计人员应建立设计施工轮训或继续教育制度,尽可能地避免设计与施工相脱节的现象发生,由此可减少设计变更的发生。对非发生不可的变更,应尽量控制在设计阶段,且要用先算账、后变更、层层审批的方法,以使投资得到有效控制。

设计阶段对工程造价的控制是十分必要,也是十分有效的。设计阶段造价控制的重要性可以说是人所共知,但我国目前也是这一阶段的造价控制最为薄弱。加强这一阶段的造价控制会对降低整个工程造价起到决定性的作用。当然,还要结合其他阶段以做到整个工程造价链条的控制,尤其要注意加强与建设项目生产与运营维护阶段的相关联系分析,真正做到全寿命造价的控制。

6.2 ＞ 限 额 设 计

6.2.1 限额设计的概念

设计阶段的投资控制,就是编制出满足设计任务书要求,造价又受控于投资限额的设计文件,限额设计就是根据这一要求提出的。

所谓限额设计,就是按照设计任务书批准的投资估算额进行初步设计,按照初步设计概算

造价限额进行施工图设计,按施工图预算造价对施工图设计的各个专业设计文件做出决策,保证总投资限额不被突破。

限额设计是建设项目投资控制系统中的一个重要环节,或称为一项关键措施。在整个设计过程中,设计人员与经济管理人员密切配合,做到技术与经济的统一。设计人员在设计时考虑经济支出,做出方案比较,有利于强化设计人员的工程造价意识,进行优化设计;经济管理人员及时进行造价计算,为设计人员提供信息,使设计小组内部形成有机整体,克服相互脱节现象,达到动态控制投资的目的。

6.2.2 限额设计的目标

1.限额设计目标的确定

限额设计目标是在初步设计开始前,根据批准的可行性研究报告及其投资估算确定的。限额设计指标经项目经理或总设计师提出并审批下达,其总额度一般只下达直接工程费的90%,以便项目经理、总设计师和室主任留有一定的调节指标,限额指标用完后,必须经批准才能调整。专业之间或专业内部节约下来的单项费用,未经批准,不能相互调用。

2.采用优化设计,确保限额目标的实现

所谓优化设计,是以系统工程理论为基础,应用现代数学方法对工程设计方案、设备选型、参数匹配、效益分析等方面进行最优化的设计方法。

优化设计是控制投资的重要措施。在进行优化设计时,必须根据问题的性质,选择不同的优化方法。一般来说,对于一些确定性问题,如投资、资料消耗、时间等有关条件已确定的,可采用线性规划、非线性规划、动态规划等理论和方法进行优化;对于一些非确定性问题,可以采用排队论、对策论等方法进行优化;对于涉及流量的问题,可以采用网络理论进行优化。

优化设计通常是通过数学模型进行的。一般工作步骤是:首先,分析设计对象综合数据,建立设计目标;其次,根据设计对象的数据特征选择合适的优化方法,并建立模型;最后,用计算机对问题求解,并分析计算结果的可行性,对模型进行调整,直到得到满意结果为止。

优化设计不仅可选择最佳方案,提高设计质量,而且能有效控制投资。

6.2.3 限额设计全过程

限额设计的全过程实际上就是建设项目投资目标管理的过程,即目标分解与计划、目标实施检查、信息反馈的控制循环过程。这个过程可用图6-4限额设计流程图来表示。

6.2.4 限额设计的造价控制

限额设计控制工程造价从两条途径进行实施,一种途径是按照限额设计过程从前往后依次进行控制,称为纵向控制;另外一种途径是对设计单位及其内部各专业、科室及设计人员进行考核,实施奖惩,进而保证质量的一种控制方法,称为横向控制。

1.限额设计的纵向造价控制

(1)设计前准备阶段的投资分解

投资分解是实行限额设计的有效途径和主要方法。设计任务书获得批准后,设计单位在设计之前,应在设计任务书的总框架内将投资先分解到各专业,然后再分解到各单项工程和单

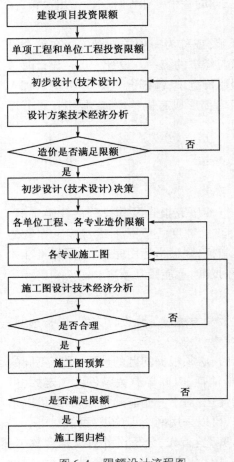

图 6-4　限额设计流程图

位工程,作为进行初步设计的造价控制目标。这种分配往往不是只凭设计任务书就能办到,而是要进行方案设计,在此基础上做出决策。

(2)初步设计阶段的限额设计

初步设计应严格按分配的造价目标进行设计。在初步设计开始之前,项目总设计师应将设计任务书规定的设计原则、建设方针和投资限额向设计人员交底,将投资限额分专业下达到设计人员,发动设计人员认真研究实现投资限额的可能性,切实进行多方案比选,对各个技术经济方案的关键设备、工艺流程、总图方案、总图建筑和各项费用指标进行比较和分析,从中选出既能达到工程要求,又不超过投资限额的方案,作为初步设计方案。如果发现重大设计方案或某项费用指标超出任务书的投资限额,应及时反映,并提出解决问题的办法。不能等到设计概算编出后,才发觉投资超限额,再被迫压低造价,减项目、减设备,这样不但影响设计进度,而且造成设计上的不合理,给施工图设计超出限额埋下隐患。

(3)施工图设计阶段的限额设计

已批准的初步设计及初步设计概算是施工图设计的依据,在施工图设计中,无论是建设项目总造价,还是单项工程造价,均不应该超过初步设计概算造价。设计单位按照造价控制目标确定施工图设计的结构,选用材料和设备。

进行施工图设计应把握两个标准:一个是质量标准,一个是造价标准,并应做到两者协调一致,相互制约,防止只顾质量而放松经济要求的倾向。当然也不能因为经济上的限制而消极地降低质量。因此,必须在造价限额的前提下优化设计。在设计过程中,要对设计结果进行技术经济分析,看是否有利于造价目标的实现。每个单位工程施工图设计完成后,要做出施工图预算,判别是否满足单位工程造价限额要求,如果不满足,应修改施工图设计,直到满足限额要求。只有施工图预算造价满足施工图设计造价限额时,施工图才能归档。

(4)加强设计变更管理,实行限额动态控制

在初步设计阶段由于外部条件的制约和人们主观认识的局限,往往会造成施工图设计阶段,甚至施工过程中的局部修改和变更。这是使设计和建设更趋完善的正常现象,但是由此却会引起对已经确认的概算造价的变化。这种变化在一定范围内是允许的,但必须经过核算和调整。如果施工图设计变化涉及建设规模、产品方案、工艺流程或设计方案的重大变更,使原初步设计失去指导施工图设计的意义时,必须重新编制或修改初步设计文件,并重新报原审查单位审批。对于非发生不可的设计变更,应尽量提前,以减少变更对工程造成的损失。对影响工程造价的重大设计变更,更要采取先算账后变更的办法解决,以使工程造价得到有效控制。

2.限额设计的横向造价控制

横向控制首先必须明确各设计单位以及设计单位内部各专业科室对限额设计所负的责任,将工程投资按专业进行分配,并分段考核,下段指标不得突破上段指标,责任落实越接近于个人,效果就越明显,并赋予责任者履行责任的权利;其次,要建立健全奖惩制度。设计单位在保证工程安全和不降低工程功能的前提下,采用新材料、新工艺、新设备、新方案节约了投资的,应根据节约投资额的大小,对设计单位给予奖励;因设计单位设计错误,漏项或扩大规模和提高标准而导致工程静态投资超支,要视其超支比例扣减相应比例的设计费。

限额设计的横向控制的重要工作是健全和加强设计单位对建设单位以及设计单位的内部经济责任制,而经济责任制的核心则是正确处理责、权、利三者之间的有机关系。为此,要建立设计总承包的责任体制,让设计部门对设计阶段实行全权控制,这样既有利于设计方案的质量及其产生的时效性,又能使设计部门内部管理清晰,从而达到控制造价的目的。

加强限额设计的横向控制,应该建立设计部门各专业投资分配考核制度。在设计开始前按照设计过程估算、概算、预算的不同阶段,将工程投资按专业进行分配,并分段考核。为此,应赋予设计单位及设计单位内部各科室及设计人员,对所承担设计具有相应的决定权、责任权,并建立起限额设计的奖惩机制,从经济利益方面促进设计人员强化造价意识,了解新材料、新工艺,从各方面改进和完善设计,合理降低工程造价,将造价控制在限额目标以内。

6.2.5　限额设计的缺陷与完善措施

1.限额设计的缺陷

限额设计虽然能够有效地控制工程造价,但在应用中也有一些不足之处,主要体现在以下几个方面。

(1)限额中的总额比较好把握,但其指标的分解有一定难度,操作也有一定困难。各专业设计人员在实际设计过程中如何按照分解的造价来控制设计,说起来容易做起来较难,这也是我国多年推行限额设计而效果不是很理想的原因之一。限额设计的理论及其操作技术都有待于进一步发展。

(2)限额设计由于突出地强调了设计限额的重要性,而忽视了工程功能水平的要求及功能与成本的匹配性,可能会出现功能水平过低而增加工程运营维护成本的情况,或者在投资限额内没有达到最佳功能水平的现象。价值工程理论提出了五种提高价值的途径,其中之一是“成本稍有增加,但功能水平大幅度提高”,即允许在提高价值(大幅度提高功能水平)的前提下成本小幅度增加,那么在限额设计要求下,这种提高价值的途径不能很好地应用。这实际上是限制了提高价值的一种途径。

(3)限额设计中的限额包括投资估算、设计概算、施工图预算等,均是指建设项目的一次性投资,而对项目建成后的维护使用费、能源消耗费用、项目使用期满后的报废拆除费用则考虑较少,也就是较少考虑建设项目的生命周期成本,这样就可能出现限额设计效果较好,但项目的全寿命费用不一定很经济的现象。尤其是在强调节能、环保、可持续发展等新的建筑理念背景下,仅仅以建造时期的造价作为限额指标可能有一些片面性。

2.限额设计的完善措施

针对上述限额设计的不足之处,在推行过程中应该采取相应措施:

（1）要正确、科学地分解限额指标。在设计单位内部制定一系列技术、经济措施，促使技术、经济专业人员相互配合，共同完成总体和分部、分专业的限额设计指标。

（2）不能单纯地过分地强调限额。在对不同结构、部位进行功能分析基础上，如果适当地提高造价有助于功能的大幅度提高，就应该对允许限额的突破，通过降低其他部位（在不影响使用功能的前提下）造价等方法，保证总体限额不被突破，这时限额设计的意义更多地体现在造价的合理、科学分配上。

（3）将可持续发展观贯彻到设计中去，按照国家倡导的"四节"（节能、节水、节地、节材）、环保、与周边环境协调等要求，从建设项目全寿命周期的角度对造价进行分析、评价，如果有利于工程使用费用、能耗等的降低，建造成本的适当提高也是应该允许的。

6.3 ▶ 设计方案评价和优化

6.3.1 设计方案评价的原则

为了提高工程建设投资效果，从选择场地和工程总平面布置开始，直到最后结构零件的设计，都应进行多方案比选，从中选取技术先进、经济合理的最佳方案。设计方案优选应遵循以下原则。

1.设计方案经济合理性与技术先进性相统一的原则

经济合理性要求工程造价尽可能低，如果一味地追求经济效果，可能会导致项目的功能水平偏低，无法满足使用者的要求；技术先进性追求技术的尽善尽美，项目功能水平先进，但可能会导致工程造价偏高。因此，技术先进性与经济合理性是一对矛盾，设计者应妥善处理好二者的关系，一般情况下，要在满足使用者要求的前提下，尽可能降低工程造价。但是，如果资金有限制，也可以在资金限制范围内，尽可能提高项目功能水平。

2.项目全寿命费用最低的原则

工程在建设过程中，控制造价是一个非常重要的目标。但是造价水平的变化，又会影响到项目将来的使用成本。如果单纯降低造价，建造质量得不到保障，就会导致使用过程中的维修费用很高，甚至有可能发生重大事故，给社会财产和人民安全带来严重损害。一般情况下，项目技术水平与工程造价及使用成本之间的关系如图6-5所示。在设计过程中应兼顾建设过程和使用过程，力求项目全寿命费用最低。即做到成本低，维护少，使用费用省。

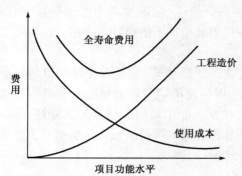

图6-5 工程造价、使用成本和项目功能水平之间的关系

3.设计方案经济评价的动态性原则

设计方案经济评价的动态性是指在经济评价时考虑资金的时间价值，即资金在不同时点存在实际价值的差异。这一原则不仅对有着经营性的工业建筑适用，也适用于使用费用呈增加趋势的民用建筑。资金的时间价值反映了资金在不同时间的分配及其

相关的成本,对于经营性项目,影响到投资回收期的时间长短;对于民用建设项目,则影响到项目在使用过程中各种费用在远期与近期的分配。动态性原则是工程经济中的一个基本原则。

4.设计必须兼顾近期投入与远期发展相统一的原则

一项工程建成后,往往会在很长的时间内发挥作用。如果按照目前的要求设计工程,在不远的将来,可能会出现由于项目功能水平无法满足需要而重新建造的情况。但是,如果按照未来的需要设计工程,又会出现由于功能水平高而资源闲置浪费的现象。所以,设计者要兼顾近期和远期的要求,选择项目合理的功能水平。同时,也要根据远景发展需要,适当留有发展余地。

5.设计方案应符合可持续发展的原则

可持续发展原则反映在工程设计方面即设计应符合"科学发展观","坚持以人为本,树立全面、协调、可持续的发展观,促进经济社会和人的全面发展"。科学发展观体现在投资控制领域,要求从单纯、粗放的原始扩大投资和简单建设转向提高科技含量、减少环境污染、绿色、节能、环保等可持续发展型投资。目前国家大力推广和提倡的建筑"四节"(节能、节水、节材、节地)、环保型建筑、绿色建筑等都是科学发展观的具体体现。绿色建筑遵循可持续发展原则,以高新技术为主导,针对建设工程全寿命的各个环节,通过科学的整体设计,全方位体现"节约能源、节省资源、保护环境、以人为本"的基本理念,创造高效低耗、无废无污、健康舒适、生态平衡的建筑环境,提高建筑的功能、效率与舒适性水平。这将成为我国将来一个时期内建筑业发展的方向。这一点首先要在设计中体现出来。

6.3.2　设计方案评价的内容

不同类型的建筑,使用目的及功能要求不同,评价的重点也不相同。

1.工业建筑设计评价

工业建筑设计是由总平面设计、工艺设计及建筑设计三部分组成,它们之间是相互关联和制约的。因此分别对各部分设计方案进行技术经济分析与评价,是保证总设计方案经济合理的前提。各部分设计方案侧重点不同,因此,评价内容也略有差异。

1)总平面设计评价

工业项目总平面设计的目的是在保证生产、满足工艺要求的前提下,根据自然条件、运输要求及城市规划等具体条件,确定建筑物、构筑物、交通路线、地上地下技术管线及绿化美化设施的相互配置,创造符合该企业生产特性的统一建筑整体。在布置总平面时,应该充分考虑到竖向布置、管道、交通路线、人流、物流等是否经济合理。

工业项目总平面设计要求:要注意节约用地,不占或少占农田;总平面设计必须满足生产工艺过程的要求;总平面设计要合理组织厂内、外运输,选择方便经济的运输设施和合理的运输线路;总平面布置应适应建设地点的气候、地形、工程水文地质等自然条件;总平面设计必须符合城市规划的要求。

工业项目总平面设计的评价指标:

(1)建筑系数(建筑密度)。是指厂区内(一般指厂区围墙内)建筑物、构筑物和各种露天仓库及堆场、操作场地等的占地面积与整个厂区建设用地面积之比。它是反映总平面图设计用地是否经济合理的指标,建筑系数大,表明布置紧凑,节约用地,又可缩短管线距离,降低工程造价。

（2）土地利用系数。是指厂区内建筑物、构筑物、露天仓库及堆场、操作场地、铁路、道路、广场、排水设施及地下管线等所占面积与整个厂区建设用地面积之比,它综合反映出总平面布置的经济合理性和土地利用效率。

（3）工程量指标。包括场地平整土石方量、铁路道路及广场铺砌面积、排水工程、围墙长度及绿化面积等。

（4）企业将来经营条件指标。指铁路、公路等每吨货物运输费用、经营费用等。

2）工艺设计评价

工艺设计是工程设计的核心,它是根据工业企业生产的特点、生产性质和功能来确定的。工艺设计标准高低,不仅直接影响工程建设投资的大小和建设速度,而且还决定着未来企业的产品质量、数量和运营费用。

（1）工艺设计的要求。工艺设计要以市场研究为基础;工艺设计要考虑技术发展的最新动态,选择先进适用的技术方案。

（2）设备选型与设计。设备选型与设计应能满足生产工艺要求、能达到生产能力。具体注意设备选型应该注意标准化、通用化和系列化;采用高效率的先进设备要符合技术先进、稳妥可靠、经济合理的原则;设备的选择应立足国内,对于国内不能生产的关键设备,进口时要注意与工艺流程相适应,并与有关设备配套,不要重复引进;设备选型与设计要考虑建设地点的实际情况和动力、运输、资源等具体条件。

（3）工艺设计方案的评价。不同的工艺技术方案会产生不同的投资效果,工艺技术方案的评价就是互斥投资项目的比选,因此评价指标有:净现值、净年值、差额内部收益率等。

3）建筑设计评价

（1）建筑设计的要求。在建筑平面布置和立面形式选择上,应该满足生产工艺要求。根据生产必须采用各种切合实际的先进技术,从建筑形式、材料和结构的选择、结构布置和环境保护等方面采取措施以满足生产工艺对建筑设计的要求。

（2）建筑设计评价指标。

①单位面积造价。建筑物平面形状、层数、层高、柱网布置、建筑结构及建筑材料等因素都会影响单位面积造价。因此,单位面积造价是一个综合性很强的指标。

②建筑物周长与建筑面积比。主要用于评价建筑物平面形状是否合理。该指标越低,平面形状越合理。

③厂房展开面积。主要用于确定多层厂房的经济层数,展开面积越大,经济层数越可提高。

④厂房有效面积与建筑面积比。该指标主要用于评价柱网布置是否合理。合理的柱网布置可以提高厂房有效使用面积。

⑤工程全寿命成本。工程全寿命成本包括工程造价及工程建成后的使用成本,这是一个评价建筑物功能水平是否合理的综合性指标。一般来讲,功能水平低,工程造价低,但使用成本高;功能水平高,工程造价高,但使用成本低。工程全寿命成本最低时,功能水平最合理。

2.民用建筑设计评价

民用建筑一般包括公共建筑和住宅建筑两大类。民用建筑设计要坚持"适用、经济、美观"的原则。

1）民用建筑设计的要求

（1）平面布置合理，长度和宽度比例适当；

（2）合理确定户型和住户面积；

（3）合理确定层数与层高；

（4）合理选择结构方案。

2）民用建筑设计的评价指标

（1）公共建筑

公共建筑类型繁多，具有共性的评价指标有：占地面积、建筑面积、使用面积、辅助面积、有效面积、平面系数、建筑体积、单位指标（$m^2/$人，$m^2/$床，$m^2/$座）、建筑密度等。其中：

$$有效面积 = 使用面积 + 辅助面积$$

$$平面系数 K = \frac{使用面积}{建筑面积} \tag{6-1}$$

该指标反映了平面布置的紧凑合理性。

$$建筑密度 = \frac{建筑基底面积}{占地面积} \tag{6-2}$$

（2）居住建筑

①平面系数。

$$平面系数 K = \frac{使用面积}{建筑面积} \tag{6-3}$$

$$平面系数 K_1 = \frac{居住面积}{有效面积} \tag{6-4}$$

$$平面系数 K_2 = \frac{辅助面积}{有效面积} \tag{6-5}$$

$$平面系数 K_3 = \frac{结构面积}{建筑面积} \tag{6-6}$$

②建筑周长指标。这个指标是墙长与建筑面积之比。居住建筑进深加大，则单元周长缩小，可节约用地，减少墙体积，降低造价。

$$单元周长指标 = \frac{单元周长}{单元建筑面积} \quad （m/m^2） \tag{6-7}$$

$$建筑周长指标 = \frac{建筑周长}{建筑占地面积} \quad （m/m^2） \tag{6-8}$$

③建筑体积指标。该指标是建筑体积与建筑面积之比，是衡量层高的指标。

$$建筑体积指标 = \frac{建筑体积}{建筑面积} \quad （m^3/m^2） \tag{6-9}$$

④平均每户建筑面积。

$$平均每户建筑面积 = \frac{建筑面积}{总户数} \tag{6-10}$$

⑤户型比。指不同居室数的户数占总户数的比例，是评价户型结构是否合理的指标。

3.居住小区设计评价

小区规划设计是否合理，直接关系到居民的生活环境，同时也关系到建设用地、工程造价及总体建筑艺术效果。小区规划设计的核心问题是提高土地利用率。

（1）在小区规划设计中节约用地的主要措施

①压缩建筑的间距。住宅建筑的间距主要有日照间距、防火间距和使用间距,取最大间距作为设计依据。

②提高住宅层数或高低层搭配。提高住宅层数和采用多层、高层搭配都是节约用地、增加建筑面积的有效措施。据国外计算资料,建筑层数由 5 层增加到 9 层,可使小区总居住面积密度提高 35%。但是高层住宅造价较高,居住不方便。因此,确定住宅的合理层数对节约用地有很大的影响。

③适当增加房屋长度。房屋长度的增加可以取消山墙的间隔距离,提高建筑密度。但是房屋过长也不经济,一般是 4 ~ 5 个单元(约 60 ~ 80m)最佳。

④提高公共建筑的层数。公共建筑分散建设占地多,如能将有关的公共设施集中建在一栋楼内,不仅方便群众,而且还节约用地。

⑤合理布置道路。

(2)居住小区设计方案评价指标

$$建筑毛密度 = \frac{居住和公共建筑基底面积}{居住小区占地总面积} \times 100\% \tag{6-11}$$

$$居住建筑净密度 = \frac{居住建筑基底面积}{居住建筑占地面积} \times 100\% \tag{6-12}$$

$$居住面积密度 = \frac{居住面积}{居住建筑占地面积} \quad (\text{m}^2/\text{ha}) \tag{6-13}$$

$$居住建筑面积密度 = \frac{居住建筑面积}{居住建筑占地面积} \quad (\text{m}^2/\text{ha}) \tag{6-14}$$

$$人口毛密度 = \frac{居住人数}{居住小区占地总面积} \quad (\text{人}/\text{ha}) \tag{6-15}$$

$$人口净密度 = \frac{居住人数}{居住建筑占地面积} \quad (\text{人}/\text{ha}) \tag{6-16}$$

$$绿化比率 = \frac{居住小区绿化面积}{居住小区占地总面积} \tag{6-17}$$

居住建筑净密度是衡量用地经济性和保证居住区必要卫生条件的主要技术经济指标。其数值的大小与建筑层数、房屋间距、层高、房屋排列方式等因素有关。适当提高建筑密度,可以节省用地,但应保证日照、通风、防火、交通安全的基本需要。

居住面积密度是反映建筑布置、平面设计与用地之间的重要指标。影响居住面积密度的主要因素是房屋的层数,增加层数其数值就增大,有利于节约土地和管线费用。

6.3.3 设计方案评价的方法

设计方案评价的方法需要采用技术与经济比较的方法,按照工程项目经济效果,针对不同的设计方案,分析其技术经济指标,从中选出经济效果最优的方案。在设计方案评价比较中一般采用多指标评价法、投资回收期法、计算费用法等。

1.多指标评价法

多指标评价法是通过对反映建筑产品功能和耗费特点的若干技术经济指标的计算、分析、比较,评价设计方案的经济效果。它可分为多指标对比法和多指标综合评分法。

(1)多指标对比法。多指标对比法的基本特点是使用一组适用的指标体系,将对比方案的指标值列出,然后一一进行对比分析,根据指标值的高低分析判断方案优劣,这是目前采用比较多的一种方法。

利用这种方法首先需要将指标体系中的各个指标,按其在评价中的重要性,分为主要指标和辅助指标。主要指标是能够比较充分地反映工程的技术经济特点的指标,是确定工程项目经济效果的主要依据。辅助指标在技术经济分析中处于次要地位,是主要指标的补充,当主要指标不足以说明方案的技术经济效果的优劣时,辅助指标就成为进一步进行技术经济分析的依据。但是要注意参选方案在功能、价格、时间、风险等方面的可比性。如果方案不完全符合对比条件,要加以调整,使其满足对比条件后再进行对比,并在综合分析时予以说明。

这种方法的优点是:指标全面、分析确切,可通过各种技术经济指标直接定性或定量地反映方案技术经济性能的主要方面。其缺点是:不便于考虑对某一功能评价,不便于综合定量分析,容易出现某一方案有些指标较优,另一些指标较差;而另一方案则可能是有些指标较差,另一些指标较优。这样就使分析工作复杂化,有时,也会因方案的可比性而产生客观标准不统一的现象。因此在进行综合分析时,要特别注意检查对比方案在使用功能和工程质量方面的差异,并分析这些差异对各指标的影响,避免导致错误的结论。

通过综合分析,最后应给出如下结论:

①分析对象的主要技术经济特点及适用条件;

②现阶段实际达到的经济效果水平;

③找出提高经济效果的潜力和途径以及相应采取的主要技术措施;

④预期经济效果。

【例6-1】以内浇外砌建筑体系为对比标准,用多指标对比法评价内外墙全现浇大模板建筑体系。

【解】评价结果见表6-2。

全现浇大模板建筑体系与内浇外砌建筑体系评价表　　　　表6-2

项目名称		单位	对比标准	评价对象	比较	备注
建筑特征	设计型号		内浇外砌	全现浇大模板建筑		
	建筑面积	m²	8500	8500	0	
	有效面积	m²	7140	7215	+75	
	层数	层	6	6		
	外墙厚度	cm	36	30	−6	浮石混凝土外墙
	外墙装修		勾缝,一层水刷石	干粘石,一层水刷石		
技术经济指标	+0.00以上土建造价	元/m²建筑面积	80	90	+10	
	+0.00以上土建造价	元/m²有效面积	95.2	106	+10.8	
	主要材料消耗量　水泥	kg/m²	130	150	−20	
	主要材料消耗量　钢材	kg/m²	9.17	20	+10.83	
	施工周期	天	220	210	−10	
	+0.00以上用工	工日/m²	2.78	2.23	−0.55	
	建筑自重	kg/m²	1294	1070	−224	
	房屋服务年限	年	100	100		

由表 6-2 两类建筑体系的建筑特征对比分析可知,它们具有可比性。然后比较其技术经济特征,可以看出:与内浇外砌建筑体系比较,全现浇建筑体系的优点是有效面积大,用工省、自重轻、施工周期短等,其缺点是造价高、主要材料消耗量多等。

(2)多指标综合评分法。这种方法首先对需要进行分析评价的设计方案设定若干个评价指标,并按其重要程度确定各指标的权重,然后确定评分标准,并就各设计方案对各指标的满意程度打分,最后计算各方案的加权得分,以加权得分高者为最优设计方案。这种方法是定性分析、定量打分相结合的方法,该方法的关键是评价指标的选取和指标权重的确定。其计算公式为:

$$S = \sum_{i=1}^{n} w_i \cdot s_i \qquad (6-18)$$

式中:S——设计方案总得分;

S_i——某方案在评价指标 i 上的得分;

w_i——评价指标 i 的权重;

n——评价指标数。

这种方法非常类似于价值工程中的加权评分法,区别就在于:加权评分法中不将成本作为一个评价指标,而将其单独拿出来计算价值系数;多指标综合评分法则不将成本单独剔除,如果需要,成本也是一个评价指标。

【例 6-2】某建筑工程有四个设计方案,选定评价的指标为:实用性、平面布置、经济性、美观性四项。各指标的权重及各方案的得分(10 分制)见表 6-3,试选择最优设计方案。

建筑方案各指标权重及评价得分表 表 6-3

评价指标	权重	方案 A		方案 B		方案 C		方案 D	
		得分	加权得分	得分	加权得分	得分	加权得分	得分	加权得分
实用性	0.4	9	3.6	8	3.2	7	2.8	6	2.4
平面布置	0.2	8	1.6	7	1.4	8	1.6	9	1.8
经济性	0.3	9	2.7	7	2.1	9	2.7	8	2.4
美观性	0.1	7	0.7	9	0.9	8	0.8	9	0.9
合 计		8.6		7.6		7.9		7.5	

【解】计算结果见表 6-3。

由表可知:方案 A 的加权得分最高,因此方案 A 最优。

这种方法的优点在于避免了多指标间可能发生相互矛盾的现象,评价结果是唯一的,但是在确定权重及评分过程中存在主观臆断成分。同时,由于分值是相对的,因而不能直接判断各方案的各项功能实际水平。

2.投资回收期法

设计方案的比选往往是比选各方案的功能水平及成本。功能水平先进的设计方案一般所需的投资较多,方案实施过程中的效益一般也比较好。

用方案实施过程中的效益回收投资,即投资回收期反映初始投资补偿速度,衡量设计方案优劣也是非常必要的。投资回收期越短的设计方案越好。

不同设计方案的比选实际上是互斥方案的比选,首先要考虑到方案可比性问题。当相互比较的各设计方案能满足相同的需要时,就只需要比较它们的投资和经营成本的大小,用差额投资回收期比较。

差额投资回收期是指在不考虑资金时间价值的情况下,用投资大的方案比投资小的方案所节约的经营成本,回收差额投资所需要的时间。其计算公式为:

$$\Delta P_t = \frac{K_2 - K_1}{C_1 - C_2} \qquad (6\text{-}19)$$

式中:K_2——方案2的投资额;

K_1——方案1的投资额,且 $K_2 > K_1$;

C_2——方案2的年经营成本;

C_1——方案1的年经营成本,且 $C_1 > C_2$;

ΔP_t——差额投资回收期。

当 $\Delta P_t \leqslant P_t$(基准投资回收期)时,投资大的方案优,反之,投资小的方案优。

如果两个比较方案的年业务量不同时,则需将投资和经营成本转化为单位业务量的投资和成本,然后再计算差额投资回收期,进行方案的比选,此时差额投资回收期的计算公式为:

$$\Delta P_t = \frac{\dfrac{K_2}{Q_2} - \dfrac{K_1}{Q_1}}{\dfrac{C_1}{Q_1} - \dfrac{C_2}{Q_2}} \qquad (6\text{-}20)$$

式中:Q_1、Q_2——分别是各比较方案的年业务量。

其他符号含义同前。

【例6-3】某新建企业有两个设计方案,甲方案总投资1500万元,年经营成本400万元,年产量为1000件;乙方案总投资1000万元,年经营成本360万元,年产量为800件。基准投资回收期为6年,试选择最优方案。

【解】首先计算个方案单位产量的费用。

$$\frac{K_甲}{Q_甲} = \frac{1500}{1000} = 1.5 \text{ 万元/件}$$

$$\frac{K_乙}{Q_乙} = \frac{1000}{800} = 1.25 \text{ 万元/件}$$

$$\frac{C_甲}{Q_甲} = \frac{400}{1000} = 0.4 \text{ 万元/件}$$

$$\frac{C_乙}{Q_乙} = \frac{360}{800} = 0.45 \text{ 万元/件}$$

$$\Delta P_t = \frac{1.5 - 1.25}{0.45 - 0.4} = 5 \text{ 年}$$

$\Delta P_t < 6$ 年,所以甲方案较优。

3.计算费用法

房屋建筑物和构筑物的全寿命是指从勘察、设计、施工、建成后使用直至报废拆除所经历的时间。全寿命费用应包括初始建设费、使用维护费和拆除费。

评价设计方案的优劣应考虑工程的全寿命费用,但是初始投资和使用维护费是两类不同性质的费用,二者不能直接相加。计算费用法的思路是用一种合乎逻辑的方法将一次性投资与经常性的经营成本统一为一种性质的费用,可直接用来评价设计方案的优劣。

计算费用法又叫最小费用法,它是在各个设计方案的功能(或产出)相同的条件下,项目在整个寿命期内的费用最低者为最优方案。计算费用法可分为静态计算费用法和动态计算费用法。

(1)静态计算费用法。静态计算费用法的计算公式为:

$$C_年 = K \cdot E + V \tag{6-21}$$

$$C_总 = K + V \cdot T \tag{6-22}$$

式中:$C_年$——年计算费用;

$C_总$——项目总费用;

K——总投资额;

E——投资效果系数,为投资回收期的倒数;

V——年生产成本;

T——投资回收期(年)。

(2)动态计算费用法。对于寿命期相同的设计方案,可以采用净现值法、净年值法、差额内部收益率法等,寿命期不等的设计方案可以采用净年值法。计算公式为:

$$PC = \sum_{t=0}^{n} CO_t(P/F, i_c, t) \tag{6-23}$$

$$AC = PC(A/P, i_c, n) = \sum_{t=0}^{n} CO_t(P/F, i_c, t)(A/P, i_c, n) \tag{6-24}$$

式中:PC——费用现值;

CO_t——第 t 年现金流量;

i_c——基准折现率;

AC——费用年值。

6.3.4 工程设计方案优化途径

1.通过设计招投标和方案竞选优化设计方案

建设单位就拟建工程的设计任务通过报刊、信息网络或其他媒介发布公告,吸引设计单位参加设计招标或设计方案竞选,以获得众多的设计方案;然后组织评标专家小组,采用科学的方法,按照经济、适用、美观的原则,以及技术先进、功能全面、结构合理、安全适用、满足建筑节能及环境等要求,综合评定各设计方案优劣,从中选择最优的设计方案,或将各方案的可取之处重新组合,提出最佳方案。建设单位使用未中选单位的设计成果时,须征得该单位同意,并实行有偿转让,转让费由建设单位承担。中选单位完成设计方案后如建设单位另选其他设计单位承担初步设计和施工图设计,建设单位则应付给中选单位方案设计费。专家评价法有利于多种方案的比较与选择,能集思广益,吸取众多设计方案的优点,使设计更完美。同时这种方法有利于控制建设工程造价,因为选中的项目投资概算一般能控制在投资者限定的投资范围内。

2.运用价值工程优化设计方案

(1)价值工程的概念

价值工程是一门科学的技术经济分析方法,是现代科学管理的组成部分,是研究用最少的成本支出,实现必要的功能,从而达到提高产品价值的一门科学。价值工程中的"价值"是功能与成本的综合反映,其表达式为:

$$价值 = \frac{功能(效用)}{成本(费用)}$$

或

$$V = \frac{F}{C} \tag{6-25}$$

一般来说,提高产品的价值,有以下五种途径:

①提高功能,成本降低。这是最理想的途径。

②保持功能不变,降低成本。

③保持成本不变,提高功能水平。

④成本稍有增加,但功能水平大幅度提高。

⑤功能水平稍有下降,但成本大幅度下降。

必须指出,价值分析并不是单纯追求降低成本,也不是片面追求提高功能,而是力求处理好功能与成本的对立统一关系,提高他们之间的比值,研究产品功能和成本的最佳配置。

(2)价值工程工作程序

价值工程工作可以分为四个阶段:准备阶段、分析阶段、创新阶段、实施阶段,大致可以分为八项工作内容:价值工程对象选择、收集资料、功能分析、功能评价、提出改进方案、方案的评价与选择、试验证明、决定实施方案。

价值工程主要回答和解决下列问题:

①价值工程的对象是什么。

②它是干什么用的。

③其成本是多少。

④其价值是多少。

⑤有无其他方案实现同样的功能。

⑥新方案成本是多少。

⑦新方案能否满足要求。

围绕这七个问题,价值工程的一般工作程序见表6-4。

(3)在设计阶段实施价值工程的意义

工程设计决定建筑产品的目标成本,目标成本是否合理,直接影响产品的效益。在施工图确定以前,确定目标成本可以指导施工成本控制,降低建筑工程的实际成本,提高经济效益。建筑工程在设计阶段实施价值工程的意义体现在如下几个方面。

①可以使建筑产品的功能更合理。工程设计实质上就是对建筑产品的功能进行设计。而价值工程的核心就是功能分析。通过实施价值工程,可以使设计人员更准确地了解用户所需,及建筑产品各项功能之间的比重,同时还可以考虑设计专家、建筑材料和设备制造专家、施工单位及其他专家的建议,从而使设计更加合理。

②可以有效地控制工程造价。价值工程需要对研究对象的功能与成本之间关系进行系统分析。设计人员参与价值工程,就可以避免在设计过程中只重视功能而忽视成本的倾向,在明

确功能的前提下,发挥设计人员的创造精神,提出各种实现功能的方案,从中选取最合理的方案。这样既保证了用户所需功能的实现,又有效地控制了工程造价。

价值工程的一般工作程序
表6-4

阶段	步　骤	说　明
准备阶段	1. 对象选择	应明确目标、限制条件及分析范围
	2. 组成价值工程领导小组	一般由项目负责人、专业技术人员、熟悉价值工程的人员组成
	3. 制定工作计划	包括具体执行人、执行日期、工作目标等
分析阶段	4. 收集整理信息资料	此项工作应贯穿于价值工程的全过程
	5. 功能系统分析	明确功能特性要求,并绘制功能系统图
	6. 功能评价	确定功能目标成本,确定功能改进区域
创新阶段	7. 方案创新	提出各种不同的实现功能的方案
	8. 方案评价	从技术、经济和社会等方面综合评价各方案达到预定目标的可行性
	9. 提案编写	将选出的方案及有关资料编写成册
实施阶段	10. 审批	由主管部门组织进行
	11. 实施与检查	制定实施计划、组织实施,并跟踪检查
	12. 成果鉴定	对实施后取得的技术经济效果进行鉴定

③可以节约社会资源。价值工程着眼于寿命周期成本,即研究对象在其寿命期内所发生的全部费用。对于建设工程而言,寿命周期成本包括工程造价和工程使用成本。价值工程的目的是以研究对象的最低寿命周期成本可靠地实现使用者所需功能。实施价值工程,既可以避免一味地降低工程造价而导致研究对象功能水平偏低的现象,也可以避免一味地提高使用成本而导致功能水平偏高的现象,使工程造价、使用成本及建筑产品功能合理匹配,减少社会资源消耗。

(4)价值工程方法在项目设计方案评价优选中的应用示例

【例6-4】 现以某设计院在建筑设计中用价值工程方法进行住宅设计方案优选为例,说明价值工程在设计方案评价优选中的应用。

【解】一般来说,同一个工程项目,可以有不同的设计方案,不同的设计方案会产生功能和成本上的差别,这时可以用价值工程的方法选择优秀设计方案。在设计阶段实施价值工程的步骤一般如下。

(1)功能分析

建筑功能是指建筑产品满足社会需要的各种性能的总和。不同的建筑产品有不同的使用功能,它们通过一系列建筑因素体现出来,反映建筑物的使用要求。例如,住宅工程一般有下列十个方面的功能。

①平面布置。

②采光通风。

③层高与层数。

④牢固耐久性。

⑤"三防"设施(防火、防震、防空)。

⑥建筑造型。

⑦内外装饰(美观、实用、舒适)。

⑧环境设计(日照、绿化、景观)。

⑨技术参数(使用面积系数、每户平均用地指标)。

⑩便于设计和施工。

(2)功能评价

功能评价主要是比较各项功能的重要程度,计算各项功能的功能评价系数,作为该功能的重要度权数。例如,上述住宅功能采用用户、设计人员、施工人员按各自的权重共同评分的方法计算。如果确定用户意见的权重是55%、设计人员的意见占30%、施工人员的意见占15%,具体分值计算见表6-5。

住宅工程功能权重系数计算表　　　　　　　　　　表6-5

功　　能		用户评分		设计人员评分		施工人员评分		功能权重系数 $K = (F_{ai} \times 55\% + F_{bi} \times 30\% + F_{ci} \times 15\%)/100$
		得分 F_{ai}	$F_{ai} \times 55\%$	得分 F_{bi}	$F_{bi} \times 30\%$	得分 F_{ci}	$F_{ci} \times 15\%$	
适用	平面布置 F_1	40	22	30	9	35	5.25	0.3625
	采光通风 F_2	16	8.8	14	4.2	15	2.25	0.1525
	层高层数 F_3	2	1.1	4	1.2	3	0.45	0.0275
	技术参数 F_4	6	3.3	3	0.9	2	0.30	0.0450
安全	牢固耐用 F_5	22	12.1	15	4.5	20	3.00	0.1960
	三防设施 F_6	4	2.2	5	1.5	3	0.45	0.0415
美观	建筑造型 F_7	2	1.1	10	3.0	2	0.30	0.0440
	内外装饰 F_8	3	1.65	8	2.4	1	0.15	0.0420
	环境设计 F_9	4	2.2	6	1.8	6	0.90	0.0490
其他	便于施工 F_{10}	1	0.55	5	1.5	13	1.95	0.0400
小计		100	55	100	30	100	15	1.0

(3)计算成本系数

成本系数计算公式:

$$成本系数 = \frac{某方案平方米造价}{所有评选方案平方米造价之和} \tag{6-26}$$

某住宅设计提供了十几个方案,通过初步筛选,拟选用以下4个方案进行综合评价,见表6-6。

住宅工程成本系数计算表　　　　　　　　　　表6-6

方案名称	主　要　特　征	平方米造价 (元/m²)	成本系数
A	7层砖混结构,层高3m,240厚砖墙,钢筋混凝土灌注桩,外装饰较好,内装饰一般,卫生设施较好	534.00	0.2618
B	6层砖混结构,层高2.9m,240厚砖墙,混凝土带形基础,外装饰一般,内装饰较好,卫生设施一般	505.50	0.2478

方案名称	主 要 特 征	平方米造价 （元/m²）	成本系数
C	7 层砖混结构,层高 2.8m,240 厚砖墙,混凝土带形基础,外装饰较好,内装饰较好,卫生设施较好	553.50	0.2713
D	5 层砖混结构,层高 2.8m,240 厚砖墙,混凝土带形基础,外装饰一般,内装饰较好,卫生设施一般	447.00	0.2191
	小计	2040.00	1.00

（4）计算功能评价系数

功能评价系数计算公式：

$$功能评价系数 = \frac{某方案功能满足程度总分}{所有参加评选方案功能满足程度总分之和} \qquad (6-27)$$

如表 6-5 中 A、B、C、D 四个方案的功能评价系数见表 6-7。

住宅工程功能满足程度及功能系数计算表 表 6-7

评 价 因 素		方案名称	A	B	C	D
功能因素 F	权重系数 K					
F_1	0.3625		10	10	8	9
F_2	0.1525		10	9	10	10
F_3	0.0275		8	9	10	8
F_4	0.0450	方案满足程度分值 E	9	9	8	8
F_5	0.1960		10	8	9	9
F_6	0.0415		10	10	9	10
F_7	0.0440		9	8	10	8
F_8	0.0420		9	9	10	8
F_9	0.0490		9	9	9	9
F_{10}	0.0400		8	10	8	9
方案满足功能程度总分		$M_j = \sum K \cdot N_j$	9.685	9.204	8.819	9.071
功能评价系数		$M_j / \sum M_j$	0.2633	0.2503	0.2398	0.2466

注:1. N_j 表示 j 方案对应某功能的得分值。

2. M_j 表示 j 方案满足功能程度总分。

表 6-7 中数据根据下面思路计算,如 A 方案满足功能程度总分：

$M_A = 0.3625 \times 10 + 0.1525 \times 10 + 0.0275 \times 8 + 0.045 \times 9 + 0.196 \times 10 +$

$\qquad 0.0415 \times 10 + 0.044 \times 9 + 0.042 \times 9 + 0.049 \times 9 + 0.04 \times 8$

$\qquad = 9.685$

其余类推。

$$A\ 方案功能评价系数 = \frac{M_A}{M_j} = \frac{9.685}{9.685\,9.204\,8.819\,9.071} = 0.2633$$

其余类推。

（5）最优设计方案评选

运用功能评价系数和成本系数计算价值系数,价值系数最大的那个方案为最优设计方案,见表6-8。

$$价值系数 = \frac{功能评价系数}{成本系数} \tag{6-28}$$

住宅工程价值系数计算表　　　　　　　　　　　　　　　　　　表6-8

方案名称	功能评价系数	成本系数	价值系数	最优方案
A	0.2633	0.2618	1.006	
B	0.2503	0.2478	1.010	
C	0.2398	0.2713	0.884	
D	0.2466	0.2191	1.126	此方案最优

3.推广标准化设计,优化设计方案

标准化设计又称定型设计、通用设计,是工程建设标准化的组成部分。各类工程建设的构件、配件、零部件、通用的建筑物、构筑物、公用设施等,只要有条件的,都应该实施标准化设计。

因为标准设计来源于工程建设实际经验和科技成果,是将大量成熟的、行之有效的实际经验和科技成果,按照统一简化,协调选优的原则,提炼上升为设计规范和标准设计。所以设计质量都比一般工程设计质量要高。另外,由于标准化设计采用的都是标准构配件,建筑构配件和工具式模板的制作过程可以从工地转移到专门的工厂中批量生产,使施工现场变成“装配车间”和机械化浇筑场所,把现场的工程量压缩到最小程度。

广泛采用标准化设计,可以提高劳动生产率,加快工程建设进度。设计过程中,采用标准构件,可以节省设计力量,加快设计图纸的提供速度,大大缩短设计时间。一般可以加快设计速度1~2倍。从而使施工准备工作和定制预制构件等生产准备工作提前,缩短整个建设周期。另外,由于生产工艺定型,生产均衡,统一配料,劳动效率提高,因而使标准配件的生产成本大幅度降低。

广泛采用标准化设计,可以节约建筑材料,降低工程造价。由于标准构配件的生产是在场内大批量生产,便于预制厂统一安排,合理配置资源,发挥规模经济的作用,节约建筑材料。

标准设计是经过多次反复实践,加以检验和补充完善的,所以能较好地贯彻国家技术经济政策,密切结合自然条件和技术发展水平,合理利用能源资源,充分考虑施工生产、使用维修的要求,即经济又优质。

4.实施限额设计,优化设计方案

限额设计是在资金一定的情况下,尽可能提高工程功能的一种设计方法,也是优化设计方案的一种重要手段,详细内容已经在本章第二节阐述过。

6.4 ➤ 设计概算的编制与审查

6.4.1 设计概算的概念与作用

1.设计概算的概念

设计概算是设计文件的重要组成部分,是在投资估算的控制下由设计单位根据初步设计图纸、概算定额(或概算指标)、各项费用定额或取费标准(指标)、建设地区自然、技术经济条件和设备、材料预算价格等资料,编制和确定的建设项目从筹建至竣工交付使用所需全部费用的文件。采用两阶段设计的建设项目,初步设计阶段必须编制设计概算;采用三阶段设计的,技术设计阶段必须编制修正概算。

设计概算的编制应包括编制期价格、费率、利率、汇率等确定的静态投资和编制期到竣工验收前的工程和价格变化等多种因素的动态投资两部分。静态投资作为考核工程设计和施工图预算的依据;动态投资作为筹措、供应和控制资金使用的限额。

2.设计概算的作用

设计概算虽然也视为工程造价的一个阶段的表现形式,但严格地说,它不具备价格属性,因为设计概算不是在市场竞争中形成,它是设计单位根据有关依据计算出来的工程建设的预期费用,用于衡量建设投资是否超过估算并控制下一阶段费用支出。设计概算的主要作用在于控制以后阶段的投资,具体表现如下。

(1)设计概算是编制建设项目投资计划、确定和控制建设项目投资的依据。国家规定,编制年度固定资产投资计划,确定计划投资总额及其构成数额,要以批准的初步设计概算为依据,没有批准的初步设计及其概算的建设工程不能列入年度固定资产投资计划。

经批准的建设项目设计总概算的投资额,是该工程建设投资的最高限额。在工程建设过程中,年度固定资产投资计划安排,银行拨款或贷款、施工图设计及其预算、竣工决算等,未经按规定的程序批准,都不能突破这一限额,以确保国家固定资产投资计划的严格执行和有效控制。

(2)设计概算是控制施工图设计和施工图预算的依据。经批准的设计概算是建设项目投资的最高限额,设计单位必须按照批准的初步设计及其总概算进行施工图设计,施工图预算不得突破设计概算。如确需突破总概算时,应按规定程序报经审批。

(3)设计概算是衡量设计方案经济合理性和选择最佳设计方案的依据,根据设计概算可以用来对不同的设计方案进行技术与经济合理性的比较,以便选择最佳的设计方案。

(4)设计概算是工程造价管理及编制招标标底和投标报价的依据。设计总概算一经批准,就作为工程造价管理的最高限额,并据此对工程造价进行严格的控制。以设计概算进行招投标的工程,招标单位编制标底是以设计概算造价为依据的,并以此作为评标定标的依据。承包单位为了在投标竞争中取胜,也必须以设计概算为依据,编制出合适的投标报价。

(5)设计概算是考核建设项目投资效果的依据。通过设计概算与竣工决算对比,可以分析和考核投资效果的好坏,同时还可以验证设计概算的准确性,有利于加强设计概算管理和建设项目的造价管理工作。

6.4.2 设计概算的内容

设计概算可分为单位工程概算、单项工程综合概算和建设项目总概算三级。当建设项目为一个单项工程时，可采用单位工程概算、总概算两级概算编制形式。各级概算间的相互关系如图6-6所示。

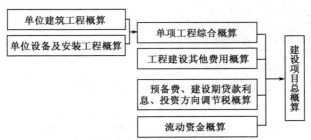

图6-6 设计概算的三级概算关系图

1.单位工程概算

单位工程概算是确定各单位工程建设费用的文件，是编制单项工程综合概算的依据，是单项工程综合概算的组成部分。单位工程概算按其工程性质分为建筑工程概算和设备及安装工程概算两大类。建筑工程概算包括土建工程概算，给排水、采暖工程概算，通风、空调工程概算，电气、照明工程概算，弱电工程概算，特殊构筑物工程概算等；设备及安装工程概算包括机械设备及安装工程概算，电气设备及安装工程概算，热力设备及安装工程概算，工具、器具及生产家具购置费概算等。

2.单项工程综合概算

单项工程综合概算是确定一个单项工程所需建设费用的文件，它是由单项工程中的各单位工程概算汇总编制而成的，是建设项目总概算的组成部分。单项工程综合概算的组成内容如图6-7所示。

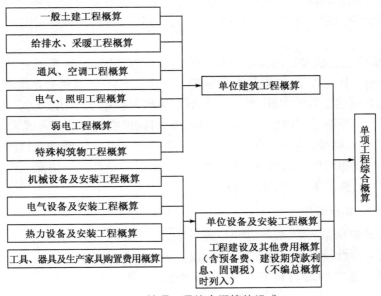

图6-7 单项工程综合概算的组成

3.建设项目总概算

建设项目总概算是确定整个建设项目从筹建到竣工验收所需全部费用的文件,它是由各单项工程综合概算、工程建设其他费用概算、预备费、建设期利息和铺底流动资金概算汇总编制而成的,如图6-8所示。

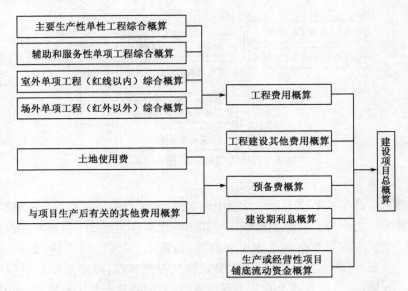

图6-8　建设项目总概算的组成内容

6.4.3　设计概算的编制

1.设计概算的编制原则

(1)严格执行国家的建设方针和经济政策的原则。设计概算是一项重要的技术经济工作,要严格按照党和国家的方针、政策办事,坚决执行勤俭节约的方针,严格执行规定的设计标准。

(2)完整、准确地反映设计内容的原则。编制设计概算时,要认真了解设计意图,根据设计文件、图纸准确计算工程量,避免重算和漏算。设计修改后,要及时修正概算。

(3)坚持结合拟建工程的实际,反映工程所在地当时价格水平的原则。为提高设计概算的准确性,要实事求是地对工程所在地的建设条件,可能影响造价的各种因素进行认真的调查研究。在此基础上正确使用定额、指标、费率和价格等各项编制依据,按照现行工程造价的构成,根据有关部门发布的价格信息及价格调整指数,考虑建设期的价格变化因素,使概算尽可能地反映设计内容、施工条件和实际价格。

2.设计概算的编制依据

(1)国家发布的有关法律、法规、规章、规程等。

(2)批准的可行性研究报告及投资估算、设计图纸等有关资料。

(3)有关部门颁布的现行概算定额、概算指标、费用定额等和建设项目设计概算编制办法。

（4）有关部门发布的人工、设备材料价格、造价指数等。

（5）建设地区的自然、技术、经济条件等资料。

（6）有关合同、协议等。

（7）其他有关资料。

3.设计概算的编制方法

1）单位工程概算的编制方法

单位工程是单项工程的组成部分，是指具有单独设计可以独立组织施工，但不能独立发挥生产能力或使用效益的工程。单位工程概算是确定单位工程建设费用的文件，是单项工程综合概算的组成部分。它由直接费、间接费、利润和税金组成。

单位工程概算分建筑工程概算和设备及安装工程概算两大类。建筑工程概算的编制方法有：概算定额法、概算指标法、类似工程预算法等；设备及安装工程概算的编制方法有：预算单价法、扩大单价法、设备价值百分比法和综合吨位指标法等。

（1）概算定额法编建筑工程概算。概算定额法又叫扩大单价法或扩大结构定额法。它是采用概算定额编制建筑工程概算的方法，类似于用预算定额法编制施工图预算。其主要步骤是：

①计算工程量。

②套用概算定额。

③计算直接费。

④人工、材料、机械台班用量分析及汇总。

⑤计算间接费、利润和税金。

⑥最后汇总为概算工程造价。

概算定额法要求初步设计达到一定深度，建筑结构比较明确，能按照初步设计的平面、立面、剖面图纸计算出楼地面、墙身、门窗和屋面等扩大分项工程（或扩大结构构件）项目的工程量时，才可采用。

【例6-5】某市拟建一座7560 ㎡教学楼，请按给出的扩大单价和工程量表（表6-9）编制出该教学楼土建工程设计概算造价和平方米造价。其中：材料调整系数为1.10，材料费占直接工程费比率为60%。各项费率分别为：措施费为直接工程费的10%，间接费费率5%，利润率7%，综合税率3.413%（计算结果：平方米造价保留一位小数，其余取整）。

某教学楼土建工程量和扩大单价 表6-9

分部工程名称	单位	工程量	扩大单价（元）
基础工程	10m³	160	2500
混凝土及钢筋混凝土	10m³	150	6800
砌筑工程	10m³	280	3300
地面工程	100m²	40	1100
楼面工程	100m²	90	1800
卷材屋面	100m²	40	4500
门窗工程	100m³	35	5600
脚手架	100m²	180	600

【解】根据已知条件和表6-9数据,求得该教学楼土建工程造价如表6-10。

某教学楼土建工程概算造价计算表   表6-10

序号	分部工程或费用名称	单位	工程量	单价(元)	合价(元)
1	基础工程	10m³	160	2500	400000
2	混凝土及钢筋混凝土	10m³	150	6800	1020000
3	砌筑工程	10m³	280	3300	924000
4	地面工程	100m²	40	1100	44000
5	楼面工程	100m²	90	1800	162000
6	卷材屋面	100m²	40	4500	180000
7	门窗工程	100m²	35	5600	196000
8	脚手架	100m²	180	600	108000
A	直接工程费小计	以上8项之和			3034000
B	措施费	$A \times 10\%$			303400
C	间接费	$(A+B) \times 5\%$			166870
D	利润	$(A+B+C) \times 7\%$			245299
E	材料价差	$A \times 60\% \times 10\%$			182040
F	税金	$(A+B+C+D+E) \times 3.413\%$			134186
	概算造价	$A+B+C+D+E+F$			4065795
	平方米造价	$4065795 \div 7560$			537.8

(2)概算指标法编建筑工程概算。当设计图纸较简单,无法根据图纸计算出详细的实物工程量时,可以选择恰当的概算指标来编制概算。其主要步骤为:

①根据拟建工程的具体情况,选择恰当的概算指标。

②根据选定的概算指标计算拟建工程概算造价。

③根据选定的概算指标计算拟建工程主要材料用量。

概算指标法的适用范围是当初步设计深度不够,不能准确地计算出工程量,但工程设计是采用技术比较成熟而又有类似工程概算指标可以利用时,可采用此法。

由于拟建工程往往与类似工程的概算指标的技术条件不尽相同,而且概算指标编制年份的设备、材料、人工等价格与拟建工程当时当地的价格也不会一样。因此,必须对其进行调整。其调整方法如下。

设计对象的结构特征与概算指标有局部差异时的调整。

$$结构变化修正概算指标(元/m^2) = J + Q_1 P_1 - Q_2 P_2 \qquad (6\text{-}29)$$

式中:J——原概算指标;

Q_1——换入新结构的含量;

Q_2——换出旧结构的含量;

P_1——换入新结构的单价;

P_2——换出旧结构的单价。

结构变化修正概算指标人工、材料、机械数量 = 原概算指标的人工、材料、机械数量 +

换入结构构件工程量 × 相应定额

人工、材料、机械消耗量 – 换出结构

构件工程量 × 相应定额人工、材料、

机械消耗量   (6-30)

以上两种方法,前者是直接修正结构件指标单价,后者是修正结构构件指标人工、材料、机械数量。

设备、人工、材料、机械台班费用的调整。

设备、人工、机械、材料修正概算费用 = 原概算指标设备、人工、材料、机械费 +

∑[换入设备、人工、材料、机械数量 ×

拟建地区相应单价] – ∑[换出设备、

人工、材料、机械数量 × 原概算指标的设备、

人工、材料、机械单价]   (6-31)

【例6-6】某市一栋普通办公楼为框架结构2700m²,建筑工程直接工程费为378 元/m²,其中:毛石基础为39 元/m²,而今拟建一栋办公楼3000m²,是采用钢筋混凝土带形基础为51 元/m²,其他结构相同。求该拟建新办公楼建筑工程直接工程费造价?

【解】调整后的概算指标为:

$$378 – 39 + 51 = 390 \ 元/m^2$$

拟建新办公楼建筑工程直接费:

$$3000 × 390 = 1170000 \ 元$$

然后按上述概算定额法的计算程序和方法,计算出措施费、间接费、利润和税金,便可求出新建办公楼的建筑工程造价。

(3)类似工程预算法编建筑工程概算。如果找不到合适的概算指标,也没有概算定额时,可以考虑采用类似的工程预算来编制设计概算。其主要编制步骤是:

①根据设计对象的各种特征参数,选择最合适的类似工程预算。

②根据本地区现行的各种价格和费用标准计算类似工程预算的人工费修正系数、材料费修正系数、机械费修正系数、措施费修正系数、间接费修正系数等。

③根据类似工程预算修正系数和五项费用占预算成本的比重,计算预算成本总修正系数,并计算出修正后的类似工程平方米预算成本。

④根据类似工程修正后的平方米预算成本和编制概算地区的利税率计算修正后的类似工程平方米造价。

⑤根据拟建工程的建筑面积和修正后的类似工程平方米造价,计算拟建工程概算造价。

用类似工程预算编制概算时应选择与所编概算结构类型、建筑面积基本相同的工程预算为编制依据,并且设计图纸应能满足计算工程量的要求,只需个别项目要按设计图纸调整,由于所选工程预算提供的各项数据较齐全、准确,概算编制的速度就较快。

用类似工程预算编制概算时的计算公式为:

$$D = A × K \qquad (6-32)$$

$$K = a\% K_1 + b\% K_2 + c\% K_3 + d\% K_4 + e\% K_5 \qquad (6-33)$$

$$拟建工程概算造价 = D × S \qquad (6-34)$$

式中：　　　　　　　　D——拟建工程单方概算造价；

　　　　　　　　　　　A——类似工程单方预算造价；

　　　　　　　　　　　K——综合调整系数；

　　　　　　　　　　　S——拟建工程建筑面积；

$a\%$、$b\%$、$c\%$、$d\%$、$e\%$——类似工程预算的人工费、材料费、机械台班费、措施费、间接费占预算造价的比重，如：$a\% = \dfrac{类似工程人工费（或工资标准）}{类似工程预算造价} \times 100\%$；$b\%$、$c\%$、$d\%$、$e\%$类同；

K_1、K_2、K_3、K_4、K_5——拟建工程地区与类似工程预算造价在人工费、材料费、机械台班费、措施费和间接费之间的差异系数，如：$K_1 = \dfrac{拟建工程概算的人工费（或工资标准）}{类似工程预算造价}$；$K_2$、$K_3$、$K_4$、$K_5$类同。

【例 6-7】 某市 2006 年拟建住宅楼，建筑面积 6500m²，编制土建工程概算时采用 2003 年建成的 6000m² 某类似住宅工程预算造价资料见表 6-11。由于拟建住宅楼与已建成的类似住宅在结构上作了调整，拟建住宅每平方米建筑面积比类似住宅工程增加直接工程费 25 元。拟建新住宅工程所在地区的利润率为 7%，综合税率为 3.413%。试求：

（1）计算类似住宅工程成本造价和平方米成本造价是多少？

（2）用类似工程预算法编制拟建新住宅工程的概算造价和平方米造价是多少？

2003 年某住宅类似工程预算造价资料　　　　　　　表 6-11

序号	名　称	单位	数量	2003 年单价（元）	2006 年第一季度单价（元）
1	人工	工日	37908	13.5	20.3
2	钢筋	t	245	3100	3500
3	型钢	t	147	3600	3800
4	木材	m³	220	580	630
5	水泥	t	1221	400	390
6	砂子	m³	2863	35	32
7	石子	m³	2778	60	65
8	红砖	千块	950	180	200
9	木门窗	m²	1171	120	150
10	其他材料	万元	18		调增系数 10%
11	机械台班费	万元	28		调增系数 10%
12	措施费占直接工程费比率			15%	17%
13	间接费率			16%	17%

【解】（1）求类似住宅工程成本造价和平方米成本造价如下：

类似住宅工程人工费 $= 37908 \times 13.5 = 511758$ 元

类似住宅工程材料费 $= 245 \times 3100 + 147 \times 3600 + 220 \times 580 + 1221 \times 400 + 2863 \times 35 + 2778 \times 60 + 950 \times 180 + 1171 \times 120 + 180000$

$\qquad\qquad\qquad\quad = 2663105$ 元

类似住宅工程机械台班费 $= 280000$ 元

类似住宅直接工程费 = 人工费 + 材料费 + 机械台班费

$$= 511758 + 2663105 + 280000 = 3454863 \ 元$$

措施费 $= 3454863 \times 15\% = 518229 \ 元$

则　直接费 $= 3454863 + 518229 = 3973092 \ 元$

间接费 $= 3973092 \times 16\% = 635694 \ 元$

类似住宅工程的成本造价 $=$ 直接工程费 $+$ 间接费

$$= 3973092 + 635694 = 4608786 \ 元$$

类似住宅工程平方米成本造价 $= \dfrac{4608786}{6000} = 768.1 \ 元/m^2$

（2）求拟建新住宅工程的概算造价和平方米造价。

首先求出类似住宅工程人工、材料、机械台班费占其预算成本造价的百分比。然后，求出拟建新住宅工程的人工费、材料费、机械台班费、措施费、间接费与类似住宅工程之间的差异系数。进而求出综合调整系数（K）和拟建新住宅的概算造价。

①求类似住宅工程各费用占其造价的百分比：

人工费占造价百分比 $= \dfrac{511758}{4608786} = 11.10\%$

材料费占造价百分比 $= \dfrac{2663105}{4608786} = 57.78\%$

机械台班费占造价百分比 $= \dfrac{280000}{4608786} = 6.08\%$

措施费占造价百分比 $= \dfrac{518229}{4608786} = 11.24\%$

间接费占造价百分比 $= \dfrac{635694}{4608786} = 13.79\%$

②求拟建新住宅与类似住宅工程在各项费上的差异系数：

人工费差异系数（K_1）$= \dfrac{20.3}{13.5} = 1.5$

材料费差异系数（K_2）$= (245 \times 3500 + 147 \times 3800 + 220 \times 630 + 1221 \times 390 +$
$\qquad 2863 \times 32 + 2778 \times 65 + 950 \times 200 + 1171 \times 150 +$
$\qquad 180000 \times 1.1) \div 2663105 = 1.08$

机械台班差异系数（K_3）$= 1.07$

措施费差异系数（K_4）$= \dfrac{17}{15} = 1.13$

间接费差异系数（K_5）$= \dfrac{17}{16} = 1.06$

③求综合调价系数（K）：

$K = 11.10\% \times 1.5 + 57.78\% \times 1.08 + 6.08\% \times 1.07 + 11.24\% \times 1.13 + 13.79\% \times 1.06$
$\quad = 1.129$

④拟建新住宅平方米造价 $= [768.1 \times 1.129 + 25 \times (1 + 17\%) \times (1 + 17\%)] \times$
$\qquad (1 + 7\%) \times (1 + 3.413\%)$
$\qquad = (867.18 + 34.22) \times (1 + 7\%) \times (1 + 3.413\%)$
$\qquad = 997.4 \ 元/m^2$

⑤拟建新住宅总造价 = 997.4 × 6500 = 6483206 元 = 648.32 万元

（4）设备购置费概算的编制。设备购置费是根据初步设计的设备清单计算出设备原价，并汇总求出设备总原价，然后按有关规定的设备运杂费率乘以设备总原价，两项相加即为设备购置费概算，其公式为：

$$设备购置费概算 = \sum(设备清单中的设备数量 × 设备原价) × (1 + 运杂费率) \quad (6-35)$$

或

$$设备购置费概算 = \sum(设备清单中的设备数量 × 设备预算价格) \quad (6-36)$$

国产标准设备原价可根据设备型号、规格、性能、材质、数量及附带的配件，向制造厂家询价或向设备、材料信息部门查询或按主管部门规定的现行价格逐项计算。非主要标准设备和工器具、生产家具的原价可按主要标准设备原价的百分比计算，百分比指标按主管部门或地区有关规定执行。

（5）设备安装工程费概算的编制。设备安装工程费概算的编制方法是根据初步设计深度和要求明确的程度来确定的，其主要编制方法有：

①预算单价法。当初步设计较深，有详细的设备清单时，可直接按安装工程预算定额单价编制安装工程概算，概算编制程序基本同安装工程施工图预算。该法具有计算比较具体，精确性较高之优点。

②扩大单价法。当初步设计深度不够，设备清单不完备，只有主体设备或仅有成套设备重量时，可采用主体设备、成套设备的综合扩大安装单价来编制概算。

上述两种方法的具体操作与建筑工程概算相类似。

③设备价值百分比法，又叫安装设备百分比法。当初步设计深度不够，只有设备出厂价而无详细规格、重量时，安装费可按占设备费的百分比计算。其百分比值（即安装费率）由主管部门制定或由设计单位根据已完类似工程确定。该法常用于价格波动不大的定型产品和通用设备产品。计算公式为：

$$设备安装费 = 设备原价 × 安装费率(\%) \quad (6-37)$$

④综合吨位指标法。当初步设计提供的设备清单有规格和设备重量时，可采用综合吨位指标编制概算，其综合吨位指标由主管部门或由设计院根据已完类似工程资料确定。该法常用于设备价格波动较大的非标准设备和引进设备的安装工程概算。计算公式为：

$$设备安装费 = 设备重量 × 每吨设备安装费指标(元/t) \quad (6-38)$$

2）单项工程综合概算的编制方法

单项工程综合概算是确定单项工程建设费用的综合性文件，它是由该单项工程各专业的单位工程概算汇总而成的，是建设项目总概算的组成部分。

单项工程综合概算文件一般包括编制说明（不编制总概算时列入）和综合概算表（含其所附的单位工程概算表和建筑材料表）两大部分。当建设项目只有一个单项工程时，此时综合概算文件（实为总概算）除包括上述两大部分外，还应包括工程建设其他费用、建设期贷款利息、预备费和固定资产投资方向调节税的概算。

（1）编制说明。应列在综合概算表的前面，其内容包括：

①编制依据。包括国家和有关部门的规定、设计文件、现行概算定额或概算指标、设备材料的预算价格和费用指标等。

②编制方法。说明设计概算是采用概算定额法，还是采用概算指标法。

③主要设备、材料(钢材、木材、水泥)的数量。

④其他需要说明的有关问题。

(2)综合概算表是根据单项工程所辖范围内的各单位工程概算等基础资料,按照国家或部委所规定统一表格进行编制。工业建设项目综合概算表由建筑工程和设备及安装工程两大部分组成;民用工程项目综合概算表就是建筑工程一项。

(3)综合概算的费用组成。一般应包括建筑工程费、安装工程费、设备购置及工器具和生产家具购置费所组成。当不编制总概算时,还应包括工程建设其他费、建设期贷款利息、预备费和固定资产方向调节税等费用项目。

【例6-8】 单项工程综合概算实例

某地区铝厂电解车间工程项目综合概算是按工程所在地现行概算定额和价格编制的,见表6-12,单位工程概算表和建筑材料表从略。

单项工程概算表　　　　　　　　　　　　　　　　　表6-12

序号	工程或费用名称	概算价值(元)					技术经济指标		
		建筑工程费	安装工程费	设备及工器具购置费	工程建设其他费	合计	单位	数量	单位价值(元/m²)
①	②	③	④	⑤	⑥	⑦	⑧	⑨	⑩
1	建筑工程	4857914				4857914	m²	3600	1349.4
1.1	一般土建	3187475				3187475			
1.2	电解槽基础	203800				203800			
1.3	氧化铝	120000				120000			
1.4	工业炉窑	1268700				1286700			
1.5	工艺管道	25646				25646			
1.6	照明	34293				34293			
2	设备及安装工程		3843972	3188173		7032145	m²	3600	1953.4
2.1	机械设备及安装		2005995	3153609		5159604			
2.2	电解系列母线安装		1778550			1778550			
2.3	电力设备及安装		57337	30574		87911			
2.4	自控系统设备及安装		2090	3990		6080			
3	工器具和生产家具购置			47304		47304	m²	3600	13.1
4	合计	4857914	3843972	3235477		11937363			3315.9
5	占综合概算造价比例	40.7%	32.2%	27.1%		100%			

3)建设项目总概算的编制方法

建设项目总概算是设计文件的重要组成部分,是确定整个建设项目从筹建到竣工交付使用所预计花费的全部费用的文件。它是由各单项工程综合概算、工程建设其他费、建设期贷款利息、预备费、固定资产投资方向调节税和经营性项目的铺底流动资金概算所组成的,按照主管部门规定的统一表格进行编制而成的。

设计总概算文件一般应包括:封面及目录、编制说明、总概算表、工程建设其他费概算表、单项工程综合概算表、单位工程概算表、工程量计算表、分年度投资汇总表、分年度资金流量汇

总表、主要材料汇总表与工日数量表等。现将有关主要情况说明如下。

（1）封面、签署页及目录。封面、签署页格式见表6-13。

封面、签署页格式 表6-13

建设项目设计概算文件

建设单位：＿＿＿＿＿＿＿＿＿＿＿＿＿＿＿＿＿＿＿＿＿

建设项目名称：＿＿＿＿＿＿＿＿＿＿＿＿＿＿＿＿＿＿＿

设计单位(或工程造价咨询单位)：＿＿＿＿＿＿＿＿＿＿＿

编制单位：＿＿＿＿＿＿＿＿＿＿＿＿＿＿＿＿＿＿＿＿

编制人(资格证号)：＿＿＿＿＿＿＿＿＿＿＿＿＿＿＿＿

审核人(资格证号)：＿＿＿＿＿＿＿＿＿＿＿＿＿＿＿＿

项目负责人：＿＿＿＿＿＿＿＿＿＿＿＿＿＿＿＿＿＿＿

总工程师：＿＿＿＿＿＿＿＿＿＿＿＿＿＿＿＿＿＿＿＿

单位负责人：＿＿＿＿＿＿＿＿＿＿＿＿＿＿＿＿＿＿＿

年 月 日

（2）编制说明。编制说明应包括下列内容：

①工程概况。简述建设项目性质、特点、生产规模、建设周期、建设地点等主要情况。引进项目要说明引进内容以及与国内配套工程等主要情况。

②资金来源及投资方式。

③编制依据及编制原则。

④编制方法。说明设计概算是采用概算定额法，还是采用概算指标法等。

⑤投资分析。主要分析各项投资的比重、各专业投资的比重等经济指标。

⑥其他需要说明的问题。

（3）总概算表。总概算表应反映静态投资和动态投资两个部分。静态投资是按设计概算编制期价格、费率、利率、汇率等确定的投资；动态投资是指概算编制时期到竣工验收前因价格变化等多种因素所需的投资。

（4）工程建设其他费用概算表。工程建设其他费用概算按国家、地区或部委所规定的项目和标准确定，并按统一格式编制。

（5）单项工程综合概算表和建筑安装单位工程概算表。

（6）工程量计算表和工、料数量汇总表。

（7）分年度投资汇总表和分年度资金流量汇总表，示例详见表6-14和表6-15。

分年度投资汇总表 表6-14

序号	主项号	工程项目或费用名称	总投资(万元)		分年度投资(万元)										备注
			总计	其中外币	第一年		第二年		第三年		第四年		……		
					总计	其中外币	总计	其中外币	总计	其中外币	总计	其中外币	总计	其中外币	

编制： 核对： 审核：

分年度资金流量汇总表 表6-15

序号	主项号	工程项目或费用名称	资金总供应量(万元)		分年度资金供应量(万元)										备注
					第一年		第二年		第三年		第四年		……		
			总计	其中外币	总计	其中外币	总计	其中外币	总计	其中外币	总计	其中外币	总计	其中外币	

编制: 核对: 审核:

6.4.4 设计概算的审查

1.审查设计概算的意义

(1)有利于合理分配投资资金、加强投资计划管理,有助于合理确定和有效控制工程造价。设计概算编制偏高或偏低,不仅影响工程造价的控制,也会影响投资计划的真实性,影响投资资金的合理分配。

(2)有利于促进概算编制单位严格执行国家有关概算的编制规定和费用标准,从而提高概算的编制质量。

(3)有利于促进设计的技术先进性与经济合理性。概算中的技术经济指标,是概算的综合反映,与同类工程对比,便可看出它的先进与合理程度。

(4)有利于核定建设项目的投资规模,可以使建设项目总投资力求做到准确、完整,防止任意扩大投资规模或出现漏项,从而减少投资缺口,缩小概算与预算之间的差距,避免故意压低概算投资,搞"钓鱼"项目,最后导致实际造价大幅度地突破概算。

(5)经审查的概算,有利于为建设项目投资的落实提供可靠的依据。打足投资,不留缺口,有助于提高建设项目的投资效益。

2.设计概算的审查内容

1)审查设计概算的编制依据

(1)依据的合法性。采用的各种编制依据必须经过国家和授权机关的批准,符合国家的编制规定,未经批准的不能采用。不能强调情况特殊,擅自提高概算定额、指标或费用标准。

(2)依据的时效性。各种依据,如定额、指标、价格、取费标准等,都应根据国家有关部门的现行规定进行,注意有无调整和新的规定,如有,应按新的调整办法和规定执行。

(3)依据的适用范围。各种编制依据都有规定的适用范围,如各主管部门规定的各种专业定额及其取费标准,只适用于该部门的专业工程;各地区规定的各种定额及其取费标准,只适用于该地区范围内,特别是地区的材料预算价格区域性更强,如某市有该市区的材料预算价格,又编制了郊区内一个矿区的材料预算价格,在编制该矿区某工程概算时,应采用该矿区的材料预算价格。

2)审查概算编制深度

(1)审查编制说明。审查编制说明可以检查概算的编制方法、深度和编制依据等重大原则问题,若编制说明有差错,具体概算必有差错。

（2）审查概算编制深度。一般大中型项目的设计概算，应有完整的编制说明和"三级概算"（即总概算表、单项工程综合概算表、单位工程概算表），并按有关规定的深度进行编制。审查其编制深度是否到位，有无随意简化的情况。

（3）审查概算的编制范围。审查概算编制范围及具体内容是否与主管部门批准的建设项目范围及具体工程内容一致；审查分期建设项目的建筑范围及具体工程内容有无重复交叉，是否重复计算或漏算；审查其他费用应列的项目是否符合规定，静态投资、动态投资和经营性项目铺底流动资金是否分别列出等。

3）审查工程概算的内容

（1）审查概算的编制是否符合党的方针、政策，是否根据工程所在地的自然条件编制。

（2）审查建设规模（投资规模、生产能力等）、建设标准（用地指标、建筑标准等）、配套工程、设计定员等是否符合原批准的可行性研究报告或立项批文的标准。对总概算投资超过批准投资估算 10% 以上的，应查明原因，重新上报审批。

（3）审查编制方法、计价依据和程序是否符合现行规定，包括定额或指标的适用范围和调整方法是否正确。进行定额或指标的补充时，要求补充定额的项目划分、内容组成、编制原则等要与现行的定额精神相一致等。

（4）审查工程量是否正确。工程量的计算是否根据初步设计图纸、概算定额、工程量计算规则和施工组织设计的要求进行，有无多算、重算和漏算，尤其对工程量大、造价高的项目要重点审查。

（5）审查材料用量和价格。审查主要材料（钢材、木材、水泥、砖）的用量数据是否正确，材料预算价格是否符合工程所在地的价格水平，材料价差调整是否符合现行规定及其计算是否正确等。

（6）审查设备规格、数量和配置是否符合设计要求，是否与设备清单一致，设备预算价格是否真实，设备原价和运杂费的计算是否正确，非标准设备原价的计价方法是否符合规定，进口设备的各项费用的组成及计算程序、方法是否符合国家主管部门的规定。

（7）审查建筑安装工程的各项费用的计取是否符合国家或地方有关部门的现行规定，计算程序和取费标准是否正确。

（8）审查综合概算、总概算的编制内容、方法是否符合现行规定和设计文件的要求，有无设计文件外项目，有无将非生产性项目以生产性项目列入。

（9）审查总概算文件的组成内容，是否完整地包括了建设项目从筹建到竣工投产为止的全部费用组成。

（10）审查工程建设其他各项费用。这部分费用内容多、弹性大，约占项目总投资 25% 以上，要按国家和地区规定逐项审查，不属于总概算范围的费用项目不能列入概算，具体费率或计取标准是否按国家、行业有关部门规定计算，有无随意列项，有无多列、交叉计列和漏项等。

（11）审查项目的"三废"治理。拟建项目必须同时安排"三废"（废水、废气、废渣）的治理方案和投资，对于未作安排、漏项或多算、重算的项目，要按国家有关规定核实投资，以满足"三废"排放达到国家标准。

（12）审查技术经济指标。技术经济指标计算方法和程序是否正确，综合指标和单项指标与同类型工程指标相比，是偏高还是偏低，其原因是什么并予纠正。

（13）审查投资经济效果。设计概算是初步设计经济效果的反映，要按照生产规模、工艺流程、产品品种和质量,从企业的投资效益和投产后的运营效益全面分析,是否达到了先进可靠、经济合理的要求。

3.审查设计概算的方法

采用适当方法审查设计概算,是确保审查质量、提高审查效率的关键。常用方法有以下三种

(1)对比分析法

对比分析法主要是通过建设规模、标准与立项批文对比;工程数量与设计图纸对比;综合范围、内容与编制方法、规定对比;各项取费与规定标准对比;材料、人工单价与统一信息对比;引进设备、技术投资与报价要求对比;技术经济指标与同类工程对比等;通过以上对比,容易发现设计概算存在的主要问题和偏差。

(2)查询核实法

查询核实法是对一些关键设备和设施、重要装置、引进工程图纸不全、难以核算的较大投资进行多方查询核对,逐项落实的方法。主要设备的市场价向设备供应部门或招标公司查询核实;重要生产装置、设施向同类企业(工程)查询了解;引进设备价格及有关费税向进出口公司调查落实;复杂的建筑安装工程向同类工程的建设、承包、施工单位征求意见;深度不够或不清楚的问题直接同原概算编制人员、设计者询问清楚。

(3)联合会审法

联合会审前,可先采取多种形式分头审查,包括设计单位自审,主管、建设、承包单位初审,工程造价咨询公司评审,邀请同行专家预审,审批部门复审等,经层层审查把关后,由有关单位和专家进行联合会审。在会审大会上,由设计单位介绍概算编制情况及有关问题,各有关单位、专家汇报初审、预审意见。然后进行认真分析、讨论,结合对各专业技术方案的审查意见所产生的投资增减,逐一核实原概算出现的问题。经过充分协商,认真听取设计单位意见后,实事求是地处理和调整。

通过以上复审后,对审查中发现的问题和偏差,按照单项、单位工程的顺序,先按设备费、安装费、建筑费和工程建设其他费用分类整理,然后按照静态投资、动态投资和铺底流动资金三大类,汇总核增或核减的项目及其投资额。最后将具体审核数据,按照"原编概算"、"审核结果"、"增减投资"、"增减幅度"四栏列表,并按照原总概算表汇总顺序,将增减项目逐一列出,相应调整所属项目投资合计,再依次汇总审核后的总投资及增减投资额。对于差错较多、问题较大或不能满足要求的,责成按会审意见修改返工后,重新报批;对于无重大原则问题,深度基本满足要求,投资增减不多的,当场核定概算投资额,并提交审批部门复核后,正式下达审批概算。

6.5 ▶ 施工图预算的编制与审查

6.5.1 施工图预算的概述

1.施工图预算的概念

施工图预算是施工图设计预算的简称,又叫设计预算。它是由设计单位在施工图设计完

成后,根据施工图设计图纸、现行预算定额、费用定额以及地区设备、材料、人工、施工机械台班等预算价格编制和确定的建筑安装工程造价的文件。

在工程量清单计价实施以前,施工图预算的编制是工程计价主要甚至唯一的方式,不论是设计单位、建设单位、施工单位,都要编制施工图预算,只是编制的角度和目的不同。本节主要讨论设计单位编制的施工图预算。对于设计单位,施工图预算主要作为建设工程费用控制的一个环节。

2.施工图预算的作用

施工图预算的主要作用有:

(1)是设计阶段控制工程造价的重要环节,是控制施工图设计不突破设计概算的重要措施。

(2)是编制或调整固定资产投资计划的依据。

(3)对于实行施工招标的工程,施工图预算是编制标底的依据,也是承包企业投标报价的基础。

(4)对于不宜实行招标而采用施工图预算加调整价结算的工程,施工图预算可作为确定合同价款的基础或作为审查施工企业提出的施工图预算的依据。

6.5.2　施工图预算的内容

施工图预算有单位工程预算、单项工程预算和建设项目总预算。单位工程预算是根据施工图设计文件、现行预算定额、费用定额以及人工、材料、设备、机械台班等预算价格资料,以一定方法,编制单位工程的施工图预算;然后汇总所有各单位工程施工图预算,成为单项工程施工图预算;再汇总各所有单项工程施工图预算,便是一个建设项目的总预算。

单位工程预算包括建筑工程预算和设备安装工程预算。建筑工程预算按其工程性质分为一般土建工程预算、卫生工程预算(包括室内外给排水工程、采暖通风工程、煤气工程等)、电气照明工程预算、弱电工程预算、特殊构筑物如炉窑、烟囱、水塔等工程预算和工业管道工程预算等。设备安装工程预算可分为机械设备安装工程预算、电气设备安装工程预算和热力设备安装工程预算等。

6.5.3　施工图预算的编制

1.施工图预算编制依据

(1)施工图纸及说明书和标准图集;

(2)现行预算定额及单位估价表;

(3)施工组织设计或施工方案;

(4)材料、人工、机械台班预算价格及调价规定;

(5)建筑安装工程费用定额;

(6)造价工作手册及有关工具书。

2.施工图预算的编制方法

1)单价法编制施工图预算

(1)单价法是用事先编制好的分项工程的单位估价表来编制施工图预算的方法。按施工图计算的各分项工程的工程量,并乘以相应单价,汇总相加,得到单位工程的人工费、材料费、机械使用费之和;再加上按规定程序计算出来的措施费、间接费、利润和税金,便可得出单位工程的施工图预算造价。

单价法编制施工图预算的计算公式表述为:
$$单位工程预算直接工程费 = \sum(工程量 \times 预算定额单价) \qquad (6-39)$$
(2)单价法编制施工图预算的步骤

单价法编制施工图预算的步骤如图6-9所示。

图 6-9 单价法编制施工图预算步骤

2)实物法编制施工图预算

(1)实物法编制施工图预算,首先根据施工图纸分别计算出分项工程量,然后套用相应预算人工、材料、机械台班的定额用量,再分别乘以工程所在地当时的人工、材料、机械台班的实际单价,求出单位工程的人工费、材料费和施工机械使用费,并汇总求和,进而求得直接工程费,最后按规定计取其他各项费用,最后汇总就可得出单位工程施工图预算造价。

实物法编制施工图预算,其中直接工程费的计算公式为:
$$
\begin{aligned}
单位工程直接工程费 = &\sum(工程量 \times 人工预算定额用量 \times 当时当地人工费单价) + \\
&\sum(工程量 \times 材料预算定额用量 \times 当时当地材料费单价) + \\
&\sum(工程量 \times 机械预算定额用量 \times 当时当地机械费单价) \qquad (6-40)
\end{aligned}
$$

(2)实物法编制施工图预算的步骤

实物法编制施工图预算的步骤如图6-10所示。

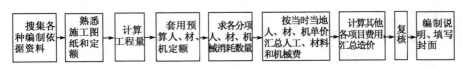

图 6-10 实物法编制施工图预算步骤

由图6-10可见,实物法与单价法首尾部分的步骤是相同的,所不同的主要是中间的三个步骤,即

①工程量计算后,套用相应预算人工、材料、机械台班定额用量。建设部1995年颁发的《全国统一建筑工程基础定额》(土建部分,是一部量价分离定额)和现行全国统一安装定额、专业统一和地区统一的计价定额的实物消耗量,是完全符合国家技术规范、质量标准的,并反映一定时期施工工艺水平的分项工程计价所需的人工、材料、施工机械消耗量的标准。这个消耗量标准,在建材产品、标准、设计、施工技术及其相关规范和工艺水平等没有大的突破性变化之前,是相对稳定不变的,因此,它是合理确定和有效控制造价的依据;这个定额消耗量标准,是由工程造价主管部门按照定额管理分工进行统一制定,并根据技术发展适时地补充修改。

②求出各分项工程人工、材料、机械台班消耗数量并汇总单位工程所需各类人工工日、材料和机械台班的消耗量。各分项工程人工、材料、机械台班消耗数量由分项工程的工程量分别乘以预算人工定额用量、材料定额用量和机械台班定额用量而得出的,然后汇总便可得出单位

工程各类人工、材料和机械台班的消耗量。

③用当时当地的各类人工、材料和机械台班的实际单价分别乘以相应的人工、材料和机械台班的消耗量，并汇总便得出单位工程的人工费、材料费和机械使用费。

在市场经济条件下，人工、材料和机械台班单价是随市场而变化的，而且它们是影响工程造价最活跃、最主要的因素。用实物法编制施工图预算，是采用工程所在地的当时人工、材料、机械台班价格，较好地反映实际价格水平，工程造价的准确性高。虽然计算过程较单价法繁琐，但用计算机来计算也就快捷了。因此，实物法是与市场经济体制相适应的预算编制方法。

6.5.4 施工图预算的审查

1.审查施工图预算的意义

施工图预算编完之后，需要认真进行审查。加强施工图预算的审查，对于提高预算的准确性，正确贯彻党和国家的有关方针政策，降低工程造价具有重要的现实意义。

（1）有利于控制工程造价，克服和防止预算超概算。

（2）有利于加强固定资产投资管理，节约建设资金。

（3）有利于施工承包合同价的合理确定和控制。因为，施工图预算，对于招标工程，它是编制标底的依据；对于不宜招标工程，它是合同价款结算的基础。

（4）有利于积累和分析各项技术经济指标，不断提高设计水平。通过审查工程预算，核实了预算价值，为积累和分析技术经济指标，提供了准确数据，进而通过有关指标的比较，找出设计中的薄弱环节，以便及时改进，不断提高设计水平。

2.审查施工图预算的内容

审查施工图预算的重点，应该放在工程量计算、预算单价套用、设备材料预算价格取定是否正确，各项费用标准是否符合现行规定等方面。

（1）审查工程量。

（2）审查设备、材料的预算价格。

（3）审查预算单价的套用。

（4）审查有关费用项目及其计取。

3.审查施工图预算的方法

审查施工图预算的方法较多，主要有全面审查法、标准预算审查法、分组计算审查法、筛选审查法、重点抽查法、对比审查法、利用手册审查法和分解对比审查法等八种。

（1）全面审查法

全面审查又叫逐项审查法，就是按预算定额顺序或施工的先后顺序，逐一地全部进行审查的方法。其具体计算方法和审查过程与编制施工图预算基本相同。此方法的优点是全面、细致，经审查的工程预算差错比较少，质量比较高。缺点是工作量大。对于一些工程量比较小、工艺比较简单的工程，编制工程预算的技术力量又比较薄弱，可采用全面审查法。

（2）标准预算审查法

对于利用标准图纸或通用图纸施工的工程，先集中力量，编制标准预算，以此为标准审查预算的方法。按标准图纸设计或通用图纸施工的工程一般上部结构和做法相同，可集中力量细审一份预算或编制一份预算，作为这种标准图纸的标准预算，或用这种标准图纸的工程量为标准,对照审查,而对局部不同的部分作单独审查即可。这种方法的优点是时间短、效果好、好定案;缺点是只适应按标准图纸设计的工程,适用范围小。

（3）分组计算审查法

分组计算审查法是一种加快审查工程量速度的方法,把预算中的项目划分为若干组,并把相邻且有一定内在联系的项目编为一组,审查或计算同一组中某个分项工程量,利用工程量间具有相同或相似计算基础的关系,判断同组中其他几个分项工程量计算的准确程度的方法。

（4）对比审查法

是用已建成工程的预算或虽未建成但已审查修正的工程预算对比审查拟建的类似工程预算的一种方法。

（5）筛选审查法

筛选法是统筹法的一种,也是一种对比方法。建筑工程虽然有建筑面积和高度的不同,但是它们的各个分部分项工程的工程量、造价、用工量在每个单位面积上的数值变化不大,我们把这些数据加以汇集、优选、归纳为工程量、造价(价值)、用工三个单方基本值表,并注明其适用的建筑标准。这些基本值犹如"筛子孔",用来筛选各分部分项工程,筛下去的就不审查了,没有筛下去的就意味着此分部分项的单位建筑面积数值不在基本值范围之内,应对该分部分项工程详细审查。当所审查的预算的建筑面积标准与"基本值"所适用的标准不同,就要对其进行调整。

（6）重点抽查法

此法是抓住工程预算中的重点进行审查的方法。审查的重点一般是:工程量大或造价较高、工程结构复杂的工程,补充单位估价表,计取各项费用(计费基础、取费标准等)。

（7）利用手册审查法

此法是把工程中常用的构件、配件事先整理成预算手册,按手册对照审查的方法。如工程常用的预制构配件:洗池、大便台、检查井、化粪池、碗柜等,几乎每个工程都有,把这些按标准图集计算出工程量,套上单价,编制成预算手册使用,可大大简化预结算的编审工作。

（8）分解对比审查法

一个单位工程,按直接费与间接费进行分解,然后再把直接费按工种和分部工程进行分解,分别与审定的标准预算进行对比分析的方法,叫分解对比审查法。

4.审查施工图预算的步骤

1)做好审查前的准备工作

（1）熟悉施工图纸。施工图是编审预算分项数量的重要依据,必须全面熟悉了解,核对所有图纸,清点无误后,依次识读。

（2）了解预算包括的范围。根据预算编制说明,了解预算包括的工程内容,例如:配套设施、室外管线、道路以及会审图纸后的设计变更等。

（3）弄清预算采用的单位估价表。任何单位估价表或预算定额都有一定的适用范围,应根据工程性质,搜集熟悉相应的单价、定额资料。

2)选择合适的审查方法,按相应内容审查

由于工程规模、繁简程度不同,施工方法和施工企业情况不一样,所编工程预算的质量也不同,因此,需选择适当的审查方法进行审查。综合整理审查资料,并与编制单位交换意见,定

案后编制调整预算。审查后,需要进行增加或核减的,经与编制单位协商,统一意见后,进行相应的修正。

6.6 ▶ 案 例 分 析

【案例一】
背景:

某开发公司造价工程师针对设计院提出的某商住楼的 A、B、C 三个设计方案进行了技术经济分析和专家调查,得到表 6-16 所示数据。

方 案 功 能 数 据   表 6-16

方 案 功 能	方案功能得分			方案功能重要系数
	A	B	C	
F_1	9	9	8	0.25
F_2	8	10	10	0.35
F_3	10	7	9	0.25
F_4	9	10	9	0.1
F_5	8	8	6	0.05
单方造价(元/m²)	1325	1118	1226	

问题:

1. 在表 6-17 中计算各方案成本系数、功能系数和价值系数,计算结果保留小数点后 4 位(其中功能系数要求列出计算式),并确定最优方案。

2. 简述价值工程的工作步骤和阶段划分。

价值系数计算表   表 6-17

方案名称	单方造价 (元/ m²)	成本系数	功能系数	价值系数	最优方案
A					
B					
C					
合计					

分析要点:

本案例的考核重点在以下两个方面:第一是价值工程的工作阶段及内容;第二是利用价值工程方法进行方案评价。

(1)价值工程的工作程序

价值工程的工作程序是根据价值工程的理论体系和方法特点系统展开的。按照国标 GB8223–87 的规定,价值工程的工作程序分为四个阶段,各阶段名称及工作步骤见表 6-18。

价值工程的一般工作程序　　　　　　　　　　表 6-18

阶段	步　骤	说　明
准备阶段	1.对象选择	应明确目标、限制条件和分析范围
	2.组成价值工程领导小组	一般由项目负责人、专业技术人员、熟悉价值工程的人员组成
	3.制定工作计划	包括具体执行人、执行日期、工作目标等
分析阶段	4.收集整理信息资料	此项工作应贯穿于价值工程的全过程
	5.功能系统分析	明确功能特性要求,并绘制功能系统图
	6.功能评价	确定功能目标成本,确定功能改进区域
创新阶段	7.方案创新	提出各种不同的实现功能的方案
	8.方案评价	从技术、经济和社会等方面综合评价各种方案达到预定目标的可行性
	9.提案编写	将选出的方案及有关资料编写成册
实施阶段	10.审批	由主管部门组织进行
	11.实施与检查	制定实施计划、组织实施,并跟踪检查
	12.成果鉴定	对实施后取得的技术经济效果进行成果鉴定

（2）利用价值工程进行方案评价

对方案进行评价的方法很多。其中在利用价值工程的原理对方案进行综合评价的方法中,常用的是加权评分法。

加权评分法是一种用权数大小来表示评价值的重要程度,用满足程度评分表示方案某项指标水平的高低,以方案的综合评分作为择优根据的方法。它的主要特点是同时考虑功能与成本两方面的因素,以价值系数大者为最优。加权评分法的基本步骤如下。

①计算方案的成本系数。计算公式为:

$$某方案成本系数 = \frac{该方案成本}{\sum 各方案成本}$$

②确定功能重要性系数。计算公式为:

$$某项功能重要性系数 = \frac{\sum (该功能各评价指标得分 \times 评价指标权重)}{评价指标得分之和}$$

③计算方案功能评价系数。计算公式为:

$$某方案功能评价系数 = \frac{该方案评定总分}{\sum 各方案评定总分}$$

其中

$$方案评定总分 = \sum (各功能重要性系数 \times 方案对各功能的满足程度得分)$$

④计算方案价值系统。计算公式为:

$$某方案价值系数 = \frac{该方案功能评价系数}{该方案成本系数}$$

以价值系数最高的方案为最佳方案。

参考答案:

问题 1

【解】（1）计算功能系数,先计算各方案功能得分。

A 方案：$F_A = 9 \times 0.25 + 8 \times 0.35 + 10 \times 0.25 + 9 \times 0.10 + 8 \times 0.05 = 8.85$ 分

同理可计算出：$F_B = 8.90$ 分

$$F_C = 8.95 \text{ 分}$$

再计算各项功能得分之和：

$$F = \sum F_i = F_A + F_B + F_C = 8.85 + 8.9 + 8.95 = 26.7 \text{ 分}$$

最后计算各方案功能系数：

A 方案：$\phi_A = \dfrac{F_A}{\sum F_i} = \dfrac{8.85}{26.7} \approx 0.3315$

B 方案：$\phi_B = \dfrac{F_B}{\sum F_i} = \dfrac{8.90}{26.7} \approx 0.3333$

C 方案：$\phi_C = \dfrac{F_C}{\sum F_i} = \dfrac{8.95}{26.7} \approx 0.3352$

（2）将上述计算结果填如表 6-19。

功能系数表　　　　　　　　　　　　　　　　　表 6-19

方案名称	方案造价（元/m²）	成本系数	功能系数	价值系数	最优方案
A	1325	0.3611	0.3315	0.918	
B	118	0.3047	0.333	1.0939	最优
C	1226	0.3342	0.3352	1.003	
合计	3669	1	1		

表 6-19 中成本系数计算举例如下：

A 方案成本系数为 $C_A = 1325 \div 3669 \approx 0.3611$

表 6-19 中价值系数计算举例如下：

A 方案价值系数为 $V_A = 0.3315 \div 0.3611 \approx 0.918$

问题 2

【解】价值工程的工作步骤和阶段划分见表 6-18。

【案例二】

背景：

某开发商拟开发一幢商住楼，有如下三种可行设计方案：

方案 A：结构方案为大柱网框架轻墙体系，采用预应力大跨度叠合楼板，墙体材料采用多孔砖及移动式可拆装式分室隔墙，窗户采用单框双玻璃钢塑窗，面积利用系数 93%，单方造价 1437.47 元/m²。

方案 B：结构方案同 A，墙体采用内浇外砌，窗户采用单框双玻璃空腹钢窗，面积利用系数 87%，单方造价 1108 元/m²。

方案 C：结构方案采用砖混结构体系，采用多孔预应力板，墙体材料采用标准黏土砖。窗户采用玻璃空腹钢窗，面积利用系数 70.69%，单方造价 1081.8 元/m²。

方案功能得分及重要系数见表 6-20。

方案功能得分及重要系数表　　　　　　　　表 6-20

方案功能	方案功能得分			方案功能重要系数
	A	B	C	
结构体系 F_1	10	10	8	0.25
模板类型 F_2	10	10	9	0.05
墙体材料 F_3	8	9	7	0.25
面积系数 F_4	9	8	7	0.35
窗户类型 F_5	9	7	8	0.10

问题：

1. 试应用价值工程方法选择最优设计方案。

2. 为控制工程造价和进一步降低费用，拟针对所选的最优设计方案的土建工程部分，以工程材料费为对象开展价值工程分析。将土建工程划分为 4 个功能项目，各功能项目评分值及其目前成本见表 6-21。按限额设计要求目标成本额应控制为 12170 万元。

基 础 资 料 表　　　　　　　　表 6-21

序　号	功能项目	功能评分	目前成本(万元)
1	桩基围护工程	11	1520
2	地下室工程	10	1482
3	主体结构工程	35	4705
4	装饰工程	38	5105
合　计		94	12812

试分析各功能项目的目标成本及成本可能降低的幅度，并确定出功能改进顺序。

参考答案：

问题 1

【解】(1) 成本系数计算见表 6-22。

成本系数计算表　　　　　　　　表 6-22

方案名称	造价(元/m²)	成本系数
A	1437.47	0.3963
B	1108	0.3055
C	1081.18	0.2982
合　计	3627.28	1

(2) 功能因素评分与功能系数计算见表 6-23。

功能因素评分与功能系数计算表　　　　　　　　表 6-23

功能因素	重要系数	方案功能得分加权值 $\varphi_i S_{ij}$		
		A	B	C
F_1	0.25	$0.25 \times 10 = 2.5$	$0.25 \times 10 = 2.5$	$0.25 \times 8 = 2.0$
F_2	0.05	$0.05 \times 10 = 0.5$	$0.05 \times 10 = 0.5$	$0.05 \times 9 = 0.45$
F_3	0.25	$0.25 \times 8 = 2.0$	$0.25 \times 9 = 2.25$	$0.25 \times 7 = 1.75$

续上表

功能因素	重要系数	方案功能得分加权值 $\varphi_i S_{ij}$		
		A	B	C
F_4	0.35	$0.35 \times 9 = 3.15$	$0.35 \times 8 = 2.8$	$0.35 \times 7 = 2.45$
F_5	0.1	$0.1 \times 9 = 0.9$	$0.1 \times 7 = 0.7$	$0.1 \times 8 = 0.8$
方案加权平均总分 $\sum_i \varphi_i S_{ij}$		9.05	8.75	7.45
功能系数 $\sum_i \varphi_i S_{ij} / \sum_i \sum_j \varphi_i S_{ij}$		$9.05 \div (9.05 + 8.75 + 7.45)$	0.347	0.295

（3）计算各方案价值系数见表6-24。

各方案价值系数计算表　　　　　　　　　　　　　　　　表6-24

方 案 名 称	功 能 系 数	成 本 系 数	价 值 系 数	选　优
A	0.358	0.3963	0.903	
B	0.347	0.3055	1.136	最优
C	0.295	0.2982	0.989	

（4）根据对 A、B、C 方案进行价值工程分析，B 方案价值系数最高，为最优方案。

问题2

【解】A 功能项目的评分为11，功能系数 $F = 11/94 = 0.1170$；目前成本为1520，成本系数 $C = 1520/12812 = 0.1186$；价值系数 $V = F/C = 0.117/0.1186 = 0.9865 < 1$，成本比重偏高，需作重点分析，寻找降低成本途径。根据功能系数 0.1170，目标成本只能确定为 $12170 \times 0.1170 = 1423.89$，需成本降低幅度 $1520 - 1423.89 = 96.11$ 万元。

其他功能项目的分析同理，按功能系数计算目标成本及成本降低幅度，计算结果见表6-25。

成本降低幅度表　　　　　　　　　　　　　　　　表6-25

序号	功能项目	功能评分	功能系数	目前成本	成本系数	价值系数	目标成本	成本降低幅度
1	A. 桩基围护工程	11	0.117	1520	0.1186	0.9865	1423.89	96.11
2	B. 地下室工程	10	0.1064	1482	0.1157	0.9196	1294.89	187.11
3	C. 主体结构工程	35	0.3723	4705	0.3672	1.0139	4530.89	174.11
4	D. 装饰工程	38	0.4043	5105	0.3985	1.0146	4920.33	184.67
	合　计	94	1	12812	1		12170	642

根据表6-25 的计算结果，功能项目的优先改进顺序为 B、D、C、A。

🌐 本章小结

设计阶段是工程造价控制最有效的阶段，但也是最难介入的阶段，真正发挥设计在造价控制过程中的作用，亟须设计技术人员与造价技术人员的密切配合。

限额设计和价值工程是两种主动、事前的工程造价控制形式，限额设计较为有效，但有时限制了功能的优化。价值工程方法不仅是设计阶段优化造价、合理匹配功能与成本的工具，也是有助于建设项目全寿命周期造价管理的方法,应该大力推广。

设计概算与施工图预算是建设工程费用的两个阶段的表现形式,它们的价格属性不是很强,但通过计算、分析、对比能够使造价控制在批准的投资估算以内。设计概算、施工图预算的编制、审查、调整要根据合法的依据进行。

习　题

一、单项选择题

1. 按照建设程序,建设项目的工艺流程是在( )阶段确定的。
   A. 项目建议书　　　　　　　　　　B. 可行性研究
   C. 初步设计　　　　　　　　　　　D. 技术设计

2. 下列关于民用建筑设计与工程造价的关系中正确的是( )。
   A. 住宅的层高和净高增加,会使工程造价随之增加
   B. 圆形住宅既有利于施工,又能降低造价
   C. 小区的住宅密度指标越高越好
   D. 住宅层数越多,造价越低

3. 某工程共有三个方案。方案一的功能评价系数 0.61,成本评价系数 0.55;方案二的功能评价系数 0.63,成本评价系数 0.6;方案三的功能评价系数 0.69,成本评价系数 0.50。则根据价值工程原理确定的最优方案为 ( )。
   A. 方案一　　　　B. 方案二　　　　C. 方案三　　　　D. 无法确定

4. 某建设项目有四个方案,其评价指标见表 6-26,根据价值工程原理,最好的方案是( )。

方 案 评 价 指 标　　　　　　　　　　　　　　　　表 6-26

项目 ＼ 方案	甲	乙	丙	丁
功能评价总分	12	9	14	13
成本系数	0.22	0.18	0.35	0.25

   A. 甲　　　　　　B. 乙　　　　　　C. 丙　　　　　　D. 丁

5. 当初步设计达到一定深度,建筑结构比较明确时,编制建筑工程概算可以采用( )。
   A. 单位工程指标法　　　　　　　　B. 概算指标法
   C. 概算定额法　　　　　　　　　　D. 类似工程概算法

6. 拟建砖混结构住宅工程,其外墙采用贴釉面砖,每平方米建筑面积消耗量为 $0.9m^2$,釉面砖全费用单价为 50 元/m^2。类似工程概算指标为 58050 元/$100m^2$,外墙采用水泥砂浆抹面,每平方米建筑面积消耗量为 $0.92m^2$,水泥砂浆抹面全费用单价为 9.5 元/m^2,则该砖混结构工程修正概算指标为( )。
   A. 571.22　　　　B. 616.72　　　　C. 625.00　　　　D. 633.28

7. 在用单价法编制施工图预算时,当施工图纸的某些设计要求与定额单价特征相差甚远或完全不同时,应( )。

A. 直接套用

B. 按定额说明对定额基价进行调整

C. 按定额说明对定额基价进行换算

D. 编制补充单位估价表或补充定额

8. 施工图预算审查的主要内容不包括(　　)。

A. 审查工程量　　　　　　　　　　B. 审查预算单价套用

C. 审查其他有关费用　　　　　　　D. 审查材料代用是否合理

9. 审查施工图预算的方法很多,其中全面、细致、质量高的审查方法是(　　)。

A. 分组计算审查法　　　　　　　　B. 对比法

C. 全面审查法　　　　　　　　　　D. 筛选法

10. 在用单价法编制施工图预算过程中,单价是指(　　)。

A. 人工日工资单价　　　　　　　　B. 材料单价

C. 施工机械台班单价　　　　　　　D. 人、材、机单价

二、多项选择题

1. "三阶段设计"是指(　　)。

A. 总体设计　　　　　　　　　　　B. 初步设计

C. 技术设计　　　　　　　　　　　D. 修正设计

E. 施工图设计

2. 总平面设计中影响工程造价的因素包括(　　)。

A. 占地面积　　　　　　　　　　　B. 功能分区

C. 主要燃料、材料供应　　　　　　D. 运输方式选择

E. 环保措施

3. 工业设计是由(　　)组成。

A. 建筑设计　　　　　　　　　　　B. 水电设计

C. 总平面设计　　　　　　　　　　D. 工艺设计

E. 户型设计

4. 设计概算编制依据的审查内容有(　　)。

A. 编制依据的合法性　　　　　　　B. 编制依据的权威性

C. 编制依据的准确性　　　　　　　D. 编制依据的时效性

E. 编制依据的适用范围

5. 建筑单位工程概算常用的编制方法包括(　　)。

A. 预算单价法　　　　　　　　　　B. 概算定额法

C. 造价指标法　　　　　　　　　　D. 类似工程预算法

E. 概算指标法

6. 建筑单位工程概预算的审查内容包括(　　)。

A. 工艺流程　　　　　　　　　　　B. 工程量

C. 经济效果　　　　　　　　　　　D. 采用的定额或指标

E. 材料预算价格

7.采用类似工程预算法编制单位工程概算时,应考虑修正的主要差异包括( )。

    A.拟建对象与类似预算设计结构上的差异

    B.地区工资、材料预算价格及机械使用费的差异

    C.间接费用的差异

    D.建筑企业等级的差异

    E.工程隶属关系的差异

8.采用实物法编制施工图预算时,直接费的计算与( )有关。

    A.人工、材料、机械的市场价格

    B.人工、材料、机械的预算定额消耗量

    C.预算定额基价

    D.取费定额

    E.按工程量计算规则计算出的工程量

三、案例分析题

【案例一】

背景:

某新建汽车厂选择厂址,根据对三个申报城市 A、B、C 的地理位置、自然条件、交通运输、经济环境等方面的考察,综合专家评审意见,提出厂址选择的评价指标有以下五个方面:辅助工业配套能力;当地劳动力资源;地方经济发展水平;交通运输条件;自然条件。经过专家评审以上指标,得分情况及各项指标的重要性程度见表 6-27 中数据。

各 方 案 评 分 表   表 6-27

X	Y	方案功能得分		
		A	B	C
配套能力 F_1	0.3	85	70	90
劳动力资源 F_2	0.2	85	70	95
经济发展 F_3	0.2	80	90	85
交通运输 F_4	0.2	90	90	85
自然条件 F_5	0.1	90	85	80
Z				

问题:

1.说明表 6-27 中 X、Y、Z 代表的栏目的名称。

2.作出厂址选择决策。

【案例二】

背景:

有三幢楼 A、B、C,其设计方案对比项目如下。

A.楼方案:结构方案为大柱网框架轻墙体系,采用预应力大跨度叠合楼板,墙体材料采用多孔砖及移动式可拆装式分室隔墙,窗户采用单框双玻璃钢塑窗,面积利用系数为 94% ,单方造价为 2300 元/m²;

B. 楼方案:结构方案同 A 方案,墙体采用内浇外砌,窗户采用单框双玻璃腹钢塑窗,面积利用系数为 85% ,单方造价为 2108 元/m²;

C. 楼方案:结构方案采用砖混结构体系,采用多孔预应力板,墙体材料采用标准黏土砖,窗户采用单玻璃空腹钢塑窗,面积利用系数为 82% ,单方造价为 1580 元/m²;

方案各功能权重及各方案的功能得分见表 6-28。

各方案权重及得分 表 6-28

方案功能	功能权重	方案功能得分		
		A	B	C
结构体系	0.25	10	10	8
模板类型	0.05	10	10	9
墙体材料	0.25	8	9	7
面积系数	0.35	9	8	7
窗户类型	0.10	9	7	8

问题:

1. 应用价值工程方法选择最优设计方案。

2. 为控制工程造价和合理降低费用,拟针对所选的最优设计方案的土建工程部分,以工程材料费为对象开展价值工程分析。将土建工程划分为四个功能项目,各功能项目评分值及其目前成本见表 6-29。按限额设计要求,目标成本额应控制为 12000 万元。

各功能项目评分值及目前成本 表 6-29

功能项目	功能评分	目前成本（万元）
A. 桩基围护工程	10	1500
B. 地下室工程	11	1400
C. 主体结构工程	35	4800
D. 装饰工程	38	5100
合　计	94	12800

试分析各功能项目和目标成本及其可能降低的额度,并确定功能改进顺序。

第7章

建设项目招投标阶段工程造价管理

本章概要

1. 建设项目招投标概念及其理论;

2. 施工招标与招标控制价的编制;

3. 施工投标与报价;

4. 工程合同价的确定与施工合同的签订;

5. 设备与材料采购招投标与合同价的确定。

7.1 > 概　　述

7.1.1　建设项目招投标的概念及其理论基础

1. 建设项目招投标的概念

(1) 建设项目招标

建设项目招标是指招标人(或招标单位)在发包建设项目之前,以公告或邀请书的方式提出招标项目的有关要求,公布招标条件,投标人(或投标单位)根据招标人的意图和要求提出报价,择日当场开标,以便从中择优选定中标人的一种交易行为。

(2) 建设项目投标

建设项目投标是工程招标的对称概念,指具有合法资格和能力的投标人(或投标单位)根据招标条件,经过初步研究和估算,在指定期限内填写标书,根据实际情况提出自己的报价通过竞争企图为招标人选中,并等待开标,决定能否中标的一种交易方式。

建设项目招投标是市场经济的产物,是期货交易的一种方式。推行工程招投标的目的,就是要在建筑市场中建立竞争机制。招标人通过招标活动来选择条件优越者,使其力争用最优的技术、最佳的质量、最低的报价、最短的工期完成工程项目任务;投标人也通过这种方式选择项目和招标人,以使自己获得丰厚的利润。

2. 建设项目招投标的理论基础

建设项目招投标是运用于建筑项目交易的一种方式。它的特点是由固定买主设定包括以商品质量、价格、工期为主的标的,邀请若干卖主通过秘密报价竞标,由买主选择优胜者后,与其达成交易协议,签订工程承包合同,然后按合同实现标的的竞争过程。

（1）竞争机制

竞争是商品经济的普遍规律。竞争的结果是优胜劣汰。竞争机制不断促进企业经济效益的提高，从而推动本行业乃至整个社会生产力的不断发展。

建设项目招标投标制体现了商品供给者之间的竞争是建设市场承包商主体之间的竞争。为了争夺和占领有限的市场份额，在竞争中处于不败之地，这就促使投标者力图从质量、价格、交货期限等方面提高自己的竞争能力，尽可能地将其他投标者挤出市场。因而，这种竞争实质上是投标者之间的经营实力、科学技术、商品质量、服务质量、经营理念、合理价格、投标策略等方面的竞争。

（2）供求机制

供求机制是市场经济的主要经济规律。供求规律在提高经济效益和保障社会生产平衡发展方面起到了积极作用。实行建设工程招标投标制是利用供求规律解决建筑商品供求问题的一种方式。利用这种方式，必须建立供略大于求的买方市场，使建筑商品招标者在市场上处于有利地位，对商品或商品生产者有较充裕的选择范围。其特点表现为：招标者需要什么，投标者就生产什么；需要多少就生产多少；需要何种质量，就按什么质量等级生产。

实行建设项目招标投标制的买方市场，是招标者导向的市场。其主要表现为，商品的价格由市场价值决定。因而，投标者必须采用先进的技术、管理手段和管理方法，努力降低成本，以较低的报价中标，并能获得较好的经济效益。另外，在买方市场条件下，由于招标者对投标者有充分的选择余地，市场能为投标者提供广泛的需求信息，从而对投标者的经营活动起到了导向作用。

（3）价格机制

实行招标投标的建设项目，同样受到价格机制的作用。其表现为：以本行业的社会必要劳动时间为指导，制定合理的招标控制价（标底），能通过招标选择报价合理、社会信誉高的投标者为中标单位，完成商品交易活动。因此，由于价格竞争成为重要内容，生产同种建筑产品的投标者，为了提高中标率，必然会自觉运用价值规律，使报价低且合理并取胜。

3.建设项目招投标的性质

我国法学界认为，建设项目招标是要约邀请，而投标是要约，中标通知书是承诺。我国《合同法》也明确规定，招标公告是要约邀请。也就是说，招标实际上是邀请投标人对招标人提出要约（即报价），属于要约邀请。投标则是一种要约，它符合要约的所有要件，如具有缔结合同的目的；一旦中标，投标人将受投标书的约束；投标书的内容具有足以使合同成立的主要条款等。招标人向中标的投标人发出中标通知书，则是招标人同意接受中标人的投标条件，即同意接受该投标人的要约的意思的表示，属于承诺。

7.1.2 建设项目招投标的分类及基本原则

1.建设项目招投标的分类

建设项目招投标可分为建设项目总承包招投标、工程勘察招投标、工程设计招投标、工程施工招投标、工程监理招投标、工程材料设备招投标。

（1）建设项目总承包招投标

建设项目总承包招投标又称建设项目全过程招投标，在国外也称之为"交钥匙"工程招投标，它是指发包人从项目建议书开始，对可行性研究、勘察设计、设备材料询价与采购、工程施工、生产准备,直至竣工投产、交付使用全面实行招标。

工程总承包企业根据建设单位所提出的工程要求,对项目建议书、可行性研究、勘察设计、设备询价与选购、材料订货、工程施工、职工培训、试生产、竣工投产等实行全面投标报价。

(2)工程勘察招投标

工程勘察招投标指招标人就拟建工程的勘察任务发布通告,以法定方式吸引勘察单位参加竞争,经招标人审查获得投标资格的勘察单位按照招标文件的要求,在规定时间内向招标人填报投标书,招标人从中选择优越者完成勘察任务。

(3)工程设计招投标

工程设计招投标指招标人就拟建工程的设计任务发布通告,以吸引设计单位参加竞争,经招标人审查获得投标资格的设计单位按照招标文件的要求,在规定的时间内向招标人填报标书,招标人择优选定中标单位来完成设计任务。设计招标一般是设计方案招标。

(4)工程施工招投标

工程施工招投标指招标人就拟建的工程发布通告,以法定方式吸引建筑施工企业参加竞争,招标人从中选择优越者完成建筑施工任务。施工招标可分为建设项目招标,例如一个住宅小区;单项工程招标,例如项目中某栋房屋的全部工程;单位工程招标,例如一栋房屋的土建工程;分部或分项工程招标,例如土方工程。

(5)工程监理招投标

工程监理招投标指招标人就拟建工程的监理任务发布通告,以法定方式吸引工程监理单位参加竞争,招标人从中选择优越者完成监理任务。

(6)工程材料设备招投标

工程材料设备招投标指招标人就拟购买的材料设备发布通告或邀请,以法定方式吸引材料设备供应商参加竞争,招标人从中选择优越者的法律行为。

2.建设项目招投标的基本原则

建设项目招投标的基本原则有公开原则、公平原则、公正原则、诚实信用原则。

(1)公开原则。是指有关招投标的法律、政策、程序和招标投标活动都要公开,即招标前发布公告,公开发售招标文件,公开开标,中标后公开中标结果,使每个投标人拥有同样的信息、同等的竞争机会和获得中标的权利。

(2)公平原则。招投标属于民事法律行为,公平是指民事主体的平等。应杜绝一方把自己的意志强加于对方,招标压价或签订合同前无理压价以及投标人恶意串通,提高标价损害对方利益等违反平等原则的行为。

(3)公正原则。是指在招标投标的立法、管理和进行过程中,立法者应制定法律、司法者和管理者按照法律和规则公正地执行法律和规则,对一切被监管者给予公正待遇。

(4)诚实信用原则。是指民事主体在从事民事活动时,应诚实守信,以善意的方式履行其义务,在招投标活动中体现为购买者、中标者在依法进行采购和招投标活动中要有良好的信用。

7.1.3　建设项目招投标的范围与方式

1.建设项目招投标的范围

我国《招标投标法》指出,凡在中华人民共和国境内进行下列工程建设项目,包括项目的

勘察、设计、施工、监理以及与工程建设有关的重要设备、材料等的采购,必须进行招标。

(1)大型基础设施、公用事业等关系社会公共利益、公众安全的项目。

(2)全部或者部分使用国有资金投资或者国家融资的项目。

(3)使用国际组织或者外国政府贷款、援助资金的项目。

2.建设项目招投标的方式

建设项目招标的方式有公开招标和邀请招标两种。

(1)公开招标

公开招标又称为无限竞争招标,是由招标单位通过报刊、广播、电视等方式发布招标广告,有意向的承包商均可参加资格审查,合格的承包商可购买招标文件,参加投标的招标方式。

公开招标的优点是:投标的承包商多、范围广、竞争激烈,业主有较大的选择余地,有利于降低工程造价,提高工程质量和缩短工期。缺点是:由于投标的承包商多;招标工作量大,组织工作复杂,需投入较多的人力、物力,招标过程所需时间较长。

公开招标方式主要用于政府投资项目或投资额度大、工艺、结构复杂的较大型工程建设项目。

(2)邀请招标

邀请招标又称为有限竞争性招标。这种方式不发布广告,业主根据自己的经验和所掌握的信息资料,向有承担该项工程施工能力的三个以上(含三个)承包商发出招标邀请书,收到邀请书的单位才有资格参加投标。

邀请招标的优点是:目标集中,招标的组织工作较容易,工作量比较小。缺点是:由于参加的投标单位较少,竞争性较差,使招标单位对投标单位的选择余地较少,如果招标单位在选择邀请单位前所掌握信息资料不足,则会失去发现最适合承担该项目的承包商的机会。

无论公开招标还是邀请招标都必须按规定的招标程序完成,一般是事先制订统一的招标文件,投标均按招标文件的规定进行。

7.1.4 建设项目招投标对工程造价的影响

建设项目招投标制是我国建筑市场走向规范化、完善化的举措之一。推行工程招投标制,对降低工程造价,进而使工程造价得到合理的控制具有非常重要的影响。

(1)推行招投标制基本形成了由市场定价的价格机制,使工程价格更加趋于合理。推行招投标制最明显的表现是若干投标人之间出现激烈竞争,这种市场竞争最直接、最集中的表现就是在价格上的竞争。通过竞争确定出工程价格,使其趋于合理或下降,这将有利于节约投资、提高投资效益。

(2)推行招投标制能够不断降低社会平均劳动消耗水平,使工程价格得到有效控制。在建筑市场中,不同投标者的个别劳动消耗水平是有差异的。通过推行招投标,会使那些个别劳动消耗水平最低或接近最低的投标者获胜,这样便实现了生产力资源较优配置,也对不同投标者实行了优胜劣汰。面对激烈竞争的压力,为了自身的生存与发展,每个投标者都必须切实在降低自己个别劳动消耗水平上下功夫,这样将逐步而全面地降低社会平均劳动消耗水平,使工程价格更为合理。

(3)推行招投标制便于供求双方更好地相互选择,使工程价格更加符合价值基础,进而更好地控制工程造价。由于供求双方各自出发点不同,存在利益矛盾,因而单纯采用"一对一"

的选择方式,成功的可能性较小。采用招投标方式就为供求双方在较大范围内进行相互选择创造了条件,为需求者(如建设单位、业主)与供给者(如勘察设计单位、施工企业)在最佳点上结合提供了可能。需求者对供给者选择(即建设单位、业主对勘察设计单位和施工单位的选择)的基本出发点是"择优选择",即选择那些报价较低、工期较短、具有良好业绩和管理水平的供给者,这样即为合理控制工程造价奠定了基础。

(4)推行招投标制有利于规范价格行为,使公开、公平、公正的原则得以贯彻。我国招投标活动有特定的机构进行管理,有严格的程序必须遵循,有高素质的专家支持系统、工程技术人员的群体评估与决策,能够避免盲目过度的竞争和营私舞弊现象的发生,对建筑领域中的腐败现象也是强有力的遏制,使价格形成过程变得透明而规范。

(5)推行招投标制能够减少交易费用,节省人力、物力、财力,进而使工程造价有所降低。我国目前从招标、投标、开标、评标直至定标,均有一些法律、法规规定,已进入制度化操作。招投标中,若干投标人在同一时间、地点报价竞争,在专家支持系统的评估下,以群体决策方式确定中标者,必然减少交易过程的费用,这本身就意味着招标人收益的增加,对工程造价必然会产生积极的影响。

7.1.5　建设项目招投标阶段工程造价管理的内容

1.发包人选择合理的招标方式

《中华人民共和国招标投标法》允许的招标方式有公开招标和邀请招标。邀请招标一般只适用于国家投资的特殊项目和非国有经济的项目,公开招标方式是能够体现公开、公正、公平原则的最佳招标方式。选择合理的招标方式是合理确定工程合同价款的基础。

2.发包人选择合理的承包模式

常见的承包模式包括总分包模式、平行承包模式、联合体承包模式和合作承包模式,不同的承包模式适用于不同类型的工程项目,对工程造价的控制也体现出不同的作用。

总分包模式的总包合同价可以较早确定,业主可以承担较少的风险,对总承包商而言,责任重,风险大,获得高额利润的潜力也比较大。

平行承包模式的总合同价不易短期确定,从而影响工程造价控制的实施。工程招标任务量大,需控制多项合同价格,从而增加了工程造价控制的难度。但对于大型复杂工程,如果分别招标,可参与竞争的投标人增多,业主就能够获得具有竞争性的商业报价。

联合体承包对业主而言,合同结构简单,有利于工程造价的控制,对联合体而言,可以集中各成员单位在资金、技术和管理等方面的优势,增强了抗风险能力。

合作承包模式与联合体承包相比,业主的风险较大,合作各方之间信任度不够。

3.发包人编制招标文件,确定合理的工程计量方法和投标报价方法,确定招标控制价(标底)

建设项目的发包数量、合同类型和招标方式一经批准确定以后,即应编制为招标服务的有关文件。工程计量方法和报价方法的不同,会产生不同的合同价格,因而在招标前,应选择有利于降低工程造价和便于合同管理的工程计量方法和报价方法。编制招标控制价(标底)是建设项目招标前的另一项重要工作,而且是较复杂和细致的工作。招标控制价(标底)的编制应当实事求是,综合考虑和体现发包人和承包人的利益。没有合理的招标控制价(标底)可能会导致工程招标的失误,达不到降低建设投资,缩短建设工期、保证工程质量、择优选用工程承

包人的目的。

4.承包人编制投标文件,合理确定投标报价

拟投标招标工程的承包人在通过资格审查后,根据获取的招标文件,编制投标文件并对其做出实质性响应。在核实工程量的基础上依据企业定额进行工程报价,然后在广泛了解潜在竞争者及工程情况和企业情况的基础上,运用投标技巧和正确的策略来确定最后报价。

5.发包人选择合理的评标方式进行评标,在正式确定中标单位之前,对潜在中标单位进行询标

评标过程中使用的方法很多,不同的计价方式对应不同的评标方法,正确的评标方法选择有助于科学选择承包人。在正式确定中标单位之前,一般都对得分最高的一二家潜在中标单位的标函进行质询,意在对投标函中有意或无意的不明和笔误之处作进一步明确或纠正。尤其是当投标人对施工图计量的遗漏、对定额套用的错项、对工料机市场价格不熟悉而引起的失误,以及对其他规避招标文件有关要求的投机取巧行为进行剖析,以确保发包人和潜在中标人等各方的利益都不受损害。

6.发包人通过评标定标,选择中标单位,签订承包合同

评标委员会依据评标规则,对投标人评分并排名,向业主推荐中标人,并以中标人的报价作为承包价。合同的形式应在招标文件中确定,并在投标函中做出响应。目前建筑工程合同格式一般有三种:参考 FIDIC 合同格式订立的合同;按照国家工商部门和建设部推荐的《建设工程合同示范文本》格式订立的合同;由建设单位和施工单位协商订立的合同。不同的合同格式适用于不同类型的工程,正确选用合适的合同类型是保证合同顺利执行的基础。

7.2 ▶ 施工招标与招标控制价的编制

施工招标是指招标人的施工任务发包,通过招标方式鼓励施工企业投标竞争,从中选出技术能力强、管理水平高、信誉可靠且报价合理的承建单位,并以签订合同的方式约束双方在施工过程中的行为的经济活动。施工招标的特点之一是发包工作内容明确具体,各投标人编制的投标书在评标过程中易于横向对比。虽然投标人是按招标文件的工程量表中既定的工作内容和工程量编标报价的,但投标实际上是各施工单位完成该项目任务的技术、经济、管理等综合能力的竞争。

7.2.1 施工招标应具有的条件

1.施工招标单位应具备的条件

(1)是法人或依法成立的其他组织;

(2)有与招标工程相适应的经济、技术管理人员;

(3)有组织编写招标文件的能力;

(4)有审查投标单位资质的能力;

(5)有组织开标、评标、定标的能力。

不具备上述(1)至(5)项条件的建设单位,须委托具有相应资质的中介机构代理招标,建设单位与中介机构签订委托代理招标的协议,并报招标管理机构备案。

2.施工招标项目应具备的条件

(1)概算已经被批准,建设项目已正式列入国家、部门或地方的年度固定资产投资计划。

(2)按照国家规定需要履行项目审批手续的,已经履行审批手续。

(3)建设用地的征用工作已经完成。

(4)工程资金或者资金来源已经落实。

(5)有满足施工招标需要的设计文件及其他技术资料。

(6)已经建设项目所在地规划部门批准,施工现场的"三通一平"已经完成或一并列入施工招标范围。

(7)法律、法规、规章规定的其他条件。

7.2.2 施工招标文件

我国《招标投标法》规定,招标人应当根据招标项目的特点和需要编制招标文件。

1.施工招标文件应包括的内容

(1)投标须知;

(2)招标工程的技术标准、要求和评标办法;

(3)投标函的格式及附录;

(4)合同条款及格式;

(5)采用工程量清单招标的,应当提供工程量清单;

(6)图纸;

(7)要求投标人提交的其他资料。

2.招标文件的发售与修改

招标文件一般发售给通过资格预审、获得投标资格的投标人。投标人购买招标文件的费用不论中标与否,都不退还。招标人提供给投标人编制投标书的设计文件可以酌收押金,开标后投标人将设计文件退还的,招标人应当退还押金。

招标人对已发出的招标文件进行必要的澄清或者修改的,应当在招标文件要求提交投标文件截止时间至少15日前,以书面形式通知所有招标文件收受人。该澄清或者修改的内容为招标文件的组成部分。

7.2.3 施工招标程序

施工招标分为公开招标与邀请招标,不同的招标方式,具有不同的工作内容,其程序也不尽相同。

1.公开招标程序

(1)建设项目报建

根据《工程建设项目报建管理办法》的规定,凡在我国境内投资兴建的工程建设项目,都必须实行报建制度,接受当地建设行政主管部门的监督管理。

建设项目报建,是建设单位招标活动的前提,报建范围包括:各类房屋建筑工程(包括新建、改建、扩建、翻修等)、土木工程(包括道路、桥梁、基础打桩等)、设备安装、管道线路铺设和装修等建设工程。报建的内容主要包括:工程名称、建设地点、投资规模、工程规模、发包方式、

计划开竣工日期和工程筹建情况。

在建设项目的立项批准文件或投资计划下达后,建设单位根据《工程建设项目报建管理办法》规定的要求进行报建,并由建设行政主管部门审批。具备招标条件的,方可开始办理建设单位资质审查。

(2)审查建设单位资质

指政府招标管理机构审查建设单位是否具备施工招标条件。不具备有关条件的建设单位,须委托具有相应资质的中介机构代理招标,建设单位与中介机构签订委托代理招标的协议,并报招标管理机构备案。

(3)招标申请

指由招标单位填写建设工程招标申请表,并经上级主管部门批准后,连同工程建设项目报建审查登记表一起报招标管理机构审批。

申请表的主要内容包括:工程名称、建设地点、招标建设规模、结构类型、招标范围、招标方式、要求施工企业等级、施工前期准备情况(土地征用、拆迁情况、勘察设计情况、施工现场条件等)、招标机构组织情况。

(4)资格预审文件与招标文件的编制、送审

资格预审文件是指公开招标时,招标人要求对投标的施工单位进行资格预审,只有通过资格预审的施工单位才可以参加投标。资格预审文件和招标文件都必须经过招标管理机构审查,审查同意后方可刊登资格预审通告、招标通告。

(5)刊登资格预审通告、招标通告

公开招标可通过报刊、广播、电视等或信息网上发布资格预审通告或招标通告。

(6)资格预审

指招标人按资格预审文件的要求,对申请资格预审的潜在投标人送交填报的资格预审文件和资料进行评比分析,确定出合格的投标人的名单,并报招标管理机构核准。

资格预审的内容包括基本资格审查和专业资格审查两部分。基本资格审查指对申请人的合法地位和信誉等进行的审查,专业资格审查是对已经具备基本资格的申请人履行拟定招标采购项目能力的审查。

公开招标中的资格预审和邀请招标中的资格后审的内容是相同的,主要审查潜在投标人或者投标人是否符合下列条件:

①具有独立订立合同的能力。

②具有履行合同的能力。包括:专业、技术资格和能力;资金、设备和其他物质设施状况;管理能力,经验、信誉和相应的从业人员等情况。

③没有处于被责令停业,投标资格被取消,财产被接管、冻结、破产状态。

④在最近3年内没有骗取中标和严重违约及重大工程质量问题。

⑤法律、行政法规规定的其他资格条件。

资格审查时,招标人不得以不合理的条件限制、排斥潜在投标人或者投标人,不得对潜在投标人或者投标人实行歧视待遇。任何单位和个人不得以行政手段或者其他不合理方式限制投标人数量。

(7)发放招标文件

指招标人将招标文件、图纸和有关技术资料发放给通过资格预审获得投标资格的投标单

位。投标单位收到招标文件、图纸和有关资料后,应认真核对。核对无误后,应以书面形式予以确认。

(8)勘察现场

招标单位组织通过资格预审的投标单位进行现场勘察,目的在于了解工程场地和周围环境情况,以获取投标单位认为有必要的信息。

(9)投标预备会

投标预备会由招标单位组织,建设单位、设计单位、施工单位参加。目的在于澄清招标文件中的疑问,解答投标单位对招标文件和勘察现场中所提出的疑问和问题。

(10)招标控制价的编制与送审

根据《中华人民共和国招标投标法》的规定,国有资金投资的工程进行招标,招标人可以设标底,也可不设;当招标人不设标底时,根据《建设工程工程量清单计价规范》(GB 50500—2013)的规定,为有利于客观、合理的评审投标报价和避免哄抬标价、造成国有资产流失,国有资金投资的工程建设项目应实行工程量清单招标,并应编制招标控制价,作为招标人能够接受的最高交易价格。

投标人的投标报价高于招标控制价的,其投标应予以拒绝。这是因为:国有资金投资的工程,招标人编制并公布的招标控制价相当于招标人的采购预算,同时要求其不能超过批准的概算,因此,招标控制价是招标人在工程招标时能接受投标人报价的最高限价。国有资金中的财政性资金投资的工程在招投标时还应符合《中华人民共和国政府采购法》相关条款的规定。如该法第三十六条规定:"在招标采购中,出现下列情形之一的,应予废标……(三)投标人的报价均超过了采购预算,采购人不能支付的。"依据这一精神,规定了国有资金投资的工程,投标人的投标不能高于招标控制价,否则,其投标将被拒绝。

(11)投标文件的接收

指投标单位根据招标文件的要求,编制投标文件,并进行密封和标识,在投标截止时间前按规定的地点递交至招标单位。招标单位接收投标文件并将其秘密封存。

(12)开标

在投标截止的同一时间,按招标文件规定时间、地点,在投标单位法定代表人或授权代理人在场的情况下举行开标会议,按规定的议程进行开标。

(13)评标

由招标代理、建设单位上级主管部门协商,按有关规定成立评标委员会,在招标管理机构监督下,依据评标原则、评标方法,对投标单位报价、工期、质量、施工方案或施工组织设计、以往业绩、社会信誉、优惠条件等方面进行综合评价,公正合理择优选择中标单位。

(14)定标

中标单位选定后,由招标管理机构核准,获准后招标单位向中标单位发出中标通知书。

(15)合同签订

投标人与中标人自中标通知书发出之日起30天内,按招标文件和中标人的投标文件的有关内容订立书面合同。

公开招标的完整程序如图7-1所示。

2.邀请招标程序

邀请招标是指招标单位直接向适于本工程施工的单位发出邀请,其程序与公开招标大同小异。其不同点主要是没有资格预审的环节，但增加了发出投标邀请书的环节。

这里所说的投标邀请书，是指招标单位直接向具有承担本工程能力的施工单位发出的投标邀请书，邀请这些单位前来投标。按照《中华人民共和国招标投标法》规定，被邀请投标的单位不得少于三家。

邀请招标的完整程序如图 7-2 所示。

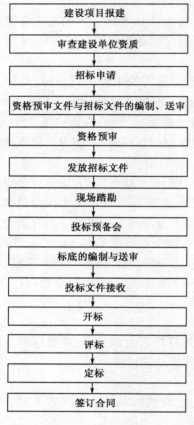

图 7-1　公开招标程序框图

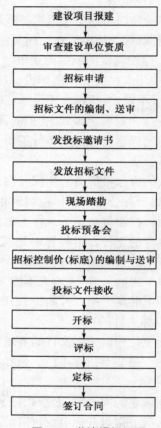

图 7-2　邀请招标框图

7.2.4　开标、评标与定标

在施工招投标中，开标、评标是招标程序中极为重要的环节。只有做出客观公正的评标，才能最终正确地选择最优秀最合适的承包商。

1.开标

1）开标的时间和地点

《中华人民共和国招标投标法》规定，开标应当在招标文件确定的提交投标文件截止时间的同一时间公开进行；开标地点应当为招标文件中预先确定的地点。

这样的规定是为了避免投标中的舞弊行为。如果出现以下情况，征得建设行政主管部门的同意后，可以暂缓或者推迟开标时间：

（1）招标文件发售后对原招标文件做了变更或者补充。

（2）开标前发现有影响招标公正性的不正当行为。

（3）出现突发事件等。

2）开标会议的规定

开标由招标人主持，并邀请所有投标人的法定代表人或其委托代理人准时参加。招标人可以在投标人须知前附表中对此作进一步说明，同时明确投标人的法定代表人或其委托代理人不参加开标的法律后果，通常不应以投标人不参加开标为由将其投标作废标处理。

3）开标一般程序

根据《标准施工招标文件》的规定，主持人按下列程序进行开标：

（1）宣布开标纪律。

（2）公布在投标截止时间前递交投标文件的投标人名称，并点名确认投标人是否派人到场。

（3）宣布开标人、唱标人、记录人、监标人等有关人员姓名。

（4）按照投标人须知前附表的规定检查投标文件的密封情况。

（5）按照投标人须知前附表的规定确定并宣布投标文件开标顺序。

（6）设有标底的，公布标底。

（7）按照宣布的开标顺序当众开标，公布投标人名称、标段名称、投标保证金的递交情况、投标报价、质量目标、工期及其他内容，并记录在案。

（8）投标人代表、招标人代表、监标人、记录人等有关人员在开标记录上签字确认。

（9）开标结束，进入评标阶段。

4）招标人不予受理的投标

投标文件有下列情形之一的，招标人不予受理：

（1）逾期送达的或者未送达指定地点的。

（2）未按招标文件要求密封的。

2.评标

根据《招投标法》规定，评标应由招标人依法组建的评标委员会负责。评标的目的是根据招标文件确定的标准和方法，对每个投标人的标书进行评审和比较，从中选出最优的投标人。

1）评标的原则以及保密性和独立性

评标是招投标过程中的核心环节。评标活动应遵循公平、公正、科学、择优的原则，保证评标在严格保密的情况下进行。并确保评标委员会在评标过程中的独立性。

2）评标委员会的组建

评标委员会由招标人或其委托的招标代理机构中熟悉相关业务的代表，以及有关技术、经济等方面的专家组成，成员人数为5人以上的单数，其中技术、经济等方面的专家不得少于成员总数的2/3。评标委员会的专家成员应当从省级以上人民政府有关部门提供的专家名册或者招标代理机构专家库内的相关专家名单中确定。评标委员会成员名单一般应于开标前确定，而且该名单在中标结果确定前应当保密，任何单位和个人都不得非法干预、影响评标过程和结果。评标委员会由招标人负责组建，评标委员会负责评标活动，向招标人推荐中标候选人或者根据招标人的授权直接确定中标人。

3）评标的程序

评标工作程序，一般分为初步评审和详细评审两个阶段。

（1）初步评审

初步评审是对投标文件的符合性鉴定。评标委员会以招标文件为依据，对所有的投标文件进行审查，看它是否实质性地响应了招标文件的规定和要求，确定投标文件的有效性。如果投标文件对招标文件的规定和要求有显著的差异和保留，招标人将予以拒绝。

对投标文件符合性鉴定包括对技术方面的评估和对投标报价的评估。对技术方面的评估就是对投标人报的施工方案或施工组织设计、施工进度计划、施工人员和施工机械设备的配备，施工技术能力以及临时设施布置和临时用地等情况的评估。对投标报价的评估就是对报价进行校核，看其在计算上是否有错误。

评标委员会在对实质上响应招标文件要求的投标进行报价评估时，除招标文件另有约定外，应当按下列原则进行修正：

①投标文件中用数字表示的数额与用文字表示的数额不一致时，以文字数额为准；

②总价金额与依据单价计算出的结果不一致的，以单价金额为准修正总价；若单价有明显的小数点错位，应以总价为准，并修改单价。

对不同文字文本投标文件的解释发生异议的，以中文文本为准。

评标委员会予以改正后请投标人签字确认。若投标人拒绝签字确认，则投标将被拒绝，并没收其投标保证金。

根据《工程建设项目施工招标投标办法》和《评标委员会和评标方法暂行规定》，投标文件有下列情形之一的，由评标委员会初审后按废标处理：

①不符合招标文件规定"投标人资格要求"中任何一种情形的。

②投标人以他人的名义投标、串通投标、以行贿手段谋取中标或者以其他弄虚作假方式投标的。

③评标委员会发现投标人的报价明显低于其他投标报价或者在设有标底时明显低于标底，使得其投标报价可能低于其个别成本的，应当要求该投标人作出书面说明并提供相关证明材料。投标人不能合理说明或者不能提供相关证明材料的，由评标委员会认定该投标人以低于成本报价竞标，其投标应作废标处理。

④投标文件无单位盖章并无法定代表人或法定代表人授权的代理人签字或盖章的。

⑤投标文件未按规定的格式填写，内容不全或关键字迹模糊、无法辨认的。

⑥投标人递交两份或多份内容不同的投标文件，或在一份投标文件中对同一招标项目报有两个或多个报价，且未声明哪一个有效。按招标文件规定提交备选投标方案的除外。

⑦投标人名称或组织结构与资格预审时不一致的。

⑧未按招标文件要求提交投标保证金的。

⑨联合体投标未附联合体各方共同投标协议的。

（2）详细评审

经初步评审合格的投标文件，评标委员会应当根据招标文件确定的评标标准和方法，对其技术部分和商务部分做进一步评审、比较。详细评审的方法包括经评审的最低投标价法和综合评估法两种。

①经评审的最低投标价法：一般适用于具有通用技术、性能标准或者招标人对其技术、性能没有特殊要求的招标项目。指评标委员会对满足招标文件实质要求的投标文件，根据详细评审标准规定的量化因素及量化标准进行价格折算，按照经评审的投标价由低到高的顺序推

荐中标候选人,或根据招标人授权直接确定中标人,但投标报价低于其成本的除外。经评审的投标价相等时,投标报价低的优先;投标报价也相等的,由招标人自行确定。

②综合评估法:不宜采用经评审的最低投标价法的招标项目,一般应当采取综合评估法进行评审。综合评估法是指评标委员会对满足招标文件实质性要求的投标文件,按照规定的评分标准进行打分,并按得分由高到低顺序推荐中标候选人,或根据招标人授权直接确定中标人,但投标报价低于其成本的除外。综合评分相等时,以投标报价低的优先;投标报价也相等的,由招标人自行确定。

4)评标报告

评标委员会完成评标后,应当向招标人提交书面评标报告,并抄送有关行政监督部门。评标报告应当如实记载以下内容:

(1)基本情况和数据表;

(2)评标委员会成员名单;

(3)开标记录;

(4)符合要求的投标一览表;

(5)废标情况说明;

(6)评标标准、评标方法或者评标因素一览表;

(7)经评审的价格或者评分比较一览表;

(8)经评审的投标人排序;

(9)推荐的中标候选人名单与签订合同前要处理的事宜;

(10)澄清、说明、补正事项纪要。

评标报告由评标委员会全体成员签字。对评标结论持有异议的评标委员会成员可以书面方式阐述其不同意见和理由。评标委员会成员拒绝在评标报告上签字且不陈述其不同意见和理由的,视为同意评标结论。评标委员会应当对此做出书面说明并记录在案。

3.定标

1)中标候选人的确定

除招标文件中特别规定了授权评标委员会直接确定中标人外,招标人应依据评标委员会推荐的中标候选人确定中标人,评标委员会推荐中标候选人的人数应符合招标文件的要求,一般应当限定在 1~3 人,并标明排列顺序。

中标人的投标应当符合下列条件之一:

(1)能够最大限度满足招标文件中规定的各项综合评价标准。

(2)能够满足招标文件的实质性要求,并且经评审的投标价格最低;但是投标价格低于成本的除外。

对使用国有资金投资或者国家融资的项目,招标人应当确定排名第一的中标候选人为中标人。排名第一的中标候选人放弃中标,因不可抗力提出不能履行合同,或者招标文件规定应当提交履约保证金而在规定的期限内未能提交的,招标人可以确定排名第二的中标候选人为中标人。排名第二的中标候选人因上述同样原因不能签订合同的,招标人可以确定排名第三的中标候选人为中标人。

招标人可以授权评标委员会直接确定中标人。

招标人不得向中标人提出压低报价、增加工作量、缩短工期或其他违背中标人意愿的要求,以此作为发出中标通知书和签订合同的条件。

2)定标工作的主要内容

(1)发出中标通知书。招标人确定中标人后,应当向中标人发出中标通知书,并同时将中标结果通知所有未中标的投标人。中标通知书对招标人和中标人具有法律效力。中标通知书发出后,招标人改变中标结果,或者中标人放弃中标项目的,应当依法承担法律责任。依据《招标投标法》的规定,依法必须进行招标的项目,招标人应当自确定中标人之日起 15 日内,向有关行政监督部门提交招标投标情况的书面报告。书面报告中至少应包括下列内容:

①招标范围;

②招标方式和发布招标公告的媒介;

③招标文件中投标人须知、技术条款、评标标准和方法、合同主要条款等内容;

④评标委员会的组成和评标报告;

⑤中标结果。

(2)履约担保。在签订合同前,中标人以及联合体的中标人应按招标文件有关规定的金额、担保形式和招标文件规定的履约担保格式,向招标人提交履约担保。履约担保有现金、支票、履约担保书和银行保函等形式,可以选择其中的一种作为招标项目的履约担保,一般采用银行保函和履约担保书。履约担保金额一般为中标价的 10% 。中标人不能按要求提交履约担保的,视为放弃中标,其投标保证金不予退还,给招标人造成的损失超过投标保证金数额的,中标人还应当对超过部分予以赔偿。中标后的承包人应保证其履约担保在发包人颁发工程接收证书前一直有效。发包人应在工程接收证书颁发后 28 天内把履约担保退还给承包人。

(3)签订合同。招标人和中标人应当自中标通知书发出之日起 30 天内,根据招标文件和中标人的投标文件订立书面合同。中标人无正当理由拒签合同的,招标人取消其中标资格,其投标保证金不予退还;给招标人造成的损失超过投标保证金数额的,中标人还应当对超过部分予以赔偿。发出中标通知书后,招标人无正当理由拒签合同的,招标人向中标人退还投标保证金;给中标人造成损失的,还应当赔偿损失。招标人与中标人签订合同后 5 个工作日内,应当向中标人和未中标的投标人退还投标保证金。

(4)履行合同。中标人应当按照合同约定履行义务,完成中标项目。中标人不得向他人转让中标项目,也不得将中标项目肢解后分别向他人转让。中标人按照合同约定或者经招标人同意,可以将中标项目的部分非主体、非关键性工程分包给他人完成。接受分包的人应当具备相应的资格条件,并不能再次分包。中标人应当就分包项目向招标人负责,接受分包的人就分包项目承担连带责任。招标人发现中标人转包或违法分包的,应当要求中标人改正;拒不改正的,可终止合同,并报请有关行政监督部门查处。

3)重新招标和不再招标

(1)重新招标。有下列情形之一的,招标人将重新招标:

① 投标截止时间止,投标人少于 3 个的;

② 经评标委员会评审后否决所有投标的。

(2)不再招标。《标准施工招标文件》规定,重新招标后投标人仍少于 3 个或者所有投标被否决的,属于必须审批或核准的工程建设项目,经原审批或核准部门批准后不再进行招标。

7.3 > 施工投标与报价

7.3.1 施工投标单位应具备的基本条件

（1）投标人应当具备与投标项目相适应的技术力量、机械设备、人员、资金等方面的能力，具有承担该招标项目能力。

（2）具有招标条件要求的资质等级，并为独立的法人单位。

（3）承担过类似项目的相关工作，并有良好的工作业绩与履约记录。

（4）企业财产状况良好，没有处于财产被接管、破产或其他关、停、并、转状态。

（5）在最近3年没有骗取合同及其他经济方面的严重违法行为。

（6）近几年有较好的安全记录，投标当年没有发生重大质量和特大安全事故。

7.3.2 施工投标应满足的基本要求与程序

施工投标人是响应招标、参加投标竞争的法人或者其他组织。投标人除应具备承担招标项目的施工能力外，其投标本身还应满足下列基本要求。

（1）投标人应当按照招标文件的要求编制投标文件，投标文件应当对招标文件提出的要求和条件做出实质性响应。

（2）投标人应当在招标文件所要求提交投标文件的截止时间前，将投标文件送达投标地点。

（3）投标人在招标文件要求提交投标文件的截止时间前，可以补充、修改或者撤回已提交的投标文件，并书面通知招标人。其补充、修改的内容为投标文件的组成部分。

（4）投标人根据招标文件载明的项目实际情况，拟在中标后将中标项目的部分非主体、非关键性工作交由他人完成的，应当在投标文件中载明。

（5）两个以上法人或者其他组织可以组成一个联合体，以一个投标人的身份共同投标。联合体各方均应当具备承担招标项目的相应能力；国家有关规定或者招标文件对投标人资格条件有规定的，联合体各方均应当具备规定的相应资格条件。

由同一专业的单位组成的联合体，按照资质等级较低的单位确定资质等级。联合体各方应当签订共同投标协议，明确约定各方拟承担的工作和相应的责任，并将共同投标协议连同投标文件一并提交招标人。联合体中标的联合体各方应当共同与招标人签订合同，就中标项目向招标人承担连带责任，但是共同投标协议另有约定的除外。

招标人不得强制投标人组成联合体共同投标，不得限制投标人之间的竞争。

（6）投标人不得相互串通投标报价，不得排挤其他投标人的公平竞争，损害招标人或者他人的合法权益。

（7）投标人不得以低于合理成本的报价竞标，也不得以他人名义投标或者以其他方式弄虚作假，骗取中标。

施工投标的程序如图7-3所示。

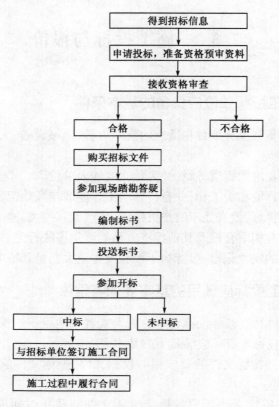

图 7-3　施工投标程序图

7.3.3　施工投标报价编制

投标单位根据招标文件及有关计算工程造价的计价依据,计算出投标报价,并在此基础上研究投标策略,提出更有竞争力的投标报价。这项工作对投标单位投标的成败和将来实施工程的盈亏起着决定性作用。

1.投标报价的编制

1)投标报价的编制依据

(1)招标单位提供的招标文件。

(2)招标单位提供的设计图纸及有关的技术说明书等。

(3)国家及地区颁发的现行建筑、安装工程预算定额及与之相配套执行的各种费用定额、规定等。

(4)地方现行材料预算价格、采购地点及供应方式等。

(5)因招标文件及设计图纸等不明确,经咨询后由招标单位书面答复的有关资料。

(6)企业内部制定的有关取费、价格等的规定、标准。

(7)其他与报价计算有关的各项政策、规定及调整系数等。

(8)在标价的计算过程中,对于不可预见费用的计算必须慎重考虑,不要遗漏。

2)投标报价的编制方法

投标报价的编制主要是投标单位对承建招标工程所要发生的各种费用的计算。投标报价的编制方法和标底的编制方法一致,也分为定额计价法和工程量清单计价法两种方法。

3)投标报价的工作程序

任何一个工程项目的投标报价工作都是一项系统工程,应遵循一定的程序。

(1)研究招标文件。投标单位报名参加或接受邀请参加某一工程的投标,通过了资格预审并取得招标文件后,首要的工作就是认真仔细地研究招标文件,充分了解其内容和要求,以便有针对性地安排投标工作。

(2)调查投标环境。所谓投标环境就是招标工程施工的自然、经济和社会条件,这些条件都可以成为工程施工的制约因素或有利因素,必然会影响到工程成本,是投标单位报价时必须考虑的,所以在报价前尽可能了解清楚。

(3)制定施工方案。施工方案是投标报价的一个前提条件,也是招标单位评标时要考虑的主要因素之一。施工方案应由施工单位的技术负责人主持制定,主要考虑施工方法、主要施工机具的配备、各工种劳动力的安排及现场施工人员的平衡、施工进度及分批竣工的安排、安全措施等。施工方案的制定应在技术和工期两个方面对招标单位有吸引力,同时又有助于降低施工成本。

(4)投标价的计算。投标价的计算是投标单位对将要投标的工程所发生的各种费用的计算。在进行投标计算时,必须首先根据招标文件计算和复核工程量,作为投标价计算的必要条件。另外在投标价的计算前,还应预先确定施工方案和施工进度,投标价计算还必须与所采用的合同形式相协调。

(5)确定投标策略。正确的投标策略对提高中标率、获得较高的利润有重要的作用。投标策略主要内容有:以信取胜、以快取胜、以廉取胜、靠改进设计取胜、采用以退为进的策略、采用长远发展的策略等。

(6)编制正式的投标书。投标单位应该按照招标单位的要求和确定的投标策略编制投标书,并在规定的时间内送到指定地点。

4)投标报价的计算过程

(1)计算和复核工程量。

(2)确定单价,计算合价。

(3)确定分包工程费。

(4)确定利润和风险费。

(5)确定投标价格。

2.工程量清单计价与投标报价

1)工程招投标中工程量清单计价的操作过程

从严格意义上讲,工程量清单计价作为一种独立的计价模式,并不一定用在招投标阶段,但在我国目前的情况下,工程量清单计价作为一种市场价格的定价模式,其使用主要在工程招投标阶段。因此,工程量清单计价的操作过程可以从招标、投标、评标三个阶段来阐述。

(1)工程招标阶段。招标单位在工程方案设计、初步设计或部分施工图设计完成后,即可委托标底编制单位(或招标代理单位)按照统一的工程量计算规则,以单位工程为对象,计算并列出各分部分项工程的工程量清单(应附有关的施工内容说明),作为招标文件的组成部分发放给各投标单位。其工程量清单的粗细程度、准确程度取决于工程的设计深度及编制人员的技术水平和经验。在分部分项工程量清单中,项目编码、项目名称、计量单位和工程数量等项由招标单位根据全国统一的工程量清单项目设置和计量规则填写。综合单价和合价由投标人根据自己的施工组织设计(如工程量的大小、施工方案的选择、施工机械和劳动力的配备、材料供应等)以及招标单位对工程的质量要求等因素综合评定后填写。

(2)投标单位制作标书阶段。投标单位在对招标文件中所列的工程量清单进行审核时要视招标单位是否允许对工程量清单内所列的工程量误差进行调整而决定审核办法。如果允许调整,就要详细审核工程量清单内所列的各工程项目的工程量,对有较大误差的,通过招标单位答疑会提出调整意见,取得招标单位同意后进行调整;如果不允许调整工程量,则不需要对工程量进行详细的审核,只对主要项目或工程量大的项目进行审核,发现这些项目有较大误差时,可以利用调整这些项目单价的方法解决。工程量单价的套用有两种方法,即工料单价法和综合单价法。工料单价法即工程量清单的单价按照现行预算定额的工、料、机消耗标准及预算价格确定。措施费、间接费、利润、有关文件规定的调价、风险金、税金等费用计入其他相应标价计算表中。综合单价法即工程量清单的单价综合了人工费、材料费、机械台班费、管理费、利润等,并考虑风险费用的综合单价。工料单价法虽然价格的构成比较清楚,但缺点也是明显的,它反映不出工程实际的质量要求和投标企业的真实技术水平,容易使企业再次陷入定额计价的老路。综合单价法的优点是当工程量发生变更时,易于查对,能够反映本企业的技术能力、工程管理能力。根据我国现行的工程量清单计价办法,单价采用的是综合单价。

(3)评标阶段。在评标时可以对投标单位的最终总报价以及分部分项工程项目和措施项目的综合单价的合理性进行评判。由于采用了工程量清单计价方法,所有投标单位都站在同一起跑线上,因而竞争更为公平合理,有利于实现优胜劣汰,而且在评标时应坚持倾向于合理低价中标的原则。当然,目前在评标时仍然可以采用综合计分的方法,即不仅考虑报价因素,而且还对投标单位的施工组织设计、企业业绩和信誉等按一定的权重分值分别进行计分,按总评分的高低确定中标单位。或者采用两阶段评标的办法,即先对投标单位的技术方案进行评判,在技术方案可行的前提下,再以投标单位的报价作为评标定标的唯一因素,这样既可以保证工程建设质量,又有利于业主选择一个合理的、报价较低的单位中标。

2)投标报价中工程量清单计价

(1)投标报价中工程量清单计价。投标报价应根据投标文件中的工程量清单和有关要求,施工现场实际情况及拟订的施工方案或施工组织设计,企业定额和市场价格信息,并参照建设行政主管部门发布的消耗量定额进行编制。工程量清单计价应包括按招标文件规定完成工程量清单所须的全部费用,通常由分部分项工程费,措施项目费和其他项目费及规费,税金组成。

(2)工程量清单计价模式下投标总价构成。工程量清单计价模式下投标总价构成见图7-4所示。

7.3.4 投标报价主要考虑因素

投标人要想在投标中获胜,首先就要考虑主客观制约条件,这是影响投标决策的重要因素。

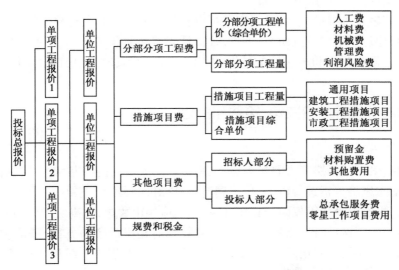

图 7-4　工程量清单计价模式下投标总报价的构成

1.主观因素

从本企业的主观条件,各项业务能力和能否适应投标工程的要求进行衡量,主要考虑:

(1)设计能力;

(2)机械设备能力;

(3)工人和技术人员的操作技术水平;

(4)以往对类似工程的经验;

(5)竞争的激烈程度;

(6)器材设备的交货条件;

(7)中标承包后对以后本企业的影响;

(8)对工程的熟悉程度和管理经验。

2.客观因素

(1)工程的全面情况。包括图纸和说明书,现场地上、地下条件,如地形、交通、水源、电源、土壤地质、水文气象等。这些都是拟订施工方案的依据和条件。

(2)业主及其代理人(工程师)的基本情况,包括资历、业务水平、工作能力、个人的性格和作风等。这些都是有关今后在施工承包结算中能否顺利进行的主要因素。

(3)劳动力的来源情况。如当地能否招募到比较廉价的工人,以及当地工会对承包商在劳务问题上能否合作的态度。

(4)建筑材料和机械设备等资源的供应来源、价格、供货条件以及市场预测等情况。

(5)专业分包。如空调、电气、电梯等专业安装力量情况。

(6)银行贷款利率、担保收费、保险费率等与投标报价有关的因素。

(7)当地各项法规,如企业法、合同法、劳动法、关税、外汇管理法、工程管理条例以及技术规范等。

(8)竞争对手的情况。包括对手企业的历史、信誉、经营能力、技术水平、设备能力、以往投标报价的情况和经常采用的投标策略等。

对以上这些客观情况的了解,除了有些可以从投标文件和业主对招标公司的介绍、勘察现场获得外,必须通过广泛的调查研究、询价、社交活动等多种渠道才能获得。在某些国家甚至通过收买代理人偷窃标底和承包商的情况等,也是司空见惯的,但是在我们国家这些是不可取的。

🌐 7.3.5 投标报价决策、策略和技巧

1.投标报价决策

投标报价决策指投标决策人召集算标人、高级顾问人员共同研究,就上述标价计算结果和标价的静态、动态风险分析进行讨论,作出调整计算标价的最后决定。

一般说来,报价决策并不仅限于具体计算,而是应当由决策人、高级顾问与算标人员一起,对各种影响报价的因素进行恰当的分析,除了对算标时提出的各种方案、基价、费用摊入系数等予以审定和进行必要的修正外,更重要的是要综合考虑期望的利润和承担风险的能力。低报价是中标的重要因素,但不是唯一因素。

2.投标报价策略

投标报价策略指承包商在投标竞争中的系统工作部署及其参与投标竞争的方式和手段。

投标人的决策活动贯穿于投标全过程,是工程竞标的关键。投标的实质是竞争,竞争的焦点是技术、质量、价格、管理、经验和信誉等综合实力。因此必须随时掌握竞争对手的情况和招标业主的意图,及时制定正确的策略,争取主动。投标策略主要有投标目标策略、技术方案策略、投标方式策略、经济效益策略等。

1)投标目标策略

投标目标策略指导投标人应该重点对哪些招标项目适宜去投标。

2)技术方案策略

技术方案和配套设备的档次(品牌、性能和质量)的高低决定了整个工程项目的基础价格,投标前应根据业主投资的大小和意图进行技术方案决策,并指导报价。

3)投标方式策略

投标方式策略指导投标人是否联合合作伙伴投标。中小型企业依靠大型企业的技术、产品和声誉的支持进行联合投标是提高其竞争力的一种良策。

4)经济效益策略

经济效益策略直接指导投标报价。制定报价策略必须考虑投标者的数量、主要竞争对手的优势、竞争实力的强弱和支付条件等因素,根据不同情况可计算出高、中、低三套报价方案。

(1)常规价格策略。常规价格即中等水平的价格,根据系统设计方案,核定施工工作量,确定工程成本,经过风险分析,确定应得的预期利润后进行汇总。然后再结合竞争对手的情况及招标方的心理底价对不合理的费用和设备配套方案进行适当调整,确定最终投标价。

(2)保本微利策略。如果夺标的目的是为了在该地区打开局面,树立信誉、占领市场和建立样板工程,则可采取微利保本策略。甚至不排除承担风险,宁愿先亏后盈。此策略适用于以下情况:

①投标对手多、竞争激烈、支付条件好、项目风险小。

②技术难度小、工作量大、配套数量多、都乐意承揽的项目。

③为开拓市场,急于寻找客户或解决企业目前的生产困境。

(3)高价策略。符合下列情况的投标项目可采用高价策略:

①专业技术要求高、技术密集型的项目。

②支付条件不理想、风险大的项目。

③竞争对手少,各方面自己都占绝对优势的项目。

④交工期甚短,设备和劳力超常规的项目。

⑤特殊约定(如要求保密等)需有特殊条件的项目。

3.报价技巧

报价技巧是指在投标报价中采用一定的手法或技巧使业主可以接受,而中标后可能获得更多的利润,常采用的报价技巧有以下几种。

(1)不平衡报价法

不平衡报价法是指一个工程项目总报价基本确定后,通过调整内部各个项目的报价,以期既不提高总报价、不影响中标,又能在结算时得到更理想的经济效益。

一般可以考虑在以下几种情况时采用不平衡报价:

①能够早日结账收款的项目可适当提高其综合单价。

②预计今后工程量会增加的项目,单价适当提高;将工程量可能减少的项目单价降低。

③设计图纸不明确,估计修改后工程量要增加的,可以提高单价;而工程内容解说不清楚的,则可适当降低一些单价,待澄清后可再要求提价。

④暂定项目,又叫任意项目或选择项目,对这类项目要具体分析。

(2)多方案报价法

对于一些招标文件,如果发现工程范围不很明确,条款不清楚或很不公正,或技术规范要求过于苛刻时,则要在充分估计投标风险的基础上,按多方案报价法处理。即是按原招标文件报一个价,然后再提出,如某某条款作某些变动,报价可降低多少,由此可报出一个较低的价。这样,可以降低总价,吸引业主。

(3)增加建议方案法

有时招标文件中规定,可以提一个建议方案,即是可以修改原设计方案,提出投标者的方案。投标者这时应抓住机会,组织一批有经验的设计和施工工程师,对原招标文件的设计和施工方案仔细研究,提出更为合理的方案以吸引业主,促成自己的方案中标。建议方案不要写得太具体,要保留方案的技术关键,防止业主将此方案交给其他承包商。同时要强调的是,建议方案一定要比较成熟,有很好的可操作性。

(4)分包商报价的采用

总承包商在投标前找 2 ~ 3 家分包商分别报价,而后选择其中一家信誉较好、实力较强和报价合理的分包商签订协议,同意该分包商作为本分包工程的唯一合作者,并将分包商的姓名列到投标文件中,但要求该分包商相应地提交投标保函。如果该分包商认为这家总承包商确实有可能中标,他也许愿意接受这一条件。这种把分包商的利益同投标人捆在一起的做法,不但可以防止分包商事后反悔和涨价,还可能迫使分包时报出较合理的价格,以便共同争取中标。

(5)突然降价法

投标报价中各竞争对手往往通过多种渠道和手段来刺探对手的情况,因而在报价时可以采取迷惑对手的方法。既先按一般情况报价或表现出自己对该工程兴趣不大,到快投标截止时再突然降价,为最后中标打下基础,采用这种方法时,一定要在准备投标限价的过程中考虑好降价的幅度,在临近投标截止日期前,根据情报信息与分析判断,再做最后决策。如果中标,因为开标只降总价,在签订合同后可采用不平衡报价的思想调整工程量表内的各项单价或价格,以取得更高效益。

(6)招标的特点不同采用不同的报价

投标报价时,既要考虑自身的优势和劣势,也要分析招标项目的特点。按照工程项目的不同特点、类别和施工条件等来选择报价策略。

①遇到如下情况,报价可高一些:施工条件差的项目;专业要求高的技术密集型工程,而本公司在这些方面又有专长,声望也较高;总价低的小工程,以及自己不愿做、又不方便不投标的工程;特殊的工程,如港口码头,地下开挖工程等;工期要求急的工程;投标对手少的工程;支付条件不理想的工程等。

②遇到如下情况,报价可以低一些:施工条件好的工程,工作简单、工程量大而一般公司都可以做的工程;本公司目前急于打入某一市场、某一地区,或在该地区面临工程结束,机械设备等无工地转移时;本公司在附近有工程,而本项目又可以用该工程的设备、劳务,或有条件短期内突击完成的工程;投标对手多,竞争激烈的工程;非急需工程;支付条件好的工程等。

(7)计日工单价的报价

如果是单纯报计日工单价,而且不计入总价中,则可以报高些,以便在业主额外用工或使用施工机械时可多盈利。但如果计日工单价要计入总报价时,则需具体分析是否报高价,以免抬高总报价。总之,要分析业主在开工后可能使用的计日工数量,再来确定报价方针。

(8)可供选择的项目的报价

有些工程项目的分项工程,业主可能要求按某一方案报价,而后再提供几种可供选择方案的比较报价,例如某住房工程的地面水磨石砖,工程量表中要求按 25cm × 25cm × 2cm 的规格报价。另外,还要求投标人用更小规格砖 20cm × 20cm × 2cm 和更大规格砖 30cm × 30cm × 3cm 作为可供选择的项目报价。投标时除对几种水磨石地面砖调查询价外,还应对当地习惯用砖情况进行调查。对于将来有可能使用的地面砖铺砌应适当提高其报价;对于当地难以供货的某些规格的地面砖,可将价格有意抬高的更多一些,以阻挠业主选用。但是,所谓"供选择项目"并非由承包商任意选择,而是业主才有权选择。因此我们虽然提高了可供选择项目的报价,并不意味着肯定取得较好的利润,只是提供了一种可能性;一旦业主今后选用,承包商即可得到额外加价的利益。

(9)暂定工程量的报价

暂定工程量有三种:一种是业主规定了暂定工程量的分项内容和暂定总价款,并规定所有投标人都必须在总报价中加入这笔固定金额,但由于分项工程量不很准确,允许将来按投标人所报单价和实际完成的工程量付款。另一种是业主列出了暂定工程量的项目和数量,但并没有限制这些工程量的估价总价款,要求投标人既列出单价,也应按暂定项目的数量计算总价,当将来结算付款时可按实际完成的工程量和所报单价支付。第三种是只有暂定工程的一笔固定总金额,将来这笔金额作什么用,由业主确定。第一种情况由于暂定总价款是固定的,对各投标人的总报价水平,竞争力没有任何影响,因此,投标时应当对暂定工程量的单价适当提高。这样做,既不会因今后工程量变更而吃亏,也不会削弱投标报价的竞争力。第二种情况,投标人必须慎重考虑。如果单价定得高了,将会增大总报价,将影响投标报价的竞争力;如果单价定得低了,将来这类工程量增大,将会影响收益。一般来说,这类工程量可以采用正常价格,如果承包商估计今后实际工程量肯定会增大,则可适当提高单价,使将来可增加额外收益,第三种情况对投标竞争没有实际意义,按招标文件要求将规定的总报价款列入总报价即可。

（10）无利润算标

缺乏竞争优势的承包商,在不得已的情况下,只好在做标中不考虑利润,以期夺标。这种办法一般是处于以下条件时采用:

①有可能在中标后,将部分工程分包给索价较低的一些分报商。

②对于分期建设的项目,先以低价获得首期工程,而后创造机会赢得第二期工程中的竞争优势,并在以后的实施中赚得利润。

③较长时期内,承包商没有在建的工程项目,如果再不中标就难以维持生存。因此,虽然本工程无利可图,但能维持公司的正常运转,度过暂时的困难,以求将来的发展。

7.3.6　投标担保

施工招投标中的投标担保,对于进一步规范招投标活动,确保合同的顺利履行具有重要意义,从法律性质上讲,施工招标是要约邀请,投标则是要约,中标通知书是承诺,正是在此基础上,招标作为一种要约邀请,对行为人不具有合同意义上的约束力,招标人无须向潜在投标人提供招标担保。当招标项目出现问题(如在评标过程中发现项目设计有重大问题),需要重新招标甚至终止招标,即使责任完全在招标人一方时,招标人仍可以拒绝所有投标,且无须对投标人承担赔偿责任。

而投标作为一种要约则不同,一旦招标人(受要约人)承诺,要约人即受该意思表示约束。这主要表现在以下方面:投标文件到达招标人后即不可撤回;如果要约人确定了承诺期限或以其他形式表示要约不可撤消,则该要约是不可撤消的;招标人在招标文件中确定了投标有效期,投标人接受该有效期,这个有效期即为承诺期限。在这个期限当中,招标人应该完成招标、评标、定标等工作,招标人可以要求投标人提供投标担保,以担保自己在投标有效期内不撤销投标文件,一旦中标即与投标人订立承诺合同。

施工招标中的投标担保应当在投标时提供。建设部颁布的《房屋建筑和市政基础设施工程施工招标投标管理办法》(建设部第89号令)中规定:"投标人应当按照招标文件要求的方式和金额,将投标保函或者投标保证金随投标文件提交投标人。"由此可见,投标担保方式一般可以有两种方式。

（1）投标保证金。一般投标保证金数额不超过投标总价的2%,最高不得超过50万元(人民币),投标保证金一般可以使用支票、银行汇票等。投标保证金的有效期应超过投标有效期。

（2）银行或担保公司开具的投标保函。这是一种第三人的使用担保(保证)。其保函格式应符合招标文件所要求的格式。银行保函或担保书的有效期应在投标有效期满后28内继续有效(建设部《房屋建筑和市政基础设施工程施工招标文件范本》2003年1月1日施行)。

对于未能按要求提交投标担保金的投标,招标单位将视为不响应投标而予以拒绝。如投标单位在投标有效期内有下列情况,将被没收投标保证金:

（1）投标单位在投标有效期撤回投标文件;

（2）中标单位未能在规定期限内提交履约保证金或签署合同协议。

7.4 ▶ 工程合同价的确定与施工合同的签订

7.4.1 工程合同价确定

工程合同价款是发包人和承包人在协议中约定，发包人用以支付承包人按照合同约定完成承包范围内全部工程并承担质量保修责任的价款，是工程合同中双方当事人最关心的核心条款，是由发包人、承包人依据中标通知书中的中标价格在协议书内的约定。合同价款在协议书内约定后，任何一方不能擅自更改。

《建筑工程施工发包与承包计价管理办法》规定，工程合同价可以采用三种方式：固定合同价、可调合同价和成本加酬金合同价。

1.固定合同价

固定合同价格是指在约定的风险范围内价款不再调整的合同。双方须在专用条款内约定合同价款包含的风险范围、风险费用的计算方法和承包风险范围以外对合同价款影响的调整方法，在约定的风险范围内合同价款不再调整。固定合同价可分为固定总价合同和固定单价合同两种方式。

（1）固定总价合同

固定总价合同的价格计算是以设计图纸、工程量及规范等为依据，承发包双方就承包工程协商一个固定的总价，即承包方按投标时发包方接受的合同价格实施工程，并一笔包死，无特定情况不作变化。

采用这种合同，合同总价只有在设计和工程范围发生变更的情况下才能随之作相应的变更，除此之外，合同总价一般不能变动。因此，采用固定总价合同，承包方要承担合同履行过程中的主要风险，要承担实物工程量、工程单价等变化而可能造成损失的风险。在合同执行过程中，承发包双方均不能以工程量、设备和材料价格、工资等变动为理由，提出对合同总价调值的要求。所以，作为合同总价计算依据的设计图纸、说明、规定及规范需对工程做出详尽的描述，承包方要在投标时对一切费用上升的因素做出估计并将其包含在投标报价之中。承包方因为可能要为许多不可预见的因素付出代价，所以往往会加大不可预见费用，致使这种合同的投标价格较高。

固定总价合同一般适用于：

①招标时的设计深度已达到施工图设计要求，工程设计图纸完整齐全，项目、范围及工程量计算依据确切，合同履行过程中不会出现较大的设计变更，承包方依据的报价工程量与实际完成的工程量不会有较大的差异。

②规模较小，技术不太复杂的中小型工程。承包方一般在报价时可以合理地预见到实施过程中可能遇到的各种风险。

③合同工期较短，一般为一年之内的工程。

（2）固定单价合同

固定单价合同分为：估算工程量单价与纯单价合同。

①估算工程量单价合同。是以工程量清单和工程单价表为基础和依据来计算合同价格的，亦可称为计量估价合同。估算工程量单价合同通常是由发包方提出工程量清单，列出分部分项工程量，由承包方以此为基础填报相应单价，累计计算后得出合同价格。但最后的工程结算价应按照实际完成的工程量来计算，即按合同中的分部分项工程单价和实际工程量，计算得出工程结算和支付的工程总价格。

采用这种合同时，要求实际完成的工程量与原估计的工程量不能有实质性的变更。因为承包方给出的单价是以相应的工程量为基础的，如果工程量大幅度增减可能影响工程成本。不过在实践中往往很难确定工程量究竟有多大范围的变更才算实质性变更，这是采用这种合同计价方式需要考虑的一个问题。有些固定单价合同规定，如果实际工程量与报价表中的工程量相差超过±10%时，允许承包方调整合同价。此外，也有些固定单价合同在材料价格变动较大时允许承包方调整单价。

采用估算工程量单价合同时，工程量是统一计算出来的，承包方只要经过复核后填上适当的单价，承担风险较小；发包方也只需审核单价是否合理即可，对双方都较为方便。由于具有这些特点，估算工程量单价合同是比较常见的一种合同计价方式。估算工程量单价合同大多用于工期长、技术复杂、实施过程中可能会发生各种不可预见因素较多的建设工程。在施工图不完整或当准备招标的工程项目内容、技术经济指标一时尚不能明确时，往往要采用这种合同计价方式。这样在不能精确地计算出工程量的条件下，可以避免使发包或承包的任何一方承担过大的风险。

②纯单价合同。采用这种计价方式的合同时，发包方只向承包方给出发包工程的有关分部分项工程以及工程范围，不对工程量作任何规定。即在招标文件中仅给出工程内各个分部分项工程一览表、工程范围和必要的说明，而不必提供实物工程量。承包方在投标时只需要对这类给定范围的分部分项工程做出报价即可，合同实施过程中按实际完成的工程量进行结算。

这种合同计价方式主要适用于没有施工图，或工程量不明却急需开工的紧迫工程，如设计单位来不及提供正式施工图纸，或虽有施工图但由于某些原因不能比较准确地计算工程量时。当然，对于纯单价合同来说，发包方必须对工程范围的划分做出明确的规定，以使承包方能够合理地确定工程单价。

2.可调合同价

可调合同价是指合同总价或者单价，在合同实施期内根据合同约定的办法调整，即在合同的实施过程中可以按照约定，随资源价格等因素的变化而调整的价格。

(1)可调总价合同

可调总价合同的总价一般也是以设计图纸及规定、规范为基础，在报价及签约时，按招标文件的要求和当时的物价来计算合同总价。但合同总价是一个相对固定的价格，在合同执行过程中，由于通货膨胀而使所用的工料成本增加，可对合同总价进行相应的调整。可调总价合同的合同总价不变，只是在合同条款中增加调价条款，如果出现通货膨胀这一不可预见的费用因素，合同总价就可按约定的调价条款作相应调整。

可调总价合同列出的有关调价的特定条款，往往是在合同专用条款中列明，调价必须按照这些特定的调价条款进行。这种合同与固定总价合同的不同之处在于，它对合同实施中出现的风险做了分摊，发包方承担了通货膨胀的风险，而承包方承担合同实施中实物工程量、成本和工期因素等其他风险。

可调总价适用于工程内容和技术经济指标规定很明确的项目,由于合同中列有调值条款,所以工期在一年以上的工程项目较适于采用这种合同计价方式。

(2)可调单价合同

合同单价的可调,一般是在工程招标文件中规定、在合同中签订的单价,根据合同约定的条款,如在工程实施过程中物价发生变化等,可作调值。有的工程在招标或签约时,因某些不确定因素而在合同中暂定某些分部分项工程的单价,在工程结算时,再根据实际情况和合同约定对合同单价进行调整,确定实际结算单价。

3.成本加酬金合同价

成本加酬金合同是将工程项目的实际投资划分成直接成本费和承包方完成工作后应得酬金两部分。工程实施过程中发生的直接成本费由发包方实报实销,再按合同约定的方式另外支付给承包方相应报酬。

这种合同计价方式主要适用于工程内容及技术经济指标尚未全面确定,投标报价的依据尚不充分的情况下,发包方因工期要求紧迫,必须发包的工程;或者发包方与承包方之间有着高度的信任,承包方在某些方面具有独特的技术、特长或经验。由于在签订合同时,发包方提供不出可供承包方准确报价所必需的资料,报价缺乏依据,因此,在合同内只能商定酬金的计算方法。成本加酬金合同广泛地适用于工作范围很难确定的工程和在设计完成之前就开始施工的工程。

以这种计价方式签订的工程承包合同,有两个明显缺点:一是发包方对工程总价不能实施有效的控制;二是承包方对降低成本也不太感兴趣。因此,采用这种合同计价方式,其条款必须非常严格。

按照酬金的计算方式不同,成本加酬金合同又分为以下几种形式。

(1)成本加固定百分比酬金确定的合同价

采用这种合同计价方式,承包方的实际成本实报实销,同时按照实际成本的固定百分比付给承包方一笔酬金。工程的合同总价表达式为:

$$C = C_d + C_d \cdot P \qquad (7-1)$$

式中:C——合同价;

C_d——实际发生的成本;

P——双方事先商定的酬金固定百分比。

这种合同计价方式,工程总价及付给承包方的酬金随工程成本而水涨船高,这不利于鼓励承包方降低成本,正是由于这种弊病所在,使得这种合同计价方式很少被采用。

(2)成本加固定金额酬金确定的合同价

采用这种合同计价方式与成本加固定百分比酬金合同相似。其不同之处仅在于在成本上所增加的费用是一笔固定金额的酬金。酬金一般是按估算工程成本的一定百分比确定,数额是固定不变的。计算表达式为:

$$C = C_d + F \qquad (7-2)$$

式中:F——双方约定的酬金具体数额。

这种计价方式的合同虽然也不能鼓励承包商关心和降低成本,但从尽快获得全部酬金减少管理投入出发,会有利于缩短工期。

采用上述两种合同计价方式时,为了避免承包方企图获得更多的酬金而对工程成本不加控制,往往在承包合同中规定一些补充条款,以鼓励承包方节约工程费用的开支,降低成本。

(3)成本加奖罚确定的合同价

采用成本加奖罚合同,是在签订合同时双方事先约定该工程的预期成本(或称目标成本)和固定酬金,以及实际发生的成本与预期成本比较后的奖罚计算办法。在合同实施后,根据工程实际成本的发生情况,确定奖罚的额度,当实际成本低于预期成本时,承包方除可获得实际成本补偿和酬金外,还可根据成本降低额得到一笔奖金;当实际成本大于预期成本时,承包方仅可得到实际成本补偿和酬金,并视实际成本高出预期成本的情况,被处以一笔罚金。成本加奖罚合同的计算表达式为:

$$C = C_d + F \qquad (C_d = C_0) \tag{7-3}$$
$$C = C_d + F + \Delta F \qquad (C_d < C_0) \tag{7-4}$$
$$C = C_d + F - \Delta F \qquad (C_d > C_0) \tag{7-5}$$

式中: C_0 ——签订合同时双方约定的预期成本;

ΔF ——奖罚金额(可以是百分数,也可以是绝对数,而且奖与罚可以是不同计算标准)。

这种合同计价方式可以促使承包方关心和降低成本,缩短工期,而且目标成本可以随着设计的进展而加以调整,所以承发包双方都不会承担太大的风险,故这种合同计价方式应用较多。

(4)最高限额成本加固定最大酬金

在这种计价方式的合同中,首先要确定最高限额成本、报价成本和最低成本,当实际成本没有超过最低成本时,承包方花费的成本费用及应得酬金等都可得到发包方的支付,并与发包方分享节约额;如果实际工程成本在最低成本和报价成本之间,承包方只有成本和酬金可以得到支付;如果实际工程成本在报价成本与最高限额成本之间,则只有全部成本可以得到支付;实际工程成本超过最高限额成本,则超过部分,发包方不予支付。

这种合同计价方式有利于控制工程投资,并能鼓励承包方最大限度地降低工程成本。

7.4.2　施工合同的签订

1.施工合同格式的选择

合同是双方对招标成果的认可,是招标之后、开工之前双方签订的工程施工、付款和结算的凭证。合同的形式应在招标文件中确定,投标人应在投标文件中做出响应。目前的建筑工程施工合同格式一般采用如下几种方式。

(1)参考 FIDIC 合同格式订立的合同

FIDIC 合同是国际通用的规范合同文本。它一般用于大型的国家投资项目和世界银行贷款项目。采用这种合同格式,可以有效避免工程竣工结算时的经济纠纷;但因其使用条件较严格,因而在一般中小型项目中较少采用。

(2)《建设工程施工合同示范文本》(简称示范文本合同)

按照国家工商管理部门和建设部推荐的《建设工程施工合同示范文本》格式订立的合同是比较规范,也是公开招标的中小型工程项目采用最多的一种合同格式。该合同格式由四部分组成:协议书、通用条款、专用条款和附件。协议书明通了双方最主要的权利义务,经当事人签字盖章,具有最高的法律效力;通用条款具有通用性,基本适用于各类建筑施工和设备安装;专用条款是对通用条款必要的修改与补充,其与通用条款相对应,多为空格形式,需双方协商完成,更好地针对工程的实际情况,体现了双方的统一意志;附件对双方的某项义务以确定格式予以明确,便于实际工作中的执行与管理。整个示范文本合同是招标文件的延续,故一些项目在招标文件中就拟定了补充条款内容以表明招标人的意向;投标人若对此有异议时,可在招标答疑(澄清)会上提出,并在投标函中提出施工单位能接受的补充条款;双方对补充条款再有异议时可在询标时得到最终统一。

（3）自由格式合同

自由格式合同是由建设单位和施工单位协商订立的合同,它一般适用于通过邀请招标或议标发包而定的工程项目,这种合同是一种非正规的合同形式,往往会由于一方(主要是建设单位)对建筑工程复杂性、特殊性等方面考虑不周,从而使其在工程实施阶段陷于被动。

2.施工合同签订过程中的注意事项

（1）关于合同文件部分

招投标过程中形成的补遗、修改、书面答疑、各种协议等均应作为合同文件的组成部分。特别应注意作为付款和结算依据的工程量和价格清单,应根据评标阶段做出的修正稿重新整理、审定,并且应标明按完成的工程量测算付款和按总价付款的内容。

（2）关于合同条款的约定

在编制合同条款时,应注重有关风险和责任的约定,将项目管理的理念融入合同条款中,尽量将风险量化,责任明确,公正地维护双方的利益。其中主要重视以下几类条款。

①程序性条款。目的在于规范工程价款结算依据的形成,预防不必要的纠纷。程序性条款贯穿于合同行为的始终。包括信息往来程序、计量程序、工程变更程序、索赔处理程序、价款支付程序、争议处理程序等。编写时注意明确具体步骤,约定时间期限。

②有关工程计量的条款。注重计算方法的约定,应严格确定计量内容(一般按净值计量),加强隐蔽工程计量的约定。计量方法一般按工程部位和工程特性确定,以便于核定工程量及便于计算工程价款为原则。

③有关工程计价的条款。应特别注意价格调整条款,如对未标明价格或无单独标价的工程,是采用重新报价方法,还是采用定额及取费方法,或者协商解决,在合同中应约定相应的计价方法。对于工程量变化的价格调整,应约定费用调整公式;对工程延期的价格调整、材料价格上涨等因素造成的价格调整,是采用补偿方式,还是变更合同价,应在合同中约定。

④有关双方职责的条款。为进一步划清双方责任,量化风险,应对双方的职责进行恰当的描述。对那些未来很可能发生并影响工作、增加合同价款及延误工期的事件和情况加以明确,防止索赔、争议的发生。

⑤工程变更的条款。适当规定工程变更和增减总量的限额及时间期限。如在 FIDIC 合同条款中规定,单位工程的增减量超过原工程量15%应相应调整该项的综合单价。

⑥索赔条款。明确索赔程序、索赔的支付、争端解决方式等。

7.4.3 不同计价模式对合同价和合同签订的影响

采用不同的计价模式会直接影响到合同价的形成方式,从而最终影响合同的签订和实施。目前国内使用的定额计价方法在以上方面存在诸多弊端,相比之下,工程量清单的计价方法能确定更为合理的合同价,并且便于合同的实施。

首先,工程量清单计价的合同价的形成方式使工程造价更接近工程实际价值。因为确定合同价的两个重要因素——投标报价和标底价都以实物法编制,采用的消耗量、价格、费率都是市场波动值,因此使合同价能更好地反映工程的性质和特点,更接近市场价值。其次,易于对工程造价进行动态控制。在定额计价模式下,无论合同采用固定价还是可调价格,无论工程量变化多大,无论施工工期多长,双方只要约定采用国家定额、国家造价管理部门调整的材料指导价和颁布的价格调整系数,便适用于合同内、外项目的结算。在新的计价模式下,工程量由招标人提供,报价人的竞争性报价是基于工程量清单上所列量值,招标人为避免由于对图纸理解不同而引起的问题,一般不要求报价人对工程量提出意见或做出判断。但是工程量变化会改变施工组织、改变施工现场情况,从而引起施工成本、利润率、管理费率变化,因此带来项目单价的变化。新的计价模式能实现真正意义上的工程造价动态控制。

在合同条款的约定上,应加强双方的风险和责任意识。在定额计价模式下,由于计价方法单一,承发包双方对有关风险和责任意识不强;工程量清单计价模式下,招投标双方对合同价的确定共同承担责任。招标人提供工程量,承担工程量变更或计算错误的责任,投标单位只对自己所报的成本、单价负责。工程量结算时,根据实际完成的工程量,按约定的办法调整,双方对工程情况的理解以不同的方式体现在合同价中,招标方以工程量清单表现,投标方体现在报价中。另外,一般工程项目造价已通过清单报价明确下来,在日后的施工过程中,施工企业为获取最大利益,会利用工程变更和索赔手段追求额外的利润。因此双方对合同管理的意识会大大加强,合同条款的约定会更加周密。

工程量清单计价模式赋予造价控制工作新的内容和新的侧重点。首先工程量清单成为报价的统一基础使获得竞争性投标报价得到有力保证,无标底合理低价中标评标方式使评选的中标价更为合理,合同条款更注重风险的合理分摊,更注重对造价的动态控制,更注重对价格调整及工程变更、索赔等方面的约定。

7.5 ▷ 设备与材料采购招投标与合同价的确定

🌐 7.5.1 设备与材料采购方式

设备与材料采购是建设工程施工中的重要工作之一。采购货物质量的好坏和价格的高低,对项目的投资效益影响极大。我国的《招标投标法》规定,在中华人民共和国境内进行与工程建设有关的重要设备、材料等的采购,必须进行招标。为了将这方面工作做好,应根据采购物的具体特点,正确选择设备与材料的招投标方式,进而正确选择好设备、材料供应商。

1.公开招标

设备、材料采购的公开招标是由招标单位通过报刊、广播、电视等公开发表招标广告,在尽量大的范围内征集供应商。公开招标对于设备与材料的采购,能够引起最大范围内的竞争。其主要优点有:

(1)可以使具备资格的供应商能够在公平竞争条件下,以合适的价格获得供货机会。

(2)可以使设备、材料采购者以合理价格获得所需的设备和材料。

(3)可以促进供应商进行技术改造,以降低成本,提高质量。

（4）可以预防徇私舞弊的产生,有利于采购的公平和公正。

设备、材料采购的公开招标一般组织方式严密,涉及环节众多,所需工作时间较长,故成本较高。因此,一些紧急需要或价值较小的设备和材料的采购则不适宜这种方式。

2.邀请招标

设备、材料采购的邀请招标是由招标单位向具备设备、材料制造或供应能力的单位直接发出投标邀请书,并且受邀参加投标的单位不得少于三家。这种方式也称为有限竞争性招标,是一种不需公开刊登广告而直接邀请供应商进行竞争性投标的采购方法。采用设备、材料采购邀请招标一般是有条件的,主要条件有:

（1）招标单位对拟采购的设备在世界上(或国内)的制造商的分布情况比较清楚,并且制造厂家有限,又可以满足竞争态势的需要。

（2）已经掌握拟采购设备的供应商或制造商或其他代理商的有关情况,对他们的履约能力、资信状况等已经了解。

（3）建设项目工期较短,不允许拿出更多时间进行设备采购,因而采用邀请招标。

（4）还有一些不宜进行公开采购的事项,如国防工程、保密工程、军事技术等。

3.其他方式

（1）询价方式选定设备、材料供应商

一般是通过对国内外几家供货商的报价进行比较后,选择其中一家签订供货合同。这种方式仅适用于现货采购或价值较小的标准规格产品。

（2）直接订购

这种采购方式一般适用于:增购与现有采购合同类似货物而且使用的合同价格也较低廉;保证设备或零配件标准化,以便适应现有设备需要;所需设备设计比较简单或属于专卖性质的;要求从指定的供货商采购关键性货物以保证质量;在特殊情况下急需采购的某些材料、小型工具或设备。

7.5.2 设备与材料采购评标

1.设备与材料采购评标原则

（1）招标单位应当组织评标委员会(或评标小组),负责评标定标工作。评标委员会应当由专家、设备需方、招标单位以及有关部门的代表组成,与投标单位有直接经济关系(财务隶属关系或股份关系)的单位人员不得参加评标委员会。

（2）评标前,应当制定评标程序、方法、标准以及评标纪律。评标应当依据招标文件的规定以及投标文件所提供的内容评议并确定中标单位。在评标过程中,应当平等、公正地对待所有投标者,招标单位不得任意修改招标文件的内容或提出其他附加条件作为中标条件,不得以最低报价作为中标的唯一标准。

（3）招标设备标底应当由招标单位会同设备需方及有关单位共同协商确定。设备标底价格应当以招标当年现行价格为基础,生产周期长的设备应考虑价格变化因素。

（4）设备招标的评标工作一般不超过 10 天,大型项目设备招标的评标工作最多不超过30 天。

（5）评标过程中,如有必要可请投标单位对其投标内容作澄清解释。澄清时不得对投标内容作实质性修改。澄清解释的内容必要时可做书面纪要,经投标单位授权代表签字后,作为投标文件的组成部分。

(6)评标过程中有关评标情况不得向投标人或与招标工作无关的人员透露。凡招标申请公证的,评标过程应当在公证部门的监督下进行。

(7)评标定标以后,招标单位应当尽快向中标单位发出中标通知,同时通知其他未中标单位。

另外,设备与材料采购应以最合理价格采购为原则,即评标时不仅要看其报价的高低,还要考虑货物运抵现场过程中可能支付的所有费用,以及设备在评审预定的寿命期内可能投入的运营、维修和管理的费用等。

2.设备与材料采购评标的主要方法

设备与材料采购评标的主要方法有:综合评标价法、全寿命费用评标价法、最低投标价法和百分评定法。

(1)综合评标价法

指以设备投标价为基础,将评定各要素按预定的方法换算成相应的价格,在原投标价上增加或扣减该值而形成评标价格。评标价格最低的投标书为最优。采购机组、车辆等大型设备时,较多采用这种方法。

(2)全寿命费用评标价法

采购生产线、成套设备、车辆等运行期内各种后续费用(备件、油料及燃料、维修等)较高的货物时,可采用以设备全寿命费用为基础的评标价法。评标时应首先确定一个统一的设备评审寿命期,然后再根据各投标书的实际情况,在投标价上加上该年限运行期内所发生的各项费用,再减去寿命期末设备的残值。计算各项费用和残值时,都应按招标文件中规定的贴现率折算成净现值。

这种方法是在综合评标价法的基础上,进一步加上一定运行年限内的费用作为评审价格。以贴现率计算的费用包括:估算寿命期内所需的燃料消耗费;估算寿命期内所需备件及维修费用(备件费可按投标人在技术规范附件中提供的担保数字,或过去已用过可作参考的类似设备实际消耗数据为基础,以运行时间来计算);估算寿命期末的残值。

(3)最低投标价法

采购技术规格简单的初级商品、原材料、半成品以及其他技术规格简单的货物,由于其性能质量相同或容易比较其质量级别,可把价格作为唯一尺度,将合同授予报价最低的投标者。

(4)百分评定法

这一方法是按照预先确定的评分标准,分别对各设备投标书的报价和各种服务进行评审打分,得分最高者中标。一般评审打分的要素包括:投标价格;运输费、保险费和其他费用;投标书中所报的交货期限;备件价格和售后服务;设备的性能、质量、生产能力;技术服务和培训;其他。评审要素确定后,应依据采购标的物的性质、特点,以及各要素对采购方总投资的影响程度来具体划分权重和记分标准。

百分评定法的好处是简便易行,评标考虑因素全面,可以将难以用金额表示的各项要素量化后进行比较,从中选出最好的投标书。缺点是各评标人独立给分,对评标人的水平和知识面要求高,否则主观随意性较大。

7.5.3 设备与材料合同价款的确定

一般来说,设备、材料合同价款就是评标后的中标价格,招标文件和投标文件均为设备与材料采购合同的组成部分,随合同一起生效。

在国内设备、材料采购招投标中的中标单位在接到中标通知后,应当在规定时间内由招标单位组织与设备需方签订合同,进一步确定合同价款。一般说,国内设备材料采购合同价款就是评标后的中标价,但需要在合同签订中双方确认。按照《机电设备招标投标管理办法》规定,合同签订时,招标文件和投标文件均为合同的组成部分,随合同一起有效。投标单位中标后,如果撤回投标文件拒签合同,作违约论,应当向招标单位和设备需方赔偿经济损失,赔偿金额不超过中标金额的 2% 。可将投标单位的投标保证金作为违约赔偿金。中标通知发出后,设备需方如拒签合同,应当向招标单位和中标单位赔偿经济损失,赔偿金额为中标金额的 2% ,由招标单位负责处理。合同生效以后,双方都应当严格执行,不得随意调价或变更合同内容;如果发生纠纷,双方都应当按照《合同法》和国家有关规定解决。合同生效以后,接受委托的招标单位可向中标单位收取少量服务费,金额一般不超过中标设备金额的 1.5% 。

7.6 > 案 例 分 析

【案例一】
背景:

某土建工程项目立项批准后,经批准公开招标,6 家单位通过资格预审,并按规定时间报送了投标文件,招标方按规定组成了评标委员会,并制定了评标办法,具体规定如下:

(1)招标标底为 4000 万元,以招标标底与投标报价的算术平均数的加权值为复合标底,以复合标底为评定投标报价得分依据,规定:复合标底值 = 招标标底值 × 0.6 + 投标单位报价算术平均数 × 0.4。

(2)以复合标底值为依据,计算投标报价偏差度 x,$x = \dfrac{投标报价 - 复合标底}{复合标底}$

按照投标报价偏差度确定各单位投标报价得分,具体标准见表 7-1。

数 据 表　　　　表 7-1

x	$x<-5\%$	$-5\%\leq x<-3\%$	$-3\%\leq x<-1\%$	$-1\%\leq x\leq1\%$	$1\%<x\leq3\%$	$3\%<x\leq5\%$	$x>5\%$
得分	底标	55	65	70	60	50	废标

(3)投标方案中商务标部分满分为 100 分,其中投标报价满分为 70 分,其他内容满分为 30 分。投标报价得分按照报价偏差度确定得分,其他内容得分按各单位投标报价构成合理性和计算正确性确定得分。技术方案得分为 100 分,其中施工工期得分占 20 分(规定工期为 20 个月,若投标单位所报工期超过 20 个月为废标),若工期提前则规定每提前 1 个月增加 1 分。其他方面得分包括:施工方案 25 分,施工技术装备 20 分,施工质量保证体系 10 分,技术创新 10 分,企业信誉业绩及项目经理能力 15 分(得分已由评标委员会评出,见表 7-2)。

评 分 数 据 表　　　　　　　　　　　表7-2

投标单位	A	B	C	D	E	F	单位
投标报价	3840	3900	3600	4080		4240	万元
施工工期	17	17	18	16	18	18	月
技术准备	10	14	13	10	12	11	分
质保体系	8	7	6	6	9	9	分
技术创新	7	9	6	6	9	9	分
施工方案	18	16	15	14	19	17	分
企业业绩	8	9	9	8	8	7	分
报价构成	24	23	25	27	26	28	分

采取综合评分法,综合得分最高者为中标人。

综合得分 = 投标报价得分 × 60% + 技术性评分 × 40%

(4)E单位在投标截止时间2小时之前向招标方递交投标补充文件,补充文件中提出E单位报价中的直接工程费由3200万元降至3000万元,并提出措施费费率为9%,间接费率(含其他)为8%,利润率为6%,税率为3.5%,E单位据此为最终报价。

问题:

1. 投标文件应包括哪些内容?确定中标人的原则是什么?

2. E单位的最终报价为多少?

3. 采取综合评标法确定中标人。

参考答案:

问题1

【解】投标文件主要包括:投标函,施工组织设计或施工方案与投标报价(技术标、商务标报价),招标文件要求提供的其他资料。

确定中标人的原则是:中标人能够满足招标文件中规定的各项综合评价标准,能够满足招标文件的实质性要求。

问题2

【解】E单位的最终报价计算见表7-3。

计算关系与数据表　　　　　　　　　　　表7-3

单位:万元

序号	①	②	③	④	⑤	⑥	⑦
费用名称	直接工程费	措施费	直接费	间接费	利润	税金	投标报价
计算方法		①×9%	①+②	③×8%	[③+④]×6%	[③+④+⑤]×3.5%	③+④+⑤+⑥
费用(万元)	3000	270	3270	261.6	211.90	131.02	3874.52

经过计算E单位的最终报价为3874.52万元。

问题3:

【解】计算复合标底值

投标报价平均值 $=\dfrac{3840+3900+3600+4080+3874.52+4240}{6}=3922.42$ 万元

复合标底值 $=4000\times0.6+3922.42\times0.4=3968.97$ 万元

投标报价评分,综合评分见表7-4、表7-5。

投标报价评分表　　　　　　　　　　　　　表7-4

投标单位	投标报价(万元)	报价偏离值(万元)	报价偏离度(%)	报价得分
A	3840	-128.97	-3.2.5%	55
B	3900	-68.97	-1.74%	65
C	3600	-368.97	-9.3%	废标
D	4080	110.03	2.77%	60
E	3874.52	-94.45	-2.38%	65
F	4240	271.03	6.83%	废标

综 合 评 分 表　　　　　　　　　　　　　表7-5

投 标 单 位		A	B	D	E	权　数
技术标得分	工期	23	23	24	22	
	其他	75	78	73	81	
	合计	98	101	97	103	0.4
商务标得分	报价	55	65	60	65	
	其他	30	30	30	30	
	合计	85	95	90	95	0.6
综合得分		90.2	97.4	92.8	98.2	

经上述评分计算过程,评标委员会认定 E 单位为中标人,报送有关部门审批后为中标人。

【案例二】

背景:

某招标工程采用固定单价合同形式,承包商复核的工程量清单结果见表7-6,承包商拟将 B 分项工程单价降低 10%。

承包商复核的工程量清单结果　　　　　　　　　　表7-6

分部分项	工程量(m³)		综合单价(元/m³)
	业主提供清单量	承包商复核后预计量	
A	40	45	3000
B	30	28	2000

问题:

1.确定采用不平衡报价法后 A、B 分项工程单价及预期效益。

2.若因某种原因 A 未能按预期工程量施工,问 A 项工程量减少至多少时,不平衡报价法会减少该工程的正常利润?

参考答案:

问题1

【解】因分部分项工程 A、B 预计工程量变化趋势为一增一减,且该工程采用固定单价合同形式,可用不平衡报价法报价。

计算正常报价的工程总造价:$40 \times 3000 + 30 \times 2000 = 180000$ 元

将 B 分项工程单价降低 10% ,即 B 分项工程单价为:$2000 \times 90\% = 1800$ 元/m³

设分项工程 A 的综合单价为 x,根据总造价不变原则,有

$$40x + 30 \times 1800 = 40 \times 3000 + 30 \times 2000$$

求解得:$x = 3150$ 元/m³

则工程 A、B 可分别以综合单价 3150 元/m³ 及 1800 元/m³ 报价。

计算预期效益:$45 \times 3150 + 28 \times 1800 - (40 \times 3000 + 30 \times 2000) = 12150$ 元

12150 元为不平衡报价法的预期效益。

问题 2

【解】若因某种原因未能按预期的工程量施工时,也有可能造成损失。

假设竣工后 A 的工程量为 y,则下式成立时将造成亏损:

$$3150y + 28 \times 1800 < 40 \times 3000 + 30 \times 2000$$

求解得:$y < 41.14$m³

即 A 项工程量减少至小于 41.14m³ 时,不平衡报价法会减少该工程的正常利润。因此,应在对工程量清单的误差或预期工程量变化有把握时,才能使用此不平衡报价。

【案例三】

背景:

某建设单位(甲方)拟建造一栋职工住宅,采用招标方式由某施工单位(乙方)承建。甲乙双方签订的施工合同摘要如下:

一、协议书中的部分条款

(一)工程概况

工程名称:职工住宅楼

工程地点:市区

工程规模:建筑面积 7850m²,共 15 层,其中地下 1 层,地上 14 层。

结构类型:剪力墙结构

(二)工程承包范围

承包范围:某市规划设计院设计的施工图所包括的全部土建,照明配电(含通讯、闭路埋管),给排水(计算至出墙 1.5m)工程施工。

(三)合同工期

开工日期:2012 年 2 月 1 日

竣工日期:2012 年 9 月 30 日

合同工期总日历天数:240 天(扣除 5 月 1 ~ 3 日)

(四)质量标准

工程质量标准:达到甲方规定的质量标准。

(五)合同价款

合同总价为:陆佰叁拾玖万元人民币。

(六)乙方承诺的质量保修

在该项目设计规定的使用年限(50 年)内,乙方承担全部保修责任。

(七)甲方承诺的合同价款支付期限与方式

本工程没有预付款,工程款按月进度支付,施工单位应在每月 25 日前,向建设单位及监理单位报送当月工作量报表,经建设单位代表和监理工程师就质量和工程量进行确认,报建设单位认可后支付,每次支付完成量的 80% 。累计支付到工程合同价款的 75% 时停止拨付,工程基本竣工后一个月内再付 5% ,办理完审计 1 个月内再付 15% ,其余 5% 待保修期满后 10 日内一次付清。为确保工程如期竣工,乙方不得因甲方资金的暂时不到位而停工和拖延工期。

(八)合同生效

合同订立时间:2012 年 1 月 15 日

合同订立地点:××市××区××街××号

本合同双方约定:经双方主管部门批准及公证后生效

二、专用条款

(一)甲方责任

(1)办理土地征用、房屋拆迁等工作,使施工现场具备施工条件。

(2)向乙方提供工程地质和地下管网线路资料。

(3)负责编制工程总进度计划,对各专业分包的进度进行全面统一安排,统一协调。

(4)采取积极措施做好施工现场地下管线和临近建筑物、构筑物的保护工作。

(二)乙方责任

(1)负责办理投资许可证、建设规划许可证、委托质量监督、施工许可证等手续。

(2)按工程需要提供和维修一切与工程有关的照明、围栏、看守、警卫、消防、安全等设施。

(3)组织承包方、设计单位、监理单位和质量监督部门进行图纸交底与会审,并整理图纸会审和交底纪要。

(4)在施工中尽量采取措施减少噪声及震动,不干扰居民。

(三)合同价款与支付

本合同价款采用固定价格合同方式确定。

合同价款包括的风险范围:

(1)工程变更事件发生导致工程造价增减不超过合同总价 10% ;

(2)政策性规定以外的材料价格涨落等因素造成工程成本变化。

风险费用的计算方法:风险费用已包括在合同总价中。

风险范围以外合同价款调整方法:按实际竣工建筑面积 950 元/ m² 调整合同价款。

三、补充协议条款

钢筋、商品混凝土的计价方式按当地造价信息价格下浮 5% 计算。

问题:

1.上述合同属于哪种计价方式合同类型?

2.该合同签订的条款有哪些不妥当之处?应如何修改?

3.对合同中未规定的承包商义务,合同实施过程中又必须进行的工程内容,承包商应如何处理?

参考答案：

问题1

【解】从甲、乙双方签订的合同条款来看，该工程施工合同应属于固定价格合同。

问题2

【解】该合同条款存在的不妥之处及其修改：

（1）合同工期总日历天数不应扣除节假日，应该将该节假日时间加到总日历天数中。

（2）不应以甲方规定的质量标准作为该工程的质量标准，而应以《建筑工程施工质量验收统一标准》中规定的质量标准作为该工程的质量标准。

（3）质量保修条款不妥，应按《建设工程质量管理条例》的有关规定进行修改。

（4）工程价款支付条款中的"基本竣工时间"不明确，应修订为具体明确的时间；"乙方不得因甲方资金的暂时不到位而停工和拖延工期"条款显失公平，应说明甲方资金不到位在什么期限内乙方不得停工和拖延工期，且应规定逾期支付的利息如何计算。

（5）从该案例背景来看，合同双方是合法的独立法人单位，不应约定经双方主管部门批准后该合同生效。

（6）专用条款中关于甲乙方责任的划分不妥。甲方责任中的第3条"负责编制工程总进度计划，对各专业分包的进度进行全面统一安排，统一协调"和第4条"采取积极措施做好施工现场地下管线和临近建筑物、构筑物的保护工作"应写入乙方责任条款中。乙方责任中的第1条"负责办理投资许可证、建设规划许可证、委托质量监督、施工许可证等手续"和第3条"组织承包方、设计单位、监理单位和质量监督部门进行图纸交底与会审，并整理图纸会审和交底纪要"应写入甲方责任条款中。

（7）专用条款中有关风险范围以外合同价款调整方法（按实际竣工建筑面积950元/m²调整合同价款）与合同的风险范围、风险费用的计算方法相矛盾，该条款应针对可能出现的除合同价款包括的风险范围以外的内容约定合同价款调整方法。

问题3

【解】首先应及时与甲方协商，确认该部分工程内容是否由乙方完成。如果需要由乙方完成，则应与甲方商签补充合同条款，就该部分工程内容明确双方各自的权利义务，并对工程计划作出相应的调整；如果由其他承包商完成，乙方也要与甲方就该部分工程内容的协作配合条件及相应的费用等问题达成一致意见，以保证工程的顺利进行。

🌐 本章小结

招投标阶段工程造价管理的内容包括：①发包人选择合理的招投标方式；②发包人选择合理的承包模式；③发包人编制招标文件，确定合理的工程计量方法和投标报价方法，确定招标工程标底；④承包人编制投标文件，合理确定投标报价；⑤发包人选择合理的评标方式进行评标，在正式确定中标单位之前，对潜在的中标单位进行询标；⑥发包人通过评标定标，选择中标单位，签订承包合同。

招标工作一定要按规定的程序进行。在招标文件编写过程中进行造价控制的主要工作在于选定合理的工程计量方法和计价方法。选用的报价方法一般有定额计价法和清单计价法。

编制工程标底时，根据招标工程的具体情况，选择合适的编制方法。标底价格的编制，除依据设计图纸进行费用的计算外，还要考虑图纸以外的费用。工程标底的审查内容包括审查计价依据、组成内容、相关费用。

我国工程项目投标报价的方法有定额计价模式和工程量清单计价模式下的两种投标报价方法。投标企业要根据具体工程项目、自身的竞争力和当时当地的建设市场环境对某一项工程的投标进行决策,选取适当的投标策略和技巧。

确定合同价款的方式包括固定合同价格、可调合同价格和成本加酬金合同价。施工合同格式的选择可参考 FIDIC 合同格式订立的合同、《建设工程施工合同示范文本》或自由格式合同。施工合同签订过程中应注意:关于合同文件部分的内容、关于合同条款的约定。在合同计价方式的选择上,工程量清单的计价方法能确定更为合理的合同价,并且便于合同的实施。

习 题

一、单项选择题

1.下列排序符合《招标投标法》和《工程建设项目施工招标办法》规定的招标程序的是(   )

①发布招标公告　②投标人资格审查　③接受投标书　④开标,评标

A.①②③④
B.②①③④
C.①③④②
D.①③②④

2.下列关于招标代理的叙述中,错误的是(   )

A.招标人有权自行选择招标代理机构,委托其办理招标事宜

B.招标人具有编制招标文件和组织评标能力的,可以自行办理招标事宜

C.任何单位和个人不得以任何方式为招标人指定招标代理机构

D.建设行政主管部门可以为招标人指定招标代理机构

3.根据《招标投标法》,两个以上法人或者其他组织组成一个联合体,以一个投标人的身份共同投标是(   )

A.联合投标
B.共同投标
C.合作投标
D.协作投标

4.下列选项中(   )不是关于投标的禁止性规定。

A.投标人之间串通投标
B.投标人与招标人之间串通投标
C.招标者向投标者泄露标底
D.投标人以高于成本的报价竞标

5.在关于投标的禁止性规定中,投标者之间进行内部竞价,内定中标人,然后再参与投标属于(   )

A.投标人之间串通投标
B.投标人与招标人之间串通投标
C.投标人以行贿的手段谋取中标
D.投标人以非法手段骗取中标

6.根据《招标投标法》的有关规定,下列不符合开标程序的是(   )

A.开标应当在招标文件确定的提交投标文件截止时间的同一时间公开进行

B.开标地点应当为招标文件中预先确定的地点

C.开标由招标人主持,邀请所有投标人参加

D.开标由建设行政主管部门主持,邀请所有投标人参加

7.根据《招标投标法》的有关规定,评标委员会由招标人的代表和有关技术、经济等方面的专家组成,成员人数为(　　　)以上单数,其中技术,经济等方面的专家不得少于成员总数的2/3。

A. 3 人　　　　　　　B. 5 人　　　　　　C. 7 人　　　　　　D. 9 人

8.根据《招标投标法》的有关规定,(　　　)应当采取必要的措施,保证评标在严格保密的情况下进行。

A. 招标人
B. 评标委员会
C. 工程所在地建设行政主管部门
D. 工程所在地县级以上人民政府

9.可调价合同使建设单位承担的风险是(　　　)。

A. 气候条件恶劣
B. 地质条件恶劣
C. 通货膨胀
D. 政策调整

10.在采用成本加酬金合同价时,为了有效地控制工程造价,下列形式中最好采用(　　　)。

A. 成本加固定金额酬金
B. 成本加固定百分比酬金
C. 成本加最低酬金
D. 最高限额成本加固定最大酬金

二、多项选择题

1. 招标活动的基本原则有(　　　)。

A. 公开原则
B. 公平原则
C. 平等互利原则
D. 公正原则
E. 诚实信用原则

2. 工程施工招标的标底可由(　　　)编制。

A. 招标单位
B. 招标管理部门
C. 委托具有编制标底资格和能力的中介机构
D. 定额管理部门
E. 施工单位

3. 根据《招标投标法》的有关规定,下列说法不符合开标程序的有(　　　)。

A. 开标应当在招标文件确定的提交投标文件截止时间的同一时间公开进行
B. 开标由招标人主持,邀请中标人参加
C. 在招标文件规定的开标时间前收到的所有投标文件,开标时都应当当众予以拆封,宣读
D. 开标由建设行政主管部门主持,邀请中标人参加
E. 开标过程应当记录,并存档备查

4. 下列关于评标委员会的叙述符合《招标投标法》有关规定的有(　　　)。

A. 评标由招标人依法组建的评委会负责
B. 评标委员会由招标人的代表和有关技术、经济等方面的专家组成,成员人数为 5 人以上单数

  C.评标委员会由招标人的代表和有关技术、经济等方面的专家组成,其中技术、经济等方面的专家不得少于总数的1/2

  D.与投标人有利害关系的人不得进入相关项目的评标委员会

  E.评标委员会成员的名单在中标结果确定前应当保密

5.下列关于评标的规定,符合《招标投标法》有关规定的有( )。

  A.招标人应当采取必要的措施,保证评标在严格保密的情况下进行

  B.评标委员会完成评标后,应当向招标人提出书面评标报告,并决定合格的中标候选人

  C.招标人可以授权评标委员会直接确定中标人

  D.评标委员会经评审,认为所有投标都不符合招标文件要求的,可以否决所有投标

  E.任何单位和个人不得非法干预、影响评标的过程和结果

6.根据《建筑工程施工发包与承包计价管理办法》规定,工程合同价可以采用的三种方式是( )。

  A.固定价   B.综合价   C.成本加酬金价

  D.市场价   E.可调价

三、案例分析题

【案例一】

背景:

  某医院决定投资一亿余元,兴建一幢现代化的住院综合楼。其中土建工程采用公开招标的方式选定施工单位,但招标文件对省内的投标人与省外的投标人提出了不同的要求,也明确了投标保证金的数额。该院委托某造价事务所为该项工程编制标底。2000年10月6日招标公告发出后,共有 A、B、C、D、E、F 等6家省内的建筑单位参加了投标。投标文件规定2000年10月30日为提交投标文件的截止时间,2000年11月13日举行开标会。其中,E 单位在2000年10月30日提交了投标文件,但2000年11月1日才提交投标保证金。开标会由该省建委主持。结果,其所编制的标底高达6200多万元,其中的 A、B、C、D 等4个投标人的投标报价均在5200万元以下,与标底相差1000万余元,引起了投标人的异议。这4家投标单位向该省建委投诉,称某造价事务所擅自更改招标文件中的有关规定,多计算多项材料价格。为此,该院请求省建委对原标底进行复核,之后 D 单位撤回了其投标文件以示抗议。2001年1月28日,被指定进行标底复核的省建设工程造价总站(以下简称总站)拿出了复核报告,证明某造价事务所在编制标底的过程中确实存在这4家投标单位所提出的问题,复核标底额与原标底额相差近1000万元。

  由于上述问题久拖不决,导致中标书在开标3个月后一直未能发出。为了能早日开工,该院在获得了省建委的同意后,更改了中标金额和工程结算方式,确定某省建筑公司为中标单位。

  问题:

  1.上述招标程序中,有哪些不妥之处?请说明理由。

  2.E 单位的投标文件应当如何处理?为什么?

  3.对 D 单位撤回投标文件的要求应当如何处理?为什么?

4. 问题久拖不决后，某医院能否要求重新招标？为什么？

5. 如果重新招标，给投标人造成的损失能否要求该医院赔偿？为什么？

【案例二】

背景：

某承包商对某办公楼建筑工程进行投标（安装工程由业主另行通知招标）。为了既不影响中标，又能在中标后取得较好的效益，决定采用不平衡报价法对原估价作出适当的调整，具体数字见表7-7。

表7-7

时间＼项目	桩基围护工程	主体结构工程	装饰工程	总价
调整前（投标估价）	2680	8100	7600	18380
调整后（正式报价）	2600	8900	6880	18380

现假设桩基围护工程、主体结构工程、装饰工程的工期分别为 5 个月、12 个月、8 个月，贷款年利率为 12%，并假设各分部工程每月完成的工作量相同且能按月度及时收到工程款（不考虑工程款结算所需要的时间）。

问题：

1. 该承包商所运用的不平衡报价法是否恰当？为什么？

2. 采用不平衡报价法后，该承包商所得工程款的现值比原估价增加多少（以开工日期为折算点）？

第8章
建设项目施工阶段工程造价管理

本章概要

1. 建设项目施工阶段工程造价管理的内容、程序及措施;

2. 工程计量;

3. 施工组织设计的优化;

4. 工程变更及其价款的确定;

5. 工程索赔及其价款的确定;

6. 工程价款结算管理;

7. 项目资金使用计划的编制与投资偏差的分析。

8.1 ▶ 概　　述

8.1.1 建设项目施工阶段与工程造价的关系

建设项目施工阶段是按照设计文件、图纸等要求,具体组织施工建造的阶段,即把设计蓝图付诸实现的过程。

在我国,建设项目施工阶段的造价管理一直是工程造价管理的重要内容。承包商通过施工生产活动完成建设工程产品的实物形态,建设项目投资的绝大部分支出都花费在这个阶段上。由于建设项目施工是一个动态的过程,涉及环节多、难度大、形式多样;另外设计图纸、施工条件、市场价格等因素的变化也会直接影响工程的实际价格;并且建设项目实施阶段是业主和承包商工作的中心环节,也是业主和承包商工程造价管理的中心,各类工程造价从业人员的主要造价工作就集中于这一阶段。所以,这一阶段的工程造价管理最为复杂,是工程造价确定与控制理论和方法的重点和难点所在。

建设项目施工阶段工程造价控制的目标,就是把工程造价控制在承包合同价或施工图预算内,并力求在规定的工期内生产出质量好、造价低的建设(或建筑)产品。

8.1.2 建设项目施工阶段影响工程造价的因素

1. 工程变更与合同价调整。

当工程的实际施工情况与招投标时的工程情况相比发生变化时,就意味着发生了工程变更。设计变更是工程变更的主要形式。设计变更是由于建筑工程项目施工图在技术交底会议上或现场施工中出现的由于设计人员构思不周,或某些条件限制,或建设单位、施工单位的某些合理化建议,经过三方(设计、建设、施工单位)协商同意,而对原设计图纸的某些部位或内容进行的局部修改。设计变更由工程项目原设计单位编制并出具"设计变更通知书"。设计变更将会导致原预算书中某些分部分项工程工程量的增多或减少,所有相关的原合同文件要进行全面的审查和修改,因此合同价要进行调整,从而引起工程造价的增加或减少。

2.工程索赔

当合同一方违约或由于第三原因,使另一方蒙受损失,则发生工程索赔。工程索赔发生后,工程造价必然受到严重的影响。

3.工期

工期与工程造价有着对立统一的关系,加快工期需要增加投入,而延缓工期则会导致管理费的提高,进而影响工程造价。

4.工程质量

工程质量与工程造价也有着对立统一的关系,工程质量有较高的要求,则应作财务上的准备,较多的增加投入。而工程质量降低,意味着故障成本的提高。

5.人力及材料、机械设备等资源的市场供求规津的影响

供求规律是商品供给和需求的变化规律。供求规律要求社会总劳动应按社会需求分配于国民经济的各部门,如果这一规律不能实现,就会产生供求不平衡,从而影响价格。因此人材机等资源的市场供求规律会影响工程造价。

6.材料代用

所谓材料代用,是指设计图中所采用的某种材料规格、型号或品牌不能适应工程质量要求,或难以订货采购,或没有库存一时很难订货,工艺上又不允许等待,经施工单位提出,设计单位同意用相近材料代用,并签发代用材料通知单所引起的材料用量或价格的增减。显然材料代换也会影响工程造价。

8.1.3 建设项目施工阶段工程造价管理的工作内容

1.施工阶段工程造价的确定

建设项目施工阶段工程造价的确定,就是在工程施工阶段按照承包人实际完成的工程量,以合同价为基础,同时考虑因物价上涨因素引起的价款调整,考虑到设计中难以预计的而在施工阶段实际发生的工程变更费用,合理确定工程价款。

2.施工阶段工程造价的控制

建设项目施工阶段工程造价的控制是建设项目全过程造价控制中不可缺少的重要一环,在这一阶段应努力作好以下工作:严格按照规定和合同约定拨付工程进度款,严格控制工程变更,及时处理施工索赔工作,加强价格信息管理,了解市场价格变动等。

工程造价管理是建设项目管理的重要组成部分,建设项目施工阶段工程造价的确定与控制是工程造价管理的核心内容,通过决策阶段、设计阶段和招投标阶段对工程造价的管理工作,使工程建设规划在达到预先功能要求的前提下,其投资预算额也达到了最优的程度,这个最优程度的预算额能否变成现实,就要看工程建设施工阶段造价的管理工作做的好坏。做好

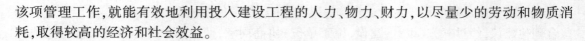

该项管理工作,就能有效地利用投入建设工程的人力、物力、财力,以尽量少的劳动和物质消耗,取得较高的经济和社会效益。

8.1.4 施工阶段工程造价管理的工作程序

建设项目施工阶段承包商按照设计文件、合同的要求,通过施工生产活动完成建设工程项目产品的实物形态,建设工程项目投资的绝大部分支出都发生在这个阶段。由于建设工程项目施工是一个动态系统的过程,涉及环节多、施工条件复杂,设计图纸、环境条件、工程变更、工程索赔、施工的工期与质量、人材机价格的变动、风险事件的发生等很多因素的变化都会直接影响工程的实际价格,这一阶段的工程造价管理最为复杂,因此应遵循一定的工作程序来管理施工阶段的工程造价,图8-1为施工阶段工程造价控制的工作程序。

8.1.5 施工阶段工程造价管理的措施

施工阶段是实现建设工程价值的主要阶段,也是资金投入量最大的阶段。在这一阶段需要投入大量的人力、物力、资金等,是建设项目费用消耗最多的时期,浪费投资的可能性比较大。因此在实践中,往往把施工阶段作为工程造价管理的重要阶段,应从组织、经济、技术和合同等多方面采取措施,控制投资。

1.组织措施

(1)在项目管理班子中落实从工程造价控制角度进行施工跟踪的人员分工、任务分工和职能分工。

(2)编制本阶段工程造价控制的工作计划和详细的工作流程图。

2.经济措施

(1)编制资金使用计划,确定、分解工程造价控制目标。

(2)对工程项目造价控制目标进行风险分析,并制定防范性对策。

(3)进行工程计量。

(4)复核工程付款账单,签发付款证书。

(5)在施工过程中进行工程造价跟踪控制,定期进行造价实际支出值与计划目标值的比较。发现偏差,分析产生偏差的原因,及时采取纠偏措施。

(6)协商确定工程变更的价款。

(7)审核竣工结算。

(8)对工程施工过程中的造价支出做好分析与预测,经常或定期向业主提交项目造价控制及其存在问题的报告。

3.技术措施

(1)对设计变更进行技术经济比较,严格控制设计变更。

(2)继续寻找通过设计挖潜节约造价的可能性。

(3)审核承包人编制的施工组织设计,对主要施工方案进行技术经济分析。

4.合同措施

(1)做好工程施工记录,保存各种文件图纸,特别是有实际施工变更情况的图纸,注意积累素材,为正确处理可能发生的索赔提供依据。

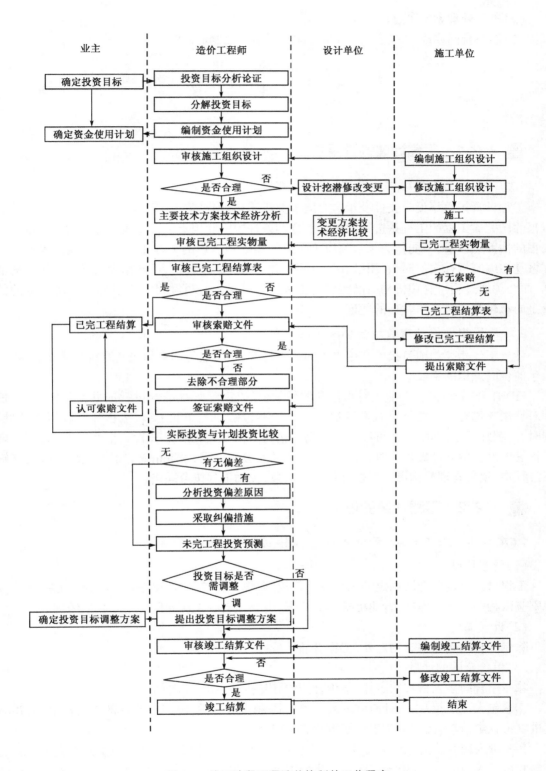

图 8-1　施工阶段工程造价控制的工作程序

（2）参与处理索赔事宜。

（3）参与合同修改、补充工作，着重考虑它对造价控制的影响。

8.2 ▷ 工 程 计 量

8.2.1　工程计量的重要性

1.计量是控制工程造价的关键环节

工程计量指根据设计文件及承包合同中关于工程量计算的规定，项目管理机构对承包商申报的已完成工程的工程量进行的核验。合同条件中明确规定工程量表中开列的工程量是该工程的估算工程量，不能作为承包商应予完成的实际和确切的工程量。因为工程量表中的工程量是在编制招标文件时，在图纸和规范的基础上估算的工程量，不能作为结算工程价款的依据，而必须通过项目管理机构对已完成的工程进行计量。经过项目管理机构计量所确定的数量是向承包商支付任何款项的凭证。

2.计量是约束承包商履行合同义务的手段

计量不仅是控制项目投资费用支出的关键环节，同时也是约束承包商履行合同义务、强化承包商合同意识的手段。

FIDIC 合同条件规定，业主对承包商的付款，是以工程师批准的付款证书为凭据的，工程师对计量支付有充分的批准权和否决权。对于不合格的工作和工程，工程师可以拒绝计量。同时，工程师通过按时计量，可以及时掌握承包商工作的进展情况和工程进度。当工程师发现工程进度严重偏离计划目标时，可要求承包商及时分析原因，采取措施，加快进度。因此，在施工过程中，项目管理机构可以通过计量支付手段，控制工程按合同进行。

8.2.2　工程计量的程序

1.《建设工程施工合同（示范文本）》（GF—2012—0201）规定的程序

（1）计量原则

工程量计量按照合同约定的工程量计算规则、图纸及变更指示等进行计量。工程量计算规则应以相关的国家标准、行业标准等为依据，由合同当事人在专用合同条款中约定。

（2）计量周期

除专用合同条款另有约定外，工程量的计量按月进行。

（3）单价合同的计量

除专用合同条款另有约定外，单价合同的计量按照本项约定执行：

①承包人应于每月 25 日向监理人报送上月 20 日至当月 19 日已完成的工程量报告，并附具进度付款申请单、已完成工程量报表和有关资料。

②监理人应在收到承包人提交的工程量报告后 7 天内完成对承包人提交的工程量报表的审核并报送发包人，以确定当月实际完成的工程量。监理人对工程量有异议的，有权要求承包人进行共同复核或抽样复测。承包人应协助监理人进行复核或抽样复测，并按监理人要求提

供补充计量资料。承包人未按监理人要求参加复核或抽样复测的,监理人复核或修正的工程量视为承包人实际完成的工程量。

③监理人未在收到承包人提交的工程量报表后7天内完成审核的,承包人报送的工程量报告中的工程量视为承包人实际完成的工程量,据此计算工程价款。

（4）总价合同的计量

除专用合同条款另有约定外,按月计量支付的总价合同,按照本项约定执行:

①承包人应于每月25日向监理人报送上月20日至当月19日已完成的工程量报告,并附具进度付款申请单、已完成工程量报表和有关资料。

②监理人应在收到承包人提交的工程量报告后7天内完成对承包人提交的工程量报表的审核并报送发包人,以确定当月实际完成的工程量。监理人对工程量有异议的,有权要求承包人进行共同复核或抽样复测。承包人应协助监理人进行复核或抽样复测并按监理人要求提供补充计量资料。承包人未按监理人要求参加复核或抽样复测的,监理人审核或修正的工程量视为承包人实际完成的工程量。

③监理人未在收到承包人提交的工程量报表后7天内完成复核的,承包人提交的工程量报告中的工程量视为承包人实际完成的工程量。

（5）总价合同采用支付分解表计量支付

可以按照总价合同的计量约定进行计量,但合同价款按照支付分解表进行支付。

（6）其他价格形式合同的计量

合同当事人可在专用合同条款中约定其他价格形式合同的计量方式和程序。

2.FIDIC 施工合同约定的工程计量程序

按照FIDIC施工合同约定,当工程师要求测量工程的任何部分时,应向承包商代表发出合理通知,承包商代表应:

（1）及时亲自或另派合格代表,协助工程师进行测量;

（2）提供工程师要求的任何具体材料。

如果承包商未能到场或派代表到场,工程师(或其代表)所作测量应作为准确测量,予以认可。

除合同另有规定外,凡需根据记录进行测量的任何永久工程,此类记录应由工程师准备。承包商应根据或被提出要求时,到场与工程师对记录进行检查和协商,达成一致后应在记录上签字。

如果承包商未到场,应认为该记录准确,予以认可。如果承包商检查后不同意该记录,应向工程师发出通知,说明认为该记录不准确的部分。工程师收到通知后,应审查该记录,进行确认或更改。如果承包商在被要求检查记录14天内,没有发出此类通知,该记录应作为准确记录,予以认可。

🌐 8.2.3　工程计量的依据

计量依据一般有质量合格证书,工程量清单计价规范,技术规范中的"计量支付"条款和设计图纸。也就是说,计量时必须以这些资料为依据。

1.质量合格证书

工程计量必须与质量管理紧密配合,对于承包商已完成的工程,经过专业工程师检验,工程质量达到合同规定的标准后,由专业工程师签署报验申请表(质量合格证书),才予以计量,并不是全部进行计量。所以说质量管理是计量管理的基础,计量又是质量管理的保障,通过计量支付,强化承包商的质量意识。

2.工程量清单计价规范和技术规范

工程量清单计价规范和技术规范是确定计量方法的依据,因为工程量清单计价规范和技术规范的"计量支付"条款规定了清单中每一项工程的计量方法,同时还规定了按规定的计量方法确定的单价所包括的工作内容和范围。

例如某高速公路技术规范计量支付条款规定:所有道路工程、隧道工程和桥梁工程中的路面工程按各种结构类型及各层不同厚度分别汇总,并且以图纸所示或工程师指示为依据,根据工程师验收的实际完成数量,以 m^2 为单位分别计量。计量方法是根据路面中心线的长度乘以图纸所表明的平均宽度,再加上单独测量的岔道、加宽路面、喇叭口和道路交叉处的面积,以 m^2 为单位计量。除工程师书面批准外,凡超过图纸所规定的任何宽度、长度、面积或体积均不予计量。

3.设计图纸

单价合同以实际完成的工程量进行结算,凡是被工程师计量的工程数量,并不一定是承包商实际施工的数量。计量的几何尺寸要以设计图纸为依据,工程师对承包商超出设计图纸要求增加的工程量和自身原因造成返工的工程量,不予计量。例如:在某高速公路施工管理中,灌注桩的计量支付条款中规定按照设计图纸以 m 计量,其单价包括所有材料及施工的各项费用,根据这个规定,如果承包商打了 35m 的灌注桩,而桩的设计长度为 30m,则只计量 30m,业主按 30m 付款,承包商多做了 5m 灌注桩所消耗的钢筋及混凝土材料,业主不予补偿。

8.2.4 工程计量的方法

工程师一般只对以下三个方面的工程项目进行计算:
(1)工程量清单中的全部项目;
(2)合同文件中规定的项目;
(3)工程价款调整项目。

根据 FIDIC 合同条件的规定,一般可按照以下方法进行计量。

1.均摊法

所谓均摊法,就是对清单中某些项目的合同价款,按合同工期平均计量。例如:为造价管理者提供宿舍,保养测量设备,保养气象记录设备,维护工地清洁和整洁等项目。这些项目都有一个共同的特点,即每月均有发生,所以可以采用均摊法进行计量支付。例如:保养气象记录设备,每月发生的费用是相同的,如果本项合同款额为 2000 元,合同工期为 20 个月,则每月计量、支付的款额为 2000 元/20 月 =100 元/月。

2.凭据法

所谓凭据法,就是按照承包商提供的凭据进行计量支付。例如:建筑工程保险费、第三方责任保险费、履约保证金等项目,一般按凭据进行计量支付。

3.估价法

所谓估价法,就是按合同文件的规定,根据工程师估算的已完成的工程价值支付。比如为工程师提供办公设施和生活设施,为工程师提供用车,为工程师提供测量设备、天气记录设备、通信设备等项目。这类清单项目往往要购买几种仪器设备,当承包商对于某一项清单项目中规定购买的仪器设备不能一次性购进时,则需采用估价法进行计量支付。其计量过程如下。

(1)按照市场的物价情况,对清单中规定购置的仪器设备分别进行估价;

(2)按下式计量支付金额:

$$F = A \times \frac{B}{D} \tag{8-1}$$

式中:F——计算支付的金额;

　　A——清单所列项的合同金额;

　　B——该项实际完成的金额(按估算价格计算);

　　D——该项全部仪器设备的总估算价格。

从式(8-1)可知:

①该项实际完成金额 B 必须按估算各种设备的价格计算,与承包商购进的价格无关。

②估算的总价与合同工程量清单的款额无关。

当然,估价的款额与最终支付的款额无关,最终支付的款额总是合同清单中的款额。

4.断面法

断面法主要用于取土坑或填筑路堤土方的计量。对于填筑土方工程,一般规定计量的体积为原地面线与设计断面所构成的体积。采用这种方法计量,在开工前承包商需测绘出原地形的断面,并需经工程师检验,作为计量的依据。

5.图纸法

在工程量清单中,许多项目采取按照设计图纸所示的尺寸进行计量。例如:混凝土构筑物的体积,钻孔桩的桩长等。

【例8-1】 某深基础土方开挖工程,合同中约定按设计图纸中基础的底面积乘以挖深以体积进行计量,施工过程中施工单位为了施工的安全、边坡的稳定,扩大开挖范围,导致土方量增加800m³,又因遇到地下障碍物,导致土方量增加200m³,工程师应如何计量?

【解】扩大开挖范围导致土方量增加的800m³,工程师不应给以计量。因为这是施工单位自身施工措施导致的,不在合同范围之内;因地下障碍物导致土方量增加的200m³应该计量,因为按合同规定这是业主应承担的风险。

6.分解计量法

所谓分解计量法,就是将一个项目,根据工序或部位分解为若干子项。对完成的各子项进行计量支付。这种计量方法主要是为了解决一些包干项目或较大的工程项目的支付时间过长,影响承包商的资金流动等问题。

8.3 ▷ 施工组织设计的优化

8.3.1 施工组织设计对工程造价的影响

施工组织设计和工程造价的关系是密不可分的,施工组织设计决定着工程造价的水平,而工程造价又对施工组织设计起着完善、促进作用。要建成一项工程项目,可能会有多种施工方案,但每种方案所花费的人力、物力、财力是不同的,即材料价额的确定,施工机械的选用,人工工日、机械台班与材料消耗量,施工组织平面布置,施工年度投资计划等。要选择一种既切实可行又节约投资的施工方案,就要用工程造价来考核其经济合理性,决定取舍。

在施工阶段,工程造价的工程量清单子目,尤其是措施项目,都是根据一定的施工条件制定的,而施工条件有相当一部分是由施工组织设计确定的。因此,施工组织设计决定着工程造价的确定,并决定着工程结算的编制与确定,而工程造价又是反映和衡量施工组织设计是否切实可行、经济合理的依据。因此,优化施工组织设计是控制工程造价的有效渠道。

8.3.2 施工组织设计的优化要点

施工组织设计的优化实际上是一个决策的过程,一方面,施工单位要在充分研究工程项目客观情况和施工特点的基础上,对可能要采取的多个施工和管理方案进行技术经济分析和比较,选择投入资源少、质量高、成本低、工期短、效益好的最佳方案;另一方面,造价工程师应根据所建工程项目的实际情况及其所处的地质和气候条件、经济环境和施工单位的能力深入分析施工单位提交的施工组织设计,进一步寻求多个改进方案,选择其中的最优方案,并力促施工单位能够接受最优方案,使工程项目造价控制在所确定的目标之内。施工组织设计的优化应充分考虑全局,抓住主要矛盾,预见薄弱环节,实事求是地做好施工全过程的合理安排。

1.充分做好施工准备工作

施工组织设计分为标前设计(投标阶段编制)和标后设计(中标后开工前编制),都要做好充分的准备工作。

在编制投标文件的过程中,要充分熟悉设计图纸、招标文件,要重视现场踏勘,编制出一份科学合理的施工组织设计文件。为了响应招标要求和中标,要对施工组织设计进行优化,确保工程中标,并有一个合理的、预期的利润水平。

工程中标后,承包人要着手编制详尽的施工组织设计。在选择施工方案、确定进度计划和技术组织措施之前,必须熟悉:①设计文件;②工程性质、规模和施工现场情况;③工期、质量和造价要求;④水文、地质和气候条件;⑤物资运输条件;⑥人、机、物的需用量及本地材料市场价格等具体的技术经济条件,为优化施工组织设计提供科学合理的依据。

2.合理安排施工进度

根据应完成的工程量、能够安排的劳动力及产量定额,合理确定工作时间,并考虑工作间的合理搭接及分段组织流水,合理确定工期及施工进度计划。在工程施工中,根据施工进度算出人工、材料、机械设备的使用计划,避免人工、机械、材料的大进大出,浪费资源。图8-2反映的是工期与工程造价的关系:在合理工期 $t_合$ 内,工程造价最低为 $C_合$;实际工期比合理工期 $t_合$ 提前 t_1 或拖后 t_2,都意味着造价的提高($C_1 > C_合$,$C_2 > C_合$)。在确保工期的前提下,保证施工按进度计划有节奏地进行,实现合同约定的质量目标和预期的利润水平,提高综合效益。

3.组建精干的项目管理机构,组织专业队伍流水作业

施工现场项目管理机构和施工队伍要精干,减少计划外用工,降低计划外人工费用支出,充分调动职工的积极性和创造性,提高工作效率。施工技术与管理人员要掌握施工进度计划和施工方案,能够在施工中组织专业队伍连续交叉作业,尽可能组织流水施工,使工序衔接合理紧密,避免窝工。这样,既能提高工程质量,保证施工安全,又可以降低工程成本。

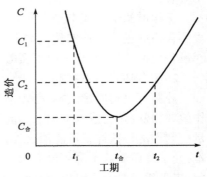

图 8-2　工期与造价关系曲线图

4.提高机械的利用率,降低机械使用费用

机械设备在选型和搭配上要合理,充分考虑施工作业面、施工强度和施工工序。在不影响总进度的前提下,对局部进度计划做适当的调整,做到一机多用,充分发挥机械的作用,提高机械的利用率,达到降低机械使用费从而降低工程成本的目的。

例如在土石方工程施工中,反铲挖掘机可以用于多项工程的施工,比如开挖土石方、挖沟、消坡、清理基础、撬石、安装 1m 直径内的管道、混凝土运输、拆除建筑物等,但行走距离不能太远。

5.以提高经济效益为主导,选用施工技术和施工方案

在满足合同质量要求的前提下,采用新材料、新工艺、新技术,减少主要材料的浪费损耗,杜绝返工、返修,合理降低工程造价。对新材料、新工艺、新技术的采用要进行技术经济分析比较,要经过充分的市场调查和询价,选用优质价廉的材料;在保证机械完好率的条件下,用最小的机械消耗和人工消耗,最大限度地发挥机械的利用率,尽量减少人工作业,以达到缩短工序作业时间的目的,所以优选成本低的施工方案和施工工艺对提高经济效益具有重要意义。

6.确保施工质量,降低工程质量成本

1)工程质量成本

工程质量成本,又称工程质量造价,是指为使竣工工程达到合同约定的质量目标所发生的一切费用,包括以下两部分内容。

(1)质量保障和检验成本。即保证工程达到合同质量目标要求所支付的费用,包括工程质量检测与鉴定成本和工程质量预防成本。

工程质量检测与鉴定成本是工程施工中正常检测、实验和验收所需的费用和用以证实产品质量的仪器费用的总和,包括:①材料抽样委外检测费;②常规检测、试验费;③仪器的购买和使用费;④仪器本身的检测费;⑤质量报表费用等。

工程质量预防成本是施工中为预防工程所购材料不合格所需要的费用总和,包括:①质量管理体系的建立费用;②质量管理培训费用(质量管理人员业务培训);③质量管理办公费;④收集和分析质量数据费用;⑤改进质量控制费用(如引进先进合理的质量检测仪器如核子密度仪、面波仪、探伤仪等);⑥新材料、新工艺、新技术的评审费用;⑦施工规范、试验规程、质

量评定标准等技术文件的购买费用;⑧工程技术咨询费用等。

(2)质量失败补救成本。即完工工程未达到合同的质量标准要求所造成的损失(返工和返修等)及处置工程质量缺陷所发生的费用,包括工程质量问题成本和工程质量缺陷成本。

工程质量问题成本是在工程施工中由于工程本身不合格而进行处置的费用总和,包括:①返工费用;②返修费用;③重新检验费用;④质量检测与鉴定费用;⑤停工费;⑥成本损失费用等。

工程质量缺陷成本是工程交工后在保修期(缺陷通知期)内,因施工质量原因,造成的工程不合格而进行处置的费用总和,包括:①质量检测与鉴定费用;②返修费用;③返工费用;④设备更换费用;⑤损失赔偿费等。

2)工程质量成本控制

控制好工程质量成本,必须消灭工程质量问题成本和缺陷成本,同时要提高质量检测的工作效率,减少预防成本支出。为此,要把握好材料进场质量关,控制好施工过程的质量,改进质量控制方法。这样就可能消灭工程质量问题成本和缺陷成本,从而降低部分工程质量预防成本,使工程质量成本降到最低水平,即只发生工程质量鉴定成本和部分工程质量预防成本,因此,工程质量是完全可以控制的。

综上所述,通过对施工组织设计的优化,能够使其在工程施工过程中真正发挥技术经济文件的作用,不仅能够满足合同工期和工程质量要求,而且能大大降低工程成本,降低工程造价,提高综合效益。

8.4 ▶ 工程价款调整

8.4.1 工程价款调整概述

1.工程价款调整的类型

2013 清单计价规范将施工阶段不可确定因素的计价,归纳为 15 种,要求按照合同约定执行,如合同没有约定,则按照规范执行。

(1)法律法规变化;

(2)工程变更;

(3)项目特征描述不符;

(4)工程量清单缺项;

(5)工程量偏差;

(6)计日工;

(7)现场签证;

(8)物价变化;

(9)暂估价;

(10)不可抗力;

(11)提前竣工(赶工补偿);

(12)误期赔偿;

（13）施工索赔；

（14）暂列金额；

（15）发承包双方约定的其他调整事项。

2.价款调整的程序

2013 清单计价规范对于工程价款调整的工作程序规定如下：

（1）出现合同价款调增事项（不含工程量偏差、计日工、现场签证、施工索赔）后的 14 天内，承包人应向发包人提交合同价款调增报告并附上相关资料，若承包人在 14 天内未提交合同价款调增报告的，视为承包人对该事项不存在调整价款请求。

（2）出现合同价款调减事项（不含工程量偏差、施工索赔）后的 14 天内，发包人应向承包人提交合同价款调减报告并附相关资料，若发包人在 14 天内未提交合同价款调减报告的，视为发包人对该事项不存在调整价款请求。

（3）发（承）包人应在收到承（发）包人合同价款调增（减）报告及相关资料之日起 14 天内对其核实，予以确认的应书面通知承（发）包人。如有疑问，应向承（发）包人提出协商意见。发（承）包人在收到合同价款调增（减）报告之日起 14 天内未确认也未提出协商意见的，视为承（发）包人提交的合同价款调增（减）报告已被发（承）包人认可。发（承）包人提出协商意见的，承（发）包人应在收到协商意见后的 14 天内对其核实，予以确认的应书面通知发（承）包人。如承（发）包人在收到发（承）包人的协商意见后 14 天内既不确认也未提出不同意见的，视为发（承）包人提出的意见已被承（发）包人认可。

（4）如发包人与承包人对合同价款调整的不同意见不能达成一致的，只要不实质影响发承包双方履约的，双方应继续履行合同义务，直到其按照合同约定的争议解决方式得到处理。

（5）经发承包双方确认调整的合同价款，作为追加（减）合同价款，应与工程进度款或结算款同期支付。

8.4.2　工程变更

1.工程变更的概念

指施工过程中出现了与签订合同时的预计条件不一致的情况，而需要改变原定施工承包范围内的某些工作内容。

2.工程变更产生的原因

在工程项目实施过程中，由于建设周期长，涉及的经济关系和法律关系复杂，受自然条件和客观因素的影响大，导致项目的实际情况与项目招投标时的情况相比会发生一些变化。如：发包人计划的改变对项目有了新要求、因设计错误而对图纸的修改、施工变化发生了不可预见的事故、政府对建设项目有了新要求等，都会引起工程变更。

3.我国现行合同条件下的工程变更

（1）工程变更的范围和变更权

除专用合同条款另有约定外，合同履行过程中发生以下情形的，应当按照合同约定的程序进行工程变更：

①增加或减少合同中任何工作，或追加额外的工作；

②取消合同中任何工作，但转由他人实施的工作除外；

③改变合同中任何工作的质量标准或其他特性；

④改变工程的基线、标高、位置和尺寸；

⑤改变工程的时间安排或实施顺序。

发包人和监理人均可以提出变更。变更指示均通过监理人发出，监理人发出变更指示前应征得发包人同意。承包人收到经发包人签认的变更指示后，方可实施变更。未经许可，承包人不得擅自对工程的任何部分进行变更。

涉及设计变更的，应由设计人提供变更后的图纸和说明。如变更超过原设计标准或批准的建设规模时，发包人应及时办理规划、设计变更等审批手续。

（2）变更估价程序

承包人应在收到变更指示后14天内，向监理人提交变更估价申请。监理人应在收到承包人提交的变更估价申请后7天内审查完毕并报送发包人，监理人对变更估价申请有异议，通知承包人修改后重新提交。发包人应在承包人提交变更估价申请后14天内审批完毕。发包人逾期未完成审批或未提出异议的，视为认可承包人提交的变更估价申请。

因变更引起的价格调整应计入最近一期的进度款中支付。

【例8-2】某工程基础底板的设计厚度为1m，承包商根据以往的施工经验，认为设计有问题，未报监理工程师，即按1.2m施工，多完成的工程量在计量时监理工程师（   ）。

  A. 不予计量B. 计量一半

  C. 予以计量D. 由业主与施工单位协商处理

分析：因施工方不得对工程设计进行变更，未经监理工程师同意擅自更改，发生的费用和由此导致发包人的直接损失，由承包人承担，故答案为A。

（3）变更估价原则

除专用合同条款另有约定外，变更估价按照合同约定处理如下：

①已标价工程量清单或预算书有相同项目的，按照相同项目单价认定；

②已标价工程量清单或预算书中无相同项目，但有类似项目的，参照类似项目的单价认定；

③变更导致实际完成的变更工程量与已标价工程量清单或预算书中列明的该项目工程量的变化幅度超过15%的，或已标价工程量清单或预算书中无相同项目及类似项目单价的，按照合理的成本与利润构成的原则，由合同当事人商定或确定变更工作的单价。

变更的确认、指示和估价的过程如图8-3所示。

【例8-3】某工程项目原计划有土方量13000m³，合同约定土方单价17元/m³，在工程实施中，业主提出增加一项新的土方工程，土方量5000m³，施工方提出20元/m³，增加工程价款：$5000 \times 20 = 100000$ 元。施工方的工程价款计算是否被监理工程师支持？

【解】不被支持。因合同中已有土方单价，应按合同单价执行，正确的工程价款为：$5000 \times 17 = 85000$ 元。

（4）承包人的合理化建议

在履行合同过程中，承包人对发包人提供的图纸、技术要求以及其他方面提出的合理化建议，均应以书面形式提交监理人。合理化建议书的内容应包括建议工作的详细说明、进度计划和效益以及与其他工作的协调等，并附必要的文件。监理人应与发包人协商是否采纳建议。建议被采纳并构成变更的，监理人应向承包人发出变更指示。

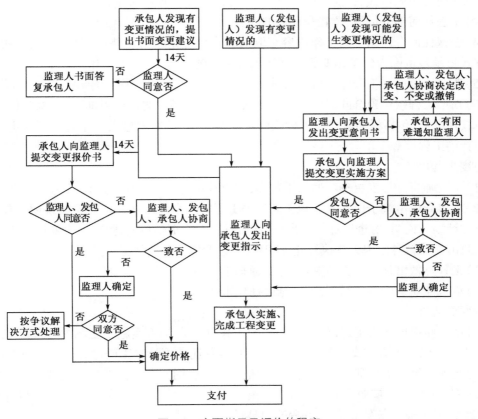

图 8-3　变更指示及调价的程序

承包人提出合理化建议的,应向监理人提交合理化建议说明,说明建议的内容和理由,以及实施该建议对合同价格和工期的影响。

除专用合同条款另有约定外,监理人应在收到承包人提交的合理化建议后 7 天内审查完毕并报送发包人,发现其中存在技术上的缺陷,应通知承包人修改。发包人应在收到监理人报送的合理化建议后 7 天内审批完毕。合理化建议经发包人批准的,监理人应及时发出变更指示,由此引起的合同价格调整按照变更估价约定执行。发包人不同意变更的,监理人应书面通知承包人。

合理化建议降低了合同价格或者提高了工程经济效益的,发包人可对承包人给予奖励,奖励的方法和金额在专用合同条款中约定。

4.FIDIC 合同条件下的工程变更

1)工程变更

根据 FIDIC 施工合同条件规定,在颁发工程接收证书前的任何时间,工程师在业主授权范围内根据施工现场的实际情况,在认为有必要时通过发布变更指令或以要求承包商递交建议书的任何方式提出变更。

2)变更范围

(1)改变合同中任何工作的工程量。合同实施过程中出现实际工程量与招标文件提供的工程量清单不符,工程量按实际计量的结果,单价在双方合同专用条款内约定。

（2）任何工作质量或其他特性的变更。如提高或降低质量标准。

（3）工程任何部分标高、位置和尺寸的改变。

（4）删减任何合同约定的工作内容。取消的工作应是不再需要的工作，不允许用变更指令的方式将承包范围内的工作变更给其他承包商实施。

（5）改变原定的施工顺序或时间安排。

（6）新增工程按单独合同对待。进行永久工程时所必需的任何附加工作、永久设备、材料供应或其他服务，包括任何联合竣工检验以及勘察工作，除非承包人同意此项按变更对待，一般应将新增工程按一个单独合同来对待。

3）变更程序

（1）工程师将计划变更事项通知承包商，并要求承包商实施变更建议书。

（2）承包商应尽快予以答复。承包商依据工程师的指示递交实施变更的说明。包括对实施工作的计划及说明、对进度计划做出修改的建议、对变更估价的建议、提出变更费用的要求。若承包商由于非自身原因无法执行此项变更，承包商应立刻通知工程师。

（3）工程师做出是否变更的决定，尽快通知承包商。

（4）承包商在等待答复期间，不应延误任何工作。

4）变更估价

（1）承包商提出的变更建议书，只能作为工程师决定是否实施变更的参考。除工程师做出指示或批准以总价方式支付的情况外，每一项变更应依据计量工程量进行估价和支付。

（2）变更估价。工程师对每一项工作的估价应与合同双方协商并尽力达成一致。如果未能达成一致，工程师应按照合同规定在考虑到实际情况后做出公正的决定。工程师应将每一项协议或决定向每一方发出通知，并附有具体的证明材料。

（3）估价原则。估价原则有以下三个方面：

①变更工作在工程量表中有同种工作内容的单价，以该单价计算变更工程费用。

②工程量表中虽列有同类工作的单价或价格，但对具体变更工作而言已不适用，则应在原单价或价格的基础上制定合理的单价或价格。

③变更工作的内容在工程量表中没有同类工作的单价或价格，应按照与合同单价或价格相一致的原则，确定新的单价或价格。

（4）可以调整合同工作单价的原则。具备以下条件时，允许对某一项工作的单价或价格加以调整。

①此项工作实际测量的工程量比工程量表或其他报表中规定的工程量的变动大于 10% 。

②工程量的变更与对该项工作规定的具体单价的乘积超过了接受的合同款额的 0.01% 。

③由此工程量的变更直接造成该项工作每单位工程量费用的变动超过 1% 。

【例8-4】某项工作发包方提出的估计工程量为 1500m^3 ，合同中规定工程单价为 16 元/m^3 ，实际工程量超过 10% 时，调整单价，单价为 15 元/m^3 ，结束时实际完成工程量 1800m^3 ，则该项工作工程款为多少元？

【解】$1500 \times (1 + 10\%) = 1650\text{m}^3$

$1650 \times 16 + (1800 - 1650) \times 15 = 28650$ 元

8.4.3　工程索赔及其造价管理

1.索赔的概念与分类

1）索赔的概念

索赔是在工程承包合同履行中,当事人一方因对方不履行或不完全履行合同所规定的义务或出现了应当由对方承担的风险而遭受损失时,向另一方提出赔偿要求的行为。在实际工作中,索赔是"双向"的,既包括承包商向发包人提出的索赔,也包括发包人向承包商提出的索赔。但在工程实践中,发包人索赔数量较小,而且处理方便,可以通过冲账、扣拨工程款、扣保修金等方式来实现对承包人的索赔;而承包商对发包人的索赔则比较困难一些。通常情况下,索赔指在合同实施过程中,承包人(施工单位)对非自身原因造成的损失而要求发包人给予补偿的一种权利要求。常将发包人对承包商提出的索赔称为反索赔。

2）索赔的范围

索赔的范围,可以概括为如下3个方面:

（1）一方违约使另一方蒙受损失,受损方向对方提出赔偿损失的要求。

（2）发生应由发包人承担责任的特殊风险或遇到不利自然条件等情况,使承包人蒙受较大损失而向发包人提出补偿损失要求。

（3）承包人本应当获得的正当利益,由于没能及时得到监理人的确认和发包人应给予的支付,而以正式函件向发包人索赔。

3）索赔与变更的关系

有的变更会带来索赔,但并不是所有的变更都必然会带来索赔,二者之间既有联系又有区别。

（1）联系。由于索赔与变更的处理都是由于施工单位完成了工程量表中没有规定的额外工作,或者是在施工过程中发生了意外事件,由发包人(建设单位)或者监理工程师按照合同规定给予承包商一定的费用补偿或者工期延长。

（2）区别。变更是发包人(建设单位)或者监理工程师提出变更要求(指令)后,主动与承包商协商确定一个补偿额给承包商;而索赔则是承包商根据法律和合同的规定,对他认为有权得到的权益主动向发包人(建设单位)提出的费用、工期补偿要求。

4）索赔产生原因

（1）发包人违约。发包人可以将部分工作委托承包人办理,双方在专用条款中约定,其费用由发包人承担。发包人未按合同约定完成各项义务,未按合同约定的时间和数额支付工程款导致施工无法进行,或发包人无正当理由不支付竣工结算价款等,发包人承担违约责任,赔偿因其违约给承包人造成的经济损失,顺延延误的工期。双方在合同专用条款内约定赔偿损失的计算方法或发包人支付违约金的数额或计算方法。

（2）承包人违约。承包人未能履行各项义务、未能按合同约定的期限和规定的质量完成施工,或者由于不当的行为给发包人造成损失,承包人承担违约责任,赔偿因其违约给发包人造成的损失,双方在合同专用条款内约定赔偿损失的计算方法或承包人支付违约金的数额或计算方法。

（3）工程师不当行为。从施工合同的角度,工程师的不当行为给承包商造成的损失由业主承担。具体情形主要有以下三种:

①工程师发出的指令有误；

②工程师未按合同规定及时向承包商提供指令、批准、图纸或未履行其他义务；

③工程师对承包商的施工组织进行不合理的干预，对施工造成影响。

（4）合同缺陷。合同缺陷指合同文件规定不严谨或有矛盾，合同中有遗漏或错误。

合同文件应能相互解释，互为说明。当合同文件内容不相一致时，除专用条款另有约定外，合同文件的优先解释顺序为：

①合同协议书。

②中标通知书。

③投标函及投标函附录。

④合同专用条款。

⑤合同通用条款。

⑥标准、规范及有关技术文件。

⑦图纸。

⑧工程量清单。

⑨工程报价单或预算书。

当合同文件内容含糊不清时，在不影响工程正常进行的情况下，由承发包双方协商解决，双方也可以提请工程师作出解释。双方协商不成或不同意工程师解释时，按争议约定处理。

由于合同文件缺陷导致承包商费用增加和工期延长，发包人给予补偿。

（5）工程变更

工程变更表现形式有设计变更、追加或取消某些工作、施工方法变更、合同规定的其他变更等。

（6）不可抗力事件

指当事人在订立合同时不能预见、对其发生和后果不能避免也不能克服的事件。建设工程施工中不可抗力包括战争、动乱、空中飞行物坠落或其他非发包人责任造成的爆炸、火灾以及专用条款约定程度的风、雪、洪水、地震等自然灾害。

（7）其他第三方原因。在施工合同履行中，需要有多方面的协助和协调，与工程有关的第三方的问题会给工程带来不利的影响。

5）索赔分类

（1）按索赔涉及当事人分类

①承包商与业主之间的索赔。

②承包商与分包商之间的索赔。

③承包商与供货商之间的索赔。

（2）按索赔依据分类

①合同规定的索赔。索赔涉及的内容在合同中能找到依据，承包人可以据此提出索赔要求，并取得经济补偿，如工程变更暂停施工造成的索赔。

②非合同规定的索赔。索赔内容和权利虽然难以在合同中直接找到，但可以根据合同的某些条款的含义，推论出承包人有索赔权。

（3）按索赔目的分类

①工期索赔。由于非承包人责任的原因而导致施工进度延误，要求批准顺延合同工期的

索赔。工期索赔形式上是对权利的要求,以避免在原定合同竣工日不能完工时,被发包人追究拖期违约责任。一旦获得批准合同工期顺延后,承包人不仅免除了承担拖期违约赔偿费的严重风险,而且可能提前工期得到奖励,最终仍反映在经济收益上。

②费用索赔。由于发包人的原因或发包人应承担的风险,导致承包人增加开支而给予的费用补偿。

2.索赔处理原则

(1)以合同为依据

不论索赔事件来自于何种原因,在索赔处理中,都必须在合同中找到相应的依据。工程师必须对合同条件、协议条款等有详细的了解,以合同为依据来评价处理合同双方的利益纠纷。

合同文件包括合同协议书、图纸、合同条件、工程量清单、双方有关工程的洽商、变更、来往函件等。

(2)及时合理地处理索赔

索赔事件发生后,索赔的提出应当及时,索赔的处理也应当及时。索赔处理的不及时,对双方都会产生不利的影响,如承包人的索赔长期得不到合理解决,可能会影响承包商的资金周转,从而影响施工进度。处理索赔还必须坚持合理性,既维护业主利益,又要照顾承包方实际情况。如由于业主的原因造成工程停工,承包方提出索赔时,机械停工损失按机械台班计算,人工窝工按人工单价计算,这些索赔显然是不合理的。机械停工由于不发生运行费用,应按折旧费补偿,对于人工窝工,承包方可以考虑将工人调到别的工作岗位,实际补偿的应是工人由于更换工作地点及工种造成的工作效率的降低而发生的费用。

(3)加强主动控制,减少工程索赔

在工程实施过程中,对可能引起的索赔进行预测,尽量采取一些预防措施,避免索赔发生。

3.《建设工程工程量清单计价规范》(GB 50500—2013)

(1)承包人提出索赔的步骤

承包人向发包人的索赔应在索赔事件发生后,持证明索赔事件发生的有效证据和依据正当的索赔理由,按合同约定的时间向发包人递交索赔通知。发包人应按合同约定的时间对承包人提出的索赔进行答复和确认。当发、承包双方在合同中对此通知未作具体约定时,可按以下规定办理:

①承包人应在确认引起索赔的事件发生后28天内向发包人发出索赔通知,否则,承包人无权获得追加付款,竣工时间不得延长。承包人应在现场或发包人认可的其他地点,保持证明索赔可能需要的记录。发包人收到承包人的索赔通知后,未承认发包人责任前,可检查记录保持情况,并可指示承包人保持进一步的同期记录。

②在承包人确认引起索赔的事件后42天内,承包人应向发包人递交一份详细的索赔报告,包括索赔的依据、要求追加付款的全部资料。

③如果引起索赔的事件具有连续影响,承包人应按月递交进一步的中间索赔报告,说明累计索赔的金额。承包人应在索赔事件产生的影响结束后28天内,递交一份最终索赔报告。

(2)发包人受理索赔的步骤

发包人在收到索赔报告后28天内,应作出回应,表示批准或不批准并附具体意见。还可以要求承包人提供进一步的资料,但仍要在上述期限内对索赔作出回应。发包人在收到最终索赔报告后的 28 天内,未向承包人作出答复,视为该项索赔报告已经认可。

(3)承包人提出索赔的权利

承包人接受了竣工付款证书后,应被认为已无权再提出在合同工程接收证书颁发前所发生的任何索赔。承包人提交的最终结清申请单中,只限于提出工程接收证书颁发后发生的索赔。提出索赔的期限自接受最终结清证书时终止。

4.FIDIC 合同条件规定的工程索赔程序

(1)承包商发出索赔通知。承包商察觉或应当察觉事件或情况后 28 天内,向工程师发出。

(2)承包商递交详细的索赔报告。承包商在察觉或应当察觉事件或情况后 42 天内,向工程师递交详细的索赔报告。若引起索赔的事件连续影响,承包商每月递交中间索赔报告,说明累计索赔延误时间和金额,在索赔事件产生影响结束后 28 天内,递交最终索赔报告。

(3)工程师答复。工程师在收到索赔报告或对过去索赔的任何进一步证明资料后 42 天内,做出答复。

5.索赔依据与文件

(1)索赔依据

①招标文件、施工合同文件及附件、经认可的施工组织设计、工程图纸、技术规范等。

②双方的往来信件及各种会议纪要。

③施工进度计划和具体的施工进度安排。

④施工现场的有关文件。如施工记录、施工备忘录、施工日记等。

⑤工程检查验收报告和各种技术鉴定报告。

⑥建筑材料的采购、订货、运输、进场时间等方面的凭据。

⑦工程中电、水、道路开通和封闭的记录与证明。

⑧国家有关法律、法令、政策文件,政府公布的物价指数、工资指数等。

(2)索赔文件

①索赔通知(索赔信)。索赔信是一封承包商致业主的简短的信函。它主要说明索赔事件、索赔理由等。

②索赔报告。索赔报告是索赔材料的正文,包括报告的标题、事实与理由、损失计算与要求赔偿金额及工期。

③附件。包括详细计算书、索赔报告中列举事件的证明文件和证据。

6.常见的施工索赔

1)不利的自然条件与人为障碍引起的索赔

(1)不利的自然条件指施工中遭遇到实际自然条件比招标文件中所描述的更为困难,增加了施工的难度,使承包商必须花费更多的时间和费用,在这种情况下,承包商可以提出索赔,要求延长工期和补偿费用。

如业主在招标文件中会提供有关该工程的勘察所取得的水文及地表以下的资料,但有时这类资料会严重失实,导致承包商损失。但在实践中,这类索赔会引起争议。由于在签署的合同条件中,往往写明承包商在提交投标书之前,已对现场和周围环境及与之有关的可用资料进行了考察和检查,包括地表以下条件及水文和气候条件。承包商自己应对上述资料负责。

因此,在合同条件中还有一条,即在工程施工过程中,承包商如果遇到了现场气候条件以外的外界障碍条件,在他看来这些障碍和条件是一个有经验的承包商无法预料到的,则承包商有补偿费用和延长工期的权利。

以上并存的合同文件,往往引起承包商和业主及工程师争议。

【例8-5】 某承包商投标获得一项铺设管道的工程,5月末签订工程施工合同。工程开工后,当挖掘深度达到7m时,遇到了严重的地下渗水,不得不安装抽水系统,并连续抽水75天,承包商认为这是地质资料不实造成的,为此要求对不可预见的额外成本进行赔偿,是否合理?

【解】 工程师认为,地质资料是确实的,钻探是在5月中旬,意味着是在旱季季末,而承包商是在雨季中期施工。因此,承包商应预先考虑到会有一较高的水位,这种风险不是不可预见的,因而拒绝索赔。

(2)人为障碍引起的索赔。在施工过程中,如果承包商遇到了地下构筑物或文物,只要图纸未说明的,而且与工程师共同确定的处理方案导致了工程费用的增加,承包商可提出索赔,延长工期和补偿相应费用。

【例8-6】 某工程项目在基础开挖过程中,发现古墓,承包商及时报告了监理工程师,由于进行考古挖掘,导致承包商停工。挖土工人为30人,工日单价60元,挖掘机台班单价为1000元。承包商提出如下索赔:

(1)由于挖掘古墓,承包商停工15天,要求业主顺延工期15天。

(2)由于停工,使在现场的一台挖掘机闲置,要求业主赔偿费用为:

1000元/台班×15台班=1.5万元

(3)由于停工,造成人员窝工损失为:

60元/工日×15日×30工=2.7万元

如何处理承包商各项索赔?

【解】(1)认可工期顺延15天;同意补偿人工窝工费与机械闲置费用,但承包商的费用索赔值计算不合理。

(2)机械闲置台班单价按租赁台班费或机械折旧费计算,不应按台班费1000元/台班计算,具体单价在合同中约定。

(3)部分人工窝工损失,不应按工日单价计算,具体窝工人工单价按合同约定计算。

2)业主不正当终止合同引起的索赔

业主不正当终止工程,承包商有权要求补偿损失,其数额是承包商在被终止工程上的人工、材料、机械设备的全部支出,以及各项管理费用、贷款利息等,并有权要求赔偿其盈利损失。

3)工程加速引起的索赔

由于非承包商的原因,工程项目施工进度受到干扰,导致项目不能按时竣工,业主的经济利益受到影响时,有时业主和工程师会发布加速施工的指令,要求承包商投入更多的资源加班加点来完成工程项目。这会导致承包商成本增加,引起索赔。

4)业主拖延工程款支付引起的索赔

发包人超过约定的支付时间不支付工程款,双方又未能达成延期付款协议,导致施工无法进行,承包人可停止施工,并有权获得工期的补偿和额外费用补偿。

5)其他索赔

货币汇率变化、物价上涨等原因引起的索赔,属于业主风险,承包商有权要求补偿。

综合以上几种情况,常见的几种施工索赔处理见表8-1。

索赔原因与处理 表 8-1

索 赔 原 因	责 任 者	处 理 原 则	索 赔 结 果
业主拖延工程款	业主	工期顺延、补偿费用	工期 + 费用
施工中遇到文物、构筑物	业主	工期顺延、补偿费用	工期 + 费用
工期延误	业主	工期顺延、补偿费用	工期 + 费用
异常恶劣气候、天灾等不可抗力	客观原因	工期顺延、费用不补	工期
业主不正当终止合同	业主	补偿损失	费用

7.索赔计算

1)工期索赔计算

无论上述何种原因引起的索赔事件,都必须是非承包商的原因引起的并确实给承包商造成了工期的延误。工期索赔计算方法有网络分析法、比例分析法。

(1)网络分析法

网络分析法是利用进度计划的网络图,分析计算索赔事件对工期影响的一种方法。这种方法是一种科学、合理的分析方法,适用于许多索赔事件的计算。

运用网络计划计算工期索赔时,要特别注意索赔事件成立所造成的工期延误是否发生在关键线路上。若发生在施工进度的关键线路上,由于关键工序的持续时间决定了整个施工工期,发生在其上的工期延误会造成整个工期的延误,应给予承包商相应的工期补偿。若工期延误不在关键线路上,其延误不一定会造成总工期的延误,根据网络计划原理,如果延误时间在总时差内,则网络进度计划的关键线路并未改变,总工期没有变化,也即并没有给承包商造成了工期延误,此时索赔就不成立;如果延误时间超过总时差,则该线路由于延误超过时差限制而成为关键线路,网络进度计划的关键线路发生改变,总工期也发生变化,会给承包商造成工期延误,此时索赔成立。

【例8-7】 已知网络计划如图8-4所示。

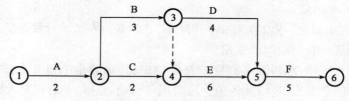

图8-4 某工程网络图

【解】 计算网络图,总工期16天,关键工作为 A、B、E、F。

若由于业主原因造成工作 B 延误2天,由于 B 为关键工作,对总工期将造成延误2天,故向业主索赔2天。

若由于业主原因造成工作 C 延误1天,承包商工期是否可以向业主提出1天的工期补偿?

工作 C 总时差为1天,有1天的机动时间,业主原因造成的一天延误对总工期不会有影响。实际上,将1天的延误代入原网络图,即 C 工作变为3天,计算结果工期仍为16天。

若由于业主原因造成工作 C 延误3天,由于 C 本身有1天的机动时间,对总工期造成延误为 3 – 1 = 2 天,故向业主索赔2天。或将工作 C 延误的3天代入网络图中,即 C 为 2 + 3 = 5

天,计算可以发现网络图关键线路发生了变化,工作 C 由非关键工作变成了关键工作,总工期为 18 天,索赔 18 − 16 = 2 天。

一般地,根据网络进度计划计算工期延误时,若工程完成后一次性解决工期延长这样的问题,通常做法是:在原进度计划的工作持续时间的基础上,加上由于非承包商原因造成的工作延误的时间,代入网络图,计算得出延误后的总工期,减去原计划的工期,进而得到可批准的索赔工期。

(2)比例计算法

在实际工程中,干扰时间常常影响某些单项工程、单位工程或分部分项工程工期,要分析它们对总工期的影响,可以采用简单的比例计算。

对于已知部分工程的延期时间

$$工期索赔额度 = \frac{受干扰部分工程的合同价}{原合同总价} × 该受干扰部分工期拖延时间 \qquad (8-2)$$

对于已知额外增加工程量的价格

$$工期索赔额度 = \frac{额外增加的工程量的价格}{原合同价格} × 原合同总工期 \qquad (8-3)$$

【例8-8】 某项工程,基础为整体底板,混凝土量为 840m³,计划浇筑底板混凝土 24 小时连续施工需 4 天,在土方开挖时发现地基与地质资料不符,业主与设计单位洽商后修改设计,确定局部基础深度加深,混凝土工程量增加 70m³,补偿工期多少?

【解】原计划浇筑底板时间 $= \frac{24}{8} × 4 = 12$ 天

由于基础工程量增加而增加的工期 $= \frac{70}{840} × 12 = 1$ 天,即补偿工期 1 天。

【例8-9】 某工程原合同规定分两阶段进行施工,土建工程 21 个月,安装工程 12 个月。假定以一定量的劳动力需要量为相对单位,则合同规定的土建工程量可折算为 310 个相对单位,安装工程量折算为 70 个相对单位。合同规定,在工程量增减 10% 的范围内,作为承包商的工期风险,不能要求工期补偿。在工程施工过程中,土建和安装的工程量都有较大幅度的增加。实际土建工程量增加到 430 个相对单位,实际安装工程量增加到 117 个相对单位。求承包商可以提出的工期索赔额。

【解】承包商提出的工期索赔为:
不索赔的土建工程量的上限 = 310 × 1.1 = 341 个相对单位
不索赔的安装工程量的上限 = 70 × 1.1 = 77 个相对单位
由于工程量增加而造成的工期延长:

$$土建工程工期延长 = 21 × \left(\frac{430}{341} - 1\right) = 5.5 \ 个月$$

$$安装工程工期延长 = 12 × \left(\frac{117}{77} - 1\right) = 6.2 \ 个月$$

$$总工期索赔为:5.5 \ 个月 + 6.2 \ 个月 = 11.7 \ 个月$$

2)费用索赔计算

(1)索赔费用组成。索赔费用的主要组成部分与建设工程施工承包合同价的组成部分相似。从原则上说,凡是承包商有索赔权的工程成本的增加,都可列入索赔的费用。可索赔的费用包括以下几项。

①人工费。完成合同以外的额外工作所花费的人工费,非承包商责任的工效降低所增加的人工费用,非承包商责任工程延误导致人员窝工费。

②机械使用费。完成额外的工作增加的机械使用费,非承包商责任的工效降低所增加的机械费用,非承包商原因导致机械停工的窝工费。

③材料费。索赔事件材料实际用量增加费用,非承包商责任的工期延误导致的材料价格上涨而增加的费用等。

④管理费。承包商完成额外工程、索赔事项工作以及工期延长期间的管理费。包括管理人员工资、办公费。

⑤利润。由于工程范围的变更和施工条件变化引起的索赔,承包商可以列入利润。对于工程延误引起的索赔,由于工期延误并未影响、削减某些项目的实施,从而导致利润减少,所以一般很难将利润索赔加入索赔费用中。

⑥利息。包括拖期付款利息、由于工程变更和工程延误增加投资的利息、索赔款利息、错误扣款利息等。

⑦分包费用。分包费用是指分包商的索赔款额。分包商的索赔列入总承包商的索赔总额中。

(2)索赔费用计算。索赔费用可用分项法、总费用法、修正总费用法计算。

①分项法。分项法是按每个索赔事件所引起损失的费用项目分别分析计算索赔值的一种方法,也是工程索赔计算中最常用的一种方法。

【例8-10】 某建设项目业主与施工单位签订了可调价格合同。主导施工机械1台为施工单位自有设备。合同中约定:台班单价800元/台班,折旧费为100元/台班;人工日工资单价为40元/工日,窝工费10元/工日。合同履行后第30天,因场外停电全场停工2天,造成人员窝工20个工日;合同履行后的第50天业主指令增加一项新工作,完成该工作需要5天时间,机械5台班,人工20个工日,材料费5000元,求施工单位可获得的直接工程费的补偿额。

【解】 因场外停电导致的直接工程费索赔额:

$$人工费 = 20 工日 \times 10 元/工日 = 200 元$$

$$机械费 = 2 台班 \times 100 元/台班 = 200 元$$

因业主指令增加新工作导致的直接工程费索赔额:

$$人工费 = 20 工日 \times 40 元/工日 = 800 元$$

$$材料费 = 5000 元$$

$$机械费 = 5 台班 \times 800 元/台班 = 4000 元$$

$$可获得的直接工程费的补偿额 = 200 + 200 + 800 + 5000 + 4000 = 10200 元$$

【例8-11】 某建设项目,业主与施工单位签订了施工合同,其中规定,在施工中,如因业主原因造成窝工,则人工窝工费和机械的停工费按工日费和台班费的60%结算支付。在计划执行中,出现了下列情况(同一工作由不同原因引起的停工时间,都不在同一时间):

因业主不能及时供应材料使工作A延误3天,B延误2天,C延误3天;

因机械发生故障检修使工作A延误2天,B延误2天;

因业主要求设计变更使工作D延误3天;

因公网停电使工作D延误1天,E延误1天。

已知吊车台班单价为 240 元/台班,小型机械的台班单价为 55 元/台班,混凝土搅拌机的台班单价为 70 元/台班,人工工日单价为 28 元/工日。计算费用索赔量。

分析:业主不能及时供应材料是业主违约,承包商可以得到工期和费用补偿;机械故障是承包商自身的原因造成的,不予补偿;业主要求设计变更可以补偿相应工期和费用;公网停电是业主应承担的风险,可以补偿承包商工期和费用。本案例只要求计算费用补偿。

【**解**】经济损失索赔:

A 工作赔偿损失 3 天,B 工作赔偿 2 天,C 工作赔偿 3 天,D 工作赔偿 3 + 1 = 4 天,E 工作赔偿 1 天损失。

由于 A 工序使用吊车: 3 天 × 240 元/台班 × 0.6 = 432 元

由于 B 工序使用小型机械: 2 天 × 55 元/台班 × 0.6 = 66 元

由于 C 工序使用混凝土搅拌机: 3 天 × 70 元/台班 × 0.6 = 126 元

由于 D 工序使用混凝土搅拌机: 4 天 × 70 元/台班 × 0.6 = 168 元

A 工序人工索赔: 3 天 × 30 人 × 28 元/工日 × 0.6 = 1512 元

B 工序人工索赔: 2 天 × 15 人 × 28 元/工日 × 0.6 = 504 元

C 工序人工索赔: 3 天 × 35 人 × 28 元/工日 × 0.6 = 1764 元

D 工序人工索赔: 4 天 × 35 人 × 28 元/工日 × 0.6 = 2352 元

E 工序人工索赔: 1 天 × 20 人 × 28 元/工日 × 0.6 = 336 元

合计经济补偿:7260 元

②总费用法。当发生多次索赔事件以后,重新计算该工程的实际总费用,再从这个实际总费用中减去投标报价时估算的总费用,即:

$$索赔金额 = 实际总费用 - 投标报价总费用 \tag{8-4}$$

由于施工过程中会受到许多因素影响,既有业主原因,也有来自施工方自身的原因,采用这个方法,可能在实际费用中包括承包方的原因而增加的费用,所以,这种方法只有在难以按分项法计算索赔费用时才使用。

③修正总费用法。修正总费用法是对总费用法的改进,在总费用计算的原则上,去除一些不合理的因素,使其更合理。

$$索赔金额 = 调整后实际总金额 - 投标报价估算总费用 \tag{8-5}$$

【**例 8-12**】某施工单位与某建设单位签订施工合同,合同工期 38 天。合同中约定,工期每提前(或拖后)1 天奖罚 5000 元,乙方得到工程师同意的施工网络计划如图 8-5 所示。

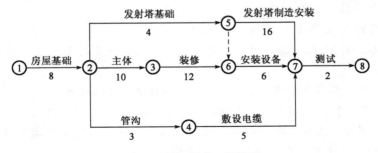

图 8-5 某工程施工网络图

实际施工中发生了如下事件:

（1）在房屋基槽开挖后，发现局部有软弱下卧层，按甲方代表指示，乙方配合地质复查，配合用工 10 工日。地质复查后，根据经甲方代表批准的地基处理方案增加工程费用 4 万元，因地基复查和处理使房屋基础施工延长 3 天，人工窝工 15 工日。

（2）在发射塔基础施工时，因发射塔坐落位置的设计尺寸不当，甲方代表要求修改设计，拆除已施工的基础、重新定位施工。由此造成工程费用增加 1.5 万元，发射塔基础施工延长 2 天。

（3）在房屋主体施工中，因施工机械故障，造成工人窝工 8 工日，房屋主体施工延长 2 天。

（4）在敷设电缆时，因乙方购买的电缆质量不合格，甲方代表令乙方重新购买合格电缆，由此造成敷设电缆施工延长 4 天，材料损失费 1.2 万元。

（5）鉴于该工程工期较紧，乙方在房屋装修过程中采取了加快施工技术措施，使房屋装修施工缩短 3 天，该项技术措施费为 0.9 万元。

其余各项工作持续时间和费用与原计划相符。假设工程所在地人工费标准 30 元/工日，应由甲方给予补偿的窝工人工补偿标准为 18 元/工日，间接费、利润等均不予补偿。

问题：

1. 在上述事件中，乙方可以就哪些事件向甲方提出工期补偿和费用补偿？

2. 该工程实际工期为多少？

3. 在该工程中，乙方可得到的合理费用补偿为多少？

【解】

1. 各事件处理（图 8-6）

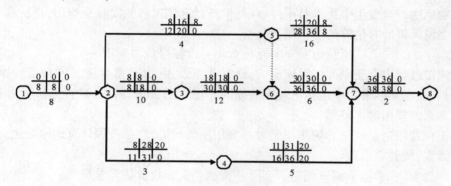

图 8-6　事件处理

事件 1：可以提出工期索赔和费用索赔。因为地质条件的变化属于有经验的承包商无法合理预见的，该工作位于关键线路上。

事件 2：可提出费用补偿要求，不能提出工期补偿。因为设计变更属于甲方应承担的责任，甲方应给予经济补偿，但该工序为非关键工序且延误时间 2 天未超过总时差 8 天，故没有工期补偿。

事件 3：不能提出工期和费用补偿。施工机械故障属于施工方自身应承担的责任。

事件 4：不能提出费用和工期补偿。乙方购买的电缆质量问题是乙方自己的责任。

事件 5：不能提出费用和工期的补偿。因为双方在合同中约定采用奖励方法解决乙方加速施工的费用补偿，故赶工措施费由乙方自行承担。

按原网络进度计划计算的工期：8 + 10 + 12 + 6 + 2 = 38 天。

2.实际施工进度(图8-7)

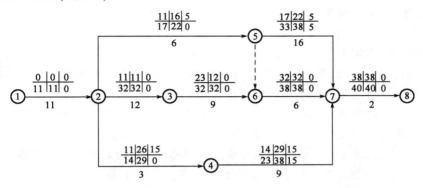

图8-7 实际施工进度

按实际情况计算的工期:11 + 12 + 9 + 6 + 2 = 40 天。由于业主原因而导致的进度计划如图8-8 所示。

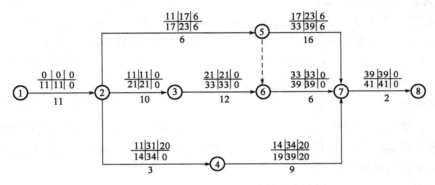

图8-8 由于业主原因而导致的进度计划

经计算,工期:11 + 10 + 12 + 6 + 2 = 41 天,与原合同工期相比应延长 3 天。即实际合同工期应为 41 天,而实际工期 40 天,与合同工期 41 天相比提前了 1 天,按照合同给予奖励。

3.费用补偿

事件 1

增加人工费:10 × 30 = 300 元

窝工费:15 × 18 = 270 元

增加工程费用:40000 元

事件 2

增加工程费:15000 元

提前工期奖励:1 × 5000 = 5000 元

合计补偿:300 + 270 + 40000 + 15000 = 60570 元

【例8-13】 某工程项目施工采用了包工包料的固定价格合同。工程招标文件参考资料中提供用砂地点距工地 4 公里。但是开工后,检查该砂质量不符合要求,承包商只得从另一距工地 20 公里的供砂地点采砂。而在一个关键工作面上又发生了几种原因造成了临时停工:4 月 20 日至 4 月 26 日承包商的施工设备出现了从未出现过的故障;应于 4 月 24 日交给承包商的

后续图纸直到 5 月 10 日才交给承包商;5 月 7 日到 5 月 12 日施工现场下了该季节罕见的特大暴雨,造成了 5 月 11 日到 5 月 14 日的该地区的供电全面中断。

问题:

1. 由于供砂距离增大,必然引起费用增加,承包商经过仔细认真计算后,在业主指令下达的第 3 天,向业主的造价工程师提交了将原用砂单价每吨提高 5 元人民币的索赔要求。作为一名造价工程师您批准该索赔要求吗? 为什么?

2. 由于几种情况暂时停工,承包商在 5 月 15 日向业主的造价工程师提交延长工期 25 天,成本损失费人民币 2 万元/天(此费率已经造价师核准)和利润损失费人民币 2 千元/天的索赔要求,共计索赔款 55 万元。作为一名造价工程师您批准的索赔款额为多少万元?

【解】1. 因为砂场地点变化提出的索赔不能批准,原因:①承包商应对自己就招标文件的解释负责并考虑风险;②承包商应对自己报价的正确性与完备性负责;③材料供应情况变化是一个有经验的承包商能合理预见的。

2. 可以批准的费用索赔为 32 万元人民币,原因:①4 月 20 至 4 月 26 日,属于承包商承担的风险,不考虑费用索赔要求;②4 月 27 日至 5 月 10 日,是由于业主迟交图纸引起的,为业主承担的风险,可以要求索赔,但不考虑承包商的利润要求,索赔费用 = 14 ×2 =28 万元;③5 月 11 日至 5 月 12 日,特大暴雨属于双方共同风险,不应考虑索赔;5 月 13 日至 5 月 14 日,停电属于有经验的承包商无法预见的自然条件变化,为业主承担风险,但不考虑承包商利润,费用索赔额 =2 ×2 =4 万元。

8. 业主反索赔

业主反索赔指业主向承包商所提出的索赔,由于承包商不履行或不完全履行约定的义务,或是由于承包商的行为使业主受到损失时,业主为了维护自己的利益,向承包商提出的索赔。常见的业主反索赔有如下几方面。

(1)工期延误反索赔

在工程项目的施工过程中,因承包商方的原因不能按照协议书约定竣工日期或工程师同意顺延的工期竣工,承包商应承担违约责任,赔偿因其违约给发包方造成的损失,双方在专用条款内约定承包方赔偿损失的计算方法或承包商应当支付违约金的数额和计算方法。由承包商支付延期竣工违约金。业主在确定违约金的费率时,一般要考虑以下因素:

①业主盈利损失。

②由于工期延长而引起的贷款利息增加。

③因工程拖期带来的附加监理费。

④由于本工程拖期竣工不能使用,租用其他建筑物时的租赁费。

违约金的计算方法,在每个合同文件均有具体规定,一般按每延误 1 天赔偿一定的款额计算,累计赔偿额一般不超过合同总额的 10%。

(2)施工缺陷反索赔

承包商施工质量不符合施工技术规程的要求,或在保修期未满以前未完成应该负责修补的工程时,业主有权向承包商追究责任。如果承包商未在规定的时限内完成修补工作,业主有权雇佣他人来完成,发生的费用由承包商负担。

(3)承包商不履行的保险费用索赔

如果承包商未能按合同条款指定项目投保,并保证保险有效,业主可以投保并保证保险有效,业主所支付的必要保险费可在应付给承包商的款项中扣回。

（4）对超额利润的索赔

在实行单价合同的情况下,如果实际工程量比估计工程量增加很多（限额合同约定）,使承包商预期收入增大,而工程量的增加并不增加固定成本,双方协议,发包方收回部分超额利润。

（5）业主合理终止合同或承包商不正当地放弃工程的索赔

如果业主合理地终止承包商的承包,或者承包商不合理地放弃工程,业主有权从承包商手中收回由新的承包商完成工程所需的工程款与原合同未付部分的差额。

8.4.4　其他工程价款调整

1.法律法规引起的价款调整

招标工程以投标截止日前28天,非招标工程以合同签订前28天为基准日,其后国家的法律、法规、规章和政策发生变化引起工程造价增减变化的,发承包双方应当按照省级或行业建设主管部门或其授权的工程造价管理机构据此发布的规定调整合同价款。

因承包人原因导致工期延误,且调整时间在合同工程原定竣工时间之后,合同价款调增的不予调整,合同价款调减的予以调整。

2.项目特征描述不符

发包人在招标工程量清单中对项目特征的描述,应被认为是准确的和全面的,并且与实际施工要求相符合。承包人应按照发包人提供的招标工程量清单,根据其项目特征描述的内容及有关要求实施合同工程,直到其被改变为止。

承包人应按照发包人提供的设计图纸实施合同工程,若在合同履行期间,出现设计图纸（含设计变更）与招标工程量清单任一项目的特征描述不符,且该变化引起该项目的工程造价增减变化的,应按照实际施工的项目特征按本规范工程变更相关条款的规定重新确定相应工程量清单项目的综合单价,调整合同价款。

3.工程量清单缺项

合同履行期间,由于招标工程量清单中缺项,新增分部分项工程量清单项目的,应按照本规范工程变更估价规定确定单价,调整合同价款。

新增分部分项工程量清单项目后,引起措施项目发生变化的,应按照工程变更引起措施项目变化的规定,在承包人提交的实施方案被发包人批准后,调整合同价款。

由于招标工程量清单中措施项目缺项,承包人应将新增措施项目实施方案提交发包人批准后,按照规范工程变更估价规定以及变更引起措施项目发生变化的估价规定调整合同价款。

4.工程量偏差

合同履行期间,若应予计算的实际工程量与招标工程量清单出现偏差,双方应按照下列规定调整合同价款。出现工程量单价与发包人招标控制价相应清单项目的综合单价偏差超过15%,则工程变更项目的综合单价可由发承包双方调整;然后再按下述两种方法调整。

（1）对于任一招标工程量清单项目,如果因本条规定的工程量偏差和工程变更等原因导致工程量偏差超过15%,调整的原则为:当工程量增加15%以上时,其增加部分的工程量的综合单价应予调低;当工程量减少15%以上时,减少后剩余部分的工程量的综合单价应予调高。

（2）如果工程量变化,引起相关措施项目相应发生变化,按系数或单一总价方式计价的,工程量增加的措施项目费调增,工程量减少的措施项目费调减。

5.计日工

发包人通知承包人以计日工方式实施的零星工作,承包人应予执行。

采用计日工计价的任何一项变更工作,承包人应在该项变更的实施过程中,按合同约定提交以下报表和有关凭证送发包人复核:

(1)工作名称、内容和数量;

(2)投入该工作所有人员的姓名、工种、级别和耗用工时;

(3)投入该工作的材料名称、类别和数量;

(4)投入该工作的施工设备型号、台数和耗用台时;

(5)发包人要求提交的其他资料和凭证。

任一计日工项目持续进行时,承包人应在该项工作实施结束后的 24 小时内,向发包人提交有计日工记录汇总的现场签证报告一式三份。发包人在收到承包人提交现场签证报告后的 2 天内予以确认并将其中一份返还给承包人,作为计日工计价和支付的依据。发包人逾期未确认也未提出修改意见的,视为承包人提交的现场签证报告已被发包人认可。

任一计日工项目实施结束。发包人应按照确认的计日工现场签证报告核实该类项目的工程数量,并根据核实的工程数量和承包人已标价工程量清单中的计日工单价计算,提出应付价款;已标价工程量清单中没有该类计日工单价的,由发承包双方按本规范工程变更估价规定商定计日工单价计算。

每个支付期末,承包人应按照本规范相应规定向发包人提交本期间所有计日工记录的签证汇总表,以说明本期间自己认为有权得到的计日工价款,调整合同价款,列入进度款支付。

6.现场签证

承包人应发包人要求完成合同以外的零星项目、非承包人责任事件等工作的,发包人应及时以书面形式向承包人发出指令,提供所需的相关资料;承包人在收到指令后,应及时向发包人提出现场签证要求。

承包人应在收到发包人指令后的 7 天内,向发包人提交现场签证报告,发包人应在收到现场签证报告后的 48 小时内对报告内容进行核实,予以确认或提出修改意见。发包人在收到承包人现场签证报告后的 48 小时内未确认也未提出修改意见的,视为承包人提交的现场签证报告已被发包人认可。

现场签证的工作如已有相应的计日工单价,则现场签证中应列明完成该类项目所需的人工、材料、工程设备和施工机械台班的数量。

如现场签证的工作没有相应的计日工单价,应在现场签证报告中列明完成该签证工作所需的人工、材料设备和施工机械台班的数量及其单价。

合同工程发生现场签证事项,未经发包人签证确认,承包人便擅自施工的,除非征得发包人书面同意,否则发生的费用由承包人承担。

现场签证工作完成后的 7 天内,承包人应按照现场签证内容计算价款,报送发包人确认后,作为增加合同价款,与进度款同期支付。

承包人在施工过程中,若发现合同工程内容因场地条件、地质水文、发包人要求而不一致时,应提供所需的相关资料,提交发包人签证认可,作为合同价款调整的依据。

7.物价变化

按照《建设工程工程量清单计价规范》(GB 50)规定,合同履行期间,因人工、材料、工程设备、机械台班价格波动影响合同价款时应根据合同约定的现行清单计价规范规定的价格指数调整法或造价信息差额调整法之一调整合同价款。

承包人采购材料和工程设备的,应在合同中约定主要材料、工程设备价格变化的范围或幅度,如没有约定,则材料、工程设备单价变化超过5%,超过部分的价格应按照价格指数调整法或造价信息差额调整法计算调整材料、工程设备费。

执行上述规定时,发生合同工程工期延误的,应按照下列规定确定合同履行期用于调整的价格:

(1)因发包人原因导致工期延误的,则计划进度日期后续工程的价格,采用计划进度日期与实际进度日期两者的较高者;

(2)因承包人原因导致工期延误的,则计划进度日期后续工程的价格,采用计划进度日期与实际进度日期两者的较低者。

其他发包人供应材料和工程设备价格变化情形,由发包人按照实际变化调整,列入合同工程的工程造价内。

8.暂估价

在工程招标阶段已经确定的材料、工程设备或专业工程项目,但无法在当时确定准确价格,而可能影响招标效果的,可由发包人在工程量清单中给定一个暂估价。确定暂估价实际开支分以下三种情况。

(1)依法必须招标的材料、工程设备和专业工程

发包人在工程量清单中给定暂估价的材料、工程设备和专业工程属于依法必须招标的范围并达到规定的规模标准的,由发包人和承包人以招标的方式选择供应商或分包人。发包人和承包人的权利义务关系在专用合同条款中约定。中标金额与工程量清单中所列的暂估价的金额差以及相应的税金等其他费用列入合同价格。

(2)依法不需要招标的材料、工程设备

发包人在工程量清单中给定暂估价的材料和工程设备不属于依法必须招标的范围或未达到规定的规模标准的,应由承包人提供。经监理人确认的材料、工程设备的价格与工程量清单中所列的暂估价的金额差以及相应的税金等其他费用列入合同价格。

(3)依法不需要招标的专业工程

发包人在工程量清单中给定暂估价的专业工程不属于依法必须招标的范围或未达到规定的规模标准的,由监理人按照合同约定的变更估价原则进行估价。经估价的专业工程与工程量清单中所列的暂估价的金额差以及相应的税金等其他费用列入合同价格。

价款调整规定如下:

①发包人在招标工程量清单中给定暂估价的材料、工程设备属于依法必须招标的,由发承包双方以招标的方式选择供应商。确定其价格并以此为依据取代暂估价,调整合同价款。

②发包人在招标工程量清单中给定暂估价的材料、工程设备不属于依法必须招标的,由承包人按照合同约定采购,经发包人确认后以此为依据取代暂估价,调整合同价款。

③发包人在工程量清单中给定暂估价的专业工程不属于依法必须招标的,应按照本规范

工程变更估价相应条款的规定确定专业工程价款。并以此为依据取代专业工程暂估价,调整合同价款。

④发包人在招标工程量清单中给定暂估价的专业工程,依法必须招标的,应当由发承包双方依法组织招标选择专业分包人,并接受有管辖权的建设工程招标投标管理机构的监督。

⑤除合同另有约定外,承包人不参加投标的专业工程分包招标,应由承包人作为招标人,但拟定的招标文件、评标工作、评标结果应报送发包人批准。与组织招标工作有关的费用应当被认为已经包括在承包人的签约合同价(投标总报价)中。

⑥承包人参加投标的专业工程分包招标,应由发包人作为招标人,与组织招标工作有关的费用由发包人承担。同等条件下,应优先选择承包人中标。

⑦以专业工程分包中标价为依据取代专业工程暂估价,调整合同价款。

9.不可抗力

因不可抗力事件导致的人员伤亡、财产损害及其费用增加,发承包双方应按以下原则分别承担并调整合同价款和工期。

(1)合同工程本身的损害、因工程损害导致第三方人员伤亡和财产损失以及运至施工场地用于施工的材料和待安装的设备的损害,由发包人承担;

(2)发包人、承包人人员伤亡由其所在单位负责,并承担相应费用;

(3)承包人的施工机械设备损坏及停工损失,由承包人承担;

(4)停工期间,承包人应发包人要求留在施工场地的必要的管理人员及保卫人员的费用由发包人承担;

(5)工程所需清理、修复费用,由发包人承担。

不可抗力解除后复工的,若不能按期竣工,应合理延长工期,发包人要求赶工的,赶工费用由发包人承担。

10.提前赶工

招标人应当依据相关工程的工期定额合理计算工期,压缩的工期天数不得超过定额工期的20%,超过者,应在招标文件中明示增加赶工费用。

发包人要求合同工程提前竣工,应征得承包人同意后与承包人商定采取加快工程进度的措施,并修订合同工程进度计划。发包人应承担承包人由此增加的提前竣工(赶工补偿)费。

发承包双方应在合同中约定提前竣工每日历天应补偿额度,此项费用作为增加合同价款,列入竣工结算文件中,与结算款一并支付。

11.误期赔偿

如果承包人未按照合同约定施工,导致实际进度迟于计划进度的,承包人应加快进度,实现合同工期。

合同工程发生误期,承包人应赔偿发包人由此造成的损失,并按照合同约定向发包人支付误期赔偿费。即使承包人支付误期赔偿费,也不能免除承包人按照合同约定应承担的任何责任和应履行的任何义务。

发承包双方应在合同中约定误期赔偿费,明确每日历天应赔额度。误期赔偿费列入竣工结算文件中,在结算款中扣除。

如果在工程竣工之前,合同工程内的某单项(位)工程已通过了竣工验收,且该单项(位)

工程接收证书中表明的竣工日期并未延误,而是合同工程的其他部分产生了工期延误,则误期赔偿费应按照已颁发工程接收证书的单项(位)工程造价占合同价款的比例幅度予以扣减。

12.暂列金额

暂列金额只能按照监理人的指示使用,并对合同价格进行相应调整。尽管暂列金额列入合同价格,但并不属于承包人所有,也不必然发生。只有按照合同约定实际发生后,才成为承包人的应得金额,纳入合同结算价款中。扣除实际发生额后的暂列金额余额仍属于发包人所有。

发包人认为有必要时,由监理人通知承包人以计日工方式实施变更的零星工作,其价款按列入已标价工程量清单中的计日工计价子目及其单价进行计算。采用计日工计价的任何一项变更工作,应从暂列金额中支付,承包人应在该项变更的实施过程中,每天提交以下报表和有关凭证报送监理人审批:

(1)工作名称、内容和数量。

(2)投入该工作所有人员的姓名、工种、级别和耗用工时。

(3)投入该工作的材料类别和数量。

(4)投入该工作的施工设备型号、台数和耗用台时。

(5)监理人要求提交的其他资料和凭证。

计日工由承包人汇总后,在每次申请进度款支付时列入进度付款申请单,由监理人复核并经发包人同意后列入进度付款。

8.5 ➤ 工程价款结算

工程价款结算,根据财政部、建设部《建设工程价款结算暂行办法》的规定,指对建设工程的发承包合同价款进行约定和依据合同约定进行工程预付款、工程进度款、工程竣工价款结算的活动。

8.5.1 合同价款中期支付

依据现行清单计价规范,合同价款中期支付包括:工程预付款、安全文明施工费、工程进度款。

1.工程预付款(预付备料款)结算

施工企业承包工程,一般实行包工包料,这就需要有一定数量的备料周转金。在工程承包合同条款中,一般规定在开工前发包方拨付给承包单位一定限额的工程预付备料款。

包工包料工程的预付款按合同约定拨付,计价执行《建设工程工程量清单计价规范》(GB 50500—2013)的工程,实体性消耗和非实体性消耗部分应在合同中分别约定预付款比例。

预付的工程款必须在合同中约定抵扣方式,并在工程进度款中进行抵扣。凡是没有签订合同或不具备施工条件的工程,发包人不得预付工程款,不得以预付款为名转移资金。当合同没有约定时,按以下计价规范的规定预付和抵扣。

1)计价规范中关于预付款的相关规定

(1)包工包料工程的预付款的支付比例不得低于签约合同价(扣除暂列金额)的10%,不宜高于签约合同价(扣除暂列金额)的30%。

（2）承包人应在签订合同或向发包人提供与预付款等额的预付款保函（如有）后向发包人提交预付款支付申请。

（3）发包人应在收到支付申请的7天内进行核实,向承包人发出预付款支付证书,并在签发支付证书后的7天内向承包人支付预付款。

（4）发包人没有按合同约定按时支付预付款的,承包人可催告发包人支付;发包人在预付款期满后的7天内仍未支付的,承包人可在付款期满后的第8天起暂停施工。发包人应承担由此增加的费用和(或)延误的工期,并向承包人支付合理利润。

（5）预付款应从每一个支付期应支付给承包人的工程进度款中扣回,直到扣回的金额达到合同约定的预付款金额为止。

（6）承包人的预付款保函（如有）的担保金额根据预付款扣回的数额相应递减,但在预付款全部扣回之前一直保持有效。发包人应在预付款扣完后的14天内将预付款保函退还给承包人。

2）工程预付款（预付备料款）的数额

工程预付款的数额可以采用以下两种方法计算。

（1）影响因素法

影响预付款数额的因素主要有年度承包工程价值（按合同价值）、主材比重（包括预制构件）、材料储备天数（按市场行情或材料储备定额）、年度施工日历天数,计算公式为:

$$预付款数额 = \frac{年度承包工程总值 \times 主要材料所占比重}{年度施工日历天数} \times 材料储备天数 \quad (8-6)$$

【例8-14】 某工程合同总额350万,主要材料、构件所占比重为60%,年度施工天数为200天,材料储备天数80天,则:

【解】 $预付款数额 = \frac{350 \times 60\%}{200} \times 80 = 84$ 万元

（2）额度系数法

为了简化工程预付款的计算,发包人根据工程的特点、工期长短、市场行情、供求规律等因素,招标时在合同条件中约定工程预付款的百分比,即预付款额度系数,按此百分比计算工程预付款数额。其计算公式为:

$$预付款数额 = 年度建筑安装工程合同价 \times 预付款额度系数 \quad (8-7)$$

预付款额度系数根据工程类型、合同工期、承包方式、供应体制等不同而定。一般建筑工程不应超过当年建筑工作量（包括水、电、暖）的30%,安装工程按年安装工作量的10%计算,材料占比重较大的安装工程按年计划产值15%左右拨付。对于只包定额工日的工程项目,可以不付备料款。

【例8-15】 某建设项目,计划完成年度建筑安装工作量为850万元。按地区规定,工程预付款额度系数为30%,确定该项目的工程预付款的数额。

【解】 工程预付款数额 $= 850 \times 30\% = 255$ 万元

3）工程预付款（预付备料款）的扣回

发包人拨付给承包商的备料款属于预支的性质,工程实施后,随着工程所需主要材料储备的逐步减少,应以抵充工程款的方式陆续扣回预付款,即在承包商应得的工程进度款中扣回。扣回的时间称为起扣点,起扣点计算方法有两种。

（1）按公式计算。以未完工程所需材料的价值等于预付款时起扣，从每次结算的工程款中按材料比重抵扣工程价款，竣工前全部扣清。

基本表达公式是：

$$未完工程材料款 = 预付款 \tag{8-8}$$

$$未完工程材料款 = 未完工程价值 \times 主材比重$$
$$= （合同总价 - 已完工程价值） \times 主材比重 \tag{8-9}$$

$$预付款 = （合同总价 - 已完工程价值） \times 主材比重 \tag{8-10}$$

$$已完工程价值（起扣点） = 合同总价 - \frac{预付款}{主材比重}$$
$$= 合同总价 \times （1 - \frac{预付款额度}{主材比重}） \tag{8-11}$$

【例8-16】 某工程合同价总额200万元，工程预付款24万元，主要材料、构件所占比重60%，则起扣点为：

【解】 $200 - \dfrac{24}{60\%} = 160$ 万元

（2）在承包方完成金额累计达到合同总价一定比例（双方合同约定）后，由发包方从每次应付给承包方的工程款中扣回工程预付款，在合同规定的完工期前将预付款还清。

2.安全文明施工费

安全文明施工费包括的内容和范围，应以国家现行计量规范以及工程所在地省级建设行政主管部门的规定为准。

发包人应在工程开工后的28天内预付不低于当年施工进度计划的安全文明施工费总额的60%，其余部分按照提前的原则进行分解，与进度款同期支付。

发包人没有按时支付安全文明施工费的，承包人可催告发包人支付；发包人在付款期满后的7天内仍未支付的，若发生安全事故的，发包人应承担连带责任。

承包人应对安全文明施工费专款专用，在财务账目中单独列项备查，不得挪作他用，否则发包人有权要求其限期改正；逾期未改正的，造成的损失和（或）延误的工期由承包人承担。

3.工程进度款结算（中间结算）

施工企业在施工过程中，根据合同所约定的结算方式，按月或形象进度或控制界面，按已经完成的工程量计算各项费用，向业主办理工程款结算的过程，叫工程进度款结算，也叫中间结算。

以按月结算为例，业主在月中向施工企业预支半月工程款，月末施工企业根据实际完成工程量，向业主提供已完工程月报表和工程价款结算账单，经业主和工程师确认，收取当月工程价款，并通过银行结算。即：

承包商提交已完工程量报告→工程师确认→业主审批认可→支付工程进度款

1）工程进度款支付原则

（1）进度款支付周期，应与合同约定的工程计量周期一致。

（2）已标价工程量清单中的单价项目，承包人应按工程计量确认的工程量与综合单价计算，如综合单价发生调整的，以发承包双方确认调整的综合单价计算进度款。

（3）已标价工程量清单中的总价项目，承包人应按合同中约定的进度款支付分解分别列入工程进度款支付申请中的安全文明施工费和本周期应支付的总价项目的金额中。

（4）发包人提供的甲供材料金额,应按照发包人签约提供的单价和数量从进度款支付中扣除,列入本周期应扣减的金额中。

（5）承包人现场签证和得到发包人确认的索赔金额列入本周期应增加的金额中。

（6）进度款的支付比例按照合同约定,按期中结算价款总额计,不低于60%,不高于90%。

2）承包人提交进度款支付申请

承包人应在每个计量周期到期后的7天内向发包人提交已完工程进度款支付申请一式四份,详细说明此周期自己认为有权得到的款额,包括分包人已完工程的价款。支付申请的内容包括:

（1）累计已完成的工程价款。

（2）累计已实际支付的工程价款。

（3）本周期已完成的合同价款:

①本周起已完成单价项目的金额;

②本周期应支付的总价项目的金额;

③本周期已完成的计日工价款;

④本周期应支付的安全文明施工费;

⑤本周期应增加的金额。

（4）本周期合计应扣减的金额:

①本周期应扣回的预付款;

②本周期应扣减的款项。

（5）本周期实际应支付的合同价款。

3）已完工程的计量与支付

（1）发包人应在收到承包人进度款支付申请后的14天内根据计量结果和合同约定对申请内容予以核实,确认后向承包人出具进度款支付证书。若发承包双方对有的清单项目的计量结果出现争议,发包人应对无争议部分的工程计量结果向承包人出具进度款支付证书。

（2）发包人应在签发进度款支付证书后的14天内,按照支付证书列明的金额向承包人支付进度款。

（3）若发包人逾期未签发进度款支付证书,则视为承包人提交的进度款支付申请已被发包人认可,承包人可向发包人发出催告付款的通知。发包人应在收到通知后的14天内,按照承包人支付申请的金额向承包人支付进度款。

（4）发包人未按合同约定支付进度款的,承包人可催告发包人支付,并有权获得延迟支付的利息;发包人在付款期满后的7天内仍未支付的,承包人可在付款期满后的第8天起暂停施工。发包人应承担由此增加的费用和(或)延误的工期,向承包人支付合理利润,并承担违约责任。

（5）发现已签发的任何支付证书有错、漏或重复的数额,发包人有权予以修正,承包人也有权提出修正申请。经发承包双方复核同意修正的,应在本次到期的进度款中支付或扣除。

4.工程保修金

按照《建设工程质量保证金管理暂行办法》的规定,建设工程项目质量保修金(质量保证金)指发包人与承包人在建设工程项目承包合同中约定,从应付的工程款中预留,用以保证承包人在保修期内对建设工程项目出现的缺陷进行维修的资金,待工程项目保修期结束后拨付。保修金扣除有两种方法:

（1）当工程进度款拨付累计额达到该建筑安装工程造价的一定比例时（一般95%），停止支付。预留的一定比例的剩余尾款作为保修金。

（2）保修金的扣除也可以从发包方向承包方第一次支付的工程进度款开始，在每次承包商应得到的工程款中扣留投标书中规定金额作为保修金，直至保修金总额达到投标书中规定的限额为止。全部或者部分使用政府投资的建设项目，按工程价款结算总额5%左右的比例预留保证金。社会投资项目采用预留保证金方式的，预留保证金的比例可参照执行。如某项目合同约定，保修金每月按进度款的5%扣留。若第一月完成产值100万元，则扣留5%的保修金后，实际支付：$100 - 100 \times 5\% = 95$ 万元。

【例8-17】　某工程项目，建设单位与施工单位签订了工程施工合同，合同工期为5个月，分部分项工程清单含一个分项工程，工程量为8000m³，综合单价为200元/m³。合同中约定：当某一分项工程实际工程量比清单工程量增加超过10%，应调整单价，超出部分的单价调整系数为0.9；当某一分项工程实际工程量比清单工程量减少10%以上时，对该分项工程的全部工程量调整单价，单价调整系数1.1。

问题：

（1）若施工单位每月实际完成并经工程师确认的分部分项工程量为表8-2。计算5月份结算的分部分项工程费。

每月实际完成的分部分项工程　　　　　　　　　　表8-2

月份	1	2	3	4	5
分部分项工程量(m³)	1400	1900	1500	2000	2100

（2）若施工单位每月实际完成并经工程师确认的分部分项工程量为表8-3。计算5月份结算的分部分项工程费。

每月实际完成的分部分项工程　　　　　　　　　　表8-3

月份	1	2	3	4	5
分部分项工程量(m³)	1050	1350	1400	1500	1700

【解】（1）5月累计工程量 $= 1400 + 1900 + 1500 + 2000 + 2100 = 8900 \text{m}^3$

$(8900 - 8000)/8000 = 11.25\%$，超过10%，重新调整综合单价。

调整结算价 $= 8000 \times 1.1 \times 200 + (8900 - 8000 \times 1.1) \times 200 \times 0.9 = 176 + 1.8 = 177.8$ 万元

5月结算分部分项工程费 $= 177.8 - (1400 + 1900 + 1500 + 2000) \times 200 \div 10000 = 41.8$ 万元

（2）5月累计工程量 $= 1050 + 1350 + 1400 + 1500 + 1700 = 7000 \text{m}^3$

$(7000 - 8000)/8000 = -12.5\%$，减少了12.5%，重新调整综合单价。

调整结算价 $= 7000 \times 200 \times 1.1 = 154$ 万元

5月结算分部分项工程费 $= 154 - (1050 + 1350 + 1400 + 1500) \times 200 \div 10000 = 48$ 万元

【例8-18】　工程施工合同情况见【例8-18】，并已知，工程技术措施项费合计为55万元，从合同工期第1个月至第4个月平均支付，技术措施费的调整按现行规定。安全文明等其他措施费合计9.5万元，以分部分项工程费和技术措施项目费合计为基数进行结算。其他措施项目费在开工后的第1个月末和第2个月末按措施项目清单中的数额分两次平均支付，措施费用调整部分在最后一个月结清，多退少补。

若施工单位每月实际完成并经工程师确认的分部分项工程量见表8-2。计算5月份结算的措施费。

【解】按规定,因为 177.8 万元 $> 1.1 \times 160 = 176$ 万元,调整技术措施费。

$$技术措施调整后结算价 = 55 \times \left(\frac{177.8 - 160 \times 1.1}{160} + 1 \right) = 55.62 \ 万元$$

$$其他措施费费率 = \frac{9.5}{160 + 55} = 4.42\%$$

调整后的措施费结算价 $= (177.8 + 55.62) \times 4.42\% = 10.32 \ 万元$

5 月份应结算的措施费 $= (10.32 + 55.62) - (55 + 9.5) = 1.44 \ 万元$

5.物价波动引起的价款调整

一般情况下,因物价波动引起的价款调整,可采用以下两种方法中的某一种计算。

(1)采用调值公式调整价款。建筑安装工程调值公式包括人工、材料、固定部分。

$$P = P_0 \left(a_0 + a_1 \times \frac{A}{A_0} + a_2 \times \frac{B}{B_0} + a_3 \times \frac{C}{C_0} + a_4 \times \frac{D}{D_0} \right) \tag{8-12}$$

式中:　　P——调值后合同价或工程实际结算价款;

　　　　　P_0——合同价款中工程预算进度款;

　　　　　a_0——合同固定部分,不能调整的部分占合同总价的比重;

a_1、a_2、a_3、a_4——调价部分(人工费用、钢材、水泥、运输等各项费用)在合同总价中所占的比例;

A_0、B_0、C_0、D_0——基准日期(即投标截止时间前 28 天)对应的各项费用的基准价格指数或价格;

　A、B、C、D——根据进度付款、竣工付款和最终结清等约定的付款证书相关周期最后一天的前 42 天对应各项费用的现行价格指数或价格。

【例8-19】某工程采用 FIDIC 合同条件,合同金额 500 万元,根据承包合同,采用调值公式调值,调价因素为 A、B、C 三项,其在合同中比率为 20%、10%、25%,这三种因素基期的价格指数分别为 105%、102%、110%,结算期的价格指数分别为 107%、106%、115%,则调值后的合同价款是多少?

【解】调值后的合同价款为:

$$500 \times \left(45\% + 20\% \times \frac{107}{105} + 10\% \times \frac{106}{102} + 25\% \times \frac{115}{110} \right) = 509.54 \ 万元$$

经调整实际结算价格为 509.54 万元,比原合同多 9.54 万元。

使用调值公式时应注意的问题:

①固定部分比例尽可能小,通常取值范围在 0.15 ~ 0.35。

②调值公式中的各项费用,一般选择用量大、价格高且具有代表性的一些典型人工费和材料费,通常是大宗水泥、砂石、钢材、木材、沥青等,并用它们的价格指数变化综合代表材料费的价格变化。

③各部分成本的比重系数,在许多招标文件中要求承包方在投标中提出,并在价格分析中予以论证。也有的是由发包方在招标文件中规定一个允许范围,由投标人在此范围内选定。

④调整有关各项费用要与合同条款规定相一致。例如签订合同时,双方一般商定调整的有关费用和因素,以及物价波动到何种程度才进行调整。在国际工程中,一般在 ±5% 以上才进

行调整。如有的合同规定,在应调整金额不超过合同原始价5%时,由承包方自己承担,在5%~20%之间时,承包方负担10%,发包方负担90%,超过20%时,则必须另行签订附加条款。

⑤承包人工期延误后的价格调整。由于承包人原因未在约定的工期内竣工的,则对原约定竣工日期后继续施工的工程,在使用价格调整公式时,应采用原约定竣工日期与实际竣工日期的两个价格指数中较低的一个作为现行价格指数。

⑥变动要素系数之和加上固定要素系数应该等于1。

【例8-20】2011年3月实际完成的某土方工程,按2010年签约时的价格计算工程价款为10万元,该工程固定系数为0.2,各参加调值的因素除人工费的价格指数增长了10%外,其他都未发生变化,人工占调值部分的50%,按调值公式完成该土方工程结算的工程款是多少?

【解】该土方工程结算的工程款为:

$$100000 \times \left(0.2 + 0.4 \times \frac{110}{100} + 0.4 \times \frac{100}{100} \right) = 104000 \ 元$$

注:调值部分为0.8,其中人工为50%,即0.4。

【例8-21】某土建工程,合同规定结算款100万元,合同原始报价日期为2010年11月,工程于2011年3月建成交付使用,工程人工费、材料费构成比例以及有关造价指数见表8-4,计算实际结算款。

某土建工程人工费、材料费构成比例以及有关造价指数　　表8-4

项目	人工费	钢材	水泥	集料	红砖	砂	木材	不调值费用
比例(%)	45	11	11	5	6	3	4	15
2010年12月指数	100	100.8	102.0	93.6	100.2	95.4	93.4	
2011年3月指数	110.1	98.0	112.9	95.9	98.9	91.1	117.9	

【解】

$$实际结算价款 = 100 \times \left(0.15 + 0.45 \times \frac{110.1}{100} + 0.11 \times \frac{98}{100.08} + 0.11 \times \frac{112.9}{102.0} + \right.$$
$$\left. 0.05 \times \frac{95.9}{93.6} + 0.06 \times \frac{98.9}{100.2} + 0.03 \times \frac{91.1}{95.4} + 0.04 \times \frac{117.9}{93.4} \right)$$
$$= 100 \times 1.064 = 106.4 \ 万元$$

(2)采用造价信息调整价格。此方式适用于使用的材料品种较多,相对而言每种材料使用量较小的房屋建筑与装饰工程。施工期内,因人工、材料、设备和机械台班价格波动影响合同价格时,人工、机械使用费按照国家或省、自治区、直辖市建设行政管理部门、行业建设管理部门或其授权的工程造价管理机构发布的人工成本信息、机械台班单价或机械使用费系数进行调整;需要进行价格调整的材料,其单价和采购数应由监理人复核,监理人确认需调整的材料单价及数量,作为调整工程合同价格差额的依据。

①人工单价发生变化时,发、承包双方应按省级或行业建设主管部门或其授权的工程造价管理机构发布的人工成本文件调整工程价款。

②材料价格变化超过省级或行业建设主管部门或其授权的工程造价管理机构规定的幅度时应当调整,承包人应在采购材料前就采购数量和新的材料单价报发包人核对,确认用于本合同工程时,发包人应确认采购材料的数量和单价。发包人在收到承包人报送的确认资料后3个工作日内不予答复的视为已经认可,作为调整工程价款的依据。如果承包人未报经发包人核对即自行采购材料,再报发包人确认调整工程价款的,如发包人不同意,则不作调整。

③施工机械台班单价或施工机械使用费发生变化超过省级或行业建设主管部门或其授权的工程造价管理机构规定的范围时,按其规定进行调整。

8.5.2 工程竣工结算

工程竣工结算指施工企业按照合同规定完成所承包工程的全部内容,经验收质量合格,并符合合同要求之后,向发包单位进行的最终工程价款结算。

结算双方应按照合同价款及合同价款调整内容以及索赔事项,进行工程竣工结算。

1.工程竣工结算的编制

工程竣工结算由承包人或受其委托具有相应资质的工程造价咨询人编制。

1)工程竣工结算编制的主要依据

综合《建设工程工程量清单计价规范》(GB 50500—2013)和《建设项目工程结算编审规程》(CECA/GC3—2007)的规定,工程竣工结算编制的主要依据包括以下内容:

(1)国家有关法律、法规、规章制度和相关的司法解释。

(2)建设工程工程量清单计价规范。

(3)施工承发包合同、专业分包合同及补充合同,有关材料、设备采购合同。

(4)招投标文件,包括招标答疑文件、投标承诺、中标报价书及其组成内容。

(5)工程竣工图或施工图、施工图会审记录,经批准的施工组织设计,以及设计变更、工程洽商和相关会议纪要。

(6)经批准的开、竣工报告或停、复工报告。

(7)双方确认的工程量。

(8)双方确认追加(减)的工程价款调整。

(9)其他依据。

2)工程竣工结算的编制内容

采用工程量清单计价方式时,工程竣工结算的编制内容包括工程量清单计价表所包含的各项费用内容:

(1)分部分项工程费:依据双方确认的工程量、合同约定的综合单价计算,如发生调整的,以发、承包双方确认调整的综合单价计算。

(2)措施项目费:依据合同约定的项目和金额计算,如发生调整的,以发、承包双方确认调整的金额计算。

①采用综合单价计价的措施项目,应依据发、承包双方确认的工程量和综合单价计算。

②明确采用"项"计价的措施项目,应依据合同约定的措施项目和金额或发、承包双方确认调整后的措施项目费金额计算。

③措施项目费中的安全文明施工费应按照国家或省级行业建设主管部门的规定计算。施工过程中,国家或省级行业建设主管部门对安全文明施工费进行了调整的,措施项目费中的安全文明施工费应作相应调整。

(3)其他项目费应按以下规定计算:

①计日工的费用应按发包人实际签证确认的数量和合同约定的相应项目综合单价计算。

②暂估价中的材料单价应按发、承包双方最终确认价在综合单价中调整;专业工程暂估价应按中标价或发包人、承包人与分包人最终确认价计算。

③总承包服务费应依据合同约定金额计算,如发生调整的,以发、承包双方确认调整的金额计算。

④索赔费用应依据发、承包双方确认的索赔事项和金额计算。

⑤现场签证费用应依据发、承包双方签证资料确认的金额计算。

⑥暂列金额应减去工程价款调整与索赔、现场签证金额计算,如有余额归发包人。

(4)规费和税金应按照国家或省级行业建设主管部门对规费和税金的计取标准计算。

2.工程竣工结算的程序

(1)承包人递交竣工结算书。承包人应在合同规定时间内编制完竣工结算书,并在提交竣工验收报告的同时递交给发包人。

承包人未在规定的时间内提交竣工结算文件,经发包人催告后14天内仍未提交或没有明确答复,发包人有权根据已有资料编制竣工结算文件,作为办理竣工结算和支付结算款的依据,承包人应予以认可。

(2)发包人进行核对。发包人在收到承包人递交的竣工结算书后,应按合同约定时间核对。

发包人应在收到承包人提交的竣工结算文件后的28天内核对。发包人经核实,认为承包人还应进一步补充资料和修改结算文件,应在上述时限内向承包人提出核实意见,承包人在收到核实意见后的28天内按照发包人提出的合理要求补充资料,修改竣工结算文件,并再次提交给发包人复核后批准。

发包人应在收到承包人再次提交的竣工结算文件后的28天内予以复核,并将复核结果通知承包人。

①发包人、承包人对复核结果无异议的,应在7天内在竣工结算文件上签字确认,竣工结算办理完毕。

②发包人或承包人对复核结果认为有误的,无异议部分按照办理不完全竣工结算;有异议部分由发承包双方协商解决,协商不成的,按照合同约定的争议解决方式处理。

发包人在收到承包人竣工结算文件后的28天内,不核对竣工结算或未提出核对意见的,视为承包人提交的竣工结算文件已被发包人认可,竣工结算办理完毕。

承包人在收到发包人提出的核实意见后的28天内,不确认也未提出异议的,视为发包人提出的核实意见已被承包人认可,竣工结算办理完毕。

(3)工程造价咨询人代表发包人核对。发包人委托工程造价咨询人核对竣工结算的,工程造价咨询人应在28天内核对完毕,核对结论与承包人竣工结算文件不一致的,应提交给承包人复核,承包人应在14天内将同意核对结论或不同意见的说明提交工程造价咨询人。工程造价咨询人收到承包人提出的异议后,应再次复核,复核无异议的办理竣工结算手续,复核后仍有异议的,无异议部分办理竣工结算,有异议部分双方协商解决,仍未达成一致意见,按合同约定争议解决方式处理。

承包人逾期未提出书面异议,视为工程造价咨询人核对的竣工结算文件已经承包人认可。

3.工程价款结算争议处理

(1)在工程计价中,对工程造价计价依据、办法以及相关政策规定发生争议事项的,由工程造价管理机构负责解释。

(2)工程造价咨询机构接受发包人或承包人委托,编审工程竣工结算,应按合同约定和实际履约事项认真办理,出具的竣工结算报告经发、承包双方签字后生效。同一工程竣工结算核对完成,发、承包双方签字确认后,禁止发包人又要求承包人与另一个或多个工程造价咨询人重复核对竣工结算。

(3)发包人以对工程质量有异议,拒绝办理工程竣工结算的,已竣工验收或已竣工未验收但实际投入使用的工程,其质量争议按该工程保修合同执行,竣工结算按合同约定办理;已竣工未验收且未实际投入使用的工程以及停工、停建工程的质量争议,双方应就有争议的部分委托有资质的检测鉴定机构进行检测,根据检测结果确定解决方案,或按工程质量监督机构的处理决定执行后办理竣工结算,无争议部分的竣工结算按合同约定办理。

(4)发、承包双方发生工程造价合同纠纷时,应通过下列办法解决:

①双方协商;

②提请调解,工程造价管理机构负责调解工程造价问题;

③按合同约定向仲裁机构申请仲裁或向人民法院起诉。

4.工程竣工价款结算的基本公式

$$竣工结算工程价款 = 合同价款 + 施工过程中预算或合同价款调整数额 -$$
$$预付及已结算工程价款 - 保修金 \tag{8-13}$$

【例8-22】某工程合同价款总额为300万元,施工合同规定预付备料款为合同价的25%,主要材料为工程价款的62.5%,在每月工程款中扣留5%保修金,每月实际完成工作量见表8-5,求预付备料款、每月结算工程款。

某工程每月实际完成工作量(单位:万元)　　　　　表8-5

月份	1	2	3	4	5	6
完成工作量	20	50	70	75	60	25

【解】预付备料款 $=300 \times 25\% = 75$ 万元

$$起扣点 = 300 - \frac{75}{62.5\%} = 180 \text{ 万元}$$

1月份:累计完成20万元,结算工程款 $= 20 - 20 \times 5\% = 19$ 万元

2月份:累计完成70万元,结算工程款 $= 50 - 50 \times 5\% = 47.5$ 万元

3月份:累计完成140万元,结算工程款 $= 70 \times (1 - 5\%) = 66.5$ 万元

4月份:累计完成215万元,超过起扣点180万元

$$结算工程款 = 75 - (215 - 180) \times 62.5\% - 75 \times 5\% = 49.375 \text{ 万元}$$

5月份:累计完成275万元

$$结算工程款 = 60 - 60 \times 62.5\% - 60 \times 5\% = 19.5 \text{ 万元}$$

6月份:累计完成300万元

$$结算工程款 = 25 \times (1 - 62.5\%) - 25 \times 5\% = 8.125 \text{ 万元}$$

5.结算款支付

(1)签发竣工结算支付证书

承包人应根据办理的竣工结算文件,向发包人提交竣工结算款支付申请。该申请应包括下列内容:竣工结算合同价款总额;累计已实际支付的合同价款;应扣留的质量保证金;实际应支付的竣工结算款金额。

发包人应在收到承包人提交竣工结算款支付申请后7天内予以核实,向承包人签发竣工结算支付证书。

(2)支付

①发包人签发竣工结算支付证书后的14天内,按照竣工结算支付证书列明的金额向承包人支付结算款。

②发包人在收到承包人提交的竣工结算款支付申请后7天内不予核实,不向承包人签发竣工结算支付证书的,视为承包人的竣工结算款支付申请已被发包人认可;发包人应在收到承包人提交的竣工结算款支付申请7天后的14天内,按照承包人提交的竣工结算款支付申请列明的金额向承包人支付结算款。

③发包人未按时支付竣工结算款的,承包人可催告发包人支付,并有权获得延迟支付的利息。发包人在竣工结算支付证书签发后或者在收到承包人提交的竣工结算款支付申请7天后的56天内仍未支付的,除法律另有规定外,承包人可与发包人协商将该工程折价,也可直接向人民法院申请将该工程依法拍卖。承包人就该工程折价或拍卖的价款优先受偿。

6.质量保证金与最终结清

(1)质量保证金

发包人应按照合同约定的质量保证金比例从结算款中扣留质量保证金。

承包人未按照合同约定履行属于自身责任的工程缺陷修复义务的,发包人有权从质量保证金中扣留用于缺陷修复的各项支出。若经查验,工程缺陷属于发包人原因造成的,应由发包人承担查验和缺陷修复的费用。

在合同约定的缺陷责任期终止后的14天内,发包人应将剩余的质量保证金返还给承包人。剩余质量保证金的返还,并不能免除承包人按照合同约定应承担的质量保修责任和应履行的质量保修义务。

(2)最终结清

缺陷责任期终止后,承包人应按照合同约定向发包人提交最终结清支付申请。发包人对最终结清支付申请有异议的,有权要求承包人进行修正和提供补充资料。承包人修正后,应再次向发包人提交修正后的最终结清支付申请。

发包人应在收到最终结清支付申请后的14天内予以核实,向承包人签发最终结清证书。

发包人应在签发最终结清支付证书后的14天内,按照最终结清支付证书列明的金额向承包人支付最终结清款。

若发包人未在约定的时间内核实,又未提出具体意见的,视为承包人提交的最终结清支付申请已被发包人认可。

8.6 ➤ 资金使用计划的编制与投资偏差分析

8.6.1　资金使用计划的编制

1.施工阶段编制资金使用计划的作用

建设工程周期长、规模大、造价高,施工阶段又是资金投入量最直接、最大,效果最明显的阶段。施工阶段资金使用计划的编制与控制在整个建设管理中处于重要的地位,它对工程造价有着重要的影响,表现在以下几个方面。

(1)通过编制资金使用计划,合理地确定造价控制目标值,包括造价的总目标值、分目标值、各详细目标值,为工程造价的控制提供依据,并为资金的筹集与协调打下基础。有了明确的目标值后,就能将工程实际支出与目标值进行比较,找出偏差,分析原因,采取措施纠正偏差。

(2)通过资金使用计划的编制,可以对未来工程项目的资金使用和进度控制进行预测,消除不必要的资金浪费和进度失控,也能够避免在今后工程项目中由于缺乏依据而进行轻率判断所造成的损失,减少盲目性,让现有资金充分发挥作用。

(3)在建设项目的实施过程中,通过资金使用计划的严格执行,可以有效地控制工程造价上升,最大限度地节约投资,提高投资效益。

(4)对脱离实际的工程造价目标值和资金使用计划,应在科学评估的前提下,允许修订和修改,使工程造价更加趋于合理,从而保障建设单位和承包人各自的合法利益。

2.资金使用计划的编制方法

1)投资目标的分解

编制资金使用计划过程中最重要的步骤,就是项目投资目标的分解。根据投资控制目标和要求的不同,投资目标的分解可以分为按投资构成、按子项目、按时间分解三种类型。

(1)按投资构成分解的资金使用计划。工程项目的投资主要分为建筑安装工程投资、设备工器具购置投资及工程建设其他投资。由于建筑工程和安装工程在性质上存在着较大差异,投资的计算方法和标准也不尽相同。因此,在实际操作中往往将建筑工程投资和安装工程投资分解开来。这样,工程项目投资的总目标就可以按图8-9分解。

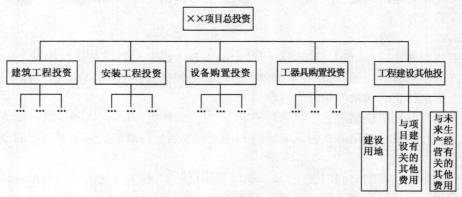

图8-9　按投资构成分解目标

图8-9中的建筑工程投资、安装工程投资、工器具购置投资可以进一步分解。另外,在按项目投资构成分解时,可以根据以往的经验和建立的数据库来确定适当的比例。必要时也可以作一些适当的调整。例如:如果估计所购置的设备大多包括安装费,则可将安装工程投资和设备购置投资作为一个整体来确定他们所占的比例,然后再分具体情况决定细分或不细分。按投资的构成来分解的方法比较适合于有大量经验数据的工程项目。

(2)按子项目分解的资金使用计划。大中型的工程项目通常是由若干单项工程构成的,而每个单项工程包括了多个单位工程,每个单位工程又是若干个分部分项工程构成的,因此,首先要把项目总投资分解到单项工程和单位工程中,如图8-10所示。

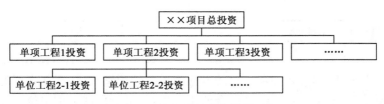

图 8-10　按子项目分解投资目标

一般来说,由于概算和预算大都是按照单项工程和单位工程来编制的,所以将项目总投资分解到各单项工程是比较容易的。需要注意的是,按照这种方法分解项目总投资,不能只是分解建筑工程投资、安装工程投资和设备工器具购置投资,还应该分解项目的其他投资。但项目其他投资所包含的内容既与具体单项工程或单位工程直接有关,也与整个项目建设有关,因此必须采取适当的方法将项目其他投资合理地分解到各个单项工程和单位工程中。最常用的也是最简单的方法就是按照单项工程的建筑安装工程投资和设备工器具购置投资之和的比例分摊。但其结果可能与实际支出投资相差甚远。因此实践中一般应对工程项目的其他投资的具体内容进行分析,将其中确实与各单项工程和单位工程有关的投资分离出来,按照一定比例分解到相应的工程内容上。其他与整个项目有关的投资则不分解到单项工程和单位工程上。

另外,对各单位工程的建筑安装工程投资还需要进一步分解,在施工阶段一般可分解到分部分项工程上。

(3)按时间进度分解的资金使用计划。工程项目的投资总是分阶段、分期支出的,资金应用是否合理与资金的时间安排有密切关系。为了编制项目资金使用计划,并据此筹措资金,尽可能减少资金占用和利息支出,有必要将项目总投资按其使用时间进行分解。

编制按时间进度的资金使用计划,通常可利用控制项目进度的网络图进一步扩充而得。即在建立网络图时,一方面确定完成各项工作所需花费的时间,另一方面同时确定完成这一工作的合适的投资支出预算。在实践中,将工程项目分解为既能方便地表示时间,又能方便地表示投资支出预算的工作是不容易的,通常如果项目分解程度对时间控制合适的话,则对投资支出预算可能分配过细,以至于不可能对每项工作确定其投资支出预算。反之亦然。因此,在编制网络计划时应在充分考虑进度控制对项目划分要求的同时,还要考虑确定投资支出预算对项目划分的要求,做到二者兼顾。

以上三种编制资金使用计划的方法并不是相互独立的。在实践中,往往是将这几种方法结合起来使用,从而达到扬长避短的效果。例如,将按子项目分解项目总投资与按投资构成分解项目总投资两种方法相结合,横向按子项目分解,纵向按投资构成分解,或相反。这种分解方法有助于检查各单项工程和单位工程投资构成是否完整,有无重复计算或缺项;同时还有助于检查各项具体的投资支出的对象是否明确或落实,并且可以从数字上校核分解的结果有无错误。或者还可将按子项目分解项目总投资目标与按时间分解项目总投资目标结合起来,一般是纵向按子项目分解,横向按时间分解。

2)资金使用计划的形式

(1)按子项目分解得到的资金使用计划表。在完成工程项目投资目标分解后,接下来就要具体地分配投资,编制工程分项的投资支出计划,从而得到详细的资金使用计划表。其内容一般包括:工程分项编码、工程内容、计量单位、工程数量、计划综合单价、本分项总计等,见表8-6。

资金使用计划表　　　　　　　　　　　　　　　　　　表 8-6

序号	工程分项编码	工程内容	计量单位	工程数量	计划综合单价	本分项总计	备注

在编制投资支出计划时,要在项目总的方面考虑总的预备费,也要在主要的工程分项中安排适当的不可预见费,避免在具体编制资金使用计划时,可能发现个别单位工程或工程量表中某项内容的工程量计算有较大出入,使原来的投资估算失实,并在项目实施过程中对其尽可能地采取一些措施。

(2)时间—投资累计曲线。通过对项目投资目标按时间进行分解,在网络计划基础上,可获得项目进度计划的横道图,并在此基础上编制资金使用计划。其表示方式有两种:一种是在总体控制时标网络图上表示,见图 8-11;另一种是利用时间—投资曲线(S 形曲线)表示,见图 8-12。

时间—投资累计曲线的绘制步骤如下:

①确定工程项目进度计划,编制进度计划的横道图。

②根据每单位时间内完成的实物工程量或投入的人力、物力和财力,计算单位时间(月或旬)的投资,在时标网络图上按时间编制投资支出计划,如图 8-11 所示。

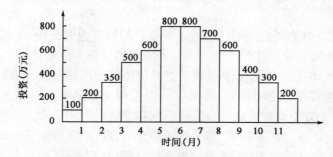

图 8-11　时标网络图上按月编制的资金使用计划

③计算规定时间 t 计划累计完成的投资额,其计算方法为:各单位时间计划完成的投资额累加求和,可按下式计算:

$$Q_t = \sum_{n=1}^{t} q_n \tag{8-14}$$

式中:Q_t——某时间 t 计划累计完成的投资额;

　　　q_n——单位时间 n 内计划完成的投资额;

　　　t——某规定计划时刻。

④按各规定时间的 Q_t 值,绘制 S 形曲线,如图 8-12 所示。

每一条 S 形曲线都对应某一特定的工程进度计划。因为在进度计划的非关键路线中存在许多有时差的工序或工作,因而 S 形曲线(投资计划值曲线)必然包络在由全部工作都按最早时间开始和全部工作都按最迟必须开始时间开始的曲线所组成的"香蕉图"内,建设单位可根据编制的投资支出预算来合理安排资金,同时建设单位也可以根据筹措的建设资金来调整 S 形曲线,即通过调整非关键路线上的工作的最早或最迟开工时间,力争将实际的投资支出控制在计划范围内。

一般而言,所有工作都按最迟开始时间开始,对节约建设单位的建设资金贷款利息是有利的,但同时,也降低了项目按期竣工的保证率。因此,造价工程师必须合理地确定投资支出计划,达到既节约投资支出,又能控制项目工期的目的。

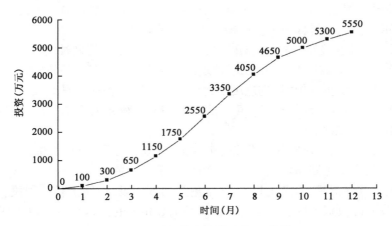

图 8-12 时间投资累计曲线(S 曲线)

(3)综合分解资金使用计划表。将投资目标的不同分解方法相结合,会得到比前者更为详尽、有效的综合分解资金使用计划表。综合分解资金使用计划表一方面有助于检查单项工程和单位工程的投资构成是否合理,有无缺陷或重复计算;另一方面也可以检查各项具体的投资支出的对象是否明确和落实,并可校核分解的结果是否正确。在确定了造价(投资)控制目标之后,为了有效地进行造价(投资)控制,造价管理者必须定期地进行投资计划值与实际值的比较,当实际值偏离计划值时,分析产生偏差的原因,采取适当的纠偏措施,以使投资超支尽可能小。

8.6.2 投资偏差的概念

1. 投资偏差的含义

在项目实施过程中,由于各种因素的影响,实际情况往往会与计划出现偏差,形成了实际投资与计划投资、实际工程进度与计划工程进度的差异,为了有效地进行造价控制,造价管理者必须分析产生偏差的原因,采取适当的纠偏措施,以使投资超支尽可能小。

投资的实际值与计划值的差异叫做投资偏差,

实际工程进度与计划工程进度的差异叫做进度偏差。

即

$$投资偏差 = 已完工程实际投资 - 已完工程计划投资 \qquad (8\text{-}15)$$

其中:已完工程实际投资指"实际进度下的实际投资",根据实际进度完成状况,在某一确定时间内已经完成的工程内容的实际投资。可以表示为在某一确定时间内,实际完成的工程量与单位工程量实际单价的乘积,即

$$已完工程实际投资 = \sum 已完工程量(实际工程量) \times 实际单价 \qquad (8\text{-}16)$$

已完工程计划投资指"实际进度下的计划投资",根据实际进度完成状况,在某一确定时间内已经完成的工程所对应的计划投资额。可以表示为在某一确定时间内,实际完成的工程量与单位工程量计划单价的乘积,即

$$已完工程计划投资 = \sum 已完工程量(实际工程量) \times 计划单价 \qquad (8\text{-}17)$$

投资偏差为正,表示投资超支;投资偏差为负,表示投资节约。

但是,进度偏差对投资偏差分析的结果有重要影响,如果不加以考虑,就不能正确反映投资偏差的实际情况。例如:某一阶段的投资超支,可能是由于进度超前导致的,也可能是由于物价上涨导致的。为此,投资偏差分析必须引入进度偏差的概念。

$$进度偏差1 = 已完工程实际时间 - 已完工程计划时间 \qquad (8-18)$$
$$进度偏差2 = 拟完工程计划投资 - 已完工程计划投资 \qquad (8-19)$$

其中:拟完工程计划投资指"计划进度下的计划投资",根据进度计划安排,在某一确定时间内所应完成的工程内容的计划投资。可以表示为在某一确定时间内,计划完成的工程量与单位工程量计划单价的乘积,即

$$拟完工程计划投资 = \sum 拟完工程量(计划工程量) \times 计划单价 \qquad (8-20)$$

进度偏差为正,表示工期拖延;进度偏差为负,表示工期提前。

在进行有关偏差分析时,为简化起见,通常进行如下假设:拟完工程计划投资中的拟完工程量,与已完工程实际投资中的实际工程量在总额上是相等的,两者之间的差异只在于完成的时间不同。

【例8-23】 某工作计划完成工作量200m³,计划进度20m³/天,计划投资10元/m³,到第四天实际完成90m³,实际投资1000元,分析到第四天时的偏差。

【解】实际完成工作量:90m³

计划完成工作量:20×4=80m³

已完工程实际投资:1000元

已完工程计划投资 = 90×10 = 900元

拟完工程计划投资 = 80×10 = 800元

投资偏差 = 1000 - 900 = 100元

进度偏差 = 800 - 900 = -100元

所以,该工作进度提前,投资增加。

2. 投资偏差参数

（1）局部偏差和累计偏差

局部偏差有两层含义:一是对于整个项目而言,指各单项工程、单位工程及分部分项工程的投资偏差;另一含义是对于整个项目已经实施的时间而言,指每一控制周期所发生的投资偏差。

累计偏差是在项目已经实施的时间内累计发生的偏差。它是一个动态的概念,其数值总是与具体时间联系在一起,第一个累计偏差在数值上等于局部偏差,最终的累计偏差就是整个项目的投资偏差。

局部偏差的引入,使项目投资管理人员清楚地了解偏差发生的时间、所在的单项工程,这有利于分析其产生的原因;而累计偏差所涉及的工程内容较多、范围较大,且原因也较复杂,因而累计偏差分析必须以局部偏差分析为基础。从另一方面看,因为累计偏差分析是建立在对局部偏差进行综合分析的基础上,所以其结果更能显示出代表性和规律性,对投资控制工作在较大范围内具有指导作用。

（2）绝对偏差和相对偏差

绝对偏差指投资实际值与计划值比较所得到的差额。绝对偏差的结果很直观,有助于投

资管理人员了解项目投资出现偏差的绝对数额,并依次采取一定措施,制定或调整投资支付计划和资金筹措计划。但是,绝对偏差有其不容忽视的局限性。如同样是1万元的投资偏差,对于总投资1000万元的项目和总投资10万元的项目而言,其严重性显然是不同的。因此又引入相对偏差这一参数,指投资偏差的相对数或比例数,通常是用绝对偏差与投资计划值的比值来表示,即

$$相对偏差 = \frac{绝对偏差}{投资计划} = \frac{投资实际值 - 投资计划值}{投资计划值} \tag{8-21}$$

与绝对偏差一样,相对偏差可正可负,且两者同正负。正值表示投资超支,反之表示投资节约。两者都只涉及投资的计划值和实际值,既不受项目层次的限制,也不受项目实施时间的限制,因而在各种投资比较中均可采用。

(3)偏差程度

偏差程度指投资实际值对计划值的偏离程度,其表达式为:

$$投资偏差程度 = \frac{投资实际值}{投资计划值} \tag{8-22}$$

偏差程度可参照局部偏差和累计偏差分为局部偏差程度和累计偏差程度。注意累计偏差程度并不等于局部偏差程度的简单相加,例如假设分项工程A的投资实际值为250万元,投资计划值为200万元,则分项工程A的投资偏差程度为1.25;分项工程B的投资实际值为250万元,投资计划值为300万元,则分项工程B的投资偏差程度为0.83。分项工程A和B的累计投资偏差程度应为(250+250)/(200+300)=1,而不等于A和B的局部投资偏差程度之和。以月为一控制周期,则两者计算公式为:

$$投资局部偏差程度 = \frac{当月投资实际值}{当月投资计划值} \tag{8-23}$$

$$投资累计偏差程度 = \frac{累计投资实际值}{累计投资计划值} \tag{8-24}$$

将偏差程度与进度结合起来,引入进度偏差程度的概念,其表达式为:

$$进度偏差程度 = \frac{拟完工程计划时间}{已完工程计划时间} \tag{8-25}$$

或

$$进度偏差程度 = \frac{拟完工程计划投资}{已完工程计划投资} \tag{8-26}$$

上述各组偏差和偏差程度变量都是投资比较的基本内容和主要参数。投资比较的程度越深,为下一步偏差分析提供的支持就越有力。

8.6.3　投资偏差的分析方法

偏差分析可采用不同的方法,常用的有横道图法、表格法和曲线法。

1.横道图法

(1)横道线长度表示金额时的偏差分析

用不同的横道线分别标识已完工程计划投资、拟完工程计划投资、已完工程实际投资,横道线的长度与其金额成正比例,如图8-13所示。此方法具有形象、直观地表达投资绝对偏差的优点,但这种方法反映的信息量少,一般在项目的较高管理层应用。

项目编码	项目名称	投资参数数额 （万元）		投资偏差 （万元）	进度偏差 （万元）	偏差原因
041	木门窗安装	▨▨▨▨▨▨▨▨ 　30 30 30		0	0	—
042	铝合金门窗安装	▨▨▨▨▨▨▨▨▨ 　40 30 50		10	-10	
043	钢门窗安装	▨▨▨▨▨▨▨ 　40 40 50		10	0	
...	...	...		...	...	...
	合计	10　20　30　40　50　60 ▨▨▨▨ 110 100 130 100　200　300　400　500　600		20	-10	

▨▨▨▨ 已完工程计划投资　▦▦▦▦ 拟完工程计划投资　▨▨▨▨ 已完工程实际投资

图 8-13　用横道图法表示的投资偏差分析

（2）横道线长度表示时间时的偏差分析

在实际工作中往往需要根据拟完工程计划投资和已完工程实际投资确定已完工程计划投资后，再确定投资偏差与进度偏差。

根据拟完工程计划投资与已完工程实际投资确定已完工程计划投资的方法是：

①已完工程计划投资与已完工程实际投资的横道位置相同。

②已完工程计划投资与拟完工程计划投资的各子项工程的投资总值相同。

【例8-24】某计划进度与实际进度横道图如图8-14所示，表中粗实线表示计划进度（上方的数据表示每周计划投资），粗虚线表示实际进度（上方的数据表示每周实际投资），假定各分项工程每周计划完成的工程量相等。试进行偏差分析。

【解】由横道图知拟完工程计划投资和已完工程实际投资，首先求已完工程计划投资。已完工程计划投资的进度应与已完工程实际投资一致，在图8-14画出进度线的位置如细虚线所示，其投资总额应与计划投资总额相同。例：D分项工程，进度线同已完的实际进度7至11周，拟完工程计划投资：$4 \times 5 = 20$ 万元，已完工程计划投资为 $20 \div 5 = 4$ 万元，如图8-14中虚线，其余类推。

根据上述分析，将每周的拟完工程计划投资、已完工程计划投资、已完工程实际投资进行统计得到表8-7。

由表8-7可以求出每周的投资偏差和进度偏差。

第6周末，投资偏差 = 已完工程实际投资 - 已完工程计划投资

$$= 39 - 40 = -1 \text{ 万元}$$

节约1万元。

进度偏差 = 拟完工程计划投资 - 已完工程计划投资

$$= 67 - 40 = 27 \text{ 万元}$$

进度拖后27万元。

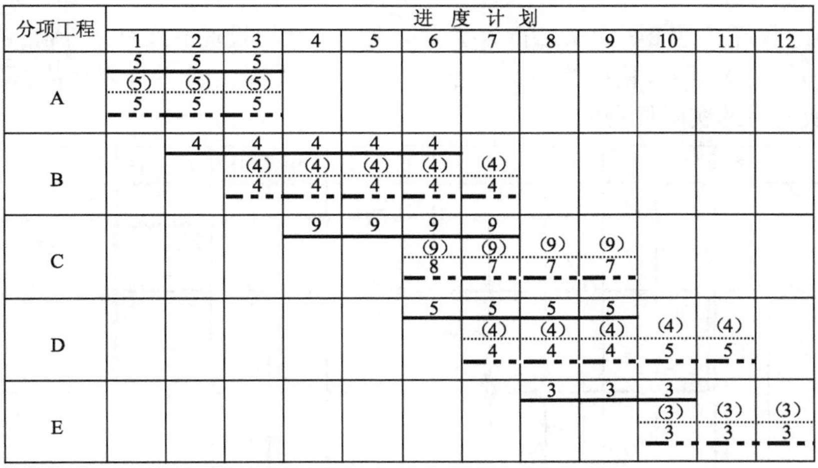

分项工程	进度计划											
	1	2	3	4	5	6	7	8	9	10	11	12
A	5	5	5									
	(5)	(5)	(5)									
	5	5	5									
B		4	4	4	4	4						
		(4)	(4)	(4)	(4)	(4)						
		4	4	4	4	4						
C				9	9	9	9					
						(9)	(9)	(9)	(9)			
						8	7	7	7			
D						5	5	5	5			
								(4)	(4)	(4)	(4)	
								4	4	4	5	5
E								3	3	3		
										(3)	(3)	(3)
										3	3	3

图 8-14　某工程计划进度与实际进度横道图

投资数据统计表　　　　　　　　　　　　　　　　表 8-7

项　　　目	投 资 数 据											
	1	2	3	4	5	6	7	8	9	10	11	12
每周拟完工程计划投资	5	9	9	13	13	18	14	8	8	3	—	—
累计拟完工程计划投资	5	14	23	36	49	67	81	89	97	100	—	—
每周已完工程实际投资	5	5	9	4	4	12	15	11	11	8	8	3
累计已完工程实际投资	5	10	19	23	27	39	54	65	76	84	92	95
每周已完工程计划投资	5	5	9	4	4	13	17	13	13	7	7	3
累计已完工程计划投资	5	10	19	23	27	40	57	70	83	90	97	100

2.时标网络图

时标网络图是在确定施工计划网络图的基础上,将施工的实施进度与日历工期相结合而形成的网络图。

双代号时标网络图以水平时间坐标尺度表示工作时间,时标的时间单位根据需要可以是天、周、月等。时标网络计划中,实箭线表示工作,实箭线的长度表示工作持续时间,实箭线上标入的数字表示实箭线对应工作的单位时间的计划投资值;虚箭线表示虚工作;波浪线表示工作与其紧后工作的时间间隔;虚点线表示对应施工检查日(用▲表示)施工的实际进度,将某一确定时点下时标网络图中各个工序的实际进度点相连就可以得到实际进度前锋线,实际进度前锋线表示整个项目目前实际完成的工作面情况。

根据时标网络图可以得到每一时间段的拟完工程计划投资、已完工程实际投资;另外,可以根据实际工作完成情况测得,在时标网络图上考虑实际进度前锋线就可以得到每一时间段的已完工程计划投资。

如图 8-15 中①→②工作上的 5 即表示该工作每月计划投资 5 万元;图中对应 4 月份有②→③、②→⑤、②→④三项工作列入计划,由上述数字可确定 4 月份拟完工程计划投资为 3 + 4 + 3 = 10 万元。图下方表 8-8 中第二行数字为拟完工程计划投资的逐月累计值,例如 4 月份为 5 + 5 + 10 + 10 = 30 万元;表格中第三行数字为已完工程实际投资逐月累计值,是表示工程进度实际变化所对应的实际投资值。

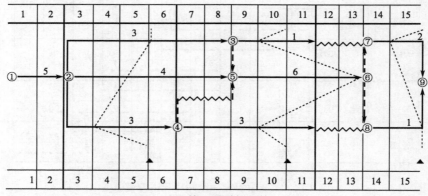

图 8-15　某工程时标网络计划

图 8-15 中如果不考虑实际进度前锋线,可以得到每个月份的拟完工程计划投资。例如,4 月份有三项工作投资额分别为 3 万元、4 万元、3 万元,则 4 月份拟完工程计划投资值为 10 万元。将各月中的数字累计计算即可产生拟完工程计划投资累计值,即表 8-8 中的第二行数字,第三行数字为已完工程实际投资,其数字根据实际工程开支为单独给出的。如果考虑实际进度前锋线,则可以得到对应月份的已完工程计划投资。

某工程投资数据 表 8-8

月　份	1	2	3	4	5	6	7	8	9	10	11	12	13	14	15
累计拟完工程计划投资(万元)	5	10	20	30	40	50	60	70	80	90	100	106	112	115	118
累计已完工程实际投资(万元)	5	15	25	35	45	53	61	69	77	85	94	103	112	116	120

第 5 个月底:

已完工程计划投资 = 2 × 5 + 3 × 3 + 4 × 2 + 3 = 30 万元

投资偏差 = 已完工程实际投资 – 已完工程计划投资 = 45 – 30 = 15 万元

投资增加 15 万元。

进度偏差 = 拟完工程计划投资 – 已完工程计划投资 = 40 – 30 = 10 万元

进度拖延 10 万元。

第 10 个月底:

已完工程计划投资 = 2 × 5 + 3 × 6 + 1 + 4 × 6 + 6 × 4 + 3 × 4 + 3 × 3 = 104 万元

投资偏差 = 已完工程实际投资 – 已完工程计划投资 = 85 – 104 = – 19 万元

投资节约 19 万元。

进度偏差 = 拟完工程计划投资 – 已完工程计划投资 = 90 – 104 = – 14 万元

进度提前 14 万元。

3.曲线法

曲线法是用投资累计曲线(S形曲线)来进行投资偏差分析的一种方法,如图 8-16 所示,其中 a 表示实际投资曲线,p 表示计划投资曲线,两条曲线之间的竖向距离表示投资偏差。

在用曲线法进行投资偏差分析时,首先要确定投资计划值曲线。投资计划值曲线是与确定的进度计划联系在一起的。同时,也要考虑实际进度的影响,应当引入 3 条投资参数曲线,即已完工程实际投资曲线 a,已完工程计划投资曲线 b 和拟完工程计划投资曲线 p,如图 8-17 所示。图中曲线 a 和曲线 b 的竖向距离表示投资偏差,曲线 b 和曲线 p 的水平距离表示进度偏差。

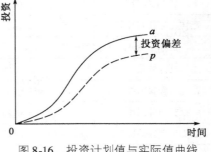

图 8-16　投资计划值与实际值曲线

图 8-17 反映的偏差为累计偏差。用曲线法进行偏差分析同样具有形象、直观的特点,但这种方法很难用于定量分析,只能对定量分析起到一定的指导作用,如果能与表格法结合起来,则会取得较好的效果。

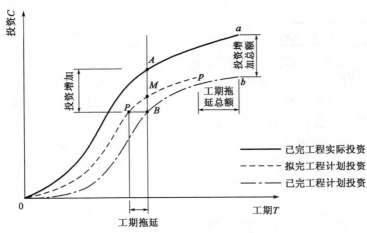

图 8-17　三条投资参数曲线

4.表格法

表格法是进行偏差分析最常用的一种方法,它将项目编号、名称、各投资参数及投资偏差数等综合归纳入一张表格中,并且直接在表格中进行比较。表 8-9 是用表格法进行投资偏差分析的例子。

投资偏差分析表 表 8-9

项目编号	(1)	051	052	053
项目名称	(2)	木门窗安装	钢门窗安装	铝合金门窗安装
单位	(3)			
计划单价	(4)			
拟完工程量	(5)			
拟完工程计划投资	(6)=(4)×(5)	30	30	40

续上表

项目编号	(1)	051	052	053
已完工程量	(7)			
已完工程计划投资	(8) = (4) × (7)	30	40	40
实际单价	(9)			
其他款项	(10)			
已完工程实际投资	(11) = (7) × (9) + (10)	30	50	50
投资局部偏差	(12) = (11) − (8)	0	10	10
投资局部偏差程度	(13) = (11) ÷ (8)	1	1.25	1.25
投资累计偏差	(14) = ∑(12)			
投资累计偏差程度	(15) = ∑(11) ÷ ∑(8)			
进度局部偏差	(16) = (6) − (8)	0	− 10	0
进度局部偏差程度	(17) = (6) ÷ (8)	1	0.75	1
进度累计偏差	(18) = ∑(16)			
进度累计偏差程度	(19) = ∑(6) ÷ ∑(8)			

由于各偏差参数都在表中列出,使投资管理者能够综合地了解并处理这些数据。用表格法进行偏差分析具有如下优点:①灵活性、适用性强,可根据实际需要设计表格,进行增减项;②信息量大,可以反映偏差分析所需的资料,从而有利于投资控制人员及时采取针对措施,加强控制;③表格处理可以借助于计算机,从而节约大量数据处理所需的人力,并大大提高速度。

【例 8-25】 某工程项目施工合同于 2009 年 12 月签订,约定的合同工期为 12 个月,2010 年 1 月开始正式施工。施工单位按合同工期要求编制了混凝土结构工程施工进度时标网络计划(图 8-18),并经专业监理工程师审核批准。

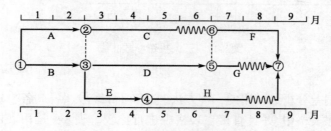

图 8-18 某工程时标网络计划

该项目的各项工作均按最早开始时间安排,且各工作每月所完成的工程量相等,各工作的计划工程量和实际工程量见表 8-10。工作 D、E、F 的实际工作持续时间与计划工作持续时间相同。

工程计划工程量和实际工程量表　　　　　　　　　　　表 8-10

工作	A	B	C	D	E	F	G	H
计划工程量(m³)	8600	9000	5400	10000	5200	6200	1000	3600
实际工程量(m³)	8600	9000	5400	9200	5000	5800	1000	5000

合同约定,混凝土结构工程综合单价为 1000 元/m³,按月结算,结算价按项目所在地混凝土结构工程造价指数进行调整,项目实施期间各月的混凝土结构工程价格指数见表8-11。

工程价格指数表 表 8-11

时间	2009 12月	2010 1月	2010 2月	2010 3月	2010 4月	2010 5月	2010 6月	2010 7月	2010 8月	2010 9月
混凝土结构工程价格指数(%)	100	115	105	110	115	110	110	120	110	110

施工期间,由于建设单位原因使工作 H 的开始时间比计划开始时间推迟了 1 个月,并由于工作 H 工程量的增加使该工作持续时间延长了 1 个月。

问题:

1. 请按施工进度计划编制资金使用计划(即计算每月和累计拟完工程计划投资),并简要写出其步骤。计算结果填入数据表中。

2. 计算工作 H 各月的已完工程计划投资和已完工程实际投资。

3. 计算混凝土结构工程已完工程计划投资和已完工程实际投资。

4. 列式计算 8 月末的投资偏差和进度偏差(用投资额表示)。

分析要点:

双代号时标网络计划图与偏差分析相结合的问题,关键是先要确定各工作每月的拟完计划工程量和计划单价,就可以计算各工作每月的拟完工程计划投资额,然后再根据各工作实际工程量和计划单价及实际单价确定每月的已完工程计划投资和已完工程实际投资,剩下就是根据偏差分析的基本原理和方法分析即可。

【解】1. 将各工作计划工程量与单价相乘后,除以该工作持续时间,得到各工作每月拟完工程计划投资额,如 A 工作 1 月拟完工程计划投资额为 8600m³ × 1000 元/m³ ÷ 2 个月 = 430 万元,B 工作 1 月拟完工程计划投资额为 9000m³ × 1000 元/m³ ÷ 2 个月 = 450 万元;再将时标网络计划中各工作分别按月纵向汇总得到每月拟完工程计划投资额,如 1 月的拟完工程计划投资额为 430 + 450 = 880 万元;然后逐月累加得到各月累计拟完工程计划投资额(注:也可以用算式表达上述计算步骤)。

根据上述步骤,参考时标网络图上相关数据按时间编制费用计划,计算结果见表8-12、表8-13 和表8-14。

基 本 数 据 表 (一) 表 8-12

单项工程	A	B	C	D	E	F	G	H	单位	备 注
计划工程量	8600	9000	5400	10000	5200	6200	1000	3600	m³	计划进度由时标网络图中相关数据确定,实际进度根据背景材料确定
实际工程量	8600	9000	5400	9200	5000	5800	1000	5000	m³	
计划单价	1000	1000	1000	1000	1000	1000	1000	1000	元/m³	
实际进度	按项目实施期间工程价格指数调整计算									
计划进度	1~2	1~2	3~5	3~6	3~4	7~8	7	5~7	月	
实际进度	1~2	1~2	3~5	3~6	3~4	7~8	7	6~9	月	

基 本 数 据 表 （二）　　　　　　　　　　　　　　　　　表 8-13

内　　容	1	2	3	4	5	6	7	8	9
(1)计划工作项目	A,B	A,B	C,D,E	C,D,E	C,D,H	D,H	F,G,H	F	—
(2)实际工作项目	A,B	A,B	C,D,E	C,D,E	C,D	D,H	F,G,H	F,H	H
(3)计划工作量 （m^3）	4300 +4500	4300 +4500	1800 +2500 +2600	1800 +2500 +2600	1800 +2500 +1200	2500 +1200	3100 +1000 +1200	3100	—
(4)实际工作量 （m^3）	4300 +4500	4300 +4500	1800 +2300 +2500	1800 +2300 +2500	1800 +2300	2500 +1250	2900 +1000 +1250	2900 +1250	1250
(5)计划单位费用 （元/m^3）	1000	1000	1000	1000	1000	1000	1000	1000	1000
(6)实际单位费用 （元/m^3）	1150	1050	1100	1150	1100	1100	1200	1100	1100
备注	拟完工程计划投资 = (3)×(5)，已完工程计划投资 = (4)×(5)，已完工程实际投资 = (4)×(6)								

计 算 结 果 表（单位:万元）　　　　　　　　　　　　　表 8-14

项　　目	投 资 数 据								
	1	2	3	4	5	6	7	8	9
每月拟完工程计划投资	880	880	690	690	550	370	530	310	—
累计拟完工程计划投资	880	1760	2450	3140	3690	4060	4590	4900	—
每月已完工程计划投资	880	880	660	660	410	355	515	415	125
累计已完工程计划投资	880	1760	2420	3080	3490	3845	4360	4775	4900
每月已完工程实际投资	1012	924	726	759	451	390.5	618	456.5	137.5
累计已完工程实际投资	1012	1936	2662	3421	3872	4262.5	4880.5	5337	5474.5

2. H 工作 6～9 月份每月完成工程量为 5000÷4 = 1250m^3/月

①H 工作 6～9 月已完工程计划投资均为 1250×1000 = 125 万元

②H 工作已完工程实际投资：

6 月份　　125×110% = 137.5 万元　　　7 月份　　125×120% = 150.0 万元

8 月份　　125×110% = 137.5 万元　　　9 月份　　125×110% = 137.5 万元

3. 计算结果见表 8-14。

4. 投资偏差 = 已完工程实际投资 - 已完工程计划投资

　　　　= 5337 - 4775 = 562 万元

可见,超支 562 万元。

　　　进度偏差 = 拟完工程计划投资 - 已完工程计划投资

　　　　　= 4900 - 4775 = 125 万元

可见,拖后 125 万元。

8.6.4 偏差原因分析

1.引起偏差的原因

偏差分析的一个重要目的就是找出引起偏差的原因,从而有可能采取有针对性的措施,减少或避免相同原因的再次发生。在进行偏差原因分析时,首先应当将已经导致和可能导致偏差的各种原因逐一列举出来。导致不同工程项目产生投资偏差的原因具有一定共性,因而可以通过对已建设项目的投资偏差原因进行归档、总结,为该项目采用防御措施提供依据。

一般来说,产生投资偏差的原因有以下几种,见表8-15。

投 资 偏 差 原 因 表8-15

序号	原因	子原因	序号	原因	子原因	序号	原因	子原因
1	物价上涨	人工涨价 材料涨价 设备涨价 利率、汇率变化	3	业主原因	增加内容 投资规划不当 组织不落实 建设手续不全 协调不佳 未及时提供场地 其他	5	客观原因	自然因素 基础处理 社会原因 法规变化 其他
2	设计原因	设计错误 设计漏项 设计标准变化 设计保守 图纸提供不及时 其他	4	施工原因	施工方案不当 材料代用 施工质量有问题 赶进度 工期拖延 其他			

2.偏差的类型

偏差分为四种形式,如图8-19所示。

Ⅰ——投资增加且工期拖延,这种类型是纠正偏差的主要对象。

Ⅱ——投资增加但工期提前。这种情况下要适当考虑工期提前带来的效益。如果增加的资金值超过增加的效益时,要采取纠偏措施,若这种收益与增加的投资大致相当甚至高于投资增加额,则未必需要采取纠偏措施。

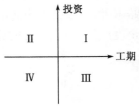

图8-19 偏差类型示意图

Ⅲ——工期拖延但投资节约。这种情况下是否采取纠偏措施要根据实际需要。

Ⅳ——工期提前且投资节约。这种情况是最理想的,不需要采取纠偏措施。

8.6.5 偏差纠正

对偏差原因进行分析的目的是为了有针对性地采取纠偏措施,从而实现投资的动态控制和主动控制。

纠偏首先确定纠偏的主要对象(如偏差原因),有些是无法避免和控制的,如客观原因,充其量只能对其中少数原因做到防患于未然,力求减少该原因所产生的经济损失。对于施工原因所导致的经济损失通常是由承包商自己承担的,从投资控制的角度只能加强合同的管理,避免被承包商索赔。所以,这些偏差原因都不是纠偏的主要对象。纠偏的主要对象是业主原因和设计原因造成的投资偏差。

在确定了纠偏的主要对象之后,就需要采取有针对性的纠偏措施,纠偏可采用组织措施、经济措施、技术措施和合同措施等。

1.组织措施

组织措施,指从投资控制的组织管理方面采取的措施,包括:①落实投资控制的组织机构和人员;②明确各级投资控制人员的任务、职能分工、权利和责任;③改善投资控制工作流程等。

组织措施往往被忽视,其实它是其他措施的前提和保障,而且一般无需增加什么费用,运用得当可以收到很好的效果。

2.经济措施

主要指审核工程量和签发支付证书,最易为人们接受。但是,在应用中不能把经济措施简单地理解为就是审核工程量及相应的支付价款,应从全局出发来考虑问题,如检查投资目标分解是否合理;资金使用计划有无保障,会不会与施工进度计划发生冲突;工程变更有无必要,是否超标等,解决这些问题往往是标本兼治,事半功倍。另外,通过偏差分析和未完工程的预测还可以发现潜在的问题,及时采取预防措施,从而取得造价控制的主动权。

3.技术措施

主要指对工程方案进行技术经济比较。从造价控制的要求来看,技术措施并不都是因为有了技术问题才加以考虑的,也可能因为出现了较大的投资偏差而加以运用。不同的技术措施往往会有不同的经济效果,因此运用技术措施纠偏时,要对不同的技术方案进行技术经济分析后加以选择。

4.合同措施

在纠偏方面主要指索赔管理。在施工过程中,索赔事件的发生是难免的,工程师在发生索赔事件后,要认真审查有关索赔依据是否符合合同规定,索赔计算是否合理等,从主动控制的角度出发,加强日常的合同管理,落实合同规定的责任。

8.7 > 案例分析

【案例一】

背景:

某施工单位承包了一个工程项目。按照合同规定,工程施工从2009年7月1日起至2010年12月20日止。在施工合同中,甲乙双方约定:该工程的工程造价为660万元人民币,工期5个月,主要材料与构件费占工程造价比重的60%,预付备料款为工程造价的20%,工程实施后,预付备料款从未施工工程尚需的主要材料及构件的价值相当于预付备料款数额时起扣,从每次结算工程款中按材料比重扣回,竣工前全部扣清。工程进度款采取按月结算的方式支付,工程保修金为工程造价的5%,在竣工结算月一次扣留,材料价差按规定比上半年上调10%,

在结算时一次调增。

双方还约定,乙方必须严格按照施工图纸及相关的技术规定要求施工,工程量由造价工程师负责计量。根据该工程合同的特点,造价工程师提出的工程量计量与工程款支付程序的要点如下:

(1)乙方对已完工的分项工程在7天内向监理工程师认证,取得质量认证后,向造价工程师提交计量申请报告。

(2)造价工程师在收到报告后7天核实已完工程量,并在计量24小时通知乙方,乙方为计量提供便利条件并派人参加。乙方不参加计量,造价工程师可按照规定的计量方法自行计量,结果有效。计量结束后造价工程师签发计量证书。

(3)乙方凭计量认证与计量证书向造价工程师提出付款申请。造价工程师在收到计量申请报告后7天内未进行计量,报告中的工程量从第8天起自动生效,直接作为工程价款支付的依据。

(4)造价工程师审核申报材料,确定支付款额,向甲方提供付款证明。甲方根据乙方的付款证明对工程款进行支付或结算。

该工程施工过程中出现的下面几项事件:在土方开挖时遇到了一些工程地质勘探没有探明的孤石,排除孤石拖延了一定的时间;在基础施工过程中遇到了数天的季节性大雨,使得基础施工耽误了部分工期;在基础施工中,乙方为了保证工程质量,在取得在场监理工程师认可的情况下,将垫层范围比施工图纸规定各向外扩大了10cm;在整个工程施工过程中,乙方根据监理工程师的指示就部分工程进行了施工变更。

该工程在保修期间内发生屋面漏水,甲方多次催促乙方修理,但是乙方一再拖延,最后甲方只得另请施工单位修理,发生修理费15000元。

工程各月实际完成的产值情况见表8-16。

工程各月实际完成产值表 表8-16

月 份	7	8	9	10	11
完成产值(万元)	60	110	160	220	110

问题:

1. 若基础施工完成后,乙方将垫层扩大部分的工程量向造价工程师提出计量要求,造价工程师是否予以批准,为什么?

2. 若乙方就排除孤石和季节性大雨事件向造价工程师提出延长工期与补偿窝工损失的索赔要求,造价工程师是否同意,为什么?

3. 对于施工过程中变更部分的合同价款应按什么原则确定?

4. 工程价款结算的方式有哪几种?竣工结算的前提是什么?

5. 该工程的预付备料款为多少?备料款起扣点为多少?

6. 若不考虑工程变更与工程索赔,该工程7月至10月每月应拨付的工程款为多少?11月底办理竣工结算时甲方应支付的结算款为多少?该工程结算造价为多少?

7. 保修期间屋面漏水发生的15000元修理费如何处理?

分析要点:

本案例涉及第8章施工阶段工程造价管理的有关知识,主要知识点为:

（1）预付工程款的概念、计算与起扣；

（2）工程价款的结算方法、竣工结算的原则与方法；

（3）工程量计量的原则；

（4）工程变更价款的处理原则；

（5）工程索赔的处理原则。

参考答案

问题1

【解】对于乙方在垫层施工中扩大部分的工程量，造价工程师应不予以计量。因为该部分的工程量超过了施工图纸的要求，也就是超过了施工合同约定的范围，不属于造价工程师计量的范围。

在工程施工中，监理工程师与造价工程师均是受雇于业主，为业主提供服务的，他们只能按照他们与业主所签合同的内容行使职权，无权处理合同以外的工程内容。对于"乙方为了保证工程质量，在取得在场监理工程师认可的情况下，将垫层范围比施工图纸规定各向外扩大了10cm"这一事实，监理工程师认可的只能是承包商的保证施工质量的技术措施，在业主没有批准追加相应费用的情况下，技术措施费用应由承包商自己承担。

问题2

【解】因为工期延误产生的施工索赔处理原则是：如果导致工程延期的原因是因为业主造成的，承包商可以得到费用补偿与工期补偿；如果导致工程延期的原因是因为不可抗力造成的，承包商仅可以得到工期补偿而得不到费用补偿；导致工程延期的原因是因为承包商自己造成的，承包商将得不到费用与工期的补偿。

关于不可抗力产生后果的承担原则是：事件的发生是不是一个有经验的承包商能够事先估计到的。若事件的发生是一个有经验的承包商应该估计到的，则后果由承包商承担；若事件的发生不是一个有经验的承包商估计到的，则后果由业主承担。

本案例中对孤石引起的索赔，一是因勘探资料不明导致，二这是一个有经验的承包商事先无法估计到的情况，所以造价工程师应该同意。即承包商可以得到延长工期的补偿，并得到处理孤石发生的费用及由此产生窝工的补偿。

本案例中因季节性大雨引起的索赔，因为基础施工发生在7月份，而7月份阴雨天气属于正常季节性的，这是有经验的承包商预先应该估计的因素，就在合同工期内考虑，因而索赔理由不成立，索赔应予以驳回。

问题3

【解】施工中变更价款的确定原则是：

（1）合同中已有适用于变更工程的价格，按合同已有的价格计算变更合同的价款。

（2）合同中有类似变更工程的价格，可参照类似价格变更合同价款。

（3）合同中没有适用或类似于变更工程的价格，由承包商提出适当的变更价格，造价工程师批准执行，这一批准的变更价格，应与承包商达成一致，否则按合同争议的处理方法解决。

问题4

【解】工程价款结算的方法主要有：

（1）按月结算与支付。即实行按月支付进度款，竣工后清算的办法。合同工期在两个年度以上的工程，在年终进行工程盘点，办理年度结算。

（2）分段结算与支付。即当年开工、当年不能竣工的工程按照工程进度，划分不同阶段支付工程进度款。具体划分在合同中明确。

工程竣工结算的前提条件是：承包商按照合同规定内容全部完成所承包的工程，并符合合同要求，经验收质量合格。

问题 5

【解】（1）预付备料款。根据背景资料知：工程备料款为工程造价的 20%。由于备料款是在工程开始施工时甲方支付给乙方的，所以计算备料款采用的工程造价应该是合同规定的 660 万元，而非实际的工程造价。

预付备料款 = 660 × 20% = 132 万元

（2）预付款起扣点。按照合同规定，工程实施后，预付备料款从未施工工程尚需的主要及构件的价值相当于预付备料款数额时起扣。因此，备料款起扣点可以表述为：

$$预付款起扣点 = 承包工程价款总额 - \frac{预付备料款}{主要材料所占比重}$$

$$= 660 - \frac{132}{60\%} = 440 \ 万元$$

问题 6

【解】（1）7 月至 10 月每月应拨付的工程款

若不考虑工程变更与工程索赔，则每月应拨付的工程款按实际完成的产值计算。7 月至 10 月各月拨付的工程款为：

①7 月：应拨付工程款 60 万元，累计拨付工程款 60 万元。

②8 月：应拨付工程款 110 万元，累计拨付工程款 170 万元。

③9 月：应拨付工程款 160 万元，累计拨付工程款 330 万元。

④10 月的工程款为 220 万元，累计拨付工程款 550 万元。550 万元已经大于备料款起扣点 440 万元，因此在 10 月份应该开始扣回备料款。按照合同约定：备料款从每次结算工程款中按材料比重扣回，竣工前全部扣清。则 10 月份应扣回的工程款为：

（本月应拨付的工程款 + 以前累计已拨付的工程款 - 备料款起扣点）× 60%

= （220 + 330 - 440）× 60% = 66 万元

所以 10 月应拨付的工程款为：

220 - 66 = 154 万元

累计拨付工程款 484 万元。

（2）工程结算总造价

根据合同约定：材料价差按规定比上半年上调 10%，在结算时一次调增。因此：

材料价差 = 材料费 × 10% = 660 × 60% × 10% = 39.6 万元

工程结算总造价 = 合同价 + 材料价差 = 660 + 39.6 = 699.6 万元

（3）甲方应支付的结算款

11 月底办理竣工结算时，按合同约定：工程保修金为工程造价的 5%，在竣工结算月一次扣留。因此甲方应支付的结算款为：

工程结算造价 - 已拨付的工程款 - 工程保修金 - 预付备料款

= 699.6 - 484 - 699.6 × 5% - 132 = 48.62 万元

问题 7

【解】保修期间出现的质量问题应由施工单位负责修理。在本案例中的屋面漏水属于工程质量问题,由乙方负责修理,但乙方没有履行保修义务,因此发生的 15000 元维修费应从乙方的保修金中扣除。

【案例二】

背景:

某工程项目,业主与承包商签订的施工合同为 600 万元,工期为 3 月至 10 月共 8 个月,合同规定:

①工程备料款为合同价的 25%,主材比重 62.5%。

②保留金为合同价的 5%,从第一次支付开始,每月按实际完成工程量价款的 10% 扣留。

③业主提供的材料和设备在发生当月的工程款中扣回。

④施工中发生经确认的工程变更,在当月的进度款中予以增减。

⑤当承包商每月累计实际完成工程量价款与累计计划完成工程量价款的差额大于该月实际完成工程量价款的 20% 及以上时,业主按当月实际完成工程量价款的 10% 扣留,该扣留项当承包商赶上计划进度时退还。但发生非承包商原因停止时,这里的累计实际工程量价款按每停工一日计 2.5 万元。

⑥若发生工期延误,每延误 1 天,责任方向对方赔偿合同价的 0.12% 的费用,该款项在竣工时办理。

在施工过程中 3 月份由于业主要求设计变更,工期延误 10 天,共增加费用 25 万元,8 月份发生台风,停工 7 天,9 月份由于承包商的质量问题,造成返工,工期延误 13 天,最终工程于 11 月底完成,实际施工 9 个月。

经工程师认定的承包商在各月计划和实际完成的工程量价款及由业主直供的材料、设备的价值见表 8-17,表中未计入由于工程变更等原因造成的工程款的增减数额。

工程各月产值表 表 8-17

月份	3	4	5	6	7	8	9	10	11
计划完成工程量价款（万元）	60	80	100	70	90	30	100	70	
实际完成工程量价款（万元）	30	70	90	85	80	28	90	85	42
业主直供材料设备价（万元）	0	18	21	6	24	0	0	0	0

问题:

1. 备料款的起扣点多少?

2. 工程师每月实际签发的付款凭证金额为多少?

3. 业主实际支付多少?若本项目的建筑安装工程业主计划投资为 615 万元,则投资偏差为多少?

分析要点:

本案例涉及第 8 章施工阶段工程造价管理的有关知识,主要知识点为:

(1)预付工程款的概念、计算与起扣;

（2）工程价款的结算方法、竣工结算的原则与方法；

（3）工程变更与工程索赔价款的处理原则；

（4）投资偏差分析。

参考答案：

问题1

【解】备料款 = $600 \times 25\% = 150$ 万元

备料款起扣点 = $600 - \dfrac{150}{62.5\%} = 360$ 万元

问题2

【解】（1）每月累计计划与实际工程量价款见表8-18。

表8-18中，累计实际完成工程量价款，3月份应加上设计变更增加的25万元，即

$30 + 25 = 55$ 万元

8月份应加上台风7天停工的计算款额：$2.5 \times 7 = 17.5$ 万元

工程各月工程量价款表（单位：万元）　　　　表8-18

月份	3	4	5	6	7	8	9	10	11
计划完成工程量	60	80	100	70	90	30	100	70	
累计计划完成工程量	60	140	240	310	400	430	530	600	600
实际完成工程量	30	70	90	85	80	28	90	85	42
累计实际完成工程量	55	125	215	300	380	425.5	515.5	600.5	642.5
进度偏差	-5	-15	-25	-10	-20	-4.5	-14.5	0.5	42.5

$28 + 380 + 17.5 = 425.5$ 万元

保修金总额：$600 \times 5\% = 30$ 万元

（2）各月签发的付款凭证金额

3月份：

应签证的工程款为：$30 + 25 = 55$ 万元

签发付款凭证金额：$55 - 30 \times 10\% = 52$ 万元

4月份：

承包商本月累计实际完成工程量价款与累计计划完成工程量价款的差额/该月实际完成工程量价款 = $15/70 = 21.43\% > 20\%$。业主按当月实际完成工程量价款的10%扣留，该扣留项当承包商赶上计划进度时退还。

签发付款凭证金额 = $70 - 70 \times 10\% - 18 - 70 \times 10\% = 38$ 万元

5月份：

承包商本月累计实际完成工程量价款与累计计划完成工程量价款的差额/该月实际完成工程量价款 = $25/90 = 27.28\% > 20\%$。业主按当月实际完成工程量价款的10%扣留，该扣留项当承包商赶上计划进度时退还。

签发付款凭证金额 = $90 - 90 \times 10\% - 21 - 90 \times 10\% = 51$ 万元

6月份：

签发付款凭证金额 = $85 - 85 \times 10\% - 6 = 70.5$ 万元

到本月为止,保留金共扣 27.5 万元,下月还需扣留 2.5 万元。

7 月份:

签发付款凭证金额 $= 80 - 2.5 - 24 - 80 \times 10\% = 45.5$ 万元

8 月份:

累计完成合同价 $= 30 + 70 + 90 + 85 + 80 + 28 = 383$ 万元,应扣回备料款。

签发付款凭证金额 $= 28 - (383 - 360) \times 62.5\% = 13.625$ 万元

9 月份:

签发付款凭证金额 $= 90 - 90 \times 62.5\% = 33.75$ 万元

10 月份:

本月进度赶上计划进度,应返还 4 月、5 月、7 月扣留的工程款。

签发付款凭证金额 $= 85 - 85 \times 62.5\% + (70 + 90 + 80) \times 10\% = 55.875$ 万元

11 月份:

本月为工程延误期,按合同规定,设计变更承包商可以向业主索赔延误工期 10 天,台风为不可抗力,业主不赔偿费用损失,工期顺延 7 天,承包商质量问题返工损失,应由承包商承担,索赔工期 $10 + 7 = 17$ 天,实际总工期 9 个月,拖延了 13 天,罚款 $13 \times (600 \times 0.0012)$。

签发付款凭证金额 $= 42 - 42 \times 62.5\% - 600 \times 0.0012 \times 13 = 6.39$ 万元

问题 3

【解】本项目业主实际支出为:

$600 + 25 - 600 \times 1.2‰ \times 13 = 615.64$ 万元

投资偏差 $= 615.64 - 615 = 0.64$ 万元

【案例三】

背景:

某综合楼工程项目合同价为 1750 万元,该工程签订的合同为可调值合同,合同报价期为 2009 年 3 月,合同工期为 12 个月,每季度结算一次。工程开工日期为 2009 年 4 月 1 日。施工单位 2009 年第四季度完成产值是 710 万元。工程人工费、材料费构成比例以及相关季度造价指数见表 8-19。

数 据 表 表 8-19

项 目	人 工 费	材 料 费						不可调值费用
		钢材	水泥	集料	砖	砂	木材	
比例(%)	28	18	13	7	9	4	6	15
2009 年第一季度造价指数	100	100.8	102.0	93.6	100.2	95.4	93.4	
2009 年第四季度造价指数	116.8	100.6	110.5	95.6	98.9	93.7	95.5	

在施工过程中,发生如下几项事件:

(1)2009 年 4 月,在基础开挖过程中,个别部位实际土质与给定地质资料不符造成费用增加 2.5 万元,相应工序持续时间增加了 4 天;

(2)2009 年 5 月,施工单位为了保证施工质量,扩大基础底面,开挖量增加导致费用 3.0 万元,相应工序持续时间增加了 3 天;

(3)2009 年 7 月,在主体砌筑工程中,因施工图设计有误,实际工程量增加导致费用

3.8万元,相应工序持续时间增加了2天;

(4)2009年8月,进入雨季施工,恰逢20年一遇的大雨,造成停工损失2.5万元,增加了4天。

以上事件中,除第(4)项外,其余工序均未发生在关键线路上,并对总工期无影响。针对上述事件,施工单位提出如下索赔要求:

(1)增加合同工期13天;

(2)增加费用11.8万元。

问题:

1.施工单位对施工过程中发生的以上事件可否索赔?为什么?

2.计算2009年第4季度应确定的工程结算款额。

3.如果在工程保修期间发生了由施工单位原因引起的屋顶漏水、墙面剥落等问题,业主在多次催促施工单位修理而施工单位一再拖延的情况下,另请其他施工单位维修,所发生的维修费用该如何处理?

分析要点:

本案例涉及到索赔事件的处理、工程动态结算、工程造价指数的应用及保修费用的处理等内容。解题过程中在分清事件责任的前提下解题,要注意不同事件形成因素对应不同的索赔处理方法;利用调值公式进行计算时应注意背景材料中对有效数字的要求。

参考答案:

问题1

【解】事件1 费用索赔成立,工期不予延长。因为业主提供的地质资料与实际情况不符是承包商不可预见的。

事件2 费用索赔不成立,工期索赔不成立,该工作属于承包商采取的质量保证措施。

事件3 费用索赔成立,工期不予延长,因为设计方案有误属于业主的责任。

事件4 费用索赔不成立,工期可以延长,因为异常的气候条件的变化,承包商不应得到费用补偿。

问题2

【解】2009年4季度业主代表,应批准的结算款额为:

$P = 710 \times (0.15 + 0.28 \times 116.8 \div 100.0 + 0.18 \times 100.6 \div 100.8 + 0.13 \times 110.5 \div 102.0 + 0.07 \times 95.6 \div 93.6 + 0.09 \times 98.9 \div 100.2 + 0.04 \times 93.7 \div 95.4 + 0.06 \times 95.5 \div 93.4) = 710 \times 1.0588 \approx 751.75$ 万元

问题3

【解】所发生的维修费应从乙方保修金(或质量保证金、保留金)中扣除。

【案例四】

背景:

某项工程业主与承包商签订了工程施工合同,合同中含两个子项工程,估算工程量甲项为2300m³,乙项为3200m³,经协商合同价甲项为180元/m³,乙项为160元/m³。承包合同规定:

(1)开工前业主应向承包商支付合同价20%的预付款;

(2)业主自第一个月起,从承包商的工程款中,按5%的比例扣留滞留金;

(3)当子项工程实际工程量超过估算工程量10%时,可进行调价,调整系数为0.9;

（4）根据市场情况规定价格调整系数平均按 1.2 计算；

（5）工程师签发月度付款最低金额为 25 万元；

（6）预付款在最后 2 个月扣除，每月扣 50%。

承包商各月实际完成并经工程师签证确认的工程量见表 8-20。

承包商各月经工程师签证确认完成的工程量（单位：m³）　　　　表 8-20

月份 事项	1 月	2 月	3 月	4 月
甲项	500	800	800	600
乙项	700	900	800	600

问题：

1. 预付款是多少？

2. 第 1 个月的工程量价款是多少？工程师应签证的工程款是多少？

3. 从第 2 个月起每月工程量价款是多少？工程师应签证的工程款是多少？实际签发的付款凭证金额是多少？

分析要点：

实际计算工作中工程师应签证的工程款和工程师实际签发的付款凭证金额是不太一样的，应签证的工程款是根据工程计量的结果计算的应结算工程进度款，而实际签发的付款凭证金额是在当月应结算工程进度款的基础上还要考虑合同调整款额及应扣预付款等因素。本案例涉及的知识点有：工程预付款的确定及扣还、工程进度款的结算、单价的调整等。

参考答案：

问题 1

预付款金额为（$2300m^3 \times 180$ 元/m^3 + $3200m^3 \times 160$ 元/m^3）×20% = 18.52 万元

问题 2

第一个月工程量价款为 $500m^3 \times 180$ 元 m^3 + $700m^3 \times 160$ 元 m^3 = 20.2 万元

应签证的工程款为 $20.2 \times 1.2 \times (1 - 5\%)$ = 23.028 万元

由于合同规定工程师签发的最低金额为 25 万元，故本月工程师不予签发付款凭证。

问题 3　支付工程款的计算

第 2 个月：

工程量价款为 $800m^3 \times 180$ 元/m^3 + $900m^3 \times 160$ 元/m^3 = 28.8 万元

应签证的工程款为 $28.8 \times 1.2 \times 0.95$ = 32.832 万元

本月工程师实际签发的付款凭证金额为 23.028 + 32.832 = 55.86 万元

第 3 个月：

工程量价款为 $800m^3 \times 180$ 元/m^3 + $800m^3 \times 160$ 元/m^3 = 27.2 万元

应签证的工程款为 $27.2 \times 1.2 \times 0.95$ = 31.008 万元

应扣预付款为 $18.52 \times 50\%$ = 9.26 万元

应付款为 31.008 − 9.26 = 21.748 万元

工程师签发月度付款最低金额为 25 万元，所以本月工程师不予签发付款凭证。

第 4 个月：

甲项工程累计完成工程量为 2700m^3 ,比原估算工程量 2300m^3 超出 400m^3 ,已超过估算工程量的 10% ,超出部分其单价应进行调整。

超过估算工程量 10% 的工程量为 $2700\text{m}^3 - 2300\text{m}^3 \times (1 + 10\%) = 170\text{m}^3$

这部分工程量单价应调整为 $180 \times 0.9 = 162$ 元/ m^3

甲项工程工程量价款为 $(600\text{m}^3 - 170\text{m}^3) \times 180$ 元/ $\text{m}^3 + 170\text{m}^3 \times 162$ 元/ $\text{m}^3 = 10.494$ 万元

乙项工程累计完成工程量为 3000m^3 ,比原估算工程量 3200m^3 减少 200m^3 ,不超过估算工程量,其单价不进行调整。

乙项工程工程量价款为: $600\text{m}^3 \times 160$ 元/ $\text{m}^3 = 9.6$ 万元

本月完成甲、乙两项工程量价款合计为: $10.494 + 9.6 = 20.094$ 万元

应签证的工程款为: $20.094 \times 1.2 \times 0.95 = 22.907$ 万元

本月工程师实际签发的付款凭证金额为: $21.748 + 22.907 - 18.52 \times 50\% = 35.395$ 万元

本章小结

施工阶段工程造价控制的主要任务是通过工程付款控制、工程变更费用控制、预防并处理好费用索赔、挖掘节约工程造价的潜力来实现实际发生的费用不超过计划投资。

工程计量是控制工程造价的关键环节,在施工阶段工程计量必须按照规定的程序、依据,采用适当的方法进行。

施工组织设计优化,就是通过科学的方法,对多方案的施工组织设计进行技术经济分析、比较,从中择优确定最佳的方案。因此进行施工组织设计优化是控制工程造价的有效渠道,最终目的是提高经济效益,节约工程总造价。

工程变更包括设计变更、进度计划变更、施工条件变更及原招标文件和工程量清单中未包括的"新增工程"。按照我国现行规定,无论任何一方提出工程变更,均需由工程师确认并签发工程变更指令,并应根据提出方的不同采取不同的处理程序和相应的工程变更价款确定方法。

索赔有许多种分类方法,也有许多导致索赔发生的因素。索赔处理应按一定的原则和程序进行。不管是时间索赔还是费用索赔,要根据不同的情况采用适当的索赔的计算方法。

工程价款结算按照工程具体情况有不同的结算方式。工程价款结算的方式、内容和一般程序应符合《工程价款结算办法》及《建设工程施工合同(示范文本)》的相关规定。

根据造价控制的目标和要求不同,资金使用计划可按不同方式进行编制。投资偏差分析可采用横道图法、表格法和曲线法。

习 题

一、单项选择题

1. 根据合同文本,工程变更价款通常由( )提出,报( )批准。

    A. 工程师 业主   B. 承包商 业主

    C. 承包商 工程师   D. 业主 承包商

2. 2011 年 3 月实际完成的某土方工程在 2010 年 5 月签约时的工作量为 10 万元,该工程的固定系数为 0.2,各参加调值的因素 A、B、C 分别占比例 20%、45%、15%,价格指数除 A 增长了 10% 外,都未发生变化,按调值公式完成的该土方工程应结算的工程款为(　　)万元。

    A. 10.5　　　　　　B. 10.4　　　　　　C. 10.3　　　　　　D. 10.2

3. 某土方工程,采用单价合同承包,价格为 20 元/m³,其中人工工资单价为 30 元/工日,估计工程量 20000m³。窝工工资单价为 20 元/工日。在开挖过程中,由于业主方原因造成施工方 10 人窝工 5 天,由于施工方原因造成 15 人窝工 2 天,由于设计变更新增土方量 1000m³,施工方合理的费用索赔值为(　　)元。

    A. 20000　　　　　　　　　　　　B. 21000

    C. 1000　　　　　　　　　　　　　D. 21500

4. 钢门窗安装工程,5 月份拟完工程计划投资 10 万元,已完工程计划投资 8 万元,已完工程实际投资 12 万元,则进度偏差(　　)。

    A. -2　　　　　　B. 4　　　　　　C. 2　　　　　　D. -4

5. 工程师进行投资控制,纠偏主要对象为(　　)偏差。

    A. 业主原因　　　　　　　　　　　B. 物价上涨原因

    C. 施工原因　　　　　　　　　　　D. 客观原因

6. 某分项工程发包方提供的估计工程量 1500m³,合同中规定单价 16 元/m³,实际工程量超过估计工程量 10% 时,调整单价,单价调为 15 元/m³,实际完成工程量 1800m³,工程款(　　)元。

    A. 28650　　　　　　　　　　　　B. 27000

    C. 28800　　　　　　　　　　　　D. 28500

7. 施工中遇到恶劣气候的影响造成了工期和费用增加,则承包商(　　)。

    A. 只能索赔工期　　　　　　　　　B. 只能索赔费用

    C. 二者均可　　　　　　　　　　　D. 不能索赔

8. 在纠偏措施中,合同措施主要是指(　　)。

    A. 投资管理　　　　　　　　　　　B. 施工管理

    C. 监督管理　　　　　　　　　　　D. 索赔管理

9. 某市建筑工程公司承建一办公楼,工程合同价款 900 万元,2010 年 2 月签订合同,2010 年 12 月竣工,2010 年 2 月的造价指数为 100.04,2010 年 12 月造价指数为 100.36,则工程价差调整额为(　　)。

    A. 4.66 万元　　　　　　　　　　　B. 2.65 万元

    C. 3.02 万元　　　　　　　　　　　D. 2.88 万元

10. 如甲方不按合同约定支付工程进度款,双方又未达成延期付款协议,致使施工无法进行,则(　　)。

    A. 乙方仍应设法继续施工

    B. 乙方如停止施工,则应承担违约责任

    C. 乙方可停止施工,甲方承担违约责任

    D. 乙方可停止施工,由双方共同承担责任

二、多项选择题

1. 由于业主原因设计变更,导致工程停工 1 个月,则承包商可索赔的费用有(　　)。

    A. 利润   B. 人工窝工

    C. 机械设备闲置费   D. 增加的现场管理费

    E. 税金

2. 属于可以顺延的工期延误有(　　)。

    A. 发包方不能按合同约定付款,使工程不能正常进行

    B. 工程量减少

    C. 非承包商原因停水、停电

    D. 发包方不能按专用条款约定提供场地

    E. 设计变更使工程量增加

3. 由于承包商原因造成工期延误,业主反索赔,在确定违约金费率时,一般应考虑的因素有(　　)。

    A. 业主盈利损失

    B. 由于工期延长造成的贷款利息增加

    C. 由于工期延长带来的附加监理费

    D. 由于工期延长导致的设备涨价

    E. 由于工期延长导致的人工费上涨

4. 工程师对承包方提出的变更价款进行审核和处理时,下列说法正确的有(　　)。

    A. 承包方在工程变更确定后规定时限内,向工程师提出变更价款报告,经工程师确认后调整合同价款

    B. 承包方在规定时限内不向工程师提出变更价款报告,则视为该项变更不涉及价款变更

    C. 工程师在收到变更工程价款报告后,在规定时限内无正当理由不予以确认,一旦超过时限,该价款报告失效

    D. 工程师不同意承包方提出的变更价款,可以和解或要求工程造价管理部门调解等

    E. 工程师确认增加的工程变更价款作为追加合同款,与工程款同期支付

5. 施工合同文本规定,施工中遇到有价值的地下文物后,承包商应立即停止施工并采取有效保护措施,对打乱施工计划的后果责任划分错误的是(　　)。

    A. 承包商承担保护措施费用,工期不予顺延

    B. 承包商承担保护费用,工期予以顺延

    C. 业主承担保护措施费用,工期不予顺延

    D. 业主承担保护措施费用,工期予以顺延

    E. 业主和承包商都要承担保护措施费用,工期不予顺延

6. 工程保修金的扣法正确的是(　　)。

    A. 累计拨款额达到建筑安装工程造价的一定比例停止支付,预留部分作为保修金

    B. 在第一次结算工程款中一次扣留

    C. 在施工前预交保修金

D. 在竣工结算时一次扣留

E. 从发包方向承包方第一次支付工程款开始,在每次承包方应得的工程款中扣留

7. 进度偏差可以表示为( )。

A. 已完工程计划投资 – 已完工程实际投资

B. 拟完工程计划投资 – 已完工程实际投资

C. 拟完工程计划投资 – 已完工程计划投资

D. 已完工程计划投资 – 已完工程实际投资

E. 已完工程实际进度 – 已完工程计划进度

8. 根据 FIDIC 合同条件,下列哪些费用承包商可以索赔( )。

A. 异常恶劣气候导致的机械窝工费

B. 非承包商责任导致承包商工效降低,增加的机械使用费

C. 由于完成额外工作增加的机械使用费

D. 由于监理工程师原因导致的机械窝工费

E. 施工组织设计不合理导致的机械窝工费

9. 当利用 S 形曲线法比较工程进度时,通过比较计划 S 形曲线和实际 S 形曲线,可以获得的信息有( )。

A. 工程项目实际进度比计划进度超过或拖后的时间

B. 工程项目中各项工作实际完成的任务量

C. 工程项目实际进度比计划进度超前或拖后的时间

D. 工程项目中各项工作实际进度比计划进度超前或拖后的时间

E. 预测后期工程进度

10. 工程计量的依据有( )。

A. 施工方所报已完工程量

B. 质量合格证书或签证

C. 工程量清单前言和技术规范

D. 工程结算价格规定

E. 批准的设计图纸文件及工程变更签证

三、案例分析题

【案例一】

背景:

某工程施工合同价为 560 万元,合同工期为 6 个月,施工合同中规定:

(1)开工前业主向施工单位支付合同价 20% 的预付款。

(2)业主自第 1 个月起,从施工单位的应得工程款中按 10% 的比例扣留保修金,保修金限额暂定为合同价的 5% ,保修金到第 3 个月底全部扣完。

(3)预付款在最后 2 个月扣除,每月扣 50% 。

(4)工程进度款按月结算,不考虑调价。

(5)业主供料价款在发生当月的工程款中扣回。

(6)若施工单位每月实际完成产值不足计划产值的 90% 时,业主可按实际产值的 8% 的

比例扣留工程进度款,在工程竣工结算时将扣留的工程进度款退还给施工单位。

经业主签认的施工进度计划和实际完成产值见表8-21。

产值表(单位:万元)   表8-21

时间(月)	1	2	3	4	5	6
计划完成产值	70	90	110	110	100	80
实际完成产值	70	80	120			
业主供料价款	8	12	15			

该工程施工进入第4个月时,由于业主资金出现困难,合同被迫终止。为此施工单位提出以下费用补偿要求:

(1)施工现场存有为本工程购买的特殊工程材料,计50万元。

(2)因设备撤回基地发生的费用10万元。

(3)人员遣返费用8万元。

问题:

1.该工程的工程预付款为多少万元?应扣留的保修金为多少万元?

2.第1个月到第3个月造价工程师各签证的工程款是多少?应签发的付款凭证金额是多少?

3.合同终止时业主已支付施工单位各类工程款为多少万元?

4.合同终止后施工单位提出的补偿要求是否合理?业主应补偿多少万元?

5.合同终止后业主共应向施工单位支付多少万元的工程款?

【案例二】

背景:

某建筑公司(乙方)于某年4月20日与某厂(甲方)签订了修建建筑面积为3000m² 工业厂房(带地下室)的施工合同。乙方编制的施工方案和进度计划已获监理工程师批准。该工程的基坑开挖土方量为4500m³,假设直接费单价为4.2元/m³,综合费率为直接费的20%。该基坑施工方案规定:土方工程采用租赁一台斗容量为1m³ 的反铲挖掘机施工(租赁费450元/台班)。甲、乙双方合同约定5月11日开工,5月20日完工。在实际施工中发生了如下几项事件:

(1)因租赁的挖掘机大修,晚开工2天,造成人员窝工10个工日;

(2)施工过程中,因遇软土层,接到监理工程师5月15日停工的指令,进行地质复查,配合用工15个工日;

(3)5月19日接到监理工程师于5月20日复工令,同时提出基坑开挖深度加深2m的设计变更通知单,由此增加土方开挖量900m³;

(4)5月20~22日,因下百年不遇的大雨迫使基坑开挖暂停,造成人员窝工10个工日;

(5)5月23日用30个工日修复冲坏的永久道路,5月24日恢复挖掘工作,最终基坑于5月30日挖坑完毕。

问题:

1.建筑公司对上述哪些事件可以向业主要求索赔,哪些事件不可以要求索赔,并说明原因。

2. 每项事件工期索赔各是多少天？总计工期索赔是多少天？

3. 假设人工费单价为 23 元/工日，因增加用工所需的管理费为增加人工费的 30%，则合理的费用索赔总额是多少？

4. 建筑公司应向厂方提供的索赔文件有哪些？

第9章

建设工程竣工验收及后评价阶段
工程造价管理

本章概要

1. 竣工验收的范围、依据、标准和工作程序；

2. 竣工结算、决算的内容和编制方法，新增固定资产值的确定方法；

3. 保修费用的处理方法；

4. 建设项目后评估方法及指标计算。

9.1 ➤ 竣 工 验 收

建设项目竣工验收是指由建设单位、施工单位和项目验收委员会，以项目批准的设计任务书和设计文件，以及国家或部门颁发的施工验收规范和质量检验标准为依据，按照一定的程序和手续，在项目建成并试生产合格后(工业生产性项目)，对工程项目的总体进行检验、认证、综合评价和鉴定的活动。

建设项目竣工验收是全面考核基本建设工作，检查设计与施工质量是否合乎要求，审查投资使用是否合理的重要环节，是投资成果转入生产或使用的标志。竣工验收对促进建设项目及时投产、发挥投资效益、总结经验教训具有重要意义。

建设项目竣工验收按被验收的对象不同可分为：单位工程验收(也称交工验收)、单项工程验收、工程整体验收(也称动用验收)。

通常所说的建设项目竣工验收，指的是"动用验收"。即建设单位在建设项目按批准的设计文件所规定的内容全部建成后，向使用单位(国有资金建设的工程项目)交工的过程。其验收程序是：整个建设项目按设计要求全部建成，经过第一阶段的交工验收符合设计要求，并具备竣工图、竣工结算、竣工决算等必要的文件资料后，由建设项目主管部门或建设单位，按照国家现行验收组织规定，接受由银行、物资、环保、劳动、统计、消防及其他有关部门组成的验收委员会或验收组的验收，并办理固定资产移交手续。验收委员会或验收组听取有关单位的工作报告，审阅工程技术档案资料，并实地查验建筑工程和设备安装情况，对工程设计、施工和设备质量等方面做出全面的评价。

9.1.1 建设项目竣工验收的内容与条件

1.建设项目竣工验收的内容

不同的建设项目，其竣工验收的内容不完全相同。但一般均包括工程资料验收和工程内

容验收两部分。

1）工程资料验收

包括工程技术资料、工程综合资料和工程财务资料验收三个方面的内容。

（1）工程技术资料验收的内容有：

①工程地质、水文、气象、地形、地貌、建筑物、构筑物及重要设备安装位置、勘察报告与记录。

②初步设计、技术设计或扩大初步设计、关键的技术试验、总体规划设计。

③土质试验报告、基础处理。

④建筑工程施工记录、单位工程质量检验记录、管线强度、密封性试验报告、设备及管线安装施工记录及质量检查、仪表安装施工记录。

⑤设备试车、验收运转、维修记录。

⑥产品的技术参数、性能、图纸、工艺说明、工艺规程、技术总结、产品检验与包装、工艺图。

⑦设备的图纸、说明书。

⑧涉外合同、谈判协议、意向书。

⑨各单项工程及全部管网竣工图等资料。

（2）工程综合资料验收的内容有：

①项目建议书及批件，可行性研究报告及批件，项目评估报告，环境影响评估报告书。

②设计任务书，土地征用申报及批准的文件。

③招标投标文件，承包合同。

④项目竣工验收报告，验收鉴定书。

（3）工程财务资料验收的内容有：

①历年建设资金供应（拨、贷）情况和应用情况。

②历年批准的年度财务决算。

③历年年度投资计划、财务收支计划。

④建设成本资料。

⑤设计概算、预算资料。

⑥施工决算资料。

2）工程内容验收

包括建筑工程验收、安装工程验收两部分。

（1）建筑工程验收的内容有：

①建筑物的位置、标高、轴线是否符合设计要求。

②对基础工程中的土石方工程、垫层工程、砌筑工程等资料的审查。

③结构工程中的砖木结构、砖混结构、内浇外砌结构、钢筋混凝土结构的审查验收。

④对屋面工程的木基、望板油毡、屋面瓦、保温层、防水层等的审查验收。

⑤对门窗工程的审查验收。

⑥对装修工程的审查验收（抹灰、油漆等工程）。

（2）安装工程验收的内容有：

①建筑设备安装工程（指民用建筑物中的上下水管道、暖气、煤气、通风、电气照明等安装工程）。应检查这些设备的规格、型号、数量、质量是否符合设计要求，检查安装时的材料、材

质、材种,检查试压、闭水试验、照明。

②工艺设备安装工程包括:生产、起重、传动、实验等设备的安装,以及附属管线敷设和油漆、保温等。检查设备的规格、型号、数量、质量、设备安装的位置、标高、机座尺寸、质量、单机试车、无负荷联动试车、有负荷联动试车、管道的焊接质量、清洗、吹扫、试压、试漏及各种阀门等。

③动力设备安装工程指有自备电厂的项目或变配电室(所)、动力配电线路的验收。

2.建设项目竣工验收的条件与范围

1)竣工验收的条件

《建设工程质量管理条例》规定,建设工程竣工验收应当具备以下条件:

(1)完成建设工程设计和合同约定的各项内容。

(2)有完整的技术档案和施工管理资料。

(3)有工程使用的主要建筑材料、建筑构配件和设备的进场试验报告。

(4)有勘察、设计、施工、工程监理等单位分别签署的质量合格文件。

(5)有施工单位签署的工程保修书。

2)竣工验收的范围

国家颁布的建设法规规定,凡新建、扩建、改建的基本建设项目和技术改造项目(所有列入固定资产投资计划的建设项目或单项工程),已按国家批准的设计文件所规定的内容建成,符合验收标准,即工业投资项目经负荷试车考核,试生产期间能够正常生产出合格产品,形成生产能力的;非工业投资项目符合设计要求,能够正常使用的,不论是属于哪种建设性质,都应及时组织验收,办理固定资产移交手续。

有的工期较长、建设设备装置较多的大型工程,为了及时发挥其经济效益,对其能够独立生产的单项工程,也可以根据建成时间的先后顺序,分期分批地组织竣工验收;对能生产中间产品的一些单项工程,不能提前投料试车,可按生产要求与生产最终产品的工程同步建成竣工后,再进行全部验收。

对于某些特殊情况,工程施工虽未全部按设计要求完成,也应进行验收,这些特殊情况主要有:

(1)因少数非主要设备或某些特殊材料短期内不能解决,虽然工程内容尚未全部完成,但已可以投产或使用的工程项目。

(2)规定要求的内容已完成,但因外部条件的制约,如流动资金不足、生产所需原材料不能满足等,而使已建工程不能投入使用的项目。

(3)有些建设项目或单项工程,已形成部分生产能力,但近期内不能按原设计规模续建,应从实际情况出发,经主管部门批准后,可缩小规模对已完成的工程和设备组织竣工验收,移交固定资产。

9.1.2 建设项目竣工验收的依据与标准

1.竣工验收的依据

建设项目竣工验收的依据,除了必须符合国家规定的竣工标准(或地方政府主管机关规定的具体标准)之外,在进行工程竣工验收和办理工程移交手续时,应该以下列文件作为

依据：

（1）上级主管部门对该项目批准的各种文件。

（2）可行性研究报告。

（3）施工图设计文件及设计变更洽商记录。

（4）国家颁布的各种标准和现行的施工验收规范。

（5）工程承包合同文件。

（6）技术设备说明书。

（7）建筑安装工程统一规定及主管部门关于工程竣工的规定。

（8）从国外引进的新技术和成套设备的项目以及中外合资建设项目，要按照签订的合同和进口国提供的设计文件等进行验收。

（9）利用世界银行等国际金融机构贷款的建设项目，应按世界银行规定，按时编制《项目完成报告》。

2.竣工验收的标准

施工单位完成工程承包合同中规定的各项工程内容，并依照设计图纸、文件和建设工程施工及验收规范，自查合格后，申请竣工验收。

（1）生产性项目和辅助性公用设施，已按设计要求完成，能满足生产使用。

（2）主要工艺设备配套经联动负荷试车合格，形成生产能力，能够生产出设计文件所规定的产品。

（3）主要的生产设施已按设计要求建成。

（4）生产准备工作能适应投产的需要。

（5）环境保护设施、劳动安全卫生设施、消防设施已按设计与主体工程同时建成使用。

（6）生产性投资项目，如工业项目的土建、安装、人防、管道、通讯等工程的施工和竣工验收，必须按照国家和行业施工及验收规范执行。

3.竣工验收的质量核定

竣工验收的质量核定是政府对竣工工程进行质量监督的一种带有法律性的手段，是竣工验收交付使用必须办理的手续。质量核定的范围包括新建、扩建、改建的工业与民用建筑工程、设备安装工程和市政工程等。

（1）申报竣工质量核定工程的条件

①必须符合国家或地区规定的竣工条件和合同规定的内容。委托工程监理的工程，必须提供监理单位对工程质量进行监理的有关资料。

②必须具备各方签认的验收记录。对验收各方提出的质量问题，施工单位进行返修的，应具备建设单位和监理单位的复验记录。

③具有符合规定的、齐全有效的施工技术资料。

④保证竣工质量核定所需的水、电供应及其他必备的条件。

（2）竣工质量核定的方法

①单位工程完成之后，施工单位应按照国家检验评定标准的规定进行自验，符合有关规范、设计文件和合同要求的质量标准后，提交建设单位。

②建设单位组织设计、监理、施工等单位，对工程质量评出等级，并向有关的监督机构提出

申报竣工工程质量核定。

③监督机构在受理了竣工工程质量核定后,按照国家的《工程质量检验评定标准》进行核定,经核定合格或优良的工程,发给《合格证书》,并说明其质量等级。工程交付使用后,如工程质量出现永久缺陷等严重问题,监督机构将收回《合格证书》,并予以公布。

④经监督机构核定不合格的单位工程,不发给《合格证书》,不准投入使用,责任单位在规定期限返修后,再重新进行申报、核定。

⑤在核定中,如施工单位资料不能说明结构安全或不能保证使用功能的,由施工单位委托法定监测单位进行监测,并由监督机构对隐瞒事故者进行依法处理。

9.1.3 建设项目竣工验收的方式、程序与管理

1.竣工验收的方式

为了保证建设项目竣工验收的顺利进行,验收必须遵循一定的程序,并按照建设项目总体计划的要求以及施工进展的实际情况分阶段进行。项目施工达到验收条件的验收方式可分为项目中间验收、单项工程验收和全部工程验收三大类,见表9-1。

不同阶段的工程验收 表9-1

类 型	验 收 条 件	验 收 组 织
中间验收	(1)按照施工承包合同的约定,施工完成到某一阶段后要进行中间验收。 (2)主要的工程部位施工已完成了隐蔽前的准备工作,该工程部位将置于无法查看的状态	由监理单位组织,业主和承包商派人参加。该部位的验收资料将作为最终验收的依据
单项工程验收（交工验收）	(1)建设项目中的某个合同工程已全部完成。 (2)合同内约定有分部分项移交的工程已达到竣工标准,可移交给业主投入试运行	由业主组织,会同施工单位、监理单位、设计单位及使用单位等有关部门共同进行
全部工程竣工验收（动用验收）	(1)建设项目按设计规定全部建成,达到竣工验收条件。 (2)初验结果全部合格。 (3)竣工验收所需资料已准备齐全	大中型和限额以上项目由国家计委或由其委托项目主管部门或地方政府部门组织验收。小型和限额以下项目由项目主管部门组织验收。业主、监理单位、施工单位、设计单位和使用单位参加验收工作

规模较小、施工内容简单的建设项目,也可以一次进行全部项目的竣工验收。

虽然项目的中间验收也是工程验收的一个组成部分,但它属于施工过程中的管理内容,这里仅就竣工验收(单项工程验收和全部工程验收)的有关问题予以介绍。

2.竣工验收程序

建设项目全部建成,经过各单项工程的验收符合设计要求,并具备竣工图表、竣工结算、工程总结等必要文件资料,由建设项目主管部门或建设单位向负责验收的单位提出竣工验收申

请报告,按图 9-1 竣工验收程序验收。

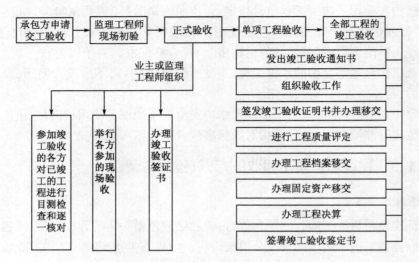

图 9-1　竣工验收程序

(1)承包商申请交工验收

承包商在完成了合同约定的工程内容或按合同约定可分步移交工程的,可申请交工验收。交工验收一般为单项工程,但在某些特殊情况下也可以是单位工程的施工内容,诸如特殊基础处理工程、发电站单机机组完成后的移交等。承包商施工的工程达到竣工条件后,应先进行预检验,一般由基层施工单位先进行自验、项目经理自验、公司级预验三个层次进行竣工验收预验收,亦称竣工预验。对不符合要求的部位和项目,确定修补措施和标准,修补有缺陷的工程部位;对于设备安装工程,要与甲方和监理单位共同进行无负荷的单机和联动试车,为正式竣工验收做好准备。承包商在完成了上述工作和准备好竣工资料后,即可向甲方提交竣工验收申请报告。

(2)监理工程师现场初验

施工单位通过竣工预验收,对发现的问题进行处理后,决定正式提请验收,应向监理工程师提交验收申请报告,监理工程师审查验收申请报告,如认为可以验收,则由监理工程师组成验收组,对竣工的工程项目进行初验。在初验中发现的质量问题,要及时书面通知施工单位,令其修理甚至返工。

(3)正式验收

正式验收是由业主或监理工程师组织,有业主、监理单位、设计单位、施工单位、工程质量监督站等单位参加的正式验收。工作程序是:

①参加工程项目竣工验收的各方对已竣工的工程进行目测检查,逐一核对工程资料所列内容是否齐备和完整。

②举行各方参加的现场验收会议,由项目经理对工程施工情况、自验情况和竣工情况进行介绍,并出示竣工资料,包括竣工图和各种原始资料及记录;由项目总监理工程师通报工程监理中的主要内容,发表竣工验收的监理意见;然后暂时休会,由质检部门会同业主及监理工程师讨论正式验收是否合格;最后复会,由业主或总监理工程师宣布验收结果,质检站人员宣布工程质量等级。

③办理竣工验收签证书,各方签字盖章。竣工验收签证书的格式见表9-2。

竣工验收签证书　　　　　　　　　　　　　　表9-2

工程名称		工程地点	
工程范围		建筑面积	
开工日期		竣工日期	
日历工作天		实际工作天	
工程造价			
验收意见			
建设单位验收人			

（4）单项工程验收

单项工程验收又称交工验收,即验收合格后业主方可投入使用。由业主组织的交工验收,主要依据国家颁布的有关技术规范和施工承包合同,对以下几方面进行检查或检验:

①检查、核实竣工项目,准备移交给业主的所有技术资料的完整性、准确性。

②按照设计文件和合同,检查已完工程是否有漏项。

③检查工程质量、隐蔽工程验收资料、关键部位的施工记录等,考察施工质量是否达到合同要求。

④检查试车记录及试车中所发现的问题是否得到改正。

⑤在交工验收中发现需要返工、修补的工程,明确规定完成期限。

⑥其他涉及的有关问题。

经验收合格后,业主和承包商共同签署交工验收证书。然后由业主将有关技术资料和试车记录、试车报告及交工验收报告一并上报主管部门,经批准后该部分工程即可投入使用。验收合格的单项工程,在全部工程验收时,原则上不再办理验收手续。

（5）全部工程的竣工验收

全部施工完成后,由国家主管部门组织的竣工验收,也称动用验收。业主参与全部工程竣工验收分为验收准备、预验收和正式验收三个阶段。正式验收是在自验的基础上,确认工程全部符合验收标准,具备了交付使用的条件后,即可开始正式竣工验收工作。

①发出竣工验收通知书。施工单位应于正式竣工验收之日的前10天,向建设单位发送竣工验收通知书。

②组织验收工作。工程竣工验收工作由建设单位邀请设计单位及有关方面参加,同施工单位一起进行检查验收。国家重点工程的大型建设项目,由国家有关部门邀请有关方面参加,组成工程验收委员会,进行验收。

③签发竣工验收证明书并办理移交。在建设单位验收完毕并确认工程符合竣工标准和合同条款规定要求以后,向施工单位签发竣工验收证明书。

④进行工程质量评定。建筑工程按设计要求和建筑安装工程施工的验收规范及质量标准进行质量评定验收。验收委员会或验收组,在确认工程符合竣工标准和合同条款规定后,签发竣工验收合格证书。

⑤整理各种技术文件资料,办理工程档案资料移交。建设项目竣工验收前,各有关单位应将所有技术文件进行系统整理,由建设单位分类立卷;在竣工验收时,交使用单位统一保管,同

时将与所在地区有关的文件交当地档案管理部门,以适应生产、维修的需要。

⑥办理固定资产移交手续。在对工程检查验收完毕后,施工单位要向建设单位逐项办理工程移交和其他固定资产移交手续,并应签认交接验收证书,办理工程结算手续。工程结算由施工单位提出,送建设单位审查无误后,由双方共同办理结算签认手续。工程结算手续办理完毕,除施工单位承担保修工作以外,甲乙双方的经济关系和法律责任予以解除。

⑦办理工程决算。整个项目完工验收并且办理了工程结算手续后,要由建设单位编制工程决算,上报有关部门。

⑧签署竣工验收鉴定书。竣工验收鉴定书是表示建设项目已经竣工并交付使用的重要文件,是全部固定资产交付使用和建设项目正式动用的依据,也是承包商对建设项目消除法律责任的证件。竣工验收鉴定书一般包括:工程名称、地点、验收委员会成员、工程总说明、工程据以修建的设计文件、竣工工程是否与设计相符合、全部工程质量鉴定、总的预算造价和实际造价、验收组对工程动用的意见和要求等主要内容。至此,项目的全部建设过程全部结束。

整个建设项目进行竣工验收后,业主应及时办理固定资产交付使用手续。在进行竣工验收时,已验收过的单项工程可以不再办理验收手续,但应将单项工程交工验收证书作为最终验收的附件而加以说明。

3.竣工验收的管理

1)竣工验收报告

建设工程竣工验收合格后,建设单位应当及时提出工程竣工验收报告。工程竣工验收报告主要包括工程概况,建设单位执行基本建设程序情况,对工程勘察、设计、施工、监理等方面的评价,工程竣工验收时间、程序、内容和组织形式,工程竣工验收意见等内容。

工程竣工验收报告还应附有下列文件:

(1)施工许可证。

(2)施工图设计文件审查意见。

(3)验收组人员签署的工程竣工验收意见。

(4)市政基础设施工程应附有质量检测和功能性试验资料。

(5)施工单位签署的工程质量保修书。

(6)法规、规章规定的其他有关文件。

2)竣工验收的管理

(1)国务院建设行政主管部门负责全国工程竣工验收的监督管理工作。

(2)县级以上地方人民政府建设行政主管部门负责本行政区域内工程竣工验收的监督管理工作。

(3)工程竣工验收工作,由建设单位负责组织实施。

(4)县级以上地方人民政府建设行政主管部门应当委托工程质量监督机构对工程竣工验收实施监督。

(5)负责监督该工程的工程质量监督机构应当对工程竣工验收的组织形式、验收程序、执行验收标准等情况进行现场监督,发现有违反建设工程质量管理规定行为的,责令改正,并将对工程竣工验收的监督情况作为工程质量监督报告的重要内容。

3)竣工验收的备案

(1)国务院建设行政主管部门负责全国房屋建筑工程和市政基础设施工程的竣工验收备

案管理工作。县级以上地方人民政府建设行政主管部门负责本行政区域内工程的竣工验收备案管理工作。

（2）建设单位应当自工程竣工验收合格之日起15日内，依照《房屋建筑工程和市政基础设施工程竣工验收备案管理暂行办法》的规定，向工程所在地的县级以上地方人民政府建设行政主管部门备案。

（3）建设单位办理工程竣工验收备案应当提交下列文件：

①工程竣工验收备案表。

②工程竣工验收报告。

③法律、行政法规规定应当由规划、公安消防、环保等部门出具的认可文件或者准许使用文件。

④施工单位签署的工程质量保修书；商品住宅还应当提交《住宅质量保证书》和《住宅使用说明书》。

⑤法规、规章规定必须提供的其他文件。

4）备案机关收到建设单位报送的竣工验收备案文件，验证文件齐全后，应当在工程竣工验收备案表上签署文件收讫。工程竣工验收备案表一式二份，一份由建设单位保存，一份留备案机关存档。

5）工程质量监督机构应当在工程竣工验收之日起5日内，向备案机关提交工程质量监督报告。

🌐 9.1.4　建设工程竣工验收、后评估阶段与工程造价的关系

建设工程造价全过程控制是工程造价管理的主要表现形式和核心内容，也是提高项目投资效益的关键所在。它贯穿于决策阶段、设计阶段、工程招投标阶段、施工实施阶段和竣工验收阶段的项目全过程中，是围绕追求工程项目建设投资控制目标，以达到所建的工程项目以最少的投入获得最佳的经济效益和社会效益。竣工阶段的竣工验收、竣工结算和决算不仅直接关系到建设单位与施工单位之间的利益关系，也关系到建设项目工程造价的实际结果。

工程竣工验收阶段的工程造价管理是工程造价全过程管理的内容之一，该阶段的主要工作是确定建设工程最终的实际造价即竣工结算价格和竣工决算价格，编制竣工决算文件，办理项目的资产移交。通过竣工验收阶段的工程竣工结算最终实现了建筑安装工程产品的"销售"，它是确定单项工程最终造价、考核施工企业经济效益以及编制竣工决算的依据。

竣工结算是反映工程项目的实际价格，最终体现工程造价系统控制的效果。要有效控制工程项目竣工结算价，必须严把审核关。首先要核对合同条款：一查竣工工程内容是否符合合同条件要求、竣工验收是否合格，二查结算价款是否符合合同的结算方式。其次要检查隐蔽验收记录：所有隐蔽工程是否经监理工程师的签证确认。第三要落实设计变更签证：按合同的规定，检查设计变更签证是否有效。第四要核实工程数据：依据竣工图、设计变更单及现场签证等进行核算。第五要防止各种计算误差。实践经验证明，通过对工程项目结算的审查，一般情况下，经审查的工程结算较施工单位编制的工程结算的工程造价资金相差率在10%左右，有的高达20%，对控制投入节约资金起到很重要的作用。

竣工决算，是建设单位反映建设项目实际造价、投资效果和正确核定新增固定资产价值的文件，是竣工验收报告的重要组成部分。同时，竣工决算价格是由竣工结算价格与实际发生的

工程建设其他费用等汇总而成,是计算交付使用财产价值的依据。竣工决算可反映出固定资产计划完成情况以及节约或超支原因,从而控制工程造价。

竣工决算是基本建设成果和财务的综合反映,它包括项目从筹建到建成投产或使用的全部费用。除了采用货币形式表示基本建设的实际成本和有关指标外,同时包括建设工期、工程量和资产的实物量以及技术经济指标,并综合了工程的年度财务决算,全面反映了基本建设的主要情况。根据国家基本建设投资的规定,在批准基本建设项目计划任务书时,可依据投资估算来估计基本建设计划投资额。在确定基本建设项目设计方案时,可依据设计概算决定建设项目计划总投资最高数额。在施工图设计时,可编制施工图预算,用以确定单项工程或单位工程的计划价格,同时规定其不得超过相应的设计概算。因此,竣工决算可反映出固定资产计划完成情况以及节约或超支原因,从而控制工程造价。

建设项目后评估是指建设项目在竣工投产、生产运营一段时间后,对项目的立项决策、设计施工、竣工投产、生产运营等全过程进行系统评价的一种经济活动,它是工程造价管理的一项重要内容。通过建设项目后评估,可以达到肯定成绩,总结经验,研究问题,吸取教训,提出建议,改进工作,不断提高项目决策水平和投资效果的目的。

9.1.5 建设工程竣工验收、后评估阶段工程造价管理的内容

竣工验收、后评估阶段工程造价管理的内容包括:竣工结算的编制与审查;竣工决算的编制;保修费用的处理;建设项目后评估等。

9.2 ▶ 竣工结算与竣工决算

9.2.1 竣工结算

1.竣工结算的概念

竣工结算是由施工企业按照合同规定的内容全部完成所承包的工程,经建设单位及相关单位验收质量合格,并符合合同要求之后,在交付生产或使用前,由施工单位根据合同价格和实际发生的费用的增减变化(变更、签证、洽商等)情况进行编制,并经发包方或委托方签字确认的,正确反映该项工程最终实际造价,并作为向发包单位进行最终结算工程款的经济文件。

竣工结算一般由施工单位编制,建设单位审核同意后,按合同规定签字盖章,通过相关银行办理工程价款的最后结算。

2.竣工结算的内容

竣工结算的内容与施工图预算的内容基本相同,由直接费、间接费、计划利润和税金四部分组成。竣工结算以竣工结算书形式表现,包括单位工程竣工结算书、单项工程竣工结算书及竣工结算说明书等。

竣工结算书中主要应体现"量差"和"价差"的基本内容。

"量差"是指原计价文件所列工程量与实际完成的工程量不符而产生的差别。

"价差"是指签订合同时的计价或取费标准与实际情况不符而产生的差别。

3.竣工结算的编制原则与依据

（1）竣工结算的编制原则

工程项目竣工结算既要正确贯彻执行国家和地方基建部门的政策和规定,又要准确反映施工企业完成的工程价值。在进行工程结算时,要遵循以下原则:

①必须具备竣工结算的条件,要有工程验收报告,对于未完工程,质量不合格的工程,不能结算,需要返工重做的,应返工修补合格后,才能结算。

②严格执行国家和地区的各项有关规定。

③实事求是,认真履行合同条款。

④编制依据充分。审核和审定手续完备。

⑤竣工结算要本着对国家、建设单位、施工单位认真负责的精神,做到既合理又合法。

（2）竣工结算的编制依据

①工程竣工报告、工程竣工验收证明、图纸会审记录、设计变更通知单及竣工图。

②经审批的施工图预算、购料凭证、材料代用价差、施工合同。

③本地区现行预算定额、费用定额、材料预算价格及各种收费标准、双方有关工程计价协定。

④各种技术资料(技术核定单、隐蔽工程记录、停复工报告等)及现场签证记录。

⑤不可抗力、不可预见费用的记录以及其他有关文件规定。

4.竣工结算的编制方法

（1）合同价格包干法

在考虑了工程造价动态变化的因素后,合同价格一次包死,项目的合同价就是竣工结算造价。即

$$结算工程造价 = 经发包方审定后确定的施工图预算造价 \times (1 + 包干系数) \qquad (9-1)$$

（2）合同价增减法

在签订合同时商定有合同价格,但没有包死,结算时以合同价为基础,按实际情况进行增减结算。

（3）预算签证法

按双方审定的施工图预算签订合同,凡在施工过程中经双方签字同意的凭证都作为结算的依据,结算时以预算价为基础按所签凭证内容调整。

（4）竣工图计算法

结算时根据竣工图、竣工技术资料、预算定额,按照施工图预算编制方法,全部重新计算得出结算工程造价。

（5）平方米造价包干法

双方根据一定的工程资料,事先协商好每平方米造价指标,结算时以平方米造价指标乘以建筑面积确定应付的工程价款。即

$$结算工程造价 = 建筑面积 \times 每平方米造价指标 \qquad (9-2)$$

（6）工程量清单计价法

以业主与承包方之间的工程量清单报价为依据,进行工程结算。

办理工程价款竣工结算的一般公式为:

竣工结算工程价款 = 预算(或概算)或合同价款 + 施工过程中预算或合同价款

调整数额 - 预付及已结算的工程价款 - 未扣的保修金　　　　　　(9-3)

5.竣工结算编制的程序和方法

1)承包方进行竣工结算的程序和方法

(1)收集分析影响工程量差、价差和费用变化的原始凭证。

(2)根据工程实际对施工图预算的主要内容进行检查、核对。

(3)根据收集的资料和预算对结算进行分类汇总,计算量差、价差,进行费用调整。

(4)根据查对结果和各种结算依据,分别归类汇总,填写竣工工程结算单,编制单位工程结算。

(5)编写竣工结算说明书。

(6)编制单项工程结算。目前工程竣工结算书国家没有统一规定的格式,各地区可结合当地情况和需要自行设计计算表格,供结算使用。

单位工程结算费用计算程序,见表9-3、表9-4,竣工工程结算单见表9-5。

土建工程结算费用计算程序表　　　　　　表9-3

序　号	费 用 项 目	计 算 公 式	金　　额
1	原概(预)算直接费		
2	历次增减变更直接费		
3	调价金额	[(1)+(2)]×调价系数	
4	直接费	(1)+(2)+(3)	
5	间接费	(4)×相应工程类别费率	
6	利润	[(4)+(5)]×相应工程类别利润率	
7	税金	[(4)+(5)+(6)+(7)]×相应税率	
8	工程造价	(4)+(5)+(6)+(7)	

注:税金计算的基数中包含税金本身在内。

水、暖、电工程结算费用计算程序表　　　　　　表9-4

序　号	费 用 项 目	计 算 公 式	金　　额
1	原概(预)算直接费		
2	历次增减变更直接费		
3	其中:定额人工费	(1)、(2)两项所含	
4	其中:设备费	(1)、(2)两项所含	
5	措施费	(3)×费率	
6	调价金额	[(1)+(2)+(5)]×调价系数	
7	直接费	(1)+(2)+(5)+(6)	
8	间接费	(3)×相应工程类别费率	
9	利润	(3)×相应工程类别利润率	
10	税金	[(7)+(8)+(9)+(10)]×相应税率	
11	设备费价差(±)	(实际供应价—原设备费)×(1+税率)	
12	工程造价	(7)+(8)+(9)+(10)+(11)	

竣工工程结算单(单位:元)　　　　　　　　　　　　　表9-5

建设单位:

1. 原预算造价			
2. 调整预算	增加部分	1. 补充预算	
		2.	
		3.	
		…	
		合计	

1. 原预算造价			
2. 调整预算	减少部分	1.	
		2.	
		3.	
		…	
		合计	

3. 竣工结算总造价		
4. 财务结算	已收工程款	
	报产值的甲供材料设备价值	
	实际结算工程款	
说明		

建设单位: 经办人: 年　月　日	施工单位: 经办人: 年　月　日

2)业主进行竣工结算的管理程序

(1)业主接到承包商提交的竣工结算书后,应以单位工程为基础,对承包合同内规定的施工内容进行检查与核对。包括工程项目、工程量、单价取费和计算结果等。

(2)核查合同工程的竣工结算,竣工结算应包括以下几方面:

①开工前准备工作的费用是否准确。

②土石方工程与基础处理有无漏算或多算。

③钢筋混凝土工程中的钢筋含量是否按规定进行了调整。

④加工订货的项目、规格、数量、单价等与实际安装的规格、数量、单价是否相符。

⑤特殊工程中使用的特殊材料的单价有无变化。

⑥工程施工变更记录与合同价格的调整是否相符

⑦实际施工中有无与施工图要求不符的项目。

⑧单项工程综合结算书与单位工程结算书是否相符。

(3)对核查过程中发现的不符合合同规定情况,如多算、漏算或计算错误等,均应予以调整。

(4)将批准的工程竣工结算书送交有关部门审查。

(5)工程竣工结算书经过确认后,办理工程价款的最终结算拨款手续。

6.竣工结算的审查

(1)自审:竣工结算初稿编定后,施工单位内部先组织审查、校核。

(2)建设单位审查:施工单位自审后编印成正式结算书送交建设单位审查,建设单位也可委托有关部门批准的工程造价咨询单位审查。

(3)造价管理部门审查:甲乙双方有争议且协商无效时,可以提请造价管理部门裁决。

各方对竣工结算进行审查的具体内容包括:

①核对合同条款。

②检查隐蔽工程验收记录。

③落实设计变更签证。

④按图核实工程数量。

⑤严格按合同约定计价。

⑥注意各项费用计取。

⑦防止各种计算误差。

9.2.2 竣工决算

1.竣工决算的概念

建设项目竣工决算是指所有建设项目竣工后,按照国家有关规定,由建设单位报告项目建设成果和财务状况的总结性文件。是考核其投资效果的依据,也是办理交付、动用、验收的依据。

竣工决算是以实物数量和货币指标为计量单位,综合反映竣工项目从筹建开始到项目竣工交付使用为止的全部建设费用、建设成果和财务情况的总结性文件,是竣工验收报告的重要组成部分,竣工决算是正确核定新增固定资产价值,考核分析投资效果,建立健全经济责任制的依据,是反映建设项目实际造价和投资效果的文件。

竣工决算反映了竣工项目计划、实际的建设规模、建设工期以及设计和实际生产能力,反映了概算总投资和实际的建设成本,同时还反映了所达到的主要技术经济指标。通过对这些指标计划值、概算值与实际值进行对比分析,不仅可以全面掌握建设项目计划和概算执行情况,而且可以考核建设项目投资效果,为今后制订建设计划,降低建设成本,提高投资效益提供必要的资料。

2.竣工结算与竣工决算的关系

建设项目竣工决算是以工程竣工结算为基础进行编制的,是在整个建设项目的各单项工程竣工结算的基础上,加上从筹建开始到工程全部竣工有关基本建设的其他工程费用支出,便构成了建设项目竣工决算的主体。它们的主要区别见表9-6。

3.竣工决算的内容

大、中型和小型建设项目的竣工决算包括建设项目从筹建开始到项目竣工交付生产使用为止的全部建设费用,其内容包括竣工决算报告情况说明书、竣工财务决算报表、建设工程竣工图、工程造价比较分析四个方面的内容。

竣工结算与竣工决算的比较一览表   表9-6

名　称	竣 工 结 算	竣 工 决 算
含义不同	竣工结算是由施工单位根据合同价格和实际发生的费用的增减变化情况进行编制,并经发包方或委托方签字确认的,正确反映该项工程最终实际造价,并作为向发包单位进行最终结算工程款的经济文件	建设项目竣工决算是指所有建设项目竣工后,建设单位按照国家有关规定,由建设单位报告项目建设成果和财务状况的总结性文件
特点不同	属于工程款结算,因此是一项经济活动	反映竣工项目从筹建开始到项目竣工交付使用为止的全部建设费用、建设成果和财务情况的总结性文件
编制单位不同	由施工单位编制	由建设单位编制
编制范围不同	单位或单项工程竣工结算	整个建设项目全部竣工决算

1)竣工决算报告情况说明书

竣工决算报告情况说明书主要反映竣工工程建设成果和经验,是对竣工决算报表进行分析和补充说明的文件,是全面考核分析工程投资与造价的书面总结,其内容主要包括:

(1)建设项目概况及对工程总的评价。一般从进度、质量、安全、造价及施工方面进行分析说明。进度方面主要说明开工和竣工时间,对照合理工期和要求工期,分析是提前还是延期;质量方面主要根据竣工验收组或质量监督部门的验收进行说明;安全方面主要根据劳动工资和施工部门的记录,对有无设备和安全事故进行说明;造价方面主要对照概算造价,说明节约还是超支,用金额和百分率进行分析说明。

(2)资金来源及运用等财务分析。主要包括工程价款结算、会计账务的处理、财产物资情况及债权债务的清偿情况。

(3)基本建设收入、投资包干结余、竣工结余资金的上交分配情况。通过对基本建设投资包干情况的分析,说明投资包干额、实际支用额和节约额,投资包干的有机构成和包干节余的分配情况。

(4)各项经济技术指标的分析。概算执行情况分析,根据实际投资完成额与概算进行对比分析;新增生产能力的效益分析,说明支付使用财产占总投资额的比例、占支付使用财产的比例,不增加固定资产的造价占投资总额的比例,分析有机构成。

(5)工程建设的经验、项目管理和财务管理工作以及竣工财务决算中有待解决的问题。

(6)需要说明的其他事项。

2)竣工财务决算报表

建设项目竣工财务决算报表要根据大、中型建设项目和小型建设项目分别制定。有关报表组成如图9-2、图9-3所示,报表格式分别见表9-7～表9-12。

大、中型建设项目竣工财务决算报表
①建设项目竣工财务决算审批表(表9-7)
②大、中型建设项目竣工工程概况表(表9-8)
③大、中型建设项目竣工财务决算表(表9-9)
④大、中型建设项目交付使用资产总表(表9-10)
⑤建设项目交付使用资产明细表(表9-11)

图9-2 大、中型建设项目竣工财务决算报表组成示意图

小型建设项目竣工财务决算报表 { ①建设项目竣工财务决算审批表（9-7）
②小型建设项目竣工财务决算总表（表9-12）
③建设项目交付使用资产明细表（表9-11）

图9-3　小型建设项目竣工财务决算报表组成示意图

（1）建设项目竣工财务决算审批表（表9-7）。该表作为竣工决算上报有关部门审批时使用，其格式按照中央级项目审批要求设计的，地方级项目可按审批要求作适当修改，大、中、小型项目均要按照下列要求填报此表：

建设项目竣工财务决算审批表   表9-7

建设项目法人（建设单位）		建设性质	
建设项目名称		主管部门	

开户银行意见：

（盖章）
年　月　日

专员办审批意见：

（盖章）
年　月　日

主管部门或地方财政部门审批意见：

（盖章）
年　月　日

①表中"建设性质"按新建、改建、扩建、迁建和恢复建设项目等分类填列。

②表中"主管部门"是指建设单位的主管部门。

③所有建设项目均须经过开户银行签署意见后，按照有关要求进行报批；中央级小型项目由主管部门签署审批意见；中央级大、中型建设项目报所在地财政监察专门办事机构签署意见后，再由主管部门签署意见报财政部审批；地方级项目由同级财政部门签署审批意见。

④已具备竣工验收条件的项目，3个月内应及时填报审批表，如3个月内不办理竣工验收和固定资产移交手续的视同项目已正式投产，其费用不得从基本建设投资中支付，所实现的收入作为经营收入，不再作为基本建设收入管理。

（2）大、中型建设项目概况表（表9-8）。该表综合反映大、中型建设项目的基本概况、内容，包括该项目总投资、建设起止时间、新增生产能力、主要材料消耗、建设成本、完成主要工程量和主要技术经济指标及基本建设支出情况，为全面考核和分析投资效果提供依据，可按下列要求填写：

①建设项目名称、建设地址、主要设计单位和主要施工单位，要按全称填列。

②表中各项目的设计、概算、计划指标可根据批准的设计文件和概算、计划等确定的数字填列。

③表中所列新增生产能力、完成主要工程量、主要材料消耗的实际数据，可根据建设单位统计资料和施工单位提供的有关成本核算资料填列。

④表中"主要技术经济指标"包括单位面积造价、单位生产能力投资、单位投资增加的生产能力、单位生产成本和投资回收年限等反映投资效果的综合性指标，根据概算和主管部门规定的内容分别按概算和实际填列。

大、中型建设项目竣工工程概况表 表9-8

建设项目工程名称			建设地址					项目	概算	实际	主要指标
主要设计单位			主要施工企业					建筑安装工程			
占地面积	计划	实际	总投资（万元）	设计		实际		设备、工具、器具			
				固定资产	流动资产	固定资产	流动资产	基建支出	待摊投资其中：建设单位管理费		
新增生产能力	能力(效益)名称		设计	实际				其他投资			
								待核销基建支出			
建设起止时间	设计		从 年 月开工至 年 月竣工					非经营项目转出投资			
	实际		从 年 月开工至 年 月竣工					合计			
设计概算批准文号							主要材料消耗	名称	单位	概算	实际
								钢材	t		
完成主要工程量	建筑面积(m²)		设备(台、套、t)					木材	m		
	设计	实际	设计	实际				水泥	t		
收尾工程	工程内容		投资额	完成时间			主要技术经济指标				

⑤表中基建支出是指建设项目从开工起至竣工为止发生的全部基本建设支出，包括形成资产价值的交付使用资产，如固定资产、流动资产、无形资产、递延资产支出，还包括不形成资产价值按照规定应核销非经营项目的待核销基建支出和转出投资。上述支出，应根据财政部门历年批准的"基建投资表"中的有关数据填列。

⑥表中"初步设计和概算批准日期、文号"，按最后经批准的日期和文件号填列。

⑦表中收尾工程是指全部工程项目验收后尚遗留的少量收尾工程，在表中应明确填写收尾工程内容、完成时间，这部分工程的实际成本可根据实际情况进行估算并加以说明，完工后不再编制竣工决算。

（3）大、中型建设项目竣工财务决算表（表9-9）。该表反映竣工的大、中型建设项目从开工到竣工为止全部资金来源和资金运用的情况，它是考核和分析投资效果，落实节余资金，并作为报告上级核销基本建设支出和基本建设拨款的依据。在编制该表前，应先编制出项目竣工年度财务决算，根据编制出的竣年度财务决算和历年财务决算编制项目的竣工财务决算。此表采用平衡形式，即资金来源合计等于资金支出合计。具体编制方法是：

①资金来源包括基建拨款、项目资本金、项目资本公积金、基建借款、上级拨入投资借款、企业债券资金、待冲基建支出、应付款和未交款以及上级拨入资金和留成收入等。

项目资本金是指经营性项目投资者按国家有关项目资本金的规定，筹集并投入项目的非负债资金，在项目竣工后，相应转为生产经营企业的国家资本金、法人资本金、个人资本金和外商资本金。

大、中型建设项目竣工财务决算表(单位:元)　　　　　　表9-9

资金来源	金额	资金占用	金额	补充资料
一、基建拨款		一、基本建设支出		1.基建投资借款期末余额
1.预算拨款		1.交付使用资产		
2.基建基金拨款		2.在建工程		2.应收生产单位投资借款期末余额
3.进口设备转账拨款		3.待核销基建支出		
4.器材转账拨款		4.非经营项目转出投资		3.基建结余资金
5.煤代油专用基金拨款		二、应收生产单位投资借款		
6.自筹资金拨款		三、拨款所属投资借款		
7.其他拨款		四、器材		
二、项目资本金		其中:待处理器材损失		
1.国家资本		五、货币资金		
2.法人资本		六、预付及应收款		
3.个人资本		七、有价证券		
三、项目资本公积金		八、固定资产		
四、基建借款		固定资产原值		
五、上级拨入投资借款		减:累计折旧		
六、企业债券资金		固定资产净值		
七、待冲基建支出		固定资产清理		
八、应付款		待处理固定资产损失		
九、未交款				
1.未交税金				
2.未交基建收入				
3.未交基建包干节余				
4.其他未交款				
十、上级拨入资金				
十一、留成收入				
合　计		合　计		

项目资本公积金是指经营性项目对投资者实际缴付的出资额超过其资金的差额(包括发行股票的溢价净收入)、资产评估确认价值或者合同、协议约定价值与原账面净值的差额、接收捐赠的财产、资本汇率折算差额,在项目建设期间作为资本公积金,项目建成交付使用并办理竣工决算后,转为生产经营企业的资本公积金。

基建收入是基建过程中形成的各项工程建设副产品变价净收入、负荷试车的试运行收入以及其他收入,在表中基建收入以实际销售收入扣除销售过程中所发生的费用和税后的实际纯收入填写。

②表中"交付使用资产"、"预算拨款"、"自筹资金拨款"、"其他拨款"、"基建借款"、"其他借款"等项目,是指自开工建设至竣工的累计数,上述有关指标应根据历年批复的年度基本

建设财务决算和竣工年度的基本建设财务决算中资金平衡表相应项目的数字进行汇总填写。

③表中其余项目费用办理竣工验收时的结余数,根据竣工年度财务决算中资金平衡表的有关项目期末数填写。

④资金占用反映建设项目从开工准备到竣工全过程资金支出的情况,内容包括基本建设支出、应收生产单位投资借款、库存器材、货币资金、有价证券和预付及应收款以及拨付所属投资借款和库存固定资产等,资金占用总额应等于资金来源总额。

⑤补充材料的"基建投资借款期末余额"反映竣工时尚未偿还的基本投资借款额,应根据竣工年度资金平衡表内的"基建投资借款"项目期末数填写;"应收生产单位投资借款期末余额",根据竣工年度资金平衡表内的"应收生产单位投资借款"项目的期末数填写;"基建结余资金"反映竣工的结余资金,根据竣工决算表中有关项目计算填写。

⑥基建结余资金可以按下列公式计算:

$$基建结余资金 = 基建拨款 + 项目资本金 + 项目资本公积金 + 基建借款 + 企业债券基金$$
$$+ 待冲基建支出 - 基本建设支出 - 应收生产单位投资借款 \qquad (9\text{-}4)$$

(4)大、中型建设项目交付使用资产总表(表9-10)。该表反映建设项目建成后新增固定资产、流动资产、无形资产和递延资产价值的情况和价值,作为财务交接、检查投资计划完成情况和分析投资效果的依据。小型项目不编制"交付使用资产总表",而直接编制"交付使用资产明细表";大、中型项目在编制"交付使用资产总表"的同时,还需编制"交付使用资产明细表"。大、中型建设项目交付使用资产总表具体编制方法是:

①表中各栏目数据根据"交付使用明细表"的固定资产、流动资产、无形资产、递延资产的各相应项目的汇总数分别填写,表中总计栏的总计数应与竣工财务决算表中的交付使用资产的金额一致。

②表中第7、8、9、10栏的合计数,应分别与竣工财务决算表交付使用的固定资产、流动资产、无形资产、递延资产的数据相符。

大、中型建设项目交付使用资产总表(单位:元)　　　　表9-10

单项工程项目名称	总计	固定资产					流动资产	无形资产	递延资产
		建筑工程	安装工程	设备	其他	合计			

支付单位盖章　年　月　日　　　　　　　　　　　接收单位盖章　年　月　日

(5)建设项目交付使用资产明细表(表9-11)。该表反映交付使用的固定资产、流动资产、无形资产和递延资产及其价值的明细情况,是办理资产交接的依据和接收单位登记资产账目的依据,同时是使用单位建立资产明细账和登记新增资产价值的依据。大、中型和小型建设项目均需编制此表。编制时要做到齐全完整,数字准确,各栏目价值应与会计账目中相应科目的数据保持一致。建设项目交付使用资产明细表具体编制方法是:

①表中"建筑工程"项目应按单项工程名称填列其结构、面积和价值。其中"结构"是指项目按钢结构、钢筋混凝土结构、混合结构等结构形式填写;面积则按各项目实际完成面积填列;价值按交付使用资产的实际价值填写。

②表中"设备、工具、器具、家具"部分要在逐项盘点后,根据盘点实际情况填写,工具、器具和家具等低值易耗品可分类填写。

③表中"流动资产"、"无形资产"、"递延资产"项目应根据建设单位实际交付的名称和价值分别填列。

建设项目交付使用资产明细表

表9-11

单项工程 项目名称	建筑工程			设备、工具、器具、家具					流动资产		无形资产		递延资产	
	结构	面积 (m²)	价值 (元)	规格 型号	单位	数量	价值 (元)	设备安装 费(元)	名称	价值 (元)	名称	价值 (元)	名称	价值 (元)
合计														

支付单位盖章　年　月　日　　　　　　　　　　　　　接收单位盖章　年　月　日

（6）小型建设项目竣工财务决算总表（表9-12）。由于小型建设项目内容比较简单，因此可将工程概况与财务情况合并编制一张"竣工财务决算总表"，该表主要反映小型建设项目的全部工程和财务情况。具体编制时可参照大、中型建设项目概况表指标和大、中型建设项目竣工财务决算表指标口径填写。

3）建设工程竣工图

建设工程竣工图是真实地记录各种地上、地下建筑物、构筑物等情况的技术文件，是工程进行交工验收、维护和扩建的依据，是国家的重要技术档案。国家规定：各项新建、扩建、改建的基本建设工程，特别是基础、地下建筑、管线、结构、井巷、桥梁、隧道、港口、水坝以及设备安装等隐蔽部位，都要编制竣工图。为确保竣工图质量，必须在施工过程中（不能在竣工后）及时做好隐蔽工程检查记录，整理好设计变更文件。其基本要求有：

（1）凡按图竣工没有变动的，由施工单位（包括总包和分包施工单位，下同）在原施工图加盖"竣工图"标志后，即作为竣工图。

（2）凡在施工过程中，虽有一般性设计变更，但能将原施工图加以修改补充作为竣工图，可不重新绘制，由施工单位负责在原施工图（必须是新蓝图）上注明修改的部分，并附以设计变更通知单和施工说明，加盖"竣工图"标志后，作为竣工图。

（3）凡结构形式改变、施工工艺改变、平面布置改变、项目改变以及有其他重大改变，不宜再在原施工图上修改、补充时，应重新绘制改变后的竣工图。由原设计原因造成的，由设计单位负责重新绘制；由施工原因造成的，由施工单位负责重新绘图；由其他原因造成的，由建设单位自行绘制或委托设计单位绘制。施工单位负责在新图上加盖"竣工图"标志，并附以有关记录和说明，作为竣工图。

（4）为了满足竣工验收和竣工决算需要，还应绘制反映竣工工程全部内容的工程设计平面示意图。

4）工程造价比较分析

经批准的概、预算是考核实际建设工程造价和进行工程造价比较分析的依据。在分析时，可先对比整个项目的总概算，然后将建筑安装工程费、设备工器具购置费和其他工程费用逐一与竣工决算表中所提供的实际数据和相关资料及批准的概算、预算指标、实际的工程造价进行对比分析，以确定竣工项目总造价是节约还是超支，并在对比的基础上，总结先进经验，找出节

约和超支的内容和原因,提出改进措施。在实际工作中,应主要分析以下内容:

（1）主要实物工程量。对于实物工程量出入比较大的情况,必须查明原因。

（2）主要材料消耗量。考核主要材料消耗量,要按照竣工决算表中所列明的三大材料实际超概算的消耗量,查明是在工程的哪个环节超出量最大,再进一步查明超耗的原因。

（3）考核建设单位管理费、建筑及安装工程其他直接费、现场经费和间接费的取费标准。建设单位管理费、建筑及安装工程其他直接费、现场经费和间接费的取费标准要按照国家和各地的有关规定,根据竣工决算报表中所列的建设单位管理费与概预算所列的建设单位管理费数额进行比较,依据规定查明是否多列或少列的费用项目,确定其节约超支的数额,并查明原因。

小型建设项目竣工财务决算总表　　　　表 9-12

建设项目名称			建设地址			资金来源		资金运用	
初步设计概算批准文件号						项目	金额（元）	项目	金额（元）
						一、基建拨款 其中:预算拨款		一、交付使用资产	
								二、待核销基建支出	
占地面积	计划	实际	总投资（万元）	计划		实际		二、项目资本		三、非经营项目转出投资	
				固定资产	流动资产	固定资产	流动资产	三、项目资本公积金			
								四、基建借款		四、应收生产单位投资借款	
新增生产能力	能力(效益)名称		设计	实际				五、上级拨入借款		五、拨付所属投资借款	
								六、企业债券资金			
建设起止时间	计划		从　年　月开工至　年　月竣工			七、待冲基建支出		六、器材	
	实际		从　年　月开工至　年　月竣工			八、应付款		七、货币资金	
基建支出	项目		概算（元）	实际（元）	九、未付款 其中:未交基建收入 未交包干收入		八、预付及应收款	
	建筑安装工程						九、有价证券	
	设备、工具、器具							
	待摊投资 其中:建设单位管理费						十、原有固定资产	
	其他投资				十、上级拨入资金			
	待摊销基建支出				十一、留成收入			
	非经营性项目转出投资							
	合计				合计		合计	

4.竣工决算的编制

（1）竣工决算的编制依据

建设项目竣工决算的编制依据包括以下几个方面:

①建设项目计划任务书、可行性研究报告、投资估算书、初步设计或扩大初步设计及其批复文件。

②建设项目总概算书、修正概算，单项工程综合概算书。

③经批准的施工图预算或标底造价、承包合同、工程结算等有关资料。

④建设项目图纸及说明，设计交底和图纸会审记录。

⑤历年基建资料、历年财务决算及批复文件。

⑥设计变更记录、施工记录或施工签证单及其他施工发生的费用记录。

⑦设备、材料调价文件和调价记录。

⑧竣工图及各种竣工验收资料。

⑨国家和地方主管部门颁发的有关建设工程竣工决算的文件。

⑩其他有关资料。

（2）竣工决算的编制要求

为了严格执行建设项目竣工验收制度，正确核定新增固定资产价值，考核分析投资效果，建立健全经济责任制，所有新建、扩建和改建等建设项目竣工后，都应及时、完整、正确地编制好竣工决算。建设单位要做好以下工作：

①按照规定及时组织竣工验收，保证竣工决算的及时性。

②积累、整理竣工项目资料，特别是项目的造价资料，保证竣工决算的完整性。

③清理、核对各项账目，保证竣工决算的正确性。

按照规定，竣工决算应在竣工项目办理验收交付手续后1个月内编好，并上报主管部门，有关财务成本部分，还应送经办银行审查签证。主管部门和财政部门对报送的竣工决算审批后，建设单位即可办理决算调整和结束有关工作。

（3）竣工决算的编制步骤（图9-4）

图9-4　竣工决算的编制步骤

①收集、整理和分析有关依据资料。在编制竣工决算文件之前，要系统地整理所有的技术资料、工程结算的经济文件、施工图纸和各种变更与签证资料，并分析它们的准确性。完整、齐全的资料，是准确而迅速编制竣工决算的必要条件。

②清理各项财务、债务和结余物资。在收集、整理和分析有关资料中，要特别注意建设工程从筹建到竣工投产或使用的全部费用的各项财务、债权和债务的清理，做到工程完毕账目清晰，既要核对账目，又要查点库有实物的数量，做到账与物相等，账与账相符，对结余的各种材料、工器具和设备，要逐项清点核实，妥善管理，并按规定及时处理，收回资金。对各种往来款项要及时进行全面清理，为编制竣工决算提供准确的数据和结果。

③填写竣工决算报表。按照建设工程决算表格中的内容，根据编制依据中的有关资料进行统计或计算各个项目和数量，并将其结果填到相应表格的栏目内，完成所有报表的填写。

④编制建设工程竣工决算说明。按照建设工程竣工决算说明的内容要求，根据编制依据材料填写报表，编写文字说明。

⑤做好工程造价对比分析。

⑥清理、装订好竣工图。

⑦上报主管部门审查。

将上述编写的文字说明和填写的表格经核对无误,装订成册,即为建设工程竣工决算文件。将其上报主管部门审查,并把其中财务成本部分送交开户银行签证。竣工决算在上报主管部门的同时,抄送有关设计单位。大、中型建设项目的竣工决算还应抄送财政部、建设银行总行和省、市、自治区的财政局和建设银行分行各一份。建设工程竣工决算的文件,由建设单位负责组织人员编写,在竣工建设项目办理验收使用1个月之内完成。

9.2.3 新增资产的分类及其价值的确定

竣工决算是办理交付使用财产价值的依据,正确核定资产的价值,不但有利于建设项目交付使用后的财产管理,而且还可作为建设项目经济后评估的依据。

1.新增资产的分类

按照新的财务制度和企业会计准则,新增资产按资产性质可分为固定资产、流动资产、无形资产、递延资产和其他资产等五大类。

(1)固定资产

指使用期限超过1年,单位价值在规定标准以上(如:1000元、1500元或2000元),并且在使用过程中保持原有实物形态的资产。如房屋、建筑物、机械、运输工具等。

不同时具备以上两个条件的资产为低值易耗品,应列入流动资产范围内,如企业自身使用的工具、器具、家具等。

固定资产主要包括:

①已交付使用的建安工程造价;

②达到固定资产标准的设备、工器具购置费;

③其他费用(如建设单位管理费、征地费、勘察设计费等)。

(2)流动资产

指可以在1年或者超过1年的营业周期内变现或者耗用的资产。它是企业资产的重要组成部分。流动资产按资产的占用形态可分为现金、存货(指企业的库存材料、在产品、产成品、商品等)、银行存款、短期投资、应收账款及预付账款。

(3)无形资产

指特定主体所控制的,不具有实物形态,对生产经营长期发挥作用且能带来经济利益的资源。如专利权、非专利技术、商标权、商誉。

(4)递延资产

指不能全部计入当年损益,应当在以后年度分期摊销的各种费用,如开办费、租入固定资产改良支出等。

(5)其他资产

指具有专门用途,但不参加生产经营的经国家批准的特种物资,银行冻结存款和冻结物资、涉及诉讼的财产等。

2.新增资产价值的确定

1)新增固定资产价值的确定

新增固定资产价值是以独立发挥生产能力的单项工程为对象的。单项工程建成经有关部门验收鉴定合格,正式移交生产或使用,即应计算新增固定资产价值。一次交付生产或使用的工程一次计算新增固定资产价值,分期分批交付生产或使用的工程,应分期分批计算新增固定资产价值。在计算时应注意以下几种情况:

(1)对于为了提高产品质量、改善劳动条件、节约材料、保护环境而建设的附属辅助工程,只要全部建成,正式验收交付使用后就要计入新增固定资产价值。

(2)对于单项工程中不构成生产系统,但能独立发挥效益的非生产性项目,如住宅、食堂、医务所、托儿所、生活服务网点等,在建成并交付使用后,也要计算新增固定资产价值。

(3)凡购置达到固定资产标准不需安装的设备、工具、器具,应在交付使用后计入新增固定资产价值。

(4)属于新增固定资产价值的其他投资,应随同受益工程交付使用的,同时一并计入。

(5)交付使用财产的成本,应按下列内容计算:

①房屋、建筑物、管道、线路等固定资产的成本包括建筑工程成本和应分摊的待摊投资。

②动力设备和生产设备等固定资产的成本包括需要安装设备的采购成本、安装工程成本、设备基础等建筑工程成本及应分摊的待摊投资。

③运输设备及其他不需要安装的设备、工具、器具、家具等固定资产一般仅计算采购成本,不计分摊的"待摊投资"。

(6)共同费用的分摊方法。新增固定资产的其他费用,如果是属于整个建设项目或两个以上单项工程的,在计算新增固定资产价值时,应在各单项工程中按比例分摊。分摊时,什么费用应由什么工程负担应按具体规定进行。一般情况下,建设单位管理费分建筑工程、安装工程、需安装设备价值总额按比例分摊;而土地征用费、勘察设计费则按建筑工程造价分摊。

【例 9-1】 某工业建设项目及其总装车间的建筑工程费、安装工程费、需安装设备费以及应摊入费用见表 9-13,试计算总装车间新增固定资产价值。

分摊费用计算表(单位:万元) 表 9-13

项目名称	建筑工程	安装工程	需安装设备	建设单位管理费	土地征用费	勘察设计费
建设单位竣工结算	2000	400	800	60	70	50
总装车间竣工决算	500	180	320	18.75	17.5	12.5

【解】计算过程如下:

$$应分摊的建设单位管理费 = \frac{500 + 180 + 320}{2000 + 400 + 800} \times 60 = 18.75 \ 万元$$

$$应分摊的土地征用费 = \frac{500}{2000} \times 70 = 17.5 \ 万元$$

$$应分摊的勘察设计费 = \frac{500}{2000} \times 50 = 12.5 \ 万元$$

$$总装车间新增固定资产价值 = (500 + 180 + 320) + (18.75 + 17.5 + 12.5)$$
$$= 1048.75 \ 万元$$

2)流动资产价值的确定

(1)货币性资金。指现金、各种银行存款及其他货币资金。其中现金是指企业的库存现金,包括企业内部各部门用于周转使用的备用金;各种存款是指企业的各种不同类型的银行存款;其他货币资金是指除现金和银行存款以外的其他货币资金,根据实际入账价值核定。

(2)应收及预付款项。应收款项是指企业因销售商品、提供劳务等应向购货单位或受益单位收取的款项。预付款项是指企业按照购货合同预付给供货单位的购货定金或部分货款。应收及预付款项包括应收票据、应收款项、其他应收款、预付货款和待摊费用。一般情况下,应收及预付款项按企业销售商品、产品或提供劳务时的成交金额入账核算。

(3)短期投资包括股票、债券、基金。股票和债券根据是否可以上市流通分别采用市场法和收益法确定其价值。

(4)存货。各种存货应当按照取得时的实际成本计价。存货的形成主要有外购和自制两个途径。外购的存货按照买价加运输费、装卸费、保险费、途中合理损耗、入库加工、整理及挑选费用以及缴纳的税金等计价。自制的存货按照制造过程中的各项支出计价。

3)无形资产价值的确定

(1)无形资产计价原则。投资者按无形资产作为资本金或者合作条件投入时,按评估确认或合同协议约定的金额计价。

①购入的无形资产按照实际支付的价款计价。

②企业自创并依法申请取得的按开发过程中的实际支出计价。

③企业接受捐赠的无形资产按照发票账单所持金额或者同类无形资产市价作价。

④无形资产计价入账后,应在其有效使用期内分期摊销。

(2)不同形式无形资产的计价方法主要有以下几种。

①专利权的计价。专利权分为自创和外购两类。自创专利权的价值为开发过程中的实际支出,主要包括专利的研制成本和交易成本。研制成本包括直接成本和间接成本。直接成本是指研制过程中直接投入发生的费用(主要包括材料、工资、专用设备、资料、咨询鉴定、协作、培训和差旅等费用);间接成本是指与研制开发有关的费用(主要包括管理费、非专用设备折旧费、应分摊的公共费用及能源费用)。交易成本是指在交易过程中的费用支出(主要包括技术服务费、交易过程中的差旅费及管理费、手续费、税金)。由于专利权是具有独占性并能带来超额利润的生产要素,因此,专利权的转让价格不按成本估价,而是按照其所能带来的超额收益计价。

②非专利技术的计价。非专利技术具有使用价值和价值,使用价值是非专利技术本身应具有的,非专利技术的价值在于非专利技术的使用所能产生的超额获利能力,应在研究分析其直接和间接的获利能力的基础上,准确计算出其价值。如果非专利技术是自创的,一般不作为无形资产入账,自创过程中发生费用,按当期费用处理。对于外购非专利技术,应由法定评估机构确认后再进行估价,其方法往往通过能产生的收益采用收益法进行估价。

③商标权的计价。如果商标权是自创的,一般不作为无形资产入账,而将商标设计、制作、注册、广告宣传等发生的费用直接作为销售费用计入当期损益。只有当企业购入或转入商标时,才需要对商标权计价。商标权的计价一般根据被许可方新增的收益确定。

④土地使用权的计价。根据取得土地使用权的方式不同,土地使用权可有以下几种计价方式:当建设单位向土地管理部门申请土地使用权并为之支付一笔出让金时,土地使用权作为无形资产核算;当建设单位获得土地使用权是通过行政划拨的,这时土地使用权就不能作为无形资产核算;在将土地使用权有偿转让、出租、抵押、作价入股和投资,按规定补

交土地出让价款时,才作为无形资产核算。

4)递延资产和其他资产价值的确定

(1)递延资产中的开办费是指筹建期间发生的费用,不能计入固定资产或无形资产价值的费用,主要包括筹建期间人员工资、办公费、员工培训费、差旅费、注册登记费以及不计入固定资产和无形资产购建成本的汇兑损益、利息支出等。根据现行财务制度规定,企业筹建期间发生的费用,应于开始生产经营起一次计入开始生产经营当期的损益。企业筹建期间开办费的价值可按其账面价值确定。

(2)递延资产中以经营租赁方式租入的固定资产改良工程支出的计价,应在租赁有限期限内摊入制造费用或管理费用。

(3)其他资产,包括特种储备物资等,按实际入账价值核算。

9.3 > 保修费用的处理

9.3.1 保修与保修费用

1.保修的概念

保修是指建设工程办理完交工验收手续后,在规定的保修期限内(按合同有关保修期的规定),因勘察设计、施工、材料等原因造成的质量缺陷,应由责任单位负责维修。

建设项目保修是项目竣工验收交付使用后,在一定期限内由施工单位到建设单位或用户进行回访,对于工程发生的确实是由于施工单位责任造成的建筑物使用功能不良或无法使用的问题,由施工单位负责修理,直到达到正常使用的标准。保修回访制度属于建筑工程竣工后管理范畴。

由于建设产品在竣工验收后仍可能存在质量缺陷和隐患,在使用过程中才能逐步暴露出来,例如:屋面漏雨、墙体渗水、建筑物基础超过规定的不均匀沉降、采暖系统供热不佳、设备及安装工程达不到国家或行业现行的技术标准等,需要在使用过程中检查观测和维修。为了使建设项目达到最佳状态,确保工程质量,降低生产或使用费用,发挥最大的投资效益,业主应督促设计单位、施工单位、设备材料供应单位认真做好保修工作,并加强保修期间的造价控制。

根据国务院颁布的《建设工程质量管理条例》规定,建设工程承包单位在向建设单位提交工程竣工验收报告时,应向建设单位出具质量保修书,质量保修书中应明确建设工程的保修范围、保修期限和保修责任等。

建设工程质量保修制度是国家所确定的重要法律制度,对于促进承包方加强质量管理、保护用户及消费者的合法权益起到重要的作用。

2.保修的范围和最低保修期限

(1)保修的范围

建筑工程的保修范围应包括地基基础工程、主体结构工程、屋面防水工程和其他土建工程,以及电气管线、上下水管线的安装工程,供热、供冷系统工程等项目。

(2)保修的期限

保修的期限应当按照保证建筑物合理寿命内正常使用,维护使用者合法权益的原则确定。具体的保修范围和最低保修期限,按照国务院《建设工程质量管理条例》第四十条规定执行:

①基础设施工程、房屋建筑的地基基础工程和主体结构工程,为设计文件规定的该工程的合理使用年限。

②屋面防水工程、有防水要求的卫生间、房间和外墙面的防渗漏为5年。

③供热与供冷系统为2个采暖期和供冷期。

④电气管线、给排水管道、设备安装和装修工程为2年。

⑤其他项目的保修范围和保修期限由承发包双方在合同中规定。建设工程的保修期自竣工验收合格之日算起。

建设工程在保修期内发生质量问题的,承包人应当履行保修义务,并对造成的损失承担赔偿责任。凡是由于用户使用不当而造成建筑功能不良或损坏,不属于保修范围;凡属工业产品项目发生问题,也不属保修范围。以上两种情况应由建设单位自行组织修理。

3.保修费用

保修费用是指对保修期间和保修范围内所发生的维修、返工等各项费用的支出。保修费用应按合同和有关规定合理确定和控制。保修费用一般可参照建筑安装工程造价的确定程序和方法计算,也可以按照建筑安装工程造价或承包工程合同价的一定比例计算(目前取5%)。

9.3.2　保修费用的处理办法

根据《中华人民共和国建筑法》规定,在保修费用的处理问题上,必须根据修理项目的性质、内容以及检查修理等多种因素的实际情况,区别保修责任的承担问题,对于保修的经济责任的确定,应当由有关责任方承担。由建设单位和施工单位共同商定经济处理办法。

(1)承包单位未按国家有关规范、标准和设计要求施工,造成的质量缺陷,由承包单位负责返修并承担经济责任。

(2)由于设计方面的原因造成的质量缺陷,由设计单位承担经济责任,可由施工单位负责维修,其费用按有关规定通过建设单位向设计单位索赔,不足部分由建设单位负责协同有关各方解决。

(3)因建筑材料、建筑构配件和设备质量不合格引起的质量缺陷,属于承包单位采购的或经其验收同意的,由承包单位承担经济责任;属于建设单位采购的,由建设单位承担经济责任。

(4)因使用单位使用不当造成的损坏问题,由使用单位自行负责。

(5)因地震、洪水、台风等不可抗拒原因造成的损坏问题,施工单位、设计单位不承担经济责任,由建设单位负责处理。

(6)根据《中华人民共和国建筑法》第七十五条的规定,建筑施工企业违反该法规定,不履行保修义务的,责令改正,可以处以罚款。在保修期间因屋顶、墙面渗漏、开裂等质量缺陷,有关责任企业应当依据实际损失给予实物或价值补偿。质量缺陷因勘察设计原因、监理原因或者建筑材料、建筑构配件和设备等原因造成的,根据民法规定,施工企业可以在保修和赔偿损失之后,向有关责任者追偿。因建设工程质量不合格而造成损害的,受损害人有权向责任者要求赔偿。因建设单位或者勘察设计的原因、施工的原因、监理的原因产生的建设质量问题,造成他人损失的,以上单位应当承担相应的赔偿责任。受损害人可以向任何一方要求赔偿,也可以向以上各方提出共同赔偿要求。有关各方之间在赔偿后,可以在查明原因后向真正责任人

追偿。

(7)涉外工程的保修问题,除参照上述办法处理外,还应依照原合同条款的有关规定执行。

9.4 ▶ 建设项目后评估阶段工程造价管理

9.4.1 项目后评估的概念

1.项目后评估的含义

国内外理论与实践工作者对建设项目后评估的理解有多种。本书所指项目后评估为:在项目建成投产并达到设计生产能力后,通过对项目准备、决策、设计、实施、试生产直至达产后全过程进行的再评估,衡量和分析其实际情况与预计情况的偏离程度及产生的原因,全面总结项目投资管理经验,为今后项目准备、决策、管理、监督等工作的改进创造条件,并为提高项目投资效益提出切实可行的对策措施。

2.项目后评估与其他评估的区别

项目后评估有别于项目可行性研究、项目前评估、项目中间评估、竣工验收、项目审计检查和项目监理。

(1)与项目可行性研究、项目前评估(项目评价)的区别

项目前评价与项目后评估既相互联系又相互区别,是同一对象的不同过程。它们在评价内要前后呼应,互相兼顾,但在其作用、评估时间的选择及使用方法等方面又有明显的区别。

①评估目的和在投资决策中的作用不同。项目可行性研究和前评估的目的在于评估项目技术上的先进性和经济上的可行性,重点分析项目本身的条件对项目未来和长远效益的作用和影响,其作用是为项目投资决策提供依据,直接作用于项目投资决策。项目后评估侧重于项目的影响和可持续性分析,目的是总结经验教训,改进投资决策质量。间接作用于投资决策。

②所处阶段不同。项目可行性研究和前评估属于项目前期工作,决定着项目是否可以上马,项目后评估是项目竣工投产并达到设计生产能力后对项目进行的再评估,是项目管理的延伸,在项目周期中处于"承前启后"的位置。

③比较参照的标准不同。项目可行性研究和前评估依据国家、部门颁布的定额标准、参数。后评估虽然也参照有关定额标准和参数,但主要是采用实际发生的数据和后评估时点以后的预测数据,直接与项目前评估的预测情况或其他国内外同类项目的有关情况进行对比,同时参照进行后评估时颁布的各种参数,检测差距,分析原因,提出改进措施。

④评估的内容不同。项目可行性研究和前评估主要分析研究项目建设条件、工程设计方案、项目的实施计划和项目的经济社会效益等,侧重对项目建设必要性和可能性的评估及未来经济效益的预测。后评估主要内容除了针对前评估上述内容进行再评估外,还包括对项目决策、项目实施效率、项目实际运营状况、影响效果、可持续性等进行深入分析。

⑤组织实施上不同。项目可行性研究和前评估由投资主体或投资计划部门组织实施,后评估以投资运行的监督管理机构为主,组织主管部门会同其他相关部门进行或者由单设的独

立后评估机构进行。

⑥评估的性质不同。项目前评估是以数量指标和质量指标为依据,以定量评估为主的侧重经济评估的行为,而项目后评估是以事实为依据,以法律为准绳,包括行政、经济法律内容的综合性评估。但近年来,部分发达国家的项目前评估内容中也逐渐包括了环境和社会影响预测评估的综合性内容。

(2)与项目中评估相比区别

①目的和作用不同。项目中评估目的在于检测项目实施状况与预测目标的偏离程度,并分析其原因,并将信息反馈到项目管理机构,以改进项目管理。项目中评估是一个连续过程,它能及时向管理者提出反馈意见以使合理措施得以贯彻实施;后评估的目的在于分析研究项目前期工作、项目实施、项目运营全过程中项目实际情况与预测目标的偏差程度及其原因,并提出改进措施,将信息反馈到计划、银行等投资决策部门,为投资计划、政策的制定和改进项目管理提供依据。项目后评估已无法挽回项目实施产生的损失,只能改进今后的投资决策和管理效益。

②所处的阶段不同。项目中评估是在项目实施过程中的评估,也就是在项目开工后至项目竣工投产之前对项目进行的再评估;而项目后评估在项目实施过程完毕后,即在项目运营阶段进行。

③选用的数据参数不同。中期评估数据收集较为简单,仅限于项目内部,并以日常管理的信息系统的资料为评估依据;而后评估除以中期评估所用信息数据作为重要基础外,还要利用前期评估及生产组织经营情况等作为重要的信息来源。

④组织实施不同。项目中评估不需要一个相对独立的机构来组织实施,其组织管理机构可以设在项目管理机构内,人员也可以由项目管理人员承担。而后评估的组织和实施则必须保持相对独立性,一般不能由本项目管理人员承担。

⑤评估的内容不同。项目中评估的内容范围限定在项目实施阶段,其重点在于诊断和解决项目进行中发生的问题或争端,推动和保证项目的有效进行。而后评估内容范围较广泛,且重点放在项目运营阶段、项目影响及可持续性再评估上。

⑥评估结果的使用范围不同。中期评估的建议仅限于具体项目本身,对其他项目意义不大;而后评估则要在项目运营一段时间后对项目立项、实施的全过程进行检查,不仅可以提高本项目在运营阶段的管理水平,更重要的是为今后同类其他项目的投资决策和管理提供建议。

(3)与项目竣工验收、审计检查及项目监理区别

①竣工验收以项目设计文件为龙头,注重移交工程是否依据其要求按质、按量、按标准完成,在功能上是否形成生产能力,产出合格产品,它仅仅是后评估内容中对建设实施阶段进行评估的环节之一。项目经过竣工验收,对固定资产投资效果进行了考核和评估,完成了后评估的前期工作。主要由相关的政府监督管理部门进行。

②审计检查是以项目投资活动为主线,注重于违法违纪、损失浪费和经济财务方面的审查工作,经过审计检查的项目,其财务数据更为真实可靠。重大损失浪费的暴露,将为后评估工作提供重要的分析线索,如果对基本建设项目的事后审计能扩展到项目决策审计,设计、采购和竣工管理审计,以及项目效益审计的领域,那么后评估工作和审计工作将可能合作进行,世界银行业务评估局对完成项目的后评估就是以项目审计评议方式进行的。

③监理与后评估的目的和时间均不同。其主要目的是在项目从开工到竣工投产的整个实

施过程中控制项目资源的使用和进程及其实施的质量,为项目管理者及时提供工程进度和工程中出现的问题的信息。它跨越从工程开工到竣工投产的整个实施阶段,期间连续不断地按照工程进度表和设计要求对施工和项目投入进行监测和评估。一般来说,监理的数据是后评估的重要基础资料。

9.4.2 项目后评估的种类

从不同的角度出发,项目后评估可分为不同的种类。

1.根据评估的时点划分

(1)项目跟踪评估。也有的称为"中间评估"或"过程评估"(On-going Evaluation),是指在项目开工以后到项目竣工验收之前任何一个时点所进行的评估。其目的或是检查项目前评价和设计的质量,或是评估项目在建设过程中的重大变更(如项目产出品市场发生变化、概算调整、重大方案变化、主要政策变化等)及其对项目效益的作用和影响;或是诊断项目发生的重大困难和问题,寻求对策和出路等。这类评估往往侧重于项目层次上的问题。如建设必要性评估、勘测设计评估和施工评估等。

(2)项目实施效果评估。世界银行和亚洲开发银行称之为 PPAR(Project Performance Audit Report),是指在项目竣工以后一段时间之内所进行的评估(一般生产性行业在竣工以后1~2年,基础设施行业在竣工以后5年左右,社会基础设施行业可能更长一些)。其主要目的是检查确定投资项目或活动达到理想效果的程度,总结经验教训,为完善已建项目、调整在建项目和指导待建项目服务。一般意义上的项目后评估即为此类评估。这类评估要对项目层次和决策管理层次的问题加以分析和总结。

(3)项目效益监督评估。是指在项目实施效果评估完成一段时间以后,在项目实施效果评估的基础上,通过调查项目的经营状况,分析项目发展趋势及其对社会、经济和环境的影响,总结决策等宏观方面的经验教训。

2.根据评估的内容划分

(1)目标评估。一方面有些项目原定的目标不明确,或不符合实际情况,项目实施过程中可能会发生重大变化,如政策性变化或市场变化等,所以项目后评估要对项目立项时原定决策目标的正确性、合理性和实践性进行重新分析和评估;另一方面,项目后评估要对照原定目标完成的主要指标,检查项目实际实现的情况和变化并分析变化原因,以判断目的和目标的实现程度,也是项目后评估所需要完成的主要任务之一。判别项目目标的指标应在项目立项时就确定了。

(2)项目前期工作和实施阶段评估。主要通过评估项目前期工作和实施过程中的工作实绩,分析和总结项目前期工作的经验教训,为今后加强项目前期工作和实施管理积累经验。

(3)项目运营评估。通过项目投产后的有关实际数据资料或重新预测的数据,研究建设项目实际投资效益与预测情况或其他同类项目投资效益的偏离程度及其原因,系统地总结项目投资的经验教训,并为进一步提高项目投资效益提出切实可行的建议。

(4)项目影响评估。分析评估项目对所在地区、所属行业和国家产生的经济、环境、社会等方面的影响。

(5)项目持续性评估。指对项目的既定目标是否能按期实现,项目是否可以持续保持较好的效益,接受投资的项目业主是否愿意并可以依靠自己的能力继续实现既定的目标,项目是否具有可重复性等方面做出评估。

3.根据评估的范围和深度划分

(1)大型项目或项目群的后评估。

(2)对重点项目中关键工程运行过程的追踪评估。

(3)对同类项目运行结果的对比分析,即进行"比较研究"的实际评估。

(4)行业性的后评估,即对不同行业投资收益性差别进行实际评估。

4.根据评估的主体划分

(1)项目自评估。由项目业主会同执行管理机构按照国家有关部门的要求,编写项目的自我评估报告,报行业主管部门、其他管理部门或银行。

(2)行业或地方项目后评估。由行业或省级主管部门对项目自评估报告进行审查分析,并提出意见,撰写报告。

(3)独立后评估。由相对独立的后评估机构组织专家对项目进行后评估,通过资料收集、现场调查和分析讨论,提出项目后评估报告。通常情况下项目后评估均属于这类评估。

🌐 9.4.3　建设项目后评估的组织与实施

1.项目后评估的组织

(1)项目后评估组织机构的基本要求

根据项目后评估的职能,我国项目后评估的组织机构应符合以下两方面的基本要求:

①满足客观性、公正性要求。这要求后评估组织机构要排除人为的干扰,独立地对项目实施及其结果做出评论。

②具有反馈检查功能。即要求后评价组织机构与计划决策部门具有通畅的反馈回路,以使后评估有关信息迅速地反馈到决策部门,达到后评估的最终目的。

(2)项目后评价机构设置

根据上述要求,我国项目后评估的组织机构不应该是项目原可行性研究单位和前评估单位,也不应该是项目实施过程中的项目管理机构。可以是以下一些单位:

①国家计划部门项目后评估机构负责组织国家计划内投资项目的后评估工作,尤其是对国民经济有重大影响的项目。其组织机构的设置应独立于现行负责计划工作的各司局。对有些重大项目,还应向全国人民代表大会提交项目后评估报告。

②国务院各主管部门项目后评估机构负责组织本部门投资项目的后评估工作,其组织机构的设置应独立于部门内各司局,直接向部长或副部长负责。

③地方政府项目后评估机构负责组织本省市区的投资项目后评估工作,可以设立在各省市区负责计划工作的部门之内,直接向当地负责计划工作的部门领导人负责,甚至直接向省长、副省长负责。

④银行项目后评估机构负责组织本行投资贷款项目后评估工作,其机构设置应独立于各业务部门,直接向董事会或行长、副行长负责。

⑤其他投资主体的项目后评估机构其他投资主体是指一些自负盈亏的从事投资活动的金融公司、信托投资公司等。其项目后评价组织机构主要负责本单位投资项目的后评价工作,它

应独立于各业务部门,而直接由董事会或总经理负责。

总的来讲,国外项目后评估组织机构设置的基本特点是:组织机构相对独立,并且每个组织机构只负责自己投资项目的后评估组织工作。这对我国相应机构的设立具有借鉴意义。

2.项目后评估的实施

(1)项目后评估的资源要求

项目后评估投入的资源主要包括后评估人员、一定的经费和时间。

①项目后评估人员。项目后评估对评估人员素质要求较高。原则上讲,项目后评估人员要既懂投资,又懂经营;既懂技术,又懂经济。当然这样的全面人才在现实中不多见。这个问题通常可以通过组建具有上述各方面知识结构的后评估小组来解决。项目后评估小组一般应由以下人员组成:经济学家、技术人员、项目管理人员、经营管理人员、市场预测人员、财务与统计分析人员、社会学家。

我国目前项目后评估人员数量与其需求相比存在明显的不足。为了全面推广项目后评估,应当也必须着手进行项目后评估人员的培养工作,可以由国家有关机构组织短期培训,也可以通过大专院校等进行长期培养。

②项目后评估经费。项目后评估投入经费的数量视项目规模大小而不同。根据国外项目后评估的经验和我国的具体情况。我国项目后评估的取费标准大约是:

大中型项目:0.2%~1.5%;

小型项目:1.5%~3.0%。

项目后评估不像项目可行性研究或前评估那样,其经费可以纳入固定资产投资总额,因此要解决好由谁来支付这笔经费的问题。显然由国家额外提供全部项目后评估经费是不可能的,只能是由项目单位或企业来承担。

③项目后评估的时间安排。根据项目后评估的内容要求,要全面评估项目投资的实绩、系统地总结项目管理经验,项目后评估需要经历一个较长的时期。对于每一个具体项目,由于项目规模大小、复杂程度、投入人力的多少、组织机构对后评估内容的具体要求等的不同,后评估的时间要求也不完全一致。就一般工业项目而言,从项目后评估课题的提出到提交项目后评估报告大约需3个月时间。各阶段时间应当合理安排,以保证后评估工作进度。

(2)项目后评估对象的选择

从理论上讲,对所有竣工投产的投资项目都要进行后评估,项目后评估应纳入项目管理程序之中。但是,由于我国现阶段客观条件不成熟,不可能对所有投资项目都及时地进行后评估。这样,我国项目后评估应分两阶段实施:第一阶段,可选择一部分对国民经济有重大影响的国家投资的大中型项目进行后评估,以把握项目投资效益的总体状态;第二阶段,待条件成熟后,全面开展对所有投资项目的后评估工作。

现阶段,我国选择项目后评估对象时应优先考虑以下类型项目:

①项目投产后本身经济效益明显不好的项目。

②国家急需发展的短线产业部门的投资项目,其中主要是国家重点投资项目,如能源、通信、交通运输、农业等项目。

③国家限制发展的长线产业部门的投资项目。

④一些投资额巨大、对国计民生有重大影响的项目。这类项目后评估报告应提交全国人民代表大会,审查结果应向全国人民公布。

⑤一些特殊项目,如国家重点投资的新技术开发项目、技术引进项目等。

(3)项目后评估时机的选择

由于对项目后评估认识不同和经济体制的不同,世界各国项目后评估时机的选择也不同。根据项目后评估的概念和作用以及我国的实际情况,我国一般生产性行业项目后评估通常应选择在竣工项目达到设计生产能力后的 1~2 年内进行,基础设施行业在竣工以后 5 年左右,社会基础设施行业可能更长一些。主要考虑到项目达产后,企业供、产、销基本上步入正轨,建设、生产中各方面的问题也能得到充分体现,可以对项目实际产出影响进行综合评价,进而对经营管理现状进行诊断,并提出改进意见等。当然项目后评估时机的选择也不能千篇一律。

(4)项目后评估的程序

尽管随着建设项目的规模大小、复杂程度的不同,每个项目后评估的具体工作程序也存在一定的差异,但从总的看,一般项目的后评估都遵守一个客观的、循序渐进的基本程序,具体如下所述。

①提出问题。明确项目后评估的具体对象、评估目的及具体要求。

②筹划准备。问题提出后,项目后评估的提出单位或者委托其他单位进行后评估,或者自己组织实施。筹划准备阶段的主要任务是组建一个评估领导小组,并按委托单位的要求制定一个周详的项目后评估计划。

③搜集资料。本阶段的主要任务是制定详细的调查提纲,确定调查对象和调查方法并开展实际调查工作,收集后评估所需要的各种资料和数据。

④分析研究。围绕项目后评估内容,采用定量分析和定性分析方法,发现问题,提出改进措施。

⑤编制项目后评估报告。将分析研究的成果汇总,编制出项目后评估报告,并提交委托单位和被评价单位。

9.4.4 项目后评估方法

项目后评估方法有统计预测法、对比法、因素分析法等方法,在具体项目后评估中要结合运用这几种方法,做到定量分析方法与定性分析方法相结合。定量分析是通过一系列的定量计算方法和指标对所考察的对象进行分析评价;定性分析是指对无法定量的考察对象用定性描述的方法进行分析评价。在项目后评估中,应尽可能用定量数据来说明问题,采用定量的分析方法,以便进行前后或有无的对比。但对比无法取得定量数据的评价对象或对项目的总体评价,应结合使用定性分析的方法。

1.统计预测法

项目后评估包括对项目已经发生事实的总结和对项目未来发展的预测。后评估时点前的统计数据是评价对比的基础,后评估时点的数据是评价对比的对象,后评估时点后的数据是预测分析的依据。

(1)统计调查

统计调查是根据研究的目的和要求,采用科学的调查方法,有策划有组织地收集被研究对象的原始资料的工作过程。统计调查是统计工作的基础,是统计整理和统计分析的前提。

统计调查是一项复杂、严肃和技术性较强的工作。每一项统计调查都应事先制定一个指导调查全过程的调查方案,包括:确定调查目的,确定调查对象和调查单位,确定调查项目,拟定调查表格,确定调查时间,制定调查的组织实施计划等。

统计调查的常用方法有直接观察法、报告法、采访法和被调查者自填法等。

(2)统计资料整理

统计资料整理是根据研究的任务,对统计调查所获得的大量原始资料进行加工总汇,使其系统化、条理化、科学化,以得出反映事物总体综合特征的工作过程。

统计资料整理,分为分组、汇总和编制统计表三个步骤。分组是资料整理的前提,汇总是资料整理的中心,编制科学的统计表是资料整理的结果。

(3)统计分析

统计分析是根据研究的目的和要求,采用各种分析方法,对研究的对象进行解剖、对比、分析和综合研究,以揭示事物内在联系和发展变化的规律性。

统计分析的方法有分组法、综合指标法、动态数列法、指数法、抽样和回归分析法、投入生产法等。

(4)预测

预测是对尚未发生或目前还不明确的事物进行预先地估计和推测,是在现时对事物将要发生的结果进行探索和研究。

项目后评估中的预测主要有两种用途:一是对无项目条件下可能产生的效果进行假定的估测,以便进行有无对比;二是对今后效益的预测。

2.对比法

(1)前后对比法

前后对比法是指将项目实施前与项目实施后的情况加以对比,以确定项目效益的一种方法。在项目后评估中,它是一种纵向的对比,即将项目前期的可行性研究和项目评估的预测结论与项目的实际运行结果比较,以发现差异,分析原因。这种对比用于揭示计划、决策和实施的质量,是项目过程评估应遵循的原则。

(2)有无对比法

有无对比法是指将项目实际发生的情况与若无项目可能发生的情况进行对比,以度量项目的真实效应、影响和作用。这种对比是一种横向对比,主要用于项目的效益评价和影响评价。有无对比的目的是要分清项目作用的影响与项目以外作用的影响。

3.因素分析法

项目投资效果的各种指标,往往都是由多种因素决定的。只有把综合性指标分解成原始因素,才能确定指标完成好坏的具体原因和症结所在。这种把综合指标分解成各个因素的方法,称为因素分析法。运用因素分析法,首先要确定分析指标的因素组成,其次是确定各个因素与指标的关系,最后确定各个因素对指标影响的份额。

9.4.5 项目后评估指标的计算

一般来说,项目后评估主要是通过一些指标的计算和对比,来分析项目实施中的偏差,衡量项目实际建设效果,并寻求解决问题的方案。

1.项目前期和实施阶段后评估指标

(1)实际项目决策(设计)周期变化率

实际项目决策(设计)周期变化率表示实际项目决策(设计)周期与预计项目决策(设计)周期相比的变化程度,计算公式为:

项目决策(设计)周期变化率

$$= \frac{实际项目决策(设计)周期(月数) - 预计项目决策(设计)周期(月数)}{预计项目决策(设计)周期(月数)} \times 100\% \quad (9-5)$$

(2)竣工项目定额工期率

竣工项目定额工期率反映项目实际建设工期与国家统一制定的定额工期或确定的、计划安排的计划工期的偏离程度,计算公式为:

$$竣工项目定额工期率 = \frac{竣工项目实际工期}{竣工项目定额(计划)工期} \times 100\% \quad (9-6)$$

(3)实际建设成本变化率

实际建设成本变化率反映项目建设成本与批准的(概)预算所规定的建设成本的偏离程度,计算公式为:

$$实际建设成本变化率 = \frac{实际建设成本 - 预计建设成本}{预计建设成本} \times 100\% \quad (9-7)$$

(4)实际工程合格(优良)品率

实际工程合格(优良)品率反映建设项目的工程质量,计算公式为:

$$实际工程合格(优良)品率 = \frac{实际单位工程合格(优良)品数量}{验收签字的单位工程总数} \times 100\% \quad (9-8)$$

(5)实际投资总额变化率

实际投资总额变化率反映实际投资总额与项目前评估中预计的投资总额偏差的大小,包括静态投资总额变化率和动态投资总额变化率,计算公式为:

静态(动态)投资总额变化率

$$= \frac{静态(动态)实际投总额 - 预计静态(动态)投资总额}{预计静态(动态)投资总额} \times 100\% \quad (9-9)$$

2.项目营运阶段后评估指标

(1)实际单位生产能力投资

实际单位生产能力投资反映竣工项目的实际投资效果,计算公式为:

$$实际单位生产能力投资 = \frac{竣工验收项目(或单项工程)实际投资总额}{竣工验收项目(或单项工程)实际形成的生产能力} \quad (9-10)$$

(2)实际达产年限变化率

实际达产年限变化率反映实际达产年限与设计达产年限的偏离程度,计算公式为:

$$实际达产年限变化率 = \frac{实际达产年限 - 设计达产年限}{设计达产年限} \times 100\% \quad (9-11)$$

(3)主要产品价格(成本)变化率

主要产品价格(成本)变化率衡量前评价中产品价格(成本)的预测水平,可以部分地解释实际投资效益与预期效益偏差的原因,也是重新预测项目生命周期内产品价格(成本)变化情况的依据。指标计算可分以下三步进行。

①计算主要产品价格(成本)年变化率:

$$主要产品价格(成本)年变化率 = \frac{实际产品价格(成本) - 预测产品价格(成本)}{预测产品价格(成本)} \times 100\% \quad (9-12)$$

②运用加权法计算各年主要产品平均价格(成本)年变化率:

$$主要产品平均价格(成本)年变化率$$

$$= \sum 产品价格(成本)年变化率 \times 该产品产值$$

$$(成本)占总产值(总成本)的比例 \times 100\% \tag{9-13}$$

③计算考核期实际产品价格(成本)变化率:

$$实际产品价格(成本)变化率$$

$$= \frac{年产品价格(成本)年平均变化率之和}{考核期年限} \times 100\% \tag{9-14}$$

(4)实际销售利润变化率

实际销售利润变化率反映项目实际投资效益,并且衡量项目实际投资效益与预期投资效益的偏差。其计算分为以下两步。

①计算考核期内各年实际销售利润变化率:

$$各年实际销售利润变化率 = \frac{该年实际销售利润 - 预计年销售利润}{预计年销售利润} \times 100\% \tag{9-15}$$

②计算实际销售利润变化率:

$$实际销售利润变化率 = \frac{\sum 各年实际销售利润率}{预考核年限} \tag{9-16}$$

(5)实际投资利润(利税)率

实际投资利润(利税)率指项目达到实际生产后的年实际利润(利税)总额与项目实际投资的比率,也是反映建设项目投资效果的一个重要指标。

$$实际投资利润(利税)率$$

$$= \frac{年实际利润(利税)或年平均实际特别利润(利税)额}{实际投资额} \times 100\% \tag{9-17}$$

(6)实际投资利润(利税)变化率

实际投资利润(利税)变化率反映项目实际投资利润(利税)率与预测投资利润(利税)率或国内外其他同类项目实际投资利润(利税)率的偏差。

$$实际投资利润(利税)变化率$$

$$= \frac{实际投资利润(利税)率 - 预测(其他项目)投资利润(利税)率}{预测(其他项目)投资利润(利税)率} \times 100\% \tag{9-18}$$

(7)实际净现值

实际净现值是反映项目生命周期内获利能力的动态评价指标,它的计算是依据项目投产后的年实际净现金流量或根据情况重新预测的项目生命期内各年的净现金流量,并按重新选定的折现率,将各年现金流量折现到建设期的现值之和。

$$RNPV = \sum_{t=1}^{n} \frac{RCI - RCO}{(1 + i_K)^t} \tag{9-19}$$

式中:$RNPV$——实际净现值;

RCI——项目实际的或根据实际情况重新预测的年现金流入量;

RCO——项目实际的或根据实际情况重新预测的年现金流出量;

i_K——根据实际情况重新选定的一个折现率;

n——项目生命期;

t——考核期的某一具体年份,$t = 1, 2, \cdots, n$。

(8)实际内部收益率

实际内部收益率($RIRR$),是根据实际发生的年净现金流量和重新预测的项目生命周期计算的各年净现金流量现值为零的折现率。

$$\sum_{t=1}^{n} \frac{RCI - RCO}{(1 + i_{RIRR})t} = 0 \tag{9-20}$$

式中:i_{RIRR}——以实际内部收益率为折现率。

(9)实际投资回收期

实际投资回收期是以项目实际产生的净收益或根据实际情况重新预测的项目净收益,抵偿实际投资总回收期,它分为实际静态投资回收期和实际动态投资回收期。

①实际静态投资回收期(P_{Rt}):

$$\sum_{t=1}^{P_{Rt}} (RCI - RCO)_t = 0 \tag{9-21}$$

②实际动态投资回收期(P'_{Rt}):

$$\sum_{t=1}^{P'_{Rt}} \frac{(RCI - RCO)_t}{(1 + i_k)^t} = 0 \tag{9-22}$$

(10)实际借款偿还期

实际借款偿还期是衡量项目实际清偿能力的一个指标,它是根据项目投产后实际的或重新预测的可作还款的利润、折旧和其他收益额偿还固定资产实际借款本息所需要的时间。

$$I_{Rd} = \sum_{t=1}^{P_{Rd}} (R_{RP} + D'_R + R_{RO} - R_{Rt}) \tag{9-23}$$

式中:I_{Rd}——固定资产投资借款实际本息之和;

P_{Rd}——实际借款偿还期;

R_{RP}——实际或重新预测的年利润的总额;

D'_R——实际可用于还款的折旧;

R_{RO}——年实际可用于还款的其他收益;

R_{Rt}——还款期的年实际企业留利。

在计算实际净现值、实际内部收益率、实际投资回收期、实际借款偿还期后,还可以计算其变化率以分析它们与预计指标的偏差,具体计算方法与其他指标相同。关于国民经济后评估中的实际经济净现值即实际经济内部收益率等指标的计算方法与实际净现值及实际内部收益率的计算方法相同。

在实际的项目后评估中,还可以视不同的具体项目和后评估要求的需要,设置其他一些评价指标。通过这些指标的计算和对比,可以找出项目实际运行情况与预计情况的偏差和偏离程度。在对这些偏差分析基础上,可以对产生偏差的各种因素采用具有针对性的解决方案,保证项目的正常运营。

9.5 ▶ 案 例 分 析

【案例一】

背景:

为贯彻实施国家西部打开发的伟大战略,某投资集团决定在西部某地建设一项大型特色生产项目,该工程项目从 2004 年初开始实施。2005 年年底的财务核算资料如下。

(1)已经完成部分新单项工程,经验收合格后交付使用的资产有:

①固定资产 74739 万元;

②为生产准备的使用期限在一年以内的随机备件、工具、器具 29361 万元。期限在一年以上,单件价值 2000 元以上的工具 61 万元;

③建造期内购置的专利权与非专利技术 1700 万元,摊销期为 5 年;

④筹建期间发生的开办费 79 万元。

(2)基本建设支出的项目有:

①建筑工程与安装工程支出 15800 万元;

②设备工器具投资 43800 万元;

③建设单位管理费、勘察设计费等待摊投资 2392 万元;

④通过出让方式购置的土地使用权形成的其他投资 108 万元。

(3)非经营项目发生的待核销基本建设支出 40 万元。

(4)应收生产单位投资借款 1500 万元。

(5)购置需要安装的器材 49 万元,其中待处理器材损失 15 万元。

(6)货币资金 480 万元。

(7)预付工程款及应收有偿调出器材款 20 万元。

(8)建设单位自用的固定资产原价 60220 万元。累计折旧 10066 万元。

(9)反映在资金平衡表上的各类资金来源的期末余额为:

①预算拨款 48000 万元;

②自筹资金 60508 万元;

③其他拨款 300 万元;

④建设单位向银行借入的资金 109287 万元;

⑤建设单位当年完成的交付生产单位使用的资产价值中,有 160 万元属于利用投资借款形成的待冲基本建设支出;

⑥应付器材销售商 37 万元货款和应付工程款 1963 万元尚未支付;

⑦未交税金 28 万元。

问题:

1. 填写资金平衡表(表9-14)中的有关数据;

2. 编制大、中型建设项目竣工财务决算表。

3. 计算基本建设结余资金。

资金平衡表(单位:万元)　　　　　　　　表 9-14

资 金 项 目	金 额	资 金 项 目	金 额
(一)交付使用资产		(二)在建工程	
1.固定资产		1.建筑安装工程投资	
2.流动资产		2.设备投资	
3.无形资产		3.待摊投资	
4.递延资产		4.其他投资	

参考答案:

问题 1

【解】填写资金平衡表中的有关数据,是为了了解建设期的在建工程的核算,主要在"建筑安装工程投资"、"设备投资"、"待摊投资"、"其他投资"四个会计科目中反映。当年已经完工、交付生产使用资产的核算主要在"交付使用资产"科目中反映,并分固定资产、流动资产、无形资产、递延资产等明细科目反映。

在填写资金平衡表的过程中,要注意各资金项目的归类,即哪些资金应归入到哪些项目中去。

(1)固定资产指使用期限超过一年,单位价值在规定标准以上(一般不超过 2000 元),并在使用过程中保持原有物质形态的资产。从背景资料中可知,满足这两个条件的有:固定资产 74739 万元;期限在一年以上,单件价值 2000 元以上的工具 61 万元。因此资金平衡表中的固定资产为:74739 + 61 = 74800 万元。

(2)流动资产是指可以在一年内或超过一年的一个营业周期内变现或者运用的资产。对于不同时具备固定资产两个条件的低值易耗品也计入流动资产范围。所以资金平衡表中的流动资产为:为生产准备的使用期限在一年以内的随机备件、工具、器具 29361 万元。

(3)无形资产是指企业长期使用,但没有实物形态的资产,如专利权、著作权、非专利技术、商誉等。资金平衡表中的无形资产为:建筑期内购置的专利权与非专利技术 1700 万元。

(4)递延资产是指不能全部计入当年损益,应在以后年度摊销的费用,如开办费、租入固定资产的改良工程支出等。资金平衡表中的递延资产为:筹建期间发生的开办费 79 万元。

(5)建筑工程安装投资、设备投资、待摊投资、其他投资四项可直接在背景资料中找到。

填制完的资金平衡表见表 9-15。

资金平衡表(单位:万元)　　　　　　　　表 9-15

资 金 项 目	金 额	资 金 项 目	金 额
(一)交付使用资产	105940	(二)在建工程	62100
1.固定资产	74800	1.建筑安装工程投资	15800
2.流动资产	29361	2.设备投资	43800
3.无形资产	1700	3.待摊投资	2392
4.递延资产	79	4.其他投资	108

问题 2

【解】竣工决算是指建设项目或单项工程竣工后,建设单位编制的总结性文件。竣工结算由竣工结算报表、竣工财务决策说明书、工程竣工图和工程造价分析四部分组成。大、中型建设项目竣工财务决算表是竣工决算报表体系中的一份报表。通过编制大、中型建设项目竣工财务决算表,熟悉该表的整体结构及各组成部分的内容,见表9-16。

大、中型建设项目竣工财务决算表(单位:万元)　　　　　　　表9-16

资 金 来 源	金 额	资 金 占 用	金 额	补 充 资 料
一、基建拨款	108808	一、基本建设支出	168080	1. 基建投资借款期末余额
1. 预算拨款	48000	1. 交付使用资产	105940	
2. 基建基金拨款		2. 在建工程	62100	2. 应收生产单位投资借款期末余额
3. 进口设备转账拨款		3. 待核销基建支出	40	
4. 器材转账		4. 非经营项目转出投资		
5. 煤代油专用基金拨款		二、应收生产单位投资借款	1500	
6. 自筹资金拨款	60508	三、拨款所属投资借款		
7. 其他拨款	300	四、器材	49	
二、项目资本金		其中:待处理器材损失	15	
1. 国家资本		五、货币资金	480	
2. 法人资本		六、预付及应收款	20	
3. 个人资本		七、有价证券		
三、项目资本公积金		八、固定资产	50154	
四、基建借款	109287	固定资产原值	60220	
五、上级拨入投资借款		减:累计折旧	10066	
六、企业债券资金		固定资产净值	50154	
七、待冲基建支出	160	固定资产清理		
八、应付款	2000	待处理固定资产损失		
九、未交款	28			
1. 未交税金	28			
2. 未交基建收入				
3. 未交基建包干节余				
4. 其他未交款				
十、上级拨入资金				
十一、留成收入				
合　计	220283	合　计	220283	

问题3

【解】由第九章相关知识知:

基建结余资金 = 基建拨款 + 项目资本 + 项目资本公积金 + 基建借款 +
　　　　　　企业债券资金 + 待冲基建支出 - 基建支出 -
　　　　　　应收生产单位投资借款
　　　　＝108808 + 109287 + 160 - 168080 - 1500
　　　　＝48675 万元

【案例二】

背景：

某建设单位拟编制某工业生产项目的竣工决算。该项目包括 A、B 两个主要生产车间和 C、D、E、F 四个辅助生产车间及若干办公、生活建筑物。在建设期内，各单项工程竣工决算数据见表 9-17。工程建设其他投资完成情况如下：支付行政划拨土地的土地征用及迁移费 500 万元，支付土地使用权出让金 700 万元，建设单位管理费 400 万元（其中 300 万元构成固定资产），勘察设计费 340 万元，专利费 70 万元，非专利技术费 30 万元，获得商标权 90 万元，生产职工培训费 50 万元。报废工程损失 20 万元；生产线试运转支出 20 万元，试生产产品销售款 5 万元。

某工业项目竣工决算数据表（单位：万元）　　　　表 9-17

项目名称	建筑工程	安装工程	需安装设备	不需安装设备	生产工器具	
					总额	达到固定资产标准
A 生产车间	1800	380	1600	300	130	80
B 生产车间	1500	350	1200	240	100	60
辅助生产车间	2000	230	800	160	90	50
附属建筑	700	40		20		
合计	6000	1000	3600	720	320	190

问题：

1. 什么是建设项目竣工决算？竣工决算包括哪些内容？

2. 编制竣工决算的依据有哪些？

3. 试确定 A 生产车间的新增固定资产价值。

4. 试确定该建设项目的固定资产、流动资产、无形资产和递延资产价值。

参考答案：

问题 1

【解】竣工决算指所有建设项目竣工后，建设单位按照国家有关规定，由建设单位报告项目建设成果和财务状况的总结性文件。竣工决算包括建设项目从筹建开始到项目竣工交付生产使用为止的全部建设费用，即竣工决算报告情况说明书、竣工财务决算报表、建设工程竣工图、工程造价比较分析四个方面的内容。

问题 2

【解】建设项目竣工决算的编制依据包括以下几方面：

（1）建设项目计划任务书、可行性研究报告、投资估算书、初步设计或扩大初步设计及其批复文件。

（2）建设项目总概算书、修正概算，单项工程综合概算书。

（3）经批准的施工图预算或标底造价、承包合同、工程结算等有关资料。

（4）建设项目图纸及说明，设计交底和图纸会审记录。

（5）历年基建资料、历年财务决算及批复文件。

（6）设计变更记录、施工记录或施工签证单及其他施工发生的费用记录。

（7）设备、材料调价文件和调价记录。

（8）竣工图及各种竣工验收资料。

（9）国家和地方主管部门颁发的有关建设工程竣工决算的文件。

（10）其他有关资料。

问题3

A 生产车间的新增固定资产价值：

$$1800 + 380 + 1600 + 300 + 80 + \frac{(500 + 340 + 20 + 20 - 5) \times 1800}{6000} +$$

$$\frac{300 \times (1800 + 380 + 1600)}{6000 + 1000 + 3600} = 4529.48 \ 万元$$

问题4

【解】固定资产价值：$6000 + 1000 + 3600 + 720 + 190 + 500 + 300 + 340 + 20 + 20 - 5 = 12685 \ 万元$

流动资产价值：$320 - 190 = 130 \ 万元$

无形资产价值：$700 + 70 + 30 + 90 = 890 \ 万元$

递延资产价值：$(400 - 300) + 50 = 150 \ 万元$

🌐 本章小结

竣工验收、后评估阶段工程造价管理的内容包括竣工结算和竣工决算的编制与审查,保修费用的处理以及建设项目后评估等。

竣工结算和竣工决算的编制要按一定的原则、依据、内容、方法和步骤进行。保修费用应按合同和有关规定合理确定和控制。

建设项目后评估是建设项目在竣工投产、生产运营一段时间后,对项目的立项决策、设计施工、竣工投产、生产运营等全过程进行系统评价的一种技术经济活动。后评估的种类包括项目目标评估、项目实施过程评估、项目效益评估、项目影响评估和项目持续性评估。项目后评估的方法有统计预测法、对比法和因素分析法。后评估的指标有项目前期和实施阶段后评估指标、项目营运阶段后评估指标等。

🖥 习 题

一、单项选择题

1. 下列建设项目,还不具备竣工验收条件的是（　　）。

　　A. 工业项目经负荷试车,试生产期间能正常生产出合格产品形成生产能力的

　　B. 非工业项目符合设计要求,能够正常使用的

　　C. 工业项目虽可使用,但少数设备短期不能安装,工程内容未全部完成的

　　D. 工业项目已完成某些单项工程,但不能提前投料试车的

2. 可以进行竣工验收的工程最小单位是（　　）。

　　A. 分部分项工程

　　B. 单位工程

　　C. 单项工程

　　D. 工程项目

3. 竣工决算的计量单位是(　　　)。

A. 实物数量和货币指标

B. 建设费用和建设成果

C. 固定资产价值、流动资产价值、无形资产价值、递延和其他资产价值

D. 建设工期和各种技术经济指标

4. 某住宅在保修期限及保修范围内,由于洪水造成了该住宅的质量问题,其保修费用应由(　　　)承担

A. 施工单位

B. 设计单位

C. 使用单位

D. 建设单位

5. 在建设工程竣工验收步骤中,施工单位自验后应由(　　　)。

A. 建设单位组织设计、监理、施工等单位对工程等级进行评审

B. 质量监督机构进行核审

C. 施工单位组织设计、监理等单位对工程等级进行评审

D. 若经质量监督机构审定不合格,责任单位需返修

6. 一般基层单位竣工预验的三个层次不包括(　　　)。

A. 基层施工单位自验

B. 项目经理自验

C. 监理工程师预验

D. 公司级预验

7. 单项工程验收的组织方是(　　　)。

A. 业主　　　　　　　　　　　　B. 施工单位

C. 监理工程师　　　　　　　　　D. 质检部门

8. 关于竣工结算说法正确的是(　　　)。

A. 建设项目竣工决算应包括从筹划到竣工投产全过程的直接工程费用

B. 建设项目竣工决算应包括从动工到竣工投产全过程的全部费用

C. 新增固定资产价值的计算应以单项工程为对象

D. 已具备竣工验收条件的项目,如两个月内不办理竣工验收和固定资产移交手续则视同项目已正式投产

9. 保修费用一般按照建筑安装工程造价和承包工程合同价的一定比例提取,该提取比例是(　　　)。

A. 10%　　　　　　B. 5%　　　　　　C. 15%　　　　　　D. 20%

10. 土地征用费和勘察设计费等费用应按(　　　)比例分摊。

A. 建筑工程造价

B. 安装工程造价

C. 需安装设备价值

D. 建设单位其他新增固定资产价值

11. 按照表9-18所给数据计算总装车间应分摊的建设单位管理费为(　　　)万元。

表 9-18

项 目 名 称	建筑工程造价	安装工程造价	需安装设备费用	建设单位管理费	土地征用费
建设单位决算	2000	800	700	60	80
总装车间决算	500	180	300		

    A. 15   B. 16.8   C. 14.57   D. 19.2

12. 按照 11 题表所给数据计算总装车间应分摊的土地征用费为(　　)万元。

    A. 25.6   B. 22.4   C. 19.42   D. 20

13. 下列关于保修责任的承担问题说法不正确的是(　　)。

    A. 由于设计方面原因造成质量缺陷,由设计单位承担经济责任

    B. 由于建筑材料等原因造成缺陷的,由承包商承担责任

    C. 因使用不当造成损害的,使用单位负责

    D. 因不可抗力造成损失的,建设单位负责

二、多项选择题

1. 建设项目竣工验收的主要依据包括(　　)。

    A. 可行性研究报告   B. 设计文件

    C. 招标文件   D. 合同文件

    E. 技术设备说明书

2. 在编制竣工决算时,下列各项费用中应列入新增递延资产价值的有(　　)。

    A. 开办费

    B. 项目可行性研究费

    C. 土地征用及迁移补偿费

    D. 土地使用权出让金

    E. 以经营租赁方式租入的固定资产改良工程支出

3. 建设项目竣工验收的内容依据建设项目的不同可分为(　　)。

    A. 建设工程项目验收   B. 工程资料验收

    C. 工程财务资料验收   D. 工程内容验收

    E. 工程综合资料验收

4. 安装工程验收内容分为(　　)。

    A. 照明安装工程验收

    B. 建筑设备安装工程验收

    C. 工艺设备安装工程验收

    D. 动力设备安装工程验收

    E. 供暖工程安装验收

5. 竣工验收签证书需要各方签字盖章,签章单位包括(　　)。

    A. 监理单位   B. 业主

    C. 施工单位   D. 设计单位

    E. 质检部门

6. 全部工程完成后,由业主参与动用验收,验收分为(　　)阶段。

　　A. 施工单位自验

　　B. 验收准备

　　C. 预验收

　　D. 正式验收

　　E. 阶段验收

7. 关于竣工决算正确的是(　　)。

　　A. 竣工决算是竣工验收报告的重要组成部分

　　B. 竣工决算是核定新增固定资产价值的依据

　　C. 竣工决算是反映建设项目实际造价和投资效果的文件

　　D. 竣工决算在竣工验收之前进行

　　E. 竣工决算是考核分析投资效果的依据

8. 竣工决算的内容包括(　　)。

　　A. 竣工决算报表

　　B. 竣工决算报告情况说明书

　　C. 竣工工程概况表表

　　D. 竣工财务决算表

　　E. 交付使用的财产总表

9. 因变更需要重新绘制竣工图,下面关于重新绘制竣工图的说法正确的是(　　)。

　　A. 由原设计原因造成的,由设计单位负责重新绘制

　　B. 由施工原因造成的,由施工单位负责重新绘制

　　C. 由其他原因造成的,由设计单位负责重新绘制

　　D. 由其他原因造成的,由建设单位或建设单位委托设计单位负责重新绘制

　　E. 由其他原因造成的,由施工单位负责重新绘制

10. 工程造价比较分析的内容有(　　)。

　　A. 主要实物工程量

　　B. 主要材料消耗量

　　C. 考核间接费的取费标准

　　D. 建筑和安装工程其他直接费取费标准

　　E. 考核建设单位现场经费取费标准

三、案例分析题

【案例一】 某建设项目及其主要生产车间的有关费用见表 9-19,计算该车间新增固定资产价值(单位:万元)。

表 9-19

费用类别	建筑工程费	设备安装费	需安装设备价值	土地征用费
建设项目竣工决算	1000	450	600	50
生产车间竣工决算	250	100	280	

【案例二】已知某项目竣工财务决算表见表 9-20,试计算其基建结余资金。

某大、中型建设项目竣工财务决算表（单位：万元）　　　　　　表 9-20

资 金 来 源	金　　额	资 金 占 用	金　　额
基建拨款	2300	应收生产单位投资借款	1200
项目资本	500	基本建设支出	900
项目资本公积金	10		
基建借款	700		
企业债券资金	300		
待冲基建支出	200		

【案例三】某宾馆工程竣工交付营业后，经审计实际总投资为 60000 万元。其中部分费用如下：

（1）建筑安装工程费 27000 万元；

（2）家具用具购置费（均为使用期限 1 年以内，单位价值 2000 元以下）650 万元；

（3）土地使用权出让金 3000 万元；

（4）建设单位管理费 2500 万元；

（5）投资方向调节税 5000 万元；

（6）流动资金 5000 万元。

交付营业后预计年营业部收入为 28200 万元。预计年总成本为 17000 万元。年销售税金及附加为 1800 万元。

问题：

1. 请按资产性质分别计算其中固定资产、无形资产、递延资产、流动资产各多少？

2. 试计算年投资利润率。

第10章
工程造价管理中信息技术的应用

本章概要

1. 工程造价管理信息系统的概念及简介;

2. 工程造价管理信息技术应用的发展;

3. 国内主流造价管理信息系统应用简介;

4. 工程造价数字化信息资源及内容。

10.1 > 概　述

随着计算机应用技术和信息技术的飞速发展,工程造价管理工作也发生了质的飞跃。人们从借助纸笔、计算器和定额编制预算转变为借助预算软件及网络平台来完成询价、报价等工程造价管理工作。要深入理解以工程造价管理信息系统为核心的工程造价管理信息技术的发展及现状,必须了解工程造价管理信息系统的含义。

10.1.1 工程造价管理信息系统的概念

1.管理信息系统

管理信息系统(Management Information System,MIS)是一个由人、计算机等组成的能进行信息收集、传递、存储、加工、维护和使用的系统,它是一门综合了经济管理理论、运筹学、统计学、计算机科学的系统边缘学科。

一般来说,一个管理信息系统是由信息源、信息处理器、信息用户和信息管理者四大部件组成,如图 10-1 所示。

图 10-1　管理信息系统组成部件

2.工程造价管理信息系统

工程造价管理信息系统(Construction Cost Management Information System,CCMIS)是管理信息系统在工程造价管理方面的具体应用。它是指由人和计算机组成的,能对工程造价管理的有关信息进行较全面地收集、传输、加工、维护和使用的系统,它能充分积累和分析工程造价

管理资料,并能有效利用过去的数据来预测未来造价变化和发展趋势,以期达到对工程造价实现合理确定与有效控制的目的。

我国推行工程量清单计价体系后,对工程造价管理信息技术提出了十分迫切的要求。从计算机在建筑工程管理中的应用发展来看,国际上已经经历了单项应用、综合应用和系统应用三个阶段,软件也从单一的功能发展到集成化功能。目前许多国家已经进入第二、第三阶段,而我国还处于第一阶段。

10.1.2 工程造价管理信息技术应用的发展及现状

1.工程造价管理信息技术应用的发展历程

多年从事造价管理工作的预算员均深有体会,早期在编制工程预算时,完全靠纸笔、定额册,编制一个工程的预算,单单从工程量计算入手,套定额、工料分析、调价差、计算费用到完成预算书的编制,必须花费好几天的时间,计算过程烦琐枯燥,工作量大,且预算结果较为固定。

信息技术在我国工程造价管理领域的使用最早可以追溯到1973年,当时著名的数学家华罗庚在沈阳就曾试过使用计算机编制工程概预算。随后,全国各地的定额管理机关及教学单位、大型建筑公司也都尝试过开发概预算软件,而且也取得了一定的成果,但多数软件的作用就是完成简单的数学运算和表格打印,故没能形成大规模推广应用。

进入20世纪80年代后期,随着计算机应用范围的扩大,国内已有不少功能全面的工程造价管理软件,当时计算机价格仍比较昂贵,计算速度慢,操作仍不够方便,有条件使用计算机的企业很少,尚不能得到普及应用,但该技术已显露出其在工程造价管理领域广阔的发展前景。到20世纪90年代,信息技术的发展使硬件价格迅速下降,企业甚至个人拥有一台自己的计算机已不是很困难的事,计算机的运算速度也比以前有了突飞猛进的提高,操作更方便、直观,而且可供选择的软件种类增多了,功能和人机界面得到了很大的改善。现在国内大中城市乃至一些边远地区的造价员都能熟练地使用计算机进行工程造价管理工作,从计算工程量到完成造价文件这个过程的工作缩短到1～2h就能完成,大大提高了劳动生产率,而且预算结果的表现形式多种多样,可从不同的角度进行造价的分析和组合,也可以从不同角度反映该工程造价的结果,信息技术的进步对造价行业的影响由此可见一斑。在这个时期,我国工程造价管理的信息技术应用进入了快速发展期,主要表现在以下几个方面:

首先,以计算工程造价为核心目的的软件飞速发展起来,并迅速在全国范围获得推广和深入应用。推广和应用最广泛的就是辅助计算工程量和辅助计算造价的工具软件。

其次,软件的计算机技术含量不断提高,语言从最早的FOXPRO等比较初级的语言,到现在的DELPHI、C^{++}、BUILDER等,软件结构也从单机版,逐步过渡到局域网网络版(C/S结构、客户端/服务器结构),近年更向INTERNET网络应用逐步发展(B/S结构;浏览器/服务器结构)。

近期,随着互联网技术的不断发展,我国也出现了为工程造价及其相关管理活动提供信息和服务的网站。同时,随着用户业务需求的扩展,我国部分地区也出现了为行业用户提供的整体解决方案系列的产品,但这些都还处在初级阶段。

2.工程造价管理信息技术应用现状

目前,就整个工程造价行业而言,我国还处于从计划经济向市场经济转轨的过渡期,有关工程造价管理的许多方面还需一系列的理论研究和实践探索。目前许多软件公司开发的预算软件在解决图形算量方面存在一定问题,多数软件采用系统输图法,即通过键盘加鼠标输图,这种方法在图纸较为复杂时,输图工作也较为复杂。也有部分软件采用与 CAD 接口输入图形,虽然大大节省了画图的时间,但却因绘图软件的版本不统一,标准不统一,从而使造价软件未能与之很好地接口。

总之,我国虽然在工程造价管理信息技术方面取得了长足进展,但从造价专业的应用深度来看,信息技术应用的进展不大,关联性不强,解决问题较单一,对于网络技术的应用也显得较为表面,对各种信息的网络收集、分析、发布还不全面,对信息处理的准确性也缺乏专业的依据和衡量标准,从而导致信息的可信度大大降低。同一些信息技术比较发达的国家,例如美国、英国相比,我国的工程造价管理的信息技术应用还有一定的差距,这些信息化应用水平比较高的国家的统一特点是:

(1)面向应用者的实际情况实现了不同工具软件之间的关联应用,行业用户对工程造价管理的信息技术应用已经上升到解决方案级,并且,利用网络技术可以实现远程应用,从而实现了对有效数据的动态分析和多次利用,极大地提升了应用者的效率和竞争力。

(2)充分利用互联网技术的便利条件,实现了行业相关信息的发布、获取、收集、分析的网络化,可以为行业用户提供深入的核心应用,以及频繁的电子商务活动。

从以上两点看出,我国工程造价管理的信息技术应用虽然已经获得了长足的进步,但与国外先进同行来比,还有一定的差距,这也正是我国工程造价管理信息技术应用需要快速提升的地方。

10.1.3　工程量清单计价模式下的工程造价管理信息系统和网络应用

1.工程量清单计价实施后给企业造价管理带来的影响

《建设工程工程量清单计价规范》已于 2003 年 7 月 1 日起实施,这就意味着工程造价的计价由定额模式向清单模式的过渡,这是国家在工程量计价模式上的一次重大变革,是从计划经济向市场经济过渡中提出的"控制量、指导价、竞争费"向清单计价模式下的"政府宏观调控、企业自由组价、市场竞争形成价格"的体系的变化。这次国家把《建设工程工程量清单计价规范》作为国家强制性标准,并把部分条款作为强制性条款,说明该规范完全以"法"的形式体现,必须强制执行。企业必须要有应对策略和方法。

《建设工程工程量清单计价规范》实施后,企业出现的问题就是在投标报价时如何体现个别成本。该规范规定企业必须根据自己的施工工艺方案、技术水平、企业定额,以体现企业个别成本的价格进行自由组价,没有企业定额的可以参照政府反映社会平均水平的消耗量定额。企业要适应清单下的计价,必须要对本企业的基础数据进行积累,形成反映企业施工工艺水平用以快速报价的企业定额库、材料预算价格库,对每次报价能很好进行判断分析,并能快速测算出企业的零利润成本。也就是说,在最短的时间内能测算出本企业对于某一工程项目以多少造价施工才不会发生亏损(不包括风险因素的亏损),必须在投标阶段很好地控制工程项目的可控预算成本,就是在不考虑风险的情况下,利润为零的成本。每个企业如何知道自己的个别成本,是所有企业在实行清单计价后的一大难点。

2.清单计价后计算机应用给企业带来的机遇

在实行工程量清单计价后,企业如果不形成反映自身施工工艺水平的企业定额,不进行人工、材料、机械台班含量及价格信息的积累,完全依靠政府定额是无法取得竞争的。一提到积累,在建筑工程中需要积累的项目太多了,如解决方案、企业报价、历史结算资料的积累、企业真实成本消耗资料积累、价格信息及合格供应商信息的积累、竞争对手资料的积累等。对于造价从业人员要积累经历过的丰富的工程经验数据、应对多种报价方式的技能、企业定额和行业指标库等数据信息、灵通的市场信息和充分利用现代软件工具及通晓多种能够快速准确的估价、报价的市场渠道——环境关系、厂家联络及网站信息等。这一切对计算机在工程造价中的应用提供了很好的环境及机遇。21 世纪,是科技信息的时代,计算机的发展日新月异,信息化已经进入到企业的管理层面。只有靠计算机的强大储存、自动处理和信息传递功能,才能提高企业的管理水平。企业只有选择满足要求的管理软件和管理人才,才能在激烈的竞争中立于不败之地。

3.工程量清单计价模式下软件和网络的应用

全新的工程量清单计价方式已经来临,新的计价形势要求造价行业的从业人员和广大企业要迅速地适应新环境所带来的变革,适应新环境下的竞争,并能够快速地在清单计价模式下建立自己的优势。国内一些工程造价软件公司适时推出的面向清单的工程量清单整体解决方案就是目前国内工程造价软件中具有代表性的一类。该类软件针对清单下的招标文件的编制提供了招标助手工具包,主要包括图形自动算量软件、钢筋抽样软件、工程量清单生成软件、招标文件快速生成软件等。清单计价模式与定额计价模式最大不同就是计算工程量的主体发生了变化。招标人的最终目的是形成包括工程量清单在内的招标文件。必须把几个工具性软件进行整体应用才能完成以上工作。

无论传统的定额计价模式还是现在的工程量清单计价模式,"量"是核心,各方在招投标结算过程中,往往围绕"量"做文章。国内造价人员的核心能力和竞争能力也更多地体现在"量"的计算上,而"量"的计算是最为枯燥、烦琐的,这些公司开发的自动算量软件及钢筋抽样软件内置了传统工程量清单计算规则,通过计算机对图形自动处理,实现建筑工程工程量自动计算,实现量价分离,对于招标人可以直接按计算规则计算出十二位编码的工程量,全面、准确地描述清单项目。该工程量清单计价软件可以根据计价规范中的相关要求提供详细描述工程量清单项目的功能,能与图形自动算量软件中的清单项目无缝连接,对图形起一个辅助计算及完善清单的作用,还可以对项目名称及项目特征进行自由编辑及自动选择生成,并对图形代码做到二次计算。能按自由组合的工程量清单名称进行工程量分解,达到详细精确地描述清单项目及计算工程量的目的。这样不仅符合计价规范的要求,而且体现了工程量清单计价理念。

措施项目是为完成工程项目施工,发生于该工程施工前和施工过程中技术、方案、环境、安全等方面的非工程实体项目。其他项目清单是指分部分项工程和措施项目以外,为完成该工程项目施工可能发生的其他费用清单。这类软件可以自动按规范格式列出规范中《措施项目一览表》的列项。软件除了自动提供《措施项目一览表》所列的全部项目,还可以任意修改、增加、删除,使《措施项目一览表》既符合计价规范的规定,又能满足拟建工程项目具体情况的需要。

在工程量清单编制完成后,软件既可以打印,也可以生成导出电子招标文件,招标文件包括工程量清单、招标须知、合同条款及评标办法。招标文件以电子文件的形式发放给投标单位,使投标单位编制投标文件时不需要重新编制工程量清单,节省了大量的时间,防止投标单位编制投标文件时可能不符合招标文件的格式要求等而造成的不必要的损失。

10.2 ➤ 广联达工程量清单整体解决方案

🌐 10.2.1　工程计价软件概述

无论是定额计价模式,还是工程量清单计价模式,在进行工程造价的计算和管理时,都要进行大量而繁杂的计算工作。手工计算的效率非常低,而且容易出错。为了提高工作效率、降低劳动强度、提高管理质量,工程计价的电算化、网络化是工程计价及工程造价管理的必然趋势。

近年来,随着我国计算机技术和网络信息技术的飞速发展,相继出现了一大批工程计价方面的软件。计价软件的功能逐渐由地区性、单一性发展为综合性、网络化,形成适用于不同地区、不同专业的建设工程计价系统。表 10-1 为经过建设部标准定额研究所或省市工程造价管理部门审查并认证的工程计价软件。

常见的建设工程计价软件　　　　　　　　　　　　　　　表 10-1

序号	软 件 名 称	软件开发单位
1	北京市建设工程工程量清单计价管理软件	北京市建设工程造价管理处 成都鹏业软件有限责任公司
2	纵横 2003 建设工程计价暨工程量清单计价软件	保定市纵横软件开发有限公司 河北建业科技发展有限公司
3	PKPM 工程量清单计价软件	中国建筑科学研究院建筑工程软件研究所
4	《清单计价 2003》软件	深圳市清华斯维尔软件科技有限公司
5	工程量清单报价管理软件	成都鹏业软件有限责任公司
6	"清单大师"建设工程工程量清单计价软件	广州易达建信科技开发有限公司
7	广联达清单计价系统 GBQ	北京广联达慧中软件技术有限公司
8	神机妙算清单软件	北京中建神机信息技术有限公司

目前,工程计价软件基本上分为定额计价软件和工程量清单计价软件两大类。定额计价软件一般采用数据库管理技术,主要由数据库管理软件平台、定额数据库、材料价格数据库、费用计算数据库等部分组成。在软件平台上选择不同的定额数据和材价数据,即可完成相应专业的定额预算编制工作。

工程量清单计价软件在定额计价软件的基础上,整合了清单引用规则,即根据计价规范的规定,把某一清单项目所包含的所有工作内容及其对应的定额子目整合在一起,使用时根据工程实际发生的工作内容进行选择即可。工程量清单计价软件对所引用的定额子目数据能方便地进行修改,并能随时把修改后的定额子目补充到定额数据库,形成企业内部定额。

工程计价软件具有如下特点:

(1)适用范围广。工程计价软件采用数据库管理技术,可以使用各专业、各地区、各行业的定额数据库编制预算。在同一份预算文件中,可以调用不同定额数据库的数据,便于编制综合性的工程预算。

(2)操作方便,计算准确。使用工程计价软件编制预算时,只要输入定额号、工程数量、主材价格,并作一些简单的设置,把所需要的报表打印出来即可完成一份预算文件的编制工作。所有的数据计算处理,均由软件瞬间自动完成,省时高效,不必担心计算过程是否发生错误。随着计算机技术的发展,工程计价软件正朝着智能算量的方向发展,即根据工程设计图纸,自动计算统计工程数量,大大提高工程量计算的准确度,使工程预算更加精确快捷。

(3)网络化管理。使用工程计价软件可对大型工程项目进行异地综合管理,也可随时从相应网站下载最新的材价信息,更新工程预算造价。比如广联达的数字建筑网站,拥有丰富的人、材、机市场价格,为投标企业把握市场先机、提高竞争能力提供了方便。

各种工程计价软件都有其自身的特点,但软件的操作使用方法均大同小异。广联达工程量清单整体解决方案是目前国内工程造价软件中具有代表性的一类。该方案包含以下模块:

清单算量软件——GCL7.0

钢筋抽样软件——GGJ8.2

清单计价软件——GBQV3.0

供应链——www.bitace.com

企业定额生成器——GBKV2.0

10.2.2 清单算量软件 GCL7.0 简介

在工程量清单模式下,计算工程量的工作比定额模式下更加迫切,甲方必须自行或委托咨询部门在施工之前的有限时间内把所有涉及的工程量全部准确无误地计算完毕,以此作为支付的依据。乙方更需要算量,目的之一是要审核招标方提供的工程量,以便研究报价策略和技巧;其二是由于企业要考虑施工方案和施工方法等,计算出的工程量和甲方提供的量是不同的,企业报价时必须把增量分摊进去,或者根据变化量调整自己的策略。造价改革的新时期,行业及个体竞争的加剧要求更高的效率,工程量清单模式要求造价人员计算工程量快速、精确,结果清晰易懂,修改灵活方便,以便有充裕的时间运用技巧组价报价。这一切都对造价工作者提出了更高的要求。

清单算量软件 GCL7.0 是为在目前传统定额模式向清单环境过渡时期量身定做的算量工具,适用于定额模式和清单模式下不同的算量需求。它融合绘图和 CAD 识图功能于一体,内置由专家解释的计算规则,只需要按照图纸提供的信息定义好构件的属性,就能由软件按照设置好的计算规则,自动扣减构件,计算出精确的工程量结果,使枯燥复杂的手工劳动变得轻松并富有趣味。对于招标方,可以选套清单项,选配相应的工程项目明细特征,并直接打印工程量清单报表,帮助招标方形成招标文件中规范的工程量清单,亦可参考套用相应定额,形成标底。对于投标方,也可通过画图,在复核招标方提供的清单工程量的同时,根据招标方提供的工程量清单计算相应的施工方案工程量,并套取相应的定额子目。该软件的优势主要体现在如下几个方面:

(1)各种计算规则全部内置,不用记忆规则,软件自动按规则扣减。

(2)一图两算,清单规则和定额规则平行扣减,画一次图同时得出两种结果。

(3)软件直接导入清单工程量,同时提供多种方案量代码,在复核招标方提供的清单量同时计算投标方自己的施工方案量。

(4)提供一图多算功能,只需画一次图,软件就能算出一个构件的多种工程量。如:墙体可同时提供体积和面积,土方可同时提供放坡量和不放坡量。用户可以在最短的时间内,根据不同的施工方案,算出不同的工程量。大大加快了投标报价的速度,为决胜中标节省了宝贵的时间。

(5)软件提供单体构件长度、面积、体积的计算公式和异型构件的编辑功能。

(6)将房间作为一个构件,轻轻点一下鼠标,房间装修自动完成。

(7)每个构件或者整个建筑物画完以后,即能看到相应的三维立体图形,并提供详细的计算公式,方便检查漏项或者重项的工作失误。

(8)提供各种构件的复制、镜像功能、关联构件批量布置、批量修改的功能、构件单元、楼层之间的复制功能等,加快绘图速度。

(9)如果一不小心将某一构件画错,可以通过撤销、删除重画、修改构件信息等功能对所画构件信息进行修改,软件会重新按修改后的信息进行汇总。

(10)其合法性检查功能随时对错误信息进行检测,最大限度地减少出错率,保证结果的准确性。

(11)分层汇总功能,可以根据实际工作的需要快速计算出各层的工程量,满足不同施工阶段的需要。

(12)手工对比实现人机对话,为工程量的核对带来方便,计算的准确性得到保证。

(13)导图功能——完全导入设计院图纸,不用画图,直接出量,让算量更轻松。

使用广联达 GCL7.0 清单算量软件将传统的手工算量模式变成应用计算机工作模式。首先,它使清单环境下烦琐多变的算量变得比较简单,是造价工作者快速适应清单环境下的算量要求。其次,它将传统复杂的手工算量工作变成轻松愉快的事情,大大提高了工作效率;另外通过优秀的计算机技术降低潜在的人为错误率;根据施工方案算量,帮助强化自己的报价策略。

🌐 10.2.3 钢筋抽样软件 GGJ8.2

工程量清单模式下,要求钢筋工程量计算更快,更准、更清晰,更容易校对。2002 年,建设部颁布一系列新规范,包括设计规范 GB 50010—2002 等,同时,钢筋平法标注的深入推广,使手工计算钢筋工程量对识图及空间理解能力要求更高。但是,手工计算钢筋工程量过程中,绘制钢筋示意图、单根长度计算、根数计算、单根总量计算、构件总量计算、楼层总量计算、工程总量计算等烦琐枯燥,计算结果不但容易发生人为错误,还十分不利于核对。

GGJ8.2 钢筋抽样软件适应新规范对钢筋计算的要求,解决了平法的钢筋抽样;钢筋号中文显示,清晰直观;计算结果按判断过程显示,梁、柱箍筋、拉筋、板、剪力墙分布筋、负筋等钢筋根数智能计算,内置报表和各种打印模式,能满足造价工作者对钢筋统计数据的需要。该软件的优势主要体现在如下几个方面:

(1)GGJ8.2 钢筋抽样软件能进行平法的钢筋抽样。

(2)采用钢筋号中文显示,清晰直观,便于查看历史工程,便于甲方、乙方、中介机构等相关单位进行交流。

(3)计算结果按判断过程显示,可清晰了解每一根钢筋的计算过程,使得各方之间的核对轻松自如。

(4)板中钢筋可以采用多种布置方式,方便双方工程量的核对,可以识别梁并可以扣减梁的宽度,保证了板中各种钢筋的精确计算。

(5)以建模的方式处理剪力墙结构的工程,解决墙身、暗梁、暗柱、连梁中的钢筋计算问题,并能考虑相互之间的扣减关系。

(6)内置报表和各种打印模式,满足对钢筋统计数据的需要,自由报表设计可进行报表的个性化定制。

10.2.4　清单计价软件 GBQ3.0

清单计价是一种全新的计价方式,在这种新的计价方式下,工程造价的合理确定与有效控制也需要新的管理工具来进行相关辅助工作。清单计价软件 GBQ3.0 全面适应清单计价需要,从专业和易用的角度考虑让用户快速适应清单报价和定额报价的差别,从发展角度,为用户预留接口。软件与"企业定额系统"、"数字建筑网站"紧密结合,可以逐步帮企业实现自己的"企业定额",该软件的优势主要体现在如下几个方面。

1.完善的资源共享

通过使用 www.bitaec.com 数字建筑、GCL7.0、GBK(企业定额)、GXB(评标平台),提高工程造价计价过程中的效率与协作。

(1)工料机价格网络询价,从 www.bitaec.com 数字建筑网直接得到所查材料包含全国各省市地区材料供应商提供的详细价格,并可同时查看价格变化数据曲线和材料价格变化趋势分析。尽量规避价格风险。同时提供网上软件升级,问题咨询和清单知识等各项服务,通过网络将大量信息与同行共享。

(2)图形软件计算出工程量后,可将数据导入工程量计价软件,直接进行组价。

(3)通过 GBK(企业定额)可以创建反映企业实际业务水平、具备市场竞争实力的企业定额数据,并通过与 GBQ3.0 的数据安装集成应用,实现在 GBQ3.0 中由企业定额数据直接计价过程。

2.快捷的报价调整

(1)支持多种方式的调价,快速得出符合投标企业意愿的报价结果。

(2)可对分部分项工程的人工、材料、机械费按工料单价调整或工料含量调整两种方法进行费用调整,并可立即查看调价结果值。

(3)可直接修改综合单价,系统自动计算调整后的人、材、机含量,保证清单项目综合单价分析的准确。

3.实用的报表输出

(1)可使用报表方案对不同专业、不同格式的系列报表分类管理,便于查找调用和快速打印输出。

(2)强大的 WORD 编辑器便于对报表文字的输入与排版,快速编辑或直接倒入、链接如封面、工程概况说明等文字类报表。

(3)自定义融合表头与各类表体设计,提供对报表表头与表体项目自由结合与排列的设计功能,提高投标方响应招标文件要求的能力。

4.科学的数据积累

(1)使用 GBQ3.0 可进行数据积累。通过工程计价过程中对可利用数据的持续积累,提高数据的重复利用率和快速报价效率。

（2）计价过程中对可重复利用的定额项目数据、工料资源数据、综合单价组成进行修改、调整、保存至数据库，在未来的类似工程中通过数据调用实现工作效率的提高与数据利用。

（3）清单项目保存可将对同一项目的按不同施工方案计算出的不同计价结果进行保存与分析判断，当使用者再次对类似项目进行报价时，可事先分析已经保存的清单项目单价是否符合当前项目的要求，确定之后可将其计价过程快速调用到当前项目下，缩短用户计价过程时间。

（4）操作与分析计价业务数据。GBQ3.0提供维护项目对计价过程中的积累数据进行集中维护，用户可在此对积累的数据再次进行操作、分析、调整。甚至可以对定额换算、清单项目指引、项目特征值进行二次维护，提高数据的准确与实用。

5.强大的数据计算

（1）帮助用户快速计算。安装专业工程可使用安装费用设置与安装费用调整，可按安装专业不同分册、不同安装费用一次计算。

（2）提高用户计算能力。通过对建筑工程檐高或层高范围的数据设定，自动计算出超高降效费用项目。

（3）满足不同计算要求。可使用自定义单价取费计算的三种方式，对清单综合单价的计算取定过程施加控制，可以选择合适的取费方式，使综合单价取费满足招标要求。

10.2.5 数字建筑造价网站（www.bitaec.com）

从20世纪80年代初恢复定额以来，随着经济的发展，我国各地区都推出了若干套预算和概算定额，但无论是预算还是概算定额，都是体现了计划经济时代特征的量价合一的计价特点。随着市场经济改革的深化，过去那种单一的、僵化的计价方式已不适应时代的需要，因此国家推出了量价分离、市场形成价格的"工程量清单"计价方法。但清单的推行，对造价工作带来了巨大的挑战，其中"人、材、机的市场价从哪里来"是需要克服的重要问题。数字建筑网是为建筑行业企业单位提供信息及应用服务的综合网络平台。主要功能包括为造价人员提供材料价格、造价信息、软件服务和专业学习等信息和应用平台；为采购部门提供价格信息、材料管理和采购招标管理平台；为材料供应商提供企业宣传、材料报价和网上竞标的销售平台等。其特点主要体现在如下几个方面：

（1）材料价格与清单计价软件GBQ3.0有机链接，在使用软件时可调出网上相关联的市场价格，进行自由组价；同时提供百余条主要材料的时间走势曲线、异地比较分析，从而方便企业实现成本控制、规避价格风险；另外网上提供了全国上万条政府信息价，用户可以下载使用。

（2）造价指标帮助企业进行投资估算分析；查询类似工程参考并审核本企业预算；帮助企业决策预算中的利润额度；快速编制概预算等。

（3）招标信息让用户了解各地最新工程概况和材料采购信息，把握市场，赢得商机。政策法规是造价人员了解行业最新的政策方向和法规文件的窗口。业内动态全面展示建材行业最新信息和动态，及时了解行业发展方向。

10.2.6 企业定额生成器—GBK2.0

在实行工程量清单计价模式后，施工企业应逐步根据本企业技术、管理水平及机械设备状况制订并供本企业使用的分项工程计量单位的人工、材料和机械台班消耗量标准，即为企业定

额。使用企业定额生成软件,可以生成和维护企业定额。企业定额生成方法有以下几种:

(1)以现有政府定额为基础,利用复制、拖动等功能快速生成为企业定额库。在以后投标报价时,可以选择任何消耗量定额库或企业定额,作为投标报价的依据。

(2)按分包价测定定额水平,用水平系数进行维护企业定额。并能做到分包判比,对分包价按一定的规则测定定额水平,并能分摊到人为确定的定额含量上。

(3)企业可以自行测算进行调整企业定额水平,这项工作在企业应用清单组价软件的过程中由计算机自动积累生成。

(4)企业定额生成器中可以把材料厂家的供应价、数字建筑网站的材料信息价、材料管理软件中的企业制造成本的材料采购价、入库价及出库价等综合计算,得到企业用于投标报价的综合材料预算价格库。并能自动对该库进行增、删、改、替等的维护。

(5)在使用清单组价软件的过程中,不但能多方案地组价,还可以不断积累每个清单项组价过程中的定额消耗量数据及组价数据,并能对每次的数据进行分析判比,形成按不同工艺的工艺包,对判比结果,计算机可以自动对企业定额维护。当用户再次对该清单项目进行组价时,只需要调用企业定额内的工艺包,就可以把过去输入的组价数据及定额含量全部读入,该功能可以极大提高用户组价的工作效率,也是实行工程量清单计价规范以后企业快速准确组价的主要手段。

企业定额生成器采用量价分离原则,这样便于企业维护,在维护定额含量时,不影响价格,在编制材料价时不影响定额含量。企业定额作为企业的造价资源,为了资源的保密性,做到了按权限管理的功能。每个使用者按自己的权限进行工作。从定额的构架按树状目录进行分类,把所有的专业融为一个定额库,结构体系层次清楚、关系明晰,操作简便快捷。并能对确定最优方案的结果自动进行人工、材料、机械含量的分摊。

综上所述,随着工程量清单报价方式和合理低价中标的逐步推广,如何在激烈的市场竞争中体现企业的竞争力,是一个很大的问题。企业定额生成系统为企业自动生成企业定额,可以让企业快速地投标报价,帮助企业通过多种方法在投标报价的工作过程中逐步形成自己的企业定额,助企业在未来的竞争中显露优势。

10.3 ▶ 工程造价数字化信息资源

由于互联网的普及,工程造价领域也广泛地使用了 Internet,通过网络可以快捷、方便地发布信息和采集数据。互联网上存在着大量的工程造价数字化信息资源,本节对其加以介绍。

10.3.1 工程造价信息网

目前,互联网上有较多的工程造价信息网,其主要功能包括:①发布材料价格,提供不同类别、不同规格、不同品牌、不同产地的材料价格;②价格指数的发布,造价管理部门通过网络及时发布各种造价指数,方便用户的查询;③快速报价,用户可以从网站上下载工程量清单的标准形式,填写各个工程项目所需的工程量,然后将填好数据的文件上传到造价信息网站,同时确定类似工程,网站中相应程序会根据用户提供的数据快速计算出各个工程项目的造价和工程总造价,并且可以让用户下载计算结果。

主要的工程造价信息网如下。

1.中国建设工程造价信息网 http://www.ccost.com

中国建设工程造价信息网是按照建设部关于全国工程造价信息网络建设规划,在中国工程建设信息网的基础上建立的工程造价专业网站,是全国建设系统"三网一库"信息化枢纽框架的重要组成部分。中国建设工程造价信息网由建设部标准定额司,中国建设工程造价管理协会委托建设部信息中心主办,依托政府系统共建共享的电子信息资源库,面向全国工程建设市场和各级工程造价管理单位提供权威、全面和标准化的信息服务与技术支持:实时公布国家、部门、地方造价管理法律、法规,指引和规范建设工程造价业务与管理工作;承担全国造价咨询行业从业单位、从业人员网上资质申请与审检及其资质、信用公示,并为造价从业人员提供资质认证培训和继续教育;提供全国和地方各专业建设工程造价现行计价依据、实时价格信息及造价指数指标,结合标准造价软件,为建设项目业主、承包商、工程造价咨询单位及其他专业人员创建面向全国统一建筑市场的概预算编制、投标报价的专业工具平台。

2.中国价格信息网 http://www.cpic.gov.cn

中国价格信息网是国家发展改革委员会价格监测中心主办,由北京中价网数据技术有限公司具体实施的价格专业网站。该网站已连通全国 31 个省、自治区、直辖市及 32 个省会城市,自治区首府城市,计划单列市及各地方价格监测机构的网站,构成了覆盖全国的价格监测网络系统,并依托国家发展改革委员会的价格监测报告制度的实施工作,以分布在全国各地的 5000 多个价格监测点采集上报的 2000 余类商品及服务价格数据和市场分析预测信息为基础,经分析处理后形成丰富的信息产品,通过互联网向各级政府部门、社会用户及消费者提供价格信息及相关信息服务。

3.中国采购与招标网 http://www.chinabidding.com.cn

中国采购与招标网是为配合中国政府实施《中华人民共和国招标投标法》和规范公共采购市场,于 1998 年在中国北京注册成立,并由国家发展和改革委员会主管。中国采购与招标网为各类项目业主、咨询评估机构、施工建设单位、工程设计单位、材料和设备供应商、采购商、招标代理机构以及与之相关的海内外企业提供项目招标和采购信息服务、采购和招标代理服务、相关法律和实务培训咨询服务以及企业信息化技术支持服务。中国采购与招标网作为为用户提供完善、高效、规范、安全、实用的实现全程在线招投标、采购询价、竞价、拍卖等多种交易模式的大型网络交易平台,是当今中国公共采购和招标领域内最具权威和务实、影响力与日俱增的电子商务网站。2000 年 7 月 1 日国家发展和改革委员会根据国务院授权,指定中国采购与招标网为发布招标公告的唯一网络媒体。同时中国采购与招标网是北京市发改委、湖南省发改委、河南省发改委、2008 北京奥运会组委、中央国家机关政府采购中心等指定的发布采购和招标信息的网络媒体。中国采购与招标网建立了满足政府管理部门、金融机构、评估与咨询机构、设计单位、招标代理机构等组织业务管理需求的信息采集系统,可及时提供权威的具有极大使用价值的信息资源。

4.中国工程建设信息网 www.cecain.com

中国工程建设信息网是由中华人民共和国建设部主办的专业性政府网站。网站承担着发布全行业政策法规、工程信息、企业及人员信息、统计信息和其他各类信息的职能,同时通过网络开展施工、监理及招标代理机构的资质申报和评审以及网上招投标等业务,逐步实现对工程及企业基本情况的动态管理,并向所有建设系统主管部门和企事业单位提供包括信息服务、电子商务、网站建设、软件开发等在内的全方位服务。

中国工程建设信息网是以省,自治区,直辖市建设行政主管部门和319个地级以上城市(包括地、州、盟)建设工程交易中心为基本站点,覆盖全国的专业化信息网络,是建设部为工程建设各方主体提供信息服务,推动建立公开、公平、公正竞争的建筑市场秩序,提高工程建设管理水平采取的一项重要举措。

作为政府网站,中国工程建设信息网发布各类政务信息,为主管部门决策提供参考依据,是政府部门行使管理职能的全新方式和有效手段;同时,网站还将目光投向最广大的企业用户。在保证专业性政府网站全面发展的前提下,致力于成为建筑行业信息发布中心,产品交易中心和建筑类软件的研发中心,在履行政府部门指导、监督、服务职能的同时,满足业内人士的专业需要。

10.3.2 工程估价相关的组织与机构

1.政府主管部门

(1)中华人民共和国住房和成乡建设部　http://www.cin.gov.cn

(2)国务院发展和改革委员会　http://www.sdpc.gov.cn

(3)国务院财政部　http://www.mof.gov.cn

2.建设部标准定额研究所 http://www.risn.org.cn

建设部标准定额研究所主要承担建设部所管工程建设行业标准、工程项目建设标准与用地指标、建筑工业与城镇建设产品标准、全国统一经济定额、建设项目可行性研究评价方法与参数的研究和组织编制与管理以及产品质量认证工作,建设部所属18个专业标准归口单位、4个标准化技术委员会和建设领域国际标准化组织(ISO)国内的归口管理工作,以及标准定额的信息化和出版发行管理等工作,为保证建设工程质量和公众利益提供标准定额服务,为工程项目决策与宏观调控和工程建设实施与监督提供依据。

3.相关协会

(1)中国建设工程造价管理协会　http://www.ceca.org.cn

(2)中国建筑业协会　http://www.chinacon.com.cn/xiehuijie/jzyxh1.htm

(3)中国房地产协会　http://www.estate-china.com

(4)中国勘察设计协会　http://www.chinaeda.org

(5)中国建设监理协会　http://www.zgjsl.org

(6)中国建筑金属结构协会　http://www.ccmsa.com.cn

(7)中国安装协会　http://www.anzhuang.org

(8)中国城市规划协会　http://www.cacp.org.cn

(9)中国市政工程协会　http://www.zgsz.org.cn

(10)中国工程建设标准化协会　http://www.crcs.org.cn

(11)中国建筑装饰协会　http://www.ccd.com.cn

(12)中国城镇供热协会　http://www.chiba-heating.org.cn

(13)中国城市环境卫生协会　http://www.cin.gov.cn/main/org/b0222.htm

（14）中国建设教育协会　http://www.ccen.com.cn

（15）中国建设文化艺术协会　http://www.chinacon.com.cn

（16）中国电梯协会　http://www.chinaelevator.org

（17）中国物业管理协会　http://www.pmabc.com

（18）中国城镇供水协会　http://www.waternet.net.cn

（19）中国工程建设焊接协会　http://www.cin.gov.cn/main/org/b0231.htm

（20）中国市长协会　http://www.citieschiba.org

（21）中国风景名胜区协会　http://www.fjms.net

（22）中国城市煤气协会　http://www.cin.gov.cn/main/org/b0214.htm

4.相关学会

（1）中国建筑学学会　http://www.chinaasc.org

（2）中国土木工程学会　http://www.cces.net.cn

（3）中国城市规划学会　http://www.china-up.com

（4）中国风景园林学会　http://www.cin.gov.cn/main/org/b0104.htm

（5）中国房地产估价师与房地产经纪人学会　http://www.cirea.org.cn

（6）中国建设劳动学会　http://www.cin.gov.cn/main/org/b0105.htm

（7）中国建设会计学会　http://www.cin.gov.cn/main/org/b0106.htm

（8）香港测量师学会　http://www.hkis.org.hk

5.国外相关组织

（1）英国皇家特许测量师学会　http://www.rics.org

（2）英国皇家特许建造师学会　http://www.ciob.org.uk

（3）亚太区测量师协会　http://www.paqs.net

（4）国际造价工程师联合会　http://www.icoste.org

（5）美国土木工程协会　http://www.pubs.asce.org

（6）美国总承包商联合会　http://www.agc.org/index.ww

（7）建筑标准协会　http://www.agc.org/index.ww

（8）美国建筑师协会　http://www.aia.org

（9）加拿大皇家建筑师学会　http://www.raic.org

（10）英国皇家建筑师学会　http://www.corpex.com

（11）荷兰建筑师学会　http://www.nai.nl

6.其他

国际工程管理学术研究网　http://www.interconstruction.org

10.4 ▶ 信息技术在工程造价管理应用展望

随着信息技术和工程造价行业的不断发展，面向将来的工程造价行业信息技术应用，将不断向着网络化、全过程、全方位的方向快速展开。

10.4.1 利用信息技术的网络化管理

1.行业信息的有效收集、分析、发布、获取全部网络化

工程造价信息具体指的是与工程造价相关的法律、法规、价格调动文件、造价报表、指标等影响工程造价的信息。网络化信息供应商将在整个工程造价行业中扮演至关重要的角色。例如通过网络搜集全国以至全球的建筑市场各类信息，予以整理和发布，为行业用户提供最准确、及时的商机。网站还可以分析各地的造价指标，为建筑市场的行情提供走势预测，为所有的行业用户提供工程造价的参考，搜集各地的材料价格行情，为用户提供参考。建立起统一的工程造价信息网，不但有利于使用者查询、分析和决策，更有利于国家主管部门实行统一的管理和协调，使得工程造价管理统一化、规模化、有序化。

2.建筑市场交易的网络化

随着网络的快速发展，网上的相关应用将无所不在。而且例如身份认证、网上支付等技术都已经成熟，所以，不久的将来，电子商务将得到全面的应用。届时，招投标工作将全部转移到网络平台，软件系统将会自动监测网上的信息，并及时告知用户网上的商机，供用户迅速把握机会。同时，网络化的电子招投标环境将有助于工程造价行业形成公平的竞争舞台，而且行业用户的交易成本将大幅降低，建筑材料的采购和交易也将全部实现电子商务平台。届时，所有企业都将体会到电子商务的高效。

3.资源有效利用的网络化

工程造价的每个过程中，用户都可以充分地发掘和利用网络资源。网络的特点就是不受地区限制，可以让用户在全球的范围选择最低的成本和最佳的合作伙伴。例如面向全球的建筑设计方案招标，就可以充分利用网络资源进行全球范围选择，提供最优的设计方案。在工程造价的计算过程中，可以利用网络寻找合适专业人士，进行远程的服务和协同工作，创造出更好的结果。

4.信息网和软件的相互整合

(1)信息网与造价软件

当前市场上的造价软件中所需的材料价格大多采用人工录入价格的形式。有的是整体引入，有的则是一个个输入，大大影响了快速报价的进程，同时也不能及时与市场接轨，无形间削弱了企业的竞争力。信息网和造价软件的整合将消除这一矛盾，在造价软件中直接点击相应引入按钮，输入要引入信息所在地点的详细资料，即可随时得到相应材料的价格，若所引入的材料价格有所变动，软件中的预警系统将自动提醒操作者更新价格。这不但缩短了录入材料价格的时间，还达到了随时更新的目的。

(2)信息网与进度控制软件

工程控制的一个重要目标是成本控制，而成本控制在无形中又影响着进度和质量的控制，同时市场的变动将直接影响着投入的成本和资源的分配，而这必将导致工程进度的变动。所以，工程项目现场的进度控制也应通过成本控制时刻反映着市场的变动。信息网与进度控制的整合也将成为必然。软件与信息网的整合比起信息网的建立有更大的难度，但这却是建筑业发展的必然趋势，同时也必将带来广阔的市场前景。

10.4.2　利用信息技术动态的全过程造价管理

随着竞争的不断白热化,工程造价行业内部的相关企业都必须提升自己的竞争能力。其中,如何提高一个企业的成本控制能力是关键因素,而提高成本控制能力要求企业对工程造价的全过程进行控制和管理,而信息技术的发展则给全过程动态造价管理的实现带来了可能。

全过程造价管理是指在造价工作的全过程中对建筑工程造价信息进行收集和有目的的分析整理,并将分析得出的数据用于形成使用者自己的企业个体的实际消耗量标准,或者叫做企业的真实成本指标,并在后续的商业活动中(报价、成本管理、造价控制等多方面)发挥重要的参考作用。

面向将来,全过程造价管理的信息技术应用,强调的关键是动态管理,只有充分收集各方面的相关信息,把握全过程造价的各个关键环节,并且能不断利用"数据挖掘、分析技术"对历史数据和新的工程数据进行动态提取和分析,形成经验性的积累,从而形成一个不断循环积累的平台性全过程造价管理软件。这样的应用才能从根本上帮助用户实行有效的成本控制和管理,从而获得持久的竞争力。

10.4.3　利用信息技术的全方位管理

随着网络化和全过程的信息技术在工程造价行业的深入应用,信息技术的应用不会只集中在某个具体的工作环节或某一类具体的企业或单位身上,随着信息技术的快速发展,整个工程造价行业都将在以互联网为基础的信息平台上工作,不论是行业协会,还是甲方、乙方、中介等相关企业和单位,都将在信息技术的帮助下,重建自己的工作模式,以适应未来社会的竞争。从工作内容上,行业信息发布、收集、获取,企业商务交易模式,工程造价计算及分析,以及各个企业的全面内部管理都将全面借助信息技术。

在将来的造价工作过程中,造价行业中甲方、乙方和中介公司所面临的问题,是如何通过不断提升个体竞争能力,在全球化的市场经济竞争中求生存、谋发展。而信息技术的深入应用则是将来提升整个行业竞争力的关键,相信在不久的将来,造价行业必将迎来网络化,全过程、全方位的信息化应用时代!

本章小结

本章概括地介绍了计算机应用技术和信息技术在工程造价管理领域的应用,对国内常见工程造价管理信息系统软件作了比较分析,列举了国内外主要工程造价数字化信息资源,对未来信息技术在工程造价管理中的应用进行了展望。

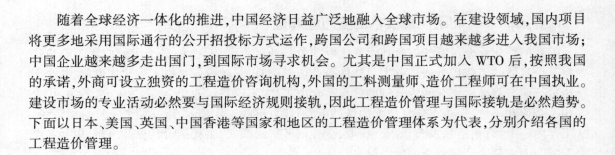

第11章
国际工程造价管理简介

本章概要

1. 英国工程造价管理简介;
2. 美国工程造价管理简介;
3. 日本工程造价管理简介;
4. 我国香港地区工程造价管理简介。

随着全球经济一体化的推进,中国经济日益广泛地融入全球市场。在建设领域,国内项目将更多地采用国际通行的公开招投标方式运作,跨国公司和跨国项目越来越多进入我国市场;中国企业越来越多走出国门,到国际市场寻求机会。尤其是中国正式加入 WTO 后,按照我国的承诺,外商可设立独资的工程造价咨询机构,外国的工料测量师、造价工程师可在中国执业。建设市场的专业活动必然要与国际经济规则接轨,因此工程造价管理与国际接轨是必然趋势。下面以日本、美国、英国、中国香港等国家和地区的工程造价管理体系为代表,分别介绍各国的工程造价管理。

11.1 ▶ 英国工程造价管理概述

🌐 11.1.1 英国建筑业及其相关概况

英国国土面积虽然不是很大,但作为工业革命的发起国,世界发达的资本主义国家,加上其"日不落帝国"的殖民历史,使其对世界产生了深远而广泛的影响;建筑业作为其产业的重要组成部分,也不例外地对世界产生了重要的影响。英国的工程造价管理模式至今仍为英联邦国家广泛采用,并对其原来的殖民地国家乃至整个世界都有广泛的影响。如新加坡等原来的殖民地国家或地区,仍然是以英国的建筑标准、项目管理模式、合同管理模式与合同条件、工程量计算规则等为范本的。

1. 英国建筑业管理程序

在英国开展建筑活动的主要程序,如图 11-1 所示。

2. 建筑过程各阶段的主要参与者

建筑过程各阶段的主要参与者如表 11-1 所示。

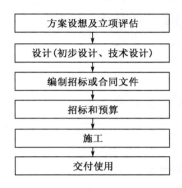

図 11-1　建筑过程的各个阶段

建筑过程各阶段的主要参与者　　　表 11-1

参 与 者	方案设想	设 计	文件编制	招标与预算	施 工	交付使用
业主	▲					○
建筑师		▲	○	○	○	▲
工料测量师		○	▲	○		
结构工程师		▲	○		○	
服务设施工程师		▲	○		○	○
主承包商		■	■	▲	▲	○
国内分包商					▲	○
专业分包商					▲	○
法定管理机构		○			○	
项目经理	■	■		■	■	■

注:▲主要参加者,■协调期间的参与者,○受邀参与者

11.1.2　英国的工料测量师、估价师以及参与工程造价管理的有关人员

英国工程项目管理的一个重要特点就是工料测量师(Quantity Surveyor)的参与。无论在政府工程还是在私人工程,亦无论是采用传统的项目管理模式,还是非传统的模式中,均有工料测量师的参与。在建筑工程工料测量领域里,对从事工程量计算和估价以及与合同管理有关的人士,传统上根据其是代表业主还是承包商而有不同的叫法:人们将受雇于业主或作为业主代表的称为工料测量师,或称作业主的估价顾问;另一种则受雇于承包商,人们习惯上称为估价师(Estimator),或称为承包商的测量师。但两者的技术能力与所需资格并没有绝对的界限划分,比如以前为某业主代表的工料测量师,以后也可能受雇于其他承包商作为其工程估价师。

英国的工料测量(工程造价管理)活动的内容如下:

· 预算咨询、可行性研究、成本计划和控制、通货膨胀趋势预测;

· 就施工合同的选择进行咨询,选择承包商;

· 建筑采购,招标文件的编制;

·投标书的分析与评价,标后谈判,合同文件的准备;

·在工程进行中的定期成本控制,财务报表,变更成本估计;

·已竣工工程的估价,决算,合同索赔的保护;

·与基金组织的协作;

·成本重新估计;

·对承包商破产或被并购后的应对措施;

·应急合同的财务管理。

1.工料测量师

从 19 世纪 30 年代起,在英国,传统上计算工程量、提供工程量清单(Bill of Quantities-BOQ)为业主工料测量师的职责,所有的投标都以业主提供的工程量清单(工程量表)为基础,从而使最后的投标结果具有可比性。

工料测量师在工程建设的全过程中都发挥着重要的作用。业主雇用的工料测量师主要的职能范围如下:

(1)在项目的资金问题上,包括融投资方式等,向业主提出建议;项目开发评估,主要包括财务评价、现金流分析、灵敏度分析及其他服务。

(2)为业主、建筑师、工程师和公共当局提供关于建设成本计划的咨询。

(3)合同前成本控制。向建筑师提供有关造价方面的建议,对不同的施工方法进行成本比较,制定成本计划。

(4)税收和财务规划。工料测量师凭借其专业知识,充分利用资金、政府对开发的补贴及税收上的优惠条件,使一个不可行的项目变成一个成功的项目。

(5)合同发包。工料测量师利用其在发包方面的专业知识帮助业主选择合适的发包方式和承包商。从建筑师、工程师和其他设计顾问那里取得信息资料,为建设招标做准备。

(6)准备和解释招标文件、技术说明书、合同格式、合同的通用条款、专用条款及其他部分。

(7)投标书分析及评价。

(8)与承包商进行合同谈判。

(9)合同管理。内容包括现金流量、财务状况和索赔。准备现金流量表并用来监督对承包商的进度付款。

(10)工程决算。根据原合同和工程施工中的签证、变更、期中付款等与承包商的估价师计算出工程的最后决算。

(11)进行各种类型工程项目的管理和协调工作,包括分包合同(Sub-contracts)管理;准备进度计划;制定并实施成本控制系统;合同变更的估价和决算。

(12)当合同需要时,编制工程量清单,以便承包商根据同样的工程量清单进行投标报价。在编制工程量清单时,要控制项目的成本及资金的支出。

(13)指导或参与有关仲裁和法院听证活动。

2.工程估价师

估价师,也称工程估价师(Construction Estimator),一般作为承包商的雇员或外聘人员在建筑领域发挥重要的作用,其所从事的工作性质和内容与业主的工料测量师有所差异。作为承包商的估价师,其地位和作用与业主的工料测量师有所不同;承包商的估价师一般善于谈判,从合同签订前开始不断与业主的工料测量师协商价格,直到工程结算或合同索赔。估价师还负责项目的财务管理,负责对分包商的合同与付款,解决合同纠纷及其他管理工作。对于传统上的带工程量清单的招投标模式,工程量清单以及详细的工程图纸是总承包商投标报价的基础,估价师给工程量清单中每一个单项工程计价,并对其进行检查以确保在计算总价时没有错误。估价师的职责范围如下:

(1)对投标书进行标价,并为投标书提交做准备工作。大型承包商通常设有两个相对的部门:工程量计算和报价,小型公司则将两部门合二为一。估价师根据工程量清单编制报价单。

(2)在投标前与分包商和供货商进行谈判。

(3)对分包商和供货商的支付进行签证。

(4)对变更指令进行估价和协商。

(5)准备施工进度计划。

(6)现场测量。不论是内部结算,还是与业主工料测量师申请期中付款、工程结算,都应去现场实地测量。

(7)准备每月的成本预测,向业主提出期中付款要求。

(8)将最终单价记入数据库,作为以后工程的参考。

(9)同业主进行合同谈判。估价师要不断地与业主的工料测量师谈判协商,从一个项目的单价到工程项目总造价,从合同形式到合同的某一条款。

(10)进行各类施工项目的管理和协调。

(11)对分包商的管理。对于需要分包的工作内容,在报价时估价师已经向分包商询过价了,一旦分包商进驻现场,估价师应按分包合同条款进行工程量计算、估价,确定变更引起的工程量增加或减少。

(12)现场成本分析。将实际成本与原计划成本进行比较,进行成本控制。

(13)工程决算。

3.参与工程计价的其他有关人员

除工料测量师和工程估价师以外,还有其他一些专业人员从事项目的管理及计价活动:

(1)业主的雇员或业主聘请的专业代表。

(2)承包商的雇员,包括高级管理人员、计划人员、采购人员、施工设备管理人员、临时工程设计人员和现场管理人员,但工程估价主要由估价师负责。

(3)外部组织,如材料供应商、设备租赁公司和分包商等。

🌐 11.1.3　工料测量师参与工程造价管理的程序

工料测量师参与工程全过程的工程造价管理,工料测量师参与进行的有关工程造价价活动见表11-2。

工程估价的阶段、目标及活动 表 11-2

阶 段		目 标	工料测量师参与进行的工程估价活动
设计任务书	1. 筹建和可行性研究阶段	向业主提供工程项目评价书及可行性报告	关于编制可行性报告的一般性工作,定出附有质量要求的造价范围或就业主的造价限额提出建议
草图	2. 轮廓性方案	确定平面布置、设计和施工的总的做法,并取得业主对其批准	按业主要求,对方案设计做出初步估算。方法是通过分析过去建筑物的各项费用并比较其要求,或按规范求得的近似工程量
	3. 草图设计	完成设计任务书并确定各项具体方案,包括规划布置、外观、施工方法、规划说明纲要和造价,并取得全部上述事项的批准	根据从建筑师和工程师处得到的草图、质量标准说明和功能要求编制造价规划草案(概算),以后再编制最终造价规划,提交业主批准
施工图	4. 详图设计	对设计、规范说明,施工和造价有关的全部事项做出最后决定,编制施工图纸文件	进行造价研究和造价校核,并从专业分包人处取得报价单。将结果通知建筑师和工程师,并提出有关造价的建议
	5. 工程量清单	编制和完成招标用的全部资料和安排	编制工程量清单,并进行造价校核
	6. 招标活动	通过招标选择承包商	对照标价的工程量清单校核造价规划
现场施工	7. 编制工程项目计划	编制计划	对中标标书编制造价分析
	8. 现场施工	保证有效地贯彻合同,并使合同细节在建筑施工中实现	对合同中的所有财务事项进行严格审核。向设计组提出月报、工程造价的变更和报告
	9. 竣工及反馈	完成合同,结算最终账目、从工程得到信息反馈以利于以后的设计	编制最后结算账目、最终造价分析,并处理有关合同索赔的结账事项

11.1.4 承包商估价师参与工程造价管理活动

根据传统的工程量清单投标报价方法,承包商在从业主处获得招标文件后,在招标文件中包括一份未标价的由业主工料测量师编制的工程量清单,每个承包商对该工程量清单中的所有项目进行标价,最后将所有项目的成本进行汇总,并加入相应的管理费和利润等项。其具体包括八个步骤:

（1）制定估价工作计划。在收到招标文件之后,如果决定参加投标,估价师就应检查项目招标文件内容是否齐全,然后制定出完成该项目估价工作的计划安排以及关键日程表,以便控制估价工作进度。这是因为投标准备时间是有限的,而且投标截止日期是明确规定的。

（2）项目的初步研究。估价的第二步就是对项目进行完整详细的研究,由此制定出施工方法和投标前施工方案。由于分包商和材料供应商的报价往往需要一定时间,所以估价师应尽早发出各种询价单。项目初步研究的主要内容主要有汇总工程量;近似估价;拟定分包的工程条目;列出需要询价的材料;考虑是否有必要设计替代方案。

（3）材料与分包询价。

（4）项目研究,制定施工方法和计划。项目研究贯穿于整个投标报价期间,可分为初步研究和详细研究。初步研究前面已经作了介绍,而项目详细研究是要制定施工方法和进度计划。项目详细研究的目的是选出一种最有效和最经济的施工方法,并根据这一施工方法制定施工计划,然后以此作为估价的基础。

（5）计算人工费和机械费。各类人工的综合费率由估价师负责计算。以小时或以周计的机械费率可以是企业内部的计算结果,也可以通过询价获得。

（6）估算直接费。估价师的任务是确定工程所需的成本。估价师要估算出工程量清单中每一工程条目的直接费单价。直接费单价指人工、机械、材料和分包的合成单价,它不包括管理费和利润等附加费用。

（7）现场费、管理费和利润等的估算。

（8）为投标会议准备报告。这是项目成本估算的最后一项工作。在成本估算完成之后,估价师必须向企业高级管理层提交有关合同项目情况的报表。

11.2 ▶ 美国工程造价管理概述

🌐 11.2.1　美国建筑业及其工程造价管理的特点

1.美国建筑业的主要特点

（1）建筑投资主体多元化,私人是建筑投资的主体。美国是典型的以私有制为基础的资本主义国家,因而其建筑业的投资主体分为三个部分:一是由国家出资的公共建筑,约占建筑业总产值的30%左右;二是私人住宅建筑,是建筑业中较大的一部分,约占建筑业总产值的30%～40%;三是私人非住宅建筑,主要是工商业用建筑,约占建筑业总产值的30%左右。因此在美国无论是住宅建设还是公共建设,绝大多数是由私人公司的老板和公民个人投资,也有一些大型建筑是股份公司投资,国家、市、州政府只是出资兴建一些公共建筑,私人投资是美国建筑投资的主体。

（2）建筑工艺、材料、技术先进科学。美国建筑业现代化程度很高,设计技术和管理水平方面均居世界领先地位。在建筑材料的应用上,大胆采用新材料,如塑料、铝合金、大面积平板玻璃等;在建筑设备和建材工艺上各种型号的电动式气压式自动打钉机、各种质料的墙体工艺和屋面防渗工艺、各种式样质料的浴室设施等,在施工中普遍使用,并领导世界建材工艺的新潮流。在抗震力学和建筑结构设计等方面,也领导世界建筑工业的发展方向。

2.美国建筑业管理特点

（1）法制化管理。美国的建筑业管理无论是横向还是纵向都用法制来处理。从横向看，建筑与规划的关系严格遵循《城市规划法》的要求。从纵向看，在建筑行业内部，业主与总承包商、总承包商与分包商、分包商与各工种、承包商与各注册建筑师、注册工程师之间，都采用合同的方式开展承包业务。合同均具有严格的法律制约。

（2）管理机构的社会化。美国的建筑业管理实行小政府大社会的管理方式，管理的职能除有关政府机构外，主要依靠社会化的行业协会如建筑师协会、工程师协会、木匠协会等许多专业协会来行使，承担各工种的职业能力审查、工程质量监督等多种管理职能。

（3）管理手段现代化。美国建筑管理系统普遍采用电脑管理，各管理机构之间、各管理机构与各承包商、各专业协会之间都采用电脑联网，随时可以查阅各种数据。

3.美国建设项目工程造价管理的特点

（1）结合工程质量及工期管理造价。在美国的工程管理体系中，并没有把造价同工期、质量割裂开来单独管理，而是把它们作为一个系统来进行综合管理。其理念是：

①任何工程必须在满足工程质量标准的前提下合理地确定工期；

②任何工程必须先有工程质量标准要求，然后才谈得上造价的合理确定；

③工程必须严格按计划工期履行，才有可能不突破预定的造价。

（2）追求全生命周期的费用最小。在美国，计算出工程造价后，一般还要计算工程投入运行后的维护费，作出工程寿命期的费用估算，并对工程进行全面的效益分析，从而避免片面追求低造价，而工程投产后维护使用费用不断增加的弊端。

（3）广泛应用价值工程。美国的工程造价的估算是建立在价值工程基础上的，在工程设计方案的研究和论证中，一般都有估价师的参与。以保证在实现功能的前提下，尽可能减少工程成本，使造价建立在合理的水平上，从而取得最好的投资效益。

（4）十分重视工作分解结构（Work Breakdown Structure—WBS）及会计编码。对于大中型项目，为保证项目的顺利实施，还必须对所应完成的工作进行必要的分解，确定各个单元的成本和实施计划，这一过程称为工作分解结构 WBS（Work Breakdown Structure），并在 WBS 的基础上进行会计的统一编码。美国的项目参与各方历来十分重视 WBS 及会计编码，将其视为成本计划和进度计划管理的基础。

（5）对工程造价变更与工程结算的严格的控制。

在工程造价变更方面，只有发生以下事项时，才可以进行工程造价的变更：

①合同变更。

②工程内部调整。

③重新安排项目计划。

工程造价的变更需填报工程预算基价变更申请表等一系列文件，经业主与主管工程师批准后方可执行工程造价的变更。

在工程结算方面，对于承包商未超出预算的付款结算申请，经业主委托的建筑师/造价工程师审查，经业主批准后予以结算；凡是超过 5% 以上的付款申请，必须经过严格的原因分析与审查。

11.2.2 美国的工程计价依据

美国没有由政府部门统一发布的工程量计量规则和工程定额,但这并不意味着美国的工程估价无章可循。许多的专业协会、大型工程咨询顾问公司、政府有关部门出版有大量的商业出版物,可供工程估价时选用,美国各地政府也在对上述资料综合分析的基础上定时发布工程成本材料指南。

11.2.3 美国工程造价管理的各个主体及其作用

1.政府部门

政府部门参与工程造价管理的途径及作用有如下几个方面。

(1)各地政府定期公布各类工程造价指南,供社会参考。

(2)负责政府投资的有关部门对自己主管的项目进行直接的管理并积累有关资料形成自己的计价标准。

(3)劳工部制定及发布各地人工费标准来直接影响工程造价。

(4)主管环保及消防的有关部门通过组织制订及发布有关环境保护标准来间接影响工程造价。

(5)通过银行利率等经济杠杆对整个市场进行宏观调控,从而影响工程造价的构成要素,最终影响工程造价。

2.私人工程业主

美国私人工程的业主分布于各行各业,如汽车、娱乐、银行业、保险、零售业、能源生产和分配。在美国,专业化分工很细,业主公司不可能也没有必要拥有一套从事工程造价的专业人士,所以对工程造价的具体管理,业主一般都是委托社会上的估算公司、工程咨询公司等来进行的。

3.建筑师和工程师

建筑师和工程师,也称为设计专业人员。在美国,有许多建筑师和工程师在公共机构和大型的私营机构工作。但美国也有许多建筑师、工程师私人注册的独立设计公司,根据签订的合同完成设计工作,本文专指后者。在采用设计—建造(Design-Build)的项目管理模式下,建筑师和工程师与既负责设计又负责施工的公司签订合同;在采用其他项目管理模式下,建筑师和工程师与业主签定合同。

4.承包商

承包商一般均在项目的中期和后期开始介入,根据业主给出的初始条件来设计或建设一个设施,此时业主的意图已经清晰,已经对多个方案进行了研究,并对其进行了选择和放弃,项目的范围和轮廓已经相当清晰。

承包商对成本费用的划分非常详细,除上述直接成本和间接成本外,为便于施工控制,还将施工成本单独划分出来,它包括直接人工费、施工设备费,以及现场间接成本。

美国施工企业为管理其工程成本而采取的一项组织措施就是实行技术管理层和劳务层分离,只雇佣少量的技术管理人员,没有固定工人和长期合同工。根据施工任务需要,随时与社会上各种专业分包商签定分包合同,任务完成后,立即解约。

5.建设经理

建设经理(Construction Manager)是随着项目管理的一种全新的方式——建设管理方式(Construction Manage,CM)的诞生而出现的一种新型职业。建设经理是一些建筑施工、建筑工程管理及建筑经济学方面的专家,作为代理人受雇于业主,主要的工作是在施工阶段,对建筑师/工程师和承包商进行管理、监督协调。除此之外,建设经理在项目的前期工作中承担的工作如下:

(1)决策阶段。协助确定项目目标、目的及优先程序,编制评估操作规划,进行初步成本估算,编制初始时间表,协助筹资,协助进行现场选定,协助选择设计专业人员。

(2)设计阶段。提供阶段性的成本估算,进行成本控制;分析替代设计方案;预先进行施工可行性研究,提供有关工程材料的数据,编制阶段性的进度规划,合同文件编制过程的协调与审查,价值分析,提供施工技术以及经济方面的建议,负责所有会议的记录。

(3)采购阶段。编制预算,控制估算,刊登施工招标公告,选定预审投标者,信息和投标文件的分发,举行标前会议并组织现场考察,接收、分析投标并提出决标建议,跟踪购买阶段并为所有活动建立文件档案。

11.2.4 美国工程估价方法

美国在成本估价方面总结出了许多的方法,可供估价人员在不同的估价阶段选用。这些方法有单位成本法、设备因子法、规模因子法、其他参数法等。

1.单位成本法

单位成本法又分为详细单位成本法和组合单位成本法两种。这两种方法估价精度最高,常用于详细项目的成本控制预算、承包商的投标估价以及变更单估价。

(1)详细单位成本法。详细单位成本法又称行式项目法,与我国的定额计价法基本类似,该方法实际上就是针对最具体的分部分项工程进行直接的估价。在该方法下,估价人员首先需要详细划分估价条目,对估价条目进行准确计量,然后查找相应的单位工时、人工单价、材料单耗、设备单耗额等,最后进行相应的算术运算即可求得每个项目的成本并合计汇总。

(2)组合单位成本法。组合单位成本法又称固定成本模型法,与我国的概算有一定的相似之处,它与详细单位成本法的唯一区别就是对行式项目进行了适当组合,可以节约大量的计算时间。通过计算机成本估价系统,这些组合能够预先构建,保存在电子数据库中,以后作为一个单独的行式项目使用,而不用进一步考虑条目要素。如果有要求,在估价完成后,组合的行式项目能够在估价报告中分解它的构成要素,以满足详细的成本管理的需要。

2.设备因子法

设备因子法用于已知设备成本和价格的情况下来对相关的科目进行估算,有三种方法:设备级联因子法、单元设备因子法、总设备因子法。

(1)级联因子法。这种方法是用一系列的计算公式来估算为设备配套的有关设施的直接成本,与设备成本合计构成总直接成本,这些设施有管线、混凝土、电气等。用该方法计算一个设备及其配套设施的步骤如下:

①决定每个单独设备的采购成本。

②根据设备成本计算每个设施的材料成本。

③根据每个科目的材料成本计算科目的工时,然后再与人工单价相乘得出人工成本。

④汇总前面的所有成本即得出直接成本合计。

(2)单元设备因子法。该方法与级联因子法相比较为简单,它只需将每部分工艺设备与一个单独的对应因子相乘即可导出每个设备的界区成本。该方法的应用步骤有三步:

①确定每部分设备的采购成本。

②由设备成本导出总的界区成本(包括间接成本)。

③汇总所有的界区成本。

(3)总设备因子法。该方法是设备因子法中最为简单的一种,只需将单个因子同工厂订购的全部设备成本的合计相乘。用该方法估价时只有两步:决定设备的总采购成本;由设备成本导出总成本(包括间接成本)。该方法的优点是所需信息较少,可以很快得出估价,缺点是精度较低。

3.规模因子法

该方法又称生产能力指数法,是一个基于规模经济概念的简单方法。这个概念就是成本随着经济规模的一个指标的增加而增加,但通常不是线性增加,而是以小于1的指数关系增加,这个方法通常可以用于整体工厂以及各种设备的估价。该方法的应用步骤有三步:

(1)获得一个类似项目的成本和规模指标。

(2)对已知成本进行必要的修正,使其具有可比性。

(3)确定规模因子,可查找有关表格或通过计算得出。计算一个规模因子时需要知道至少两个已知的项目的成本和容量,计算公式如下:

$$指数 = \frac{\lg(成本\ b/成本\ a)}{\lg(指标\ b/指标\ a)}$$

4.其他参数法

美国的估价方法除以上几种外,常用的参数法还有:参数单位成本模型、复合参数成本模型、比例因子法、总单位因子法。

(1)参数单位成本模型法。它是一个单位成本模型和复杂参数成本模型的混合组合。一个单位成本模型包括一个系统的预定义估价,这个系统有一已知的成组线性条目,每个线性条目有一个带有固定设计参数和成本因子的计算方法,一个参数单位成本模型有不同的参数和在成本模型的成组线性条目的计算方法中的因子。

(2)复合参数成本模型。该方法没有预先确定的形式,其数学公式一般是在历史项目的基础上通过统计回归分析法得出,这些模型时常与包括系统功能和需求估价的系统工程方法结合在一起。因为最复杂的参数模型有高度的随机性,它们在项目控制中的应用一般局限在早期的资金筹措阶段,其价值主要在于它们在诸如模拟、优化、质量评估成本、粗略设评、生命周期成本分析等战略研究的应用方面。

该方法步骤是决定参数模型所需的参数值;将这些值代入计算公式中,按照需要对求出的成本进行调整。

(3)比例因子法。该方法在估价一个项目或资源的成本时,只需简单地用一个给定的比例因子同另一个相关的项目相乘即可。该因子是预先确定的未知资源的成本对已知资源的成本的比例,已知成本已经利用上述某一个主要的计算公式通过报价单或者其他方法导出,该比例通过对历史数据的分析确定,或者从公开出版的参考书及其他方法获得。

该方法有两步:决定将被用来同比例因子相乘的参考基准成本;将基准成本与比例因子相乘。

(4)总单位因子法。这种方法与我国的估算有点类似,在这种情况下,成本因子以及计量单位代表的是合计水平,即许多不确定内容的项目的总集合,不会给出集合单元的内容明细。例如,一个办公大楼的总单位成本因子 900 美元/m^2,看起来像一个详细单位成本因子,但建筑物楼板空间的数量可能集合了数百个不确定的详细的建筑物明细;一个总成本因子是随机的,通常来自对历史项目资料的统计分析,它实际上可以归结为复合参数成本因子的一种简单形式。

该方法有两步:决定将要使用的因子对应的单位量;将单位量与总成本因子相乘。

11.3 ▶ 日本工程造价管理概述

11.3.1 日本建设市场管理模式

日本具有非常完善的建筑市场管理体系,有一套行之有效的管理模式。

(1)企业从事建设业的经营活动,必须经过资格审查。只要工程达到一定的限额,无论是跨地区还是只在当地经营,企业都要经过资格审查。审查主要是按工种和建设规模进行。

(2)凡获得批准的企业,政府主管部门都对其分类、排队造册登记,范围限定。在日本,企业分 28 个工种工程,每种工程分 A、B、C、D、E 五个等级,每个等级确定一定的营业金额,划分和确定营业范围。但是,各地方也可根据企业的资质增加一定等级。

(3)承发包工程不搞行政分配,一律通过招标。按日本的法规,政府工程招标方式分一般竞争招标(公开招标)、指名招标(邀请招标)、随意合同(议标)三种。

(4)承发包工程必须严格签订和履行合同。工程一旦中标,法规要求当事人双方在各自对等的立场上,通过协商缔结公正合同,并诚实守信地履行。合同的内容必须载明工程内容、金额、开工日期、交验方式、付款方式、利息计算、设计变更及自然灾害造成损失的处置原则和纠纷的解决方法等,共计十一项基本内容。合同必须以书面形式缔结,签名盖章后互相交换保存。

(5)政令统一,职能分工明确。在项目管理方面,虽然部门之间有分工,但法律规定是一致的,这就保证了各自能够依法行事;依法经营,从而防止了出乱。

11.3.2 日本工程计价依据

日本的工程积算,是一套独特的量价分离的计价模式,其量和价是分开的。

日本的工程造价管理类似我国的定额取费方式,建设省制定一整套工程计价标准,即《建筑工程积算基准》。其工程计价的前提是确定数量,即工程量。工程量的计算,按照标准的工程量计算规则,该工程量计算规则是由建筑积算研究会编制的《建筑数量积算基准》。该基准被政府公共工程和民间(私人)工程广泛采用,所有工程一般先由建筑积算人员按此规则计算出工程量。通过对工程量进行分类、汇总,编制详细清单,这样就可以根据材料、劳务、机械器

具的市场价格计算出细目的费用,进而可算出整个工程的纯工程费。这些占整个积算业务的
60% ~ 70% ,是积算技术的基础。

整个项目的费用是由纯工程费、临时设施费、现场经费、一般管理费及消费税等部分构成。
对于临时设施费、现场经费和一般管理费按实际成本计算,或根据过去的经验按对纯工程费的
比率予以计算。

日本的工程招标与世界其他国家和地区的法律规定一样,分为公开招标、邀请招标和议
标,在日本被称为一般竞争招标、指名招标和随意合同,在投标过程中数量(工程量)要全部公
开,并要求随工程量一起提供数量计算依据、必要的施工图纸。

🌐 11.3.3　日本建筑工程积算基准

日本建筑数量积算基准是在建筑工业经营研究会对英国的"建筑工程标准计量方法"
(Standard Method of Measurement of Building Works)进行翻译研究的基础上,由建筑积算研究
会于 1970 年接受建设大臣办公厅政府建筑设施部部长关于工程量计算统一化的要求,花费了
近 10 年时间,汇总而成的。

为了统一建筑积算的最终工程量清单的格式,建筑积算研究会随同"建筑数量积算基准"
制定了"建筑工程工程量清单标准格式"(简称"标准格式")。

积算就是为工程目标的实施而计算工程的各部分,然后将其结果进行汇总,是对工程费用
进行事先的预测。

先将建筑物按各部分进行分类,然后计算各部分的价额,进行分类、汇总后算出其总额,即
积算价额。

1)目的

建筑工程计算基准的目的是在建设省发包建筑工程承包施工时,规定应该计入工程量清
单的工程费的积算的必要事项,这有助于工程费的适当积算。日本政府工程的预算价格(类
似于我国的招标标底)就是以此基准为依据进行计算,并作为决定中标者的依据。

2)工程费的构成

工程费用构成如图 11-2 所示。

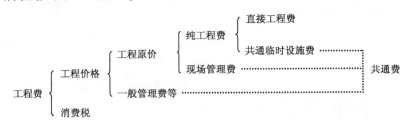

图 11-2　工程费构成

3)工程费的区分

工程费按直接工程费、共通费和消费税等分别计算。直接工程费根据设计图纸划分为建
筑工程、电气设备和机械设备工程等,共通费分为共通临时设施费、现场管理费和一般管理
费等。

(1)直接工程费。直接工程费是指建造工程标的物所需的直接的必要费用,按工程种目
进行积算。积算就是在材料价格及机器价格上乘以各自数量,或者是将材料价格、劳务费、机

械器具费及临建材料费作为复合费用,依据《建筑工程标准定额》在复合单价或市场单价上乘以各施工单位的数量。若很难依据此种方法,可参考物价资料上登载的价格及专业承包商的报价等来确定。当工程中产生的残材还有利用价值时,应减去残材数量乘以残材价格的数额。计算直接工程费时所使用的数量,若是建筑工程应依据《建筑数量积算基准》中规定的方法,若是电气设备工程及机械设备工程应使用《建筑设备数量积算基准》中规定的方法。

(2)共通费。共通费是指以下各项,在对其进行计算时,依据《建筑工程共通费积算基准》。

①共通临时设施费。是指在不止一个工程项目中共同使用的临时设施的费用。

②现场管理费。是指为工程施工所必需的经费,它是共通临时设施费以外的经费。

③一般管理费。是指在工程施工时,承包方为了继续运营所必要的费用,它由一般管理费和附加利润构成。

④消费税。包括消费税及地方消费税。

⑤其他费用。包括:

• 本建设所用的电力、自来水和下水道等的负担额;

• 变更设计费,只计算变更部分工程的直接工程费,并加上与变更有关的共通费再乘以当初的承包金额减去消费税后所得金额与当初预算价格明细表中记载的工程价格的比率,最后再加上消费税。

4)工程费积算流程图

工程费积算流程如图11-3所示。

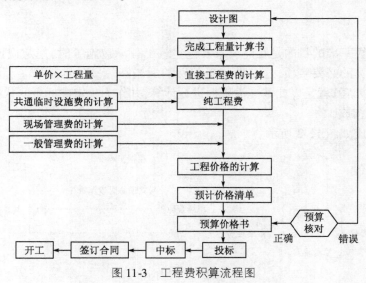

图11-3 工程费积算流程图

11.4 ▶ 香港地区工程造价管理概述

香港作为我国的一个特别行政区,其造价管理模式来源于英联邦系统,而且它作为一个窗口,大陆造价行业在与其密切交流的同时,也通过香港测量师学会与亚太地区以至其他地区的同行有了较多的交流,是连接我国和相关国家行业往来的一个纽带。香港回归后,大陆的造价体制对其也产生了一定影响,所以香港地区的计价模式更有多元化性质。

11.4.1 基本概况

香港地区对政府投资工程和私人工程采取不同的管理模式。对政府投资工程,一般由政府相关部门作为业主代表对工程建设进行全过程的管理,如果资源有限或工程量大,政府有关部门会委托社会工程咨询机构代行管理;对非政府投资工程,业主一般委托专业的工程咨询机构代行管理。就工程造价管理而言,没有一个行使政府管理职能的管理主体,即政府对工程造价采取不干预政策,政府投资工程管理部门在政府投资工程中对工程造价的管理仅是代表投资方所进行的管理行为,不具有行政职能。

香港特别行政区政府设有屋宇署,负责全香港工程建设的建设标准、建造安全、使用安全及环境保护等方面的监管工作,但对政府投资工程采取豁免政策。

1.政府工程的工程管理体系

香港的政府投资工程分为两大部分:即公共工程和工务工程,其中工务工程又分两类,其中一类是常规的工务工程,另一类是像机场、铁路等特殊的工务工程。在政府投资工程中,以常规的工务工程更具有代表性。工务工程一般分建筑、路政、土木工程、拓展、渠务、水务、机电工程等几类,分别由香港工务局下属的七个专业署负责具体组织、实施。工务局内设工务政策部、计划与资源部、行政部、法律咨询部和建筑业检讨部等五个常设部行使基本的管理职能。

2.私人工程的工程管理体系

在香港,私人工程是工程建设的主要部分,约占全部投资的60%~70%。私人工程的投资管理活动政府不予直接干预,一般都由业主委托给社会工程造价咨询机构进行。但由于建设项目对社会、经济、生活都有巨大的影响,因此,政府对非政府投资工程项目的实施有严格的监督管理制度,从而会对工程造价产生一定的影响。

3.建筑市场的准入清出制度

工程建设是一项专业性较强的工作,只有具备一定资质的公司和个人才被允许进入建筑市场提供服务。香港建筑市场的准入制度从其针对的对象来看主要有:一是专门针对承建商法人的注册制度;二是针对工程建设专业人士个人的注册制度;三是针对工程建设一般专业人员和技术工人的培训上岗制度。

4.香港的工料测量师行

在香港,工料测量师行是直接参与工程造价管理的咨询部门,他们受雇于业主,业务范围涉及各类工程初步费用计算、成本规划、承包合同管理、招标代理、造价控制、工程结算以及项目管理等方面的内容。工料测量师行从工程初步设计开始直至竣工期间的每一个阶段参与工程造价的确定与控制活动,实现了对工程造价的全过程一体化管理。另外,工料测量师行在业主、建筑师、工程师和承包商之间充当公正、客观的联系人,他们以自己的实力、专业知识、服务质量和专业操守在社会上赢得了广泛的声誉。一些信誉好的大型工料测量行(如利比、威宁谢等)还定期向社会发表工程投标价格指数和价格、成本信息,从而在社会上颇具权威性,在业主和承包商之中有着广泛的影响力。

11.4.2 香港地区工程项目造价计价依据

香港的工程计价一般先确定工程量,而这种工程量的计算规则是香港测量师根据英国皇家测量师学会编制的《英国建筑工程量计算规则》(SMM)编译而成的《香港建筑工程工程量计算规则》(Hong Kong Standard Method of Measurement)(第3版)(SMM Ⅲ)。一般而言,所有招标工程均已由工料测量师计算出了工程量,并在招标文件中附有工程量清单,承包商无须再计算或复核。

在香港这个建筑自由市场里,没有一个统一的、共同遵守的定额和消耗指针。各承包商和工料测量师都是根据各自积累的经验资料,结合政府公布的各种指数,考虑当前的工料物价情况、自己的管理水平、利润及风险、投标技巧等进行计价和投标报价,可以说,在香港建筑产品的价格是完全放开的,通过市场调节工程造价。

在香港,建筑市场价格信息无论对业主或是承包商都是必不可少的,它是建筑工程估价和结算的重要依据,是建筑市场价格的指示灯。

工程造价信息的发布往往采取价格指数的形式。按照指数内涵,香港地区发布的主要工程造价指数分为两类,即成本指数和价格指数,分别依据建造成本和建造价格的变化趋势而编制。建造成本主要包括工料等费用支出,它们占总成本的80%以上,其余的支出包括经常性开支(Overheads)以及使用资本财产(Capital Goods)等费用;建造价格中除包括建造成本之外,还有承包商赚取的利润,一般以投标价格来反映其发展趋势。

11.4.3 香港地区工程造价的计价和确定

香港地区工程项目造价的计算主要由工料测量师依据以往各年的历史资料估测出。工程项目造价的确定通过招投标来实现,控制通过合同来实现。

1.香港工程造价的计价过程

计价分业主估价和承包商报价。业主估价通常由业主委托社会咨询服务机构工料测量师行进行,作为业主对工程投资的测算和期望值。根据工程进展情况分为 A、B、C 三阶段。

(1)A 阶段(即可行性阶段):这段时间由于没有图纸,只有总平面图和红线以及周围环境,工料测量师多参照以往的工程实例,初步做出估价。

(2)B 阶段(方案阶段):这个阶段已完成了建筑物的草图,工料测量师根据草图进行工料测量,作为控制造价的依据。

(3)C 阶段(施工图阶段):这个阶段是工料测量师根据不同的设计以及《香港建筑工程工程量计算规则》的规定计算工程量,参照近期同类工程的分项工程价格,或在市场上索取材料价格经分析计算出详尽的预算,作为甲方的预算或标底基础。在香港不论什么工程,标底或预算不需要审查或审核,只要测量师完成后,经资深工料测量师认可,测量师行领导人签字,即可作为投资的标底或控制造价的依据。

香港的工程价格管理,主要发挥专业人士(工料测量师)在计价中的作用,一般不注重单位(测量师行)的作用。在工程价格纠纷处理中,不论私人工程还是政府工程,由香港特区注册的特许仲裁人学会会员出面调解,以解决双方在经济上的权益问题。

如建筑署的某项工程与承包商之间在价格上发生分歧,一方收集资料,反映于仲裁人处,仲裁人在收到资料后,除留个人阅读外,复印一份给另一方,让其进行答复。如另一方认为对方所提问题证据不足,可由仲裁人依照香港的法律进行调解、仲裁。如果双方或一方对仲裁结果不满意可上诉法院,由法院依法判决。由于向法院上诉一般需要较长的时间,所以大部分经仲裁的工程价格纠纷均可以解决。

11.4.4 香港地区工程造价的控制和结算

香港地区工程项目造价通过合同来控制,也依据合同来结算。

1.工程建设的合同形式

香港工程建设的合同形式是业主同承包商双方形成标价和合同条款的前提,其方式主要有以下几类。

(1)工程量清单合同形式(或总价合同方式)。这类合同标价的基础是项目的工程量。因此需要详细地度量和估算工程量,并形成详细的工程量清单。工程量是根据设计图纸度量的,并应用标准的计量方法和手册度量出每一工序的工程量。工程量是招标书中的重要组成部分。投标者需要对应每一工序的工程量填入工序单价(包括工资、设备费、材料费)。每一项工序的工程量乘上单价即为工序费用,所有工序费用的总和即是工程费用。工程费用加利润即为投标价。

(2)工程量规范合同形式。按照这种合同方式,招标方不必提供工程量清单,但会对工程质量、材料质量等有关规范作详细说明。承包商需要按照这些规范自己去度量每一工序的工程量,并填入单价,最后提交一个投标价。这种合同方式将风险全部转移给承包商。当实际工程量变化很大时,常常会出现许多纠纷。这类合同方式只适合于小型的房屋类工程。

(3)无工程量单价合同(又称单价合同)。采用这种合同方式,招标书内只对部分或全部工序的工程量给出一个大概的数量,在实际施工时这些工程量允许变动。投标者被要求对应每一个工序给出一个单价。付款时业主根据实际工程量乘以承包商所给出的单价付给。这类合同主要适用于维修工程、小型基础设施。

(4)合同条款。有多种标准合同,在应用时根据具体的建设项目对合同条款进行增减。

2.工程的合同管理及价款结算

在工程施工阶段,香港十分注意完善的合同管理对工程的进度、质量及造价的控制的影响。主要体现在以下方面:

(1)完善的成本控制计划与系统。工料测量师一般会在每个月制定一份工程财政报告表,给予业主、建筑师和工程师参考。一旦发现最新的工程造价预测比原先合同价位高时,除非业主同意造价的增加,否则工料测量师连同建筑师及工程师(有时也邀请承包商参与)会立刻研究降低造价的方法,例如更改设计,选用比较便宜的材料甚至缩小工程的规模。

(2)业主方和承包方都有一套完善的工程资料记录系统,将重要的资料(如事情的发生时间、地点和过程)保存下来,便于结算时核对。

(3)竣工结算一般以定标价为依据办理,如施工中需要增减工程量,则允许根据单价合同计算。

本章小结

同政治体制一样,建设工程计价体制不具有一致性,经济发达国家不能将其计价模式强加

给不发达国家。工程计价体制应该和工程合同一样,具有属地性质,即遵循工程所在地的体制,承包商到某一国家和地区投标前,应对当地工程造价体制和有关信息做一详细了解,以增加中标机会,这也是了解国外工程计价体制的意义。

习 题

1. 指出英国工程计价依据的主要来源。
2. 指出美国建设项目工程造价管理的特点。
3. 指出日本工程积算造价的构成。

附 录

习题参考答案

第 1 章

一、单项选择题

1. A   2. B   3. A   4. B   5. B   6. B   7. C   8. C   9. A   10. B

二、多项选择题

1. CDE   2. BCDE   3. CE   4. ABDE   5. ACE

6. AC   7. BCDE   8. ADE

第 2 章

一、单项选择题

1. B   2. C   3. C   4. B   5. A   6. C   7. B   8. A   9. B   10. A

二、多项选择题

1. AB   2. ABE   3. BCD   4. ACD   5. ABE

6. AD   7. BCDE   8. BC   9. ADE   10. ACE

三、案例分析题

【案例一】

1.（1）国产标准设备原价 = 9500 万元人民币

（2）进口设备原价为进口设备的抵岸价,其具体计算公式为:

进口设备原价 = FOB 价 + 国际运费 + 运输保险费 + 银行财务费 + 外贸手续费 +

关税 + 消费税 + 增值税 + 车辆购置附加费

由背景资料知:

①FOB 价 = 装运港船上交货价 = 600 万美元 × 6.8 元人民币/美元

$$= 4080 \text{ 万人民币}$$

②国际运费 $= 1000 \times 0.03 \text{ 万美元} \times 6.8 \text{ 元人民币/美元} = 204 \text{ 万元人民币}$

③根据题意,本案例运输保险费 $=$ FOB 价 $\times 2‰$

$$= 4080 \times 2‰ = 8.16 \text{ 万元人民币}$$

④银行财务费 $=$ FOB 价 $\times 5‰ = 4080 \times 5‰ = 20.4 \text{ 万元人民币}$

⑤外贸手续费 $=$ (FOB 价 $+$ 国际运费 $+$ 运输保险费) $\times 1.5\%$

$$= (4080 + 204 + 8.16) \times 1.5\% = 64.3824 \text{ 万元人民币}$$

⑥关税 $=$ (FOB 价 $+$ 国际运费 $+$ 运输保险费) $\times 25\%$

$$= (4080 + 204 + 8.16) \times 25\% = 1073.04 \text{ 万元人民币}$$

⑦消费税、车辆购置附加费由题意知不考虑。

⑧增值税 $=$ (FOB 价 $+$ 国际运费 $+$ 运输保险费 $+$ 关税 $+$ 消费税) $\times 17\%$

$$= (4080 + 204 + 8.16 + 1073.04) \times 17\% = 912.084 \text{ 万元人民币}$$

进口设备原价 $=$ FOB 价 $+$ 国际运费 $+$ 运输保险费 $+$ 银行财务费 $+$

外贸手续费 $+$ 关税 $+$ 增值税

$$= 4080 + 204 + 8.16 + 20.4 + 64.3824 + 1073.04 + 912.084$$

$$= 6362.0664 \text{ 万元人民币}$$

(3)国产标准设备运杂费 $=$ 设备原价 $\times$ 设备运杂费率

$$= 9500 \times 3‰ = 28.5 \text{ 万元人民币}$$

(4)进口设备运杂费 $=$ 运输费 $+$ 装卸费 $+$ 国内运输保险费 $+$ 设备现场保管费

$$= 1000 \times 500 \times 0.00005 + 1000 \times 0.005 + 6362.0664 \times$$

$$1‰ + 6362.0664 \times 2‰$$

$$= 49.0862 \text{ 万元人民币}$$

(5)设备购置费 $=$ 设备原价 $+$ 设备运杂费

$$= 9500 + 6362.0664 + 28.5 + 49.0862$$

$$= 15939.6526 \text{ 万元人民币}$$

(6)工具、器具及生产家具购置费 $=$ 设备购置费 $\times$ 定额费率

$$= 15939.6526 \times 4\%$$

$$= 637.5861 \text{ 万元人民币}$$

(7)设备与工、器具购置费 $=$ 设备购置费 $+$ 工、器具及生产家具购置费

$$= 15939.6526 + 637.5861$$

$$= 16577.2387 \text{ 万元人民币}$$

2. (1)人民币贷款部分利息

人民币贷款所给的计息方式是每半年计息一次,所以年利率10%实际上是名义年利率,因此要先将其转化成有效年利率,然后以有效年利率计算各年的贷款利息。

$$\text{有效年利率} = \left(1 + \frac{\text{名义年利率}}{\text{年计息次数}}\right)^{\text{年计息次数}} - 1 = \left(1 + \frac{10\%}{2}\right)^2 - 1 = 10.25\%$$

第一年贷款利息 $= 2500 \times \dfrac{1}{2} \times 10.25\% = 128.125 \text{ 万元人民币}$

第二年贷款利息 $= \left(2500 + 128.125 + 4000 \times \dfrac{1}{2}\right) \times 10.25\%$

$$=474.3828 \text{ 万元人民币}$$

第三年贷款利息 $= \left(2500 + 128.125 + 4000 + 474.3828 + 2000 \times \dfrac{1}{2} \right) \times 10.25\%$

$$=830.507 \text{ 万元人民币}$$

建设期贷款利息 $= 128.125 + 474.3828 + 830.507 = 1433.0148 \text{ 万元人民币}$

（2）外汇贷款部分利息

本案例中的外汇贷款计息次数是每年计息一次,因此所给的年利率 8% 是实际年利率。利息计算时也按年度均衡贷款考虑。

第一年贷款利息 $= 350 \text{ 万美元} \times 6.8 \text{ 元人民币/美元} \times \dfrac{1}{2} \times 8\%$

$$=95.2 \text{ 万元人民币}$$

第二年贷款利息 $= \Big(350 \times 6.8 \text{ 元人民币/美元} + 95.2 +$

$$250 \times 6.8 \text{ 元人民币/美元} \times \dfrac{1}{2} \Big) \times 8\%$$

$$=266.016 \text{ 万元人民币}$$

建设期贷款利息 $= 95.2 + 266.016 = 361.216 \text{ 万元人民币}$

（3）建设期贷款总利息

建设期贷款总利息 = 人民币贷款利息 + 外汇贷款利息

$$= 1433.0148 + 361.216 = 1794.2308 \text{ 万元人民币}$$

3.（1）固定资产投资

①设备及工、器具购置费 $= 16577.2387 \text{ 万元人民币}$

②建筑安装工程费 $= 5000 \text{ 万元人民币}$

③工程建设其他费 $= 3100 \text{ 万元人民币}$

④预备费 = 基本预备费 + 涨价预备费

基本预备费 =（设备及工、器具购置费 + 建筑安装工程费 +

工程建设其他费）× 基本预备费率

$$=（16577.2387 + 5000 + 3100）\times 5\% = 1233.8619 \text{ 万元人民币}$$

涨价预备费 $= 2000 \text{ 万元人民币}$

预备费 $= 1233.8619 + 2000 = 3233.8619 \text{ 万元人民币}$

⑤建设期贷款利息 $= 1794.2308 \text{ 万元人民币}$

固定资产投资 $= 16577.2387 + 5000 + 3100 + 3233.8619 + 1794.2308$

$$= 29705.3314 \text{ 万元人民币}$$

（2）流动资产投资:5000 万元人民币

（3）建设项目总投资

建设项目总投资 $= 29705.3314 + 5000 = 34705.3314 \text{ 万元人民币}$

【案例二】

自有模板及支架费的计算是各项措施费计算中最复杂、难度最大的。在计算中,摊销量主要由三部分组成:

（1）一次使用量的摊销 = $\dfrac{-次使用量}{周转次数}$

（2）在投入使用后，每次使用前需对上次使用时造成的损耗进行弥补（即补损率），因最后一次不再需要弥补，故弥补次数为（周转次数 −1）次，则各次补损量之和的摊销量 = [一次使用量 × （周转次数 −1）× 补损率]/周转次数

（3）未损耗部分，即（1 − 补损率）的部分可以回收，回收部分冲减摊销量，考虑回收部分折价 50%，则回收部分的摊销量 = [一次使用量 × （1 − 补损率）× 50%]/周转次数

则 摊销量 = [（1）+（2）−（3）] × （1 + 施工损耗）

因此，本题的计算过程如下：

$$模板摊销量 = 1000 \times (1 + 9\%) \times \left[\frac{1 + (10 - 1) \times 5\%}{10} - \frac{(1 - 5\%) \times 50\%}{10}\right]$$

$$= 106.28 \text{m}^2$$

$$模板费 = 106.28 \times 50 = 5314 \text{ 元}$$

第 3 章

一、单项选择题

1. C 2. C 3. D 4. D 5. B 6. C 7. C 8. B 9. A 10. B

二、多项选择题

1. ACE 2. ACE 3. BCDE 4. AC 5. ABDE
6. ABD 7. ABCE 8. BCDE 9. CDE 10. ABC

三、案例分析题

【案例一】

1.（1）人工时间定额 = $\dfrac{12.6}{(1 - 3\% - 2\% - 2\% - 18\%) \times 8}$ = 2.1 工日/m³

（2）人工产量定额 = $\dfrac{1}{2.1}$ = 0.48m³/工日

2.（1）每 1m³ 砌体人工费 = 2.1 × （1 + 10%）× 20.5 = 47.36 元/m³

（2）每 1m³ 砌体材料费 = [0.72 × （1 + 20%）× 55.6 + 0.28 × （1 + 8%）×

105.8 + 0.75 × 0.6] × （1 + 2%）

= 82.09 元/m³

（3）每 1m³ 砌体机械台班费 = 0.5 × （1 + 15%）× 39.5 = 22.71 元/m³

（4）每 10m³ 砌体的单价 = （47.36 + 82.09 + 22.71）× 10 = 1521.6 元/10m³

【案例二】

1.（1）分部分项工程单价由人工费、材料费、机械台班使用费三部分组成。

（2）人工费 = $\sum$（概预算定额中人工工日消耗量 × 相应人工工日单价）

材料费 = ∑(概预算定额中材料消耗量×相应材料预算价格)

施工机械使用费 = ∑(概预算定额中施工机械台班消耗量×相应机械台班

预算单价) + 其他机械使用费

2.（1）人工时间定额 $= \dfrac{54}{(1-3\%-2\%-2\%-18\%)\times 8} = 9$ 工日/t

（2）人工产量定额 $= \dfrac{1}{9} = 0.11(\text{t}/\text{工日})$

3.每吨型钢支架定额人工消耗量 $=(9+12)\times(1+10\%)=23.1$ 工日

4.（1）每10t型钢支架工程人工费:$23.1\times 22.5\times 10 = 5197.5$ 元

（2）每10t型钢支架工程材料费:$(1.06\times 3600+380)\times 10 = 41960$ 元

（3）每10t型钢支架工程机械台班使用费:$490\times 10 = 4900$ 元

（4）每10t型钢支架工程单价:$5197.5+41960+4900 = 52057.5$ 元

第 4 章

一、单项选择题

1. C   2. C   3. C   4. B   5. D   6. D   7. D   8. D   9. B   10. B

二、多项选择题

1. ABDE   2. ADE   3. ABC   4. ADE   5. BDE

6. ABD   7. ACDE   8. ABCD   9. BCDE   10. ABCD

三、案例分析题

1.按《建设工程清单计价规范》规定,基础土方工程量按图示尺寸以基础垫层底面积乘以挖土深度计算:

基础土方工程量 $=0.9\times 1200\times 1.8 = 1944\text{m}^3$,该分项工程量清单如下:

分项工程量清单表　　　　　　　　　　工程名称:某住宅工程

序号	项目编码	项 目 名 称	计量单位	工程数量
	010101003	挖基础土方 土壤类别:Ⅲ类土 基础类型:砖大放脚带形基础 垫层宽度:900m 挖土深度:1.8m 弃土运距:4km	m³	1944

2.计算该项目综合单价:

计算综合单价时要考虑施工方案。按一般做法,Ⅲ类土挖土深度超过1.50m时要考虑放坡,放坡系数为0.33,砖基础要留每边200mm的工作面。

基础挖土截面积为：$(0.9 + 0.2 \times 2 + 1.8 \times 0.33) \times 1.8 = 3.41 \text{m}^3$

挖土方工程量为：$1200 \times 3.41 = 4092 \text{m}^3$

参考某省定额，Ⅲ类土挖土方定额单价为：22.5 元$/\text{m}^3$

该项目直接工程费为：$4092 \times 22.5 = 92070$ 元

假定管理费费率为直接工程费：11.5%，利润为直接工程费 7%，该项目综合费用为：

$92070 + 92070 \times (11.5\% + 7\%) = 109102.95$ 元

该项目综合单价则为：$\dfrac{109102.95}{1944} = 56.12$ 元$/\text{m}^3$

第 5 章

一、单项选择题

1. B   2. A   3. D   4. C   5. C   6. D   7. B   8. B   9. B   10. C

二、多项选择题

1. ABD   2. CD   3. CD   4. ABD   5. ADE

6. CD

三、案例分析题

1. 建设期贷款利息：$1000/2 \times 10\% = 50$ 万元

年折旧额：$\dfrac{1800 + 50 - 50}{10} = 180$ 万元

2. 还本付息表如下：

项　　目	1	2	3	4	5	6	7	8	9
年初累计借款	0	0	1050	900	750	600	450	300	150
本年新增借款	0	1000	0	0	0	0	0	0	0
本年应计利息	0	50	1050	90	75	45	45	30	15
本年应还本金	0	0	150	150	150	150	150	150	150
本年应还利息	0	0	105	90	75	45	45	30	15

3. 所得税计算：

第 3 年销售税金：$2700 \times 70\% \times 6\% = 113.4$ 万元

第 3 年所得税：$(2700 \times 70\% - 1600 \times 70\% - 113.4) \times 33\% = 216.7$ 万元

第 4~6 年销售税金：$2700 \times 6\% = 162$ 万元

第 4~6 年所得税：$(2700 - 1600 - 162) \times 33\% = 309.54$ 万元

第 6 章

一、单项选择题

1. B　2. A　3. C　4. A　5. C　6. B　7. D　8. D　9. C　10. D

二、多项选择题

1. BCE　　　2. ABD　　　3. ACD　　　4. ADE　　　5. BDE

6. BDE　　　7. ABC　　　8. ABE

三、案例分析题

【案例一】

1. X 为评价指标;Y 为各评价指标的权重;Z 为各方案评价指标值。

2. 评价计算过程表如下。

各 方 案 评 分 表

评 价 指 标	权　重	方案功能得分		
		A	B	C
配套能力 F_1	0.3	85	70	90
劳动力资源 F_2	0.2	85	70	95
经济发展 F_3	0.2	80	90	85
交通运输 F_4	0.2	90	90	85
自然条件 F_5	0.1	90	85	80
方案评价值 $=\sum a_{ij}w_j$		86	79.5	87

评价结论:综合以上五个方面的指标,C 得分最高,所以厂址应选在 C 地。

【案例二】

1. 分别计算各方案的功能指数、成本指数和价值指数,并根据价值指数选择最优方案,价值指数最大的方案最优。

$$各方案功能指数 = \frac{\sum(功能得分 \times 功能权重)}{\sum(各方案功能加权得分)}$$

$$各方案成本指数 = \frac{各方案单方造价}{各方案单方造价之和}$$

$$各方案价值指数 = \frac{功能指数}{成本指数}$$

(1)各方案成本得分及功能系数见下表。

各方案功能得分及功能系数

功能权重	方案功能及得分		
	A	B	C
0.25	10	10	8
0.05	10	10	9
0.25	8	9	7
0.35	9	8	7
0.10	9	7	8
加权得分	9.05	8.75	7.45
功能系数	0.3584	0.3465	0.2950

（2）各方案成本指数为：

$$A: \frac{2300}{(2300 + 2180 + 1580)} = 0.3795$$

$$B: \frac{2180}{(2300 + 2180 + 1580)} = 0.3597$$

$$C: \frac{1580}{(2300 + 2180 + 1580)} = 0.2607$$

（3）各方案价值系数为：

$$A: \frac{0.3584}{0.3795} = 0.9444$$

$$B: \frac{0.3465}{0.3597} = 0.9633$$

$$C: \frac{0.2950}{0.2607} = 1.1316$$

按照价值工程分析方法，方案 C 的价值系数最大，即为最优方案。

2.（1）各功能项目的功能系数、成本系数、价值系数见下表。

各功能项目价值系数

功能项目	功能评分	目前成本（万元）	功能系数	成本系数	价值系数
A. 桩基围护工程	10	1500	0.1064	0.1172	0.9078
B. 地下室工程	11	1400	0.1170	0.1094	1.0695
C. 主体结构工程	35	4800	0.3723	0.3750	0.9928
D. 装饰工程	38	5100	0.4043	0.3984	1.0148
合　　计	94	12800	1.0000	1.0000	

（2）各功能项目的目标成本及成本降低额见下表。

各功能项目目标成本及成本降低额

功能项目	目前成本（万元）	功能系数	成本系数	价值系数	目标成本（万元）	成本降低额（万元）
A. 桩基围护工程	1500	0.1064	0.1172	0.9078	1277	223
B. 地下室工程	1400	0.1170	0.1094	1.0695	1404	-4
C. 主体结构工程	4800	0.3723	0.3750	0.9928	4468	332
D. 装饰工程	5100	0.4043	0.3984	1.0148	4851	249
合　　计	12800	1.0000	1.0000		12000	80

注:各项目目标成本 = 总目标成本 × 成本系数 × 价值系数

从以上计算结果可知,除地下室工程成本略低,其他三项均可降低,按成本降低额度大小,功能改进顺序为主体结构工程、装饰工程、桩基围护工程。

第 7 章

一、单项选择题

1. A　2. D　3. A　4. D　5. A　6. D　7. B　8. A　9. C　10. D

二、多项选择题

1. ABDE　　　2. AC　　　3. BD　　　4. ABDE　　　5. ACDE

6. ACE

三、案例分析题

【案例一】

1. 在上述招标投标程序中,不妥之处包括:

（1）在公开招标中,对省内的投标人与省外的投标人提出了不同的要求,因为公开招标应当平等地对待所有的投标人,不允许对不同的投标人提出不同的要求。

（2）提交投标文件的截止时间与举行开标会的时间不是同一时间。按照《招标投标法》的规定,开标应当在招标文件确定的提交投标文件截止时间的同一时间公开进行。

（3）开标会由该省建委主持。开标应当由招标人或者招标代理人主持,省建委作为行政管理机关只能监督招标活动,不能作为开标会的主持人。

（4）中标书在开标 3 个月后一直未能发出。评标工作不宜久拖不决,如果在评标中出现无法克服的困难,应当及早采取其他措施(如宣布招标失败)。

（5）更改中标金额和工程结算方式,确定某省某公司为中标单位,如果不宣布招标失败,则招标人和中标人应当按照招标文件和中标人的投标文件订立书面合同,招标人和中标人不得再行订立背离合同实质性内容的其他协议。

2. E 单位的投标文件应当被认为是无效投标而拒绝。因为投标文件规定的投标保证金是投标文件的组成部分,因此,对于未能按照要求提交投标保证金的投标(包括期限),招标单位将视为不响应投标而予以拒绝。

3. 对 D 单位撤回投标文件的要求,应当没收其投标保证金。因为,投标行为是一种要约,在投标有效期内撤回其投标文件的,应当视为违约行为。因此,招标单位可以没收 D 单位的投标保证金。

4. 问题久拖不决后,某医院可以要求重新进行招标。理由是:

(1)一个工程只能编制一个标底。如果在开标后(即标底公开后)再复核标底,将导致具体的评标条件发生变化,实际上属于招标单位的评标准备工作不够充分。

(2)问题久拖不决,使得各方面的条件发生变化,再按照最初招标文件中设定的条件订立合同是不公平的。

5. 如果重新进行招标,给投标人造成的损失不能要求该医院赔偿。虽然重新招标是由于招标人的准备工作不够充分导致的,但并非属于欺诈等违反诚实信用的行为,而招标在合同订立中仅仅是要约邀请,对招标人不是具有合同意义上的约束力,招标并不能保证投标人中标,投标的费用应当由投标人自己承担。

【案例二】

1. 恰当。因为该承包商是将属于前期工程的桩基围护工程和主体结构工程的单价调高,而将属于后期工程的装饰工程单价调低,可以在施工的早期阶段收到较多的工程款,从而可以提高承包商所得工程款的现值;而且这三类工程单价的调整幅度均在 ±10% 以内,属于合理范围。

2.(1)计算单价调整前的工程款现值

桩基围护工程每月工程款:$A = \dfrac{2680}{5} = 536$ 万元

主体结构工程每月工程款:$B = \dfrac{8100}{12} = 675$ 万元

装饰工程每月工程款:$C = \dfrac{7600}{8} = 950$ 万元

则单价调整前的工程款现值:

$PV_1 = A(P/A,1\%,5) + B(P/A,1\%,12)(P/F,1\%,5) +$

$\qquad C(P/A,1\%,8)(P/F,1\%,17)$

$\quad = 536 \times 4.853 + 675 \times 11.255 \times 0.951 + 950 \times 7.652 \times 0.844$

$\quad = 2601.208 + 7224.866 + 6135.374$

$\quad = 15961.45$ 万元

(2)计算单价调整后的工程款现值

桩基围护工程每月工程款:$A = \dfrac{2600}{5} = 520$ 万元

主体结构工程每月工程款:$B = \dfrac{8900}{12} = 741.67$ 万元

装饰工程每月工程款:$C = \dfrac{6880}{8} = 860$ 万元

则单价调整前的工程款现值：

$$PV_2 = A(P/A,1\%,5) + B(P/A,1\%,12)(P/F,1\%,5) +$$
$$C(P/A,1\%,8)(P/F,1\%,17)$$
$$= 520 \times 4.853 + 741.67 \times 11.255 \times 0.951 + 860 \times 7.652 \times 0.844$$
$$= 2523.56 + 7983.468 + 5554.128$$
$$= 16016.16 \text{ 万元}$$

（3）两者的差额

$$PV_1 - PV_2 = 16016.16 - 15961.45 = 54.71 \text{ 万元}$$

因此,采用不平衡报价后,该承包商所得工程款的现值比原估价增加54.71万元。

第 8 章

一、单项选择题

1. C　　2. D　　3. B　　4. C　　5. A　　6. A　　7. A　　8. D　　9. D　　10. C

二、多项选择题

1. BCD　　　　2. ACDE　　　　3. ABC　　　　4. ABDE　　　　5. ABCE

6. AE　　　　7. CE　　　　8. BCD　　　　9. ACE　　　　10. BCE

三、案例分析题

【案例一】

1. 工程预付款 $= 560 \times 20\% = 112$ 万元

   工程保修金 $= 560 \times 5\% = 28$ 万元

2. 第1个月

签证的工程款 $= 70 \times (1 - 0.1) = 63$ 万元

应签发的付款凭证金额 $= 63 - 8 = 55$ 万元

第2个月

本月实际完成产值不足计划产值的90%,即 $\dfrac{90-80}{90} = 11.1\%$

签证的工程款 $= 80 \times (1 - 0.1) - 80 \times 8\% = 65.6$ 万元

应签发的付款凭证金额 $= 65.6 - 12 = 53.6$ 万元

第3个月

本月扣保修金 $= 28 - (70 + 80) \times 10\% = 13$ 万元

签证的工程款 $= 120 - 13 = 107$ 万元

应签发的付款凭证金额 $= 107 - 15 = 92$ 万元

3. $112 + 55 + 53.6 + 92 = 312.6$ 万元

4.（1）已购特殊工程材料价款补偿50万元的要求合理。

（2）施工设备遣返费补偿 10 万元的要求不合理。

应该补偿：$\dfrac{560-70-80-120}{560}\times 10 = 5.18$ 万元

（3）施工人员遣返费补偿 8 万元的要求不合理。

应该补偿：$\dfrac{560-70-80-120}{560}\times 8 = 4.14$ 万元

合计：59.32 万元

5. $70+80+120+59.32-8-12-15=294.32$ 万元

【案例二】

1. 事件 1：索赔不成立。因此事件发生原因属承包商自身责任。

事件 2：索赔成立。因该施工地质条件的变化是一个有经验的承包商所无法合理预见的。

事件 3：索赔成立。这是因设计变更引发的索赔。

事件 4：工期索赔成立。这是因特殊反常的恶劣天气造成工程延误。

事件 5：索赔成立。因恶劣的自然条件或不可抗力引起的工程损坏及修复应由业主承担责任。

2. 事件 2：索赔工期 5 天（5 月 15 日~5 月 19 日）。

事件 3：索赔工期 2 天。

因增加工程量引起的工期延长，按批准的施工进度计划计算。原计划每天完成工程量：$4500/10 = 450\mathrm{m}^3$

现增加工程量 $900\mathrm{m}^3$，因此应增加工期为 $900/450 = 2$ 天

事件 4：索赔工期 3 天（5 月 20 日~5 月 22 日）

因自然灾害造成的工期延误属于工期索赔的范畴。

事件 5：索赔工期 1 天（5 月 23 日）

工程修复导致的工期延长责任由业主承担。

共计索赔工期为 $5+2+3+1=11$ 天

3. 事件 2：人工费：$15\times 23 = 345$ 元（注：增加的人工费应按人工费单价计算）

机械费：$450\times 5 = 2250$ 元（注：机械窝工，其费用应按租赁费计算）

管理费：$345\times 30\% = 103.5$ 元（注：题目中条件为管理费为增加人工费的 30%，与机械费等无关）

事件 3：可直接按土方开挖单价计算

$900\times 4.2\times (1+20\%) = 4536$ 元

事件 4：费用索赔不成立。（注：因自然灾害造成的承包商窝工损失由承包商自行承担）

事件 5：人工费：$30\times 23 = 690$ 元

机械费：$450\times 1 = 450$ 元（注：不要忘记此时机械窝工 1 天）

管理费：$690\times 30\% = 207$（元）

合计可索赔费用为 $345+2250+103.5+4536+690+450+207 = 8581.5$ 元

4. 略

第 9 章

一、单项选择题

1. D 2. B 3. A 4. D 5. A 6. C 7. A 8. C 9. B 10. A
11. B 12. D 13. B

二、多项选择题

1. ABDE 2. AE 3. BD 4. BCD 5. BCD
6. BCD 7. ABCE 8. BD 9. ABD 10. ABC

三、案例分析题

1. 生产车间应分摊的土地征用费 $= \dfrac{250}{1000} \times 50 = 12.5$ 万元

新增固定资产价值 $= 250 + 100 + 280 + 12.5 = 642.5$ 万元

基建结余资金 $= 2300 + 500 + 10 + 700 + 300 + 200 - 1200 - 900 = 1910$ 万元

固定资产价值:27000 + 5000 = 32000 万元

无形资产价值:3000 万元

递延资产价值:2500 万元

流动资产价值:5650 万元

2. 年投资利润率: $\dfrac{28200 - 17000 - 1800}{60000} \times 100\% = 15.67\%$

第 10 章

答案:略

第 11 章

答案:略

参考文献

[1] 马楠. 建筑工程预算与报价[M]. 北京:科学出版社,2010.

[2] 马楠. 建设工程造价管理[M]. 北京:清华大学出版社,2012.

[3] 马楠. 建设工程造价管理理论与实务[M]. 北京:中国计划出版社,2008.

[4] 马楠. 建筑工程计量与计价[M]. 北京:科学出版社,2007.

[5] 马楠. 建设法规与典型案例分析[M]. 北京:机械工业出版社,2011.

[6] 住房和城乡建设部. GB 50500—2013 建设工程工程量清单计价规范[S]. 北京:中国计划出版社,2013.

[7] 全国造价工程师执业资格考试教材编审委员会. 建设工程计价[M]. 北京:中国计划出版社,2013.

[8] 中国建设工程造价管理协会. CECA/GC 4—2009 建设项目全过程造价咨询规程[S]. 北京:中国计划出版社,2009.

[9] 中国建设工程造价管理协会. CECA/GC 5—2010 建设项目施工图预算编审规程[S]. 北京:中国计划出版社,2010.

[10] 中国建设工程造价管理协会. CECA/GC 1—2007 建设项目投资估算编审规程[S]. 北京:中国计划出版社,2007.

[11] 中国建设工程造价管理协会. CECA/GC 2—2007 建设项目设计概算编审规程[S]. 北京:中国计划出版社,2007.

[12] 国家发展改革委员会,住房和城乡建设部. 建设项目经济评价方法与参数(第三版)[M]. 北京:中国计划出版社,2006.

[13] 全国造价工程师执业资格考试培训教材编审委员会. 建设工程技术与计量[M]. 北京:中国计划出版社,2013.

[14] 全国造价工程师执业资格考试培训教材编审委员会. 建设工程造价管理[M]. 北京:中国计划出版社,2013.

[15] 全国造价工程师执业资格考试培训教材编审委员会. 工程造价案例分析[M]. 北京:中国城市出版社,2013.

[16] 本书编写组. 中华人民共和国2007年版标准施工招标文件使用指南[M]. 北京:中国计划出版社,2008.

[17] 张凌云. 工程造价控制[M]. 上海:东华大学出版社,2008.

[18] 郭婧娟. 工程造价管理[M]. 北京:清华大学出版社,2005.

[19] 沈坚. 工程造价案例分析[M]. 北京:机械工业出版社,2004.

[20] 程鸿群,姬晓辉,陆菊春. 工程造价管理[M]. 武汉:武汉大学出版社,2004.